Markus Hauck

Christoph Leuschner

Jürgen Homeier

Klimawandel und Vegetation – Eine globale Übersicht

Markus Hauck
Angewandte Vegetationsökologie Fakultät
für Umwelt und Natürliche Ressourcen
Albert-Ludwigs-Universität Freiburg
Freiburg, Deutschland

Jürgen Homeier
Ökologie und Ökosystemforschung
Albrecht-von-Haller-Institut für
Pflanzenwissenschaften
Georg-August-Universität Göttingen
Göttingen, Deutschland

Christoph Leuschner
Ökologie und Ökosystemforschung
Albrecht-von-Haller-Institut für
Pflanzenwissenschaften
Georg-August-Universität Göttingen
Göttingen, Deutschland

ISBN 978-3-662-59790-3   ISBN 978-3-662-59791-0   (eBook)
https://doi.org/10.1007/978-3-662-59791-0

Die Deutsche Nationalbibliothek verzeichnet diese Publikation in der Deutschen Nationalbibliografie;
detaillierte bibliografische Daten sind im Internet über http://dnb.d-nb.de abrufbar.

Springer Spektrum
© Springer-Verlag GmbH Deutschland, ein Teil von Springer Nature 2019

Planung: Sarah Koch

Springer Spektrum ist ein Imprint der eingetragenen Gesellschaft Springer-Verlag GmbH, DE und ist ein
Teil von Springer Nature.
Die Anschrift der Gesellschaft ist: Heidelberger Platz 3, 14197 Berlin, Germany

Vorwort

Die Ökosysteme der Erde sind heute zahlreichen anthropogenen Einflüssen ausgesetzt. Von zunehmender Bedeutung sind dabei im globalen Maßstab ansteigende Temperaturen. Seit dem Ende der Kleinen Eiszeit in der Mitte des 19. Jahrhunderts hat sich das Klima auf der Erde, ausgehend von einem für das Holozän besonders niedrigen Niveau, deutlich erwärmt. Seit den 70er-Jahren des 20. Jahrhunderts hat sich der Temperaturanstieg global beschleunigt. Temperaturrekorde für die Zeit seit dem 19. Jahrhundert, aus der in ausreichender Zahl direkte Messungen vorliegen, traten mehrheitlich im 21. Jahrhundert auf.

Die Klimaerwärmung übt einen großen Einfluss auf den Wasserkreislauf auf der Erde aus, indem sie die Höhe und die Verteilung des Niederschlags modifiziert und die Wasseraufnahmefähigkeit der Atmosphäre erhöht. In den Polargebieten und Gebirgen verändert sie zudem die Kryosphäre. Gletscher und Eisschilde auf dem Land sowie das Meereis im Nord- und Südpolarmeer nehmen ab. Permafrostböden, die für den Wasser-, Kohlenstoff- und Nährstoffhaushalt in den polaren und borealen Breiten und den Hochgebirgen von Bedeutung sind, tauen im Sommer stärker als früher oberflächlich an und gehen in ihrer räumlichen Ausdehnung zurück.

Anthropogene Treibhausgase, allen voran Kohlendioxid (CO_2), haben einen Anteil an dieser Erwärmung, sind aber keineswegs die einzige treibende Kraft für die rezente Klimavariabilität auf der Erde. Seit Beginn der Industrialisierung ist die atmosphärische CO_2-Konzentration um fast 50 % angestiegen. Hauptsächlich hat die Verbrennung fossiler Energieträger, also von Biomasse, die über Hunderte Millionen von Jahren dem Kohlenstoffkreislauf durch Festlegung in Sedimenten entzogen war, diesen Anstieg der atmosphärischen CO_2-Konzentration herbeigeführt. Zusätzlich zur Verbrennung fossiler Energieträger ist CO_2 vom Menschen durch Landnutzungsänderungen und in geringerem Maße auch durch die Zementproduktion in die Atmosphäre freigesetzt worden. Der enorme Anstieg der atmosphärischen CO_2-Konzentration geschah in einem – aus der erdgeschichtlichen Perspektive betrachtet – sehr kurzen Zeitraum von etwa 250 Jahren, wobei sich der Anstieg seit Mitte des 20. Jahrhunderts stark beschleunigt hat.

Ökosysteme können als Kohlenstoffsenken einen Teil der CO_2-Emissionen in der Biomasse und im Boden festlegen. Dadurch sind sie im Rahmen der Klimawandelforschung nicht nur als betroffene biologische Systeme interessant, sondern auch im Hinblick auf Rückkoppelungseffekte beim Anstieg der atmosphärischen CO_2-Konzentration und der daraus resultierenden Erwärmung. Temperatur und Wasserverfügbarkeit sind in den meisten terrestrischen Ökosystemen die wichtigsten die pflanzliche Produktion begrenzenden Umweltfaktoren. Beide zeigen Auswirkungen auf die Verfügbarkeit von Nährstoffen, einem weiteren maßgeblichen Faktor für die Verbreitung und Produktivität von Pflanzenarten.

Dieses Buch will einen Überblick über die Auswirkungen des Klimawandels auf die terrestrische Vegetation der Erde geben. Dabei werden bekannte Effekte in den

Großlebensräumen der Erde von den Polen bis in die Tropen betrachtet. Einleitende Abschnitte über die grundlegenden Charakteristika der Vegetation und die wesentlichen limitierenden Standortfaktoren in den wichtigsten Biomen sollen dem Leser das Verständnis der im Anschluss betrachteten Klimawandeleffekte erleichtern.

Den Schwerpunkt unserer Analyse bilden die bereits zu beobachtenden Effekte des Klimawandels und nicht Projektionen in die Zukunft einer wärmeren Welt. Das Buch stellt also eine Bestandesaufnahme dar, welche bekannten Effekte der globale Klimawandel bereits heute auf die Vegetation der Erde ausübt. Empirische Daten zu Veränderungen in der Zusammensetzung, Vitalität und Produktivität der Vegetation bilden die Grundlage dieses Zustandsberichts, der durch die Ergebnisse von Experimenten ergänzt wird, um Kausalitäten besser aufzeigen zu können.

Der Zielsetzung des Buches entsprechend verzichten wir bewusst auf die Präsentation von Modellen, die die künftige Entwicklung der Vegetation auf der Grundlage unterschiedlicher Klimaprojektionen vorherzusagen versuchen. Einige Modellrechnungen zur Quantifizierung bereits eingetretener Veränderungen von Klima und Vegetation wurden hingegen im Buch berücksichtigt. Nur in wenigen Einzelfällen wird der Blick in die mögliche Zukunft gewagt, wo dies zum Gesamtverständnis sinnvoll erscheint.

Durch die weitgehende Beschränkung auf empirische Daten zum bereits nachweisbaren Klimawandel und zu bereits beobachtbaren Effekten auf die Vegetation, die mit Gewissheit oder hoher Wahrscheinlichkeit auf den Klimawandel zurückgeführt werden können, versuchen wir, eine nüchterne Bilanz der bereits feststellbaren Veränderungen vorzulegen. Diese Bilanz vermeidet damit die Unwägbarkeiten der zukünftigen Entwicklungen des Klimas. In unseren Augen sind die bereits zum gegenwärtigen Zeitpunkt nachweisbaren Veränderungen so umfassend, dass eine intensive Beschäftigung von Wissenschaft und Politik mit dieser Thematik dringend geboten erscheint.

Das Klima und dessen Wandel ist natürlich nicht der einzige Faktor, der auf die Vegetation der Erde wirkt. Manch andere Faktoren sind mittelbar vom Klima abhängig, andere sind es nicht. Besonders in den dicht und lange vom Menschen besiedelten Klimazonen spielen neben dem Klimawandel Veränderungen und Intensivierungen in der Landnutzung, die Eutrophierung von Lebensräumen durch die Deposition von reduzierten und oxidierten Stickstoffverbindungen sowie der Eintrag von Luftschadstoffen eine herausragende Rolle für die Vegetation. Diese Faktoren werden daher, wo dies geboten erscheint, in den jeweiligen Biomen in knapper Form mit dargestellt.

Die einzelnen Biome der Erde werden im Buch in unterschiedlicher Ausführlichkeit behandelt. Dafür gibt es zweierlei Gründe: Zum einen unterscheiden sich das Ausmaß der Klimaerwärmung und die Effekte auf die Vegetation zwischen den Klimazonen. Besonders starke Auswirkungen wurden bislang in der Arktis, in der Westantarktis, im borealen Nadelwaldgebiet sowie in Teilen des mediterranen Bioms und der subtropischen Savannen- und Trockenwaldgebiete festgestellt. Zum anderen unterscheidet sich der Kenntnisstand erheblich zwischen den einzelnen Klimazonen. Die weitaus umfangreichste geobotanische und pflanzenökologische Literatur existiert zu den mit Wäldern bestandenen Teilen der temperaten Zone. Es musste hier in der Darstellung also weitaus stärker komprimiert werden als in manch weniger gut bearbeitetem Biom. Unter den Regionen mit besonders raschem Temperaturanstieg sind die Polargebiete und die boreale Zone in der Literatur stärker repräsentiert als die Subtropen.

In den Kapiteln zu den Biomen betrachten wir im Kern die zonale natürliche Vegetation. Moore und Hochgebirge sind in diese Kapitel integriert. Die übrige azonale und extrazonale Vegetation wird dagegen nur in Einzelfällen kurz gestreift. Gleiches gilt für landwirtschaftliche Nutzflächen, die ebenso Veränderungen durch den Klimawandel ausgesetzt sind.

Die Kapitel über physiologische Anpassung und Migration als Antwort auf den Klimawandel (▶ Kap. 2) sowie über die temperate Waldzone (▶ Kap. 5) wurden von Christoph Leuschner verfasst, das Kapitel über die tropischen Wälder (▶ Kap. 10) von Jürgen Homeier. Alle übrigen Kapitel sowie die Konzeption des Buchprojekts gehen auf den Erstautor zurück.

Andreas Christen (Freiburg) danken wir für die gründliche Durchsicht des einleitenden Kapitels zu den Grundlagen des Klimawandels (▶ Kap. 1). Choimaa Dulamsuren (Freiburg/Göttingen) gab wertvolle Anmerkungen zu verschiedenen Teilen des Manuskripts. Astrid Röben (Göttingen) und Bernd Raufeisen (Göttingen) verdanken wir umfangreiche Hilfen bei der Erstellung der Abbildungen. Germar Csapek (Freiburg) danken wir für die Unterstützung beim abschließenden Korrekturlesen. Andreas Rigling (Birmensdorf, Schweiz) und George Matusick (Murdoch, Australien) halfen uns durch die Zurverfügungstellung von Abbildungsvorlagen.

Markus Hauck
Christoph Leuschner
Jürgen Homeier
Freiburg und Göttingen
im Juni 2019

Inhaltsverzeichnis

Globaler Klimawandel: die Grundlagen

© Springer-Verlag GmbH Deutschland, ein Teil von Springer Nature 2019
M. Hauck, C. Leuschner, J. Homeier, *Klimawandel und Vegetation – Eine globale Übersicht,*
https://doi.org/10.1007/978-3-662-59791-0_1

1

1.1 Physik des Treibhauseffekts

Der Treibhauseffekt beruht auf der Absorption **terrestrischer Infrarotstrahlung** in der Erdatmosphäre. Wasserdampf reduziert die **Transmissivität** der Erdatmosphäre für Infrarotstrahlung in einem weiten Wellenlängenbereich und ist das wichtigste Treibhausgas (Held und Soden 2000; Gurk et al. 2008). Kohlendioxid (CO_2) hat ein Absorptionsmaximum bei 15 μm (Abb. 1.1). Durch die Absorption der Infrarotstrahlung werden die Atome der Treibhausgasmoleküle zu periodischen Schwingungen angeregt. Grundvoraussetzung für die Interaktion der Gasmoleküle mit der Infrarotstrahlung ist, dass sich durch die Schwingung das Dipolmoment des Moleküls ändert. Bei zweiatomigen homonuklearen Molekülen, wie molekularem Stickstoff (N_2) und molekularem Sauerstoff (O_2), die zusammen 99 % des Volumens der trockenen Atmosphäre ausmachen, ist dies nicht der Fall. Die zum Schwingen angeregten Treibhausgasmoleküle hingegen geben die Wärme in alle Richtungen als terrestrische Infrarotstrahlung – und eben nicht nur in Richtung Weltraum – wieder ab. Dieser Effekt wird als **atmosphärische Gegenstrahlung** bezeichnet (Raschke und Ohmura 2005). Die im Vergleich

zu lufttrockenen kontinentalen Lagen geringere nächtliche Abkühlung bei hoher Luftfeuchte ist ein eindrückliches Beispiel für die Bedeutung der Konzentration von Treibhausgasen in der Troposphäre, also der untersten 8 bis 15 km der Erdatmosphäre, für die Temperatur an der Bodenoberfläche.

Der Einfluss auf die Temperatur der Erdatmosphäre unterscheidet sich stark zwischen den verschiedenen Treibhausgasen, da sie in unterschiedlichem Ausmaß Infrarot absorbieren (Lashof und Ahuja 1990). Zudem bestimmen die für jedes Gas spezifische **Verweildauer** in der Atmosphäre sowie indirekte Effekte, die sich durch die Reaktion mit anderen Gasen ergeben, das **Treibhauspotenzial** eines Gases. Unter dem Treibhauspotenzial (im Englischen *Global Warming Potential*) versteht man den aus physikalisch-chemischen Eigenschaften resultierenden Einfluss, den eine Masse eines Gases auf die Strahlungsbilanz (und damit auf die Temperatur) der Troposphäre ausübt (Jain et al. 2000; Shine et al. 2005). Der tatsächliche ausgeübte Einfluss über einen gegebenen Zeitraum hängt von der Konzentration ab und wird im Englischen als *Radiative Forcing* (RF), im Deutschen als **Strahlungsantrieb** (des Klimasystems) bezeichnet. Gemeint ist damit,

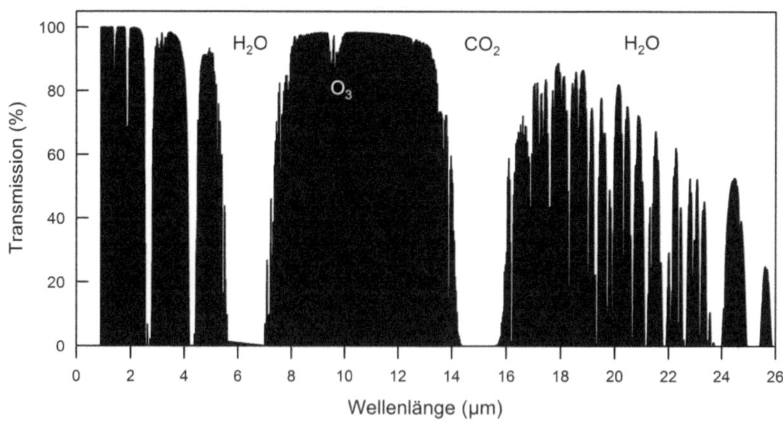

Abb. 1.1 Transmission von Infrarotstrahlung durch die Erdatmosphäre nach Messungen auf dem Mauna Kea, Hawaii. Daten berechnet für senkrechten Sonnenstand und eine Wasserdampfsäule von 5 mm. Die reduzierte Transmissivität für Infrarotstrahlung durch Kohlendioxid (CO_2), Wasserdampf (H_2O), Ozon (O_3) und andere Treibhausgase vermindert die Wärmeabstrahlung in den Weltraum. (Quelle: Gemini Observatory, Hawaii, USA)

> ◘ **Tab. 1.1** Verweildauer und unterschiedliche Ansätze zur Quantifizierung des Treibhauspotenzials (*Global Warming Potential, Global Temperature Potential*, jeweils absolut und relativ zu CO_2) für einen Zeitraum von 100 Jahren (GWP_{100} und GTP_{100}) nach der Emission für die (auch) natürlicherweise in der Atmosphäre vorkommenden Spurengase Kohlendioxid (CO_2), Methan (CH_4) und Lachgas (N_2O) sowie für Tetrafluormethan (CF_4) als Beispiel für ein rein anthropogenes Treibhausgas. Die Verweildauer von CO_2 ist ein grober Richtwert, da das Gas durch verschiedenartige Prozesse aus der Atmosphäre entfernt wird. (Nach Shine et al. 2005; Tanaka et al. 2009)

	Verweildauer (Jahre)	GWP_{100}		GTP_{100}	
		(10^{-14} W m^{-2} kg^{-1} a^{-1})	(relativ)	(10^{-14} K kg^{-1} a^{-1})	(relativ)
CO_2	~150	9	1	5	1
CH_4	12	22	2,4	25	5,1
N_2O	114	290	32	290	59
CF_4	50000	5650	628	5430	1099

in welchem Ausmaß die durch den Menschen veränderte Einflussgröße die Energiebilanz der Troposphäre erhöht oder erniedrigt. Der Strahlungsantrieb wird als Energie pro Zeit und Fläche beschrieben und damit in der Einheit W m^{-2} ($=$ J s^{-1} m^{-2}) ausgedrückt.

Für das Treibhauspotenzial sind verschiedene Berechnungs- und Darstellungsweisen gebräuchlich (Fisher et al. 1990; Shine 2009; Tanaka et al. 2009); häufig wird das Treibhauspotenzial von CO_2 gleich 1 gesetzt, und die Treibhauspotenziale anderer Gase werden relativ dazu betrachtet. Ein Treibhauspotenzial bezieht sich immer auf eine Periode, über die die Wirkung auftritt; so gibt es beispielsweise ein 20-jähriges (GWP_{20}) oder ein 100-jähriges Treibhauspotenzial (GWP_{100}). Die Treibhauspotenziale der natürlicherweise unter anaeroben Bedingungen durch Mikroorganismen gebildeten, in der Atmosphäre nur in Spuren vorkommenden Gase Methan (CH_4) und Lachgas (N_2O) liegen deutlich über dem des CO_2 (◘ Tab. 1.1). Beim Treibhauspotenzial für CH_4 wird berücksichtigt, dass bei dessen Abbau Ozon (O_3) in der Troposphäre und Wasserdampf in der Stratosphäre freigesetzt werden. Teilweise wird beim Treibhauspotenzial von CH_4 auch der Treibhauseffekt durch das bei der Oxidation in der Atmosphäre entstehende CO_2 mit einberechnet (Varshney und Attri 1999; Boucher et al. 2009).

Neben den Treibhausgasen wirken auch andere Größen auf die Strahlungsbilanz ein (Hansen et al. 1997). Hierzu zählen **Aerosole**, die Albedo der Erdoberfläche und Wolken. Hohe **Wolken** tragen generell zu einem positiven Strahlungsantrieb, also einer Erwärmung, bei. Niedrige Wolken hingegen führen zu einer Abkühlung, da bei ihnen der Effekt der Reflexion von Sonnenstrahlung auf der Oberseite der Wolken auf den Strahlungsantrieb überwiegt. Die **Albedo** von Wolken kann sehr hohe Werte annehmen (Barker 1996), die denen von Schnee und schneebedecktem Eis entsprechen (Robock 1980; Grenfell und Perovich 1984). Insgesamt wird die Albedo der Erde durch die Wolken in etwa verdoppelt (Ramanathan et al. 1989).

1.2 Anthropogener Treibhauseffekt

Die Erkenntnis, dass der Mensch durch die Verbrennung fossiler Energieträger in den Temperaturhaushalt der Erde eingreift, ist erstaunlich alt. **Svante Arrhenius,** Physiker, Chemiker und späterer Nobelpreisträger für Chemie, erkannte Ende des 19. Jahrhunderts als Erster, dass die Anreicherung der Atmosphäre mit CO_2 durch die **Verbrennung von Kohle** zu einer erhöhten Absorption

THE

LONDON, EDINBURGH, AND DUBLIN

PHILOSOPHICAL MAGAZINE

AND

JOURNAL OF SCIENCE.

—◆—

[FIFTH SERIES.]

APRIL 1896.

XXXI. *On the Influence of Carbonic Acid in the Air upon the Temperature of the Ground. By* Prof. SVANTE ARRHENIUS* *.

I. *Introduction : Observations of* Langley *on Atmospherical Absorption.*

A GREAT deal has been written on the influence of the absorption of the atmosphere upon the climate. Tyndall † in particular has pointed out the enormous importance of this question. To him it was chiefly the diurnal and annual variations of the temperature that were lessened by this circumstance. Another side of the question, that has long attracted the attention of physicists, is this : Is the mean temperature of the ground in any way influenced by the presence of heat-absorbing gases in the atmosphere ? Fourier‡ maintained that the atmosphere acts like the glass of a hothouse, because it lets through the light rays of the sun but retains the dark rays from the ground. This idea was elaborated by Pouillet § ; and Langley was by some of his researches led to the view, that " the temperature of the earth under direct sunshine, even though our atmosphere were present as now, would probably fall to $-200°$ C., if that atmosphere did not possess the quality of selective

* Extract from a paper presented to the Royal Swedish Academy of Sciences, 11th December, 1895. Communicated by the Author.
† 'Heat a Mode of Motion,' 2nd ed. p. 405 (Lond., 1885).
‡ *Mém. de l'Ac. R. d. Sci. de l'Inst. de France*, t. vii. 1827.
§ *Comptes rendus*, t. vii. p. 41 (1838).

Phil. Mag. S. 5. Vol. 41. No. 251. *April* 1896.   S

◘ Abb. 1.2 Titelseite der Originalveröffentlichung von Arrhenius (1896), in der er erstmals auf den anthropogenen Beitrag zum Treibhauseffekt durch die Freisetzung von CO_2 bei der Verbrennung fossiler Energieträger hinweist

terrestrischer Infrarotstrahlung und damit zu einer Erwärmung der Erdatmosphäre führt (Arrhenius 1896; vgl. ◘ Abb. 1.2). Arrhenius machte also seine Entdeckung zu einem Zeitpunkt, als die **industrielle Revolution** gerade globale Ausmaße angenommen und soeben West- und Mitteleuropa, die USA und Japan erfasst hatte. Es ist also nicht so, dass man nicht schon relativ früh im Industriezeitalter von den Auswirkungen der CO_2-Emissionen auf die Temperatur der Erdatmosphäre gewusst hätte. Allerdings zogen Arrhenius

und nach ihm andere die falschen Schlüsse, was die Konsequenzen der anthropogenen Klimaerwärmung für Mensch und Umwelt anbelangte. Er sah in der Klimaerwärmung keine Gefahren, sondern begrüßte die Aussicht auf ein, wie er dachte, gleichmäßigeres und besseres Klima und höhere Ernten (Arrhenius 1906). Seinem Zeitgenossen Walther Nernst, wie Arrhenius Physiker, Chemiker und späterer Nobelpreisträger für Chemie, wird der Vorschlag zugeschrieben, wirtschaftlich unrentable Kohlefelder in Brand zu setzen, um gezielt CO_2 zur Erwärmung des Klimas freizusetzen (nach einem Interview von Thomas Kuhn mit James Franck, Archive for History and Quantum Mechanics, zitiert nach Weart 2013).

Die **globalen CO_2-Emissionen** (◘ Abb. 1.3a) aus der Verbrennung fossiler Energieträger und aus der Zementherstellung, welche eine weitere quantitativ bedeutsame Quelle für CO_2 darstellt, sind seit dem Beginn der Industrialisierung exponentiell angestiegen (Keeling 1973; Andres et al. 1999). Während Andres et al. (1999) für 1750 von einem Niveau von 0,003 Pg C a^{-1} ($= 3$ Mio. t) ausgehen, werden die anthropogenen CO_2-Emissionen infolge der Verbrennung fossiler Energieträger für 2017 auf 9,9 Pg C a^{-1} geschätzt; das Mittel für den Zeitraum von 2008 bis 2017 beträgt 9,4 Pg C a^{-1} (Le Quéré et al. 2018). In der Summe wurden zwischen 1750 und 2011 insgesamt 375 Pg C durch die Verbrennung **fossiler Energieträger** und die **Zementproduktion** freigesetzt (IPCC 2013). Der so aus **Kohle, Erdöl** und **Erdgas** innerhalb von 261 Jahren freigesetzte Kohlenstoff stammt aus Lagerstätten, die über Zeiträume von vielen Millionen Jahren gebildet wurden (Berner 2003). Zusätzliches CO_2 wurde durch **Landnutzungsänderungen** freigesetzt, namhaft durch die Rodung von Wäldern. Für den Zeitraum von 1750 bis 2011 wird die Menge des so emittierten CO_2 auf etwa 180 Pg C geschätzt. Zusammen entspricht dies einer anthropogenen Freisetzung von CO_2 in Höhe von 555 Pg C (IPCC 2013). Lejeune et al. (2018) nehmen an, dass über Veränderungen in der

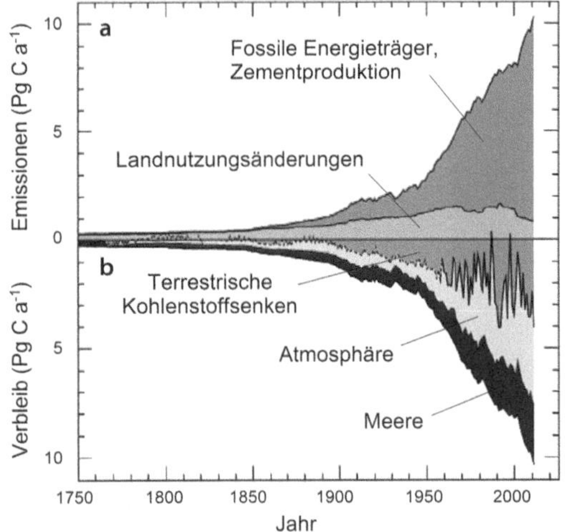

☐ **Abb. 1.3** (a) Jährliche anthropogene CO_2-Emissionen durch den Verbrauch fossiler Energieträger, die Zementproduktion und Landnutzungsänderungen sowie (b) deren Verbleib in terrestrischen Kohlenstoffsenken (z. B. Wälder), Meeren und der Atmosphäre im Zeitraum von 1750 bis 2011. (Nach IPCC 2013, S. 487)

Kohlenstoffbilanz die Entwaldungen in den mittleren Breiten Eurasiens und Nordamerikas allein vom Beginn der Industrialisierung bis 1920 mit 0,3 K zur Erwärmung beigetragen haben.

Die mittlere CO_2-Konzentration der Atmosphäre lag 2012 bei 393 ppm, was 140 % der Konzentration vor der Industrialisierung (278 ppm vor 1750) entspricht (WMO 2013); bis 2018 war sie bereits auf 409 ppm ($= 147$ % der vorindustriellen Konzentration) angewachsen (NOAA 2019). Die politischen Bemühungen um die Verringerung der weltweiten CO_2-Emissionen haben bislang nicht zu einer Abnahme der anthropogenen CO_2-Emissionen auf globaler Ebene, wohl aber zu deren Abnahme in einzelnen Regionen geführt (Le Quéré et al. 2019). Der Anstieg der CO_2-Konzentration in der Atmosphäre beschleunigt sich zusehends; er betrug im zehnjährigen Mittel 1,5 ppm a^{-1} in den 1990er-Jahren, 1,9 ppm a^{-1} im Zeitraum von 2000 bis 2009 und 2,3 ppm a^{-1} für das Intervall von 2010 bis 2018 (Le Quéré et al. 2018). Von allen durch den Menschen freigesetzten

Treibhausgasen hat CO_2 den größten Einfluss auf die Strahlungsbilanz der Erdatmosphäre. Etwa zwei Drittel des Strahlungsantriebs durch Treibhausgase seit 1750 gehen auf CO_2 zurück (WMO 2013).

Die Veränderung in der CO_2-Konzentration der Atmosphäre in den letzten 70 Jahren verlief 100-mal schneller als nach der letzten Eiszeit, als durch die Temperaturabhängigkeit der CO_2-Löslichkeit in den Ozeanen mit der Erwärmung die atmosphärische CO_2-Konzentration auf 260 bis 280 ppm anstieg (WMO 2017). Der Konzentrationsanstieg der letzten 150 Jahre war schneller als jemals zuvor auf der Erde. Die derzeitige CO_2-Konzentration von über 400 ppm entspricht der des mittleren Pliozäns vor 3 bis 5 Mio. Jahren. Zu jener Zeit stand die CO_2-Konzentration von 400 ppm mit einer globalen Mitteltemperatur im Gleichgewicht, die um 2 bis 3 K über der heutigen lag. Die Eisschilde Grönlands und der Westantarktis schmolzen in dieser Zeit vollständig, jener der Ostantarktis teilweise, und der Meeresspiegel lag um 10 bis 20 m höher als heute (Naish et al. 2009; Pollard und DeConto 2009; Hill et al. 2010). Andere wichtige Treibhausgase, die als Folge menschlicher Aktivitäten in die Atmosphäre freigesetzt werden, sind CH_4, N_2O, Halogenkohlenwasserstoffe und Schwefelhexafluorid. **Methan (CH_4)** wird natürlicherweise von **methanogenen Archaebakterien** in vernässten Böden, also vor allem in Mooren und Sümpfen, in den Sedimenten von Gewässern und im Verdauungstrakt von Tieren gebildet (Zimmerman et al. 1982; Matthews und Fung 1987; Whiting und Chanton 1993). Die präindustrielle CH_4-Konzentration in der Atmosphäre wird auf 700 ppb geschätzt (WMO 2013). Im Jahr 2017 war die CH_4-Konzentration in der Atmosphäre mit 1857 ppb mehr als 2,6-mal so hoch (NOAA 2019). Etwa 60 % der CH_4-Emissionen sind anthropogener Herkunft. Wichtige Quellen sind der Nassfeldreisanbau (Aselman und Crutzen 1989; Neue 1993), die Tierhaltung (Monteny et al. 2006; Lassey 2007), die Kohle-, Erdöl- und Erdgasförderung (Kort et al. 2014) und Müllkippen.

1

Vor allem verbesserte Kulturtechniken beim Reisanbau haben eine Reduktion der CH_4-Emissionen aus dieser Quelle trotz gesteigerter Produktion seit den 1980er-Jahren bewirkt (Kai et al. 2011), was insgesamt zu einer zumindest vorübergehenden Verlangsamung der globalen CH_4-Emissionen geführt hat (Estrada et al. 2013). Dennoch ist CH_4 nach CO_2 das zweitbedeutsamste Treibhausgas; 18 % des Strahlungsantriebs durch Treibhausgase seit 1750 werden ihm zugeschrieben (WMO 2013).

Die atmosphärische Konzentration von **Lachgas (N_2O)** ist von 270 ppb vor 1750 (WMO 2013) auf 331 ppb im Jahr 2018 angestiegen (NOAA 2019). N_2O ist ein Zwischenprodukt der **Denitrifikation,** bei der Nitrat unter anaeroben Verhältnissen zu N_2 reduziert wird, kann aber auch unter aeroben Bedingungen als Nebenprodukt bei der **Nitrifikation** von NH_4^+ zu NO_3^- gebildet werden (Parton et al. 1996; Bateman und Baggs 2005). Der Anstieg der globalen N_2O-Emissionen ist vor allem dem Einsatz von Mineraldünger (Robertson et al. 2000) und der Viehhaltung (de Klein und van Logtestijn 1994; Mosier et al. 1998) sowie außerdem der Verbrennung fossiler Energieträger (Hayhurst und Lawrence 1992) und Vegetationsbränden (Poth et al. 1995) geschuldet.

Hauptsächlich anthropogenen Ursprungs sind die **Halogenkohlenwasserstoffe,** einschließlich der **Fluorchlorkohlenwasserstoffe (FCKW),** und **Schwefelhexafluorid (SF_6).** Diese Gase werden in erster Linie für technische Anwendungen produziert und haben oft hohe Verweildauern und Treibhauspotenziale (Fisher et al. 1990; Lashof und Ahuja 1990). Die Verweildauer von SF_6 beträgt 3200 Jahre und die von Tetrafluormethan (CF_4) sogar 50.000 Jahre (Jain et al. 2000). Die Reduktion der Emission von FCKW und anderen Halogenkohlenwasserstoffen durch das **Montrealer Protokoll** von 1987 zum Schutz der stratosphärischen Ozonschicht hat bei vielen Substanzen deutliche Rückgänge in der Konzentration in der Atmosphäre verursacht und dadurch auch zu einem verringerten Einfluss

auf die Strahlungsbilanz geführt (WMO 2013). Die atmosphärische SF_6-Konzentration ist seit ersten Messungen im Jahr 1970 von 0,03 ppt über 2,8 ppt im Jahr 1992 (Maiss und Levine 1994) auf 9,8 ppt im Jahr 2018 angestiegen (NOAA 2019).

Die Nutzung **fossiler Energieträger** trägt nicht nur durch den Ausstoß von CO_2 und anderen Treibhausgasen zur Klimaerwärmung bei, sondern auch in Form von **Rußpartikeln,** die bei unvollständiger Verbrennung entstehen und als Aerosole *(Black Carbon Aerosols)* in die Atmosphäre emittiert werden. Rußpartikel sind Bestandteil des **Feinstaubs** mit einem Durchmesser bis 2,5 μm *(Particulate Matter,* $PM_{2.5}$). Sie erwärmen die Atmosphäre, indem sie im Gegensatz zu den Treibhausgasen zusätzlich zur terrestrischen Infrarotstrahlung auch kurzwelligere Solarstrahlung absorbieren (Smith et al. 2015). Außerdem sorgen Rußpartikel für die Verringerung der Albedo von Schnee und Eis, wenn sie dort auf der Oberfläche abgelagert werden, sowie für eine Albedoreduktion von Aerosolen, die nur teilweise aus Kohlenstoff bestehen (Bergstrom et al. 2002; Andreae und Gelencsér 2006; Ramanathan und Carmichael 2008). Der Beitrag von durch die Nutzung fossiler Energieträger freigesetzten Rußpartikeln zur Klimaerwärmung ist beträchtlich. Er liegt in einer ähnlichen Größenordnung wie der von CH_4 (Jacobson 2001; IPCC 2013). Die Wirkung von Rußpartikeln auf das Klima ist anders als bei den langlebigen Treibhausgasen regional stark unterschiedlich, da die Verweildauer in der Atmosphäre nur bei 6,4 Tagen liegt (Chung und Seinfeld 2002) und sich die Partikel daher nicht gleichmäßig in der Atmosphäre verteilen können. Die Hauptemissionsgebiete haben sich ab der zweiten Hälfte des 20. Jahrhunderts von Europa und Nordamerika in zuvor weniger stark industrialisierte Erdteile verlagert, und zwar insbesondere nach Asien (Novakov et al. 2003). Für Asien wird für eine Reihe von Klimaänderungen der mögliche Beitrag von Rußpartikeln als wesentliche Ursache diskutiert. Dies betrifft die saisonale Umverteilung von

Niederschlägen mit der Folge von Dürren in Nordchina (Menon et al. 2002), die Zunahme sommerlicher Überflutungen im Süden Chinas (Menon et al. 2002), zunehmende Niederschläge in der Vormonsunzeit in Indien (Meehl et al. 2008), verringerte Monsunniederschläge in Teilen Indiens und Südostasiens (Meehl et al. 2008) und das Abschmelzen von Gletschern im Himalaya (Ramanathan und Carmichael 2008; Menon et al. 2010). In der mongolischen Hauptstadt Ulan Bator sind hohe Rußpartikelkonzentrationen während langanhaltender Inversionswetterlagen im Winter offensichtlich für den Anstieg der Wintertemperatur um stattliche 7,2 K (oder 1,1 K pro Dekade) von 1950 bis 2012 verantwortlich (Hauck et al. 2016).

Auch **Vegetationsbrände** setzen Rußpartikel frei; allerdings entstehen hierbei auch beträchtliche Mengen von Aerosolen aus organischem Kohlenstoff, die wiederum als Nukleationskerne die Wolkenbildung fördern (Haywood und Boucher 2000), was je nach Höhe der Wolken einen positiven oder negativen Effekt auf den Strahlungsantrieb hat. Es gibt in der Atmosphäre auch bedeutende Mengen von **Aerosolen** aus natürlichen Quellen, die direkt oder über die Förderung der Wolkenbildung die Sonneneinstrahlung am Boden reduzieren. Hierzu zählen Mineralstäube wie Wüstensand und Meersalz. Eine besonders wichtige Rolle nehmen Sulfat-Aerosole ein (Sokolik und Toon 1996; Ramanathan et al. 2001; Chung et al. 2005). Anthropogene Aerosole überwiegen heute jedoch in der Erdatmosphäre. Im 20. Jahrhundert haben sie bis in die 1980er-Jahre zu einer Verringerung der Globalstrahlung geführt; von 1960 bis 1990 ist die Globalstrahlung innerhalb von 30 Jahren um etwa 5 % zurückgegangen (Wild et al. 2005). Für diesen Rückgang wurde von Ohmura und Lang (1989) der Begriff *Global Dimming* (**globale Verdunkelung**) geprägt. Der Rückgang der Globalstrahlung durch die Verbrennung fossiler Energieträger und von Biomasse hat die Klimaerwärmung durch die dabei freigesetzten Treibhausgase abgeschwächt (Wild et al. 2007; Ohmura

2009; Wild 2009). Seit den 1990er-Jahren werden jedoch zwar nicht überall, aber doch im globalen Mittel steigende Werte für die Globalstrahlung gemessen (Wild et al. 2005), da die Emission anthropogener Aerosole durch Abgasreinigung, aber auch durch den Zusammenbruch der Industrie in Osteuropa zurückgegangen sind. Insbesondere im Fall der Sulfat-Aerosole, die aus Schwefeldioxidemissionen resultieren, ist die Senkung der Konzentration in der Atmosphäre zwar im Hinblick auf die Vermeidung toxischer Effekte und der Ansäuerung von Ökosystemen sinnvoll, die kühlende Wirkung der Aerosole wird damit aber ebenfalls verringert.

1.3 Räumliche Verteilung von Treibhausgasen und globaler Charakter des Treibhauseffektes

Die anthropogenen Quellen der Treibhausgase befinden sich überwiegend auf der Nordhalbkugel. Diese Verteilung führt zu **Nord-Süd-Gradienten** in der Konzentration vieler **Treibhausgase** in der Troposphäre. Dies schließt CO_2 (Enting und Mansbridge 1991; Gurk et al. 2008), CH_4 (Zimov et al. 1997; Saeki et al. 1998), die Halogenkohlenwasserstoffe (DeLorey et al. 1988) und SF_6 (Geller et al. 1997) ein. Bei N_2O tritt ein solcher Nord-Süd-Gradient nicht auf; stattdessen ist für dieses Spurengas die Konzentration in den Tropen am höchsten (DeLorey et al. 1988). Die räumlichen Konzentrationsgradienten sind allerdings meist relativ schwach ausgeprägt. Für CO_2 gingen Enting und Mansbridge (1991) bei globaler Betrachtung im Jahresmittel von nur 3 ppm aus. Gurk et al. (2008) zeigten bei im April 2003 vom Flugzeug ausgeführten Messungen über Europa, dass die CO_2-Konzentration in der unteren Troposphäre bei 50° N um 2 ppm höher war als bei 35° N. Dieser Unterschied entsprach ungefähr dem jährlichen Anstieg der mittleren globalen CO_2-Konzentration zu dieser Zeit (WMO 2013).

Auch im Vergleich zu **saisonalen Schwankungen** des CO_2-Gehalts der Troposphäre, die sich zeitlich verzögert bis in die Stratosphäre fortpflanzen (Gurk et al. 2008), ist dessen räumliche Variabilität recht gering. Die jahreszeitlichen Schwankungen sind durch die verstärkte CO_2-Aufnahme durch die Vegetation im Sommer bedingt und betragen in den borealen und temperaten Regionen der Nordhemisphäre in der Troposphäre etwa 10 bis 20 ppm (Nakazawa et al. 1991; Gurk et al. 2008). In den Tropen sind saisonale Unterschiede in der atmosphärischen CO_2-Konzentration wegen der großenteils immergrünen Vegetation schwächer ausgeprägt und liegen oft bei 5 ppm und weniger (Nakazawa et al. 1991).

Die relativ geringe Ausprägung von regionalen Unterschieden in der Konzentration von CO_2 und anderen Treibhausgasen ist eine Folge ihrer langen **Verweildauer** in der Atmosphäre. Diese bewirkt, dass die Treibhausgase über mehrere Jahre **global verteilt** werden (Seinfeld und Pandis 2006). Die Verteilung der Gasmoleküle innerhalb einer Hemisphäre geht dabei allerdings sehr viel rascher vonstatten als der Transport zwischen Nord- und Südhalbkugel über die **innertropische Konvergenzzone** hinweg. SF_6 benötigt für den Transport von der Nord- in die Südhemisphäre etwa 1,0 bis 1,5 Jahre (Maiss und Levin 1994; Geller et al. 1997; Patra et al. 2009). Innerhalb einer Hemisphäre verteilen sich Gase innerhalb von wenigen Monaten (Bowman und Cohen 1997).

Aus den hohen Verweildauern von CO_2 und anderen durch menschliche Aktivitäten freigesetzten Treibhausgasen ergeben sich zwingend der **globale Charakter des Treibhauseffekts** und der daraus resultierende Klimawandel. Dies unterscheidet die Wirkung des CO_2 und anderer Treibhausgase fundamental von regional wirksamen Substanzen mit kurzer Verweildauer in der Atmosphäre. Ein Beispiel für einen solchen Fall ist das Schwefeldioxid (SO_2), das für eine Ansäuerung des Niederschlags und Schäden an der Vegetation verantwortlich ist (Schulze et al. 1989), die aber auf regionaler bis kontinentaler Skala stark in Abhängigkeit von Emissionsquellen und Luftmassentransport variieren. Aufgrund der großräumigen Verteilung der Treibhausgase in der Atmosphäre erwärmt sich das Klima auch in Regionen, in denen die Emissionen von Treibhausgasen gering sind. Die Frage, ob ein an einem Ort beobachteter lokaler Erwärmungstrend Bestandteil der globalen Klimaerwärmung oder nur regionaler Natur sei, stellt sich somit in der Regel nicht, da prinzipiell die gesamte Erde dem Einfluss der gestiegenen Konzentration von Treibhausgasen unterliegt. Eine Ausnahme bilden Erwärmungstrends, die durch lokale Aerosolemissionen verursacht werden (Hauck et al. 2016).

Der **Wirkung der Treibhausgase** auf das Klima auch in Gebieten **fernab der Emissionsquellen** bildet eine wesentliche Grundlage für die **ethische Verpflichtung** der reichen Industrienationen, weniger wohlhabende Staaten bei der **Bewältigung der ökologischen, ökonomischen und sozialen Folgen** des Klimawandels zu unterstützen. Der relative Anteil einzelner Regionen an der Nutzung fossiler Energieträger hat sich seit Beginn der Industrialisierung verändert (Andres et al. 1999). In der jüngeren Vergangenheit ist insbesondere ein erhöhter Verbrauch fossiler Energieträger im asiatischen Raum zu verzeichnen (Akimoto et al. 2006; Gregg et al. 2008). Teilweise ist der Anstieg der dortigen CO_2-Emissionen auch die Folge der Auslagerung von industrieller Produktion aus anderen Ländern in die Region (Altenburg et al. 2008; Lin et al. 2014). Letzteres ist ein Aspekt, der bei der Bewertung von regionalen Rückgängen und Zuwächsen des CO_2-Ausstoßes mit bedacht werden muss. Eine Senkung nationaler CO_2-Emissionen durch Produktionsverlagerung ins Ausland verbessert zwar nationale Bilanzen, ist aber kein Beitrag zum globalen Klimaschutz.

1.4 Kohlenstoffsenken

Die Menge des vom Menschen seit Beginn der Industrialisierung in die Atmosphäre freigesetzten Kohlenstoffs wird für den Zeitraum von 1750 bis 2011 auf 555 Pg C ($=$ 555 Mrd. t) geschätzt (IPCC 2013). Von diesen 555 Pg C verblieb allerdings nur knapp die Hälfte (240 Pg C im Jahr 2011) dauerhaft in der Atmosphäre (■ Abb. 1.3b). Der verbleibende Kohlenstoff wurde jeweils zur Hälfte in den Ozeanen (155 Pg C) und in der Biomasse und im Boden (160 Pg C) festgelegt und so der Atmosphäre entzogen. Eine CO_2-Konzentration in der Atmosphäre von 1 ppm entspricht einem Kohlenstoffvorrat von 2,134 Pg C (Cook 2013). Dies bedeutet, dass der Kohlenstoffvorrat in Form von CO_2 von 593 Pg C (bei 278 ppm) bis 2016 um 267 Pg C auf 860 Pg C (bei 403 ppm) angewachsen ist (▶ Abschn. 1.2). Wäre der gesamte seit 1750 vom Menschen freigesetzte Kohlenstoff in der Atmosphäre verblieben, hätte die CO_2-Konzentration im Jahr 2011 bereits 538 ppm betragen.

Der **Festlegung von Kohlenstoff** in **terrestrischen Ökosystemen** steht die Freisetzung von 180 Pg C durch Landnutzungsänderungen seit 1750 gegenüber (vgl. ▶ Abschn. 1.2). Die gestiegene Senkenfähigkeit mancher vom Menschen wenig gestörter Ökosysteme erklärt sich durch eine erhöhte Photosyntheseleistung der Vegetation als Folge der gestiegenen atmosphärischen CO_2-Konzentration (Fernández-Martínez et al. 2019), höherer Temperaturen in mittleren bis hohen geographischen Breiten sowie durch eine im Wesentlichen von der Klimaerwärmung unabhängige verstärkte Stickstoffdeposition aus der Atmosphäre (Fung et al. 2005; IPCC 2013). Eine besonders große Bedeutung als Kohlenstoffsenke besitzen intakte **tropische Regenwälder** (Stephens et al. 2007), deren Fläche allerdings beständig abnimmt (Achard et al. 2002; Hansen et al. 2013). Daneben spielen **temperate und boreale Wälder** eine herausragende Rolle als Kohlenstoffsenken (Cao und Woodward 1998; Houghton 2003; Rödenbeck et al. 2003).

Die hohe Senkenfähigkeit der tropischen Wälder basiert auf ihrer hohen Produktivität (Kicklighter et al. 1999). Die **Nettoprimärproduktion** ist mit etwa 1000 bis 1800 g C m^{-2} a^{-1} (Field et al. 1998; Kicklighter et al. 1999; Grace et al. 2001) in den immerfeuchten Tropen so hoch wie in keinem anderen terrestrischen Biom (■ Abb. 1.4). Ein wesentlicher Grund hierfür ist die ganzjährige Vegetationsperiode. Die Produktivität sinkt mit abnehmender Jahresmitteltemperatur und abnehmendem Niederschlag. In den Wüsten und Tundren ist die Nettoprimärproduktion daher mit zumeist weniger als 150 g C m^{-2} a^{-1}, vielfach auch weniger als 50 g C m^{-2} a^{-1} am niedrigsten (Field et al. 1998). Entsprechend der hohen Nettoprimärproduktion sind in den Tropen auch die **oberirdischen Kohlenstoffvorräte in der Biomasse** besonders hoch (Cao und Woodward 1998). Sie werden aber in Teilregionen der feuchten Subtropen (Keith et al. 2009) und der temperaten Zone (Means et al. 1992; van Tuyl et al. 2005) noch überschritten.

Die **Atmung**, die der pflanzlichen Produktion in Hinblick auf ihren Beitrag zur Kohlenstoff-Senkenfähigkeit entgegenwirkt, steigt ebenfalls mit der Temperatur und dem Niederschlag (Rustad et al. 2001). Neben der Atmung der Produzenten selbst, die der Differenz zwischen Bruttoprimärproduktion (BPP) und Nettoprimärproduktion (NPP) entspricht, ist als weitere Komponente der Ökosystematmung die wesentlich von der Aktivität der Destruenten bestimmte **Bodenatmung** von entscheidender Bedeutung für die Kohlenstoffbilanz des Ökosystems. Von der Bilanz hängt ab, wie viel **Kohlenstoff im Boden** in organischer Form (*Soil Organic Carbon*, SOC) eingelagert bzw. in der Biomasse gespeichert wird oder aber durch die Atmung wieder in die Atmosphäre freigesetzt wird.

Die Bruttoprimärproduktion abzüglich aller ökosystemaren (autotrophen und heterotrophen) Atmungsprozesse ergibt die **Nettoökosystemproduktion** (*Net Ecosystem Production*, NEP), die die langfristige Zu- oder Abnahme des in Biomasse und Boden gebundenen

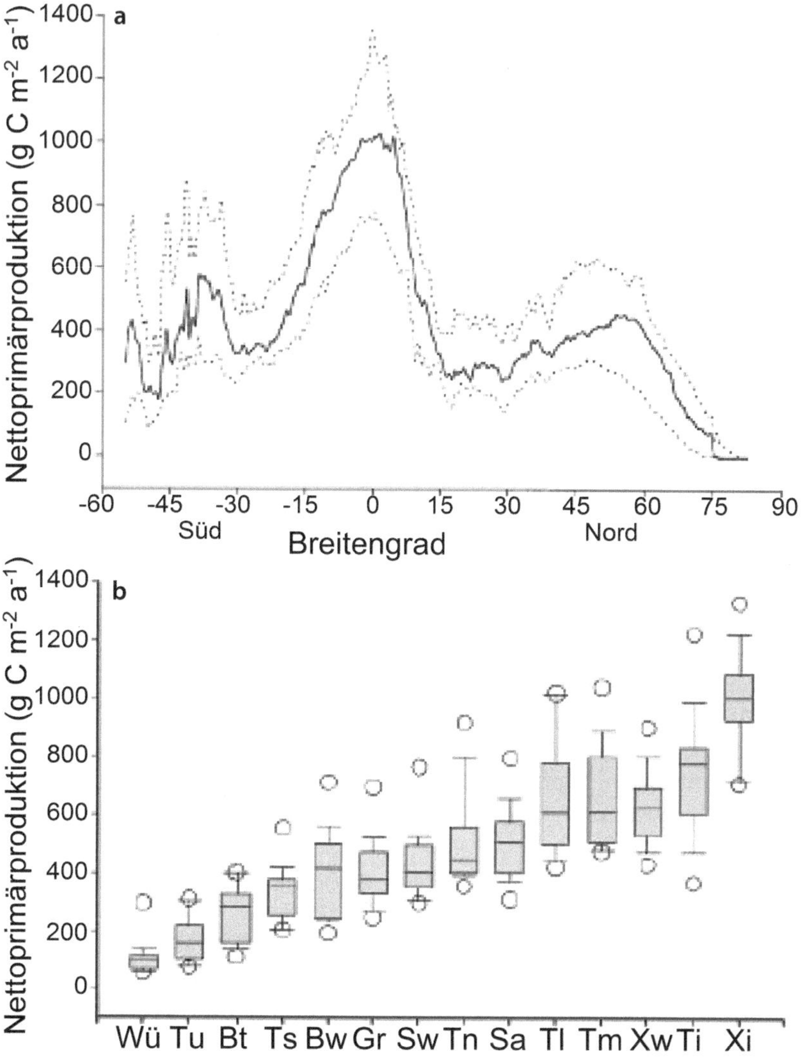

☐ Abb. 1.4   Nettoprimärproduktion (**a**) in Abhängigkeit vom Breitengrad und (**b**) in verschiedenen Biomen der Erde (Wü: Wüsten, Tu: Tundra, Bt: Waldtundra, Ts: Waldsteppen, Bw: boreale Wälder, Gr: Grasländer, Sw: subtropische Trockenwälder, Tn: temperate Nadelwälder, Sa: Savannen, Tl: laubwerfende temperate Laubwälder, Tm: temperate Mischwälder, Xw: laubwerfende tropische Wälder, Ti: immergrüne temperate Laubwälder, Xi: immergrüne tropische Wälder). (Nach Kicklighter et al. 1999, S. 16 f.)

Kohlenstoffs angibt. Wird der CO_2-Austausch zwischen Atmosphäre und Ökosystem im Hinblick auf die Kohlenstoff-Senkenfunktion von Ökosystemen betrachtet, ist der **Netto-CO_2-Austausch** (*Net Ecosystem CO_2 Exchange*, NEE) eine wichtige Kenngröße, wobei die Beziehung NEE = −NEP gilt.

Der **Netto-CO_2-Austausch** wird auch als die **CO_2-Bilanz** eines Ökosystems bezeichnet. In die **Nettoökosystem-Kohlenstoffbilanz** (*Net Ecosystem Carbon Balance*, NECB) werden nicht nur die CO_2-Flüsse, sondern auch andere Zu- und Abflüsse von Kohlenstoff ins und aus dem Ökosystem einbezogen. Solche Zu- und Abflüsse können zum Beispiel CH_4-Emissionen oder die Auswaschung organischer Verbindungen durch Versickerung und Oberflächenabfluss sein (Kindler et al. 2011). Neben den klimatischen Bedingungen entscheidet die **Nährstoffverfügbarkeit** darüber, ob assimilierter Kohlenstoff in Phytomasse umgewandelt wird oder bei Nährstoffmangel letztendlich veratmet wird (Loustau et al. 2001; Hessen et al. 2004; Fernández-Martínez et al. 2014).

Die **Permafrostgebiete** der Erde weisen die höchsten Gehalte an organischem Bodenkohlenstoff auf (Cao und Woodward 1998), da hier der organische Kohlenstoff im Permafrost konserviert ist bzw. da dessen Abbau in den darüberliegenden, im Sommer auftauenden Bodenschichten durch tiefe Temperaturen und oft auch Staunässe erschwert ist. In den mit Permafrost unterlegten polaren Wüsten, Tundren und borealen Wäldern der Nordhalbkugel lagern in 0 bis 3 m Bodentiefe insgesamt 1035 Pg C und damit etwa ein Drittel der globalen SOC-Vorräte (Schuur et al. 2015). In den Tundren und polaren Wüsten ist zwar der Abbau sehr gering, doch erfolgt hier im Vergleich zu den borealen Wäldern die Akkumulation von organischem Kohlenstoff im Boden durch die geringe Nachlieferung organischer Substanz infolge der geringen Produktivität der Vegetation sehr langsam.

In den **Tropen und feuchten Subtropen** verläuft der Abbau der organischen Substanz besonders schnell. Etwa 20 bis 30 % der globalen Bodenatmung entfallen auf diese Regionen (Raich et al. 2002; Bond-Lamberty und Thomson 2010). Resultierend aus der Bilanz von hoher pflanzlicher Produktion und schnellem Abbau liegen die Vorräte an organischem Bodenkohlenstoff in den Tropen und feuchten Subtropen in derselben Größenordnung wie in der temperaten Zone oder etwas darunter (Cao und Woodward 1998). Die globalen terrestrischen Vorräte an organischem Bodenkohlenstoff werden auf etwa 1500 Pg C in bis zu 1 m Bodentiefe (Kirschbaum 2000) und auf ca. 2300 bis 3100 Pg C in 0 bis 3 m Tiefe geschätzt (Jobbágy und Jackson 2000; Schuur et al. 2015).

Der Mensch greift durch die Freisetzung von CO_2 in die Atmosphäre und die damit verbundenen Effekte auf das globale Klima sowie durch Landnutzungsänderungen in den Kohlenstoffhaushalt der Ökosysteme der Erde ein. Die Klimaerwärmung und der Anstieg der atmosphärischen CO_2-Konzentration stimulieren grundsätzlich sowohl Produktion als auch Atmung, allerdings nur so lange, wie Wasser und Nährstoffe nicht begrenzend werden. Übersteigt die Zunahme der Atmung den Anstieg der Produktivität, wird die Senkenfähigkeit der Ökosysteme reduziert, oder die Ökosysteme wandeln sich sogar von einer **Kohlenstoffsenke zur -quelle** (Oechel et al. 1994; Schlesinger und Andrews 2000). Landnutzungsänderungen, insbesondere die Transformation von Wäldern zu Agrarland, führen in der Regel zu einer deutlich verringerten Kohlenstoffspeicherung und Senkenfähigkeit (Raich und Schlesinger 1992; IPCC 2013; Kotowska et al. 2015).

Im **Meer** wird CO_2 zunächst physikalisch gelöst und reagiert dann rasch zu Hydrogencarbonat (HCO_3^-) weiter (Feely et al. 2009). Pro Mol CO_2 wird dabei ein Mol Protonen freigesetzt, was zu einer **Ansäuerung** der Meere führt. Seit Beginn der Industrialisierung ist der mittlere pH-Wert des Meerwassers, der ursprünglich bei 8,2 lag, bereits um etwa 0,1 Einheiten gesunken (Orr et al. 2005). Dadurch verschiebt sich das Gleichgewicht von HCO_3^- und **Carbonat (CO_3^{2-})** in Richtung des HCO_3^-, sodass trotz der erhöhten CO_2-Aufnahme ins Meerwasser die absolute Konzentration an CO_3^{2-} sinkt. Sinkende CO_3^{2-}-Konzentrationen stellen ein Problem für Kalkschalen bildende Meeresbewohner dar, die bei weiter absinkendem pH-Wert des Meerwassers gefährdet sind (Orr et al. 2005; Doney et al. 2009).

Die **Nettoprimärproduktion der Meere** ist, wenn sie auf die Fläche bezogen wird, gering (Field et al. 1998). Die offenen Ozeane weisen überwiegend eine Nettoprimärproduktion von 50 bis 100 g C m^{-2} a^{-1} auf, ein Wert, der an Land außer in den Halbwüsten- und Wüstengebieten und in Teilen der Polargebiete überall deutlich überschritten wird. Neben dem Licht limitiert in den Ozeanen vor allem die Verfügbarkeit von Stickstoff und von Eisen, das die biologische Stickstoff-Fixierung durch Cyanobakterien begrenzt, die Produktivität (Capone et al. 1997; Falkowski 1997; Jickells et al. 2005). In Regionen mit erhöhter Nährstoffverfügbarkeit, nämlich den Auftriebsgebieten tiefer Wassermassen und den Ästuaren großer Flüsse, wird in den temperaten bis kalten Breiten meist eine Nettoprimärproduktion von 200 bis 400 g C m^{-2} a^{-1} erreicht, in den Tropen lokal von über 1000 g C m^{-2} a^{-1} (Field et al. 1998). Gebiete mit hoher Nettoprimärproduktion haben in den Ozeanen jedoch einen viel kleineren Flächenanteil als an Land. An Land überschreitet die Nettoprimärproduktion auf einem Viertel der eisfreien Fläche 500 g C m^{-2} a^{-1}, im Meer dagegen auf nur 1,7 % der Fläche.

Die **Summe der jährlichen Nettoprimärproduktion** im Meer ist trotz der im Allgemeinen geringen Produktivität pro Flächeneinheit aufgrund des Flächenanteils von 70 % an der Erdoberfläche hoch. In den Ozeanen beträgt die gesamte Nettoprimärproduktion 45 bis 50 Pg C a^{-1} (Falkowski et al. 1998; Field et al. 1998); an Land wird sie auf 55 bis 57 Pg C a^{-1} geschätzt (Cao und Woodward 1998; Field et al. 1998; Nemani et al. 2003). Im Hinblick auf den möglichen Beitrag zur Abreicherung von CO_2 aus der Atmosphäre unterscheidet sich die marine Nettoprimärproduktion allerdings gravierend von der der Landpflanzen. Während der Kohlenstoff, der von Landpflanzen assimiliert wird, oft über viele Jahre oder Jahrzehnte in der Biomasse oder im Boden festgelegt ist (Schimel et al. 1994; Bird et al. 1996), haben die marinen Primärproduzenten meist nur eine kurze Lebensdauer (Field et al. 1998). Etwa 90 % der Jahresnettoprimärproduktion des marinen Phytoplanktons wird noch im selben Jahr durch Herbivoren oder Destruenten umgesetzt (Duarte und Cebrián 1996). Die Kurzlebigkeit des Planktons ist auch ein maßgeblicher Grund für den begrenzten Erfolg von Eisen-Düngungsexperimenten zur Erhöhung der Kohlenstoff-Festlegung im Meer (Boyd et al. 2000; Aumont und Bobb 2006). Allerdings sinkt in den Ozeanen ein Teil der toten organischen Substanz in große Tiefen ab und wird dort langfristig in Sedimenten gespeichert (*Biological Pump*, Ducklow et al. 2001).

1.5 Globale und regionale Trends des Klimawandels

1.5.1 Temperatur

Der Kenntnisstand zur globalen Erwärmung und zu ihren Ursachen wird regelmäßig vom Intergovernmental Panel on Climate Change (IPCC) zusammengefasst (IPCC 2013), ist über das Internet frei zugänglich und soll daher hier nur knapp skizziert werden. Die Angaben zu Temperaturtrends auf der Erde fußen im Kern auf drei verschiedenen instrumentenbasierten Datenbanken, die sich in ihren Datensätzen und Berechnungsmethoden unterscheiden (◘ Abb. 1.5). Im **HadCRUT**-Datensatz sind Daten zur Oberflächentemperatur der Ozeane, die vom Hadley Centre des britischen Wetterdienstes bereitgestellt werden, mit Temperaturdaten von Land der Climate Research Unit der University of East Anglia kombiniert. HadCRUT basiert auf einem Gitternetz von 5° × 5°; Gitterzellen ohne Datenpunkte werden nicht aufgefüllt (Morice et al. 2012; Cowtan und Way 2014). In der Merged-Land-Ocean-Surface-Temperature **(MLOST)**-Analyse der National Oceanic and Atmospheric Administration (NOAA) werden die Temperaturwerte für die Meeresoberfläche in begrenztem Umfang durch Satellitendaten ergänzt (Vose et al. 2012). Die Daten werden auch hier für Gitterzellen von 5° × 5° gemittelt. Statt MLOST wird heute von der NOAA die Bezeichnung **NOAAGlobalTemp** verwendet. Im Modell des NASA

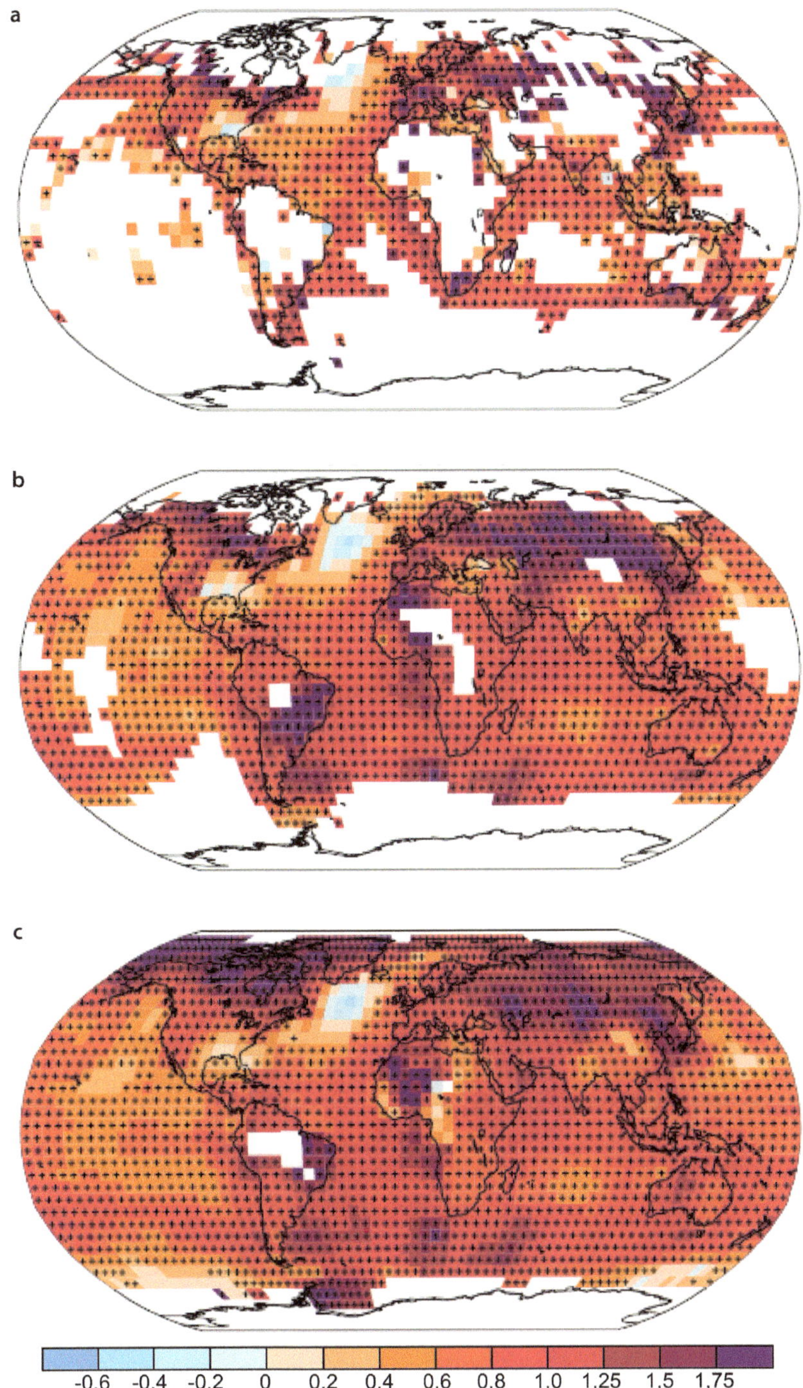

◨ Abb. 1.5 Regionale Trends der Lufttemperatur (Anomalien in Kelvin) von 1901 bis 2012 basierend auf (**a**) dem HadCRUT4-, (**b**) dem MLOST- und (**c**) dem GISS-Datensatz. (Nach IPCC 2013, S. 193)

1

Goddard Institute for Space Studies **(GISS)**, in dem die Temperaturdaten mit einer Auflösung von 2° × 2° dargestellt sind, erfolgen umfangreiche Korrekturen unter Verwendung von Satellitendaten der nächtlichen Helligkeit, die der lokalen Erwärmung durch Siedlungen Rechnung tragen (Hansen et al. 2010).

Ungeachtet der unterschiedlichen (hier in den Einzelheiten nicht dargestellten) Berechnungsmethoden und Datensätze von HadCRUT, MLOST und GISS unterscheiden sich deren Ergebnisse zum globalen Temperaturtrend nur wenig (IPCC 2013, S. 192, dort Abb. 2.19). Die **Lufttemperatur** (in ca. 1,5 m Höhe) ist über Land im **globalen Mittel** von **1901 bis 2012 um 0,89 K** (oder 0,08 K pro Dekade) angestiegen. In der zweiten Hälfte des 20. Jahrhunderts war dieser Trend besonders stark ausgeprägt mit einer Erwärmung um 0,72 K (oder 0,12 K pro Dekade) von 1951 bis 2012 (IPCC 2013).

Die **Erwärmung** ist allerdings **kein stetiger Vorgang** mit kontinuierlichem oder sich gar beständig steigerndem Temperaturanstieg, sondern war phasenweise unterbrochen oder abgeschwächt. Es gab eine kühlere Phase von den 1940er- bis Anfang der 1970er-Jahre (genauer: von 1943–1975) mit rückläufiger und dann stagnierender globaler Mitteltemperatur, die einer Phase mit deutlichem Temperaturanstieg seit den 1920er-Jahren folgte (Trenberth 2015). **Seit Mitte der 1970er-Jahre** setzte ein **starker Temperaturanstieg** ein, der vielen in der Umwelt beobachtbaren Klimafolgen maßgeblich zugrunde liegt. Nachdem 1998 noch das bis dahin wärmste Jahr in den instrumentellen Klimadaten darstellte, hat sich die Erwärmung im Anschluss im Zeitraum von **1998 bis 2013** wieder **verlangsamt**. In die englischsprachige Literatur ist diese Phase, die aber wohlgemerkt keine Abkühlung, sondern lediglich eine Verminderung der Erwärmungsrate darstellt, als *Global Warming Hiatus* eingegangen. Nach 2013 hat sich die Klimaerwärmung wieder rasant beschleunigt. Die Jahre **2014 bis 2017** waren bis dato die **wärmsten Jahre** seit Ende des 19. Jahrhunderts, einer Periode,

aus der schon eine ausreichende Zahl von Klimamessungen vorliegt, die eine solche Auswertung erlauben (◘ Abb. 1.6). Trotz der Verlangsamung des Temperaturanstiegs nach 1998 war die 30-Jahres-Periode 1983 bis 2012 vermutlich wärmer als sämtliche 30-Jahres-Intervalle der letzten 1400 Jahre (IPCC 2013). Die 10 wärmsten Jahre seit 1880 lagen allesamt im Zeitraum von 1998 bis 2018; die 5 wärmsten Jahre im Zeitraum von 1880 bis 2018 waren nach Berechnungen der US-amerikanischen National Oceanic and Atmospheric Administration (NOAA) die Jahre 2014 bis 2018.

Die kühlere Phase Mitte des 20. Jahrhunderts wird mit der **globalen Verdunkelung** durch anthropogene Emissionen von Sulfat-Aerosolen in Verbindung gebracht (▶ Abschn. 1.2). Als Hauptursache für die vorübergehende Verlangsamung der globalen Erwärmung von 1998 bis 2013 sind die atmosphärischen und ozeanischen Zirkulationssysteme von **El Niño und der Südlichen Oszillation (ENSO)** zu sehen, die das Klima in den tropischen Breiten des Pazifiks und über **Telekonnektionen** weit darüber hinaus prägen (▶ Abschn. 1.6.2). In den Jahren 1997/1998 trat ein besonders starkes El-Niño-Ereignis auf, in dessen Verlauf sich der östliche Pazifik stark erwärmt hat. Diesem El Niño folgte von 1998 bis 2000 eine starke Abkühlung oberflächennaher Wasserschichten durch aufströmendes Tiefenwasser vor der südamerikanischen Pazifikküste (La Niña). Durch dieses kalte Tiefenwasser wurde in der Folge sehr viel Wärme aus der Atmosphäre aufgenommen. Dieser Prozess wird heute von den meisten Autoren als die Hauptursache für die Verlangsamung der Erwärmung von 1998 bis 2013 gesehen (Guemas et al. 2013; Kosaka und Xie 2013; Watanabe et al. 2014; Trenberth 2015). In den Jahren 2014 bis 2016 trat erneut ein sehr starkes El-Niño-Ereignis auf (Zhai et al. 2016), das den Anstieg der globalen Mitteltemperatur wieder beschleunigt hat. Inwieweit auch die Reduktion der **FCKW-Emissionen** und ein verlangsamter Anstieg der **CH$_4$-Emissionen** (▶ Abschn. 1.2)

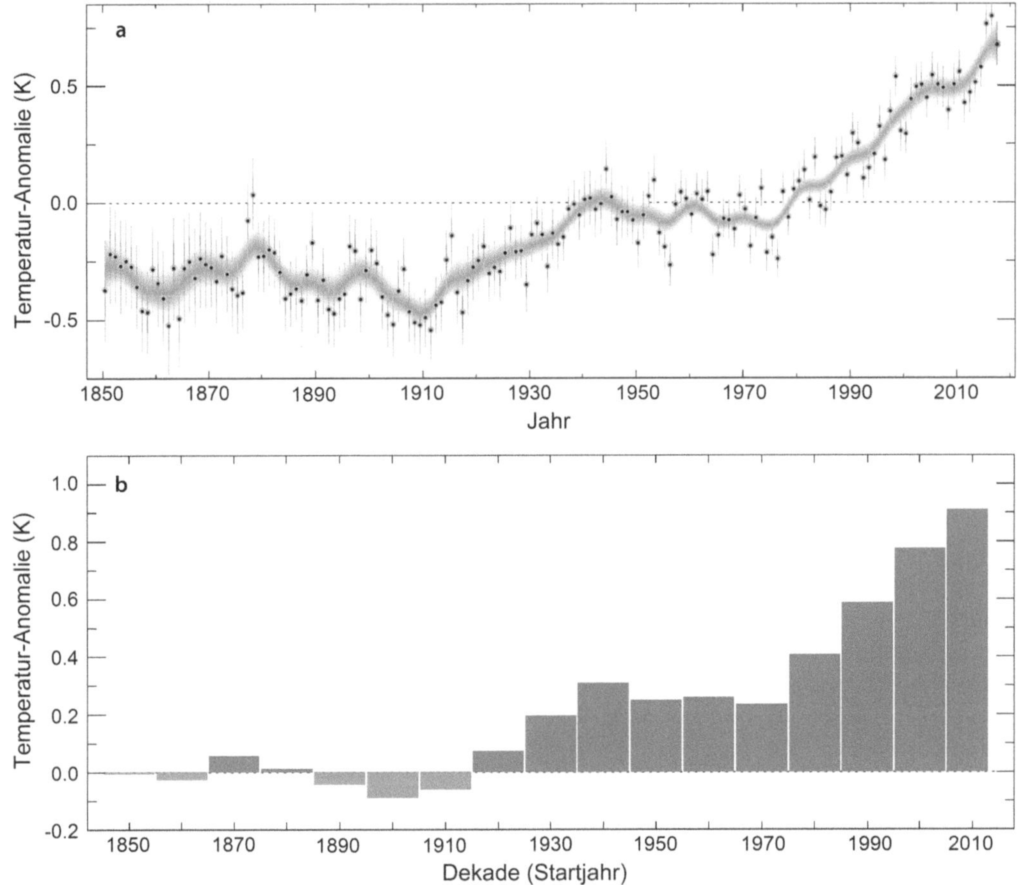

◘ Abb. 1.6 Globale Mitteltemperatur von 1850 bis 2017 nach dem HadCRUT4-Datensatz: (a) Temperaturanomalie bezogen auf den Mittelwert des Zeitraums 1961 bis 1990, (b) dekadische Mittel für die Temperaturanomalie bezogen auf den Mittelwert des Zeitraums 1850 bis 1900. (Nach Tim Osborn: HadCRUT4 global temperature graphs; ▶ www.cru.uea.ac.uk)

einen quantitativ bedeutsamen Beitrag zur vorübergehenden Verlangsamung der Erwärmung der Atmosphäre geleistet haben (Estrada et al. 2013), ist nicht abschließend geklärt.

Das Ausmaß der Erwärmung ist regional stark unterschiedlich (IPCC 2013). Besonders starke **regionale Erwärmungstrends** finden sich in der Arktis (Box 2002) und im Bereich der Antarktischen Halbinsel (Vaughan et al. 2003), im nördlichen Nordamerika in einem Band von Alaska bis zum Sankt-Lorenz-Strom, im südlichen Sibirien und Innerasien, im brasilianischen Savannengebiet sowie in Teilen Nordwestafrikas (◘ Abb. 1.5). Die ausgeprägten regionalen Unterschiede in den Erwärmungstrends sind nicht primär das Resultat der durchaus vorhandenen räumlichen Variabilität der Konzentration von Treibhausgasen in der Atmosphäre (Nakazawa et al. 1991; Geller et al. 1997), sondern werden in erster Linie durch die Verteilung von Kontinentalmassen, Eisflächen und Gebirgssystemen sowie Luft- und Meeresströmungen und die lokalen Feuchteverhältnisse verursacht (Giorgi 2006).

1.5.2 Wasserkreislauf

Die Klimaerwärmung übt einen starken Einfluss auf den Wasserkreislauf der Erde aus. Der **Wasserdampfgehalt** der Atmosphäre steigt mit zunehmender Erwärmung an, da die Luft mit steigender Temperatur mehr Wasser aufnehmen kann. Im globalen Mittel ist der Wasserdampfgehalt der unteren Troposphäre von 1973 bis 2012 um 3,5 % angestiegen, was auf einen Anstieg der Temperatur um 0,5 K in diesem Zeitraum zurückzuführen ist und mit einer konstant gebliebenen relativen Luftfeuchte im Einklang steht (IPCC 2013). Nimmt die Luft mehr Wasserdampf auf, können im Anschluss auch größere Mengen als Niederschlag wieder abgegeben werden. Dadurch haben **Starkregenereignisse** und in der Folge **Überschwemmungen** seit Mitte des 20. Jahrhunderts weltweit zugenommen (IPCC 2013). Hierbei ist bedeutsam, dass die **Dampfdruckkurve** des Wassers, die die **Temperaturabhängigkeit** des Übergangs von flüssig zu gasförmig und umgekehrt im Phasendiagramm beschreibt, einem **exponentiellen Verlauf** folgt. Bei gleichbleibendem Jahresniederschlag sinkt der Anteil des von der Vegetation nutzbaren Niederschlagswassers und steigt der Oberflächenabfluss, wenn der Niederschlag über das Jahr hin zu weniger Niederschlagsereignissen mit dafür größeren Niederschlagsmengen umverteilt wird. Das bedeutet, dass auch in Regionen mit gleichbleibendem Jahresniederschlag im Zuge des Klimawandels weniger pflanzenverfügbares Wasser zur Verfügung stehen kann.

Im Mittel gab es über den Landflächen der Erde weder seit Beginn des 20. Jahrhunderts (Bezugszeitraum 1901–2008) noch seit Mitte des 20. Jahrhunderts (1951–2008) eine signifikante Veränderung des **Jahresniederschlags**, wie fehlende oder sich widersprechende Trends in den Studien von Smith et al. (2012), Becker et al. (2013) und IPCC (2013) zeigen. Nur für die extratropischen Regionen der Nordhalbkugel gehen alle diese Arbeiten von einer Zunahme des Niederschlags aus. Zwischen 30° N und 60° N variieren die Schätzungen für die Zunahme des Jahresniederschlags von 1 bis 4 mm pro Dekade für den Zeitraum von 1901 bis 2008 bzw. von 1 bis 1,5 mm pro Dekade im Zeitraum von 1951 bis 2008. Nördlich von 60° N, wo ausreichende Daten erst für den Zeitraum ab 1951 zur Verfügung stehen, streuen die Schätzungen für die Zunahme des Jahresniederschlags aufgrund der dort schlechteren Datengrundlage mit etwa 0,5 bis 6 mm pro Dekade stärker. Ungeachtet der globalen und überregionalen Trends gibt es **regional starke Zu- und Abnahmen des Jahresniederschlags**.

Der **Schneefall** ist in vielen Gebieten der Nordhalbkugel mit steigenden Wintertemperaturen zurückgegangen (IPCC 2013). Je nach Region sinkt der Schneefall zusammen mit dem Jahresniederschlag (Takeuchi et al. 2008), oder es findet eine Verringerung des Anteils des Schnees am Gesamtniederschlag statt (Knowles et al. 2006; Serquet et al. 2011). Es gibt jedoch auch Gebiete mit steigendem Schneefall, etwa im nördlichen Kanada oder in den westlichen Great Plains (Kunkel et al. 2009). Im größten Schneefallgebiet der Südhalbkugel, der Antarktis, wurde bisher kein dauerhafter, den gesamten Kontinent umfassender Trend zu einer Zu- oder Abnahme des Niederschlags beobachtet (Monaghan et al. 2006).

Die **Dauer der Schneebedeckung** ist insbesondere an den maritim beeinflussten Rändern der Kontinente der Nordhemisphäre mittlerer geographischer Breite zurückgegangen (Brown und Mote 2009). Hier wirken Veränderungen im Schneefall und ein rascheres Abtauen durch erhöhte Wintertemperaturen zusammen. Weit weniger sensitiv auf die Klimaerwärmung reagiert dagegen die Länge der Schneebedeckung in den winterkalten, kontinentalen Zentren Eurasiens und Nordamerikas, wo der Einfluss der Temperatur auf den Erhalt der Schneedecke geringer ist und der der Schneefallmenge dominiert.

Auf den Landflächen der Erde werden über die **Evapotranspiration** 60 % des Niederschlags wieder in die Atmosphäre verdunstet (Oki und Kanae 2006). Hierfür wird mehr als die Hälfte der von den Landmassen absorbierten Strahlungsenergie aufgewendet (Trenberth et al. 2009). Die jährliche tatsächliche Evapotranspiration hat über Land von 1982 bis 1997 um 7,1 mm pro Dekade zugenommen (Jung et al. 2010). Nach dem El-Niño-Ereignis von 1998 war dagegen das Jahresmittel der tatsächlichen Evapotranspiration zurückgegangen ($-7,9$ mm pro Dekade von 1998–2008). Jung et al. (2010) erklären dies durch einen starken Rückgang der **Bodenfeuchte** auf der Südhalbkugel, insbesondere in Australien und Afrika. Es ist derzeit noch unklar, ob diese Rückgänge in Bodenfeuchte und Evapotranspiration das Resultat einer periodischen Schwankung oder eines langfristigen Prozesses sind. Die vorhandene Datengrundlage an Bodenfeuchtemesswerten ist in den meisten Regionen zu dünn, um substanziell zur Klärung dieser Frage beitragen zu können (Entin et al. 2000; Robock et al. 2010). Eine dauerhafte Reduktion der Bodenfeuchte ließe dramatische Folgen für die betroffenen Ökosysteme erwarten. Dessen ungeachtet ist mit fortschreitender Klimaerwärmung eine zunehmende Verringerung des **Verhältnisses von Niederschlag zu potenzieller Evapotranspiration** über Land zu erwarten (Feng und Fu 2013; Sherwood und Fu 2014). Dieses Verhältnis ist relevanter als die Entwicklung des Niederschlags selbst, da sich selbst bei steigendem Niederschlag die Wasserversorgung der Vegetation verschlechtern kann, wenn die potenzielle Evapotranspiration entsprechend zunimmt (D'Arrigo et al. 2004).

Die Klimaerwärmung steigert wahrscheinlich die **Intensität von Trockenperioden** (Trenberth et al. 2014) und die **räumliche Ausdehnung** von Dürreereignissen (Prudhomme et al. 2014). Frühere Annahmen, dass sich die Klimaerwärmung auch in einer globalen Zunahme der Häufigkeit von Trockenperioden auswirkt (IPCC 2007; Dai 2013), sind hingegen nach derzeitigem Kenntnisstand nicht mehr haltbar (Sheffield et al. 2012; van der Schrier et al. 2013).

Der Wasseraustausch zwischen **Ozean und Atmosphäre** ist naturgemäß sehr viel schlechter erfasst als der über Land, obwohl weltweit mehr als drei Viertel des Niederschlags und 85 % der Evaporation über dem Meer auftreten (Schmitt 2008; IPCC 2013). In Gebieten mit hoher Evaporation (v. a. in den Subtropen) hat die **Salinität** der Meere zugenommen. Umgekehrt führen hohe Niederschläge und abschmelzende Eismassen insbesondere in den Tropen und den Polargebieten zu abnehmendem Salzgehalt (Trenberth et al. 2007; IPCC 2013). Die durch Temperatur- und Salinitätsunterschiede angetriebenen Meeresströmungen sind mit der atmosphärischen Zirkulation gekoppelt. Der **Meeresspiegel** ist im globalen Mittel von 1901 bis 2010 um 19 cm angestiegen (IPCC 2013). Die Rate des Anstiegs lag von 1993 bis 2010 mit 3,2 mm a^{-1} deutlich über der im Zeitraum von 1901 bis 2010 (1,7 mm a^{-1}). Dieser Anstieg ist sowohl auf die thermische Ausdehnung des Wasserkörpers durch die Klimaerwärmung als auch auf das Abschmelzen von Eismassen zurückzuführen.

1.5.3 Permafrost

Ein Viertel der Böden der Landoberfläche der Erde sind **Permafrostböden** (Steven et al. 2006). Der Permafrost kann mehrere 100 m mächtig sein, im Extremfall 1000 bis 1500 m (Bockheim 1995). Weltweit wird die Landfläche mit Permafrost auf 13 bis 18 Mio. km^2 geschätzt (Gruber 2012). Gebiete, die von Eisschilden bedeckt sind, sind in diese Schätzung nicht eingeschlossen. Fast die gesamte so definierte Landfläche mit Permafrost befindet sich auf der Nordhalbkugel nördlich von 60° N. Auf der Südhalbkugel werden außerhalb der Antarktis nur etwa 18.000 bis 19.000 km^2 von Permafrostböden eingenommen.

Über 60 % der Permafrostfläche gehören zum **kontinuierlichen Permafrost**, bei dem mindestens 90 % der Landfläche Permafrost aufweisen (Zhang et al. 2000). Der kontinuierliche Permafrost dringt auf der Nordhalbkugel südlich bis zum Baikalsee, das Altaigebirge, die Nordmongolei, das Hochland von Tibet und bis zum Südrand der Hudson-Bay in Kanada vor (Guodong und Dramis 1992; Zhang et al. 1999; Cheng und Wu 2007). Die restliche dauerhaft gefrorene Landfläche verteilt sich auf den **diskontinuierlichen Permafrost** (50–90 % der Fläche mit Permafrost: über 20 % der globalen Vorkommen von Permafrostböden) sowie zu geringen Anteilen auf **sporadischen** (10–50 % Permafrost) und **isolierten Permafrost** (weniger als 10 % Permafrost) (Zhang et al. 2000). In Gebieten mit diskontinuierlichem Permafrost ist der Boden auf sonnenexponierten Hängen eisfrei, wohingegen im Bereich des kontinuierlichen Permafrostes sonnige (auf der Nordhalbkugel südexponierte) Hänge eine geringere Permafrostmächtigkeit aufweisen als schattige Hänge (Bonan und Shugart 1989).

Permafrost beschränkt zwar die **Durchwurzelbarkeit** des Bodens, ist aber bedeutsam für die Wasserversorgung der Vegetation. Das oberflächliche Schmelzen des Permafrosts im Sommer und die sich dadurch ausbildende **Auftauschicht** *(Active Layer)* stellen eine wichtige **Wasserquelle** für die Pflanzen gerade in trocken-heißen Phasen der Vegetationsperiode dar (Sugimoto et al. 2002). Die Klimaerwärmung verstärkt das Auftauen des Permafrosts, was kurzfristig eine Verbesserung der Wasser- und Nährstoffversorgung, langfristig aber eine Verringerung der Permafrostfläche und damit in der Regel eine Verschlechterung der Wasserversorgung mit sich bringt.

Ein verstärktes **Abtauen von Permafrost** bei steigenden Lufttemperaturen lässt sich seit Ende des 20. Jahrhunderts beobachten (Payette et al. 2004; Camill 2005). Die Temperaturen in sehr kalten Permafrostböden sind dabei stärker angestiegen als in Permafrostböden mit weniger tiefem Frost (IPCC 2013). Modellrechnungen gehen bis zum Ende des 21. Jahrhunderts auf der Nordhalbkugel von einem weitgehenden Rückzug des Permafrosts auf Nordostsibirien, Nordkanada und Grönland aus (Anisimov und Nelson 1996; Stendel und Christensen 2002; Lawrence und Slater 2005). Das Abtauen des Permafrosts führt in Form einer positiven Rückkopplung zu einer **Verstärkung der Klimaerwärmung**, da vom Permafrost ein bedeutender Anteil des Energieüberschusses aus der Strahlungsbilanz im Boden gebunden wird (Eugster et al. 2000). Nach Abtauen des Permafrosts verringert sich somit der Bodenwärmestrom, und es erhöhen sich der Fluss an fühlbarer Wärme und somit die Lufttemperatur.

Der Rückzug des Permafrosts hat umfassende **hydrologische und geomorphologische Auswirkungen**. Da wegen der Dichteanomalie des Wassers das Auftauen des Permafrosts mit einer Volumenkontraktion verbunden ist, kommt es häufig zu einem Absinken der Geländeoberfläche **(Thermokarst)**. Eine Fläche von 3,6 Mio. km^2 – das entspricht 20 % der zirkumpolaren Permafrostregion der Nordhemisphäre – ist von Thermokarst betroffen (Olefeldt et al. 2016). Durch Thermokarst werden zunächst Staunässe und die Bildung von Senken und Seen gefördert (Payette et al. 2004). In überstauten Senken mit Torfbildung kann es durchaus wieder zur Neubildung von Permafrost kommen, wenn tief im Boden noch Reste von Permafrost vorhanden sind (Jorgenson et al. 2006). Vollständiges Abtauen führt hingegen auf Dauer zu besser drainierten Böden und dem Verschwinden von überstauten Bereichen (Yoshikawa und Hinzman 2003; Smith et al. 2005). Das Tauen von Permafrost kann auch Felsformationen destabilisieren, wie das vermehrte Auftreten von Felsstürzen in den Alpen während der europäischen Hitzewelle im Sommer 2003 andeutet (Gruber et al. 2004).

Im Permafrost finden sich große Mengen an **Kohlenstoff**, die teilweise dort bereits im **Pleistozän** festgelegt worden sind (Tarnocai et al. 2009; Schuur et al. 2015).

Dementsprechend kritisch für die globale Kohlenstoffbilanz ist der Einfluss der Klimaerwärmung auf den Permafrost zu bewerten. Durch das **Abtauen** von Permafrostböden wird der dort konservierte organische Kohlenstoff zunehmend verstoffwechselt (Schuur et al. 2008) und entweder direkt zu CO_2 **veratmet** (Dutta et al. 2006; Pautler et al. 2010) oder unter staunassen, anaeroben Bedingungen als CH_4 **freigesetzt** (Christensen et al. 2004; Knoblauch et al. 2018), das dann allerdings an der Bodenoberfläche teilweise von aeroben methanotrophen Bakterien weiter zu CO_2 umgesetzt wird (Liebner et al. 2009). Massenverlagerungen der tauenden Böden leisten zusätzlich zum Auftauen selbst einen weiteren Beitrag zur Kohlenstoff-Freisetzung aus dem Permafrost (Cassady et al. 2016). In der **Nettokohlenstoffbilanz** wirkt sich ein Abtauen von Permafrost nicht unbedingt zu jedem Zeitpunkt negativ aus. Schuur et al. (2009) fanden bei Untersuchungen in der Tundra Alaskas heraus, dass um 40 % erhöhte Kohlenstoffverluste in den ersten 15 Jahren nach Einsetzen des Auftauens des Permafrosts durch die daraufhin gesteigerte Produktivität der Vegetation nicht nur kompensiert, sondern sogar übertroffen wurden. Bereits länger aufgetaute Böden verloren jedoch erheblich mehr Kohlenstoff, als durch die Vegetation fixiert wurde.

Es gibt auch **marinen Permafrost** aus gefrorenem Salzwasser im Bereich der **Kontinentalschelfe** an den Küsten des Nordpolarmeeres und der Antarktis (Guglielmin und Dramis 1999; Romanovskii und Hubberten 2001; Romanovskii et al. 2004). Aus dem marinen Permafrost werden in nennenswertem Ausmaß CH_4**-Gasblasen** freigesetzt. Für den Kontinentalschelf Ostsibiriens schätzten Shakova et al. (2014), dass täglich zwischen 100 und 630 mg CH_4 m^{-2} aus dem Permafrost ins Wasser austreten. Dieser Prozess läuft zwar schon seit Beginn des Holozäns ab, verstärkt sich aber mit zunehmender Erwärmung des Nordpolarmeeres.

1.6 Atmosphärische Zirkulation und ihre Beeinflussung durch die Klimaerwärmung

1.6.1 Grundlagen und Einfluss der Klimaerwärmung auf Extremwetterlagen

Die Dynamik der Troposphäre wird durch einige große geographische Gebiete der Erde umfassende Zirkulationssysteme bestimmt, die über atmosphärisch-ozeanische Wechselwirkungen in unterschiedlichem Maß mit der ozeanischen Zirkulation verknüpft sind. Die mittlere planetare Zirkulation in der Troposphäre kann vereinfacht durch ein Drei-Zellen-Modell beschrieben werden. Dabei existieren pro Hemisphäre jeweils drei Zellen: die tropisch-subtropische Hadley-Zelle, die Polarzelle und die von diesen beiden Zirkulationssystemen abhängige, thermisch inaktive Ferrel-Zelle. Letztere transportiert in der Höhe Energie zum Äquator, wohingegen die Höhenwinde der Hadley- und Polarzellen dem Energiegefälle vom Äquator zu den Polen folgen.

Die **Hadley-Zelle** bezeichnet die Luftzirkulation, die durch den Aufstieg warmer, feuchter Luftmassen bis zur Tropopause im Bereich der äquatornahen **innertropischen Konvergenzzone** ausgelöst wird. Von dort fließen die Luftmassen in der Höhe nach Norden und Süden ab und kühlen sich allmählich ab, bis sie schließlich etwa bei 30° N bzw. 30° S in die bodennahe Troposphäre absinken, wodurch sich dort stabile Hochdruckgebiete in Form der **subtropischen Hochdruckgürtel** formen. Als Nordost- bzw. Südostpassat, durch die Coriolis-Kraft in westlicher Richtung abgelenkt, fließen die Luftmassen anschließend in Bodennähe zum Äquator zurück. Die Hadley-Zelle (und damit das tropische Klima) hat sich seit 1979 um 0,5 Breitengrade pro Dekade in Richtung der beiden Pole ausgebreitet (Staten et al. 2018). Es ist davon auszugehen, dass die gestiegene

Konzentration von Treibhausgasen einen Beitrag zur **Ausweitung der Hadley-Zelle** geleistet hat. Der relative Beitrag im Vergleich zu anderen Faktoren (z. B. stratosphärischer Ozonabbau sowie vulkanische und anthropogene Aerosole) kann derzeit aber noch nicht zuverlässig quantifiziert werden (Staten et al. 2018).

Die Luftmassen im Bereich der Pole kühlen stark ab, sinken deswegen nach unten und erzeugen dort stabile polare Hochdruckgebiete. Die bodennahen Luftmassen fließen (durch die Coriolis-Kraft zu Ostwinden abgelenkt) von den Polen in die höheren Mittelbreiten und erwärmen sich dabei so weit, dass sie im Bereich von 60° N bzw. 60° S aufsteigen und wieder zu den Polen zurückfließen. Dadurch wird die **Polarzelle** angetrieben.

Der Wärmetransport von den Subtropen zur Südgrenze der polaren Kaltluft, der **Polarfront**, erfolgt im Bereich der **Ferrel-Zelle**. Die Strömungsrichtung ist gegenläufig zu Polar- und Hadley-Zelle, da in der Ferrel-Zelle die bodennahe Luft polwärts fließt (und wegen der Coriolis-Kraft zu Westwinden abgelenkt wird), während in den beiden anderen Zellen die bodennahen Luftmassen in Richtung Äquator strömen. Die Strömung in der Ferrel-Zelle ist instabiler, und die Zelle ist weniger deutlich ausgeprägt als Polar- und Hadley-Zelle. An der Polarfront steigen Luftmassen generell auf und in den Subtropen bei 30° N bzw. 30° S dagegen ab. Das Drei-Zellen-Modell ist in der hier skizzierten Form ein stark vereinfachtes Schema der allgemeinen Zirkulation der Atmosphäre. Insbesondere im Bereich der Ferrel-Zellen sind die realen Verhältnisse deutlich komplexer; die Zellen setzen sich aus verschiedenen, nicht breitengradparallel verlaufenden Wettersystemen zusammen (Brönnimann 2018).

Etwa auf Höhe der Tropopause bilden sich an den nördlichen und südlichen Grenzen der Ferrel-Zelle die **Strahlströme** oder **Jetstreams**. Dies sind Starkwindbänder von einigen hundert Kilometern Ausdehnung in horizontaler und wenigen Kilometern in

vertikaler Richtung, die durch den Druckgradienten von warmen zu kalten Luftmassen entstehen und durch die Coriolis-Kraft zu Westwinden abgelenkt werden. Ganzjährig und am stärksten ausgeprägt sind die polaren Strahlströme im Bereich der Polarfront. Die subtropischen Strahlströme an der Grenze von Ferrel- und Hadley-Zelle sind aufgrund der geringeren Temperaturunterschiede schwächer und oft nur im Winter ausgebildet.

Die Strahlströme haben einen wellenförmigen Verlauf in West-Ost-Richtung. Die planetarischen Wellen oder **Rossby-Wellen** pflanzen sich nach Osten mit geringerer Geschwindigkeit als die Strömungsgeschwindigkeit der Luftmassen fort. Aufgrund der ungleichen Verteilung von Land- und Wassermassen und kontinentalen Hindernissen sind die Rossby-Wellen auf der Nordhalbkugel ausgeprägter als auf der Südhalbkugel. Die Lage der Rossby-Wellen hat einen entscheidenden Einfluss auf das Wettergeschehen insbesondere der nördlichen mittleren Breiten (Strong und Magnusdottir 2008), weil sie darüber bestimmt, wie weit Kaltluft in Richtung Äquator und Warmluft polwärts vorzudringen vermag. Die Lage der Rossby-Wellen entscheidet deswegen wesentlich über das Entstehen von **Extremwetterlagen**.

Insbesondere auf der Nordhalbkugel erwärmen sich infolge des globalen Klimawandels die Polarregionen stärker als die mittleren und äquatornahen Breiten, ein Effekt, der als **Polare Verstärkung** *(Polar Amplification)* bezeichnet wird (▶ Abschn. 3.3). Die Polare Verstärkung führt dazu, dass der Temperaturgegensatz zwischen den Luftmassen in der Polarzelle und der Ferrel-Zelle schwächer wird (Francis und Vavrus 2012; Tang et al. 2014). In der Folge nimmt die Strömungsgeschwindigkeit der Strahlströme in der Westwindzone ab; fallweise – so im Herbst 2018 – setzen die Strahlströme auch komplett aus. Infolge der Verringerung der Strömungsgeschwindigkeit steigen die **Amplituden der Rossby-Wellen**. Warmluft kann so weiter polwärts und Kaltluft weiter in Richtung Äquator vordringen. Die Folge sind

häufigere Extremwetterlagen in den mittleren Breiten (Screen und Simmonds 2014; Francis und Vavrus 2015). Mit zunehmender Amplitude pflanzen sich die Rossby-Wellen langsamer in West-Ost-Richtung fort (Francis und Vavrus 2012). Die **Verlangsamung der Rossby-Wellen** führt nicht nur zu heftigeren, sondern auch zu **verlängerten Extremwetterlagen** in den mittleren Breiten (Petoukhov et al. 2013). Dies ist kritisch, da zum Beispiel einzelne heiße Sommertage in Mitteleuropa nichts Ungewöhnliches sind, aber lange Hitzewellen wie in den Sommern 2003 (Beniston 2004; Poumadère et al. 2005) und 2018 in großen Teilen Europas oder 2010 im europäischen Russland (Schubert et al. 2014) gravierende Auswirkungen für Ökosysteme und die menschliche Gesundheit haben können (Screen und Simmonds 2014). Weltweit haben **Hitzeperioden** seit Ende des 20. Jahrhunderts stark zugenommen. Hansen et al. (2012) definierten Hitzeperioden als Zeitpunkte, zu denen die Temperatur an einem Ort um mehr als drei Standardabweichungen über dem langjährigen Mittel im Zeitraum von 1951 bis 1980 lag. Betraf dies noch in diesem Referenzzeitraum lediglich 1 % der Erdoberfläche zum selben Zeitpunkt, stieg dieser Wert Anfang des 21. Jahrhunderts (2006–2010) auf 10 % an.

1.6.2 Telekonnektionen

Wichtig zum Verständnis des Klimasystems der Erde und des Klimawandels ist die Erkenntnis, dass verschiedene Erdteile über die **thermohalinen Strömungssysteme der Ozeane** und die **atmosphärische Zirkulation** über große Distanzen miteinander verbunden sein können. Solche großräumigen Zusammenhänge im Klimasystem der Erde werden als **Telekonnektionen** bezeichnet. Durch Telekonnektionen können sich Klimaänderungen in einer Region der Erde auch in weit entfernten Gebieten auswirken. Extremwetterlagen können so simultan oder zeitversetzt in geographisch weit voneinander entfernten Gebieten auftreten. Es sind mittlerweile zahlreiche Fälle von Telekonnektion bekannt. Hier können nur exemplarisch und kursorisch einige Beispiele aufgezeigt werden. Die Analyse von Telekonnektionen im Hinblick auf ihre Bedeutung für den globalen Klimawandel ist ein bedeutendes aktuelles Forschungsthema.

Das wohl bekannteste Beispiel für Telekonnektion sind **El Niño und die Südliche Oszillation (ENSO)**. Das ENSO-Phänomen ist für sich schon eine Telekonnektion, die das Wettergeschehen der Westküste Südamerikas mit dem Wettergeschehen in Südostasien und dem östlichen Australien verbindet. ENSO greift jedoch weit über den tropischen Pazifikraum ins Klimasystem der Erde ein (Kiladis und Diaz 1989). El-Niño-Ereignisse sind beispielsweise mit erhöhtem Frühjahrsniederschlag in Europa (van Oldenborgh et al. 2000) und erhöhtem Winter- und Frühjahrsniederschlag in den südwestlichen USA (und dadurch verringerter Waldbrandhäufigkeit) assoziiert (Swetnam und Batancourt 1993). ENSO wirkt sich aber bis in die Polargebiete aus und beeinflusst sowohl in der Arktis (Hu et al. 2016) als auch in der Antarktis (Harangozo 2000; Stammerjohn et al. 2008) Temperatur und Eisbedeckung.

Es gibt zahlreiche weitere Beispiele für Telekonnektionen. So beeinflussen die Erwärmung der **Arktis** und die damit einhergehenden Eisflächenverluste im Nordpolarmeer die thermohaline Zirkulation im Atlantik (Sévellec et al. 2017) sowie das Klima in der **temperaten Zone** Eurasiens und Nordamerikas (Overland et al. 2016; Cohen et al. 2018). Beispielsweise geht ein warmes Frühjahr in der Arktis häufig mit einem kalten Winter und einem kalten Frühjahr in den Wald- und Präriegebieten des nördlichen Nordamerikas einher (Kim et al. 2017). Ferner sind warme Frühjahre in der Arktis mit Trockenheit im Südwesten der USA assoziiert (Kim et al. 2017). Das Klima Westeuropas, des europäischen Russlands, Nordamerikas sowie die Monsunklimate Indiens und Ostasiens

◙ Tab. 1.2   Vier alternative Prognosen für die Veränderung der mittleren Lufttemperatur (ΔT in K) im Zeitraum 2081 bis 2100 gegenüber dem Zeitraum 1986 bis 2005. Die alternativen Projektionen beruhen auf unterschiedlichen Szenarien für die Entwicklung der atmosphärischen Strahlungsbilanz. Die vier Szenarien (RCP) gehen von einer Zunahme des Radiative Forcing um 2,6/4,5/6,0/8,5 W m^{-2} seit Beginn der Industrialisierung bis zum Jahr 2100 aus. Mittelwerte ± Standardabweichung. (Nach IPCC 2013, S. 1055)

	RCP 2,6	RCP 4,5	RCP 6,0	RCP 8,5
Global	1,0±0,4	1,8±0,5	2,2±0,5	3,7±0,7
Land	1,2±0,6	2,4±0,6	3,0±0,7	4,8±0,9
Meere	0,8±0,4	1,5±0,4	1,9±0,4	3,1±0,6
Tropen	0,9±0,3	1,6±0,4	2,0±0,4	3,3±0,6
Arktis	2,2±1,7	4,2±1,6	5,2±1,9	8,3±1,9
Antarktis	0,8±0,6	1,5±0,7	1,7±0,9	3,1±1,2

sind durch die **zirkumglobale Telekonnektion** miteinander verknüpft (Ding und Wang 2005; Wu et al. 2016). Ein weiteres bekanntes Beispiel für eine Telekonnektion sind Verbindungen der Klimavariabilität im **südlichen Afrika** mit der in **Westaustralien** (Tennant und Reason 2005). Tyson et al. (1997) zeigten einen Zusammenhang zwischen Dürren im südlichen Afrika und der mit einer Verzögerung von im Mittel 4 Jahren zunehmenden Eisbildung am Franz-Josef-Gletscher an der Westküste Neuseelands.

1.7 Klimaprojektionen

Alle Klimaprojektionen stimmen darin überein, dass die globale Mitteltemperatur bis zum Ende des 21. Jahrhunderts weiter ansteigen wird. Der Weltklimabericht (IPCC 2013) nimmt eine Zunahme der **globalen Mitteltemperatur** im Zeitraum **2081 bis 2100** gegenüber dem Vergleichszeitraum 1986 bis 2005 um **1,0 bis 3,7 K** an. Die enorme Schwankungsbreite in den Projektionen hängt davon ab, welche Szenarien für die zukünftigen Emissionen anthropogener Treibhausgase zugrunde gelegt werden. Moss et al. (2010) unterscheiden zwischen vier Szenarien (*Representative Concentration Pathways*, RCP), die im Weltklimabericht übernommen wurden. Diese Szenarien gehen von einem

stetigen Anstieg der CO_2-Konzentrationen, einer Stabilisierung auf einem höheren Niveau als heutzutage oder einer – unwahrscheinlichen – Abnahme der globalen CO_2-Konzentration aus. Einigkeit besteht darin, dass die Erwärmung über Land deutlich stärker ausfallen wird als über den Ozeanen (◙ Tab. 1.2). Die Arktis erwärmt sich stärker als Tropen und Antarktis.

Die den **Projektionen** zugrundeliegenden Klimamodelle sind außerordentlich komplex, und auch die zukünftigen Randbedingungen sind mit großen **Unsicherheiten** behaftet. Nicht nur die Annahmen über die zukünftige Entwicklung der Treibhausgasemissionen, sondern auch die fortschreitende Verbesserung der Kenntnis der für den Strahlungshaushalt der Erde maßgeblichen Einflussfaktoren verursachen teils erhebliche Abweichungen zwischen einzelnen Klimaprojektionen (Jones 2000; Caldeira et al. 2003; Goodess et al. 2007). Die Fehlerabschätzung und die Erstellung regionaler Projektionen stellen besondere Schwierigkeiten bei der Vorhersage von Klimatrends dar (Christensen et al. 2007; Hawkins und Sutton 2009). Sich im Zuge der Modellentwicklung immer wieder (insbesondere im Hinblick auf die Stärke von Trends) ändernde Projektionen zur langfristigen Klimaentwicklung sind in der Öffentlichkeit wiederholt kritisiert und gelegentlich zum Anlass genommen worden, die Existenz des globalen Klimawandels als solchen in Frage zu stellen. Der Umstand, dass ein System schwierig zu analysieren und zu modellieren ist, rechtfertigt solche Schlussfolgerungen freilich nicht. Das Fortschreiten der Klimaerwärmung steht außer Frage; das zu erwartende regional differenzierte Ausmaß ist im Detail hingegen noch unsicher.

1.8 Die Klimaerwärmung als Teil des globalen Wandels

Außer der globalen Erwärmung des Klimas und den sich ändernden Niederschlagsverhältnissen üben einige andere davon unabhängige Faktoren starke Effekte auf die Ökosysteme der Erde aus, die teilweise parallel zum Temperaturanstieg seit Mitte des 20. Jahrhunderts wirksam geworden sind. Zu diesen Faktoren gehören (neben anderen) die Eutrophierung großer Gebiete der Erde und die Intensivierung der Landnutzung. Diese Prozesse werden mit der globalen Klimaerwärmung oft unter dem Begriff des **globalen Wandels** (*Global Change*) zusammengefasst. Der globale Wandel schließt auch soziale und ökonomische Aspekte, wie das **Bevölkerungswachstum** und die zunehmende **Urbanisierung**, mit ein (Wilbanks und Kates 1999; Gibson et al. 2000).

Die anthropogene Freisetzung von biologisch verfügbaren **reaktiven Stickstoffverbindungen** (u. a. Ammoniak [NH_3], Ammonium [NH_4^+], Stickoxide [NO_x], Nitrat [NO_3^-] und Lachgas [N_2O]) in die Atmosphäre, den Boden und die Gewässer hat weitreichende Auswirkungen auf terrestrische und aquatische Ökosysteme und führt zu deren **Eutrophierung** (Rockström et al. 2009). Das **Haber-Bosch-Verfahren** zur Fixierung von molekularem Luftstickstoff aus der Atmosphäre wurde zwar schon von 1904 bis 1914 entwickelt, aber erst ab den 1940er-Jahren im industriellen Maßstab zur Herstellung von **Mineraldünger** genutzt. Seitdem ist die Stickstoff-Fixierung durch

den Menschen exponentiell angestiegen und hat – nach anfänglich auf die Industrieländer beschränkter Nutzung – ab den 1970er-Jahren global Anwendung gefunden (Vitousek et al. 1997a; Galloway et al. 2008). Eine Ernährung der ebenfalls exponentiell wachsenden Weltbevölkerung ohne die Nutzung von Mineraldünger ist nicht mehr möglich (Galloway et al. 2008). Für die Produktion von Mineraldünger werden jährlich 100 Tg N ($= 100$ Mio. t) über das Haber-Bosch-Verfahren aus der Atmosphäre fixiert; hinzu kommen weitere 24 Tg N a^{-1}, die als Grundstoff für die chemische Industrie umgesetzt werden (Fowler et al. 2013). Weitere anthropogene Quellen für reaktive Stickstoffverbindungen sind die Verbrennung von **fossilen Brennstoffen** (30 Tg N a^{-1}) und der **Anbau von Leguminosen** (60 Tg N a^{-1}) (Herridge et al. 2008; Fowler et al. 2013). Die Freisetzung von reaktivem Stickstoff durch den Menschen übersteigt mittlerweile deutlich den Betrag der **natürlichen Stickstoff-Fixierung** in terrestrischen Ökosystemen, der lange Zeit überschätzt wurde (ca. 100 Tg N a^{-1}) und heute auf 58 Tg N a^{-1} veranschlagt wird (Vitousek et al. 2013). **Vegetationsbrände** leisten insbesondere in den Tropen und Subtropen einen bedeutenden zusätzlichen Beitrag zur Freisetzung von reaktivem Stickstoff und sind überwiegend anthropogenen Ursprungs (Crutzen und Andreae 1990; Lobert et al. 1990). Dentener et al. (2006) setzten die Freisetzung von Stickoxiden (NO_x) durch die Verbrennung von Biomasse (einschließlich Biobrennstoffen) bei 5,5 Tg N a^{-1} und von NH_3 bei 9,2 Tg N a^{-1} an. Zur natürlichen Stickstoff-Fixierung an Land kommen 160 Tg N a^{-1}, die im Meer fixiert werden (Voss et al. 2013). 110 Tg N a^{-1}, also immerhin mehr Stickstoff, als für die Mineraldüngerproduktion über das Haber-Bosch-Verfahren fixiert wird, werden durch **Denitrifikation** von reaktivem Stickstoff in molekularen Stickstoff umgewandelt (Bouwman et al. 2013). Bis zum Ende des 21. Jahrhunderts gehen Winiwarter et al. (2013) ungefähr von einer Verdoppelung der Stickstoff-Fixierung gegenüber dem Jahr 2000 aus.

Die **Intensivierung der Landnutzung** wirkt sich naturgemäß oft sehr viel direkter auf die Vegetation aus als andere Einflussgrößen. Im Jahr 1990 gab es weltweit 15 Mio. km^2 Ackerland und 35 Mio. km^2 Weideland (Goldewijk 2001). In den temperaten Regionen Eurasiens und Nordamerikas sowie in Australien war die Umwandlung von Wäldern und Grasländern in landwirtschaftliche Nutzflächen bereits bis Ende des 19. Jahrhunderts weit vorangeschritten. Demgegenüber zeigen viele tropische und subtropische Regionen seit der zweiten Hälfte des 20. Jahrhunderts starke Zuwächse an landwirtschaftlicher Nutzfläche (Goldewijk 2001). Die Flächenverluste an natürlicher und naturnaher Vegetation, insbesondere von Wäldern (Achard et al. 2002), koinzidieren hier also mit der rezenten Klimaerwärmung. Zusätzlich zur Ausweitung der landwirtschaftlichen Nutzfläche zeigt die Intensivierung bestehenden Acker- und Weidelandes in vielen Gebieten der Erde starke Auswirkungen auf die Vegetation (Turner et al. 1994; Vitousek et al. 1997b).

1.9 Natürliche Klimaschwankungen

1.9.1 Natürliche Einflussfaktoren auf das Klima

Trotz des unbestreitbaren Effekts anthropogener Faktoren auf das globale Klima, bei dem das CO_2 und andere Treibhausgase eine eminente Rolle spielen (IPCC 2013), darf nicht verkannt werden, dass im Laufe des Holozäns und in weitaus stärkerem Maße in weiter zurückliegenden Erdzeitaltern erhebliche langfristige Klimaschwankungen aufgetreten sind, die natürliche Ursachen haben. Diese Klimaschwankungen waren teilweise an Veränderungen in der Konzentration von Treibhausgasen in der Atmosphäre gekoppelt, wurden aber auch durch vom Treibhauseffekt unabhängige Faktoren verursacht. Die

Diskussion länger zurückliegender Klimaschwankungen im Kontext dieses Buches ist sinnvoll, um sich zu vergegenwärtigen, dass zwar aufgrund der Physik des Treibhauseffekts höhere Treibhausgaskonzentrationen in der Atmosphäre unweigerlich zu einem Temperaturanstieg führen, dass aber auch andere Faktoren mit dem Temperaturanstieg interagieren und ihn somit verstärken oder auch abschwächen können. Diese Faktoren können anthropogen sein, wie im Fall der vorwiegend durch Sulfat-Aerosole ausgelösten globalen Verdunkelung (▶ Abschn. 1.2), sind aber mehrheitlich natürlichen Ursprungs.

Einen maßgeblichen Einfluss auf das Klimasystem der Erde haben astronomische Faktoren, die die **Erdumlaufbahn und -rotation** beeinflussen **(Milankovitch-Zyklen)** und dadurch die Position und Orientierung der Erde zur Sonne bestimmen (Jacobeit 2007). Diese Faktoren beeinflussen das Klima in sehr großen Zeitskalen von Jahrzehntausenden bis Jahrhunderttausenden und werden mit dem Entstehen von Warm- und Kaltzeiten in Verbindung gebracht (Bubenzer und Radtke 2007). In sehr viel kürzeren Skalen schwankt die Strahlungsabgabe der Sonne im **Sonnenfleckenzyklus,** wo im Mittel alle 11 Jahre Maxima der Sonnenaktivität auftreten. Sonnenflecken zeigen vergleichsweise kühlere Gebiete der Sonnenoberfläche an; da aber die Sonnenflecken mit dem Auftreten von Sonnenfackeln, die viel Energie ins Weltall abgeben, verbunden sind und der Effekt der Sonnenfackeln auf die Nettostrahlungsbilanz größer ist, sind Sonnenfleckenmaxima Perioden mit einer überdurchschnittlich hohen Strahlungsabgabe. Die Schwankungen im Sonnenfleckenzyklus betragen jedoch nur weniger als 0,1 % der solaren Strahlung und fallen dementsprechend für das Klima auf der Erde wenig ins Gewicht. Der 11-jährliche Sonnenfleckenzyklus wird durch **multidekadische Schwankungen** der Strahlungsemission überlagert. Zumindest die Erwärmung Anfang des 20. Jahrhunderts (▶ Abschn. 3.3.1) wurde vermutlich durch solche längerfristigen Schwankungen in der

Sonnenaktivität verstärkt (Latif 2006; Jacobeit 2007). Der Strahlungsantrieb durch Veränderungen der Sonnenaktivität von 1750 bis 2011 wird im Weltklimabericht auf 0,05 W m^{-2} geschätzt. Dies sind nur 2 % des anthropogenen Strahlungsantriebs von 2,29 W m^{-2} in diesem Zeitraum (IPCC 2013). Über extrem lange Zeitskalen von Milliarden von Jahren verändert sich auch die langfristige Strahlungsleistung der Sonne; seit ihrer Entstehung ist sie um etwa 25 % angestiegen (Newman und Rood 1977).

Einen herausragenden Einfluss auf das Klimasystem der Erde üben über lange Zeitskalen auch die Plattentektonik über die **Verteilung von Land und Wasser** sowie die **Gebirgsbildung** aus. Hohe Flächenanteile von Gebirgslagen an der Landfläche senken direkt die globale Mitteltemperatur. Hochgebirge steuern jedoch auch das Klima über die Ablenkung von Luftströmungen. So verdanken das Azorenhoch und das Islandtief im Nordatlantik, die kennzeichnend für die Nordatlantische Oszillation (NAO) sind, ihre heutigen Positionen der in der späten Kreidezeit einsetzenden Entstehung der Rocky Mountains (Jacobeit 2007).

Mehrjährige Auswirkungen auf den Wärmehaushalt der Erdatmosphäre können **Vulkanausbrüche** über die Bildung von Sulfat-Aerosolen haben (vgl. ▶ Abschn. 3.3.1). Dies gilt dann, wenn durch die Eruption Teilchen bis in die Stratosphäre verfrachtet werden, wo die Substanzen eine Verweildauer von ein bis wenigen Jahren haben, da sie nicht wie in der Troposphäre durch Niederschlag rasch wieder ausgewaschen werden.

Die stoffliche Zusammensetzung der Atmosphäre, und damit auch die Konzentration an **Treibhausgasen,** war im Laufe der Erdgeschichte auch ohne den Einfluss des Menschen erheblichen Schwankungen unterworfen. Die Beispiele hierfür sind vielfältig: Die Evolution der oxygenen Photosynthese und die weite Verbreitung der sie betreibenden Cyanobakterien vor etwa 2,5 Mrd. Jahren verursachte mit einer Verzögerung von etwa 200 bis 300 Mio. Jahren einen sprunghaften Anstieg der **Sauerstoffkonzentration** in der Atmosphäre („große Sauerstoffkatastrophe", Sessions et al. 2009). Das O_2-Molekül ist zwar aufgrund seiner Symmetrie kein Treibhausgas, sorgte aber für die weitgehende Oxidation des Treibhausgases CH_4 zum im Vergleich weniger klimawirksamen CO_2 (◘ Tab. 1.1), was in der Folge zur 300 Mio. Jahre währenden **paläoproterozoischen Vereisung**, dem ersten Eiszeitalter auf der Erde, führte (Kirschvink et al. 2000).

Die **CO_2-Konzentration** in der Atmosphäre wurde vor Erscheinen des Menschen vor allem durch die Silikatverwitterung von Gesteinsoberflächen (CO_2-Bindung unter Entstehung von Kalkgestein), Vulkanismus und Subduktion tektonischer Platten (CO_2-Freisetzung) sowie durch die Photosynthese und anschließende Sedimentation organischer Substanz (CO_2-Bindung) bestimmt (Berner 1997, 2003). Zeiträume großflächiger, globaler bis fast globaler Vereisung waren mit einem geringen Ausgangsniveau der atmosphärischen CO_2-Konzentration und dann in der Folge aber mit einer allmählichen CO_2-Zunahme verknüpft, da sowohl die **Silikatverwitterung** als auch die **Photosynthese** als die beiden zentralen Prozesse, die CO_2 aus der Atmosphäre entfernen, durch die Vereisung mehr oder weniger zum Erliegen kommen (Berner 2003; Royer 2006). **Vulkanismus** und **plattentektonische Vorgänge** laufen jedoch während der Vereisung ungebremst weiter und sorgen für einen Anstieg der CO_2-Konzentration und in der Folge durch den Treibhauseffekt zu einer Erwärmung, so auch während der paläoproterozoischen Vereisung, während der die Erde vollständig oder zumindest überwiegend vereist war (Walker und Hays 1981). Bei einsetzender Erwärmung wird zusätzlich CO_2 aus den Ozeanen freigesetzt, da die Löslichkeit von Gasen in Wasser mit der Temperatur abnimmt. Nach zurückgehender Vereisung laufen die Silikatverwitterung und die Photosynthese wieder an, wodurch die CO_2-Konzentration und die Temperatur der Atmosphäre wieder sinken.

Albedo-Effekte durch die zurückgehenden und zunehmenden Eisflächen verstärken die Abkühlungs- und Erwärmungstrends. Das Erscheinen der ersten Landgefäßpflanzen und deren Ausbreitung im Devon vor 380 bis 350 Mio. Jahren verursachten die Abnahme der atmosphärischen CO_2-Konzentration um den Faktor 10 auf oder unter das vorindustrielle Niveau (Berner 2003). Die überhaupt höchsten CO_2-Konzentrationen in den letzten 550 Mio. Jahren, für die der CO_2-Gehalt der Atmosphäre einigermaßen zuverlässig rekonstruiert werden kann, lagen zu Beginn dieses Zeitraums im Kambrium und im Ordovizium vor rund 540 bis 440 Mio. Jahren um das 15- bis 20-Fache über der vorindustriellen Konzentration (Berner 2003; Royer 2006). Entsprechend lagen die Temperaturen auf der Erde deutlich über denen von heute (Veizer et al. 2000; Royer et al. 2004; Hearing et al. 2018).

Auf erdgeschichtliche Zeiträume bezogen, wurde die Variabilität der Temperatur an der Oberfläche der Erde also keineswegs von der Konzentration an Treibhausgasen allein gesteuert, sondern war das Resultat des Zusammenwirkens unterschiedlicher astronomischer, geologischer, atmosphärenchemischer und biologischer Faktoren. Diese Faktoren bestimmten in verschiedenen Epochen zu unterschiedlichen Anteilen das Klima. Der anthropogene Einfluss auf die Atmosphärenchemie, aber auch auf die Gestalt der Landoberfläche ist seit der Industrialisierung als weitere maßgebliche Einflussgröße hinzugekommen und verändert die Strahlungsbilanz der Atmosphäre weitaus schneller, als dies bisher von Natur aus geschehen ist.

1.9.2 Klimavariabilität im Holozän

Die rezente globale Erwärmung ist keinesfalls die einzige markante Klimaschwankung im Holozän, repräsentiert aber sehr wohl eine besonders schnelle Temperaturänderung und gleichzeitig eine überdurchschnittlich warme Periode des Holozäns. Zu Beginn des Holozäns erwärmte sich die untere Erdatmosphäre für erdgeschichtliche Maßstäbe rasant im Zeitraum von 11300 bis 9500 vor heute innerhalb von 1800 Jahren um 0,6 K (Marcott et al. 2013). Durch die CO_2-Freisetzung aus den Ozeanen pendelte sich damals die atmosphärische CO_2-Konzentration auf etwa 260 bis 280 ppm ein, ausgehend von 180 bis 200 ppm während des Vereisungsmaximums der letzten Eiszeit (Smith et al. 1997; Indermühle et al. 2000; Monnin et al. 2001). Nach diesem Temperaturanstieg zu Beginn des Holozäns folgte von 9500 bis 5500 vor heute das (bisherige) klimatische **Optimum des Holozäns** (Marcott et al. 2013) mit dem Boreal und dem Atlantikum auf der Nordhalbkugel. Vor 8200 Jahren wurde diese Wärmeperiode allerdings (zumindest auf der Nordhalbkugel) jäh unterbrochen, als durch das Auseinanderbrechen des Laurentischen Eisschildes in Nordamerika große Mengen an Süßwasser über die Hudson Bay in den Nordatlantik gelangten, die dort die thermohaline Zirkulation so beeinflussten, dass der Golfstrom zum Erliegen kam (Misox-Schwankung). Weitere Kältephasen unterbrachen regional das warme Klima des Hauptoptimums des Holozäns.

Vor 5000 Jahren setzte eine allmähliche Abkühlung um 0,7 K ein, die in einem Minimum vor etwa 200 Jahren während der Kleinen Eiszeit gipfelte (Marcott et al. 2013). Diese Reduktion der globalen Mitteltemperatur wurde vor allem durch eine Abkühlung in den gemäßigten und kalten Breiten der Nordhemisphäre (und hier besonders im nordatlantischen Raum) verursacht (Esper et al. 2012; Marcott et al. 2013). Diese Abkühlung auf der Nordhalbkugel koinzidiert mit einer Abnahme der Neigung der Erdachse seit bereits 9000 Jahren (als Teil eines 41.000-jährigen Zyklus), was zu einem verringerten Strahlungseinfall auf der Nordhalbkugel führt (Crucifix et al. 2002). Ferner befand sich die Erde vor 9000 Jahren während des Hauptoptimums des Holozäns im Nordsommer auf ihrer elliptischen Umlaufbahn am sonnennächsten Punkt; danach hat sich der sonnennächste Punkt jedoch im Rahmen eines 23.000-jährlichen Zyklus zunehmend zum Nordwinter hin verlagert. Ein allmählicher Anstieg der Konzentrationen von CO_2 und anderen Treibhausgasen in der Atmosphäre in den letzten 7000 Jahren, der eigentlich in einer Erhöhung der globalen Mitteltemperatur um ca. 0,4 K hätte resultieren müssen, konnte sich wegen der angeführten Änderungen in der Neigung der Erdachse und der Orientierung der Erde während des Durchlaufs des sonnennächsten Punktes nicht in Form einer Nettoerwärmung auswirken (Marcott et al. 2013).

Aus den letzten 2000 Jahren liegen besonders detaillierte Informationen zur Klimavariabilität vor allem aus dendrochronologischen und anderen biologischen Datensätzen vor. Dieser Zeitraum ist vor allem durch die **Mittelalterliche Wärmeperiode** (ca. 800–1300), die **Kleine Eiszeit** (ca. 1350–1860) und die rezente globale Erwärmung des 20. und 21. Jahrhunderts gekennzeichnet. Die Mittelalterliche Wärmeperiode und die Kleine Eiszeit traten nicht völlig synchron, sondern teilweise zeitversetzt in unterschiedlichen Regionen der Erde auf (Ahmed et al. 2013). Dies erklärt, warum während der Mittelalterlichen Wärmeperiode im globalen Mittel Temperaturen herrschten, die unter denen der rezenten Klimaerwärmung liegen (Crowley und Lowery 2000; Mann et al. 2008, 2009). Auf der Nordhalbkugel trat die Mittelalterliche Wärmeperiode früher auf (ca. 830–1100) als auf der Südhalbkugel (1160–1370) (Ahmed et al. 2013; Esper et al. 2018). Das Auftreten von Mittelalterlicher Wärmeperiode und Kleiner Eiszeit wurde nicht durch die Konzentration der Treibhausgase gesteuert, sondern wird Schwankungen in der Sonnenaktivität (hoch während der Mittelalterlichen Wärmeperiode, niedrig während der Kleinen Eiszeit) und Vulkanausbrüchen (Kühlung während der Kleinen Eiszeit) zugeschrieben (Schneider et al. 2017; Büntgen et al. 2018).

Die rezente Klimaerwärmung startete mit der Kleinen Eiszeit von der kältesten Periode im Holozän, was dem Anstieg eine besonders starke Amplitude verleiht (Marcott et al. 2013). Während die Klimaerwärmung im 20. und Anfang des 21. Jahrhunderts nach heutigem Kenntnisstand maßgeblich dem Anstieg der Konzentration von Treibhausgasen in der Atmosphäre aufgrund menschlicher Aktivitäten zugeschrieben werden muss (IPCC 2013), ist die Lage der Basislinie für den Anstieg am Ende der Kleinen Eiszeit durch natürliche Faktoren (Sonnenaktivität, Vulkanismus) besonders tief gewesen (Marcott et al. 2013). Die Klimaerwärmung seit Mitte des 20. Jahrhunderts, die dem Anstieg der atmosphärischen CO_2-Konzentration zugerechnet wird, fällt mit einer Periode besonders hoher Sonnenaktivität seit 1940 zusammen (Solanki et al. 2004). Die hohe Sonnenaktivität kann jedoch nicht als Hauptfaktor den derzeitigen Temperaturanstieg erklären. Solanki und Krivova (2003) rechneten vor, dass selbst unter der unrealistischen Annahme, dass die rezente Erwärmung bis 1970 ausschließlich durch die erhöhte Sonnenaktivität verursacht worden wäre, nur maximal 30 % der Erwärmung nach 1970 durch die Sonnenaktivität erklärbar wären. Die globale Mitteltemperatur hat zu Beginn des 21. Jahrhunderts noch nicht das Klimaoptimum des frühen Holozäns überschritten, aber die Jahre 2000 bis 2009 waren wärmer als 75 % des gesamten bisherigen Holozäns (Marcott et al. 2013).

Literatur

Achard F, Eva HD, Stibig H-J, Mayaux P, Gallego J, Richards T, Malingreau J-P (2002) Determination of deforestation rates of the world's humid tropical forests. Science 297:999–1002

Ahmed M, Anchukaitis KJ, Asrat A et al (2013) Continental-scale temperature variability during the past two millennia. Nat Geosci 6:339–346

Akimoto H, Ohara T, Kurokawa J-I, Horii N (2006) Verification of energy consumption in China during 1996–2003 using satellite observational data. Atmos Environ 40:7663–7667

Altenburg T, Schmitz H, Stamm A (2008) Breakthrough? China's and India's transition from production to innovation. World Develop 36:325–344

Andreae MO, Gelencsér A (2006) Black carbon or brown carbon? The nature of light-absorbing

1

carbonaceous aerosols. Atmos Chem Phys 6:3131–3148

Andres J, Fieldin DJ, Marland G, Boden TA, Kumar N, Kearney T (1999) Carbon dioxide emissions from fossil-fuel use, 1751–1950. Tellus B 51:759–765

Anisimov OA, Nelson FE (1996) Permafrost distribution in the Northern Hemisphere under scenarios of climatic change. Glob Planet Change 14:59–72

Arrhenius S (1896) On the influence of carbonic acid in the air upon the temperature of the ground. London Edinburgh Dublin Phil Mag J Sci 5(41):237–276

Arrhenius S (1906) Die vermutliche Ursache der Klima-Schwankungen. Medd Kungl Vetenskapsakad Nobel-Inst 1(2):1–110

Aselman I, Crutzen PJ (1989) Global distribution of natural freshwater wetlands and rice paddies, their net primary productivity, seasonality and possible methane emissions. J Atmos Chem 8:307–358

Aumont O, Bopp L (2006) Globalizing results from ocean in situ iron fertilization studies. Glob Biogeochem Cycl 20(GB2017):1–15

Barker HW (1996) Estimating cloud field albedo using one-dimensional series of optical depth. J Atmos Sci 53:2826–2837

Bateman EJ, Baggs EM (2005) Contributions of nitrification and denitrification to N_2O emissions from soils at different water-filled pore space. Biol Fertil Soils 41:379–388

Becker A, Finger P, Meyer-Christoffer A, Rudolf B, Schamm K, Schneider U, Ziese M (2013) A description of the global land-surface precipitation data products of the Global Precipitation Climatology Centre with sample applications including centennial (trend) analysis from 1901–present. Earth Syst Sci Data 5:71–99

Beniston M (2004) The 2003 heat wave in Europe: a shape of things to come? An analysis based on Swiss climatological data and model simulations. Geophys Res Lett 31(L02202):1–4

Bergstrom RW, Russell PB, Hignett P (2002) Wavelength dependence of the absorption of black carbon particles: predictions and results from the TARFOX experiment and implications for the aerosol single scattering albedo. J Atmos Sci 59:567–577

Berner RA (1997) The rise of plants and their effect on weathering and atmospheric CO_2. Science 276:544–546

Berner RA (2003) The long-term carbon cycle, fossil fuels and atmospheric composition. Nature 426:323–326

Bird MI, Chivas AR, Head J (1996) A latitudinal gradients in carbon turnover in forest soils. Nature 381:143–146

Bockheim JG (1995) Permafrost distribution in the southern circumpolar region and its relation to

the environment: a review and recommendations for further research. Permafrost Periglac Process 6:27–45

Bonan GB, Shugart HH (1989) Environmental factors an ecological processes in boreal forests. Annu Rev Ecol Syst 20:1–28

Bond-Lamberty B, Thomson A (2010) Temperature-associated increases in the global respiration record. Nature 464:579–582

Boucher O, Friedlingstein P, Collins B, Shine KP (2009) The indirect global warming potential and global temperature change potential due to methane oxidation. Environ Res Lett 4(044007):1–5

Bowman KP, Cohen PJ (1997) Interhemispheric exchange by seasonal modulation of the Hadley circulation. J Atmos Sci 54:2045–2059

Bouwman AF, Beusen AHW, Griffioen J, Van Groeningen JW, Hefting MM, Oenema O, Van Puijenbroek PJTM, Seitzinger S, Slomp CP, Stehfest E (2013) Global trends and uncertainties in terrestrial denitrification and N_2O emissions. Phil Trans Roy Soc B 368:20130112

Box JE (2002) Survey of Greenland instrumental temperature records: 1873–2001. Int J Climatol 22:1829–1847

Brönnimann S (2018) Klimatologie. Haupt, Bern

Brown RD, Mote PW (2009) The response of northern hemisphere snow cover to a changing climate. J Clim 22:2124–2145

Boyd PW, Watson AJ, Law CS et al (2000) A mesoscale phytoplankton bloom in the polar Southern Ocean stimulated by iron fertilization. Nature 407:695–702

Bubenzer O, Radtke U (2007) Natürliche Klima-änderungen im Laufe der Erdgeschichte. In: Endlicher W, Gerstengarbe F-W (Hrsg) Der Klimawandel. Einblicke, Rückblicke und Ausblicke. Deutsche Gesellschaft für Geographie, Berlin, S 17–26

Büntgen U, Wacker L, Galván JD et al (2018) Tree rings reveal globally coherent signature of cosmogenic radiocarbon events in 774 and 993 CE. Nat Commun 9(3605):1–7

Caldiera K, Jain AK, Hoffert MI (2003) Climate sensitivity uncertainty and the need for energy without CO_2 emission. Science 299:2052–2054

Camill P (2005) Permafrost thaw accelerates in boreal peatlands during late-20th century climate warming. Climatic Change 68:135–152

Cao M, Woodward FI (1998) Net primary and ecosystem production and carbon stocks of terrestrial ecosystems and their responses to climate change. Glob Change Biol 4:185–198

Capone DG, Zehr JP, Paerl HW, Bergman B, Carpenter EJ (1997) *Trichodesmium,* a globally significant marine cyanobacterium. Science 276:1221–1229

Cassady AE, Christen A, Henry GHR (2016) The effect of a permafrost disturbance on growing-season carbon dioxide fluxes in a high Arctic tundra ecosystem. Biogeosciences 13:2291–2303

Cheng G, Wu T (2004) Responses of permafrost to climate change and their environmental significance, Qinghai-Tibet Plateau. J Geophys Res 112(F02S03):1–10

Christensen TR, Johansson T, Åkerman HJ, Mastepanov M, Malmer N, Friborg T, Crill P, Svensson BH (2004) Thawing sub-arctic permafrost: effects on vegetation and methane emissions. Geophys Res Lett 31(L04501):1–4

Christensen JH, Carter TR, Rummukainen M, Amanatidis G (2007) Evaluating the performance and utility of regional climate models: the PRUDENCE project. Climatic Change 81:1–6

Chung SH, Seinfeld JH (2002) Global distribution and climate forcing of carbonaceous aerosols. J Geophys Res 107(4407):1–33

Chung CE, Ramanathan V, Kim D, Podgorny IA (2005) Global anthropogenic aerosol direct forcing derived from satellite and ground-based observations. J Geophys Res 110(D24207):1–17

Cohen J, Pfeiffer K, Francis JA (2018) Warm Arctic episodes linked with increased frequency of extreme winter weather in the Unites States. Nat Commun 9(869):1–12

Cook KH (2013) Climate dynamics. Princeton University Press, Princeton

Cowtan K, Way RG (2014) Coverage bias in the HadCRUT4 temperature series and its impact on recent temperature trends. Quart J Roy Meteorol Soc 140:1935–1944

Crowley TJ, Lowery TS (2000) How warm was the Medieval Warm Period? Ambio 29:51–54

Crucifix M, Loutre M-F, Tulkens P, Fichefet T, Berger A (2002) Climate evolution during the Holocene: a study with an earth system model of intermediate complexity. Clim Dyn 19:43–60

Crutzen PJ, Andreae MO (1990) Biomass burning in the tropics: impact on atmospheric chemistry and biogeochemical cycles. Science 250:1669–1678

Dai A (2013) Increasing drought under global warming in observations and models. Nat Clim Change 3:52–58

D'Arrigo R, Kaufmann RK, Davi N, Jacoby GC, Laskowski C, Myneni RB, Cherubini P (2004) Thresholds for warming-induced growth decline at elevational tree line in the Yukon Territory, Canada. Glob Biogeochem Cycl 18(GB3021):1–7

de Klein CAM, Logtestijn RSP (1994) Denitrification and N_2O emission from urine-affected grassland soil. Plant Soil 163:235–242

DeLorey DC, Cronn DR, Farmer JC (1988) Tropospheric latitudinal distribution of CF_2Cl_2, $CFCl_3$, N_2O, CH_3CCl_3, and CCl_4 over the remote Pacific Ocean. Atmos Environ 22:1481–1494

Dentener F, Stevenson D, Ellingsen K et al (2006) The global atmospheric environment for the next generation. Environ Sci Technol 40:3586–3594

Ding Q, Wang B (2005) Circumglobal teleconnection in the Northern Hemisphere summer. J Clim 18:3483–3505

Doney SC, Fabry VJ, Feely RA, Kleypas JA (2009) Ocean acidification: the other CO_2 problem. Annu Rev Mar Sci 1:169–192

Duarte CM, Cebrián J (1996) The fate of marine autotrophic production. Limnol Oceanogr 41:1758–1766

Ducklow HW, Steinberg DK, Buesseler KO (2001) Upper ocean carbon export and the biological pump. Oceanography 14:50–58

Dutta K, Schuur EAG, Neff JC, Zimov SA (2006) Potential carbon release from permafrost soils of Northeastern Siberia. Glob Chang Biol 12:2336–2351

Entin JK, Robock A, Vinnikov KY, Hollinger SE, Liu S, Namkhai A (2000) Temporal and spatial scales of observed soil moisture variations in the extratropics. J Geophys Res D 105:11865–11877

Enting IG, Mansbridge JV (1991) Latitudinal distribution of sources and sinks of CO_2: results of an inversion study. Tellus B 43:156–170

Esper J, Frank DC, Timonen M, Zorita E, Wilson RJS, Luterbacher J, Holzkämper S, Fischer N, Wagner S, Nievergelt D, Verstege A, Büntgen U (2012) Orbital forcing of tree-ring data. Nat Clim Change 2:862–866

Esper J, George SS, Anchukaitis K, D'Arrigo D, Ljungqvist FC, Luterbacher J, Schneider L, Stoffel M, Wilson B, Büntgen U (2018) Large-scale, millennial-length temperature reconstructions from tree-rings. Dendrochronologia 50:81–90

Estrada F, Perron P, Martínez-López B (2013) Statistically derived contributions of diverse human influences to twentieth-century temperature changes. Nat Geosci 6:1050–1055

Eugster W, Rouse WR, Pielke RA, McFadden JP, Baldocchi DD, Kittel TGF, Chapin FS, Liston GE, Vidale PL, Vaganov E, Chambers S (2000) Land-atmosphere energy exchange in Arctic tundra and boreal forest: available data and feedbacks to climate. Glob Change Biol 6(Suppl 1):84–115

Falkowski PG (1997) Evolution of the nitrogen cycle and its influence on the biological sequestration of CO_2 in the ocean. Nature 387:272–275

Falkowski PG, Barber RT, Smetacek V (1998) Biogeochemical controls and feedbacks on ocean primary production. Science 281:200–206

Feely RA, Doney SC, Cooley SR (2009) Ocean acidification. Present conditions and future changes in a high-CO_2 world. Oceanography 22:36–47

Feng S, Fu Q (2013) Expansion of global drylands under a warming climate. Atmos Chem Phys 13:10081–10094

1

Fernández-Martínez M, ViccaS Janssens IA et al (2014) Nutrient availability as the key regulator of global forest carbon balance. Nat Clim Change 4:471–476

Fernández-Martínez M, Sardans J, Chevallier F, Ciais P, Obersteiner M, ViccaS Canadell JG, Bastos A, Friedlingstein P, Sitch S, Piao SL, Janssens IA, Peñuelas J (2019) Global trends in carbon sinks and their relationship with CO_2 and temperature. Nat Clim Change 9:73–79

Field CB, Behrenfeld MJ, Randerson JT, Falkowksi PG (1998) Primary production of the biosphere: integrating terrestrial and oceanic components. Science 281:237–240

Fisher DA, Hales CH, Wang W-C, Ko MKW, Sze ND (1990) Model calculations of the relative effects of CFCs and their replacement on global warming. Nature 344:513–516

Fowler D, Coyle M, Skiba U et al (2013) The global nitrogen cycle in the twenty-first century. Phil Trans Roy Soc B 368:20130164

Francis JA, Vavrus SJ (2012) Evidence linking Arctic amplification to extreme weather in mid latitudes. Geophys Res Lett 39(06801):1–6

Francis JA, Vavrus SJ (2015) Evidence for a wavier jet stream in response to rapid Arctic warming. Environ Res Lett 10(014005):1–12

Fung IY, Doney SC, Lindsay K, John J (2005) Evolution of carbon sinks in a changing climate. Proc Natl Acad Sci USA 102:11201–11206

Galloway JN, Townsend AR, Erisman JW, Bekunda M, Cai Z, Freney JR, Martinelli LA, Seitzinger SP, Sutton MA (2008) Transformation of the nitrogen cycle: recent trends, questions, and potential solutions. Science 320:889–892

Geller LS, Elkins JW, Lobert JM, Clarke AD, Hurst DF, Butler JH, Myers RC (1997) Tropospheric SF_6: Observed latitudinal distribution and trends, derived emissions and interhemispheric exchange time. Geophys Res Lett 24:675–678

Gibson CC, Ostrom E, Ahn TK (2000) The concept of scale and the human dimensions of global change: a survey. Ecol Econ 32:217–239

Giorgi F (2006) Climate change hot-spots. Geophys Res Lett 33(L08707):1–4

Goldewijk KK (2001) Estimating global land use change over the past 300 years: the HYDE database. Glob Biogeochem Cycl 15:417–433

Goodess CM, Hall J, Best M, Betts R, Cabantous L, Jones PD, Kilsby CG, Pearman A, Wallace CJ (2007) Climate scenarios and decision making under uncertainty. Built Environ 33:10–30

Grace J, Malhi Y, Higuchi N, Meir P (2001) Productivity of tropical rain forests. In: Roy J, Saugier B, Mooney HA (Hrsg) Terrestrial global productivity. Academic Press, San Diego, S 401–426

Gregg JS, Andres J, Marland G (2008) China: emissions pattern of the world leader in CO_2 emissions from fossil fuel consumption and cement production. Geophys Res Lett 35(L08806):1–5

Grenfell TC, Perovich DK (1984) Spectral albedos of sea ice and incident solar irradiance in the southern Beaufort Sea. J Geophys Res C 3:3573–3580

Gruber S (2012) Derivation and analysis of a high-resolution estimate of global permafrost zonation. Cryosphere 6:221–233

Gruber S, Hoelzle M, Haeberli W (2004) Permafrost thaw and destabilization of Alpine rock walls in the hot summer of 2003. Geophys Res Lett 31(L13504):1–4

Guemas V, Doblas-Reyes FJ, Andreu-Burillol Asif A (2013) Retrospective prediction of the global warming slowdown in the past decade. Nat Clim Change 3:649–653

Guglielmin M, Dramis F (1999) Permafrost as a climatic indicator in northern Victoria Land, Antarctica. Ann Glaciol 29:131–135

Guodong C, Dramis F (1992) Distribution of mountain permafrost and climate. Permafrost Periglac Process 3:83–91

Gurk C, Fischer H, Hoor P, Lawrence MG, Lelieveld J, Wernlo H (2008) Airborne in-situ measurements of vertical, seasonal and latitudinal distributions of carbon dioxide over Europe. Atmos Chem Phys 8:6395–6403

Hansen J, Sato M, Ruedy R (1997) Radiative forcing and climate response. J Geophys Res D 102:6831–6864

Hansen J, Ruedy R, Sato M, Lo K (2010) Global surface temperature change. Rev Geophys 48(RG4004):1–29

Hansen J, Sato M, Ruedy R (2012) Perception of climate change. Proc Natl Acad Sci USA 109:E2415–E2423

Hansen MC, Potapov PV, Moore R, Hancher M, Turubanova SA, Tyukavina A, Thau D, Stehmann SV, Goetz SJ, Loveland TR, Kommareddy A, Egorov A, Chini L, Justice CO, Townshend JRG (2013) High-resolution global maps of 21st-century forest cover change. Science 342:850–853

Harangozo SA (2000) A search for ENSO teleconnections in the west Antarctic Peninsula climate in austral winter. Int J Climatol 20:663–679

Hauck M, Dulamsuren Ch, Leuschner C (2016) Anomalous increase in winter temperature and decline in forest growth associated with severe winter smog in the Ulan Bator basin. Water Air Soil Pollut 227(261):1–10

Hawkins E, Sutton R (2009) The potential to narrow uncertainty in regional climate predictions. Bull Am Meteor Soc 90:1095–1107

Hayhurst AN, Lawrence AD (1992) Emissions of nitrous oxides from combustion sources. Progr Energy Combust Sci 18:529–552

Haywood J, Boucher O (2000) Estimates of the direct and indirect radiative forcing due to tropospheric aerosols: a review. Rev Geophys 38:513–543

Hearing TW, Harvey THP, Williams M, Leng MJ, Lamb AL, Wilby PR, Gabbott SE, Pohl A, Donnadieu Y (2018) An early Cambrian greenhouse climate. Sci Adv 4(eaar5680):1–11

Held IM, Soden BJ (2000) Water vapor feedback and global warming. Annu Rev Energy Environ 25:441–475

Herridge DF, Peoples MB, Boddey RM (2008) Global inputs of biological nitrogen fixation in agricultural systems. Plant Soil 311:1–18

Hessen DO, Ågren GI, Anderson TR, Elser JJ, de Ruiter PC (2004) Carbon sequestration in ecosystems: the role of stoichiometry. Ecology 85:1179–1192

Hill DJ, Dolan AM, Haywood AM, Hunter SJ, Stoll DK (2010) Sensitivity of the Greenland Ice Sheet to Pliocene sea surface temperatures. Stratigraphy 7:111–122

Houghton RA (2003) Why are estimates of the terrestrial carbon balance so different? Glob Change Biol 9:500–509

Hu C, Yang S, Wu Q, Li Z, Chen J, Deng K, Zhang T, Zhang C (2016) Shifting El Niño inhibits summer Arctic warming and Arctic sea-ice melting over the Canada Basin. Nat Commun 7(11721):1–9

Indermühle A, Monnin E, Stauffer B, Stocker TF, Wahlen M (2000) Atmospheric CO_2 concentration from 60 to 20 kyr BP from the Taylor Dome ice core, Antarctica. Geophys Res Lett 27:735–738

IPCC (2007) Climate change 2007: the physical science basis. Contribution of working group I to the fourth assessment report of the Intergovernmental Panel on Climate Change. Cambridge University Press, Cambridge

IPCC (2013) Climate change 2013: the physical science basis. Contribution of working group I to the fifth assessment report of the Intergovernmental Panel on Climate Change. Cambridge University Press, Cambridge

Jacobeit J (2007) Zusammenhänge und Wechselwirkungen im Klimasystem. In: Endlicher W, Gerstengarbe F-W (Hrsg) Der Klimawandel. Einblicke, Rückblicke und Ausblicke. Deutsche Gesellschaft für Geographie, Berlin, S 1–16

Jacobson MZ (2001) Strong radiative heating due to the mixing state of black carbon in atmospheric aerosols. Nature 409:695–697

Jain AK, Briegleb BP, Minschwaner K, Wuebbles DJ (2000) Radiative forcings and global warming potentials of 39 greenhouse gases. J Geophys Res D 105:20773–20790

Jickells TD, An ZS, Andersen KK et al (2005) Global iron connections between desert dust, ocean biogeochemistry, and climate. Science 308:67–71

Jobbágy EG, Jackson RB (2000) The vertical distribution of soil organic carbon and its relation to climate and vegetation. Ecol Appl 10:423–436

Jones RN (2000) Managing uncertainty in climate change projections – Issues for impact assessment. Clim Change 45:403–419

Jorgenson MT, Shur YL, Pullman ER (2006) Abrupt increase in permafrost degradation in Arctic Alaska. Geophys Res Lett 33(L02503):1–4

Jung M, Reichstein M, Ciais P et al (2010) Recent decline in the global land evapotranspiration trend due to limited moisture supply. Nature 467:951–954

Kai FM, Tyler SC, Randerson JT, Blake DR (2011) Reduced methane growth rate explained by decreased Northern Hemisphere microbial sources. Nature 476:194–197

Keeling CD (1973) Industrial production of carbon dioxide from fossil fuels and limestone. Tellus 25:174–198

Keith H, Mackey BG, Lindenmayer DB (2009) Re-evaluation of forest biomass carbon stocks and lessons from the world's most carbon-dense forests. Proc Natl Acad Sci USA 106:11635–11640

Kicklighter DW, Bondeau A, Schloss AL, Kaduk J, McGuire AD (1999) Comparing global models of terrestrial net primary productivity (NPP): global pattern and differentiation by major biomes. Glob Change Biol 5(Suppl 1):16–24

Kiladis GN, Diaz HF (1989) Global climatic anomalies associated with extremes in the Southern Oscillation. J Clim 2:1069–1090

Kim J-S, Kug J-S, Jeong S-J, Huntzinger DN, Michalak AM, Schwalm CR, Wei Y, Schaefer K (2017) Reduced North American terrestrial primary productivity linked to anomalous Arctic warming. Nat Geosci 10:572–576

Kindler R, Siemens J, Kaiser K et al (2011) Dissolved organic carbon from soil is a crucial component of the net ecosystem carbon balance. Glob Change Biol 17:1167–1185

Kirschbaum MUF (2000) Will changes in soil organic carbon act as a positive or negative feedback on global warming? Biogeochemistry 48:21–51

Kirschvink JL, Gaidos EJ, Bertani LE, Beukes NJ, Gutzmer J, Maepa LN, Steinsberger RE (2000) Paleoproterozoic snowball earth: extreme climatic and geochemical global change and its biological consequences. Proc Natl Acad Sci USA 97:1400–1405

Knoblauch C, Beer C, Liebner S, Grigoriev MN, Pfeiffer E-M (2018) Methane production as key to the greenhouse gas budget of thawing permafrost. Nat Clim Change 8:309–312

Knowles N, Dettinger MD, Cayan DR (2006) Trends in snowfall versus rainfall in the western United States. J Clim 19:4545–4559

Kort EA, Frankenberg C, Costigan KR, Lindenmaier R, Dubey MK, Wunch D (2014) Four Corners: the largest US methane anomaly viewed from space.

Geophys Res Lett 501:403–407. ▶ https://doi.org/10.1002/2014gl061503

Kosaka Y, Xie S-P (2013) Recent global-warming hiatus tied to equatorial Pacific surface cooling. Nature 501:403–407

Kotowska MM, Leuschner C, Triadiati T, Meriem S, Hertel D (2015) Quantifying above- and belowground biomass carbon loss with forest conversion in the tropical lowlands of Sumatra (Indonesia). Glob Change Biol 21:3620–3634

Kunkel KE, Palecki MA, Ensor L, Easterling D, Hubbard KG, Robinson D, Redmond K (2009) Trends in twentieth-century U.S. extreme snowfall seasons. J Clim 22:6204–6216

Lashof DA, Ahuja DR (1990) Relative contributions of greenhouse gas emissions to global warming. Nature 344:529–531

Lassey KR (2007) Livestock methane emission: from the individual grazing animal through national inventories to the global methane cycle. Agric For Meteor 142:120–132

Latif M (2006) Klima. Fischer, Frankfurt

Lawrence DM, Slater AG (2005) A projection of severe near-surface permafrost degradation during the 21st century. Geophys Res Lett 32(L24401):1–5

Lejeune Q, Davin EL, Gudmundsson L, Winckler J, Seneviratne SI (2018) Historical deforestation locally increased the intensity of hot days in northern mid-latitudes. Nat Clim Change 8:386–390

Le Quéré C, Andrew RM, Friedlingstein P et al (2018) Global carbon budget 2018. Earth Syst Sci Data 10:2141–2194

Le Quéré C, Korsbakken JI, Wilson C, Tosun J, Andrew R, Andres RJ, Canadell JG, Jordan A, Peters GP, van Vuuren DP (2019) Drivers of declining CO_2 emissions in 18 developed economies. Nat Clim Change 9:213–217

Liebner S, Rublack K, Stuehrmann T, Wagner D (2009) Diversity of aerobic methanotrophic bacteria in a permafrost active layer soil of the Lena Delta, Siberia. Microb Ecol 57:25–35

Lin J, Pan D, Davis SJ, Zhang Q, He K, Wang C, Streets DG, Wuebbles DJ, Guan D (2014) China's international trade and air pollution in the Unites States. Proc Natl Acad USA 111:1736–1741

Lobert JM, Scharffe DH, Hao WM, Crutzen PJ (1990) Importance of biomass burning in the atmospheric budgets of nitrogen-containing gases. Nature 346:552–554

Loustau D, Hungate B, Drake BG (2001) Water, nitrogen, rising atmospheric CO_2, and terrestrial productivity. In: Roy J, Saugier B, Mooney HA (Hrsg) Terrestrial global productivity. Academic Press, San Diego, S 123–167

Maiss M, Levine I (1994) Global increase of SF_6 observed in the atmosphere. Geophys Res Lett 21:569–572

Mann ME, Zhang Z, Hughes MK, Bradley RS, Miller SK, Rutherford S, Ni F (2008) Proxy-based reconstructions of hemispheric and global surface temperature variations over the past two millennia. Proc Natl Acad Sci USA 105:13252–13257

Mann ME, Zhang Z, Rutherford S, Bradley RS, Hughes MK, Shindell D, Ammann C, Faluvegi G, Ni F (2009) Global signatures and dynamical origins of the Little Ice Age and Medieval Climate Anomaly. Science 326:1256–1260

Marcott SA, Shakun JD, Clark PU, Mix AC (2013) A reconstruction of regional and global temperature for the past 11,300 years. Science 339:1198–1201

Matthews E, Fung I (1987) Methane emission from natural wetlands: global distribution, area, and environmental characteristics of sources. Glob Biogeochem Cycl 1:61–86

Means JE, MacMillan PC, Cromack K (1992) Biomass and nutrient content of Douglas-fir logs and other detrital pools in an old-growth forest, Oregon, USA. Can J For Res 22:1536–1546

Meehl GA, Arblaster JM, Collins WD (2008) Effects of black carbon aerosols on the Indian Monsoon. J Clim 21:2869–2882

Menon S, Hansen J, Nazarenko L, Luo Y (2002) Climate effects of black carbon aerosols in China and India. Science 297:2250–2253

Menon S, Koch D, Beig G, Sahu S, Fasullo J, Orlikowski D (2010) Black carbon aerosols and the third polar ice cap Atmos. Chem Phys 10:4559–4571

Monaghan AJ, Bromwich DH, Fogt RL et al (2006) Insignificant change in Antarctic snowfall since the International Geophysical Year. Science 313:827–831

Monnin E, Indermühle A, Dällenbach A, Flückiger J, Stauffer B, Stocker TF, Raynaud D, Barnola J-M (2001) Atmospheric CO_2 concentrations over the last glacial termination. Science 291:112–114

Monteny G-J, Bannink A, Chadwick D (2006) Greenhouse gas abatement strategies for animal husbandry. Agric Ecosys Environ 112:163–170

Morice CP, Kennedy JJ, Rayner NA, Jones PD (2012) Quantifying uncertainties in global and regional temperature change using an ensemble of observational estimates: the HadCRUT4 data set. J Geophys Res 117(D08101):1–22

Mosier A, Kroenze C, Nevison C, Oenema O, Seitzinger S, van Cleemput O (1998) Closing the global N_2O budget: nitrous oxide emissions through the agricultural nitrogen cycle. Nutr Cycl Agroecosyst 52:225–248

Moss RH, Edmonds JA, Hibbard KA et al (2010) The next generation of scenarios for climate change research and assessment. Nature 463:747–756

Naish T, Powell R, Levy R et al (2009) Obliquity-paced Pliocene West Antarctic ice sheet oscillations. Nature 458:322–328

Nakazawa T, Miyashita K, Aoki S, Tanaka M (1991) Temporal and spatial variations of upper tropospheric and lower stratospheric carbon dioxide. Tellus B 43:106–117

Nemani RR, Keeling CD, Hashimoto H, Jolly WM, Piper SC, Tucker CJ, Myneni RB, Running SW (2003) Climate-driven increases in global terrestrial net primary production from 1982 to 1999. Science 300:1560–1563

Neue H-U (1993) Methane emissions from rice fields. BioScience 43:466–474

Newman MJ, Rood RT (1977) Implications of solar evolution for the earth's early atmosphere. Science 198:1035–1037

NOAA (2019) Global Monitoring Division, combined data sets. NOAA Earth System Research Laboratory, Boulder (▶ www.esrl.noaa.gov/gmd)

Novakov T, Ramanathan V, Hansen JE, Kirchstetter TW, Sato M, Sinton JE, Sathaye JA (2003) Large historical changes of fossil-fuel black carbon aerosols. Geophys Res Lett 30(1324):1–4

Oechel WC, Cowles S, Grulke N, Hastings SJ, Lawrence B, Prudhomme T, Riechers G, Strain B, Tissue D, Vourlitis G (1994) Transient nature of CO_2 fertilization in arctic tundra. Nature 371:500–503

Ohmura A (2009) Observed decadal variations in surface solar radiation and their causes. J Geophys Res 114 (D00D05):1–9

Ohmura A, Lang H (1989) Secular variation of global radiation in Europe. In: Lenoble J, Geleyn J-F (Hrsg) Current problems in atmospheric radiation. Deepak, Hampton, S 298–301

Oki T, Kanae S (2006) Global hydrological cycles and world water resources. Science 313:1068–1072

Olefeldt D, Goswami S, Grosse G, Hayes D, Hugelius G, Kuhry P, McGuirre AD, Romanovsky VE, Sannel ABK, Schuur EAG, Turetsky MR (2016) Circumpolar distribution and carbon storage of thermokarst landscapes. Nat Commun 7(13043):1–11

Orr JC, Fabry VJ, Aumont O et al (2005) Anthropogenic ocean acidification over the twenty-first century and its impact on calcifying organisms. Nature 437:681–686

Overland JE, Dethloff K, Francis JA, Hall RJ, Hanna E, Kim S-J, Screen JA, Shepherd TG, Vihma T (2016) Nonlinear response of mid-latitude weather to the changing Arctic. Nat Clim Change 6:992–999

Parton WJ, Mosier AR, Ojima DS, Valentine DW, Schimel DS, Weier K, Kulmala AE (1996) Generalized model for N_2 and N_2O production from nitrification and denitrification. Glob Biogeochem Cycl 10:401–412

Patra PK, Takigawa M, Dutton GS, Uhse K, Ishijima K, Lintner BR, Miyazaki K, Elkins JW (2009) Transport mechanisms for synoptic, seasonal and interannual SF_6 variations and "age" of air in the troposphere. Atmos Chem Phys 9:1209–1225

Pautler BG, Simpson AJ, McNally DJ, Lamoureux SF, Simpson MJ (2010) Arctic permafrost active layer detachments stimulate microbial activity and degradation of soil organic matter. Environ Sci Technol 44:4076–4082

Payette S, Delwaide A, Caccianiga M, Beauchemin M (2004) Accelerated thawing of subarctic peatland permafrost over the last 50 years. Geophys Res Lett 31(L18208):1–4

Petoukhov V, Rahmstorf S, Petri S, Schellnhuber HJ (2013) Quasiresonant amplification of planetary waves and recent northern hemisphere weather extremes. Proc Natl Acad Sci USA 110:5336–5341

Pollard D, DeConto RM (2009) Modeling West Antarctic ice sheet growth and collapse through the past five million years. Nature 458:329–332

Poth M, Anderson IC, Miranda HS, Miranda AC, Riggan PJ (1995) The magnitude and persistence of soil NO, N_2O, CH_4, and CO_2 fluxes from burned tropical savanna soil in Brazil. Glob Biogeochem Cycl 9:503–513

Poumadère M, Mays C, Le Mer S, Blong R (2005) The 2003 heat wave in France: dangerous climate change here and now. Risk Analysis 25:1483–1494

Prudhomme C, Giuntoli I, Robinson EL et al (2014) Hydrological droughts in the 21st century, hotspots and uncertainties from a global multimodel ensemble experiment. Proc Natl Acad Sci USA 111:3262–3267

Raich JW, Schlesinger WH (1992) The global carbon dioxide flux in soil respiration and its relationship to vegetation and climate. Tellus B 44:81–99

Raich JW, Potter CS, Bhagawati D (2002) Interannual variability in global soil respiration, 1980–94. Glob Change Biol 8:800–812

Ramanathan V, Carmichael G (2008) Global and regional climate changes due to black carbon. Nat Geosci 1:221–227

Ramanathan V, Cess RD, Harrison EF, Minnis P, Barkstrom BR, Ahmad E, Hartmann D (1989) Cloud-radiative forcing and climate: results from the earth radiation budget experiment. Science 243:57–63

Ramanathan V, Crutzen PJ, Kiehl JT, Rosenfeld D (2001) Aerosols, climate, and the hydrological cycle. Science 294:2119–2124

Raschke E, Ohmura A (2005) Radiation budget of the climate system. In: Hantel M (Hrsg) Observed global climate. Landolt-Börnstein. Group V Geophysics. Springer, Berlin, S 25–46

Robertson GP, Paul EA, Harwood RR (2000) Greenhouse gases in intensive agriculture: contributions of individual gases to the radiative forcing of the atmosphere. Science 289:1922–1925

Robock A (1980) The seasonal cycle of snow cover, sea ice and surface albedo. Monthly Weather Rev 108:267–285

Robock A, Vinnikov KY, Srinivasan G, Entin JK, Hollinger SE, Speranskaya NA, Liu S, Namkhai A (2010) The global soil moisture data bank. Bull Am Meteorol Soc 81:1281–1299

Rockström J, Steffen W, Noone K et al (2009) A safe operating space for humanity. Nature 461:472–475

Rödenbeck C, Houweling S, Gloor M, Heimann M (2003) CO_2 flux history 1982–2001 inferred from atmospheric data using a global inversion of atmospheric transport. Atmos Chem Phys 3:1919–1964

Romanovskii NN, Hubberten H-W (2001) Results of permafrost modelling of the lowlands and shelf of the Laptev Sea region, Russia. Permafrost Periglac Process 12:191–202

Romanovskii NN, Hubberten H-W, Gavrilov AV, Tumskoy VE, Kholodov AL (2004) Permafrost of the east Siberian Arctic shelf and coastal lowlands. Quatern Sci Rev 23:1359–136

Royer DL (2006) CO_2-forced climate thresholds during the Phanerozoic. Geochim Cosmochim Acta 70:5665–5675

Royer DL, Berner RA, Montañez IP, Tabor NJ, Beerling DJ (2004) CO_2 as a primary driver of Phanerozoic climate. Geol Soc Am Today 14:4–10

Rustad LE, Campbell JL, Marion GM, Norby RJ, Mitchell MJ, Hartley AE, Cornelissen JHC, Gurevitch J (2001) A meta-analysis of the response of soil respiration, net nitrogen mineralization, and aboveground plant growth to experimental ecosystem warming. Oecologia 126:543–562

Saeki T, Nakazawa T, Tanaka M (1998) Methane emissions deduced from a two-dimensional atmospheric transport model and surface measurements. J Meteorol Soc Jap 76:307–324

Schlesinger WH, Andrews JA (2000) Soil respiration and the global carbon cycle. Biogeochemistry 48:7–20

Schmitt RW (2008) Salinity and the global water cycle. Oceanography 21:12–19

Schneider L, Smerdon JE, Pretis F, Hartl-Meier C, Esper J (2017) A new archive of large volcanic events over the past millennium derived from reconstructed summer temperatures. Environ Res Lett 12(094005):1–10

Schubert SD, Wang H, Koster RD, Suarez MJ, Groisman PY (2014) Northern Eurasian heat waves and droughts. J Clim 27:3169–3207

Schulze E-D, Lange OL, Oren R (1989) Forest decline and air pollution. Ecol Stud 77:1–475

Schuur EAG, Bockheim J, Canadell JG et al (2008) Vulnerability of permafrost carbon to climate change: implications for the global carbon cycle. BioScience 58:701–714

Schuur EAG, Vogel JG, Crummer KG, Lee H, Sickmann JO, Osterkamp TE (2009) The effect of permafrost thaw on old carbon release and net carbon exchange from tundra. Nature 459:556–559

Schuur EAG, McGuire AD, Schädel C et al (2015) Climate change and the permafrost carbon feedback. Nature 520:171–179

Screen JA, Simmonds I (2014) Amplified mid-latitude planetary waves favour regional weather extremes. Nat Clim Change 4:704–709

Seinfeld JH, Pandis SN (2006) Atmospheric chemistry and physics: from air pollution to climate change, 2. Aufl. Wiley, New York

Serquet G, Marty C, Dulex J-P, Rebetez M (2011) Seasonal trends and temperature dependence of the snowfall/precipitation-day ratio in Switzerland. Geophys Res Lett 38(L07703):1–5

Sessions AL, Doughty DM, Welander PV, Summons RE, Newman DK (2009) The continuing puzzle of the Great Oxidation Event. Curr Biol 19:R567–R574

Sévellec F, Fedorov AV, Liu W (2017) Arctic sea-ice decline weakens the Atlantic Meridional Overturning Circulation. Nat Clim Change 7:604–610

Shakhova N, Semiletov I, Leifer I, Sergienko V, Salyuk A, Kosmach D, Chernykh D, Stubbs C, Nicolsky D, Tumskoy V, Gustafsson Ö (2014) Ebullition and storm-induced methane release from the East Siberian Arctic Shelf. Nat Geosci 7:64–70

Sheffield J, Wood EF, Roderick ML (2012) Little change in global drought over the past 60 years. Nature 491:435–438

Sherwood S, Fu Q (2014) A drier future? Science 343:737–739

Schimel DS, Braswell BH, Holland EA, McKeown R, Ojima DS, Painter TH, Parton WJ, Townsend AR (1994) Climatic, edaphic, and biotic controls over storage and turnover of carbon in soils. Glob Biogeochem Cycl 8:279–293

Shine KP (2009) The global warming potential – the need for an interdisciplinary retrial. Climatic Change 96:467–472

Shine KP, Fuglestvedt JS, Hailemariam K, Stuber N (2005) Alternatives to global warming potential for comparing climate impacts of emissions of greenhouse gases. Climatic Change 68:281–302

Smith AJA, Peters DM, McPheat R, Lukanihins S, Graigner RG (2015) Measuring black carbon spectral extinction in the visible and infrared. J Geophys Res Atmos 120:9670–9683

Smith HJ, Wahlen M, Mastroianni D (1997) The CO_2 concentration of air trapped in GISP2 ice from the Last Glacial Maximum-Holocene transition. Geophys Res Lett 24:1–4

Smith LC, Sheng Y, MacDonald GM, Hinzman LD (2005) Disappearing Arctic lakes. Science 308:1429

Smith TM, Arkin PA, Ren L, Shen SSP (2012) Improved reconstruction of global precipitation since 1900. J Atmos Ocean Technol 29:1505–1517

Sokolik IN, Toon OB (1996) Direct radiative forcing by anthropogenic airborne mineral aerosols. Nature 381:681–683

Solanki SK, Krivova NA (2003) Can solar variability explain global warming since 1970? J Geophys Res Space Phys 108(1200):1–8

Solanki SK, Usoskin IG, Kromer B, Schüssler M, Beer J (2004) Unusual activity of the sun during recent decades compared to the previous 11,000 years. Nature 431:1084–1086

Stammerjohn SE, Martinson DG, Smith RC, Yuan X, Rind D (2008) Trends in Antarctic annual sea ice retreat and advance and their relation to El Niño-Southern Oscillation and Southern Annular Mode variability. J Geophys Res 113 (C03S90):1–20

Staten PW, Lu J, Grise KM, Davis SM, Birner T (2018) Re-examining tropical expansion. Nat Clim Change 8:768–775

Stendel M, Christensen JH (2002) Impact of global warming on permafrost conditions in a coupled GCM. Geophys Res Lett 29(1632):1–4

Stephens BB, Gurney KR, Tans PP et al (2007) Weak northern and strong tropical land carbon uptake from vertical profiles of atmospheric CO_2. Science 316:1732–1735

Steven B, Léveillé R, Pollard WH, Whyte LG (2006) Microbial ecology and biodiversity in permafrost. Extremophiles 10:259–267

Strong C, Magnusdottir G (2008) Tropospheric Rossby wave breaking and the NAO/NAM. J Atmos Sci 65:2861–2876

Sugimoto A, Yanagisawa N, Naito D, Fujita N, Maximov TC (2002) Importance of permafrost as a source of water for plants in east Siberian taiga. Ecol Res 17:493–503

Swetnam TW, Batancourt TL (1993) Temporal patterns of El Niño/Southern Oscillation-wildfire tele-connections in the southwestern United States. In: Diaz HF, Markgraf V (Hrsg) El Niño: historical and palaeoclimatic aspects of the Southern Oscil-lation. Cambridge University Press, Cambridge, S 259–270

Takeuchi Y, Endo Y, Murakami S (2008) High cor-relation between winter precipitation and air temperature in heavy-snowfall areas in Japan. Ann Glaciol 49:7–10

Tanaka K, O'Neill BC, Rokityanski D, Obersteiner M, Tol RSJ (2009) Evaluating global warming potentials with historical temperature. Climatic Change 96:443–466

Tang Q, Zhang X, Francis JA (2014) Extreme summer weather in northern mid-latitudes linked to a vanishing cryosphere. Nat Clim Change 4:45–50

Tarnocai C, Canadell JG, Schuur EAG, Kuhry P, Mazhi-tova G, Zimov S (2009) Soil organic carbon pools in the northern circumpolar permafrost region. Glob Biogeochem Cycl 23(GB2023):1–11

Tennant WJ, Reason CJC (2005) Associations between the global energy cycle and regional rainfall in South Africa and Southwest Australia. J Clim 18:3032–3047

Trenberth KE (2015) Has there been a hiatus? Science 349:691–692

Trenberth KE, Smith L, Qian T, Dai A, Fasullo J (2007) Estimates of the global water budget and its annual cycle using observational and model data. J Hydrometeorol 8:758–769

Trenberth KE, Fasullo JT, Kiehl J (2009) Earth's global energy budget. Bull Am Meteorol Soc 90:311–323

Trenberth KE, Dai A, van der Schrier G, Jones PD, Barichivich J, Briffa KR, Sheffield J (2014) Global warming and changes in drought. Nat Clim Change 4:17–22

Turner BL, Meyer WB, Skole DL (1994) Global land-use/land-cover change: towards an integrated study. Ambio 23:91–94

Tyson PD, Sturman AP, Fitzharris BB, Mason SJ, Owens IF (1997) Circulation changes and teleconnections between glacial advances on the west coast of New Zealand and extended spells of drought years in South Africa. Int J Climatol 17:1499–1512

van der Schrier G, Barichivich J, Briffa KR, Jones PD (2013) A scPDSI-based global data set of dry and wet spells for 1901–2009. J Geophys Res Atmos 118:4025–4048

van Oldenborgh GJ, Burgers G, Klein Tank A (2000) On the El Niño teleconnection to spring precipitation in Europe. Int J Climatol 20:565–574

van Tuyl S, Law BE, Turner DP, Gitelman AI (2005) Variability in net primary production and carbon storage in biomass across Oregon forests: an assessment integrating data from forest invento-ries, intensive sites, and remote sensing. Forest Ecol Manag 209:273–291

Varshney CK, Attri AK (1999) Global warming potential of biogenic methane. Tellus B 51:612–615

Vaughan DG, Marshall GJ, Connolley WM, Parkinson C, Mulvaney R, Hodgson DA, King JC, Pudsey CJ, Turner J (2003) Recent rapid regional climate warming on the Antarctic Peninsula. Climatic Change 60:243–274

Veizer J, Godderis Y, François LM (2000) Evidence for decoupling of atmospheric CO_2 and global climate during the Phanerozoic eon. Nature 408:698–701

Vitousek PM, Aber JD, Howarth RW, Likens GE, Matson PA, Schindler DW, Schlesinger WH, Tilman DG (1997a) Human alteration of the global nitrogen cycle: sources and consequences. Ecol Appl 7:737–750

Vitousek PM, Mooney HA, Lubchenco J, Melillo JM (1997b) Human domination of earth's eco-systems. Science 277:494–499

Vitousek PM, Menge DNL, Reed SC, Cleveland CC (2013) Biological nitrogen fixation: rates, patterns and ecological controls in terrestrial ecosystems. Phil Trans Roy Soc B 368:20130119

Vose RS, Arndt D, Banzon VF, Easterling DR, Gleason B, Huang B, Kearns E, Lawrimore JH, Menne MJ, Peterson TC, Reynolds RW, Smith TM, Williams CN, Wuertz DB (2012) NOAA's merged land-ocean surface temperature analysis. Bull Am Meteorol Soc 93:1677–1685

Voss M, Bange HW, Dippner JW, Middelburg JJ, Montoya JP, Ward B (2013) The marine nitrogen cycle: recent discoveries, uncertainties, and the potential relevance of climate change. Phil Trans Roy Soc B 368:20130121

Walker JCG, Hays PB (1981) A negative feedback mechanism for the long-term stabilization of earth's surface temperature. J Geophys Res C 86:9776–9782

Watanabe M, Shiogama H, Tatebe H, Hayashi M, Ishii M, Kimoto M (2014) Contribution of natural variability to global warming acceleration and hiatus. Nat Clim Change 4:893–897

Weart S (2013) The discovery of global warming: the carbon dioxide greenhouse effect. ▶ http://www.aip.org/history/climate/co2.htm. Zugegriffen: 16. Nov. 2013

Whiting GJ, Chanton JP (1993) Primary production control of methane emissions from Wetlands. Nature 364:794–795

Wild M (2009) Global dimming and brightening: a review. J Geophys Res 114 (D00D16):1–31

Wild M, Gilgen H, Roesch A, Ohmura A, Long CN, Dutton EG, Forgan B, Kallis A, Russak V, Tsvetkov A (2005) From dimming to brightening: decadal changes in solar radiation at earth's surface. Science 308:847–850

Wild M, Ohmura A, Makowski K (2007) Impact of global dimming and brightening on global warming. Geophys Res Lett 34(L04702):1–4

WMO (2013) Greenhouse gas bulletin. The state of greenhouse gases in the atmosphere based on global observations through 2012. World Meteorological Organization, Geneva

WMO (2017) Greenhouse gas bulletin. The state of greenhouse gases in the atmosphere based on global observations through 2016. World Meteorological Organization, Geneva

Wilbanks TJ, Kates RW (1999) Global change in local places: how scale matters. Climatic Change 43:601–628

Winiwarter W, Erisman JW, Galloway JN, Klimont Z, Sutton MA (2013) Estimating environmentally relevant fixed nitrogen demand in the 21st century. Clim Change 120:889–901

Wu B, Lin J, Zhou T (2016) Interdecadal circumglobal teleconnection patterns during boreal summer. Atmos Sci Lett 17:446–452

Yoshikawa K, Hinzman LD (2003) Shrinking thermokarst ponds and groundwater dynamics in discontinuous permafrost near Council, Alaska. Permafrost Periglac Process 14:151–160

Zhai P, Yu R, Guo Y, Li Q, Ren X, Wang Y, Xu W, Liu Y, Ding Y (2016) The strong El Niño of 2015/16 and its dominant impacts on global and China's climate. J Meteorol Res 30:283–297

Zhang T, Barry RG, Knowles K, Heginbottom JA, Brown J (1999) Statistics and characteristics of permafrost and ground ice in the northern hemisphere. Polar Geogr 24:126–131

Zhang T, Heginbottom JA, Barry RG, Brown J (2000) Further statistics on the distribution of permafrost and ground-ice distribution in the northern hemisphere. Polar Geogr 23:132–154

Zimmerman PR, Greenberg JP, Wandiga SO, Crutzen PJ (1982) Termites: a potentially large source of atmospheric methane, carbon dioxide, and molecular hydrogen. Science 218:563–565

Zimov SA, Voropaev YV, Semiletov IP, Davidov SP, Prosiannikov SF, Chapin FS, Chapin MC, Trumbore S, Tyler S (1997) North Siberian lakes: a methane source fueled by Pleistocene carbon. Science 277:800–802

Physiologische Anpassung und Migration als Antworten auf den Klimawandel

© Springer-Verlag GmbH Deutschland, ein Teil von Springer Nature 2019
M. Hauck, C. Leuschner, J. Homeier, *Klimawandel und Vegetation – Eine globale Übersicht*,
https://doi.org/10.1007/978-3-662-59791-0_2

Pflanzen können entsprechend ihrer artspezifischen genetischen und physiologischen Konstitution auf verschiedene Weise auf den Klimawandel reagieren:

1. mittels **Akklimatisierung** an die veränderte Umwelt durch Ausnutzung der morphologischen, physiologischen und phänologischen Plastizität der Individuen,
2. mit lokaler **Adaptation** über Genomveränderungen im Zuge von Mutation und Selektion sowie durch Verschiebung der Genotypenhäufigkeit innerhalb von Populationen und Arten,
3. mittels **Wanderung** und resultierender Veränderung der Artenzusammensetzung in den Lebensgemeinschaften und
4. durch **Aussterben** von Arten mit geringer Plastizität und Anpassungsfähigkeit.

2.1 Physiologische Anpassung

Durch den Klimawandel am wenigsten gefährdet erscheinen Pflanzen, die entweder ein großes Anpassungspotenzial aufgrund innerartlicher genetischer Diversität oder phänotypischer Plastizität besitzen oder die ein hohes Ausbreitungsvermögen aufweisen (Holt 1990). Auf physiologischer Ebene verfügen Pflanzen über zahlreiche Mechanismen, ihren Metabolismus an höhere Temperaturen anzupassen. Vergleichsweise gut untersucht sind Veränderungen im Photosyntheseapparat unter der Einwirkung höherer Temperaturen. **Thermotoleranz** kann zum Beispiel durch die Expression von hitzestabiler Rubisco-Activase und Hitzeschockproteinen, eine erhöhte Elektronentransportkapazität und reduzierte mitochondriale Atmung erreicht werden (Atkin et al. 2005; Yamori et al. 2014). Die pflanzliche Reaktion hängt dabei sowohl vom Ausmaß der Erwärmung als auch von deren Dauer (Kurz- vs. Langfristantwort) ab. Die Kapazität zur thermischen Anpassung unterscheidet sich nicht nur zwischen verschiedenen pflanzlichen Lebensformen, sondern auch unter den Arten derselben Lebensform sowie zwischen verschiedenen Populationen einer Art (Yamori et al. 2014). Weniger ist über thermische Anpassung bei anderen Lebensäußerungen wie dem Dickenwachstum der Bäume oder der Samenkeimung bekannt. Eine reiche Literatur existiert des Weiteren über pflanzliche **Anpassungen an Wassermangel** auf molekularer, physiologischer und morphologischer Ebene.

Die bisher vorliegenden Ergebnisse deuten darauf hin, dass die Anpassung von Pflanzen an einen raschen Klimawandel in erster Linie über die vorhandene **Merkmalsplastizität** geschieht (Franks et al. 2013). Auf der Artebene wird das Ausmaß der Anpassungsfähigkeit dabei in hohem Maße von der genetischen Variabilität innerhalb der Populationen und zwischen den Populationen bestimmt (Jump und Peñuelas 2005); Sippen mit heterogenem Genpool sind in der Regel anpassungsfähiger. **Evolutive Anpassungsprozesse** an raschen Klimawandel dürften in den meisten Fällen eine untergeordnete Rolle spielen und am ehesten bei Einjährigen von Bedeutung sein (Merilä und Hendry 2014), indem rasche Generationswechsel den Genfluss von besser angepassten Individuen oder Populationen begünstigen.

2.2 Migration

Mit dem Wandel der thermischen und hygrischen Standortfaktoren im Zuge der Klimaerwärmung lässt die Passgenauigkeit der pflanzlichen Anpassung an die Umwelt nach. Wenn keine ausreichende Anpassung möglich ist, bleibt der Pflanze nur das Ausweichen in andere Regionen oder das Aussterben. Nach Lenoir und Svenning (2015) lassen sich fünf **Grundtypen von Veränderungsmustern in der Verbreitung** von Pflanzen und Tieren unterscheiden:

1. Ausbreitung durch Neugründung von Populationen innerhalb des vorhandenen Verbreitungsareals (**Schwerpunktverlagerung**),

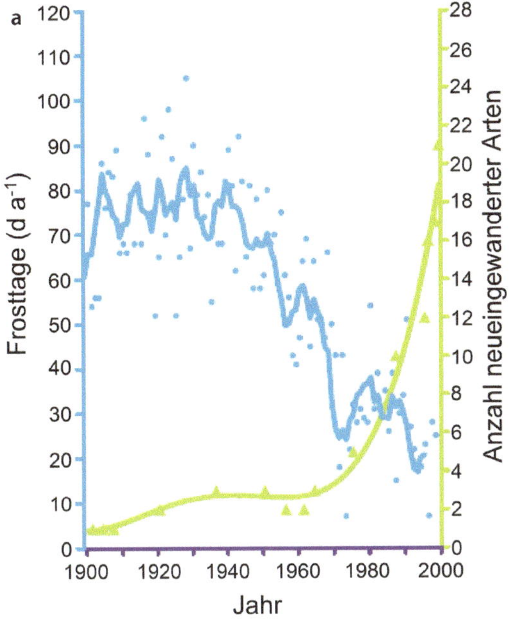

◨ Abb. 2.1 Einwanderung von immergrünen Gehölzen in die Strauchschicht wechselgrüner Wälder aus Esskastanie *(Castanea sativa)*, Eiche *(Quercus petraea*, Q. pubescens), Linde *(Tilia cordata)* und Esche *(Fraxinus excelsior)* als Folge der Klimaerwärmung in niederen Höhenlagen der südlichen Schweiz am Südrand der Alpen: (**a**) Anstieg der Artenzahl von neueingewanderten Arten bei gleichzeitigem Rückgang der Frosttage im 20. Jahrhundert; (**b**) sommergrüner Laubwald mit immergrünen Gehölzen in der Strauchschicht. (Nach Walther et al. 2002, S. 392)

2. Gründung von neuen Populationen innerhalb und außerhalb des vorhandenen Verbreitungsareals (**Expansion**),
3. lokale Aussterbeereignisse innerhalb des vorhandenen Verbreitungsareals (**Rückzug**),
4. großräumige Häufigkeitsabnahme im Verbreitungsareal (**Zusammenbruch**) und
5. zeitgleicher Rückzug und Expansion in Teilen des Verbreitungsareals (**Verlagerung**).

Von besonderer Bedeutung im Zusammenhang mit dem Klimawandel sind die Phänomene (2) Expansion und (3) Rückzug. Ein Beispiel bildet die Nordwärtswanderung wärmeliebender immergrüner Gehölze (◨ Abb. 2.1) am Südrand der Alpen (Walther et al. 1999, 2002).

Ob räumliches Ausweichen in günstigere (kühlere) Regionen möglich ist, hängt von der Geschwindigkeit der Temperatur- und Niederschlagsveränderung, von der **Ausbreitungsgeschwindigkeit** der Arten sowie vom Relief ab (Corlett und Westcott 2013). Es wird damit gerechnet, dass sich Temperatur und Niederschlag im Zuge des Klimawandels im 21. Jahrhundert, gemittelt über alle Erdregionen, mit einer Horizontalgeschwindigkeit von etwa 420 bzw. 220 m pro Jahr verändern (Loarie et al. 2009). Das ist rund 70-mal schneller als der mittlere Temperaturanstieg seit der letzten Eiszeit, der einer Horizontalverschiebung der Isothermen um lediglich 5,9 m pro Jahr entspricht. Allerdings fanden kurzfristig auch am Ende der jüngeren Dryasperiode (◨ Abb. 2.2) sehr rasche Temperaturanstiege (um bis zu 5 K in weniger als 50 Jahren) statt (Jackson und Overpeck 2000).

2

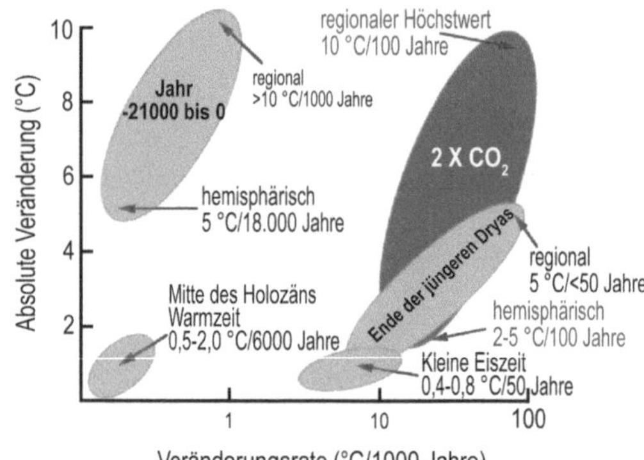

⬛ Abb. 2.2 Geschwindigkeit und absolutes Ausmaß der Veränderung der Jahresmitteltemperatur in verschiedenen Zeiträumen der Nacheiszeit im Vergleich zur prognostizierten Erwärmung in den nächsten 100 Jahren. (Nach Jackson und Overpeck 2000, S. 214)

Viele, wenn nicht die meisten Pflanzen haben Schwierigkeiten, mit einem derart raschen Wandel der Klimabedingungen Schritt zu halten. Die Samen der meisten temperaten Pflanzenarten werden nur über Distanzen von 10 bis höchstens 1500 m von der Mutterpflanze transportiert. Corlett und Westcott (2013) nehmen an, dass die Mehrzahl der Samenpflanzen im Flachland weniger als 1000 m pro Jahr wandern kann, also deutlich langsamer als die Erwärmung voranschreitet. Das Ausbreitungsvermögen vieler Arten erreicht nur einen Bruchteil von dieser Distanz. Besonders schnell sollten sich Taxa mit hoher Reproduktionsrate und breiten Lebensraumansprüchen ausbreiten können (Angert et al. 2011). Seltene **Fernausbreitungsereignisse** sind deshalb für viele Pflanzen von entscheidender Bedeutung, um mit rascher Erwärmung Schritt halten zu können. Allerdings sind diese Prozesse bisher erst recht wenig verstanden (Iverson et al. 2004).

Die pflanzliche Migration wird durch weitere Faktoren zusätzlich erschwert, darunter die **Lebensraumfragmentierung**, die heute für die Kulturlandschaften in den dicht besiedelten Regionen der temperaten Zone, der Subtropen und der Tropen kennzeichnend

ist (Bennie et al. 2013). Das gilt insbesondere, wenn die Lebensraummatrix, also der Raum in der Landschaft zwischen den Fragmenten eines Habitattyps, kein für die Art geeignetes Habitat darstellt. Für Vögel und Schmetterlinge ließ sich dementsprechend zeigen, dass diese ihre Areale mit der Erwärmung schneller ausweiten können, wenn jenseits der aktuellen Verbreitungsgrenze Schutzgebiete mit geeigneten Lebensräumen vorhanden sind (Thomas et al. 2012). Weitere Faktoren, die die Ausbreitungsgeschwindigkeit verringern können, sind intensive **Konkurrenz** mit anderen Arten (Moorcroft et al. 2006; Meier et al. 2011; Zhu et al. 2012) und wahrscheinlich auch das **Fehlen von Mutualisten** wie geeigneten Mykorrhizapilzen oder Bestäubern in den neu zu besiedelnden Lebensräumen (Berg et al. 2010). Auch ungünstige **Bodenbedingungen** könnten wandernde Arten behindern, insbesondere, wenn die Pflanzen eine enge edaphische Nische besetzen (Lafleur et al. 2010). Schließlich sind viele Arten am Arealrand einfach zu selten, als dass sie schnell neue Räume erobern könnten.

Bei vielen Pflanzenarten muss daher damit gerechnet werden, dass ihre polwärts gerichteten Wanderungsbewegungen, anders als bei mobilen Tiergruppen (Chen et al. 2011), erst mit erheblicher Verzögerung dem Klimawandel folgen werden. Regionale Aussterbeereignisse und Artenverluste dürften daher in Zukunft im Pflanzenreich deutlich zunehmen.

Literatur

Angert AL, Crozier LG, Rissler LJ, Gilman SE, Tewksbury JJ, Chunco AJ (2011) Do species' traits predict recent shifts at expanding range edges? Ecol Lett 14:677–689

Atkin OK, Bruhn D, Hurry VM, Tjoelker MG (2005) The hot and the cold: unravelling the variable response of plant respiration to temperature. Funct Plant Biol 32:87–105

Bennie J, Hodgson JA, Lawson CR, Holloway CTR, Roy DB, Brereton T, Thomas CD, Wilson RJ (2013) Range expansion through fragmented landscapes under a variable climate. Ecol Lett 16:921–929

Berg MP, Kiers ET, Driessen G, van der Heijden M, Kooi BW, Kuenen F, Liefting M, Verhoef HA, Ellers J (2010) Adapt or disperse: understanding species persistence in a changing world. Glob Change Biol 16:587–598

Chen I-C, Hill JK, Ohlemüller R, Roy DB, Thomas CD (2011) Rapid range shifts of species associated with high levels of climate warming. Science 333:1024–1026

Corlett RT, Westcott DA (2013) Will plant movements keep up with climate change? Trends Ecol Evol 28:482–488

Franks SJ, Weber JJ, Aitken SN (2013) Evolutionary and plastic responses to climate change in terrestrial plant populations. Evol Appl 7:123–139

Holt RD (1990) The microevolutionary consequences of climate changes. Trends Ecol Evol 5:311–315

Iverson LR, Schwartz MW, Prasad AM (2004) How fast and far might tree species migrate in the eastern United States due to climate change? Global Ecol Biogeogr 13:209–219

Jackson ST, Overpeck JT (2000) Responses of plant populations and communities to environmental changes of the late Quaternary. Paleobiology 26. Supplement 4:194–220

Jump AS, Peñuelas J (2005) Running to stand still: adaptation and the response of plants to rapid climate change. Ecol Lett 8:1010–1020

Lafleur B, Paré D, Munson AD, Bergeron Y (2010) Response of northeastern North American forests to climate change: will soil conditions constrain tree species migration? Environ Rev 18:279–289

Lenoir J, Svenning J-C (2015) Climate-related range shifts – a global multidimensional synthesis and new research directions. Ecography 38:15–28

Loarie SR, Duffy PB, Hamilton H, Asner GP, Field CB, Ackerly DD (2009) The velocity of climate change. Nature 462:1052–1055

Meier ES, Edwards TC, Kienast F, Dobbertin M, Zimmermann NE (2011) Co-occurrence patterns of trees along macro-climatic gradients and their potential influence on the present and future distribution of *Fagus sylvatica* L. J Biogeogr 38:371–382

Merilä J, Hendry AP (2014) Climate change, adaptation, and phenotypic plasticity: the problem and the evidence. Evol Appl 7:1–14

Moorcroft PR, Pacala SW, Lewis MA (2006) Potential role of natural enemies during tree range expansions following climate change. J Theor Biol 241:601–616

Thomas CD, Gillingham PK, Bradbury RB et al (2012) Protected areas facilitate species' range expansions. Proc Natl Acad Sci USA 109:14063–14068

Walther G-R (1999) Climate forcing on the dispersal of exotic species. Phytocoenologia 30:409–430

Walther G-R (2002) Ecological responses to recent climate change. Nature 416:389–395

Yamori W, Hikosaka K, Way DA (2014) Temperature response of photosynthesis in C_3, C_4 and CAM plants: temperature acclimation and temperature adaptation. Photosynth Res 119:101–117

Zhu K, Woodall CW, Clark JS (2012) Failure to migrate: lack of tree range expansion in response to climate change. Glob Change Biol 18:1042–1052

Tundren und polare Wüsten

© Springer-Verlag GmbH Deutschland, ein Teil von Springer Nature 2019
M. Hauck, C. Leuschner, J. Homeier, *Klimawandel und Vegetation – Eine globale Übersicht*,
https://doi.org/10.1007/978-3-662-59791-0_3

3.1 Abgrenzung und Charakterisierung der Tundren gegenüber den polaren Wüsten

Die kalten, polnahen waldfreien Regionen der Erde teilen sich in die feuchten und vegetationsreichen **Tundren** und die äußerst trockenen und kalten, vegetationsarmen **polaren Wüsten.** Die polaren Wüsten befinden sich vollständig, die Tundren überwiegend im Bereich des kontinuierlichen **Permafrosts** (Brown et al. 2001; Stendel und Christensen 2002). In der **Arktis** sind die Kältewüsten auf die äußersten Nordspitzen Grönlands, die nordkanadischen und sibirischen Inseln sowie die Inseln der Barentssee beschränkt (◨ Abb. 3.1). In der **Antarktis** sind nur kleine Bereiche der Küste auf der Antarktischen Halbinsel und auf ihr vorgelagerten Inseln in der **maritimen Antarktis** von Tundra bedeckt, wohingegen der überwiegende Teil des **antarktischen Kontinents** polare Wüste ist (◨ Abb. 3.2). Weitere Vorkommen von Tundravegetation befinden sich auf den **subantarktischen Inseln**, die deutlich artenreicher sind als der antarktische Kontinent (Smith und Steenkamp 1994). Tundren und polare Kältewüsten werden oft als ein gemeinsames Biom betrachtet (Walter und Breckle 1991, 1994; Yurtsev 1994; Bliss 2000). Das Klima der **kontinentalen Antarktis** ist sehr viel **kälter und trockener als** das der **Arktis**. Während am **Südpol die Jahresmitteltemperatur −50 °C** beträgt (1958–2001; Vaughan et al. 2003), liegt sie nahe dem **Nordpol bei −19 °C** (1979–1997; Rigor et al.

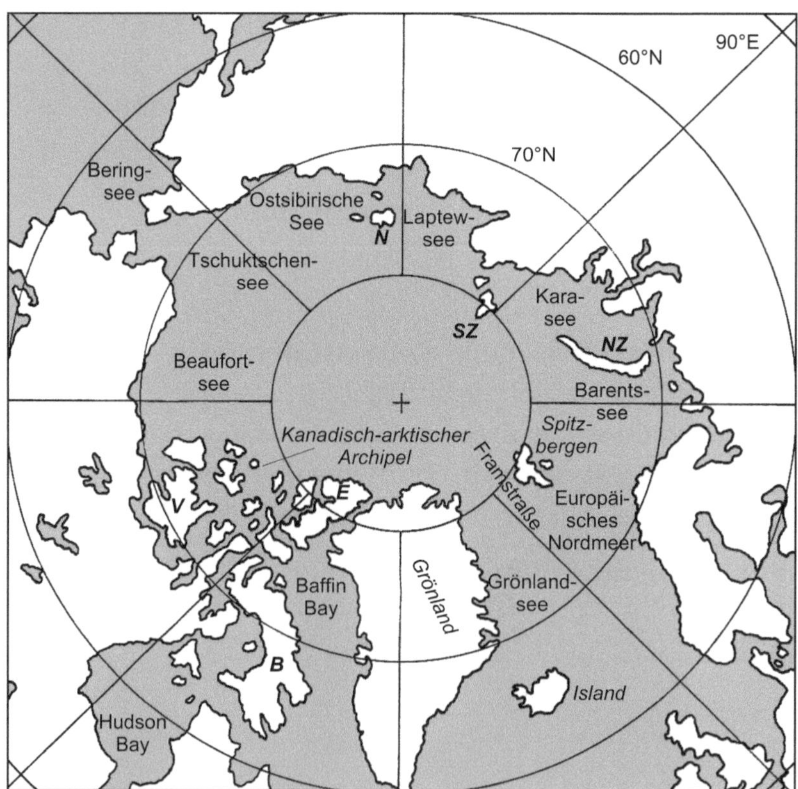

◨ **Abb. 3.1**   Geographische Übersicht der Arktis mit Teilmeeren des Nordpolarmeeres und größeren Inseln (*N:* Neusibirische Inseln, *NZ:* Novaya Zemlya, *SZ:* Severnaya Zemlya. Kanadisch-arktischer Archipel mit *B:* Baffin Island, *E:* Ellesmere Island, *V:* Victoria Island)

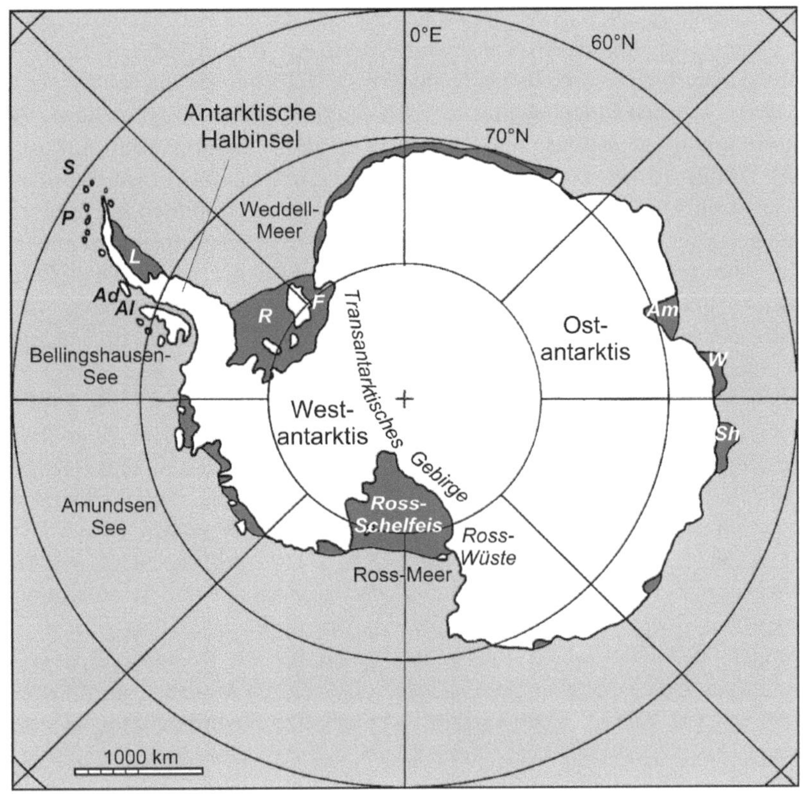

◘ Abb. 3.2   Geographische Übersicht der Antarktis mit Teilmeeren des Südpolarmeeres, Schelfeisgebieten (dunkelgrau; *L:* Larsen-Schelfeis, *R:* Ronne-Schelfeis, *F:* Filchner-Schelfeis, *Am:* Amery-Schelfeis, *W:* West-Schelfeis, *Sh:* Shackleton-Schelfeis) und größeren Inseln (*S:* South Shetland Islands, *P:* Palmer-Archipel, *Ad:* Adelaide Island, *Al:* Alexander Island)

2000). Insofern sind die arktischen und antarktischen Kältewüsten kaum miteinander vergleichbar.

Die Juli-Temperaturen liegen in den **arktischen Kältewüsten** knapp unterhalb des Gefrierpunktes (−0,2 °C nahe dem Nordpol; Rigor et al. 2000) oder über dem Nullpunkt (0–4 °C in Nordgrönland; Bay 1997; 0–5 °C in Nordkanada; Edlund und Alt 1989). Die **Vegetationsperiode** ist mit 1,5 bis 2,5 Monaten extrem kurz (Bliss 2000). Die Vegetationsdecke wird auf Landschaftsebene von wenigen bis zu mehreren Dutzend Gefäßpflanzenarten aufgebaut (Bay 1997); die Deckung der Höheren Pflanzen beträgt in der Regel unter 10 % (Bliss et al. 1984; Aleksandrova 1988; Edlund und Alt 1989; Bay 1997; Bliss und Gold 1999). Kryptogamen, darunter vor allem **Moose und**

Flechten, nehmen sowohl hinsichtlich der Artenzahl als auch der Deckung bedeutende Anteile an der Vegetation ein (Bay 1997; Bliss und Gold 1999).

Die **arktische Tundra** hat eine Vegetationsperiodenlänge von 3 bis 4 Monaten und ist mit Juli-Temperaturen von etwa 8 bis 12 °C deutlich wärmer als die arktischen Kältewüsten (Dierßen 1996; Bliss 2000). Die Vegetation der Tundren wird außer durch die Temperatur maßgeblich durch die hydrologischen Verhältnisse bestimmt. **Staunasse Standorte** werden vor allem von Cyperaceen und Moosen dominiert; bei geringerer Staunässe kommen Zwergsträucher hinzu, in klimatisch begünstigten Lagen (vor allem an Ufern und Südhängen) auch Weiden- und Birkengebüsche (Williams und Rastetter 1999;

Bliss 2000). Die immergrünen Zwergsträucher haben eine längere Vegetationsperiode als die sommergrünen Arten, da sie bereits im Frühjahr unter der abschmelzenden Schneedecke photosynthetisch aktiv sind (Starr und Oberbauer 2003). Dafür investieren die immergrünen Zwergsträucher weniger Ressourcen in das Erzielen einer hohen Photosynthesekapazität als die nur im Sommer grünen Tundrapflanzen (Johnson und Tieszen 1976). Die **Artenzahl der Höheren Pflanzen** liegt in der Tundra auf Landschaftsebene in der Regel deutlich über hundert (Dennis et al. 1978; Dierßen 1996). Der Anteil der Höheren Pflanzen, insbesondere der Gehölze, in der Vegetation sinkt von Süd nach Nord, die Bedeutung der Kryptogamen nimmt hingegen nach Norden zu.

Die Vegetation der **Antarktis** ist an die wenigen eisfreien Gebiete gebunden, die derzeit weniger als 1 % der Gesamtfläche des Kontinentes ausmachen, aber an Fläche zunehmen (Lee et al. 2017). Die Antarktis ist der einzige Kontinent der Erde, dessen Vegetation nicht durch Blütenpflanzen dominiert wird. Ferner **fehlen** echte **Herbivoren**, sodass die Nahrungskette auf Produzenten und Destruenten verkürzt ist. Es gibt nur zwei **Gefäßpflanzenarten**: die Poaceae *Deschampsia antarctica* und die polsterbildende Caryophyllaceae *Colobanthus quitensis*. Diese kommen in nord- und westexponierten, klimatisch begünstigten Lagen der **maritimen Antarktis** auf der **Antarktischen Halbinsel** und vorgelagerten Inseln vor (Longton 1979; Smith 1994). Beide Arten sind dort auf die Gebiete nördlich 69° S beschränkt (Komárková et al. 1985; Smith und Poncet 1987; Kappen und Schroeter 2002). Hier liegen die Sommertemperaturen im Mittel bei 0 bis 2 °C und die Jahresmitteltemperatur zwischen −2 und −7 °C (Smith et al. 1996; King und Turner 1997; Comiso 2000). Die übrigen, weiter südlich gelegenen Küsten und erst recht das Inland des antarktischen Kontinents sind deutlich kälter und trockener und deswegen nicht durch Gefäßpflanzen besiedelt. Die dem Weddell-Meer zugewandte Ostküste

der Antarktischen Halbinsel ist (bei gleichem Breitengrad und gleicher Höhenlage) etwa 5 bis 7 K kälter als die Westküste (Morris und Vaughan 2003; Vaughan et al. 2003), sodass hier die Blütenpflanzen nur bis 65° S vordringen können (Komárková et al. 1985).

Den zwei Blütenpflanzen stehen mehr als **330 Flechtenarten** gegenüber, von denen nur etwas mehr als ein Drittel bis in die kontinentale Antarktis vordringt (Øvstedal und Smith 2001; Kappen und Schroeter 2002). Trotz ihrer großen Bedeutung in der Vegetation der Antarktis ist diese **Zahl im Vergleich zur Arktis gering**, wo über 1600 Flechtenarten nachgewiesen sind (Kristinsson et al. 2010). Allein auf Spitzbergen kommen über 740 Flechtenarten vor (Øvstedal et al. 2009). Ein Drittel der Flechten der Antarktis sind Endemiten; in der kontinentalen Antarktis ist sogar die Hälfte der dort vorkommenden Arten für die Region endemisch (Peat et al. 2007). Auch **Moose** sind mit etwa 130 Arten (über 100 davon Laubmoose) sehr viel stärker in der Antarktis vertreten als Höhere Pflanzen (Ando 1979; Ochyra et al. 1998; Seppelt und Green 1998; Newsham 2010). Allerdings liegt ihr Anteil an der Vegetation deutlich unter dem der Flechten (Kappen 1985; Smith 1988; Seppelt et al. 1995, 2010). Freilebende **Cyanobakterien und Algen** stellen ebenfalls nennenswerte Anteile an der Vegetationsdecke (Broady 1996; Mataloni et al. 2000).

Der Erfolg der **Flechten** in den Polargebieten und ihre besondere Dominanz in der Vegetation der Antarktis beruhen auf ihrer extremen **Kälte- und Trockenheitstoleranz** (Kappen 2000). Die Flechten der Polargebiete können auch bei Minustemperaturen Photosynthese betreiben (Kappen et al. 1995, 1996). Die niedrigste Thallustemperatur, die in einer stoffwechselaktiven Flechte in der kontinentalen Antarktis gemessen wurde, beträgt −17 °C (Kappen et al. 1996). Dabei können Flechten, die Grünalgen enthalten, über die Erzeugung sehr niedriger Wasserpotenziale von um die −20 MPa Wasserdampf aus sublimierendem Schnee aufnehmen. Ab einem Wassergehalt von etwa 40 % ist die Bilanz der

Nettophotosynthese positiv (Schroeter und Scheidegger 1995). Darüber hinaus profitieren die Flechten natürlich auch von Schmelzwasser (Kappen et al. 1998). Flechten mit Cyanobakterien können nur aus Schmelz- und Regenwasser Wasser aufnehmen und kommen deshalb nicht in der kontinentalen Antarktis vor (Kappen 2000).

Die **kontinentale Ostantarktis** ist durch das **Transantarktische Gebirge** von der Westantarktis abgetrennt und fast vollständig vereist. Sie weist Jahresmitteltemperaturen zwischen −25 und −50 °C und Sommertemperaturen zwischen −5 und −20 °C auf (King und Turner 1997). Auf dem Antarktischen Eisschild wurden noch nie Temperaturen über dem Gefrierpunkt gemessen; die höchste jemals registrierte Temperatur beträgt −7 °C (Skansi et al. 2017). Die Vegetation ist hier im Wesentlichen auf **Nunataks**, die über den Antarktischen Eisschild emporragen, und auf einige hochkontinentale, schneefreie Trockentäler beschränkt. In oberflächlich antauendem Schnee kommen selbst auf dem Eisschild **kryophile Algen** vor, die jedoch meist auf küstennahe Lagen beschränkt sind (Broady 1996; Ling 1996). **Bakterien**, die bei Temperaturen um die −15 °C Stoffwechsel betreiben können, kommen auch im Inlandeis im Sommer in hoher Dichte vor (Carpenter et al. 2000). Zudem bilden mineralische, windverfrachtete Ablagerungen auf der Oberfläche von Gletschern, die aufgrund der verringerten Albedo oberflächlich abtauen und dadurch Vertiefungen bilden **(Kryokonitlöcher)**, ein Habitat für **Cyanobakterien-Gemeinschaften** (Porazinska et al. 2004). Auch auf der Gletscheroberfläche liegende Steine führen zum lokalen Antauen der Oberfläche (McKay 2010).

Einen klimatisch besonders extremen Lebensraum bilden die **antarktischen Trockentäler** zwischen dem Ross-Meer und dem Hauptkamm des Transantarktischen Gebirges, der sie vom Antarktischen Eisschild abschirmt **(Ross-Wüste, McMurdo Dry Valleys)**. Katabatische Winde, die vom Inlandeis über das Transantarktische Gebirge zum Meer absinken, sorgen für ein extrem trockenes Klima und halten die Täler auf einer Fläche von 4500 km^2 eisfrei (Levy 2013). Die Temperaturen sind für die kontinentale Antarktis mit einem Jahresmittel zwischen −18 und −27 °C, mittleren Sommertemperaturen zwischen −15 und −25 °C und einer absoluten Amplitude zwischen 10 und −65 °C nicht besonders extrem (Doran et al. 2002). Die Böden tauen im Sommer oberflächlich auf und sind außerordentlich trocken (Seybold et al. 2010).

In den antarktischen Trockentälern können noch nicht einmal mehr Krustenflechten auf den Gesteinsoberflächen überdauern. Vielmehr leben verschiedene Mikroorganismen innerhalb des Gesteins, und zwar entweder als **Kryptoendolithen** in Poren von lichtdurchlässigem Sand- oder Kalkstein wenige Millimeter unter der Oberfläche oder als **Chasmoendolithen** in Spalten harter, nicht poröser Gesteine (Friedmann 1982). Zwischen den endolithischen Flechten, Grünalgen und meist wenigen Cyanobakterien siedeln heterotrophe Bakterien (Siebert et al. 1996; de la Torre et al. 2003). Seltener sind von Cyanobakterien dominierte Endolithen-Gemeinschaften oder **hypolithische Cyanobakterien**, die auf der Unterseite lichtdurchlässigen Quarzgesteins im Kontakt zum Boden wachsen (Friedmann und Ocampo 1976; Büdel et al. 2008; Pointing et al. 2009). **Temperaturoptima** der kryptoendolithischen Flechten im Bereich von unter 2 bis 7 °C (Kappen und Friedmann 1983) und damit nicht niedriger als in Flechten der maritimen Antarktis (Kappen 1983; Schroeter et al. 1995) belegen, dass die extreme Trockenheit stärker als die Kälte limitierend auf die Vegetation der antarktischen Trockentäler wirkt. Die jährliche **Netto-CO$_2$-Bindung** der Kryptoendolithen-Gemeinschaften in der Ross-Wüste ist mit etwa 3 mg C m^{-2} a^{-1} außerordentlich gering und liegt weit unterhalb der jährlichen Nettophotosyntheseleistung (ca. 600 mg C m^{-2} a^{-1}; Friedmann et al. 1993). Diese Diskrepanz erklärt sich vermutlich durch einen hohen respirativen Assimilatverbrauch nach Austrocknung oder Gefrieren und während des Überdauerns der dunklen Jahreshälfte.

3.2 Limitierung durch Klimafaktoren und Nährstoffmangel

Die Vegetation der arktischen und antarktischen Tundren wird in erster Linie durch die **niedrigen Temperaturen,** die wiederum eine Folge der **geringen Sonneneinstrahlung** sind, und durch **Nährstoffmangel** limitiert. Im Gegensatz zu den polaren Kältewüsten (Kennedy 1993) stellt Wassermangel in den Tundren nur vorübergehend in sommerlichen Trockenperioden eine Einschränkung für die Vegetation dar (Miller et al. 1978), da den geringen Niederschlägen von meist 100 bis 400 mm auch nur eine niedrige Verdunstungsbeanspruchung und Evapotranspiration gegenüberstehen (Weller und Holmgren 1974; Harding und Lloyd 1998; Gibson und Edwards 2002; Mu et al. 2009).

3.2.1 Kältelimitierung

Der pflanzliche Stoffwechsel wird durch Kälte limitiert, obwohl die Physiologie arktischer und antarktischer Pflanzen natürlich an tiefe Temperaturen angepasst ist. Besonders sensitiv ist in diesem Zusammenhang die Vermehrung. Sowohl die **Samenbildung** als auch die **Keimung** werden durch tiefe Temperaturen, teilweise im Zusammenspiel mit Trockenheit, behindert (Bell und Bliss 1980). Eine dichte Bodenvegetation, insbesondere aus Moospolstern, hemmt die Samenkeimung und reduziert die Überlebenschancen von Keimlingen nicht nur durch die Konkurrenz um Raum und Ressourcen, sondern vor allem durch die Isolation des Bodens gegenüber oberflächlicher Erwärmung (Gough 2006; Gornall et al. 2007; Kade und Walker 2008). Lücken in der Vegetationsdecke, die durch Störungen wie zum Beispiel Beweidung entstehen, ermöglichen eine stärkere Erwärmung des Bodens während der Vegetationsperiode; sie verbessern so für viele Höhere Pflanzen die Etablierungschancen (Olofsson et al. 2004; van der Wal und Brooker 2004). Mangelnde

Kälteanpassung bei der Keimung schließt viele boreale Pflanzen von der Besiedlung der Tundra aus (Zasada et al. 1992; Hobbie und Chapin 1998a). Die Wintertemperaturen an der Bodenoberfläche unterhalb der Schneedecke liegen in der borealen Zone oft bei etwa 0 °C, wohingegen in der Tundra regelmäßig deutlich tiefere Temperaturen erreicht werden (Graae et al. 2008; Sutinen et al. 2009).

Das **Temperaturoptimum der Photosynthese** liegt bei vielen arktischen Pflanzen um 15 °C und damit um etwa 10 K unter dem vieler temperater Pflanzen (Tieszen 1978; Chapin 1983). Auch die beiden in der Antarktis heimischen Gefäßpflanzen, *Deschampsia antarctica* und *Colobanthus quitensis,* haben ihr Photosyntheseoptimum bei etwa 15 °C (Xiong et al. 1999; Alberdi et al. 2002). Bei *C. quitensis* ist das Optimum etwas höher als bei *D. antarctica*. Entsprechend besiedelt *C. quitensis* ein größeres Areal als *D. antarctica*; beide Arten sind nämlich keineswegs auf die Antarktis beschränkt. Das niedrigere Temperaturoptimum der Photosynthese von *D. antarctica* korreliert mit einer weiteren Verbreitung in der Antarktis als von *C. quitensis,* die dort seltener und mit kleineren Populationen auftritt (Longton 1979; Smith 1994).

Das für die Arktis und Antarktis **relativ hohe Temperaturoptimum** der Photosynthese der Tundrapflanzen ist eine Folge der in der Regel **schlechten Stickstoffversorgung,** die einem weiteren Absenken des Temperaturoptimums entgegensteht. Bei niedrigen Temperaturen ist die Photosynthese durch die geringe Reaktionsgeschwindigkeit der Enzyme des Calvin-Zyklus, und zwar insbesondere der Rubisco, limitiert (Yamori et al. 2006). Die mit abnehmender Temperatur nachlassende Reaktionsgeschwindigkeit wird durch die verstärkte Synthese von Rubisco und weiteren Enzymen der Dunkelreaktion kompensiert und damit das Temperaturoptimum der Photosynthese maßgeblich bestimmt. Jede zusätzliche **Absenkung des Temperaturoptimums** macht eine **verstärkte Stickstoffaufnahme** erforderlich. In den Polargebieten würde die Menge an Kohlenstoff, die für eine weitere Absenkung des Temperaturoptimums der Photosynthese in verstärktes Feinwurzelwachstum investiert werden müsste, offensichtlich die Menge an Kohlenstoff übersteigen, die dadurch zusätzlich assimiliert werden könnte (Chapin 1983). Noch stärker als über die Reaktionskinetik der Kohlenstoff-Fixierung wirkt sich die Temperatur indirekt über die **lange Schneebedeckung** der Vegetation und damit über die **Kürze der Vegetationsperiode** aus (Miller et al. 1976; Chapin 1983; Kappen und Schroeter 2002).

3.2.2 Nährstoffversorgung

Die im Allgemeinen schlechte Nährstoffversorgung der Tundren und polaren Wüsten resultiert aus dem durch die Kälte bedingten **langsamen Abbau organischer Substanz** und den dadurch geringen **Nachlieferungsraten von Nährstoffen** (Weintraub und Schimel 2003; von Lützow und Kögel-Knabner 2009). Des Weiteren sind die **Verwitterungsraten** niedrig, was einerseits ebenfalls durch die Kälte verursacht wird und andererseits auf der geringen Verfügbarkeit von flüssigem Wasser sowie auf der Überdeckung vieler Gesteinsoberflächen mit Schnee und Eis beruht (Cornwell 1992; Hodson et al. 2005; Tye und Heaton 2007). In von Flechten dominierter Vegetation kommt erschwerend hinzu, dass diese besonders schlecht abbaubar sind (Greenfield 1993). Dementsprechend ist das Wachstum der Pflanzen in den Polargebieten häufig durch **Nährstoffmangel** limitiert, und zwar in erster Linie durch **Stickstoff** allein oder in Kombination mit **Phosphor** (Ulrich und Gersper 1978; Miller 1982). Verstärkt wird die Nährstofflimitierung für die Pflanzen durch die Konkurrenz um Nährstoffe mit den Bodenmikroorganismen, wie sich durch Düngungsversuche nachweisen lässt (Marion et al. 1982; Jonasson et al. 1996). In den Böden der Antarktis nehmen Pilze (Hefen, filamentöse Pilze) einen bedeutenderen Anteil am Abbau organischen Materials ein als in arktischen Böden, in denen vorwiegend Bakterien

diese Funktion erfüllen (Walton 1985; Vishniac 1996; Adams et al. 2006; Yergeau et al. 2007; Duncan et al. 2008). Allerdings sind auch heterotrophe Bakterien in den Böden der Antarktis weit verbreitet, kommen aber oft in verhältnismäßig geringen Mengen vor (Line 1988; Franzmann 1996; Bölter et al. 2002).

Aufgrund der durch die niedrigen Temperaturen geringen **mikrobiellen Aktivität** sind die **Böden der Tundren** durch hohe Vorräte, aber niedrige Umsatzraten charakterisiert (Nadelhoffer et al. 1991; Robinson und Wookey 1997). Durch die **langsame Mineralisation** sind die **Böden humusreich.** Der Anteil an organischer Substanz kann einige Prozent (Schnitzer und Vendette 1975; Blume et al. 2002), in den oberen Zentimetern des Mineralbodens auch bis zu 50 % ausmachen (Darmody et al. 2004). Ein hoher Anteil des organischen Materials wird mehrere Dezimeter tief in den Unterboden verfrachtet. Dies geschieht in sandigen Böden durch Auswaschung (Podsolierung) und in lehmreichen Böden durch Kryoturbation (Beyer et al. 2002; Blume et al. 2002). Die **trocken-kalten polaren Wüsten der Antarktis** unterscheiden sich hierin deutlich von den Tundren. Dort sind sowohl die Umsätze als auch die Vorräte organischen Materials minimal (Barrett et al. 2005; Carvalho et al. 2010). Selbst ATP vermag in abgestorbenen Zellen längere Zeit zu überdauern (Friedmann et al. 1980; Friedmann 1982). Die extrem langsame Zersetzung organischen Materials ist neben direkten Klimaeinflüssen stark begrenzend für jegliche Biomasseproduktion (Dennis et al. 2013).

Die **Stickstoff-Nettomineralisation** in der Tundra schwankt zwischen weniger als 0,1 und etwa 6 kg N ha^{-1} a^{-1} (Van Cleve und Alexander 1981; Schmidt et al. 1999; Rustad et al. 2001; Olofsson 2009) und beträgt damit nur einen Bruchteil der für die Böden der temperaten Zone typischen Mineralisationsraten. Nur etwa 0,4 bis 1,3 % des Gesamtstickstoffgehalts des Bodens wird jedes Jahr mineralisiert (Van Cleve und Alexander 1981). Lediglich etwa 0,1 bis 1 % des Gesamtstickstoffs im Boden liegen in der Tundra in der Form von anorganischem Stickstoff vor, wohingegen in der Regel weit über 80 % (z. T. mehr als 95 %) in nicht zersetzter organischer Substanz gebunden sind (Jonasson et al. 1999a; Schmidt et al. 1999, 2002). Im Winter kommt die Stickstoff-Nettomineralisation bei Fehlen größerer Schneemengen zum Erliegen (Schmidt et al. 1999).

Die geringe Stickstoff-Nettomineralisation in Arktis und Antarktis bietet einen Selektionsvorteil für **Luftstickstoff fixierende Prokaryonten** (Lennihan et al. 1994; Zielke et al. 2005). Die Hauptleistung bei der Stickstoff-Fixierung erbringen **Cyanobakterien** entweder freilebend (Liengen und Olsen 1997; Ohtani und Kanda 2002) oder in der **Flechtensymbiose** (Schell und Alexander 1973; Valladares und Sancho 2000; Weiss et al. 2005). Die **jährliche Stickstoff-Fixierung** variiert in den Polargebieten in weitem Rahmen zwischen etwa 0,1 und 200 kg N ha^{-1} a^{-1} (Stutz und Bliss 1975; Alexander et al. 1978; Nakatsubo und Ino 1986). Die Luftstickstoff-Fixierung kann bei schütterer und von Kryptogamen dominierter Vegetation den jährlichen Bedarf der Pflanzendecke deutlich überschreiten; ein hoher Anteil des fixierten Stickstoffs wird allerdings nicht in der Vegetation, sondern in Mikroorganismen festgelegt (Sorensen et al. 2006). Einen Sonderstandort bilden **Vogel- und Robbenkolonien,** da sie wesentliche lokale Nährstoffquellen in den Polargebieten darstellen, in denen Nährstoffe vom Meer ans Land transferiert werden (Cocks et al. 1998; Zhu et al. 2010).

Die **atmosphärische Stickstoffdeposition** ist in den meisten Regionen der Arktis mit etwa 1 kg N ha^{-1} a^{-1} nach wie vor gering (Gordon et al. 2001). Gebietsweise ist sie allerdings deutlich höher. Im grönländischen Eis ist die Nitratkonzentration in der zweiten Hälfte des 20. Jahrhunderts um den Faktor 2,5 gestiegen (Laj et al. 1992). Auf der nordsibirischen Taimyrhalbinsel zwischen Kara- und Laptewsee und in Nordalaska lag die Stickstoffdeposition Ende des 20. Jahrhunderts

bei 10 kg N ha^{-1} a^{-1} (Woodin 1997). Gordon et al. (2001) schätzten die kritische Belastungsgrenze, ab der es zu schädigenden Effekten kommt, für Zwergstrauchheiden Spitzbergens auf weniger als 10 kg N ha^{-1} a^{-1}. Die **Niederschlagschemie der Antarktis** ist im Gegensatz zur Arktis im Wesentlichen frei von anthropogenen Einflüssen (Welch et al. 1996; Minikin et al. 1998).

3.3 Erwärmung der Polarregionen

Generell nimmt das Ausmaß der Klimaerwärmung vom Äquator zu den Polen hin zu (Manabe et al. 1992; Bekryaev et al. 2010). Dieses Phänomen wird als **Polare Verstärkung** *(Polar Amplification)* bezeichnet (Manabe und Stouffer 1980). Als Hauptursache hierfür wird in der Regel die beim Abtauen von Schnee- und Eisflächen abnehmende **Albedo** angeführt, die in positiver Rückkopplung die Erwärmung verstärkt (Qu und Hall 2006; Webster et al. 2018). Dieser Effekt ist vor allem für die strahlungsreichen Sommermonate in Betracht zu ziehen, wenn die schnee- und eisfreie Fläche am größten ist (Chapin et al. 2005; Comiso 2006a). Im Zeitraum von 1982 bis 2009 ist die sommerliche Albedo im Gebiet des Meereises des Nordpolarmeeres signifikant zurückgegangen, wie Satellitendaten belegen (Riihelä et al. 2013). Von Kumar et al. (2010) wird der Rückgang der Albedo in Jahren, in denen das Meereis des Nordpolarmeeres besonders stark abschmilzt, ursächlich für erhöhte Lufttemperaturen in den betreffenden Sommern und vor allem auch im folgenden Herbst in größeren Bereichen der Arktis verantwortlich gemacht. Allerdings ist sowohl in der Arktis als auch in der Antarktis die **Erwärmung im Winter stärker** ausgeprägt als im Sommer (Holland und Bitz 2003; Bintanja und Krikken 2016). Zudem konnte die Polare Verstärkung auch in Klimamodellen mit konstanter Eis- und Schneebedeckung, also ohne Veränderung der Albedo, simuliert werden (Hall 2004; Graversen und Wang 2009). Pithan und Mauritsen (2014) und Stuecker et al. (2018) fanden in Modellrechnungen einen maßgeblichen Einfluss der **geringen Durchmischung** der erwärmten, bodennahen Luft mit kälteren, höheren **Luftschichten** und machten diese zusammen mit der Abnahme der Albedo für die besonders starke Erwärmung der Arktis verantwortlich. Die stärkere Erwärmung im Winter als im Sommer resultiert in einer **Abnahme der Temperatursaisonalität**. Seit den frühen 1980er-Jahren hat die Differenz von Sommer- und Wintertemperatur in der Arktis über Land innerhalb von 30 Jahren in einem Ausmaß abgenommen, welches einer Verschiebung der Landgebiete um 4 Breitengrade nach Süden entspräche (Xu et al. 2013).

Die aktuellen Temperaturtrends in den Polarregionen zeigen allerdings, dass die Polare Verstärkung nicht universell wirksam ist, sondern eine differenzierte Betrachtung erfordert (Comiso 2000; Polyakov et al. 2002; Serreze und Francis 2006), da ihr teilweise andere Faktoren entgegenwirken. Einer starken Erwärmung und rasch abschmelzenden Eismassen in der **Arktis** (Screen und Simmonds 2010) stehen räumlich stark unterschiedliche Trends in den maritim beeinflussten Bereichen der westlichen **Antarktis** und in der kontinentalen Ostantarktis gegenüber. Während sich die Westantarktis stark erwärmt, sind die Temperaturen in der flächenmäßig weitaus größeren Ostantarktis nahezu konstant (Vaughan et al. 2003). Für die Ostantarktis wird sogar die Möglichkeit einer Abkühlung kontrovers diskutiert (Doran et al. 2002; Walsh et al. 2002), eine Annahme, die sich langfristig allerdings wohl nicht erhärten lässt (Turner et al. 2002, 2005). Vielmehr scheint es sich bei von Doran et al. (2002) festgestellten Abkühlungstrends um periodische und regionale Schwankungen im Rahmen von El Niño und der Südlichen Oszillation (ENSO) zu handeln, die jedoch von einem langfristigen schwachen Erwärmungstrend überprägt werden (Kwok und Comiso 2002; Bertler et al. 2004).

3.3.1 Arktis

Die **Lufttemperatur** der Arktis ist im 20. Jahrhundert stärker als im globalen Mittel gestiegen. Über Land gehen McBean et al. (2006) für die Gebiete nördlich von 60 °N von einem Temperaturanstieg von 0,09 K pro Dekade aus. Für dasselbe Bezugsgebiet, aber für den Zeitraum von 1875 bis 2008 ermittelten Bekryaev et al. (2010) einen Anstieg der Jahresmitteltemperatur um 0,10 K pro Dekade. Nördlich von 65° N stieg die Jahresmitteltemperatur im 20. Jahrhundert um etwa 0,18 K pro Dekade an (Trenberth et al. 2007).

Die **rezente Klimaentwicklung** der Arktis lässt sich in **drei charakteristische Phasen** einteilen:

1. eine starke Erwärmung zu Beginn des 20. Jahrhunderts mit Schwerpunkt in den 1920er-, 1930er- und frühen 1940er-Jahren,
2. eine Abkühlung, die in den 1940er-Jahren einsetzte und etwa bis 1970 anhielt, sowie
3. einen Anstieg der Temperatur ab den 1970er-Jahren, der bis heute fortdauert (◘ Abb. 3.3).

Die Temperaturentwicklung in der Arktis folgt damit grundsätzlich dem globalen Trend (Abschn. 1.4.1), allerdings mit entscheidenden Abweichungen. Die Amplitude der Erwärmung zu Beginn des 20. Jahrhunderts in der Arktis war breitengradabhängig (◘ Abb. 3.3) und somit vom globalen Trend entkoppelt (Serreze und Francis 2006). Je weiter man nach Norden ging, desto stärker fiel die Erwärmung aus. Die rezente Erwärmung seit den 1970er-Jahren ist durch die Polare Verstärkung ebenfalls stärker als im globalen Mittel, zeigt aber im Gegensatz zum Zeitraum 1920 bis 1945 keine zunehmende Verstärkung mit zunehmendem Breitengrad innerhalb der Arktis (◘ Abb. 3.3). Daraus lässt sich auf unterschiedliche Ursachen für die Erwärmung zu Beginn und Ende des 20. Jahrhunderts schließen.

Die **Warmphase in den 1920er- bis 1940er-Jahren** ist durch Messwerte der

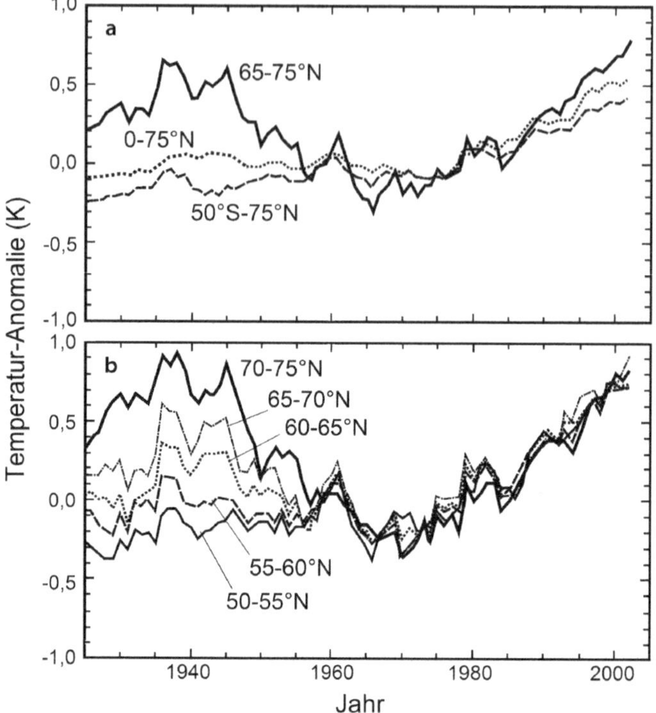

◘ Abb. 3.3   Anomalien des Jahresmittels der Lufttemperatur von 1925 bis 2000 (Referenzintervall 1961–1990). (a) Während der heutige Anstieg der Lufttemperatur in der Arktis (65–75° N) seit Mitte der 1960er-Jahre mit den Lufttemperaturen der gesamten Nordhemisphäre (0–75° N) und der gesamten Erde (50° S–75° N) korreliert ist, stieg die Temperatur in der Arktis während der 1920er- bis 1940er-Jahre entkoppelt vom nordhemisphärischen bzw. globalen Temperaturtrend an. (b) Zunehmender Temperaturanstieg mit zunehmender geographischer Breite zu Beginn des 20. Jahrhunderts, aber gleichmäßige Erwärmung zwischen 50 und 75° N in der zweiten Hälfte des 20. Jahrhunderts. (Nach Serreze und Francis 2006, S. 253 f.)

Lufttemperatur, etwa von Grönland (Hall et al. 2013) und Spitzbergen (Overland et al. 2008), sowie durch einen entsprechenden Rückgang in der Ausdehnung der Vereisung des Nordpolarmeeres (Johannessen et al. 2004) belegt. Der Temperaturanstieg zu Beginn des 20. Jahrhunderts variierte stark zwischen den Jahreszeiten und war besonders im Winter und Herbst, abgeschwächt auch im Frühjahr, ausgeprägt, machte sich aber nicht im Sommer bemerkbar (Serreze und Francis 2006; Grant et al. 2009). Auch die **anschließende Abkühlungsphase** wirkte sich vor allem im Winter und Herbst aus (Kahl et al. 1993).

Die Temperaturentwicklung zu Beginn und Mitte des 20. Jahrhunderts vor Einsetzen der bis heute andauernden Erwärmung seit den 1970er-Jahren wurde lange Zeit durch die **Schwankung natürlicher Einflussgrößen** im Klimasystem erklärt. Als Haupteinflussfaktoren wurden dekadische bis multidekadische Schwankungen in der thermohalinen Oszillation der Ozeane, in der atmosphärischen Oszillation sowie in der Sonnenaktivität angenommen (Box 2002; Bengtsson et al. 2004; Johannessen et al. 2004; Wang et al. 2007; Wood und Overland 2009). Ferner wurde der Aerosolbildung durch große Vulkanausbrüche eine Rolle zugeschrieben. Modellrechnungen von Fyfe et al. (2013) zeichnen jedoch ein anderes Bild. Zwar zeigen auch sie einen Einfluss der natürlichen langfristigen Variabilität des Klimasystems auf, weisen jedoch nicht nur der Erwärmung seit den 1970er-Jahren, sondern auch der dieser vorangegangenen Abkühlungsphase einen **hauptsächlich anthropogenen Charakter** zu. Auch für die Erwärmung zu Beginn des 20. Jahrhundert wird von Fyfe et al. (2013) ein signifikanter anthropogener Beitrag angenommen, der die Wirkung natürlicher Einflussgrößen verstärkt hat.

Unter den natürlichen Faktoren hat den Berechnung von Fyfe et al. (2013) zufolge die **Atlantische Multidekaden-Oszillation (AMO)**, die den Einstrom von warmem oder kaltem Oberflächenwasser aus dem Nordatlantik in den Arktischen Ozean beschreibt, einen Einfluss auf die Erwärmung der Arktis zu Beginn des 20. Jahrhunderts und auf die Abkühlung ab den 1940er-Jahren ausgeübt. Auch gehen Fyfe et al. (2013) von einem Einfluss von **Vulkanausbrüchen** auf die Klimaschwankungen in der Arktis zu Beginn und in der Mitte des 20. Jahrhunderts aus, wobei der Ausbruch des Santa María in Guatemala im Jahr 1902 interessanterweise die Erwärmung beschleunigte, der des Agung auf der indonesischen Insel Bali im Jahr 1963 dagegen die Abkühlung verstärkte. Für die Erwärmung Anfang des 20. Jahrhunderts zeigen Fyfe et al. (2013) in ihren Berechnungen jedoch auch einen anthropogenen Beitrag auf, den sie vor allem der Absorption von sichtbarem Licht und Infrarotrotstrahlung durch **Rußpartikel** (*Black Carbon Aerosols;* vgl. ▶ Abschn. 1.2) zuschreiben, allerdings nicht rechnerisch absichern konnten. Der Nachweis steigender Rußpartikelkonzentrationen in Eisbohrkernen aus Grönland bereits ab 1850 (McConnell et al. 2007) unterstützt jedoch die Annahme von Fyfe et al. (2013). Sand et al. (2016) weisen den Rußpartikeln (sowohl in der Atmosphäre als auch im Schnee) den stärksten erwärmenden Einfluss in der Arktis unter den kurzlebigen Substanzen in der Atmosphäre zu. Der Umstand, dass die Rußpartikel vor allem im Winter auftreten, könnte auch die stärkere Erwärmung im Winter als im Sommer begünstigt haben. Seit den 1990er-Jahren ist die Rußpartikel-Deposition in der Arktis rückläufig (Doherty et al. 2010; Skiles et al. 2018), sodass sie für die gesteigerte Erwärmung ab diesem Zeitpunkt nicht als wesentliche treibende Kraft verantwortlich gemacht werden kann.

Sehr wohl durch die Modellrechnungen von Fyfe et al. (2013) direkt unterstützt ist ein starker Einfluss von **Sulfat-Aerosolen** auf die Abkühlung ab den 1940er-Jahren (s. auch ▶ Abschn. 1.2). Die kühlende Wirkung der Sulfat-Aerosole durch die Reflexion von Sonnenlicht in der Atmosphäre überwiegt in den Rechnungen über den bereits stärker werdenden Einfluss steigender Treibhausgas-Konzentrationen. Ab den 1970er-Jahren dominiert dann der Einfluss der **Treibhausgase**. Diese Einschätzung deckt sich mit Modellrechnungen von Shindell und Faluvegi (2009) und Acosta Navarro et al. (2016), die ebenfalls in der Abnahme der Konzentration an Sulfat-Aerosolen (als Folge der Abgasreinigung in Europa und Nordamerika) neben den steigenden Treibhausgas-Konzentrationen einen wesentlichen Faktor für die Erwärmung der Arktis Ende des 20. Jahrhunderts sehen. Die Ergebnisse von Fyfe et al. (2013) sind deshalb bemerkenswert, weil sie bereits zu einem frühen Zeitpunkt nach Beginn der Industrialisierung einen Einfluss von Emissionen aus der Verbrennung fossiler Energieträger auf das Klima der Arktis im Fall des Einflusses von Rußpartikeln zu Beginn des 20. Jahrhunderts zumindest denkbar erscheinen lassen, im Fall der Sulfat-Aerosole Mitte des 20. Jahrhunderts sogar sehr wahrscheinlich machen. Demnach ist also der anthropogene Einfluss auf das Klima der Arktis durch die Industrialisierung wohl keineswegs ein modernes Phänomen, das erst zum Ausgang des 20. Jahrhunderts im Zuge des globalen Klimawandels auftrat.

Shindell und Faluvegi (2009) machen für den aktuellen Temperaturanstieg in der Arktis neben dem Konzentrationsanstieg von CO_2 und anderen Treibhausgasen auch die Fernverfrachtung von Rußpartikeln vor allem aus Asien, wo deren Emissionen Ende des 20. Jahrhunderts stark angestiegen sind, verantwortlich. Den dominanten Einfluss anthropogener Faktoren für die derzeitige Erwärmung der Arktis zeigten auch Hanna et al. (2008), die die Sommertemperatur auf Grönland mit der **Nordatlantischen Oszillation (NAO)** als Teil der atmosphärischen Oszillation in Verbindung brachten. Bis etwa 1990 war die Sommertemperatur auf Grönland mit dem **NAO-Index**, der aus der Luftdruckdifferenz zwischen Lissabon und Reykjavik berechnet wird, korreliert. Seither ist die Sommertemperatur dort vom NAO-Index entkoppelt und stattdessen **mit der Lufttemperatur der Nordhalbkugel korreliert**, die maßgeblich vom anthropogenen Treibhauseffekt beeinflusst wird. Trotz des dominanten Einflusses des CO_2 und anderer Treibhausgase auf die derzeitige Temperaturentwicklung in der Arktis üben die anderen natürlichen Faktoren zweifellos nach wie vor ebenfalls einen Einfluss auf das arktische Klima aus. Die dekadische bis multidekadische thermohaline Oszillation der Ozeane – neben der **Atlantischen Multidekaden-Oszillation (AMO)** ist hier auch die **Pazifische Dekaden-Oszillation (PDO)** relevant (Screen und Francis 2016) – sowie der elfjährige **Sonnenfleckenzyklus** (Roy 2018) und **Vulkanausbrüche** (Robock 2000) modulieren den langfristigen, vom anthropogenen Treibhauseffekt dominierten Temperaturtrend, tragen also zur erheblichen interannuellen Variabilität des Klimas bei und sorgen dafür, dass die Temperatur nicht stetig ansteigt (van der Linden et al. 2017).

3.3.1.1 Nordpolarmeer

Das Nordpolarmeer (auch Arktischer Ozean genannt) ist seit dem **Pliozän** ganzjährig vereist (Knies et al. 2014). Im späten Pliozän vor 2,6 Mio. Jahren nahm die Ausdehnung des arktischen Meereises in etwa den Umfang an, wie er heute im Winter beobachtet wird. Die Eisfläche ist während des Pliozäns über Millionen von Jahren auf diese Flächenausdehnung angewachsen. Vor etwa 4 Mio. Jahren hatte das Eis eine maximale Flächenausdehnung erreicht, wie sie heute am Ausgang des Sommers zur Zeit der minimalen

saisonalen Flächenausdehnung besteht. Selbst im Eem-Interglazial, das vor 130.000 bis 115.000 Jahren im **Pleistozän** der letzten Eiszeit voranging, waren die zentralen Bereiche des Nordpolarmeeres auch im Sommer vereist (Stein et al. 2017). Während des Eem-Interglazials lag die Temperatur in der Arktis um 8 bis 9 K und über dem Meer um 2 K über dem heutigen Niveau, verknüpft mit einem 5 bis 9 m höheren Meeresspiegel.

Die Ausdehnung der **Eisfläche** (◘ Abb. 3.4) und die Eisdicke haben in den letzten Jahrzehnten stark abgenommen. Daten von satellitengestützten Mikrowellenradiometern, mit deren Hilfe die Eisfläche gemessen werden kann, liegen kontinuierlich seit 1978 vor (Johannessen et al. 2004; Serreze et al. 2007). Die maximale Ausdehnung der Eisfläche wird typischerweise im März erreicht und betrug von 1979 bis 2018 im Mittel $15,3 \pm 0,6$ Mio. km^2. Die minimale Ausdehnung im September lag im gleichen Zeitraum bei $6,1 \pm 1,1$ Mio. km^2. Die Ausdehnung der Eisfläche hat seit 1979 in allen Jahreszeiten abgenommen: am stärksten im Sommer und Herbst, schwächer im Winter und Frühjahr (Serreze et al. 2007). Zum **Zeitpunkt der minimalen Ausdehnung im September** ist die Eisfläche zwischen 1979 und 2018 auf Zweidrittel ihrer ursprünglichen Ausdehnung zurückgegangen (◘ Abb. 3.5b). Der Rückgang ist stetig, wenn dekadische Mittelwerte für die Meereisausdehnung betrachtet werden (◘ Abb. 3.6). Wie ◘ Abb. 3.5b zeigt, hat sich die Abnahme der minimalen Eisfläche seit 1995 stark beschleunigt. Der Sommer 2005 fand in der Literatur wegen seines abrupten Rückgangs von 6,0 auf 5,6 Mio. km^2 im Vergleich zum Vorjahr Beachtung (Serreze et al. 2007; Schiermeier 2007), nachdem zuvor schon Werte um 6,0 Mio. km^2 Negativrekorde dargestellt hatten (Stroeve et al. 2005). Zwar stellte sich 2006 wieder ein höherer Wert in Höhe von 5,9 Mio. km^2 ein, aber schon 2007 sank die sommerliche Vereisung auf 4,3 Mio. km^2 ab (Comiso et al. 2008; Perovich et al. 2008) und hat seitdem nicht wieder den Wert von 5,4 Mio. km^2

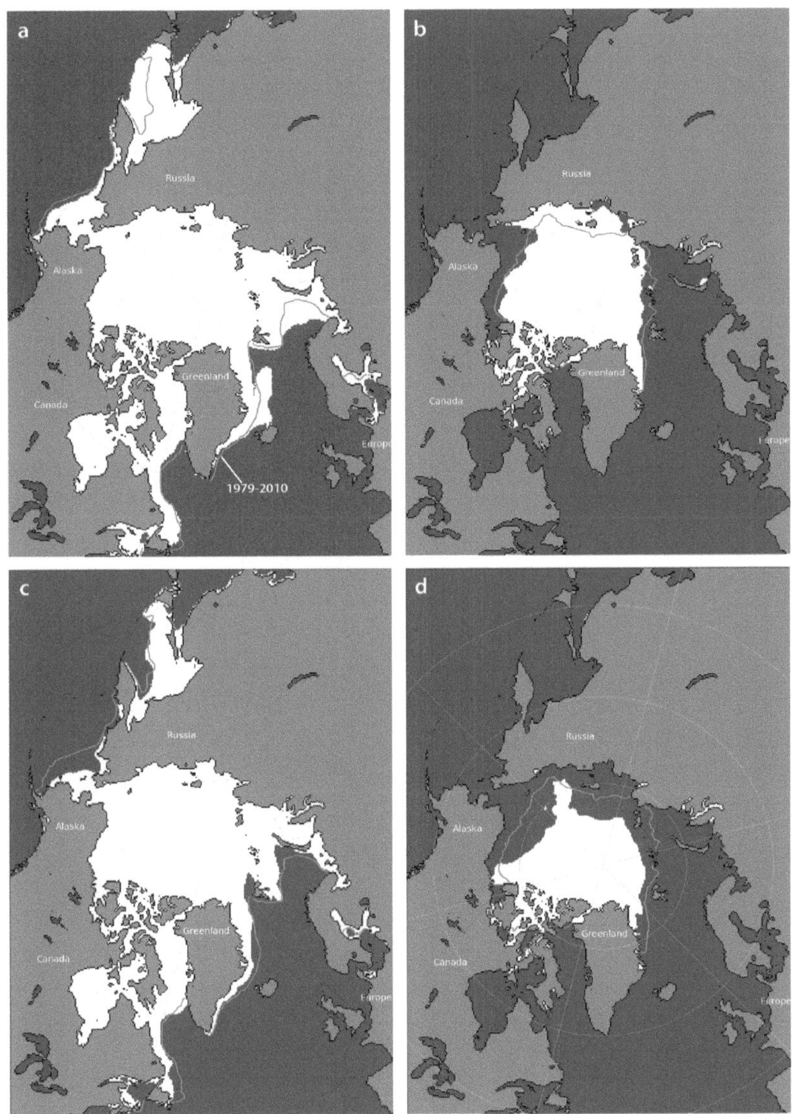

☉ Abb. 3.4   Meereisfläche in der Arktis von 1979 bis 2018: (**a, c**) maximale Ausdehnung im März [(**a**) 1980, (**c**) 2018], (**b, d**) minimale Ausdehnung im September [(**b**) 1980, (**d**) 2018]. Der Median der Meereisfläche von 1979 bis 2010 für März bzw. September ist als Linie dargestellt. (Quelle: National Snow and Ice Data Center, Boulder, Colorado, USA)

überschritten. Der vorläufige Tiefpunkt wurde 2012 mit 3,6 Mio. km² erreicht. In den Folgejahren ist die Eisfläche am Ende des Sommers wieder auf 4,5 bis 5,2 Mio. km² angewachsen. Das Nordpolarmeer ist durch die dramatischen Rückgänge in der Eisfläche **im Sommer nicht mehr komplett zugefroren** und lässt die Nordküsten Kanadas, Alaskas und Nord-

sibiriens im Gegensatz zu früher weitgehend eisfrei (☉ Abb. 3.6). Durch das sommerliche Abschmelzen weiter Meereisflächen hat die Saisonalität in der Eisflächendynamik also zugenommen, was zu einer Schwächung des stabilisierenden Einflusses des Eises auf das Klimasystem führt (Haine und Martin 2017). Die Polare Verstärkung dürfte dadurch im

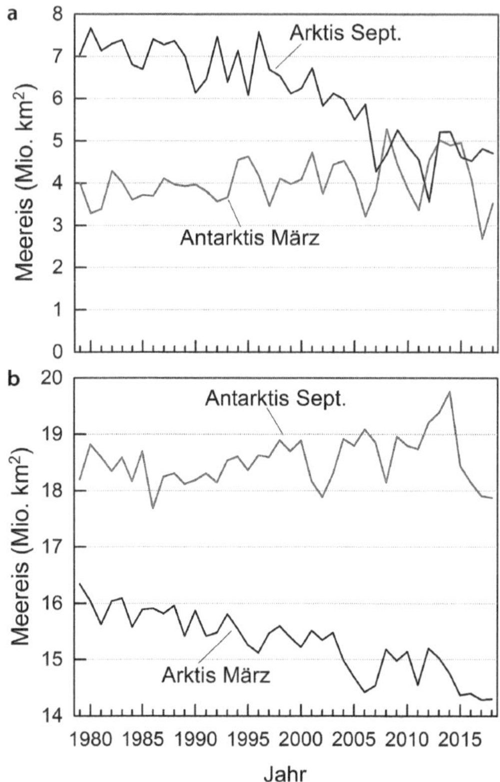

● **Abb. 3.5** (a) Minimale und (b) maximale Meereis-fläche in Arktis und Antarktis von 1979 bis 2018 (März und September), generiert aus satellitengestützten Messdaten. Trends bei linearer Regression: (a) Arktis: −11 %, $r = -0,89$, $P < 0,001$; Antarktis: +2 %, $r = 0,24$, $P = 0,07$; (b) Arktis: −43 %, $r = -0,88$, $P < 0,001$; Antarktis: +12 %, $r = 0,27$, $P = 0,04$. (Quelle: National Snow and Ice Data Center, Boulder, Colorado, USA)

Sinne einer positiven Rückkopplung weiter gefördert werden (Haine und Martin 2017).

Im **März**, am Ende des Winters **bei maximaler Ausdehnung**, ist der Rückgang des arktischen Meereises sehr viel schwächer ausgeprägt als im September (● Abb. 3.5a). In der Dekade 2009 bis 2018 waren noch 92 % der März-Eisfläche von 1979 bis 1988 vorhanden (● Abb. 3.6). Der deutlich **langsamere Rückgang** der arktischen Meereisfläche **im Winter als im Sommer** bedeutet, dass die sommerlichen Flächenverluste im Winter in bemerkenswert großem Umfang wieder durch die Neubildung von Eis ausgeglichen werden können (Chapman und Walsh

1993; Comiso 2006b; Eisenman 2010). Dies geschieht jedoch auf Kosten der **Mächtigkeit des Eises**, die zurückgegangen ist (Rothrock et al. 1999; Lindsay und Zhang 2005). Auch hat auf diesem Wege das Durchschnittsalter des Meereises abgenommen (Maslanik et al. 2007). Der Flächenanteil des **mehrjährigen Eises** sinkt kontinuierlich, der des **saisonalen Meereises** nimmt dagegen zu (Nghiem et al. 2007). Die Eismächtigkeit wird von U-Booten mit Sonaren schon länger und seit 2003 auch satellitengestützt erfasst. Im Winter ist sie von 1980 (3,6 m) bis 2008 (1,8 m) um die Hälfte zurückgegangen (Kwok und Rothrock 2009). Die **dünnere Eisdecke** verstärkt natürlich das **Risiko größerer Flächenverluste** in der Zukunft (Holland et al. 2006; Eisenman 2010). Erschwerend kommt hinzu, dass die im Sommer eisfreien Bereiche des Nordpolarmeeres verstärkt Wärme aus der Atmosphäre aufnehmen und speichern und diese dann im Winter wieder abgeben und so das Eis schwächen (Bintanja und Krikken 2016). Das Eis im Nordpolarmeer ist mittlerweile in so großem Umfang abgeschmolzen, dass es auch bei einer deutlichen Abkühlung (mit der derzeit nicht zu rechnen ist) lange dauern würde, bis der Zustand vor der derzeitigen Erwärmungsphase wiederhergestellt wäre (Overland et al. 2008).

Das **Abschmelzen des Meereises** im Nordpolarmeer wird nach heutigem Kenntnisstand mehr durch **atmosphärische Prozesse** als durch die Variabilität der thermohalinen Zirkulation in den Ozeanen gesteuert. Zwei Prozesse spielen dabei offensichtlich eine zentrale Rolle: zum einen der verstärkte Einstrom relativ warmer und feuchter Luftmassen im Winterhalbjahr und zum anderen die vermehrte Ausbildung stabiler Hochdruckgebiete im Sommer (Ding et al. 2017; Wernli und Papritz 2018).

Der **Einstrom warmer und feuchter Luftmassen** bewirkt im Winter eine Verstärkung des Treibhauseffekts. Infrarotstrahlung wird von den Wassermolekülen absorbiert und von tiefliegenden Wolken in Richtung Erdoberfläche reflektiert (Cox et al. 2015). Diesem erwärmenden Effekt

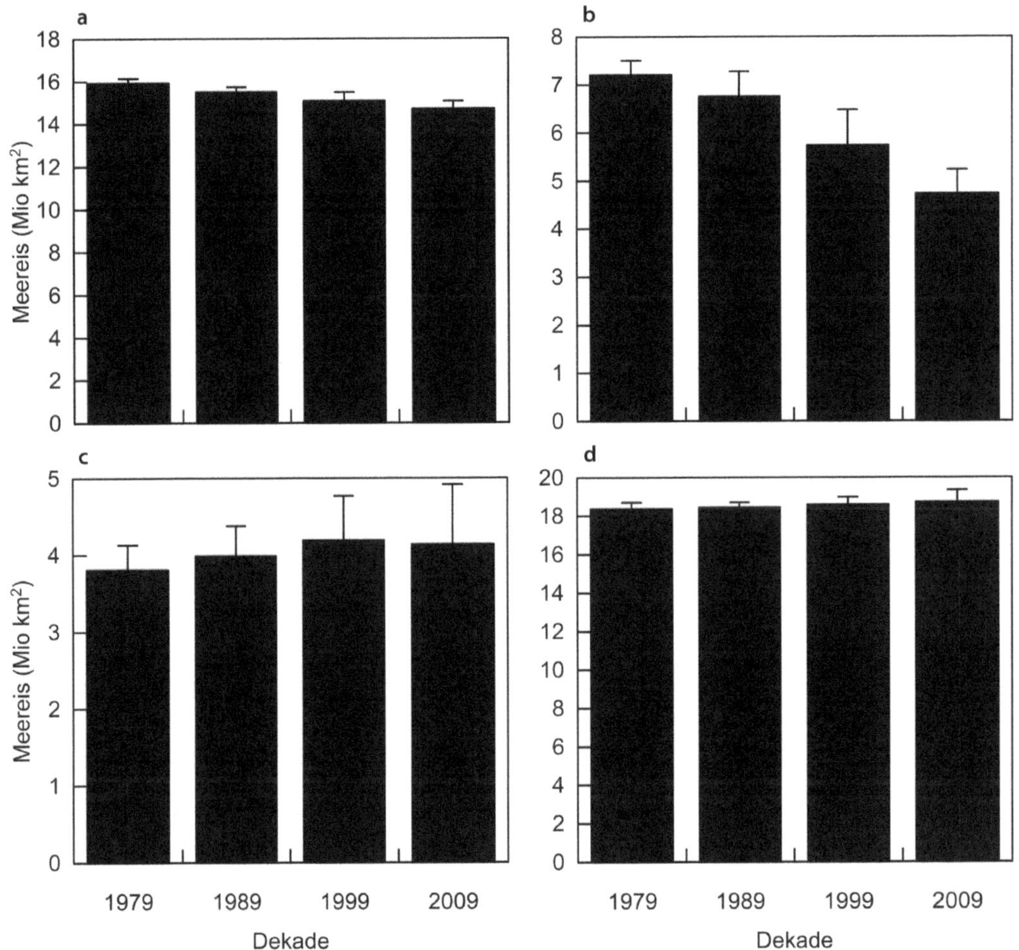

◘ Abb. 3.6   Dekadische Mittelwerte (± Standardabweichung) für die Meereisfläche in der Arktis und der Antarktis von 1979 bis 2018. (**a, b**) Arktis: (**a**) maximale Eisbedeckung im März, (**b**) minimale Eisbedeckung im September; (**c, d**) Antarktis: (**c**) minimale Eisbedeckung im März, (**d**) maximale Eisbedeckung im September. Die y-Achsen sind unterschiedlich skaliert; die Jahreszahlen an der x-Achse geben den Beginn der Dekade an. (Datengrundlage: National Snow and Ice Data Center, Boulder, Colorado, USA)

steht die Reflexion von Sonnenlicht an der Oberseite der Wolken gegenüber, die einen kühlenden Effekt ausübt. Deswegen hat die Wolkenbildung in der Regel nur im Winter, wenn die Sonne, je nach Breitengrad, nicht oder kaum scheint, einen wärmenden Nettoeffekt. Im Sommer überwiegt meist die kühlende Wirkung durch die Reflexion kurzwelliger Strahlung an der Wolkenoberseite (Kay und L'Ecuyer 2013). Im Einzelfall können allerdings durchaus auch im Sommer Wetterlagen mit einströmender feuchter Warmluft und Wolkenbildung auftreten, bei denen der wärmende Effekt überwiegt (Tjernström et al. 2015). Von 1982 bis 1999 hat die Bewölkung im Frühjahr (März–Mai) in der Arktis nördlich 60° N um etwa 10 % zugenommen (Wang und Key 2003). Sommern mit besonders geringer Eisbedeckung geht häufig ein überdurchschnittlicher Zufluss von warmen und feuchten Luftmassen im Winter und Frühjahr voraus (Kapsch et al. 2013a, b; Cao et al. 2017). Im Winter 2015/2016 führte bereits ein einziges außergewöhnlich starkes Sturmtief zu einem so massiven Einstrom warmer und feuchter Luftmassen vom Atlantik in die Arktis, dass die Lufttemperatur um 6 K anstieg und die Vereisung der Barents- und der Karasee stark zurückging (Binder et al. 2017; Kim et al. 2017). Am Nordpol wurden am 30. Dezember 2015 −0,8 °C und auf Spitzbergen 8,7 °C gemessen (Binder et al. 2017). Nördlich von 82° N wurden zwischen dem 29. Dezember 2015 und dem 4. Januar 2016 Plusgrade gemessen und damit das langjährige Mittel um 30 K überschritten. Die Eismächtigkeit in der Barents- und der Karasee nahm dadurch um mehr als 30 cm ab. Der polwärtige Transport von warmen und feuchten Luftmassen wird durch die Klimaerwärmung in niedrigen geographischen Breiten gefördert und nimmt daher zu (Langen und Alexeev 2007). Mit abnehmender Eisfläche begünstigt auch zunehmend die lokale Evaporation die Bildung feuchter Luftmassen (Bintanja und Selten 2014). Für die Zukunft kommt erschwerend hinzu, dass die Niederschläge in der Arktis nicht nur steigen, sondern zunehmend als Regen anstatt als Schnee fallen werden (Bintanja und Andry 2017).

Der Einstrom von Luftmassen aus gemäßigten Breiten in die Arktis spielt auch bei der **Ausbildung stabiler Hochdruckgebiete** in der Arktis eine Rolle, die einen Hauptfaktor für das Abschmelzen des Meereises während der Sommermonate darstellen (Ding et al. 2017; Wernli und Papritz 2018). Allerdings geht es dabei nicht um warme, feuchte Luftmassen in der unteren Troposphäre, sondern um kalte Luft in großer Höhe. Diese einströmenden Luftmassen führen zum Aufbau von Hochdruckgebieten mit Sonneneinstrahlung auf der Erdoberfläche, die das Schmelzen des Meereises nach sich ziehen. Wernli und Papritz (2018) zeigten für den Zeitraum von 1979 bis 2016, dass die Anzahl der Hochdruckgebiete nördlich von 70° N negativ mit dem Meereisvolumen im Sommer korreliert war. Ding et al. (2017) nahmen an, dass bis zu 60 % der Abnahme der Meereisfläche im Nordpolarmeer seit 1979 auf die verstärkte

Ausbildung von Hochdruckgebieten in der Arktis zurückzuführen ist.

Das Meereis verringert sich nicht nur durch Abtauen innerhalb der Arktis, sondern auch durch einen verstärkten **Abfluss von Treibeis** in wärmere Gewässer, wo das Eis dann letztendlich ebenfalls schmilzt. Dieser Transport erfolgt hauptsächlich durch die **Framstraße** zwischen Grönland und Spitzbergen (Kwok 2009; Tsukernik et al. 2010). Das Meereis, das durch die Framstraße abfließt, stammt aus einem weiten Einzugsgebiet, das Treibeis von der gesamten Küste Nordsibiriens von der Karasee bis zur Ostsibirischen See, aber auch aus der Tschuktschensee einschließt (Pfirman et al. 2004). Den Eisabfluss über die Framstraße schätzten Smelsrud et al. (2017) für die Periode von 1935 bis 2014 auf 880.000 km^2 a^{-1} und Widell et al. (2003) für den Zeitraum von 1950 bis 2000 auf 850.000 km^2 a^{-1}. Kwok (2009) gibt für den Zeitraum von 1979 bis 2007 allerdings nur einen Abfluss von 706.000 km^2 a^{-1} an. Dies steht im Widerspruch zu Angaben von Smelsrud et al. (2017), die seit 1979 von einer Steigerung der abfließenden Treibeisfläche um 6 % pro Dekade ausgehen, und zu deren Beobachtung, dass seit 1995 in mehreren Jahren der Eisabfluss auf 1 Mio. km^2 a^{-1} angestiegen ist; derartig hohe Abflussraten sind sonst nur aus der arktisch Warmphase Anfang des 20. Jahrhunderts bekannt (Smelsrud et al. 2017). Während in durchschnittlichen Jahren etwa 10 % des arktischen Meereises als Treibeis nach Süden verfrachtet werden (Smelsrud et al. 2017), waren dies im Winter 2005/2006 40 % (Schiermeier 2007). Der Eisabfluss über die Framstraße wird durch die verstärkte Ausprägung von sommerlichen Hochdruckgebieten in der Arktis gefördert, und zwar vor allem dann, wenn deren Zentrum über Nordgrönland liegt (Wernli und Papritz 2018). Umgekehrt hat sich der **Zufluss von warmem Wasser** aus dem Atlantik, der in erster Linie über die **Barentssee** zwischen Spitzbergen und Nordskandinavien, aber auch über die östliche Framstraße stattfindet, erhöht (Zhang et al.

1998; Karcher et al. 2003; Schauer et al. 2004; Matishov et al. 2012). Das warme Atlantikwasser breitet sich bis in die Beaufortsee vor der Küste Alaskas und des nordwestlichen Kanadas sowie entlang der Nordküste Sibiriens bis in die Karasee und die Laptewsee aus (Coachman und Barnes 1963; Dmitrenko et al. 2008). Atmosphäre wie Wassersäule haben sich daher im Gebiet der Barentssee besonders stark erwärmt, sodass zunehmend eine „Atlantifizierung" des Meeres erfolgt, d. h. dass der arktische Charakter eines kalten, durch Unterschiede in Temperatur und Salinität geschichteten Wasserkörpers verlorengeht und die Barentssee sich in ein gut durchmischtes Meer mit geringen vertikalen Temperatur- und Salinitätsunterschieden wandelt (Lind et al. 2018).

3.3.1.2 Grönland

Grönland hat aufgrund seines ausgedehnten Eisschildes eine besonders große Beachtung in der Diskussion des aktuellen Klimawandels erfahren. Auf Grönland reichen die Wetteraufzeichnungen bis ins 19. Jahrhundert zurück (Box 2002). In den Jahren 1873 und 1875 wurden vier Wetterstationen an Grönlands Westküste eingerichtet; 1895 kam eine Station an der südlichen Ostküste hinzu. Wetterstationen in Nordgrönland gibt es erst seit Mitte des 20. Jahrhunderts. An der **Westküste** (Station Ilulissat, ◘ Abb. 3.7) hat zwischen 1873 und 2001 die Jahresmitteltemperatur um 2,1 K **(0,16 K pro Dekade)**, die Wintertemperatur sogar um 5 K (0,39 K pro Dekade) zugenommen (Box 2002). Dieser Temperaturanstieg beinhaltet beide Erwärmungsphasen des 20. Jahrhunderts. Die erste Erwärmungsperiode dauerte hier von 1919–1932. In der anschließenden Abkühlungsphase fiel die Temperatur wieder auf oder sogar etwas unter das Niveau zu Beginn des 20. Jahrhunderts. Die zweite Erwärmungsphase begann ab Mitte der 1990er-Jahre und dauert bis heute an (Hall et al. 2013). Die Erwärmung in den 1920er-Jahren erfolgte etwa doppelt so schnell, aber in vergleichbarer

Größenordnung wie der Temperaturanstieg in der Dekade von 1995 bis 2005 (Chylek et al. 2006). Der Temperaturanstieg hat sich jedoch nach 2005 fortgesetzt und mittlerweile das Ausmaß der Erwärmung in den 1920er- und 1930er-Jahren überschritten. Neun der zehn wärmsten Jahre auf Grönland zwischen 1961 und 2010 traten nach dem Jahr 2000 auf (Hanna et al. 2013).

Die aktuelle Erwärmung betrifft alle Regionen Grönlands, ist aber an der West- und an der Südküste am ausgeprägtesten (Box 2002; Box et al. 2009). Auch auf dem **Eisschild** Zentralgrönlands steigt die Temperatur. An der **Station Summit**, im Bereich der mit über 3200 m ü. NN höchsten Erhebung des Grönländischen Eisschildes (◘ Abb. 3.7), stieg die **Jahresmitteltemperatur** zwischen 1982 und 2011 um **0,9 K pro Dekade** und damit um das 6-Fache des globalen Mittels (McGrath et al. 2013).

Die Klimaerwärmung seit den 1990er-Jahren hat weitreichende Konsequenzen für den Grönländischen Eisschild, der bei vollständigem Abschmelzen einen **Anstieg des Meeresspiegels** um mehr als 7 m verursachen würde (Gregory et al. 2004). Dieser Anstieg würde sich vermutlich primär im Atlantik – vor allem auf die Küsten Europas und Nordamerikas – auswirken (Stammer 2008). Von 1993 bis 2003 lag der Beitrag des Abschmelzens von Grönlands Eisschild zum Anstieg des Meeresspiegels bei $0,21 \pm 0,07$ mm a^{-1} und war damit 4-mal so hoch wie im Mittel von 1961 bis 2003 ($0,05 \pm 0,12$ mm a^{-1}; Allison et al. 2009). Zusammen mit der Lufttemperatur ist auch die **Temperatur der Eisoberfläche** angestiegen, und zwar seit dem Jahr 2000 im Mittel um 0,55 K pro Dekade (Hall et al. 2013). Die sommerliche 0 °C-Grenze ist im Zeitraum 1995 bis 2011, ausgehend von 2100 m ü. NN, um etwa 560 Höhenmeter (35 m a^{-1}) nach oben geklettert (McGrath et al. 2013). Die Höhengrenze, ab der mehr Schnee akkumuliert wird als abtaut, ist im gleichen Zeitraum sogar um 44 m a^{-1} auf 2800 m ü. NN angestiegen, was zeigt, dass nur wenige Bereiche des grönländischen Inlandeises von Nettoverlusten

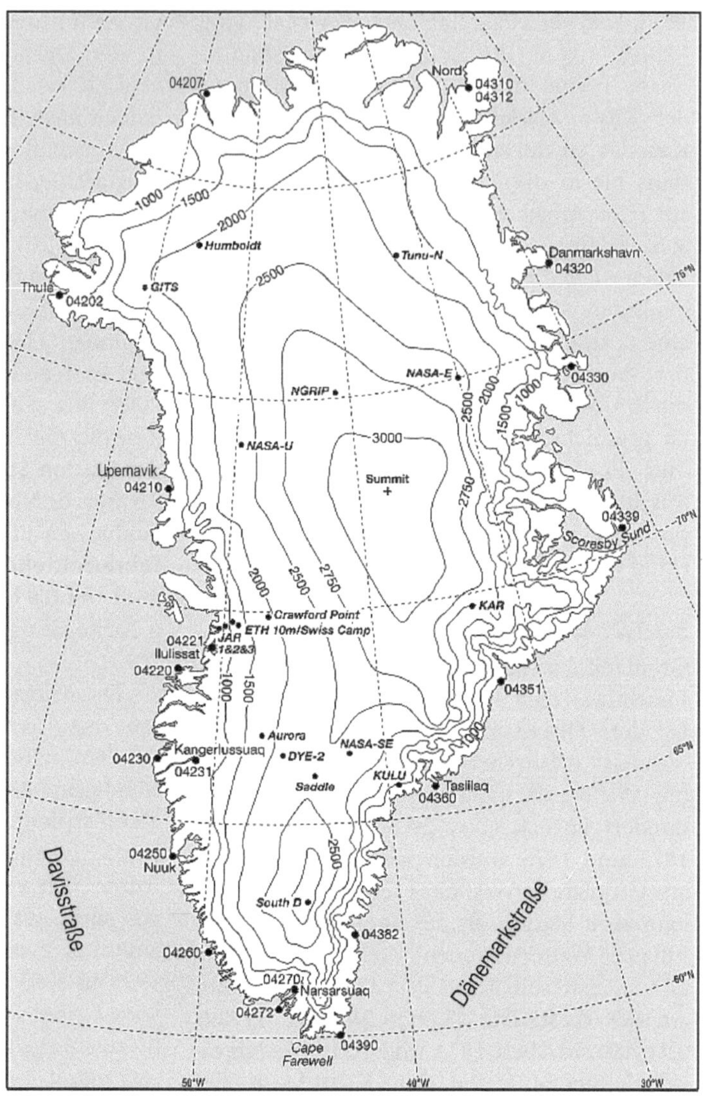

◼ Abb. 3.7 Topographie Grönlands mit der räumlichen Verteilung wichtiger, in den zitierten Klimaanalysen verwendeter Wetterstationen. (Nach Hanna et al. 2005, S. 2)

ausgenommen sind (McGrath et al. 2013). In dieser Zone nimmt allerdings die **Mächtigkeit des Eises**, wohl aufgrund höherer Luftfeuchte und häufigeren Niederschlags, zu (zwischen 1992 und 2004 um 2 bis 5 cm a^{-1}; Hanna et al. 2006).

Zwischen 1979 und 2005 hat die im Sommer zumindest an einem Tag im Jahr **oberflächlich schmelzende Fläche** des Grönländischen Eisschildes (◼ Abb. 3.8) – nach unterschiedlichen Näherungen mit zwei verschiedenen Modellierungsmethoden – um 90.000 bis 165.000 km^2 (d. h. ca. 30–40 %)

zugenommen (Fettweis et al. 2007). Im Sommer 2002 tauten 87 % und im Sommer 2012 sogar 99 % des Inlandeises (◼ Abb. 3.9) oberflächlich auf (Nghiem et al. 2012; Hall et al. 2013). Diese hohen Werte für die im Sommer antauende Eisfläche Anfang des 21. Jahrhunderts übertrafen alle Werte seit Ende des 18. Jahrhunderts, die von Frauenfeld et al. (2011) auf der Grundlage von Temperaturdaten und dem NAO-Index rekonstruiert wurden. Mernild et al. (2011) gehen davon aus, dass sich die im Sommer oberflächlich auftauende Eisfläche im Jahr 2010 gegenüber

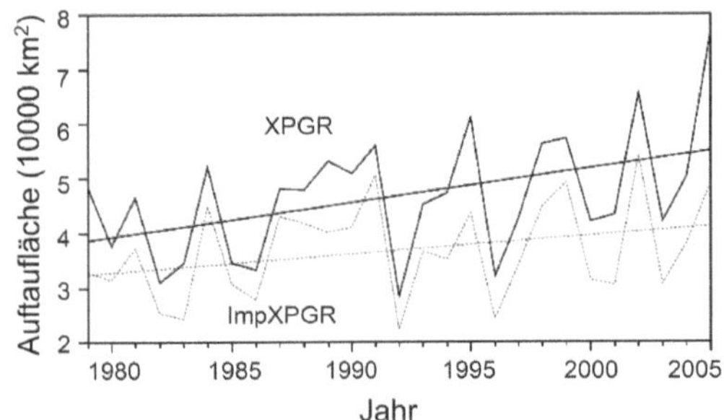

◼ **Abb. 3.8** Maximale Ausdehnung der zumindest für einen Tag im Jahr an der Oberfläche auftauenden Fläche des Grönländischen Eisschildes (1979–2005). XPGR (Cross-polarized Gradient Ratio) und ImpXPGR (Improved XPGR) repräsentieren zwei Berechnungsverfahren zur Modellierung der angetauten Fläche mit Hilfe von Fernerkundungsdaten (passive Mikrowellen). (Nach Fettweis et al. 2007, S. 3)

den frühen 1970er Jahren verdoppelt hatte. Im Juli 2012 taute das Eis auch in Summit an, wo es zuvor zuletzt im Sommer 1889 und in den vergangenen 1500 Jahren überhaupt nur 8-mal zum oberflächlichen Schmelzen des Eises gekommen war (Meese et al. 1994; Nghiem et al. 2012). Wie im Fall des abtauenden Meereises hat die zunehmende Ausbildung von stabilen sommerlichen Hochdruckgebieten in der Region einen maßgeblichen Einfluss auf die zunehmenden Massenverluste des Grönländischen Eisschildes (Hanna et al. 2014; Ding et al. 2017; Hofer et al. 2017).

Das Abschmelzen des Eisschildes hat sich im 21. Jahrhundert beschleunigt (Mote 2007) und von Südgrönland auf den Nordwesten der

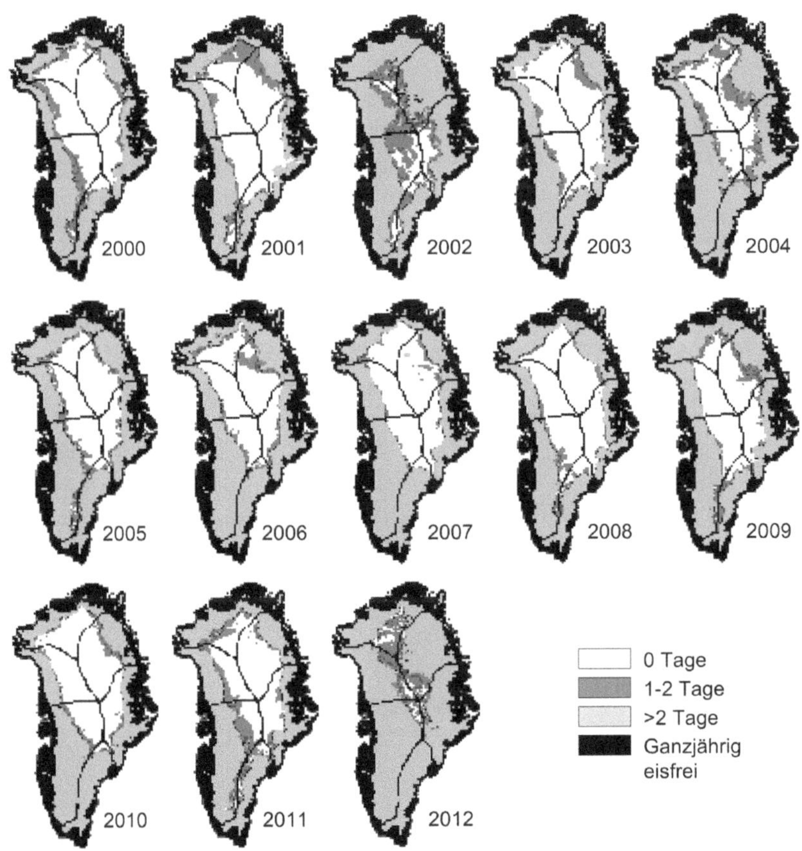

◼ **Abb. 3.9** Ausdehnung der im Sommer oberflächlich (für 1 bis 2 oder mehr als 2 Tage) auftauenden Fläche des Grönländischen Eisschildes von 2000 bis 2012. Die dunklen Linien kennzeichnen Grönlands sechs große Abflussgebiete. (Nach Hall et al. 2013, S. 4)

3

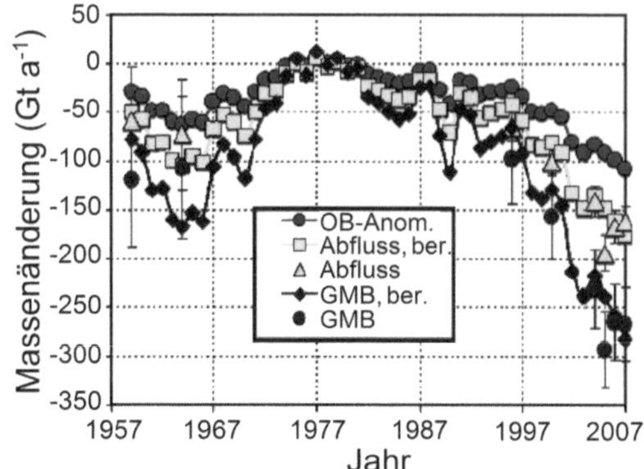

�‧ Abb. 3.10   Jährliche Eismassenverluste (± Standardabweichung) des Grönländischen Eisschildes von 1957 bis 2007. Gesamtmassenbilanz (GMB) und Abfluss jeweils mit gemessenen und aus linearer Regression berechneten (ber.) Werten sowie Anomalie der Oberflächenbilanz (OB-Anom.), bezogen auf den Referenzzeitraum 1971 bis 1988. (Nach Rignot et al. 2008a, S. 4)

Insel ausgedehnt (Khan et al. 2010), wo seitdem sogar besonders hohe **Eismassenverluste** zu verzeichnen sind (Wouters et al. 2008). Rignot et al. (2008a) schätzten die Eismassenverluste (Gesamtmassenbilanz) in Grönland auf 97 Gt a^{-1} im Jahr 1996 und auf 267 Gt a^{-1} im Jahr 2007 (◧ Abb. 3.10). Die **Gesamtmassenbilanz** setzt sich zusammen aus der **Oberflächenbilanz** der Eismasse abzüglich der Eisabflussrate; die Oberflächenbilanz wiederum ist die Differenz aus Akkumulation (durch Niederschlag) und Ablation (durch Abschmelzen und Sublimation). Die Fläche des Eisschildes, die im Sommer oberflächlich schmilzt, ist proportional zur Menge des abfließenden Wassers (Fettweis et al. 2006). Allerdings sammelt sich ein Teil des Schmelzwassers in subglazialen Seen, die sich teilweise erst nach vielen Jahren in kurzer Zeit ins Meer entleeren können (Howat et al. 2015). Eine bedeutende Rolle im subglazialen Abfluss des Schmelzwassers vom Grönländischen Eisschild zum Meer spielt wahrscheinlich auch ein erst im Jahr 2013 entdeckter 750 km langer und bis zu 800 m tiefer Canyon in Nord- und Zentralgrönland (Bamber et al. 2013). Die Schmelzwasserseen transportieren Wärme tief

in und unter den Eisschild, was sein weiteres Abschmelzen begünstigt (Willis et al. 2015).

Grönlands Gletscher zeigen teilweise dramatisch **angestiegene Abflussgeschwindigkeiten**, wenngleich es hier ausgeprägte lokale Unterschiede gibt (Howat et al. 2011; Sundal et al. 2011; Bamber et al. 2012). Das Kalben der Gletscher ins Meer hat sich südlich von 69 °N (vgl. ◧ Abb. 3.7) zwischen 2001 und 2005 stark beschleunigt. Hier haben sich, verursacht durch den Einfluss warmen Atlantikwassers, die Spitzen der Gletscher im Mittel um 460 m a^{-1} nach hinten verlagert, nördlich von 69° N nur um ca. 50 m a^{-1} (Seale et al. 2011). Zwischen 2005 und 2009 haben die Gletscher im Süden Grönlands allerdings wieder etwa ein Viertel der vorherigen Längeneinbußen ausgeglichen. Die gesamte Abflussmenge vom Grönländischen Eisschild schätzten Hanna et al. (2015) für die Periode von 1961 bis 1990 auf 264 km^3 a^{-1} und für den Zeitraum 1998 bis 2003 auf 372 km^3 a^{-1}. Allerdings wurde der erhöhte Abfluss teilweise durch **erhöhte Niederschläge** kompensiert. Dennoch nahm das Eisvolumen von 1998 bis 2003 um 36 km^3 a^{-1} ab; im Zeitraum von 1961 bis 1990 hatte es noch um 22 km^3 a^{-1} zugenommen. Pritchard et al. (2009) fanden bei 81 von 111 untersuchten Gletschern abnehmende Eismächtigkeiten. Zwischen 1992 und 2010 haben sich die Eismassenverluste auf Grönland um den Faktor 1,5 stärker beschleunigt als in der Antarktis und um den Faktor 1,8 stärker als auf den Eiskappen (von < 50.000 km^2 Fläche) und Gebirgsgletschern in den übrigen Regionen der Erde (Velicogna 2009; Rignot et al. 2011). Von 1998 bis 2003 trug der Grönländische Eisschild mit 0,15 mm a^{-1} zum Anstieg des Meeresspiegels bei (Hanna et al. 2015). Die Eismassenverluste auf Grönland haben mittlerweile ein solches Ausmaß angenommen, dass mit einer Wiederherstellung des Zustands Mitte des 20. Jahrhunderts nur bei einer lang andauernden Abkühlung des Klimas gerechnet werden kann (Lunt et al. Lunt et al. 2004; Rignot et al. 2008a; Box et al. 2009; Ridley et al. 2010).

3.3.1.3 Übrige Landgebiete

Prinzipiell ähneln die Temperaturtrends der übrigen arktischen Landgebiete (Chapin et al. 2005) denen des Nordpolarmeeres und von Grönland; sie werden deswegen hier nur knapp skizziert. Besonders ausgeprägte Erwärmungstrends wurden an den Nordküsten Alaskas und Nordwestkanadas sowie im Bereich der Hudson Bay im nordöstlichen Kanada beobachtet (Chapin et al. 2005). **Nordalaska** erwärmte sich von 1960 bis 1998 um 0,5 K pro Dekade (Stone 1997; Oechel et al. 2000; Hartmann und Wendler 2005). Ende des 20. und zu Beginn des 21. Jahrhunderts hat sich die Erwärmung verstärkt, wie Steigerungen der Jahresmitteltemperatur um 1,2 bis 1,4 K pro Dekade zwischen 1986 und 2003 zeigen (Osterkamp 2005). Höhere Temperaturen im Frühjahr in Kombination mit reduziertem Schneefall im Winter verursachen eine **frühere Schneeschmelze**; in Barrow (Utqiaġvik) am nördlichsten Punkt Alaskas hat sich der Zeitpunkt der Schneeschmelze zwischen 1966 und 2000 im Mittel um 8 Tage nach vorn verschoben (Stone et al. 2002). Der rasche Wandel des Klimas macht sich auch in einer **erhöhten Sturmaktivität** bemerkbar; in Barrow hat sich die Häufigkeit von Starkwindereignissen von 1979 bis 1995 mehr als verfünffacht (Hinzman et al. 2005).

Die Erwärmungsraten im **nordwestlichen Kanada** ähneln denen Alaskas (Burn und Zhang 2009). In Inuvik in den kanadischen Northwest Territories ist die Temperatur in der zweiten Hälfte des 20. Jahrhunderts um 0,8 K pro Dekade angestiegen. Durch den starken Temperaturanstieg in den meisten Gebieten der nordamerikanischen Arktis ist dort der **Rückgang der Vergletscherung** besonders stark ausgeprägt (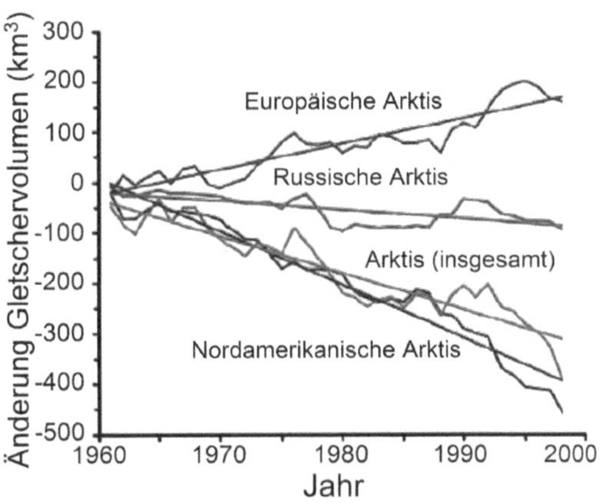 Abb. 3.11). Zwischen 1961 und 1998 hat hier das Eisvolumen der Gletscher um 100 km³ pro Dekade abgenommen (Dyurgerov und Meier 2000; Hinzman et al. 2005).

Im Bereich der **Hudson Bay im Nordosten Kanadas** ist die Temperatur zwischen 1971 und 2001 um 0,4 bis 0,8 K pro Dekade angestiegen (Gagnon und Gough 2005).

Abb. 3.11 Veränderung des Gletschervolumens in der gesamten Arktis und in drei großen arktischen Teilgebieten von 1961 bis 1998. Regressionsgraden: $P < 0{,}001$. (Nach Hinzman et al. 2005, S. 274)

Eisfläche und -mächtigkeit sind in der nur saisonal vereisten Hudson Bay eng mit der Lufttemperatur korreliert und wenig von Meeresströmungen abhängig. Dadurch verkürzt sich die Dauer der jährlichen Vereisung zusehends. Im Zeitraum von 1971 bis 2001 hat sich das Aufbrechen des Eises im Mittel um 26 Tage nach vorn verlagert, und auch das Zufrieren setzte zunehmend später ein. Nördlich der Hudson Bay im nördlichen Bereich des **kanadisch-arktischen Archipels** hat sich dagegen die Temperatur kaum verändert bzw. zeigt bisher nur kurzfristige aktuelle Erwärmungstrends (Chapin et al. 2005; Hill und Henry 2011). Das für die Arktis charakteristische Muster von steigenden Temperaturen zu Beginn und ab Ende des 20. Jahrhunderts mit einer Abkühlungsphase in der Mitte des 20. Jahrhunderts ist hier nur schwach ausgeprägt (Rayback und Henry 2006). Für Baffin Island im südöstlichen Teil des kanadisch-arktischen Archipels am Ausgang der Hudson Bay nahmen Miller et al. (2013) eine Erwärmung um 0,7 K seit 1960 an. Die Autoren bestimmten das Alter von Wurzeln auf frisch vom Eis freigegebenen Flächen durch Radiocarbondatierung und kamen aus der Altersanalyse von immerhin 145 Proben zu dem Schluss, dass die derzeitigen Temperaturen über denen der letzten 44.000 Jahre liegen, da sonst der Boden mit den Wurzeln schon früher abgetaut und die Wurzeln zersetzt worden wären.

Auf **Spitzbergen** hat die Temperatur (Jahresmitteltemperatur von 1961 bis 1990: −6,7 °C) von 1912 bis 2011 um 0,25 K pro Dekade zugenommen (Hanssen-Bauer 2002; Førland et al. 2011). Von 1920 bis 1942 stieg die Temperatur um 0,34 K pro Dekade, von 1943 bis 1965 sank sie um 0,26 K pro Dekade; danach stieg die Temperatur erst mit einer Rate von 0,52 K pro Dekade (1966–1988) und anschließend stark beschleunigt um 1,25 K pro Dekade (1989–2011) an. Spitzbergens Gletscher zeigten teilweise starke Abnahmen, teilweise aber auch Zunahmen der Eismasse im späten 20. Jahrhundert (Dyurgerov und Meier 2000; Nesje et al. 2000). In der Gesamtbilanz nahmen Gletschereis und Eiskappen nach einer Schätzung von Hagen et al. (2003) auf Spitzbergen Ende des 20. Jahrhunderts um ca. 5 km^3 a^{-1} ab.

Die Gletscher der **maritimen europäischen Arktis** (◨ Abb. 3.11) zeigten von 1966 bis 1998 deutliche Zuwächse um 50 km^3 pro Dekade (Dyurgerov und Meier 2000; Hinzman et al. 2005). Diese Zuwächse beruhten vor allem auf einer verstärkten Schneeakkumulation nordskandinavischer Gletscher im Winter (Schuler et al. 2005; Nesje et al. 2008). Nach dem Jahr 2000 sorgten allerdings steigende Sommertemperaturen für eine Umkehr dieses Trends (Nesje et al. 2008).

In der **sibirischen Arktis** stieg die Temperatur im späten 20. Jahrhundert durchweg an. Die stärksten Erwärmungstrends traten hier an den Küsten der Barentssee, der Karasee und der Ostsibirischen See auf (Chapin et al. 2005). In diesen Regionen stieg die Jahresmitteltemperatur zwischen 1966 und 1995 um etwa 0,5 bis 0,7 K pro Dekade (Serreze et al. 2000). Die Küsten der Laptewsee und der Tschuktschensee erwärmten sich im selben Zeitraum nur um etwa 0,2 bis 0,3 K pro Dekade (Serreze et al. 2000; Hinzman et al. 2005). Wie in der westlichen Arktis ist auch an der sibirischen Küste die Erwärmung im Winter am ausgeprägtesten; im Gebiet der Neusibirischen Inseln lag sie von 1966 bis 1995 bei 1,0 bis 1,5 K pro Dekade (Serreze et al. 2000). Auch in der sibirischen Arktis ging der aktuellen Erwärmung eine Abkühlungsphase Mitte des 20. Jahrhunderts voraus. Auf Novaja Zemlya nahm die Jahresmitteltemperatur von 1955 bis 1988 um 0,9 K pro Dekade ab (Zeeberg und Forman 2001). Das Eisvolumen der Gletscher hat in der russischen Arktis weniger stark als im Durchschnitt der Arktis abgenommen (◨ Abb. 3.11); von 1961 bis 1998 waren dies 18 km^3 pro Dekade (Hinzman et al. 2005).

3.3.2 Antarktis

Klima und Klimatrends in der Antarktis sind von großen Unterschieden zwischen der **westlichen und der östlichen Antarktis** geprägt. Innerhalb der Westantarktis unterscheidet sich in klimatischer Hinsicht die am weitesten nach Norden vorstoßende **Antarktische Halbinsel** vom übrigen antarktischen Kontinent. Zwar deutlich schwächer als die Antarktische Halbinsel unterliegt auch die **küstennahe Westantarktis** im Bereich der Amundsen-See einem maritimen Einfluss. Dieser fehlt in den übrigen Küstenbereichen der Antarktis vor allem, weil die dort vorherrschenden steil aufragenden Küsten eine Barriere für die milde, feuchte Luft über dem Meer gebildeter Tiefdruckgebiete darstellen (Nicolas und Bromwich 2011).

Turner et al. (2002, 2005) und Vaughan et al. (2003) weisen aufgrund der ausgeprägten regionalen Unterschiede zu Recht darauf hin, dass die Angabe eines mittleren Klimatrends für den gesamten antarktischen Kontinent wenig sinnvoll ist. Legt man ein ungewichtetes Mittel zugrunde, lässt sich von 17 verfügbaren Wetterstationen mit Messreihen von über 30 Jahren eine Erwärmung um 0,8 K in 100 Jahren für das späte 20. Jahrhundert berechnen (Vaughan et al. 2003). Die Messstationen sind in der Antarktis jedoch so ungleichmäßig verteilt, die Lücken im Stationsnetz so groß und die regionalen Unterschiede derart stark ausgeprägt, dass dieser Wert als generelles Maß der Klimaerwärmung in der Antarktis ungeeignet ist und auch gewichtete Berechnungen kaum sinnvoll erscheinen. Jones et al. (2016) vertreten zudem die Auffassung, dass es aufgrund der kurzen Zeitspanne mit flächendeckender Verfügbarkeit von Satellitendaten, die das Klima der Antarktis charakterisieren (seit 1979), für ein abschließendes Urteil zum anthropogenen Anteil an der rezenten Klimavariabilität in der Antarktis noch zu früh sei.

3.3.2.1 Westliche Antarktis mit Antarktischer Halbinsel

In der **maritimen Antarktis** hat die Temperatur in der zweiten Hälfte des 20. Jahrhunderts um etwa 3 K zugenommen (Meredith und King 2005; Steig et al. 2009; Kravchenko et al. 2011). Dies entspricht einer Erwärmung im Bereich von 0,20 bis 0,57 K pro Dekade an den verschiedenen Wetterstationen. Die maritime Antarktis gehört damit zusammen mit dem Nordwesten Nordamerikas und dem Sibirischen Plateau **zu den drei Regionen der Erde mit der stärksten Klimaerwärmung** in der zweiten Hälfte des 20. Jahrhunderts (Vaughan et al. 2001). Neben direkten Temperaturmessungen bezeugen die δ^{18}O-Signaturen von Eisbohrkernen eine Erwärmung der Antarktischen Halbinsel seit Mitte des 20. Jahrhunderts (Thompson et al. 1994). Einen mit der gegenwärtigen Erwärmung vergleichbaren Temperaturanstieg gab es zumindest nicht während der letzten 500 Jahre, die von den Bohrkernen abgedeckt werden. Die Erwärmung betrifft besonders die Winter- und Herbstmonate, weniger den Sommer und das Frühjahr (Vaughan et al. 2003; Turner et al. 2005, 2006). Hierzu passt, dass die winterlichen Minima angestiegen sind, während die sommerlichen Maxima der Temperatur konstant geblieben sind (Franzke 2013). Die Sommertemperaturen liegen an der Küste der Antarktischen Halbinsel im Mittel knapp über dem Gefrierpunkt; als höchste Maximumtemperatur wurden 17,5 °C gemessen (Skansi et al. 2017).

Die Lufttemperatur in der maritimen Antarktis korreliert eng mit der Eisbedeckung vor der Küste (Turner et al. 2005). Im Bereich der westlich der Antarktischen Halbinsel liegenden **Bellingshausen-See**, der südlich angrenzenden **Amundsen-See** und kleinräumig auch im westlichen **Weddell-Meer** an der Ostküste der Antarktischen Halbinsel geht die Vereisung (◨ Abb. 3.12a) daher zurück (Jones et al. 2016). Diese Rückgänge kontrastieren mit einer stabilen **Meereisfläche** für die Gesamtantarktis (◨ Abb. 3.5 und 3.6). An der Westküste der Antarktischen Halbinsel begann im Jahr 2004 der sommerliche Rückgang der Meereisfläche 31 Tage früher als 25 Jahre zuvor (Stammerjohn et al. 2008). Am Ende des Sommers hielt der Zuwachs an eisfreier Fläche im Jahr 2004 54 Tage länger an als 1979. Zumindest in der Bellingshausen-See ist der Rückgang der Vereisung mit einem Anstieg der **Oberflächentemperatur des Meeres** verbunden (◨ Abb. 3.12b). Nicht nur in Verbindung mit der Erwärmung der Bellingshausen-See und der dadurch angestiegenen Luftfeuchte, sondern auch durch veränderte Luftströmungen sorgt ein Anstieg der Zahl von Tiefdruckgebieten an der Westküste der Antarktischen Halbinsel seit Mitte des 20. Jahrhunderts für einen signifikanten **Anstieg des Winterniederschlages** (Turner et al. 1995, 1997; Vaughan et al. 2003). Aus der Analyse der δ^{18}O-Isotopensignatur von Eisbohrkernen schlossen Steig et al. (2013), dass der Niederschlag in den 1990er-Jahren höher war als zu jedem anderen Zeitpunkt im 19. und 20. Jahrhundert. Der Anstieg des Niederschlages in der maritimen Antarktis ist regionaler Natur und nicht Teil einer kontinentweiten Niederschlagszunahme (Monaghan et al. 2006; Medley und Thomas 2019). Der Niederschlag in der maritimen Westantarktis ist lange Zeit unterschätzt worden. Die Küstenregionen der Bellingshausen-See auf der Antarktischen Halbinsel und der Amundsen-See haben einen Jahresniederschlag von über 1000 mm. Die **Westküste der Antarktischen Halbinsel** gehört zu den niederschlagsreichsten Regionen der Erde mit einem **Jahresniederschlag**

3

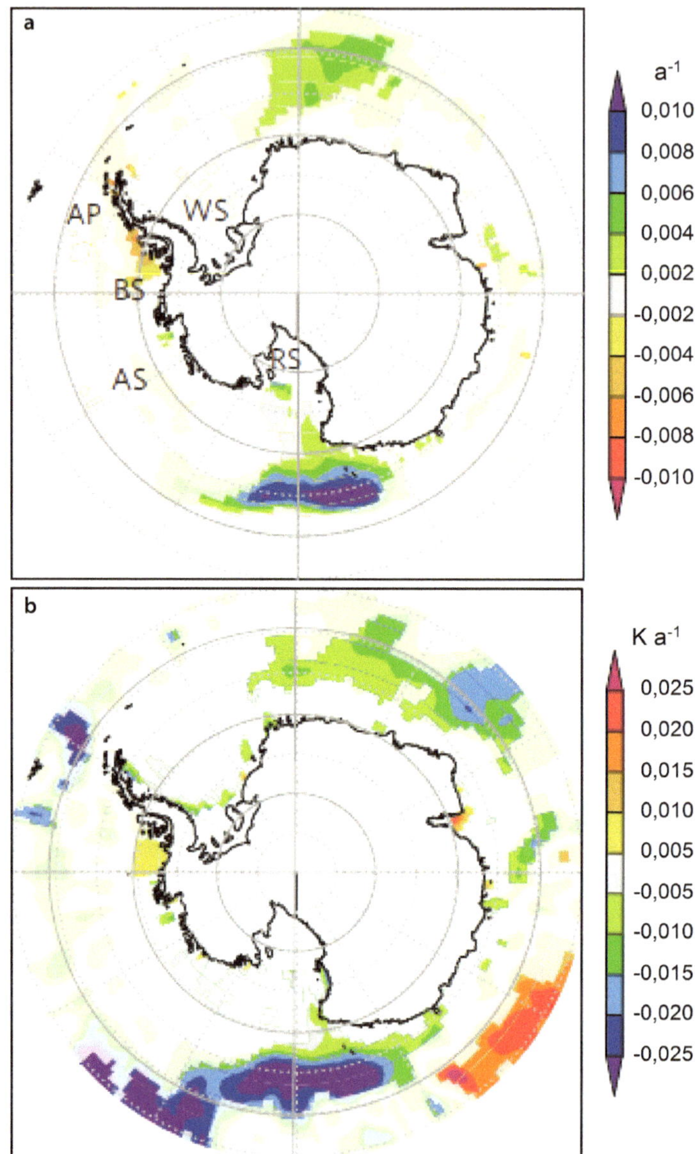

Abb. 3.12 Veränderung (**a**) der Meereiskonzentration und (**b**) der Meeresoberflächentemperatur von 1985 bis 2010 im Bereich der Antarktis (AP: Antarktische Halbinsel, AS: Amundsen-See, BS: Bellingshausen-See, RS: Ross-Meer, WS: Weddell-Meer). (Nach Bintanja et al. 2013, S. 377)

von über 5000 mm bzw. ca. 15 m Schnee (Lenaerts et al. 2012).

Der **Rückgang des Schelfeises** vor der Küste der Antarktischen Halbinsel, bereits von Mercer (1978) vorhergesagt, hat seit den 1990er-Jahren dramatische Ausmaße angenommen (Vaughan und Doake 1996). Mehrere Schelfeisgebiete haben sich seitdem stark verkleinert oder sogar vollständig aufgelöst. Schelfeis existiert in Gebieten mit einem Jahresmittel der Lufttemperatur von höchstens −5 °C und zeigt keine Rückgänge unterhalb von $-9\,°C$ (Morris und Vaughan 2003; Cook et al. 2005). Der Rückgang des Schelfeises ist das Resultat des Einstroms relativ warmen Tiefenwassers als Folge der Südwärtsverlagerung der südhemisphärischen Westwindzone, das letztendlich im Bereich des Kontinentalschelfs der Antarktis aufsteigt (Thoma et al. 2008; Hillenbrand et al. 2017; Rignot et al. 2019) und sich an der Westküste der Antarktischen Halbinsel besonders stark auswirkt (Spence et al. 2017). Dort bildet das **Wordie-Schelfeisgebiet** ein bekanntes Beispiel für den Rückgang von Schelfeis durch die Klimaerwärmung. Die Fläche dieses Schelfeisgebietes nahm über etwa 40 Jahre beständig ab (Doake und Vaughan 1991; Ferrigno et al. 2008). Das Eis zog sich vom offenen Meer ab den 1970er-Jahren zunächst mit Raten von 200 m bis 2,5 km im Jahr zurück. Von 1997 bis 2001 beschleunigte sich der Rückzug des Eises auf 12 km im Jahr; bis 2004 hatte sich das Wordie-Schelfeis weitgehend aufgelöst (Ferrigno et al. 2008).

An der Ostküste der Antarktischen Halbinsel hat sich das ausgedehnte **Larsen-Schelfeis** (ursprünglich über $100.000\ km^2$) von Norden her stark zurückgebildet (Vaughan und Doake 1996; Skvarca und De Angelis 2003). Die nördlichen (Larsen-A) und mittleren (Larsen-B) Teilbereiche des Larsen-Schelfeises haben sich innerhalb weniger Jahre vollständig aufgelöst. Das Larsen-A-Schelfeis war zuvor etwa 4000 Jahre (Brachfeld et al. 2003), das Larsen-B-Schelfeis 11.000 Jahre lang stabil gewesen (Domack et al. 2005). Vom Larsen-A-Schelfeis, das bis 1995 bestand, brachen allein im Januar 1995 ca. $2300\ km^2$ Schelfeis ab, darunter ein Eisberg von $1720\ km^2$ Größe (Rott et al. 1996). Das Larsen-B-Schelfeis hat sich in mehreren Schritten von 1998 bis 2002 aufgelöst (◘ Abb. 3.13). Auch das südlich anschließende Larsen-C-Schelfeis zeigt deutliche Flächeneinbußen und wird kontinuierlich dünner (Shepherd et al. 2003); allein 1986 und 2017 haben sich hier jeweils $6000\ km^2$ abgelöst (Ferrigno et al. 2008; Hogg und Gudmundsson 2017).

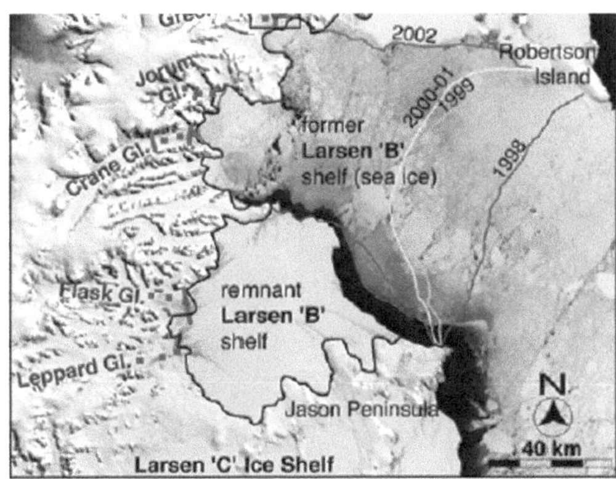

◘ **Abb. 3.13** Rückgang des Larsen-B-Schelfeises an der Ostküste der Antarktischen Halbinsel von 1998 bis 2002. Satellitenbild (MODIS) vom 1. November 2003. Die Linien mit Jahreszahlen kennzeichnen die Grenzen des Schelfeises im Herbst (April). (Nach Scambos et al. 2004, S. 2)

Das Schelfeis erzeugt einen Gegendruck auf die Eismassen dahinterliegender **Gletscher** und verlangsamt so den Abfluss des Gletschereises ins Meer (Hogg und Gudmundsson 2017; Reese et al. 2018). Löst sich das Schelfeis auf, erhöht sich die **Fließgeschwindigkeit** (Scambos et al. 2004; Rignot et al. 2004). Auch südlich der Antarktischen Halbinsel an der Küste der **Amundsen-See** nimmt das **Schelfeis** ab. Hier kam es zwar noch nicht zu einem großflächigen Aufbrechen von Schelfeisgebieten wie entlang der Antarktischen Halbinsel, jedoch konnten Shepherd et al. (2004) in der Pine-Island-Bucht eine Verringerung der Eisdicke von $5,5\ m\ a^{-1}$ nachweisen, während die Gletscher im Hinterland zwischen 1992 und 1996 um $1,6\ m\ a^{-1}$ an Mächtigkeit verloren (Shepherd et al. 2001). Der Eismassenverlust der Gletscher, deren Eis in die Amundsen-See fließt, hat sich von $226\ Gt\ a^{-1}$ im Jahr 1994 auf $334\ Gt\ a^{-1}$ in 2013 beschleunigt (Turner et al. 2017). Die Aufsetzlinien vieler Gletscher, also der Punkt, ab dem das Eis den Bodenkontakt verliert und als Schelfeis auf dem Wasser aufliegt, befinden sich vielerorts im Rückzug. Im Zeitraum von 2010 bis 2016 haben sich bei 22 % der Gletscher der Westantarktis die

3

▣ Tab. 3.1 Eismassenbilanz für den Antarktische Eisschild und seine Teilbereiche auf der Antarktischen Halbinsel sowie in der West- und Ostantarktis für den Zeitraum von 1979 bis 2017. (Nach Rignot et al. 2019, S. 1100)

Region	Eismassenbilanz (Gt a^{-1})					Beitrag zum Anstieg des Meeresspiegels (mm)
	1979–1989	1989–1999	1999–2009	2009–2017	1979–2017	
Antarktische Halbinsel	−16,0±2	−6,2±3	−29,1±3	−41,8±5	2,5±0,4	
Westantarktis	−11,9±2	−34,0±4	−55,6±5	−158,7±8	6,9±0,6	
Ostantarktis	−11,4±4	−9,2±7	−81,8±9	−51,0±13	4,4±0,9	
Antarktis insgesamt	−40,0±9	−49,6±14	−165,8±18	−251,9±27	13,9±2,0	

Aufsetzlinien schneller als mit 25 m a^{-1} in Richtung des Festlandes verlagert (Konrad et al. 2018). Die Ausdehnung und die Mächtigkeit des Meereises auf dem **Weddell-Meer** östlich der Antarktischen Halbinsel, in dem **80 % des antarktischen Meereises** liegen und wo das Eis im Winter mit 2000 km am weitesten vom Festland ins Südpolarmeer hinausreicht, sind dagegen **stabil** (Worby et al. 2008; Bintanja et al. 2013).

Sowohl auf der **Antarktischen Halbinsel** als auch in der restlichen **Westantarktis** westlich des Transantarktischen Gebirges zeigt der über den Landmassen liegende **Antarktische Eisschild** deutliche **Massenverluste**. An der Küste der Amundsen-See wird der Eisschild derzeit jährlich um Dezimeter, teilweise auch um Meter dünner (Joughin und Alley 2011; Hillenbrand et al. 2013). Die Schätzungen der Abtaurate variieren und sind teilweise widersprüchlich (Wingham et al. 2006; Chen et al. 2009). Unstrittig ist, dass die Eismassen der Antarktischen Halbinsel schneller abtauen als die der übrigen Westantarktis, Letztere aber aufgrund der größeren Flächenausdehnung einen größeren absoluten Beitrag leistet (Rignot et al. 2008b). Shepherd et al. (2012) schätzten für den Zeitraum 1992 bis 2011 den Nettoverlust an Eis für die Antarktische Halbinsel auf 20 Gt a^{-1} und den für die restliche Westantarktis auf 65 Gt a^{-1}. Rignot et al. (2019) kommen auf ähnliche

Größenordnungen und stellten eine dramatische Beschleunigung der Eismassenverluste für den Zeitraum 1979 bis 2017 fest (▣ Tab. 3.1) Die Analyse der Deuterium-Isotopensignatur eines 364 m langen Eisbohrkerns von der James-Ross-Insel an der Nordspitze der Antarktischen Halbinsel legt nahe, dass die Schmelzintensität in den letzten 1000 Jahren noch nie so hoch war wie Ende des 20. Jahrhunderts (Abram et al. 2013).

Dessen ungeachtet gibt es auch Teilgebiete der **östlichen Westantarktis** mit einer **positiven Eismassenbilanz**. Dies betrifft die Gletschergebiete am **Ross-Meer**, die dort eines der beiden größten Schelfeisgebiete der Antarktis speisen. Joughin und Tulaczyk (2002) schätzten für das Inlandeis entlang des Ross-Meeres eine Eisakkumulationsrate von 27 Gt a^{-1}. Shen et al. (2018) gehen für den Zeitraum von 2008 bis 2015 von 10 bis 11 Gt a^{-1} aus. Am Weddell-Meer, dem zweiten großen Schelfeisgebiet der Antarktis, lag der Zuwachs des Inlandeises nach Joughin und Bamber (2005) bei 39 Gt a^{-1}. Wenige Jahre später (2008–2015) herrschte hier eine negative Eismassenbilanz mit einer Abnahme um 41 bis 59 Gt a^{-1} (Shen et al. 2018).

Aktuelle Modellrechnungen ergeben bei einem vollständigen Abtauen der Westantarktis einen **Anstieg des Meeresspiegels** um bis zu 4,3 m (Bamber et al. 2009; Joughin und Alley 2011; Fretwell et al. 2013).

3.3.2.2 Östliche Antarktis

In der **Ostantarktis** haben sich die **Temperaturen kaum verändert**. Phasen- und gebietsweise ist es auch zu einer leichten Abkühlung gekommen (Comiso 2000). Am Südpol hat sich die Jahresmitteltemperatur seit Einrichtung der dort angesiedelten Amundsen-Scott-Forschungsstation im Jahr 1957 nicht signifikant verändert (Turner et al. 2002; Vaughan et al. 2003). An anderen Orten der Ostantarktis gibt es einen leichten Anstieg der Temperatur, zumeist jedoch fehlt ein signifikanter Trend. Die McMurdo-Trockentäler haben sich zwischen 1986 und 2000 um 0,7 K pro Dekade abgekühlt, was zu einer erhöhten Eismächtigkeit in dort vorhandenen Seen führte (Doran et al. 2002; Esposito et al. 2006); dieser Trend ist allerdings wohl kein langfristiger, sondern als periodische Schwankung im Zusammenhang mit El Niño und der Südlichen Oszillation (ENSO) zu werten (Bertler et al. 2004).

Ungeachtet der variierenden Lufttemperaturtrends in der östlichen Antarktis hat sich hier das **Meereis** seit Ende 20. Jahrhunderts **ausgedehnt** (Zhang 2007; Bintanja et al. 2013). Dies betrifft besonders die Gebiete des Südpolarmeeres vor dem **Ross-Meer** (Abb. 3.12a; Bintanja et al. 2013), aber auch die dem Schelfeis vorgelagerten Bereiche des Ross-Meeres selbst (Yuan et al. 2017). Bintanja et al. (2013) erklären die Ausdehnung des Meereises mit einer veränderten Temperaturschichtung im Meer durch das basale Abschmelzen von Schelfeis. Das dabei entstehende **kalte Schmelzwasser** hat eine geringere Dichte als das **wärmere Meerwasser** in tieferen Schichten, welches das Schelfeis von unten her auftaut. Durch die Dichteunterschiede bleibt das kalte Schmelzwasser an der Oberfläche und sorgt dort für eine vermehrte Eisbildung (Abb. 3.14). Das Schelfeis ist in der Ostantarktis sehr viel stabiler als in der Westantarktis. Bei nur 3 % der Gletscher hat sich zwischen 2010 und 2016 die Aufsetzlinie schneller als mit 25 m a^{-1} vom Meer in Richtung der Küstenlinie verschoben (Konrad et al. 2018).

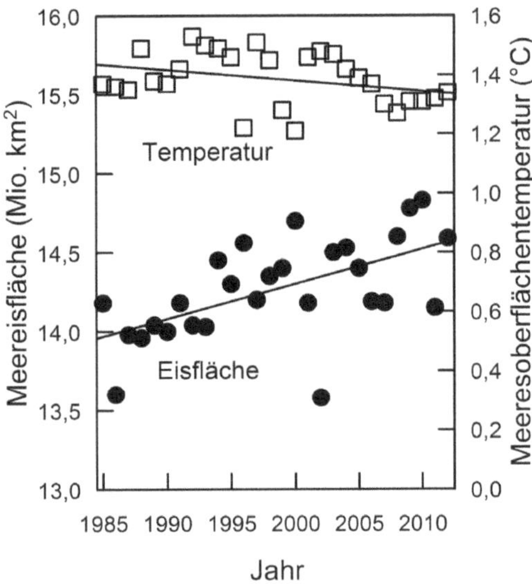

Abb. 3.14 Anstieg der Meereisfläche ($r = 0{,}58$, $P < 0{,}001$) und Abnahme der Meeresoberflächentemperatur ($r = -0{,}33$, $P = 0{,}04$) auf der Südhalbkugel (50–90° S) von 1985 bis 2012. (Nach Bintanja et al. 2013, S. 376)

Die Veränderungen im **Inlandeis** sind derzeit in der Ostantarktis sehr viel geringer ausgeprägt als in der Westantarktis (Chen et al. 2009; Shepherd et al. 2012). Noch zwischen 1992 und 2011 zeigte die Ostantarktis einen Zuwachs um 14 Gt a^{-1} (Shepherd et al. 2012). Somit war sie **das einzige große Eisgebiet der Erde**, das um die Jahrtausendwende nicht abtaute, sondern einen **Nettozuwachs an Eismasse** aufwies. Dies hat sich mittlerweile jedoch geändert. Ob es sich dabei um einen längerfristigen Umschwung handelt, wird sich erst noch erweisen müssen. Shen et al. (2018) fanden zwischen 2008 und 2015 rasant anwachsende Eismassenverluste an der dem östlichen Indischen Ozean zugewandten Seite der Ostantarktis. In Wilkes-Land stiegen die Eismassenverluste von 33 Gt a^{-1} im Jahr 2008 über 78 Gt a^{-1} im Jahr 2014 auf 86 Gt a^{-1} im Jahr 2015 an (Shen et al. 2018); Rignot et al. (2019) errechneten hier für den Zeitraum von 2009 bis 2017 einen etwas geringeren Massenverlust von 51 Gt a^{-1}. Dem standen Zuwächse in der Eismasse des dem westlichen Indischen

Ozean zugewandten Teils der Ostantarktis von 38, 43 und 51 Gt a^{-1} in den Jahren 2008, 2014 und 2015 gegenüber (Shen et al. 2018). Im 21. Jahrhundert hatte auch die Ostantarktis in ihrer Gesamtheit eine stark negative Eismassenbilanz (◘ Tab. 3.1) mit einem Nettoverlust in Höhe von 82 Gt a^{-1} von 1999 bis 2009 und 51 Gt a^{-1} von 2009 bis 2017 (Rignot et al. 2019).

3.3.2.3 Eismassenbilanz für die gesamte Antarktis

Die Eismassenbilanz für das Inland- und Schelfeis der gesamten Antarktis war bereits Ende des 20. Jahrhunderts negativ, obwohl die stärksten Eismassenverluste auf die Westantarktis mit der Antarktischen Halbinsel entfallen, die mit 3 Mio. km^3 nur einen recht kleinen Teil (12 %) der 25 Mio. km^3 des Antarktischen Eisschildes einnimmt (Lythe et al. 2001). Für den Zeitraum 1992 bis 2011 gingen Shephard et al. (2012) von einer Abtaurate von 71 Gt a^{-1} aus, und das, obwohl van den Broeke et al. (2006) die abtauende Fläche des Inland- und Schelfeises der Antarktis für den Zeitraum 1980 bis 2004 auf nur 2 % schätzten. Die Eismassenverluste zeigen eine steigende Tendenz. Zwischen 2002 und 2009 hat sich die jährliche Abtaurate in der Antarktis mehr als verdoppelt (Velicogna 2009). Shen et al. (2018) errechneten für 2008 mit 149 Gt a^{-1} doppelt so hohe Eismassenverluste wie Sheppard et al. (2012) für den Zeitraum von 1992 bis 2011. In den Jahren 2014 und 2015 betrugen die Eismassenverluste 240 bzw. 230 Gt a^{-1} (Shen et al. 2018). Rignot et al. (2019) gehen von einer Steigerung der Nettoverluste von 40 Gt a^{-1} von 1979 bis 1989 bis auf 252 Gt a^{-1} im Zeitraum von 2009–2017 aus (◘ Tab. 3.1).

Ein Abtauen der gesamten Antarktis, mit dem derzeit aber nicht zu rechnen ist, würde den Meeresspiegel um etwa 57 m anheben (Rignot et al. 2019). Zwischen 1993 und 2003 trug die Antarktis durch das Abtauen in der Westantarktis mit 0,21 ± 0,35 mm a^{-1} zum Anstieg des globalen Mittels des Meeres-

spiegels bei, ein Wert, der deutlich über dem langfristigen Mittel für 1961 bis 2003 von 0,14 ± 0,41 mm liegt (Allison et al. 2009). Direkt an der Küstenlinie der Antarktis ist der Meeresspiegel allerdings wesentlich stärker angestiegen, nämlich von 1992 bis 2011 um 2 mm a^{-1} stärker als im Mittel des Südpolarmeeres (1,2 mm a^{-1}) südlich von 50° S (Rye et al. 2014).

Die **Zunahme der Meereisfläche in der Ostantarktis übertrifft** in der Bilanz für das gesamte Südpolarmeer die **Rückgänge in der Westantarktis**, was insgesamt zu stabilen Verhältnissen im Winter und einem leicht positiven Trend im Sommer führt (◘ Abb. 3.5). Ende des 20. Jahrhunderts bis Anfang des 21. Jahrhunderts gab es in der Gesamtfläche an antarktischem Meereis sogar ein seit Beginn der Satellitenmessungen im Jahr 1978 bisher unerreichtes Maximum (◘ Abb. 3.5). Die 10 höchsten Werte der maximalen Eisbedeckung im September wurden im Zeitraum 1998 bis 2014 gemessen. Bei der minimalen Eisbedeckung am Ende des Sommers im März ist dieses Maximum nicht ganz so deutlich, aber es fallen immerhin 10 der höchsten 12 Werte in den Zeitraum 2001 bis 2015. Ursache für hohe Eisbedeckung waren nicht nur die in ► Abschn. 3.3.2.2 geschilderten thermohalinen Verhältnisse, die kaltes Schmelzwasser mit geringem Salzgehalt an die Meeresoberfläche befördern, sondern auch ein vorübergehendes Absinken der Lufttemperatur auf der Antarktischen Halbinsel in dieser Zeit (Turner et al. 2016). Diese Abkühlung fällt mit dem vorübergehend verlangsamten Anstieg der globalen Mitteltemperatur Anfang des 21. Jahrhunderts zusammen (Abschn. 1.4.1). Diesen *„Global Warming Hiatus"* datiert Trenberth (2015) auf die Periode 1998 bis 2014, also exakt auf den Zeitraum, in dem die Höchstwerte für die September-Meereisfläche registriert wurden. Turner et al. (2016) gehen allerdings dennoch davon aus, dass die vorübergehende Abkühlung auf der Antarktischen Halbinsel maßgeblich von der regionalen atmosphärischen Zirkulation verursacht wurde und nicht nur das Ergebnis der globalen Temperaturentwicklung war. Der Trend zu besonders großen Meereisflächen in den antarktischen Gewässern ist allerdings wohl gebrochen. Der niedrigste jemals gemessene März-Wert wurde im Jahr 2017 festgestellt. Bei den September-Werten befinden sich die Werte für 2016 und 2017 unter den vier niedrigsten bekannten Werten.

3.4 Degradation des Permafrosts

3.4.1 Arktis

Steigende Lufttemperaturen lösen in den Tundren eine Erwärmung der Permafrostböden aus, was wiederum Veränderungen im Landschaftsbild und in der Vegetation nach sich zieht. Am stärksten sind die Veränderungen an den Rändern des arktischen Permafrostgebiets dort, wo der **kontinuierliche Permafrost** von **diskontinuierlichem Permafrost** abgelöst wird (Smith et al. 2005; Isaksen et al. 2007a). Dies liegt daran, dass die Temperatur des Permafrosts dort auch in großer Tiefe oft nur wenig unter dem Gefrierpunkt liegt (Farbrot et al. 2007). Da die Bodentemperatur mit der Lufttemperatur korreliert ist, schwächt die Klimaerwärmung den Permafrost. Dabei erhöht sich die **Auftautiefe** (Burn und Zhang 2009), aber auch von unten her wird der Permafrost angegriffen, da die **untere Nullgradgrenze** nach oben in höhere Bodenschichten wandert (Osterkamp 2005). Dadurch reduziert sich insgesamt die Permafrostmächtigkeit.

Der Zusammenhang zwischen Klimaerwärmung und Permafrost soll hier exemplarisch an einem Fallbeispiel von Spitzbergen veranschaulicht werden, das im Bereich des kontinuierlichen Permafrosts liegt. Im Winter und Frühjahr 2005/2006 war es dort mit einer Lufttemperatur von −4,8 °C (Dezember–Mai) um 8,2 K wärmer als im Mittel der Jahre 1961 bis 1990; der Januar und der April waren sogar um mehr als 12 K wärmer als im Referenzzeitraum (Isaksen et al. 2007b). In

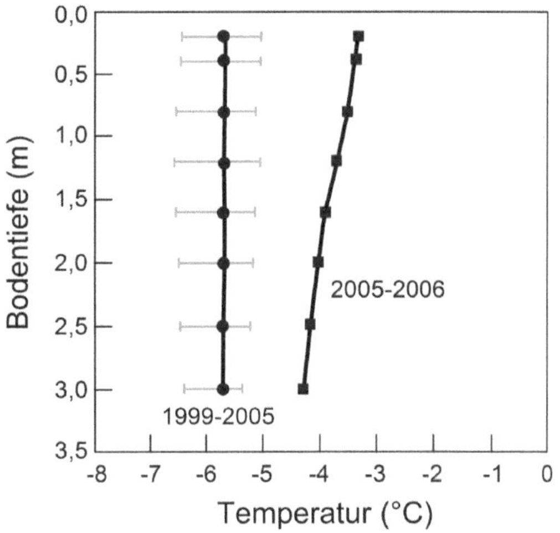

☐ **Abb. 3.15** Jahresmittel der Bodentemperatur in 0 bis 3,5 m Tiefe im Zeitraum Dezember 2005 bis November 2006 mit besonders warmem Winter und Frühjahr im Vergleich zum Referenzzeitraum 1999 bis 2005 (Mittelwerte mit Spannweiten) in Janssonhaugen, Spitzbergen. (Nach Isaksen et al. 2007b, S. 3)

der Folge lagen im Zeitraum Dezember 2005 bis November 2006 die mittleren Temperaturen an der Bodenoberfläche um 2,3 K und in 2 m Tiefe um 1,8 K über dem Mittel von 1999 bis 2005 (☐ Abb. 3.15). An der Nordküste Yukons stellten Burn und Zhang (2009) eine Zunahme der mittleren Auftautiefe um 15 bis 25 cm innerhalb von 20 Jahren zwischen 1985 und 2003 bis 2007 fest. Osterkamp (2005) dokumentierte durch Temperaturmessungen die Erwärmung des Permafrosts von 1977 bis 2004 in der Tundra Nordalaskas (☐ Abb. 3.16).

Neben der Lufttemperatur sind auch die Mächtigkeit und Dauer der **Schneebedeckung** wichtig für die Beständigkeit des Permafrosts. In Nordalaska führten Stieglitz et al. (2003) den Anstieg der Permafrosttemperatur in 20 m Tiefe zwischen den 1980er-Jahren und 1998 um ca. 0,6 K im Binnenland und 1,5 K an der Küste jeweils etwa zur Hälfte auf den Anstieg der Lufttemperatur und eine ebenfalls zu beobachtende Zunahme der Schneedecke zurück. Eine mächtige Schneedecke reduziert allerdings nicht nur die Abkühlung des Bodens

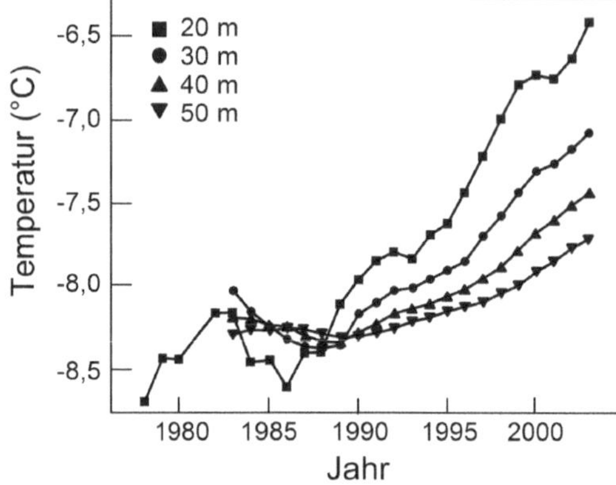

◻ Abb. 3.16 Anstieg der Jahresmitteltemperatur des Permafrostbodens in 20 bis 50 m Tiefe von 1978 bis 2003 in Deadhorse (70°12′ N, 148°31′ W, 15 m ü. NN), Nordalaska. (Nach Osterkamp 2005, S. 191)

im Winter, sondern auch die Erwärmung im Frühjahr (Hinkel und Hurd 2006).

Die **Auftautiefe**, die in der Arktis teilweise im Zentimeter- bis Dezimeterbereich liegt, spielt für die Vegetation eine besonders große Rolle. Nimmt die Auftautiefe zu, erhöht sich die Durchwurzelbarkeit. Da Wasser in der Arktis in aller Regel kein limitierender Faktor ist, wirkt sich das vor allem über die Nährstoffversorgung auf die Pflanzen aus. Taut der Boden tiefer auf als im Mittel, können die Wurzeln der Pflanzen die zuvor in größerer Bodentiefe durch den Permafrost nicht erreichbaren Nährstoffe erschließen. Die Häufigkeit von Auftauen und Gefrieren beeinflusst außerdem die Zusammensetzung und die Individuenzahlen der Mikroorganismen-Gemeinschaft im Boden, die wiederum die Nährstoffverfügbarkeit über die Mineralisation organischer Substanz, aber auch durch die Aufnahme von Mineralstoffen in Konkurrenz zur Vegetation beeinflussen (Yergeau und Kowalchuk 2008; Yuan et al. 2018). Die Vegetation übt auch einen Rückkoppelungseffekt auf Auftautiefe und Bodentemperatur aus, da Dichte und Art der Vegetation neben dem Klima den Permafrost beeinflussen können (Hollister et al. 2006).

Durch **Thermokarst** (▶ Abschn. 1.5.3) hat das Abtauen des Permafrosts in den arktischen Tundren massive Auswirkungen auf die Geomorphologie der betroffenen Landschaften und damit natürlich auch auf die Standortbedingungen der Pflanzen. Auf abtauenden Permafrostböden wandelt sich das Landschaftsbild der Tundra deutlich aufgrund der Zunahme überfluteter Bereiche. In einer Fallstudie in der sibirischen Arktis südlich der Karasee (auf einem Gebiet von 515.000 km^2 mit ursprünglich mehr als 10.000 Seen von über 40 ha Fläche) erhöhte sich zwischen 1973 und 1997 im Bereich des kontinuierlichen Permafrosts die Anzahl der **Seen** um 4 % und die Seefläche um 12 % (Smith et al. 2005). In Nordalaska untersuchten Jorgenson et al. (2006) die Auswirkungen des Auftauens von Eiskeilen von meist 2 bis 4 m Durchmesser auf die Geländemorphologie. Während die Anzahl der Senken pro Fläche noch 1945 bei 88 km^{-2} lag, betrug sie 1982 schon 128 km^{-2}, gefolgt von einem rasanten Anstieg auf 1336 km^{-2} im Jahr 2001. Setzt sich das Abtauen des Permafrosts weiter fort, verschwinden viele Seen wieder, da das Wasser abfließen kann. In Nordsibirien stellten Smith et al. (2005) am Südrand des Permafrostgebiets im Bereich des diskontinuierlichen, sporadischen und isolierten Permafrosts von 1973 bis 1998 einen Rückgang der Zahl der Seen um 9 %, 5 % bzw. 6 % fest. Die Seefläche nahm in den Gebieten mit diesen drei Permafrosttypen um 11 bis 13 % ab. Neben der direkten Wirkung steigender Temperaturen fördern auch **Tundrabrände** die Bildung von Thermokarst, und dies auch noch mehrere Jahre nach dem Feuer (Jones et al. 2015).

3.4.2 Antarktis

Die **Permafrostböden der Antarktis** sind vielerorts mit Jahresmitteln der Temperatur von −14 bis −27 °C (Campbell und Claridge 2006; Ikard et al. 2009; Vieira et al. 2010) deutlich kälter als die Böden der Arktis, die meist mittlere Temperaturen von −15 °C nicht unterschreiten (Vorobyova et al. 1997; Steven et al. 2006). Die **Auftautiefe** beträgt in der Antarktis **im Landesinneren oft nur wenige Zentimeter**. In küstenfernen Lagen der McMurdo Dry Valleys liegt sie allerdings bei 20 bis 45 cm (Bockheim et al. 2007; Seybold et al. 2010) und erreicht in Küstennähe bis zu 80 cm (Adlam et al. 2010; Guglielmin et al. 2011). Auf der **Antarktischen Halbinsel** taut der Boden im Sommer bis zu 2 m tief auf (Vieira et al. 2010). Die Böden der Antarktischen Halbinsel und der ihr vorgelagerten Inseln weisen oft Temperaturen nur knapp unterhalb des Gefrierpunktes auf. Oft fallen die Bodentemperaturen hier im Jahresmittel nicht unter $-3\,°C$ (Ramos und Vieira 2003; Vieira et al. 2010). An den Küsten gibt es auch schmale Streifen, die frei von Permafrost sind. Entsprechend dieser Temperaturverteilung sind die Permafrostböden auf der Antarktischen Halbinsel, den vorgelagerten Inseln und auch auf den subarktischen Inseln anfällig für Veränderungen durch den dort gegenwärtigen dramatischen Anstieg der Lufttemperatur, wohingegen der Permafrost in der kontinentalen Antarktis stabil ist. Die starke Erwärmung auf der Antarktischen Halbinsel hat also nicht nur Folgen für den Temperaturhaushalt und die Ausdehnung der besiedelbaren Landfläche, sondern durch das Permafrostregime auch auf die Nährstoffverfügbarkeit (vgl. ▶ Abschn. 3.5).

3.5 Auswirkungen des Klimawandels auf den Nährstoffhaushalt

Der Klimawandel leistet in mehrfacher Hinsicht einen Beitrag zu einer **erhöhten Nährstoffverfügbarkeit** in den Polarregionen. Durch das **Abtauen von Eisflächen und Permafrostböden** kommt es zum Nährstoffaustrag aus Böden und Gesteinsoberflächen, die zuvor oft lange Zeit durch Schnee und Eis vor Erosion geschützt waren. Dies betrifft die Tundren und polaren Wüsten selbst wie auch das boreale Nadelwaldgebiet, aus dem erhöhte Nährstofffrachten mit verstärkten Abflussmengen der Flüsse ins Nordpolarmeer

gelangen. In der Tundra Alaskas stellten Keller et al. (2007) eine Verbesserung der Calcium-, Kalium- und Phosphorversorgung durch das Auftauen von Permafrost fest.

Darüber hinaus erleichtern erhöhte Temperaturen die Streuzersetzung, jedenfalls solange genügend Wasser zur Verfügung steht. In Tundren feuchter und frischer Böden wird der **Streuabbau** im in den Polarbereichen vorherrschenden Temperaturbereich generell durch steigende Temperaturen beschleunigt. Dies wurde auch in Experimenten zur Zersetzung von Tundrapflanzen gezeigt (Hobbie 1996) und liegt unter anderem an einer mit steigenden Temperaturen artenreicheren und aktiveren **Bodenfauna** (Aerts 2006). Auch exprimieren die Mikroorganismen des Bodens mit steigenden Temperaturen verstärkt Gene zum Celluloseabbau (Yergeau et al. 2007). Allerdings übt der Klimawandel indirekt durch die Veränderung der **Vegetationszusammensetzung** und damit über die **Qualität der Streu** einen noch stärkeren Einfluss auf die Streuzersetzung aus als direkt durch die Temperatur (Nadelhoffer et al. 1991). In einem Experiment von Hobbie (1996), bei dem Streu und Boden über 5 Monate bei 4 bzw. $10\,°C$ unter kontrollierten Klimabedingungen inkubiert wurden, vermochte die höhere Temperatur nur den **Abbau von Gefäßpflanzen** signifikant zu steigern, während die Zersetzung von **Moosen** kaum von der Temperatur beeinflusst wurde. Moose sind generell schlechter zersetzbar als nicht verholzte Teile von Höheren Pflanzen, was an in den Moosen eingelagerten **antimikrobiellen Sekundärmetaboliten** liegt (Painter 1991; Stalheim et al. 2009). Daher fand Hobbie (1996) bei höherer Temperatur einen Anstieg der mikrobiellen Atmung in einer Variante mit Streu von Höheren Pflanzen, aber nicht in Moosstreu. Auch Flechten sind aufgrund von Sekundärmetaboliten mit antimikrobieller Wirkung (Flechtenstoffe) schlecht abbaubar (Greenfield 1993; Molnár und Farkas 2010). Durch Erwärmung werden in den Tundren Höhere Pflanzen gegenüber Flechten und Moosen gefördert

(► Abschn. 3.6). In trockenen Ausprägungen der Tundra wird mit steigenden Temperaturen durch die erhöhte Evapotranspiration die Wasserverfügbarkeit limitierend für den Streuabbau und damit die Nährstoffverfügbarkeit (Christiansen et al. 2017). In einem Erwärmungsexperiment mit Open Top Chambers zeigten Christiansen et al. (2017), dass die Anzahl und Diversität der am Streuabbau beteiligten saprophytischen Pilze bei Austrocknung zurückging.

Die **Stickstoff-Nettomineralisation** und die **Nitrifikation** steigen mit der Temperatur an (Binkley et al. 1994; Hobbie 1996). In Böden unterschiedlicher Tundra- und Waldtundra-Gesellschaften Nordwestalaskas fanden Binkley et al. (1994) eine Zunahme der Stickstoff-Nettomineralisation um das 5- bis 10-Fache, wenn die Temperatur bei der Inkubation im Labor von 5 auf 12 °C erhöht wurde. Ein geringerer Anstieg der Bodentemperatur um 1 bis 2 K, wie er von Jonasson et al. (1993) und Schmidt et al. (2002) in der Tundra Nordschwedens und Nordalaskas durch transparente Plastikzelte erreicht wurde, stimulierte die Stickstoff-Nettomineralisation in Abhängigkeit vom Vegetationstyp etwas (Niedermoore, Zwergstrauchheide, Felsschuttflur) bis gar nicht (Wollgrastundra) (◘ Abb. 3.17a). Die erhöhte Mineralisation in den meisten Vegetationstypen konnte von der Vegetation durch eine erhöhte Stickstoffaufnahme genutzt werden. Es profitierten also nicht nur die Mikroorganismen im Boden von der verbesserten Stickstoffmineralisation (◘ Abb. 3.17a). Die **Phosphor-Nettomineralisation** wurde im Versuch von Schmidt et al. (2002) durch Erwärmung kaum beeinflusst (◘ Abb. 3.17b).

Einen großen Einfluss auf die Stickstoff-Nettomineralisation übt die **Bodenfeuchte** aus. Mäßige Bewässerung steigerte die Stickstoff-Nettomineralisation im Experiment von Binkley et al. (1994), je nach Vegetationstyp, um das 1,5- bis 3-Fache. Hierzu passt, dass sich die experimentelle Erwärmung im Freilandexperiment von Schmidt et al. (2002) sehr viel stärker auf die

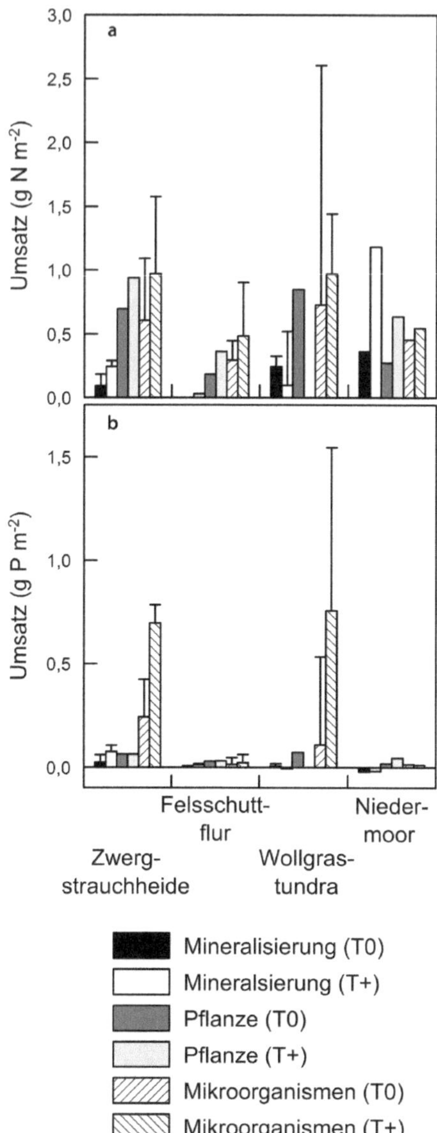

◘ **Abb. 3.17** Umsätze von (**a**) Stickstoff und (**b**) Phosphor in vier verschiedenen Vegetationstypen in der Tundra Nordschwedens (Zwergstrauchheide, Felsschuttflur; Abisko, 68°20′ N, 20°51′ E) und Alaskas (Wollgrastundra, Niedermoor; Toolik Lake, 68°38′ N, 149°34′ W). Die Untersuchungen umfassen die Nettomineralisierung, die Aufnahme in die Pflanze und in die Mikroorganismen im Boden. Die Fehlerbalken sind Standardfehler und aufgrund einer geringen Zahl von Wiederholungen nicht für das Niedermoor und aufgrund des Berechnungsverfahrens auch nicht für die Aufnahme in die Pflanze angegeben. (Nach Schmidt et al. 2002, S. 99)

Stickstoff-Nettomineralisation in von Cyperaceen dominierten Niedermooren als in anderen Vegetationstypen auswirkte (◘ Abb. 3.17a). Allerdings steigen mit zunehmender Durchfeuchtung auch die Nitrifikation und in der Folge die Nitratauswaschung aus dem Boden (Schaeffer et al. 2013). Von Bedeutung für den Stickstoffhaushalt sind auch Veränderungen im Schneefall. Hohe **Schneetiefen** erhöhen die Stickstoff-Nettomineralisation im Winter, wohingegen die Mineralisation im Sommer unverändert bleibt (Schimel et al. 2004; Borner et al. 2008; Rixen et al. 2008).

3.6 Veränderungen in der Vegetation

3.6.1 Arktis

3.6.1.1 Effekte der verbesserten Nährstoffverfügbarkeit

Düngungs- und Erwärmungsexperimente konnten zeigen, dass die Vegetation der Polargebiete auf beide Faktoren sensibel reagiert, wobei der Effekt der **erhöhten Nährstoffverfügbarkeit** oft größer ist. Nach 4-jährigem Düngen mit Stickstoff, Phosphor, Kalium und Magnesium zu Beginn der Vegetationsperiode konnten Jonasson et al. (1999b) in einer Zwergstrauchheide bei Abisko in Schwedisch Lappland sowohl bei Höheren Pflanzen als auch bei Moosen einen Düngungseffekt nachweisen. Die Höheren Pflanzen investierten bei Düngung stärker in die **Feinwurzeln** als in die oberirdische Biomasse, und zwar Kräuter und Zwergsträucher gleichermaßen. Eine experimentelle **Erwärmung** während der Vegetationsperiode durch transparente Kunststoffzelte um etwa 2,5 bzw. 4 K wirkte sich in einer Zunahme der **ober- und unterirdischen Biomasse** der Höheren Pflanzen aus, während die Biomasse der Moose unverändert blieb (Jonasson et al. 1999b).

In einem anderen über 8 Jahre durchgeführten Düngungsexperiment in einer Zwergstrauchheide Spitzbergens profitierten die **Moose stärker von Phosphor- als von Stickstoffgaben** (Gordon et al. 2001). Die Vitalität, gemessen als Anteil grüner Sprosse nach der Schneeschmelze, sprach noch deutlicher als die Deckung auf die Düngung an. In Tundren mit dichter Vegetation bewirkt der erhöhte **Konkurrenzdruck durch die Gefäßpflanzen** nach Düngung bzw. durch erhöhte Nährstoffverfügbarkeit durch Erwärmung einen **Rückgang der Moosbiomasse,** da die Moose durch die Phanerogamen überwachsen werden und ihnen so weniger Licht zur Verfügung steht (Shaver et al. 2001; Epstein et al. 2004; Hollister et al. 2005; Kelley und Epstein 2009).

Die an die nährstoffarmen Böden angepassten **Flechten** der Tundren reagieren auf **Stickstoffdüngung empfindlich.** In dem Experiment von Gordon et al. (2001) ging die Deckung der Flechten durch die Gabe von 50 kg N ha^{-1} a^{-1} in Form von Ammoniumnitrat stark zurück; in Kombination mit Phosphat (5 kg P ha^{-1} a^{-1}) verursachten schon 10 kg N ha^{-1} a^{-1} einen starken Rückgang. Die gesamte **Artendiversität** der Vegetation der von Gordon et al. (2001) untersuchten Zwergstrauchheide nahm durch Stickstoffdüngung leicht ab. Die Kombination von 10 kg N ha^{-1} a^{-1} mit 5 kg P ha^{-1} a^{-1} bewirkte dagegen einen Anstieg der Artenzahl; bei 50 kg N ha^{-1} a^{-1} mit 5 kg P ha^{-1} a^{-1} entsprach die Artenzahl der der ungedüngten Kontrolle.

Nährstoffmangel ist neben der Kälte ein entscheidender **Ausschlussfaktor für boreale und temperate Arten** aus den Tundren (Eskelinen et al. 2017). Tundrapflanzen sind unter anderem durch ihr stark ausgebildetes Wurzelsystem an die Nährstoffarmut angepasst; die unterirdische Biomasse übertrifft die oberirdische in den arktischen Tundren im Mittel um etwa das Sechsfache (Sloan et al. 2013). Die Nährstoffverfügbarkeit ist daher ein limitierender Faktor, der trotz Erwärmung Pflanzenarten niederer geographischer Breiten von der Einwanderung in die Arktis abhalten kann (Eskelinen et al. 2017).

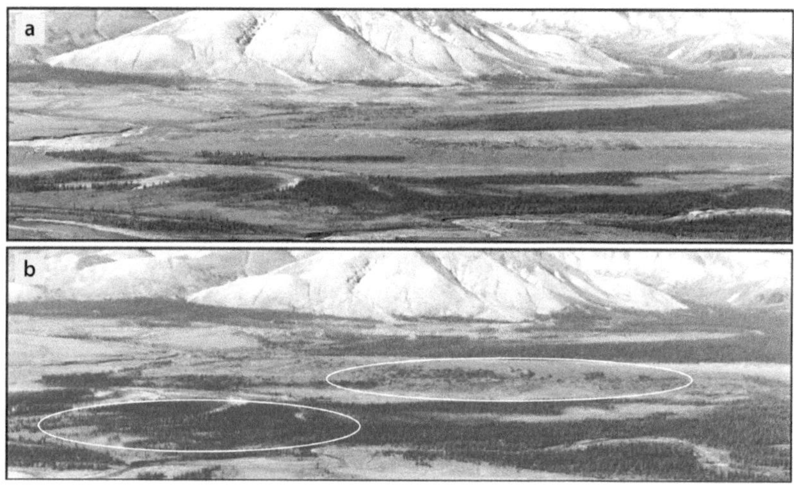

◘ Abb. 3.18 Zunehmende Verbuschung der Tundra am Ayiyak River (68°53′ N, 152°31′ W) in Nordalaska von (a) 1949 bis (b) 2000. (Nach Sturm et al. 2001, S. 546)

3.6.1.2 **Verbuschung der Tundren**

Eine wesentliche Veränderung in der Vegetation der arktischen Tundren, die sich bereits heute beobachten lässt (◘ Abb. 3.18 und 3.19), ist die zunehmende **Verbuschung** und in Waldgrenzlagen auch die Ausbreitung des Waldes in die Tundra (Sturm et al. 2001; Epstein et al. 2004; Stow et al. 2004). Dieser Trend ist zirkumpolar in den arktischen Tundren zu beobachten (Frost et al. 2013; Frost und Epstein

2014). Walker et al. (2006) und Elmendorf et al. (2012a, b) werteten in umfangreichen Metaanalysen Erwärmungsexperimente aus, bei denen die bodennahe Sommertemperatur um 1 bis 3 K erhöht wurde, und konnten so den ursächlichen Zusammenhang zwischen Temperaturanstieg und Verbuschung aufzeigen (◘ Abb. 3.20). Die **kältesten Tundren** waren von der Verbuschung allerdings ausgenommen; hier kommt es vor allem zu einer **Zunahme von Gräsern** (Elmendorf et al. 2012a). Eine Satellitenbildauswertung, die 33.000 km² auf der Seward-Halbinsel im westlichen Alaska abdeckte, ergab, dass sich zwischen 1986 und 1992 auf mehr als 40 % der Fläche der offenen Tundra von ursprünglich 9200 km² im Jahr 1992 Gebüsch und teilweise auch Wald angesiedelt hatte (Silaspaswan et al. 2001). Die Zunahme der Gehölze war hier besonders rasant, da das Untersuchungsgebiet an der Grenze zwischen Tundra und borealem Wald liegt.

Die Förderung von Sträuchern und Zwergsträuchern durch den Klimawandel lässt sich auch mit Hilfe von Jahrringanalysen zeigen. Dort, wo die Wasserversorgung ausreichend ist, zeigen Korrelationsanalysen

◘ Abb. 3.19 Veränderungen in der Vegetation am Kungurok River (68°6′ N, 161°31′ W) in Nordalaska von (a) 1950 bis (b) 2000. In der Tundra (Markierung rechts im Bild) hat die Verbuschung (u. a. *Betula nana, Salix*) stark zugenommen, wohingegen sich im Flusstal die Fläche des Auenwaldes aus *Picea glauca* (Markierung links) vergrößert hat. (Nach Sturm et al. 2001, S. 546)

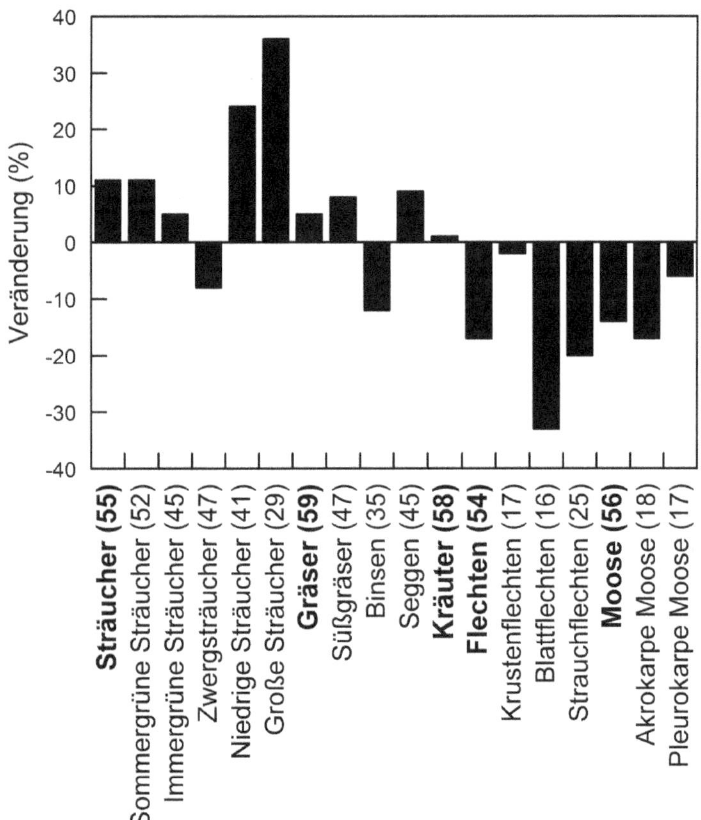

Abb. 3.20 Metaanalyse von Erwärmungsexperimenten in der Tundra im Hinblick auf Häufigkeitsveränderungen unterschiedlicher funktioneller Gruppen der Vegetation. Dargestellt ist der Median der prozentualen Zu- oder Abnahme von Parametern, die die Häufigkeit der Artengruppen beschreiben (Deckung, Stetigkeit, Biomasse). Die Zahlen hinter den Gruppen geben die Anzahl der jeweils berücksichtigten Studien an. Die den fettgedruckten Hauptgruppen zugeordneten Untergruppen weisen im Fall der Sträucher begriffliche Überschneidungen auf und wurden anhand der Terminologie in den Originalquellen entsprechend zugeordnet. (Nach Elmendorf et al. 2012a, S. 169)

mit Klimadaten (**Abb. 3.21**), dass die **Jahrringbreiten** in den Stämmchen der Sträucher mit zunehmender Sommertemperatur ansteigen (Forbes et al. 2010; Hallinger et al. 2010; Weijers et al. 2017). An trockenen Standorten kann (ähnlich wie im borealen Wald; ► Abschn. 3.6) bei steigenden Temperaturen Wassermangel limitierend werden und so die Verbuschung begrenzen (Ackerman et al. 2017). Besonders ausgeprägt ist die Stimulation des Wachstums an der Südgrenze der Hocharktis, da hier die Wasserversorgung durch schmelzenden Permafrost besonders gut ist (Myers-Smith et al. 2015).

Das verstärkte Wachstum von Sträuchern und Zwergsträuchern ist mit einem Zuwachs im **Normalized Difference Vegetation Index (NDVI)** verknüpft, der die photosynthetische Aktivität der Vegetation auf Landschaftsebene widerspiegelt (Forbes et al. 2010; Boulanger-Lapointe et al. 2014). Die Förderung von holzigen Pflanzen in der Tundra betrifft eine breite Palette von Arten aus unterschiedlichen Verwandtschaftsgruppen und Wuchsformen, z. B. Weiden *(Salix)*, Birken *(Betula)*, die Grünerle *(Alnus viridis)*, Wacholder *(Juniperus nana)* sowie Heidekrautgewächse (Myers-Smith et al. 2015). Eine Art, die besonders

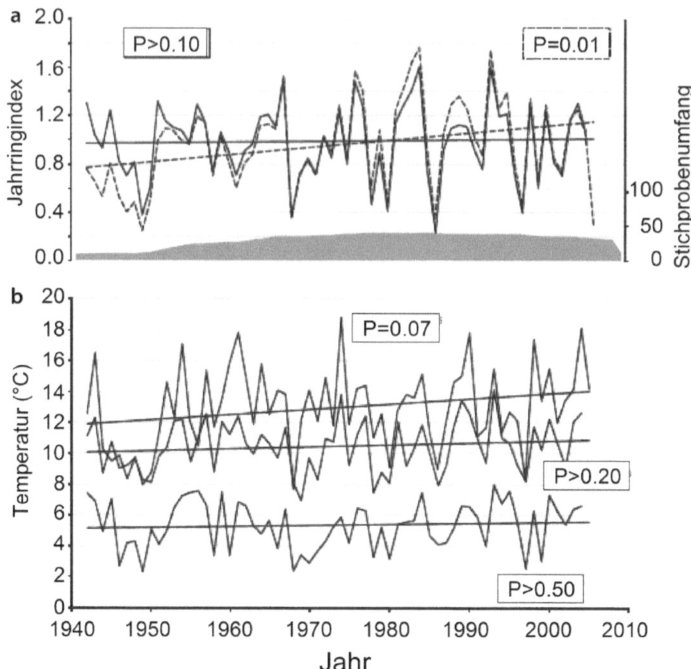

◘ Abb. 3.21   (a) Jahrringbreiten in Sträuchern der Wollweide *(Salix lanata)* in der Tundra der russischen Arktis. Die mit Regional Curve Standardization (RCS) standardisierte Kurve (gestrichelt), die im Gegensatz zu herkömmlichen Standardisierungsmethoden (durchgezogene Linie, Glättungsspline/32 Jahre) den langfristigen Trend enthält, zeigt einen signifikanten Anstieg des jährlichen Zuwachses von 1942 bis 2005. (b) Temperaturtrends für das Hochland (obere Kurve) und das Tiefland (mittlere Kurve) im Binnenland und die Küste zur Barentssee (untere Kurve) im Untersuchungsgebiet. Der langfristige Trend für den Zuwachs von *S. lanata* (RCS-Standardisierung) geht mit der Temperatur für das Hochland parallel. (Nach Forbes et al. 2010, S. 1547)

stark vom Klimawandel profitiert, ist die Zwergbirke *(Betula nana),* wie Beobachtungen aus Erwärmungsexperimenten und in der Natur zeigen (Chapin und Shaver 1996; Hobbie und Chapin 1998b; Wahren et al. 2005).

Auch **Thermokarst** (► Abschn. 3.4) fördert über lange Zeiträume die **Verbuschung,** wenn durch das Abtauen des Permafrosts entstandene Senken wieder trockenfallen. Schuur et al. (2007) untersuchten in Alaska eine Sukzessionsreihe aus von Wollgräsern dominierter Tundra auf intakten Permafrostböden über in neuerer Zeit von Thermokarst betroffene Geländeabschnitte bis hin zu älteren Thermokarstbereichen, die bereits vor Jahrzehnten ihren Permafrost verloren hatten. In dieser Reihe nahmen die Gräser ab und die Sträucher zu (◘ Abb. 3.22). Dies betraf sommergrüne Zwergsträucher wie *Betula*

nana, Rubus chamaemorus und *Vaccinium uliginosum* und immergrüne Zwergsträucher wie *Empetrum nigrum, Loiseleuria decumbens* und *Vaccinium vitis-idaea* gleichermaßen.

Mit der Zunahme von Zwergsträuchern und Sträuchern in der Tundra breiten sich auch deren **Ektomykorrhiza-Pilze** aus (Clemmensen et al. 2006). Dies lässt sich teils durch die größere Häufigkeit der Wirtspflanzen, teils aber auch durch eine Stimulierung der Mykorrhizierung durch die Erwärmung und damit einen erhöhten Besatzgrad der Feinwurzeln mit Ektomykorrhiza-Pilzen erklären. Es gibt allerdings auch Befunde, wonach Erwärmung einer feuchten Tundra mit *Betula nana, Salix pulchra* und *Eriophorum vaginatum* durch Open Top Chambers zu einem Rückgang der Artenzahl von Ektomykorrhiza-Pilzen führte (Morgado et al.

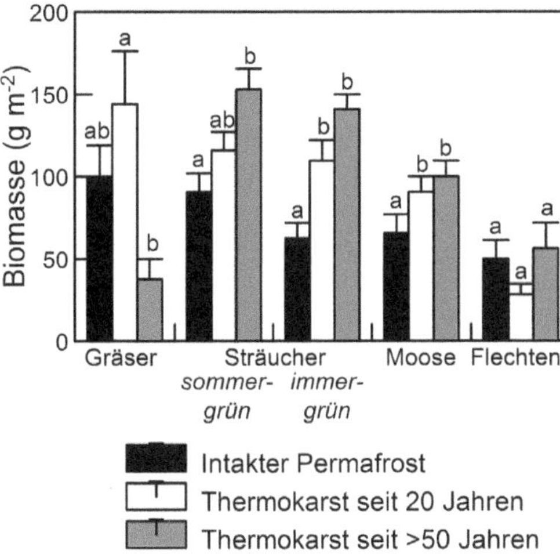

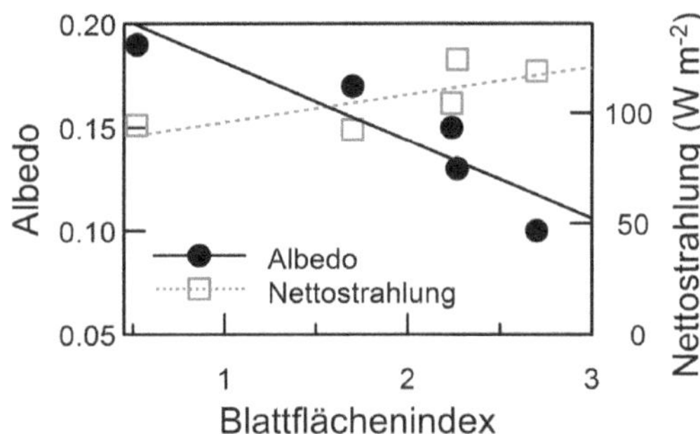

Abb. 3.22 Durch Thermokarst ausgelöste Sukzession in der Wollgrastundra Zentralalaskas (Denali-Nationalpark, 63°53′ N, 149°15′ W) mit einer Abnahme von Gräsern und Zunahme von Sträuchern und Moosen. Mittelwerte (± Standardfehler) einer Pflanzengruppe mit unterschiedlichen Kleinbuchstaben unterscheiden sich signifikant zwischen den Standorten ($P \leq 0{,}05$, Tukey-Test). (Nach Schuur et al. 2007, S. 286)

Abb. 3.23 Abnahme der Albedo und Zunahme der Nettostrahlung mit zunehmendem Blattflächenindex entlang eines Gradienten (von links im Diagramm nach rechts) von der offenen Tundra über die Tundra mit niedrigen bis hohen Sträuchern und die Waldtundra bis zum borealen Nadelwald. (Quelle: Thompson et al. 2004)

2015). **Arbuskuläre Mykorrhiza** (*Glomus claroideum* in *Potentilla crantzii* und *Ranunculus acris*) leistete in der Klimakammer bei Erwärmung von 12 auf 17 °C einen deutlich gesteigerten Beitrag zur **Phosphoraufnahme** (Kytöviita und Ruotsalainen 2007).

Die zunehmende Verbuschung der Tundren verändert das **Strahlungsregime**. Der Strahlungseinfall am Boden und bei Schnee die **Albedo** werden durch die Sträucher reduziert (Thompson et al. 2004; Bewley et al. 2007). Die Albedo sinkt mit zunehmendem Blattflächenindex der Vegetation, der von der strauchfreien Tundra über verbuschte Tundren zum Wald immer größer wird (**Abb. 3.23**). Durch die verminderte Ausstrahlung nimmt mit die **Nettostrahlung** zu. Die Verminderung der Albedo durch einen hohen Strauchanteil in der Tundra ist bei flachem Sonnenstand besonders hoch, sodass mit zunehmendem Vordringen der Verbuschung nach Norden der negative Effekt auf die Albedo zunimmt. Unter den Sträuchern sammelt sich bei Wind mehr **Schnee**

an als in der strauchfreien Tundra. Dadurch kühlt der Boden im Winter weniger stark ab, und es herrschen **im Winter** eine **intensivere Streuzersetzung** und Stickstoff-Nettomineralisation (Sturm et al. 2005).

Brände vermögen die **Verbuschung** der Tundra zusätzlich zu fördern, da sie durch Verringerung der Konkurrenz die Etablierungschancen für Jungpflanzen erhöhen (Camac et al. 2017). Auf der Seward-Halbinsel in Westalaska untersuchten Racine et al. (2004) Tundravegetation vor und bis zu 24 Jahre nach einem natürlichen Brand. In der von Zwergsträuchern und Wollgras dominierten Tundra kam es zu einer Zunahme der Anzahl, Deckung, Größe und Biomasse von Sträuchern wie *Rhododendron tomentosum* und *Salix pulchra*. Torfmoose und Flechten nahmen hingegen ab. In Niedermoore wanderten dagegen keine Büsche ein; vielmehr nahm die Deckung der **Cyperaceen** zu, während die Deckung der **Torfmoose** unverändert blieb. Die sommerliche **Auftautiefe des Permafrosts** wurde durch das Feuer teils vorübergehend, teils aber auch nachhaltig für den gesamten Beobachtungszeitraum der Studie von Racine et al. (2004) erhöht (**Abb. 3.24**). Rupp et al. (2000) gehen in einer Modellierung für die Seward-Halbinsel davon aus, das durch den Klimawandel nicht so sehr die **Häufigkeit**

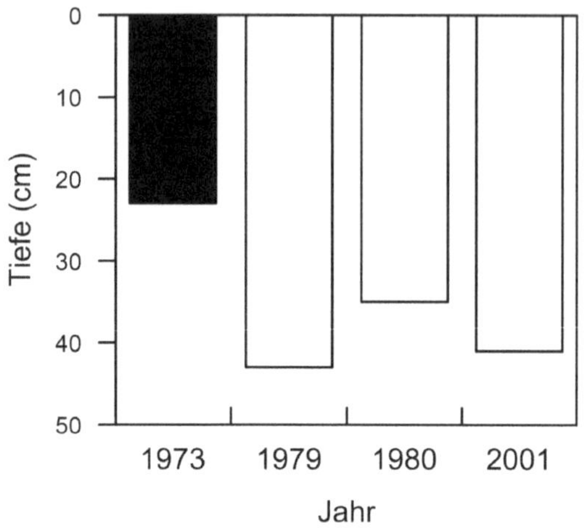

Abb. 3.24 Sprunghafte Zunahme der sommerlichen Auftautiefe des Permafrosts in einem Niedermoor der Tundra auf der Seward-Halbinsel (65° N, 163° W) im westlichen Alaska nach einem Feuer im Jahr 1977. Die Folgen des Brandes machen sich noch nach 24 Jahren bemerkbar (Quelle: Racine et al. 2004)

von Bränden, sehr wohl aber deren **Ausmaß** zunehmen wird.

Laubwerfende Sträucher und Zwergsträucher werden gegenüber Gräsern im Sinne einer positiven Rückkopplung auch dadurch zusätzlich gefördert, dass sie die Vegetationsperiode besser ausnutzen und länger photosynthetisch aktiv sind (Sweet et al. 2015). Ferner profitieren die laubwerfenden Gehölze der Tundren wie *Betula nana* und *Salix* von einem höheren Blattflächenindex als ihre Konkurrenten. Die **Phänologie** immergrüner Sträucher und Zwergsträucher der Tundren wird im Allgemeinen weniger durch den Klimawandel beeinflusst, sodass die laubwerfenden Arten bei steigenden Temperaturen im Vorteil sein sollten. Allerdings gibt es artspezifische Unterschiede auch zwischen recht nahe verwandten Arten. Während beispielsweise *Vaccinium vitis-idaea* in ihrem phänologischen Verhalten sensitiv auf Temperaturänderungen reagiert, scheint die Phänologie von *Cassiope tetragona,* die ebenfalls eine immergrüne Ericaceae ist, stärker durch andere Faktoren gesteuert zu sein (Rosa et al. 2015).

3.6.1.3 Konkurrenzverhältnisse zwischen Höheren Pflanzen und Kryptogamen

Eine ähnliche Studie wie Racine et al. (2004) aus Alaska legten Landhäusser und Wein (1993) von Inuvik in den kanadischen Northwest Territories vor. Hier wurde 5 Jahre nach einem schweren Feuer die Vegetation auf vom Brand betroffenen und verschonten Flächen verglichen. Zusätzlich wurden nach 22 Jahren noch einmal die ehemaligen Brandflächen untersucht. Der Brand verursachte eine deutliche Abnahme der **oberirdischen Phytomasse**, die sich nicht nur nach 5 Jahren, sondern noch nach 22 Jahren auswirkte (Abb. 3.25a). Der Biomasserückgang betraf die Kraut- sowie die Kryptogamenschicht, nicht aber die Gehölze, die zunahmen. Die **Zunahme der Gehölze** äußerte sich in höheren Deckungswerten der Gefäßpflanzen 22 Jahre nach dem Brand im Vergleich zu den vom Feuer verschonten Referenzflächen, die 5 Jahre nach dem Brandereignis untersucht wurden (Abb. 3.25b). Die **Flechten**, die 30 % der Referenzflächen bedeckten, fehlten 5 Jahre nach dem Brand völlig und kamen nach 22 Jahren nur auf einen Deckungswert von 6 %. Ähnlich drastische und dauerhafte Rückgänge der Flechten nach Tundrabränden zeigten Jandt et al. (2008) in Westalaska über einen Beobachtungszeitraum von 25 Jahren. Die Deckung der **Moose** wurde in der Studie von Landhäusser und Wein (1993) durch das Feuer kaum reduziert. Während sich *Epilobium angustifolium* als Pionierpflanze nach dem Waldbrand nur vorübergehend stark ausbreitete, wurde *Calamagrostis canadensis* durch den Brand nachhaltig gefördert (Abb. 3.25c). Sträucher und Zwergsträucher, wie *Rhododendron tomentosum, Betula glandulosa* und *Vaccinium vitis-idaea,* nahmen stark, aber langsam zu (Abb. 3.25a, c). Als Folge der Ausbreitung der holzigen Pflanzen nahm die **Streumasse** nach dem Brand langfristig zu (Abb. 3.25a). Allerdings wurden nicht alle Gehölze durch das Feuer gefördert, die Zwergsträucher *Arctostaphylos rubra* und

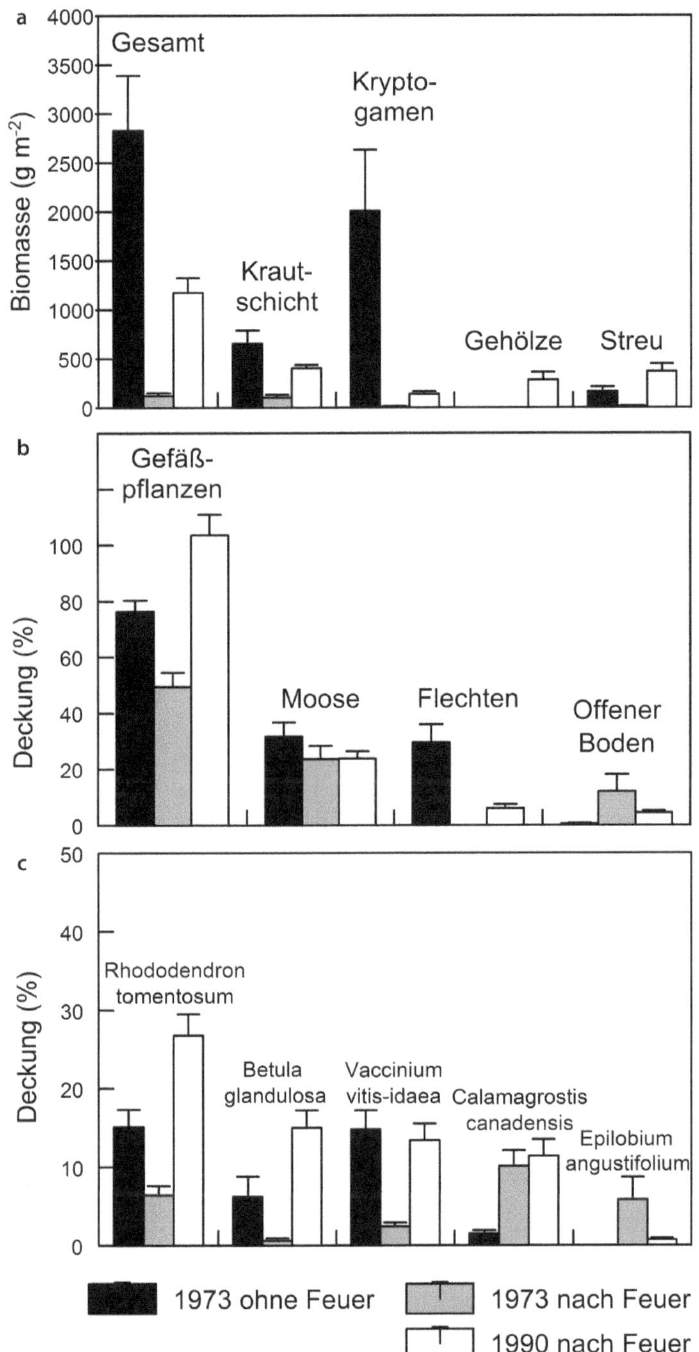

◨ Abb. 3.25　Veränderungen in der Vegetation in der Tundra nahe Inuvik (68° N, 134° W) in den Northwest Territories, Kanada, 5 Jahre (1973) bzw. 22 Jahre (1990) nach einem Brand im Jahr 1968. (**a**) Oberirdische Biomasse, (**b**) Deckung von Höheren und Niederen Pflanzen und unbesiedeltem Boden, (**c**) Deckung ausgewählter Pflanzenarten (Mittelwerte ± Standardfehler). (Nach Landhäusser und Wein 1993, S. 669)

Empetrum nigrum nahmen in ihrer Deckung sogar leicht ab. Die Ausbreitung von Gehölzen und einigen anderen Höheren Pflanzen nach Tundrabränden wird maßgeblich durch die vom Feuer verursachte Freilegung des Bodens an vielen Stellen begünstigt (◘ Abb. 3.25a). Da Landhäusser und Wein (1993) 22 Jahre nach dem Brand nur die vom Feuer betroffenen Flächen erneut untersucht haben, lässt ihre Studie allerdings im Detail offen, in welchem Ausmaß sich die langfristigen Veränderungen in der Vegetation auch ohne das Feuer ergeben hätten, da sich das Klima im Untersuchungszeitraum in Inuvik deutlich erwärmt hat. Generell besteht allerdings kein Zweifel, dass die Ausbreitung von Gebüschen, an der Waldgrenze auch von Bäumen, und der Rückgang von Flechten in der Tundra, wie er bereits durch die Erwärmung allein wiederholt beobachtet wurde, durch Brände, die wiederum vom Klimawandel begünstigt werden, zumindest beschleunigt wird.

Die stark negativ von Düngung und Bränden betroffenen **Bodenflechten** der Tundra (z. B. *Cladonia, Cetraria*) gehen offensichtlich auch durch den Temperaturanstieg selbst infolge verstärkter **Konkurrenz durch Höhere Pflanzen** zurück (Lang et al. 2012). Jandt et al. (2008) fanden zwischen 1995 und 2005 auf ursprünglich flechtenreichen, weder Feuer noch Düngung ausgesetzten Tundraflächen Westalaskas einen Rückgang der Gesamtdeckung der Flechten um etwa 40 %. Gleichzeitig stieg die Deckung der Gräser um ca. 20 % und der Kräuter um 30 %. Dieses Ergebnis passt zu Resultaten von Cornelissen et al. (2001), die in Tundren Alaskas und Nordskandinaviens eine Abnahme der Deckung und der Biomasse der Flechten mit zunehmender Deckung und Biomasse der Gefäßpflanzenvegetation beobachteten (◘ Abb. 3.26). Walker et al. (2006) und Elmendorf et al. (2012a, b) fanden in ihren Metaanalysen von Erwärmungsexperimenten in den arktischen Tundren eine Abnahme nicht nur der Deckung der Flechten, sondern auch der **Moose**, während **Deckung und Höhe von Gräsern**, **Sträuchern**, aber auch

der **Streu** zunahmen. Bemerkenswert ist, dass derartige Veränderungen oft schon nach 2 Jahren Erwärmung um 1 bis 3 K auftraten. Diese Ergebnisse zur negativen Korrelation von Flechten- und Gefäßpflanzenmenge in Kombination mit den von Walker et al. (2006) und Jandt et al. (2008) konstatierten Flechtenrückgängen deuten darauf hin, dass die Gefäßpflanzenvegetation von steigenden Temperaturen direkt oder indirekt durch erhöhte Nährstoffverfügbarkeit am stärksten profitiert. Der dadurch erhöhte Konkurrenzdruck auf die Bodenflechten sollte sich am stärksten in klimatisch verhältnismäßig milden und feuchten Tundren mit einer dichten Gefäßpflanzenvegetation auswirken, in denen die Flechten ohnehin bereits einer hohen Konkurrenz ausgesetzt sind (Cornelissen et al. 2001). Global nimmt in den Tundren die Fläche offenen Bodens ab, was für die gegenüber Höheren Pflanzen konkurrenzschwächeren Kryptogamen nachteilig ist (Robinson et al. 1998; Elmendorf et al. 2012a, b). In einer sehr flechtenreichen Zwergstrauchtundra Nordsibiriens, in der Bodenflechten *(Cladonia, Alectoria)* eine Deckung von 70 % hatten, führte eine Erwärmung über 2 Jahre um 3,6 K allerdings zu einer Zunahme der Flechtenbiomasse (Biasi et al. 2008).

Erwärmung und erhöhte Nährstoffverfügbarkeit bewirken nicht nur Verschiebungen in der relativen Bedeutung einzelner funktioneller Gruppen von Pflanzen, sondern die Erwärmung hat auch einen Effekt auf die **pflanzliche Diversität**. In vielen Studien nahm die Gesamtartenzahl (**α-Diversität**) durch die Erwärmung signifikant ab (Chapin et al. 1995; Wahren et al. 2005; Walker et al. 2006). Durch Erwärmung und erhöhte Nährstoffverfügbarkeit gelangen einzelne Arten zu einer stärkeren **Dominanz**, was sich in einer Abnahme der **Evenness** bemerkbar macht. Stickstoffdüngung einer von der Krähenbeere (*Empetrum hermaphroditum*) dominierten nordschwedischen Zwergstrauchheide über 7 Jahre führte beispielsweise zur noch stärkeren Dominanz der Krähenbeere bei gleichzeitigem Rückgang

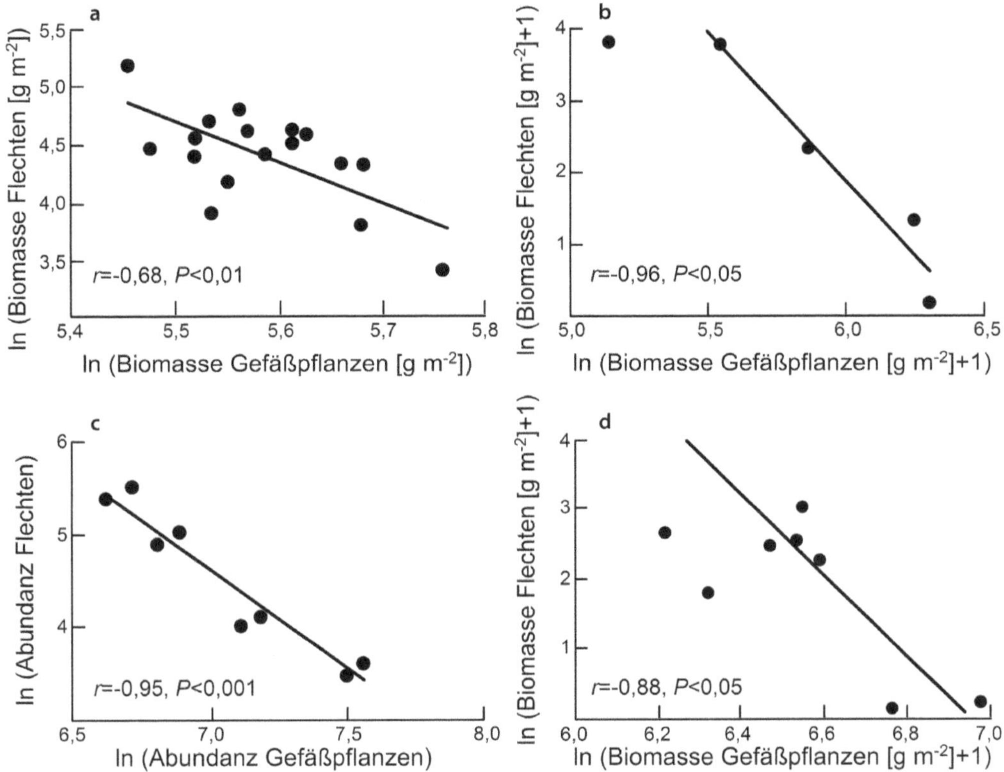

Abb. 3.26 Abnahme der Biomasse bzw. Abundanz von Bodenflechten mit zunehmender Biomasse bzw. Abundanz der Gefäßpflanzen in (**a, b**) der Wollgrastundra Alaskas und (**c, d**) den Zwergstrauchheiden in Schweden. (Nach Cornelissen et al. 2001, S. 987)

seltener Arten (Aerts 2010). In Nordalaska stellten Hollister et al. (2005) nach Erwärmung um 0,6 bis 2,2 K über 5 bis 7 Vegetationsperioden einen Rückgang von α-Diversität und Evenness sowohl in trockenen Zwergstrauchheiden als auch in nasser, von Gräsern dominierter Tundra fest. In einer feuchten Tundra in Alaska führte eine 8-jährige Erwärmung zu einer Zunahme der Deckung des Scheiden-Wollgrases *(Eriophorum vaginatum)* von 12 auf 77 % bei gleichzeitiger Abnahme seltenerer Arten (Wahren et al. 2005). Chapin et al. (1995) stellten nach 9-jähriger Erwärmung und Düngung einer feuchten, von Wollgräsern und Zwergsträuchern dominierten Tundra einen Rückgang der α-Diversität um 30 bis 50 % fest, der durch den Verlust seltener Arten verursacht wurde.

3.6.1.4 Veränderungen in der Phänologie von Tundrapflanzen

Veränderte Zeitpunkte der **Schneeschmelze** durch Verschiebungen im Temperatur- und Niederschlagsregime wirken sich auf die **Länge der Vegetationsperiode** aus. In Gebieten mit **steigendem Winterniederschlag** kompensiert die langsamer schmelzende höhere Schneemenge den Effekt der Erwärmung, sodass Folgen für die Phänologie der Pflanzen ausbleiben (Bjorkman et al. 2015). **Verkürzungen der Vegetationsperiode** durch zunehmenden Winterniederschlag sind für die Vegetation problematisch, da die Längen der Entwicklungszyklen für **Laubaustrieb, Blüte und Samenreife** genetisch gesteuert sind und daher von den Pflanzen nicht verkürzt werden können (Borner et al. 2008). Überwiegend wird jedoch in der Arktis mit einer **verlängerten Vegetationsperiode** durch den Klimawandel gerechnet (Ernakovich et al. 2014). Maxwell (1997) schätzte, dass die Vegetationsperiode bis Mitte des 21. Jahrhunderts im Mittel sogar um 40 % länger sein könnte als Ende des 20. Jahrhunderts. Pflanzen sehr kalter Standorte reagieren in ihrer Phänologie sensitiver auf Erwärmung als Pflanzen klimatisch milderer Standorte innerhalb der Arktis (Prevéy et al. 2017). In Regionen mit früherer Schneeschmelze profitieren die Pflanzen von einer früheren Blüte (Arft et al. 1999). Bei *Dryas* wirkt sich eine frühere Schneeschmelze nicht nur auf den Blühtermin, sondern auch positiv auf die Anzahl der Blüten aus (Høye et al. 2007). Dadurch gewinnt die **sexuelle Fortpflanzung** an Bedeutung gegenüber der **vegetativen Vermehrung**, die auch bei ungünstigen Witterungsverhältnissen noch eine Vermehrung zu gewährleisten vermag (Wookey et al. 1995; Arft et al. 1999). Problematisch ist allerdings, dass sich durch höhere Frühjahrs- und Sommertemperaturen und eine früher einsetzende Schneeschmelze auf Populations- und Gesellschaftsebene der **Blühzeitraum** verkürzen kann. Høye et al. (2013) belegten dies für Zwergstrauchheiden Nordostgrönlands. Hier nahmen von 1996 bis 2009 die Sommertemperatur um mehr als 2 K zu (◘ Abb. 3.27a) und die Länge der Blühperiode auf Gesellschaftsebene ab (◘ Abb. 3.27b, c). Letzteres wirkte sich in einer verminderten Zahl der Blütenbesuche durch **Bestäuber** aus (◘ Abb. 3.27d), da sich die Lebenszyklen von Blüten und bestäubenden Insekten zunehmend weniger stark überlappten. Die Dauer der zeitlichen Überlappung war wiederum positiv mit der Anzahl der Bestäuber im Folgejahr korreliert (◘ Abb. 3.27e, f), sodass die veränderte Blühphänologie eine Reduktion der Bestäuber nach sich zog.

Höhere Herbsttemperaturen können von der Vegetation durch eine **Verlängerung der Vegetationsperiode** genutzt werden. In einem Experiment auf Nordostgrönland vergilbten die Blätter der nicht immer-

grünen Tundrapflanzen im Herbst auf Plots, die um 2,5 K erwärmt wurden, 15 Tage später als auf Kontrollflächen ohne experimentelle Erwärmung (Marchand et al. 2004a). Eine **frühe Schneeschmelze** kann jedoch durchaus auch negative Folgen für die Vegetation haben, wenn es anschließend wieder zu starken Frösten kommt. In Nordskandinavien kam es im Dezember 2007 zu einer ungewöhnlichen Wärmeperiode mit Temperaturen im Plusbereich. Dadurch schmolz verbreitet der Schnee ab. Da das Wetter anschließend wieder kalt wurde, erlitt die Vegetation große Schäden. In *Empetrum hermaphroditum* fanden Bokhorst et al. (2009) im darauf folgenden Sommer eine erhöhte Häufigkeit abgestorbener Sprosse und einen Rückgang des Sprosswachstums um fast 90 %. Bei *Vaccinium uliginosum* können **mildere Winter** zu einer erhöhten Mortalität durch **Pilzbefall** führen (Graae et al. 2008).

Ein hoher **Beweidungsdruck** durch Rentiere, Karibus oder Moschusochsen, die durch die üppigere Vegetation auch direkt angezogen werden können, kann den Effekt der durch die Erwärmung größeren Produktivität auf die Biomasse abschwächen (Post und Pedersen 2008). Bei *Eriophorum vaginatum* führte eine bei einem Versuch in Alaska experimentell herbeigeführte **frühere Schneeschmelze** nicht nur zu früherer Blüte, sondern auch zu einem höheren **Nährwert**, insbesondere auch zu einem höheren Stickstoffgehalt, da die Entwicklung der Blüten nicht – wie ohne den experimentellen Eingriff – unter der Schneedecke begann (Cebrian et al. 2008). Dies hatte die bevorzugte Äsung durch Karibus zur Folge und ermöglichte eine höhere Gewichtszunahme der Tiere im für die Ernährung kritischen zeitigen Frühjahr.

3.6.2 Antarktis

Die Veränderungen der **Phanerogamenvegetation** in der Antarktis durch den Klimawandel wurden von Smith (1994) eindrucksvoll an Fallbeispielen bilanziert. Smith

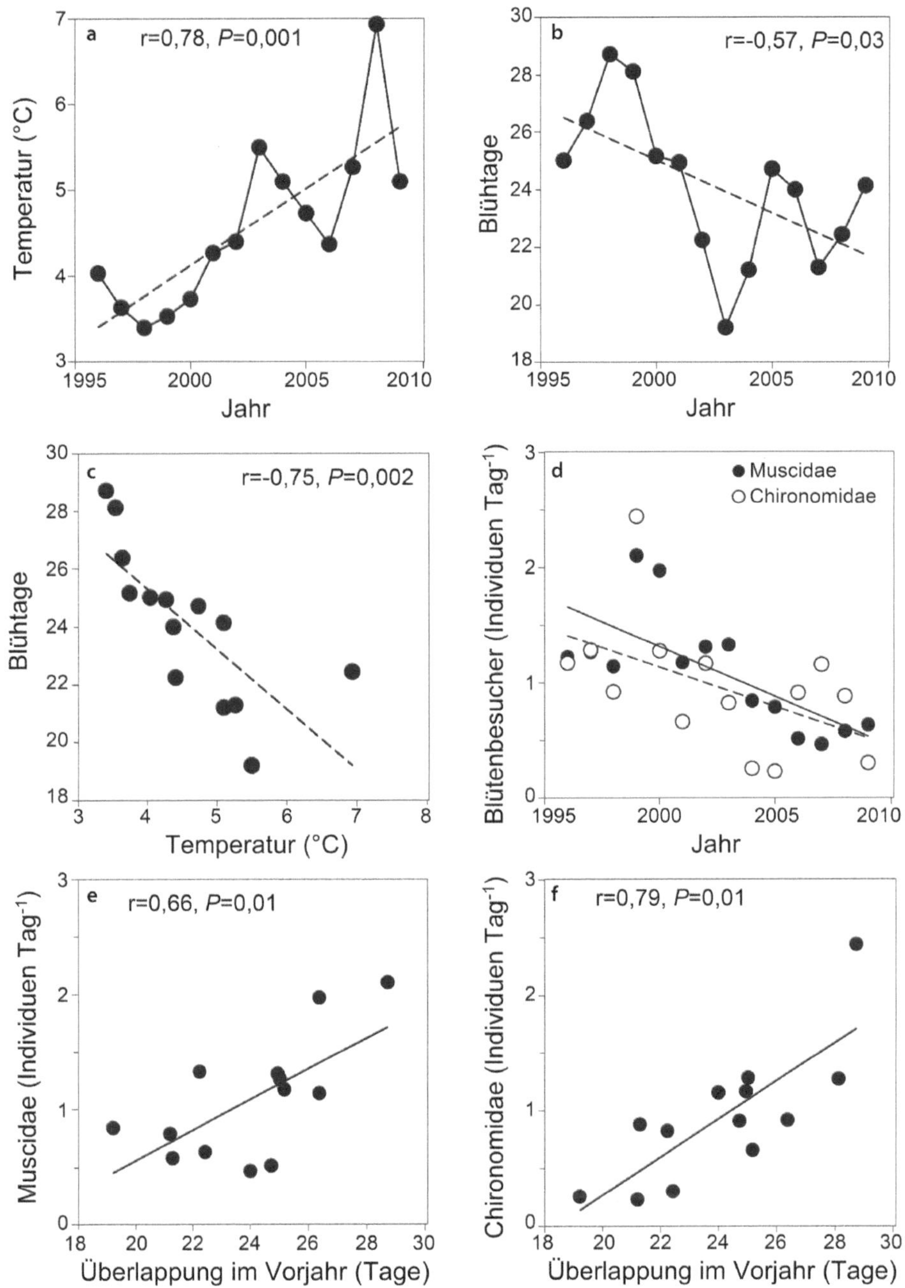

◼ Abb. 3.27 Veränderung von Sommertemperatur, Blühperiode und Bestäuberhäufigkeit in einer Zwerg-strauchheide in Zackenberg, Nordostgrönland (74°28′ N, 20°34′ W) von 1996 bis 2009. (a) Anstieg der mittleren Sommertemperatur (Juni–August); (b, c) Abnahme der Blühperiode auf Gesellschaftsebene (6 dominante Pflanzenarten: *Cassiope tetragona*, *Dryas octopetala*, *Papaver radicatum*, *Salix arctica*, *Saxifraga oppositifolia*, *Silene acaulis*) im (b) Zeitraum 1996 bis 2009 und (c) mit der mittleren Sommertemperatur; Abnahme der Blüten-besuche durch Echte Fliegen (*Muscidae*, $r = -0{,}71$, $P = 0{,}004$) und Zuckmücken (*Chironomidae*, $r = -0{,}51$, $P = 0{,}06$) von 1996 bis 2009; (d, e) Abhängigkeit der Individuenzahl von (e) Echten Fliegen und (f) Zuckmücken von der Länge der Überlappung von Blühperiode und Bestäuberaktivität im Vorjahr. (Nach Høye et al. 2013, S. 760–761)

3

(1994) verglich Vegetationsdaten aus den 1960er- und 1990er-Jahren, die einen Zeitraum von 27 Jahren umspannten. Die Untersuchungen wurden auf den Argentinischen Inseln, einer Inselgruppe wenige Kilometer vor der Westküste der Antarktischen Halbinsel, sowie auf den Südlichen Orkney-Inseln 600 km nordöstlich der Antarktischen Halbinsel durchgeführt.

Die **Bestände der beiden in der Antarktis indigenen Gefäßpflanzenarten** haben in der zweiten Hälfte des 20. Jahrhunderts **stark zugenommen**. Makrofossilreste und Pollenanalysen deuten darauf hin, dass die derzeitige Zunahme der Gefäßpflanzen in der Antarktis zumindest für die letzten 5000 Jahre ohne Beispiel ist (Smith 1994). Von drei Inseln der Argentinischen Inseln liegen vergleichende Schätzungen des gesamten Bestandes an *Deschampsia antarctica* von 1964 und 1990 vor (Smith 1994). Die Anzahl der Pflanzen hat in diesem Zeitraum auf der Galindez-Insel von 500 auf 12.030, auf der Skua-Insel von 190 auf 4868 und auf der Winterinsel von 21 auf 618 Individuen zugenommen. Eine Auswahl von 19 Flächen mit im Jahr 1964 jeweils weniger als 20 Pflanzen von *D. antartica* wurde 1990 ebenfalls noch einmal untersucht. Auf allen diesen Flächen sind Bestände der Art stark angewachsen, z. B. von einer Pflanze auf 175 Individuen oder in einem anderen Beispiel von unter 20 Pflanzen auf 667. In einem weiteren Beispiel war eine Fläche, die 1964 nur von Kryptogamen besiedelt war, 1990 von 167 Individuen von *D. antarctica* bewachsen.

Die in der Antarktis seltenere *Colobanthus quitensis* ist ebenfalls in Zunahme begriffen. Auf den Argentinischen Inseln ist die einzige Population der Galandiz-Insel von etwa 20 Exemplaren im Jahr 1964 über 60 Exemplare 10 Jahre später auf 150 Pflanzen im Jahr 1990 angestiegen (Smith 1994). Zwei Bestände auf der Skua-Insel nahmen von jeweils etwa 20 Pflanzen über 29 bzw. 65 auf 93 bzw. 135 Individuen zu. Auch auf Signy Island, die zu den Südlichen Orkney-Inseln gehört, nahmen die Bestände von *C. quitensis* stark zu (◘ Tab. 3.2). Die Zunahmen betrafen junge wie alte Pflanzen.

Temperaturmessungen in den Horsten von *D. antarctica* und den Polstern von *C.*

◘ **Tab. 3.2** Zunahme der in der Antarktis indigenen, Polster bildenden Caryophyllaceae *Colobanthus quitensis* auf Signy Island (südliche Orkney-Inseln) von 1965 bis 1992. Die Daten sind Individuenzahlen vitaler (und in Klammern absterbender und abgestorbener) Pflanzen in 5 verschiedenen Größen-/Altersklassen zweier Probeflächen von 1 m^2 (Lokalität A) bzw. 6 m^2 (Lokalität B) Größe. (Nach Smith 1994, S. 324)

Polsterdurchmesser (cm)	1965		1967		1977		1985		1992	
Lokalität A:										
>10	1		1		0	(1)	3	(3)	4	(2)
5–10	2		2		2		4	(2)	8	(3)
1–5	3		3		8		10	(4)	12	(5)
<1	7		6		6	(5)	12	(3)	17	(3)
Keimlinge	13		63		46		168		184	
Lokalität B:										
>10	5	(1)	5	(1)	7	(2)	10	(4)	15	(4)
5–10	7		5	(2)	11	(2)	14	(4)	19	(3)
1–5	14	(1)	14	(1)	12	(3)	19	(5)	30	(6)
<1	28		23	(5)	30	(5)	38	(1)	45	(5)
Keimlinge	246		116		163		356		397	

quitensis zeigten besonders an der Oberfläche der Pflanzen Temperaturen, die bei sonnigem Wetter die Lufttemperatur auf 1 m Höhe um ein Vielfaches überschritten (Smith 1994). Durch das **Aufheizen der Pflanzen** bis auf Temperaturen um 30 °C bei Lufttemperaturen nur wenig über dem Gefrierpunkt können die Pflanzen über mehrere Tage auch nachts Temperaturen im Plusbereich halten, die die Blütenbildung und Samenreife ermöglichen. *C. quitensis* heizt sich noch stärker auf als *D. antarctica*. Durch den Anstieg der Temperaturen im Bereich der Antarktischen Halbinsel sind so die Voraussetzungen für die Vermehrung durch Samen immer häufiger gegeben, was sich in einem vermehrten Auftreten von blühenden Pflanzen und Keimlingen niederschlägt (Smith 1994). Höhere Temperaturen wirken sich allerdings auf die Photosynthesebilanz der beiden Arten nicht durchweg positiv aus. Durch eine stark ansteigende Atmung können die beiden Arten an warmen Tagen, an denen die Temperatur in den Horsten bzw. Polstern auf über 20 °C ansteigt, typischerweise keine positive Nettophotosynthese betreiben (Xiong et al. 1999).

Mit zunehmender Temperatur steigt die Häufigkeit, mit der die Wurzeln von *D. antarctica* und *C. quitensis* mit **arbuskulären Mykorrhizapilzen (AM)** vergesellschaftet sind, während bei kälterem Klima in den Wurzeln der beiden Arten **dunkle, septierte Endophyten (DSE)** überwiegen (Upson et al. 2008). Es ist allerdings nicht untersucht, inwieweit die DSE in den Wurzeln von *D. antarctica* und *C. quitensis* an der Nährstoffaufnahme beteiligt sind (Jumpponen und Trappe 1998), sodass die ökologischen Implikationen dieses Wechsels im Mykorrhizierungstyp unklar sind.

Die Ausbreitung von *D. antarctica* und *C. quitensis* geht zu Lasten der Kryptogamen, wie der **Rückgang der Moosbiomasse** bei steigender Gefäßpflanzenbiomasse (◘ Abb. 3.28) in einem über 2 Jahre durchgeführten Erwärmungs- und Bewässerungsexperiment an der Westküste der Antarktischen Halbinsel zeigte (Day et al. 2009). Anders sah dies allerdings aus, wenn nicht nur erwärmt, sondern auch

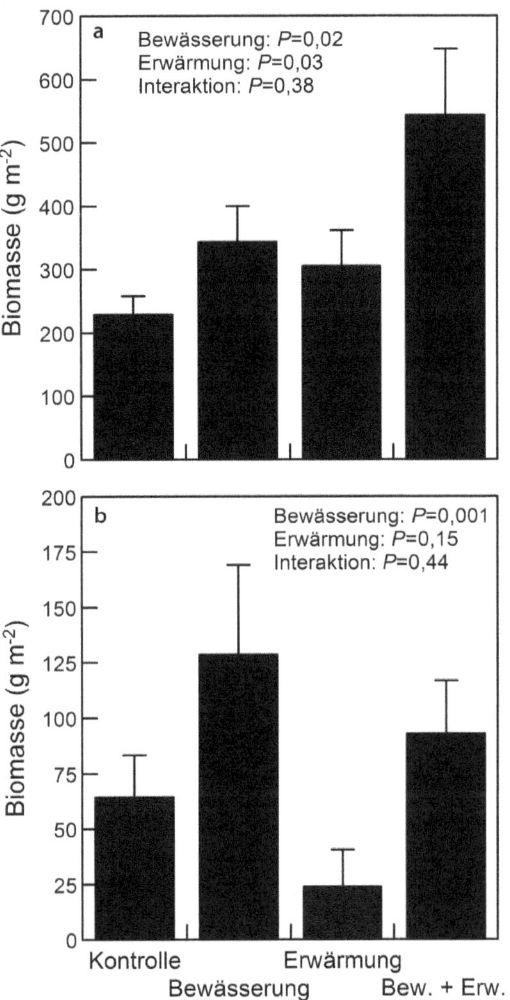

◘ **Abb. 3.28** Oberirdische Biomasse (± Standardfehler) der (**a**) Gefäßpflanzen und (**b**) Moose nach Erwärmung (Lufttemperatur um 0,8 K, Bodentemperatur um 2,2 K) und Bewässerung (Niederschlag plus 25 %) von Tundravegetation über zwei Vegetationsperioden an der Westküste der Antarktischen Halbinsel (Palmer Station, 64°46′ S, 64°3′ W). Die *P*-Werte geben die Ergebnisse einer zweifaktoriellen Varianzanalyse (mit den Einflussgrößen Bewässerung, Erwärmung und Interaktion Bewässerung × Erwärmung) an. (Nach Day et al. 2009, S. 1645 f.)

bewässert wurde. Davon konnten auch die Moose profitieren (◘ Abb. 3.28). Zudem zeigten Casanova-Katny und Cavieres (2012) in einem Experiment, dass *D. antarctica* durch Fazilitation durchaus auch von den Moospolstern

3

profitiert, da die Pflanzen, wenn sie von Moospolstern umgeben waren, höhere Zuwachsraten zeigten als ohne Moospolster. Hauptursache für diese Beziehung dürfte das hohe Wasserhaltevermögen der Moospolster sein.

Im Experiment von Day et al. (2009) reagierte *C. quitensis* mit einem stärkeren Zuwachs an oberirdischer Biomasse auf die Erwärmung als *D. antarctica*. Der im Gelände (zumindest bisher) größere Erfolg von *D. antarctica* als von *C. quitensis* in der Antarktis erklärt sich zweifellos maßgeblich durch die ausgeprägte Fähigkeit von *D. antarctica* zur **vegetativen Vermehrung** (Convey 1996). Zudem bildet *D. antarctica* mehr **keimfähige Samen** als *C. quitensis* (Vera et al. 2013). Vögel sind ein wichtiger Vektor für die Besiedlung neuer Standorte, da sie als Nistmaterial ganze Pflanzen verschleppen. *C. quitensis* hat im Gegensatz zu *D. antarctica,* wenn sie aus dem Boden gerissen wird, nur geringe Überlebensraten (Edwards 1972; Convey 1996). Eine **niedrige genetische Variabilität** innerhalb der Populationen von *D. antarctica* deutet darauf hin, dass die einzelnen Wuchsorte der Art im Regelfall aus Einzelindividuen hervorgegangen sind, die sich im Anschluss meist vegetativ vermehren oder aber, wenn es zur Blütenbildung kommt, selbst bestäuben (Holderegger et al. 2003). **Selbstbestäubung** ist auch bei *C. quitensis* die Regel (Zuniga et al. 2009).

Eine bedeutende Frage für die weitere Entwicklung der Phanerogamenvegetation der Antarktis ist, inwieweit das sich erwärmende Klima von **Neophyten** zur Einwanderung genutzt werden kann. Die bisherige Beschränkung auf lediglich zwei Gefäßpflanzenarten ist vermutlich in erster Linie eine Folge der geographischen Isolation der Antarktis (Convey 1996; Fraser et al. 2018), eine Annahme, die durch die über die Antarktis hinausreichenden Areale der beiden Arten und das Fehlen spezieller physiologischer Anpassungen an das extreme Klima der Antarktis unterstützt wird (Edwards und Smith 1988). Die weitgehende **biogeographische Isolation** der Antarktis wird durch den im

späten Oligozän etablierten **Antarktischen Zirkumpolarstrom** verursacht (Chown et al. 2015). Dabei handelt es sich um die stärkste Meeresströmung der Erde, die in West-Ost-Richtung den antarktischen Kontinent umfließt. Sie ist von starken Westwinden und mehreren Frontalzonen begleitet. Aus dem Holozän sind, abgesehen vom Südlichen See-Elefanten *(Mirounga leonina),* keine natürlichen Neuansiedlungen von Arten in der Antarktis bekannt (de Bruyn et al. 2009; Fraser et al. 2018). Neufunde von subantarktischem Seetang, der Braunalge *Durvillaea antarctica,* an der Küste der Antarktischen Halbinsel deuten darauf hin, dass diese Barrieren, die die Antarktis lange vor der Neubesiedlung durch nichtindigene Arten abgeschirmt haben, durch den Klimawandel durchlässiger geworden sein könnten (Fraser et al. 2018).

Für die terrestrische Vegetation gibt es allerdings noch keine Hinweise für eine rezente Abschwächung der biogeographischen Isolation aus klimatischen Gründen. Allerdings sind mittlerweile mehrere Pflanzenarten vom Menschen in die **maritime Antarktis eingeschleppt** worden (Smith 1996; Smith und Richardson 2011). Nur eine der Arten, *Poa annua,* die zum ersten Mal 1953 beobachtet, aber wohl schon zu Beginn des 20. Jahrhunderts in die Antarktis eingeschleppt wurde, hat sich dort auch in der Tundra etabliert und bildet auch Samen (Chwedorzewska et al. 2015). Das Einwandern neuer Arten selbst ist primär dem verstärkten Besucherverkehr in der Antarktis durch Wissenschaftler und Touristen geschuldet (Smith 1996; Whinam et al. 2005). Die Chancen für eine **dauerhafte Etablierung** neuer Arten dürften allerdings mit dem anhaltenden Klimawandel stetig zunehmen. Konkurrenzversuche in der Klimakammer unter den klimatischen Bedingungen der maritimen Antarktis zeigten, dass *Deschampsia antarctica* und *Colobanthus quitensis* in Konkurrenz mit *Poa annua* nach 5 Monaten eine verringerte maximale Effizienz des Photosystems II (F_v/F_m) und eine verringerte Biomasse aufwiesen

(Molina-Montenegro et al. 2012). Auf den **subantarktischen Inseln** spielt die Einwanderung von Neophyten bereits heute eine größere Rolle und verursacht den Rückgang indigener Pflanzenarten (Frenot et al. 2001; Smith 2002; Haussmann et al. 2013). Aufgrund des gemäßigteren Klimas in der Subantarktis können sich einige Neophyten hier invasiv ausbreiten (le Roux et al. 2013).

Flechten und Moose sind vom Klimawandel in der Antarktis durchaus nicht nur negativ betroffen, indem sie von den Höheren Pflanzen durch deren verstärkte Konkurrenzfähigkeit verdrängt werden. Vielmehr können sich Flechten- und Moosgemeinschaften als **Pioniervegetation** auf ehemals dauerhaft vereisten Flächen ausbreiten, die durch die aktuelle Klimaerwärmung abgetaut sind (Favero-Longo et al. 2012). Die Zunahme der im Sommer eis- und schneefreien Fläche in der **maritimen Antarktis** ist beträchtlich (Convey et al. 2009). Das Wachstum der gesteinsbewohnenden Flechten reagiert unter dem kalten Klima der Antarktis sehr empfindlich auf Temperaturschwankungen und wird daher durch die Klimaerwärmung stimuliert (Sancho et al. 2017). Dies gilt allerdings so uneingeschränkt nur für moderate Temperaturerhöhungen mit mittleren Sommertemperaturen wenig oberhalb des Gefrierpunkts. Colosie et al. (2017) untersuchten über 6 Wochen den CO_2-Gaswechsel von Flechtenarten mit unterschiedlichen Gesamtarealen in der Klimakammer bei einer Temperatur von 15 °C. Diese Temperatur liegt unterhalb des auf der Antarktischen Halbinsel gemessenen Maximums für die Lufttemperatur von 17,5 °C (▶ Abschn. 3.3.2.1) und weit unterhalb der im Sommer dort in Flechtenthalli gemessenen Temperaturen von bis zu 26 °C (Schroeter et al. 2017). Die bipolar, arktisch-alpin bis boreal verbreitete Flechte *Stereocaulon alpinum* war bei 15 °C produktiver als bei Vergleichsmessungen bei 5 °C (Colosie et al. 2017). Die Nettophotosynthese nahm bei 15 °C über die Zeit deutlich zu, und die Atmung blieb mehr oder weniger konstant, sodass sich das Verhältnis

zwischen diesen beiden Größen über die Zeit verbesserte. Bei zwei anderen Flechtenarten mit Verbreitung in der Antarktis, auf den subantarktischen Inseln und in einem Fall auch an der Südspitze Südamerikas verschlechterte sich dagegen das Verhältnis von Nettophotosynthese zu Atmung *(Placopsis contortuplicata)* bzw. blieb gleich *(Usnea aurantiaco-atra)*. Die Klimaerwärmung könnte also zumindest zur Verschiebung der Dominanzverhältnisse in der Flechtenvegetation führen, vielleicht aber auch zum Aussterben kälteadaptierter Arten, was gerade in Anbetracht des hohen Anteils von Endemiten unter der antarktischen Flechtenflora (▶ Abschn. 3.1) von Interesse ist. Beim Moos *Warnstorfia fontinaliopsis* kommt es seit Mitte des 20. Jahrhunderts durch das wärmere Klima sehr lokal auf der Antarktischen Halbinsel sogar zur Torfbildung (Loisel et al. 2017). Mehr als 2000 Jahre lang war das Klima dort zur Torfakkumulation ungeeignet.

In der **Ostantarktis** leiden **Moose** unter einem Trend zu größerer Trockenheit, wie zumindest durch das Absterben von Moosteppichen auf Windmill Islands vor Wilkes-Land Anfang des 21. Jahrhunderts beobachtet werden konnte (Robinson et al. 2018). *Schistidium antarctici* und andere Moosarten wachsen dort in im Sommer periodisch überfluteten Senken. Ursache für die zunehmende Trockenheit ist ein regionaler Abkühlungstrend, der zu einer verringerten Schneeschmelze während der Sommermonate führt und wahrscheinlich auf eine Verlagerung der Antarktischen Oszillation zurückzuführen ist.

3.7 Produktivität und Kohlenstoffvorräte

3.7.1 Kohlenstoffvorräte und Netto-CO_2-Austausch

Die Tundrengebiete der Erde zeichnen sich durch eine **geringe Produktivität,** aber infolge langsamer Abbauraten organischen Materials durch einen besonders **hohen Gehalt an** organischem **Bodenkohlenstoff** (*Soil Organic Carbon*, SOC) aus (Billings 1987; Hugelius et al. 2014). Die SOC-Gehalte liegen in den feuchten bis nassen Tundren bei etwa 100 bis 200 Mg C ha^{-1} (Billings 1987; Cao und Woodward 1998). Trockene alpine Tundren haben mit 70 Mg C ha^{-1} geringere SOC-Dichten. Die SOC-Dichten in den Tundren sind damit im Mittel niedriger als die Werte in den borealen Wäldern, die von allen Biomen die höchsten SOC-Gehalte aufweisen (Cao und Woodward 1998). Das Verhältnis vom organischen Bodenkohlenstoff zum in der Vegetation festgelegten Kohlenstoff (ca. 1–5 Mg C ha^{-1}) ist in den Tundren jedoch so hoch wie in sonst keinem terrestrischen Lebensraum (Billings 1987; Cao und Woodward 1998). In vermoorten Thermokarstgebieten übersteigt die Kohlenstoffdichte die nicht vermoorter Tundraböden deutlich (Olefeldt et al. 2016). Die Vernässung durch das Absinken der Geländeoberfläche beim Auftauen des Permafrosts stärkt hier auch die Kohlenstoff-Senkenfähigkeit (Lara et al. 2015).

Ein Beispiel für die Verteilung der Kohlenstoffvorräte in der küstennahen Tundra in Barrow in Nordalaska findet sich in ◨ Tab. 3.3. Das weite Verhältnis zwischen Kohlenstoffvorräten in der Biomasse und im Boden bedeutet, dass die Nettoprimärproduktion – trotz der hohen Kohlenstoffvorräte im Boden – Verluste an SOC nur sehr langsam wieder ausgleichen kann. Die SOC-Gehalte in den polaren Wüsten betragen nur einen kleinen Bruchteil (< 0,1 %) der Werte in den Tundren (Shaver und Jonasson 2001; Barrett et al. 2004).

Besonders große Kohlenstoffvorräte finden sich in den **Yedoma-Böden** im Nordosten Sibiriens (Dutta et al. 2006). Diese Böden bedecken in Sibirien eine Fläche von 1 Mio. km^2 (Zimov et al. 2006a) und bevorraten ungefähr 500 Pg C (Zimov et al. 2006b). Kleinere Vorkommen dieses Bodentyps gibt es auch in Alaska (Kanevskiy et al. 2011). Bei den Yedoma-Böden handelt es sich um sehr tiefgründige **Lössböden**, die **bis zu 90 m mächtig** werden können und einem hohen Anteil organischer Substanz (2–5 %

◨ **Tab. 3.3**   Kohlenstoffvorräte in der Vegetation, der tierischen Biomasse und im Boden einer küstennahen Tundra in Barrow, Nordalaska. (Nach Billings 1987, S. 166)

	C (Mg C ha^{-1})
Oberirdische Biomasse Gefäßpflanzen	0,24
Unterirdische Biomasse Gefäßpflanzen	3,74
Moose	0,51
Flechten	0,001
Algen	0,002
Summe lebende Pflanzen	4,61
Stehende pflanzliche Nekromasse	0,16
Streu	0,40
Pilze	0,02
Bakterien	0,06
Herbivoren	0,001
Nematoden, Enchytraeiden, Acari, Collembolen	0,0001
Carnivoren	0,00001
Boden (organische Substanz)	190
Summe Ökosystem	200

Kohlenstoff) aufweisen (Walter und Breckle 1991; Zimov et al. 2006a, b). Zur Ausbildung dieser Böden kam es, da der Nordosten Sibiriens im Pleistozän nicht vergletschert war und so große Mengen vom Wind verfrachteten Feinmaterials akkumuliert werden konnten (Zimov et al. 1997; Strauss et al. 2012; Niessen et al. 2013). In den Yedoma-Böden liegt der Kohlenstoff nicht nur als feinverteilte organische Substanz vor, sondern auch in Form von Pflanzenteilen, die dort seit dem Pleistozän über mehrere 10.000 Jahre gefroren überdauert haben (Zimov et al. 2006b). Die Freisetzung von Kohlenstoff durch das Auftauen des Permafrosts wird durch die massive Erosion der tiefgründigen Böden an Flussufern und an der Küste des Nordpolarmeeres begünstigt (Vonk et al. 2012).

Das ganze Holozän über fungierten die Tundren als **Kohlenstoffsenken** (Hicks Pries et al. 2012). Eine entscheidende Frage ist, inwieweit diese Funktion bei steigenden Temperaturen aufrechterhalten bleibt. Ein aufschlussreiches **Langzeitexperiment** in der feuchten Wollgrastundra Nordalaskas, das über 20 Jahre durchgeführt wurde, deutet darauf hin, dass die Tundren ihre über Jahrtausende ausgeübte Funktion als Kohlenstoffsenke verlieren und zur Kohlenstoffquelle werden könnten (Mack et al. 2004). In ihrem Experiment beeinflussten Mack et al. (2004) zwar nicht die Temperatur, wohl aber simulierten sie die durch den Klimawandel gestiegene Nährstoffverfügbarkeit durch Düngung mit Stickstoff (10 g m^{-2} a^{-1} Ammoniumnitrat) und Phosphor (5 g m^{-2} a^{-1}) in jedem Frühjahr. Schon rasch nach Aufnahme der Düngung erhöhte sich die oberirdische Nettoprimärproduktion auf den gedüngten Flächen gegenüber den ungedüngten Kontrollflächen stark. Signifikanten Zuwächsen in den Kohlenstoffvorräten im Spross, in stehenden abgestorbenen Pflanzen, der Streu und der oberen organischen Auflage standen jedoch stark abnehmende SOC-Werte in tieferen Schichten (> 5 cm) der organischen Auflage und des Mineralboden gegenüber (◙ Abb. 3.29a). Da die Menge des SOC die Kohlenstoffvorräte in der Vegetation bei Weitem überstiegen (etwa 85–95 % des Kohlenstoffs befanden sich im Boden), fielen die Zunahmen der oberirdischen Biomasse in der Bilanz kaum ins Gewicht (◙ Abb. 3.29b). Stattdessen wirkte sich die Abnahme der unterirdischen Kohlenstoffvorräte in der Gesamtbilanz in einem **Nettoverlust von 2 kg C m^{-2}** innerhalb der 20 Jahre, über die das Experiment durchgeführt wurde, aus.

Oechel et al. (1993) führten bereits zwischen 1983 und 1990 in Nordalaska Messungen zu CO$_2$-Flüssen durch und erstellten eine **CO$_2$-Bilanz** für verschiedene Tundraökosysteme. Während die arktischen Tundren, wie oben bereits ausgeführt, die überwiegende Zeit des Holozäns mehr Kohlenstoff aus der

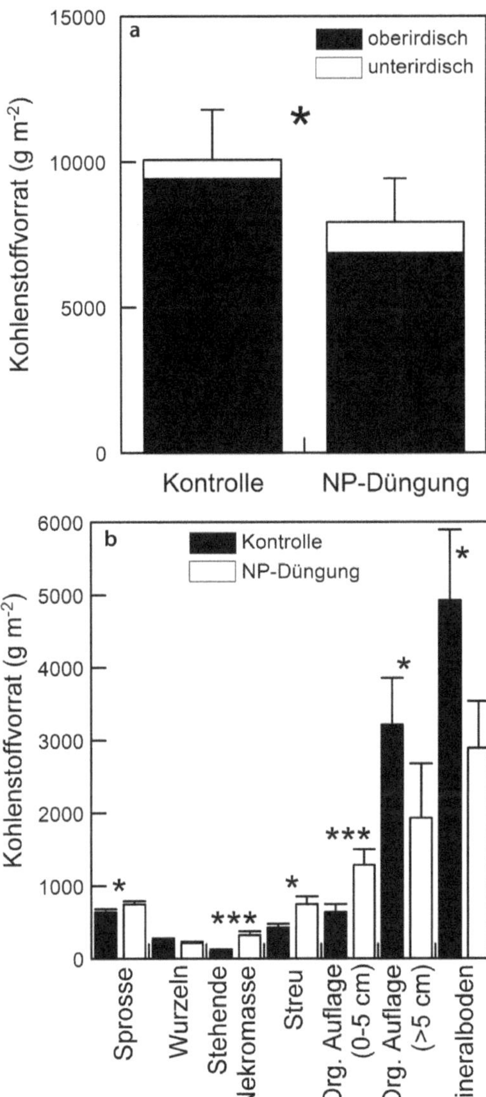

◙ **Abb. 3.29** Auswirkung von Stickstoff- und Phosphordüngung über 20 Jahre (seit 1981) auf die Kohlenstoffvorräte in einer feuchten Wollgrastundra in Toolik Lake, Nordalaska. (**a**) Oberirdischer und unterirdischer Gesamtvorrat, (**b**) Vorräte in einzelnen Komponenten von Vegetation und Boden (ANOVA, *$P \leq 0{,}05$, ** $P \leq 0{,}01$, *** $P \leq 0{,}001$; Mittelwerte ± Standardfehler). (Nach Mack et al. 2004, S. 441)

Atmosphäre aufnahmen als abgaben, wodurch sich auch die hohen Kohlenstoffvorräte in den Tundren erklären, waren die von Oechel et al. (1993) untersuchten Tundren unter den klimatischen Bedingungen der 1980er- und frühen 1990er-Jahre sämtlich **Kohlenstoffquellen** und keine -senken. In der von Wollgras dominierten Tundra des Binnenlandes Nordalaskas waren die Kohlenstoffverluste höher ($50 - 290$ g C m^{-2} a^{-1}) als in der nassen, von Seggen dominierten Tundra (35 g C m^{-2} a^{-1}) an der Küste. Eine Fortführung der Untersuchungen ergab allerdings eine Verringerung der CO_2-Abgabe bzw. sogar eine Netto-CO_2-Aufnahme aus der Atmosphäre (ca. -10 bis -50 g C m^{-2} a^{-1}) in den 1990er-Jahren (Oechel et al. 2000). Die Tundren können offensichtlich in Abhängigkeit vom Witterungsverlauf und den lokalen standörtlichen Gegebenheiten rasch von Kohlenstoffsenken zu -quellen und umgekehrt wechseln (Dahl et al. 2017). So fanden Welker et al. (2000) bei Messungen in Nordalaska, die sie wie Oechel et al. (2000) ebenfalls in den 1990er Jahren durchführten, eine Nettoabgabe von CO_2 in feuchter Wollgrastundra und trockener Zwergstrauchheide.

In der kanadischen Arktis führten Welker et al. (2004) über 9 Jahre ein Experiment durch, bei dem drei verschiedene Typen von Tundravegetation mit Open Top Chambers während der Vegetationsperiode um 1 bis 3 K erwärmt wurden. Die nicht erwärmten Kontrollflächen von trockener, von Gebüschen dominierter Tundra auf schotterreichen Böden waren während der Vegetationsperiode Kohlenstoffsenken. Gleiches galt für nasse, von Wollgras und Seggen dominierte Tundra. Die Tundra auf frischen, gut wasserversorgten und drainierten Böden hingegen war eine Kohlenstoffquelle. Erwärmung führte zu einer Steigerung der Netto-CO_2-Aufnahme um mehr als 10 % in der trockenen Tundra und zu einer Reduktion der Netto-CO_2-Abgabe in der Tundra auf frischem Boden um 30 %. In der nassen Tundra führte die Erwärmung zu einer Absenkung der Netto-CO_2-Aufnahme durch eine stark gesteigerte Ökosystematmung. Die standörtlich unterschiedlichen Reaktionen zeigen, dass Generalisierungen zu Erwärmungseffekten auf die CO_2-Bilanz von Tundragesellschaften schwierig sind. Dies bestätigen auch Ergebnisse

von Oberbauer et al. (2007) aus einem Erwärmungsexperiment mit Open Top Chambers in Nordalaska und auf dem kanadisch-arktischen Archipel. Im Gegensatz zu Welker et al. (2004) fanden Oberbauer et al. (2007) eine besonders hohe Netto-CO_2-Freisetzung in die Atmosphäre in der trockenen Tundra.

Die nasse Tundra Nordostgrönlands bildete in einer Untersuchung über eine Vegetationsperiode sowohl mit als auch ohne Erwärmung eine (kleine) Kohlenstoffsenke (Marchand et al. 2004b). In der russischen Arktis stellten Kiepe et al. (2013) in vorwiegend von Sträuchern und Zwergsträuchern dominierter Tundra bei Messungen über eine Vegetationsperiode eine Nettoaufnahme von Kohlenstoff fest, gingen aber nach Modellrechnungen davon aus, dass ihr Untersuchungsgebiet bei einer Erwärmung um 2,3 K zu einer Kohlenstoffquelle werden würde. Die recht unterschiedlichen und teilweise widersprüchlich erscheinenden Ergebnisse von Erwärmungs- und Düngungsstudien der Kohlenstoffbilanzen von Tundraökosystemen zeigen, dass hier erheblicher Forschungsbedarf bis zum vollständigen Verständnis der Mechanismen und der Aufklärung durch Klima, Böden und Vegetation bedingter regionaler Unterschiede besteht. Hobbie et al. (2002) wiesen in diesem Zusammenhang auf die Notwendigkeit langjähriger Untersuchungen hin, da solche Experimente in der Vergangenheit gezeigt haben, dass sich kurzfristige Antworten stark von langfristigen Auswirkungen von Erwärmung oder Düngung unterscheiden können.

Neben der Temperatur wirkt sich der Wasserhaushalt auf die Kohlenstoffbilanz der Tundren aus. Dies gilt insbesondere für nasse und vermoorte Bereiche. Ein **Absinken des Wasserspiegels** infolge steigender Temperaturen führt zu erhöhter **Bodenatmung** und damit zur Freisetzung von CO_2 in die Atmosphäre. Die Tundra kann so von einer Kohlenstoffsenke zu einer Kohlenstoffquelle werden (◖ Abb. 3.30), wie in Experimenten im Labor und im Freiland, bei denen der Wasserspiegel manipuliert wurde, gezeigt wurde (Billings et al. 1983; Oechel et al. 1998).

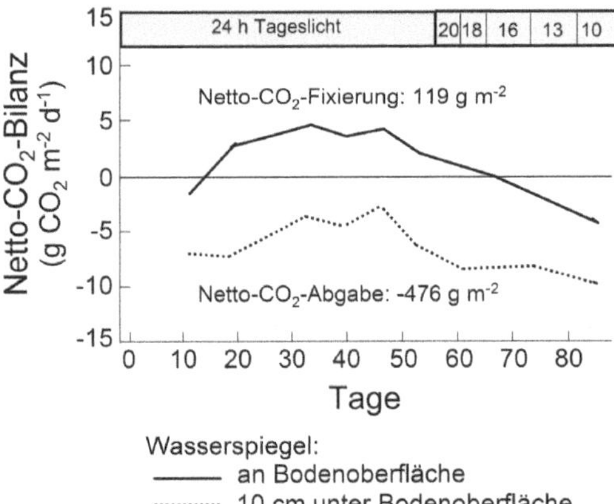

◘ **Abb. 3.30** Netto-CO$_2$-Austausch in Zylindern mit nassem Tundraboden bei zwei unterschiedlichen Wasserständen bei 8 °C und 400 ppm CO$_2$. Die Tageslichtlänge (grauer Balken, in Stunden [h]) wurde am Ende des Versuchs von 24 auf 10 h reduziert, um die Lichtbedingungen am Ende der Vegetationsperiode in der Arktis zu simulieren. Bei Absenkung des Grundwasserspiegels um 10 cm wird der Boden von einer Kohlenstoffsenke zu einer Kohlenstoffquelle. (Nach Billings et al. 1983, S. 288)

Die **polaren Wüsten** sind sehr wenig produktiv und haben nur einen sehr geringen Netto-CO$_2$-Austausch mit der Atmosphäre. Auf Ellesmere Island im kanadisch-arktischen Archipel bei einer geographischen Breite von 82° N maßen Emmerton et al. (2016) eine geringe Netto-CO$_2$-Aufnahme in Höhe von $-0{,}3$ g C m^{-2} a^{-1}. Shaver und Jonasson (2001) gehen für die polaren Wüsten der Erde von -1 g C m^{-2} a^{-1} aus. Die in der Nähe befindliche, von Seggen und Wollgräsern dominierte feuchte Tundrenvegetation in einer Bachaue repräsentierte hingegen eine klare Kohlenstoffsenke mit einer Netto-CO$_2$-Aufnahme von -80 g C m^{-2} a^{-1}.

3.7.2 Produktivität: Greening- und Browning-Trends

Eine **Zunahme der Produktivität** mit erhöhter Temperatur konnte wiederholt für verschiedene Tundratypen in über kürzere Zeiträume durchgeführten Experimenten nachgewiesen werden. Die Höhe der Vegetation nimmt bei Erwärmung in allen von Gefäßpflanzen dominierten Tundren zu (◘ Abb. 3.31). Starr et al. (2008) verlängerten in einem Experiment in Alaska die Vegetationsperiode, indem sie im Frühjahr manuell den Schnee entfernten und die Bodentemperatur durch Heizdrähte erhöhten. Dabei zeigte sich, dass die Nettophotosynthese viel stärker durch eine Veränderung der Artenzusammensetzung der Vegetation und der Blattfläche beeinflusst wurde als durch eine etwaige Erhöhung der Photosynthesekapazität ($A_{\max}$), wie sie etwa als Folge einer verbesserten Stickstoffversorgung zu erwarten wäre (Nijs et al. 1995). Auf Ökosystemebene ist die Bruttoprimärproduktion in der Tundra eng mit dem Stickstoffgehalt in der Vegetation korreliert (Arndal et al. 2009).

Satellitenbildauswertungen zeigen einen generellen Trend zur zunehmenden „Ergrünung" der Arktis auf (Goetz et al. 2005; Bunn und Goetz 2006; Jia et al. 2006; Stow et al. 2007). Dies ergibt sich aus zunehmenden Werten für den **NDVI**. Der NDVI der Tundren steigt mit der Ökosystemproduktion und der oberirdischen Biomasse, sinkt jedoch mit der Ökosystematmung (Boelman et al. 2003; Raynolds et al. 2012). Auch lokale Messungen des NDVI, die begleitend zu einem 13 Jahre währenden Erwärmungs- und Düngungsexperiment in Alaska durchgeführt wurden, ergaben einen Anstieg des NDVI mit der oberirdischen Biomasse (Boelman et al. 2005). Der NDVI nahm ebenfalls mit der nichtgrünen Biomasse zu. Da die oberirdische Biomasse wiederum durch Erwärmung sowie Stickstoff- und Phosphordüngung anstieg, spiegelte der NDVI die Effekte dieser Behandlungen wider. Dies legt den Schluss nahe, dass die generelle Zunahme des NDVI in der Arktis Ende des 20. und Anfang des 21. Jahrhunderts das Resultat des Klimawandels und der damit einhergehenden steigenden Nährstoffverfügbarkeit ist. Diese Schlussfolgerung wird auch dadurch gestützt, dass der NDVI küstennaher Tundren Eurasiens und Nordamerikas negativ mit der Meereiskonzentration im Nordpolarmeer korreliert ist, wie Auswertungen von Satellitenbild-Zeitreihen zeigen (Bhatt et al. 2010; Macias-Fauria et al. 2017).

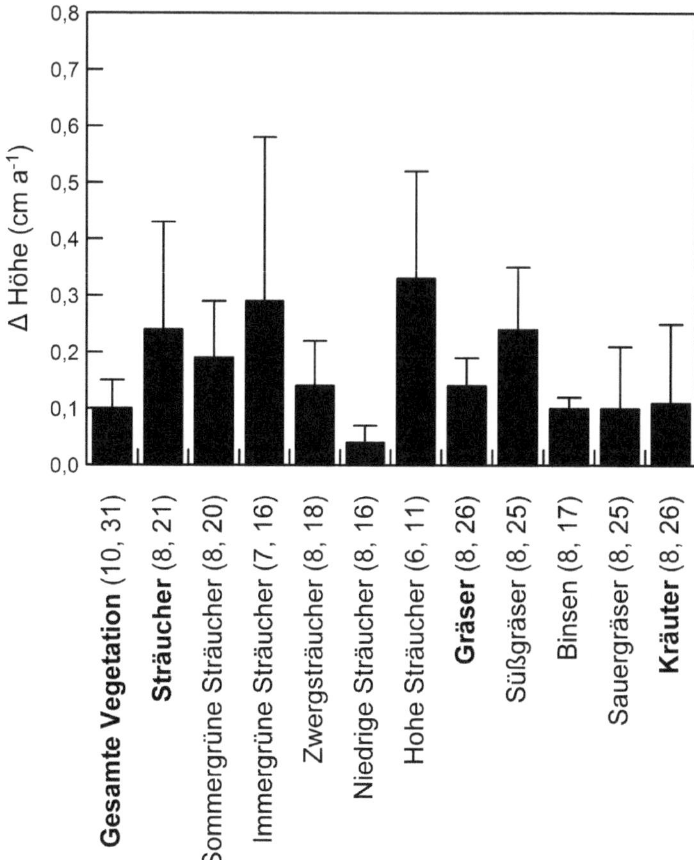

☼ **Abb. 3.31**   Jährliche Zunahme der Vegetationshöhe in Erwärmungsexperimenten in verschiedenen Tundren der Erde. Die Unterteilung in Sträucher entsprechend den Angaben in den Originalquellen führt teilweise zu begrifflichen Überschneidungen. Die Zahlen in Klammern geben die Anzahl der berücksichtigten Studien an, gefolgt von der Summe der Untersuchungslokalitäten. (Nach Elmendorf et al. 2012b, S. 454)

In einer Untersuchung, die große Teile der kanadischen Arktis umfasste, zeigten 97 % der Pixel zwischen 1982 und 2006 einen Ergrünungstrend (Jia et al. 2009). In hohen geographischen Breiten, in denen die Vegetation von kriechenden Zwergsträuchern, Kräutern sowie Flechten und Moosen dominiert wird, nahm der NDVI während der Vegetationsperiode um 0,49 bis 0,79 % a⁻¹ zu. In niederen geographischen Breiten der kanadischen Arktis, wo aufrecht wachsende Zwergsträucher und Gräser die Vegetation dominieren, betrug die Zunahme des NDVI 0,46 bis 0,67 %. Da die von Gefäßpflanzen dominierte Vegetation in der Arktis höhere Oberflächentemperaturen aufweist als vegetationsfreier Boden oder von Kryptogamen (insbesondere Moosen) dominierte Vegetation, kann der NDVI auch als ein grobes Maß für die räumliche Variabilität der Temperatur an der Bodenoberfläche herangezogen werden (Hope et al. 2005; Raynolds et al. 2008).

Untersuchungen von Bjerke et al. (2014), Phoenix und Bjerke (2016) und Lara et al. (2018) stellen allerdings in Frage, ob der Ergrünungstrend in der Arktis dauerhaft sein wird. Denn, ungeachtet eines Langzeittrends für steigende NDVI-Werte von 1982 bis 2016 (Epstein et al. 2017), wurde von 2011 bis 2014 für die arktischen Tundren ein deutlicher

Rückgang des Maximum-NDVI während der Vegetationsperiode festgestellt. Der Ergrünungstrend kehrte sich so um in einen „**Bräunungstrend**". Solche Produktivitätsrückgänge auf großer Fläche waren zuvor zwar schon für durch Trockenheit limitierte boreale Wälder bekannt (Verbyla 2008; Girardin et al. 2014; s. ▶ Abschn. 3.6), aber in den arktischen Tundren als großräumige Erscheinung in einem solchen Ausmaß zuvor nicht aufgetreten. Die Fähigkeit, eine Kohlenstoffsenke darzustellen (▶ Abschn. 3.7.1), wird durch diese Produktivitäts- und Vitalitätsrückgänge der Tundravegetation stark eingeschränkt (Treharne et al. 2019). Als Ursache für die rückläufigen NDVI-Werte in den Jahren 2011 bis 2014 werden vor allem Schäden durch steigende Wintertemperaturen sowie Feuer angenommen (Phoenix und Bjerke 2016). Wärmere Winter können zu einer Verringerung der Schneedecke und dadurch zu Kälteschäden (insbesondere Frosttrocknis) an der Vegetation führen (Vikhamar-Schuler et al. 2016; Bjerke et al. 2017). In den Folgejahren (2015–2016) zeigte der NDVI im Mittel für die arktischen Tundren allerdings wieder einen starken Zuwachs (Epstein et al. 2017). Epstein et al. (2017) weisen auch darauf hin, dass in einzelnen Regionen der Arktis, entgegen dem zirkumpolaren Trend, seit 1982 ein Rückgang des NDVI zu beobachten ist.

Gebüsche besitzen durch die holzigen Pflanzenteile höhere oberirdische Kohlenstoffvorräte, aber auch eine um den Faktor 2,5 bis 4,5 höhere **Produktivität** als Zwergstrauchheiden und von Gräsern, Kräutern und Kryptogamen dominierte Vegetationstypen in der Tundra (Shaver und Jonasson 2001; Arndal et al. 2009). Durch holzige Pflanzen erhöht sich auch der Anteil an stehender und liegender toter Biomasse (Hollister et al. 2005). Die durch den Klimawandel zunehmende **Verbuschung** der Tundra erhöht also die oberirdischen Kohlenstoffvorräte. Ähnliches gilt für Thermokarstgebiete, die sich ebenfalls durch einen erhöhten Anteil von Zwergsträuchern und Gebüschen auszeichnen (Schuur et al. 2007). Allerdings ist die **Produktivität** in Zwergstrauchheiden und

Gebüschen nicht höher als in von Gräsern dominierten Tundren. Arndal et al. (2009) stellten bei einer vergleichenden Untersuchung von 5 Vegetationstypen in Nordostgrönland die höchste Bruttoprimärproduktion in von Wollgräsern dominierten vermoorten Tundren und die zweithöchste Bruttoprimärproduktion in von Gräsern dominierter Tundra auf besser entwässertem Boden fest. Von *Cassiope* und *Dryas* dominierte Zwergstrauchheiden und Weidengebüsche hatten die niedrigste Bruttoprimärproduktion.

Auch Tundren mit relativ geringem Anteil an holzigen Pflanzen können durch den Klimawandel einen hohen **Zuwachs an Biomasse** aufweisen. Dies zeigten Hill und Henry (2011) eindrucksvoll anhand von Cyperaceen-reichen **Niedermooren** in der kanadischen Arktis. Ihre Daten stammen nicht aus einem Erwärmungsexperiment, sondern vergleichen Dauerflächen in einem Abstand von 25 Jahren (1980–2005), die einer atmosphärischen Erwärmung von 0,8 K pro Dekade ausgesetzt waren. Die oberirdische Biomasse stieg in diesem Zeitraum um ca. 160 %, die Wurzelbiomasse um 65 % und die Rhizombiomasse um 140 % an (◘ Abb. 3.32). Die unterirdische Nekromasse von Wurzeln und Rhizomen, nicht aber die oberirdische Nekromasse, nahm signifikant zu. Letzteres deutet auf eine durch die gestiegenen Temperaturen intensivierte Zersetzung und Mineralisierung der oberirdischen Streu hin. Die Zunahmen in der Biomasse beruhten vor allem auf einer Zunahme bei den Cyperaceen, außerdem bei *Salix arctica* und *Polygonum viviparum*.

3.7.3 Ökosystematmung und Methanfreisetzung

Die **Ökosystematmung** (◘ Abb. 3.33) und deren maßgebliche Teilkomponenten, die **autotrophe Atmung** der Pflanzen und die **Bodenatmung**, steigen mit der Temperatur (Schmidt et al. 1999; Biasi et al. 2008; Hicks Pries et al. 2013). Die Zunahme der Bodenatmung erfolgt sowohl im aufgetauten als auch im gefrorenen Boden, folgt hier aber

3

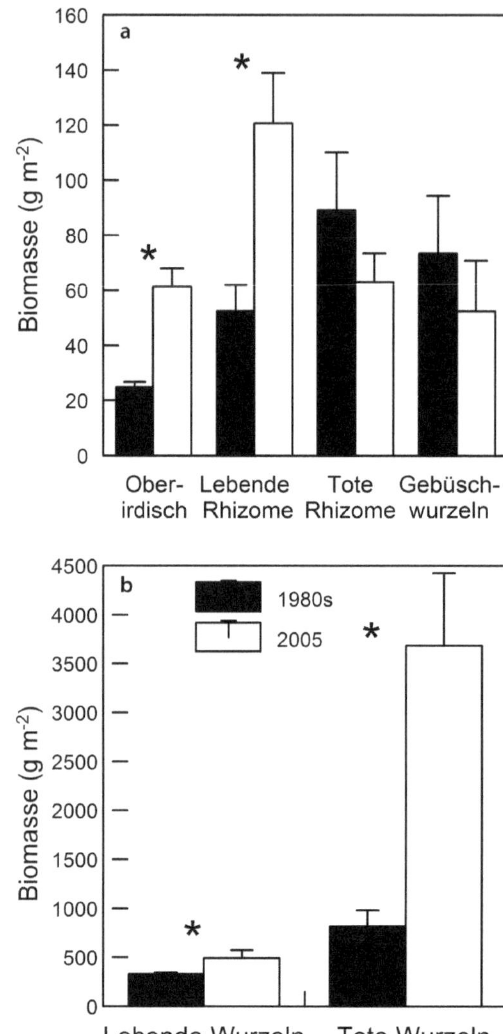

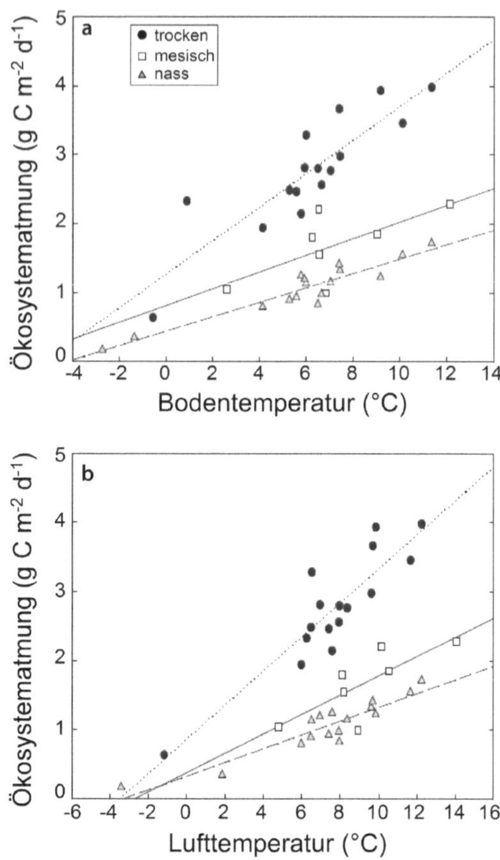

Abb. 3.33 Anstieg der Ökosystematmung mit dem Tagesmittel der (**a**) Bodentemperatur und (**b**) Lufttemperatur in trockener, frischer und nasser Tundra in Alexandra Fiord (78°54′ N, 75°55′ W), Nunavut, Kanada. (Nach Welker et al. 2004, S. 1989)

Abb. 3.32 Anstieg der ober- und unterirdischen Biomasse einer vermoorten Tundra in Alexandra Fiord (78°54′ N, 75°55′ W), Nunavut, Kanada, innerhalb von 25 Jahren (1980–2005). In dieser Zeit hat sich die Jahresmitteltemperatur in Alexandra Fiord um 0,8 K pro Dekade erhöht. (**a**) Gesamte oberirdische Phytomasse, Rhizome und Gebüschwurzeln, (**b**) Masse der lebenden und abgestorbenen Wurzeln von Kräutern und Gräsern. (Nach Hill und Henry 2011, S. 280 f.)

jeweils unterschiedlichen Abhängigkeiten und basiert damit offensichtlich auf verschiedenen Prozessen (Mikan et al. 2002). Natürlich ist die Bodenatmung in aufgetauten Böden weitaus bedeutsamer als im gefrorenen Boden (Schimel et al. 2006). Dementsprechend führt auch das **Abtauen des Permafrosts** zu starken Atmungsverlusten von organischem Kohlenstoff, der teilweise über Jahrtausende im Boden festgelegt war (Zimov et al. 2006a; Guo et al. 2007; Xue et al. 2016). Die Atmungsverluste als CO_2 spielen beim Schmelzen der Permafrostböden eine deutlich größere Rolle als die Freisetzung von CH_4 (Schädel et al. 2016). Zwar steigt mit dem Auftauen des Permafrosts (wenn dem nicht durch Thermokarst entgegengewirkt wird) auch die Nettoprimärproduktion; ob dieser Produktivitätszuwachs allerdings die Atmungsverluste auszugleichen vermag, ist offensichtlich stark vom Standort abhängig (Hicks Pries et al. 2013; Mauritz et al. 2017).

In arktischen und antarktischen Böden kann es besonders leicht zu Kohlenstoffverlusten durch eine erhöhte mikrobielle Aktivität infolge steigender Temperaturen kommen, da hier der **Humus** zu einem hohen Anteil aus **aliphatischen Carbonsäuren** besteht, wohingegen der Anteil aromatischer Substanzen niedrig ist (Schnitzer und Vendette 1975; Carvalho et al. 2010). Dadurch ist der Humus hier bei geeigneten Temperatur- und Nährstoffverhältnissen prinzipiell sehr viel **leichter abbaubar**, und der darin festgelegte Kohlenstoff kann leichter in die Atmosphäre freigesetzt werden als in gemäßigteren Breiten. Die bei ausreichender Temperatur leichte Abbaubarkeit spiegelt sich auch in hohen Q_{10}**-Werten** wider, die Carvalho et al. (2013) für die CO_2-Bildung in Böden der maritimen Antarktis feststellten (Q_{10} im Mittel bei 3,8); der Q_{10}-Wert gibt an, um welchen Faktor die Reaktionsgeschwindigkeit bei einer Erhöhung der Temperatur um 10 K steigt (Davidson et al. 2006). Passend zum in ▶ Abschn. 3.7.1 geschilderten Düngungsexperiment von Mack et al. (2004) fanden Medonça et al. (2010) bei der Untersuchung von *Deschampsia antarctica*- und Moosbeständen eine besonders hohe Bodenatmung auf nährstoffreichen Böden in Pinguinkolonien. Ein Anstieg der Nährstoffverfügbarkeit erhöht die Bodenatmung nicht nur direkt, sondern auch indirekt über ein verstärktes Pflanzenwachstum und damit einen verstärkten Eintrag von Streu und Wurzelexsudaten in den Boden (Smith 2005). Kurzwellige **UV-Strahlung** beschleunigt den Abbau von gelösten Huminstoffen und trägt so ebenfalls zur CO_2-Freisetzung bei (Allard et al. 1994).

Neben der Bodenatmung steigt mit der Temperatur die CH_4**-Freisetzung** aus überfluteten und durchnässten Böden (Olefeldt et al. 2013). Das liegt einerseits an einer vermehrten Stoffwechselaktivität durch eine größere und aktivere mikrobielle Biomasse (Oberbauer et al. 1998; Yergeau et al. 2007). Andererseits steigen die CH_4-Emissionen,

wenn in nassen Tundren durch ein milderes Klima die Biomasse von Seggen und Wollgräsern mit einem gut ausgebildeten Aerenchym steigt (Vaughn et al. 2016; Andresen et al. 2017). Durch das Aerenchym kann das in vernässten oder überfluteten Böden unter Luftabschluss gebildete CH_4 nämlich der Oxidation an der Bodenoberfläche entgehen und über den Umweg durch die Pflanze in die Atmosphäre emittiert werden. Durch Thermokarst wird zumindest kurz- bis mittelfristig der Anteil nasser und überfluteter Bereiche in der Tundra erhöht und dadurch die CH_4-Freisetzung gesteigert (Lara et al. 2015). Dort, wo der Klimawandel mit steigendem Schneefall verbunden ist, steigen auch die CH_4-Emissionen – durch die stärkere Durchfeuchtung des Bodens bei der Schneeschmelze und höhere Bodentemperaturen als Folge der isolierenden Wirkung des Schnees (Blanc-Betes et al. 2016). Außer CH_4 wird auch das ebenfalls klimawirksame N_2O in bedeutenden Mengen aus nassen Tundren, und zwar vor allem aus vegetationsfreien Torfflächen, wie sie unter anderem durch Thermokarst entstehen, in die Atmosphäre freigesetzt (Repo et al. 2009; Abbott und Jones 2015; Voigt et al. 2017). N_2O-Emissionen spielen sonst vor allem auf landwirtschaftlichen Böden und in den Tropen eine Rolle.

3.7.4 Senkenfunktion des Nordpolarmeeres

Die **Eisdecke auf dem Nordpolarmeer** stellt eine **Barriere für die CO_2-Aufnahme** aus der Atmosphäre dar (◘ Abb. 3.34). Unter dem Eis ist das Meerwasser daher nicht mit CO_2 aufgesättigt. Das hat zur Folge, dass das **Abschmelzen des Meereises** die **Senkenfähigkeit des Nordpolarmeeres** erhöht (Parmentier et al. 2013). Für 2002 schätzte Bates (2006), dass vom Nordpolarmeer 66 Tg C a^{-1} aus der Atmosphäre aufgenommen wurden. Dies entspricht einer Verdreifachung der CO_2-Aufnahme gegenüber den frühen 1970er-Jahren (Bates et al. 2006). Außer auf

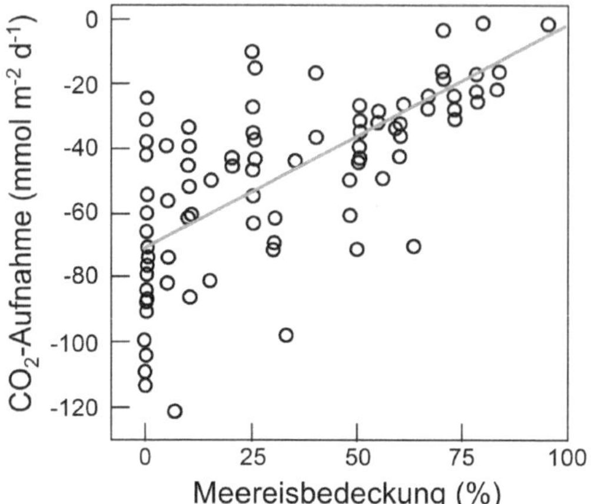

◨ Abb. 3.34 CO_2-Aufnahme aus der Atmosphäre in die Tschuktschensee (Nordpolarmeer) in Abhängigkeit von der Meereisbedeckung. (Nach Bates et al. 2006, S. 4)

direktem Weg gelangt atmosphärenbürtiges **CO_2 auch über die dort mündenden Flüsse ins Nordpolarmeer.** Anderson et al. (1988) schätzen den gesamten Zufluss von CO_2 auf diesem Weg auf 34 Tg C a^{-1}, wovon die Hälfte (17 Tg C a^{-1}) aus der Atmosphäre stammt. Der Zufluss von Flusswasser ins Nordpolarmeer nimmt durch den Klimawandel zu, bei den 6 größten Flüssen Eurasiens, die im Nordpolarmeer münden, zwischen 1936 und 1999 um 7 % (Peterson et al. 2002). Eine Ursache hierfür besteht im Abtauen von Permafrostböden (Walvoord und Striegl 2007). Zusätzlich gelangen über die Flusssysteme durch den Wasserzufluss von über 1700 km^3 a^{-1} noch 25 bis 36 Tg C a^{-1} in Form von **gelöstem organischem Kohlenstoff** (*Dissolved Organic Carbon*, DOC) ins Nordpolarmeer, und zwar hauptsächlich (zu etwa 60 %) während des Aufbrechens des Flusseises im Frühjahr (Fransson et al. 2001; Raymond et al. 2007).

Literatur

Abbott BW, Jones JB (2015) Permafrost collapse alters soil carbon stocks, respiration, CH$_4$, and N$_2$O in upland tundra. Glob Change Biol 21:4570–4587

Abram NJ, Mulvaney R, Wolff EW, Triest J, Kipfstuhl S, Trusel LD, Vimeux F, Fleet L, Arrowsmith C (2013) Acceleration of snow melt in an Antarctic Peninsula ice core during the twentieth century. Nat Geosci 6:404–411

Ackerman D, Griffin D, Hobbie SE, Finlay JC (2017) Arctic shrub growth trajectories differ across soil moisture levels. Glob Change Biol 23:4294–4302

Acosta Navarro JC, Varma V, Riipinen I, Seland Ø, Kirkevåg A, Struthers H, Iversen T, Hansson H-C, Ekman AML (2016) Amplification of Arctic warming by past air pollution reductions in Europe. Nat Geosci 9:277–281

Adams BJ, Bardgett RD, Ayres E et al (2006) Diversity and distribution of Victoria Land biota. Soil Biol Biochem 38:3003–3018

Adlam LS, Balks MR, Seybold CA, Campbell DI (2010) Temporal and spatial variation in active layer depth in the McMurdo sound region, Antarctica. Antarct Sci 22:45–52

Aerts R (2006) The freezer defrosting: global warming and litter decomposition rates in cold biomes. J Ecol 94:713–724

Aerts R (2010) Nitrogen-dependent recovery of subarctic tundra vegetation after simulation of extreme winter warming damage to *Empetrum hermaphroditum*. Glob Change Biol 16:1071–1081

Alberdi M, Bravo LA, Gutiérrez A, Gidekel M, Corcuera LJ (2002) Ecophysiology of Antarctic vascular plants. Physiol Plant 115:479–486

Aleksandrova VD (1988) Vegetation of the Soviet polar deserts. Cambridge University Press, Cambridge

Alexander V, Billington M, Schell DM (1978) Nitrogen fixation in Arctic and Alpine tundra. Ecol Stud 29:539–558

Allard B, Borén H, Pettersson C, Zhang G (1994) Degradation of humic substances by UV irradiation. Environ Int 20:97–101

Allison I, Alley RB, Fricker HA, Thomas RH, Warner RC (2009) Ice sheet mass balance and sea level. Antarct Sci 21:413–426

Anderson LG, Olsson K, Chierici M (1998) A carbon budget for the Arctic ocean. Glob Biogeochem Cycl 12:455–465

Ando H (1979) Ecology of terrestrial plants in the Antarctic with particular reference to bryophytes. Mem Natl Inst Polar Res 11:81–103

Andresen CG, Lara MJ, Tweedie CE, Lougheed VL (2017) Rising plant-mediated methan emissions from Arctic wetlands. Glob Change Biol 23:1128–1139

Arft AM, Walker MD, Gurevitch J et al (1999) Responses of tundra plants to experimental warming: meta-analysis of the International Tundra Experiment. Ecol Monogr 69:491–511

Arndal MF, Illeris L, Michelsen A, Albert K, Tamstorf M, Hansen BU (2009) Seasonal variation in gross ecosystem production, plant biomass, and carbon and nitrogen pools in five High Arctic vegetation types. Arct Antarct Alp Res 41:164–173

Bamber JL, Riva REM, Vermeersen BLA, LeBrocq AM (2009) Reassessment of the potential sea-level rise from a collapse of the West Antarctic ice sheet. Science 324:901–903

Bamber JL, van den Broeke MR, Ettema J, Lenaerts JTM, Rignot E (2012) Recent large increases in freshwater fluxes from greenland into the North Atlantic. Geophys Res Lett 39(L19501):1–4

Bamber JL, Siegert MJ, Griggs JA, Marshall S, Spada G (2013) Paleofluvial mega-canyon beneath the central Greenland ice sheet. Science 341:997–999

Barrett JE, Virginia RA, Wall DH, Parsons AN, Powers LE, Burkins MB (2004) Variation in biogeochemistry and soil biodiversity across spatial scales in a polar desert ecosystem. Ecology 85:3105–3118

Barrett JE, Virginia RA, Parsons AN, Wall DH (2005) Potential soil organic matter turnover in Taylor Valley, Antarctica. Arct Antarct Alp Res 37:108–117

Bates NR (2006) Air-sea CO_2 fluxes and the continental shelf pump of carbon in the Chukchi Sea adjacent to the Arctic Ocean. J Geophys Res 111(C10013):1–21

Bates NR, Moran SB, Hansell DA, Mathis JT (2006) An increasing CO_2 sink in the Arctic ocean due to sea-ice loss. Geophys Res Lett 33(L23609):1–7

Bay C (1997) Floristical and ecological characterization of the polar desert zone of Greenland. J Veg Sci 8:685–696

Bekryaev RV, Polyakov IV, Alexeev VA (2010) Role of polar amplification in long-term surface air temperature variations and modern Arctic warming. J Clim 23:3888–3906

Bell KL, Bliss LC (1980) Plant reproduction in a high Arctic environment. Arct Alp Res 12:1–10

Bengtsson L, Semenov VA, Johannessen OM (2004) The early twentieth-century waming in the Arctic – a possible mechanism. J Clim 17:4045–4057

Bertler NAN, Barrett PJ, Mayewski PA, Fogt RL, Kreutz KJ, Shulmeister J (2004) El Niño suppresses Antarctic warming. Geophys Res Lett 31(L15207):1–4

Bewley D, Pomeroy JW, Essery RLH (2007) Solar radiation transfer through a subarctic shrub canopy. Arc Antarct Res 39:365–374

Beyer L, White DM, Blume H-P, Bölter M, Kuhn D, Pingpank K, Vogt B (2002) Refractory soil organic matter – formation accumulation, translocation and transformation. Ecol Stud 154:139–159

Bhatt US, Walker DA, Raynolds MK, Comiso JC, Epstein HE, Jia G, Gens R, Pinzon JE, Tucker CJ, Tweedie CE, Webber PJ (2010) Circumpolar Arctic tundra vegetation change is linked to sea ice decline. Earth Interact 14(8):1–19

Biasi C, Meyer H, Rusalimova O, Hämmerle R, Kaiser C, Baranyi C, Daims H, Lashchinsky N, Barsukov P, Richter A (2008) Initial effects of experimental warming on carbon exchange rates, plant growth and microbial dynamics of a lichen-rich dwarf shrub tundra in Siberia. Plant Soil 307:191–205

Billings WD (1987) Carbon balance of Alaskan tundra and taiga ecosystems: past, present and future. Quatern Sci Rev 6:165–177

Billings WD, Luken JO, Mortensen DA, Peterson KM (1983) Increasing atmospheric carbon dioxide: possible effects on arctic tundra. Oecologia 58:286–289

Binder H, Boettcher M, Grams CM, Joos H, Pfahl S, Wernli H (2017) Exceptional air mass transport and dynamical drivers of an extreme wintertime Arctic warm event. Geophys Res Lett 44:12028–12036

Binkley D, Stottlemyer R, Suarez F, Cortina J (1994) Soil nitrogen availability in some arctic ecosystems in northwest Alaska: responses to temperature and moisture. Ecoscience 1:64–70

Bintanja R, Andry O (2017) Towards a rain-dominated Arctic. Nat Clim Change 7:263–267

Bintanja R, Krikken F (2016) Magnitude and pattern of Arctic warming governed by the seasonality of radiative forcing. Sci Rep 6(38287):1–7

Bintanja R, Selten FM (2014) Future increases in Arctic precipitation linked to local evaporation and sea-ice retreat. Nature 509:479–482

Bintanja R, van Oldenborgh GJ, Drijfhout SS, Wouters B, Katsman CA (2013) Important role for ocean warming and increased ice-shelf melt in Antarctic sea-ice expansion. Nat Geosci. 6:376–379

Bjerke JW, Karlsen SR, Høgda KA, Malnes E, Jepsen JU, Lovibond S, Vikhamar-Schuler D, Tømmervik H (2014) Record-low primary productivity and high plant damage in the Nordic Arctic Region in 2012 caused by multiple weather events and pest outbreaks. Environ Res Lett 9(084006):1–14

Bjerke JW, Treharne R, Vikhamar-Schuler D, Karlsen SR, Ravolainen V, Bokhorst S, Phoenix GK, Bochenek Z, Tømmervik H (2017) Understanding the drivers of extensive plant damage in boreal and Arctic ecosystems: insights from field surveys in the aftermath of damage. Sci Total Environ 599–600:1965–1976

Bjorkman AD, Elmendorf SC, Beamish AL, Vellend M, Henry GHR (2015) Contrasting effects of warming and increased snowfall on Arctic tundra plant phenology over the past two decades. Glob Change Biol 21:4651–4661

Blanc-Betes E, Welker JM, Sturchio NC, Chanton JP, Gonzales-Meler MA (2016) Winter precipitation and snow accumulation drive the methane sink or source strength of Arctic tussock tundra. Glob Change Biol 22:2818–2833

Bliss LC (2000) Arctic tundra and polar desert biome. In: Barbour MG, Billings WD (Hrsg) North American terrestrial vegetation, 2. Aufl. Cambridge University Press, Cambridge, S 1–40

Bliss LC, Gold WG (1999) Vascular plant reproduction, establishment, and growth and the effects of cryptogamic crusts within a polar desert ecosystem, Devon Island, N.W.T, Canada. Can J Bot 77:623–636

Bliss LC, Svoboda J, Bliss DI (1984) Polar deserts, their plant cover and plant production in the Canadian High Arctic. Holoarct Ecol 7:305–324

Blume H-P, Beyer L, Kalk E, Kuhn D (2002) Weathering and soil formation. Ecol Stud 154:115–138

Bockheim JG, Campbell IB, McLeod M (2007) Permafrost distribution and active-layer depths in the McMurdo Dry Valleys, Antarctica. Permafr Periglac Process 18:217–227

Boelman NT, Stieglitz M, Rueth HM, Sommerkorn M, Griffin KL, Shaver GR, Gamon JA (2003) Response of NDVI, biomass, and ecosystem gas exchange to long-term warming and fertilization in wet sedge tundra. Oecologia 135:414–421

Boelman NT, Stieglitz M, Griffin KL, Shaver GR (2005) Inter-annual variability of NDVI in response to long-term warming and fertilization in wet sedge and tussock tundra. Oecologia 143:588–597

Bokhorst SF, Bjerke JW, Tømmervik H, Callaghan TV, Phoenix GK (2009) Winter warming event damage sub-Arctic vegetation: consistent evidence from an experimental manipulation and a natural event. J Ecol 97:1408–1415

Bölter M, Kandeler E, Pietr SJ, Seppelt RD (2002) Heterotropic microbes, microbial and enzymatic activity in Antarctic soils. Ecol Stud 154:188–214

Borner AP, Kielland K, Walker MD (2008) Effects of simulated climate change on plant phenology and nitrogen mineralization in Alaskan Arctic tundra. Arct Antarct Res 40:27–38

Boulanger-Lapointe N, Lévesque E, Boudreau S, Henry GHR, Schmidt NM (2014) Population structure and dynamics of Arctic willow (*Salix arctica*) in the High Arctic. J Biogeogr 41:1967–1978

Box JE (2002) Survey of Greenland instrumental temperature records: 1873–2001. Int J Climatol 22:1829–1847

Box JE, Yang L, Bromwich DH, Bai L-S (2009) Greenland ice sheet surface air temperature variability: 1840–2007. J Clim 22:4029–4049

Brachfeld S, Domack E, Kissel C, Laj C, Leventer A, Ishman S, Gilbert R, Camerlenghi A, Eglinton LB (2003) Holocene history of the Larsen-A Ice Shelf constrained by geomagnetic paleointensity dating. Geology 31:749–752

Broady PA (1996) Diversity, distribution and dispersal of Antarctic terrestrial algae. Biodiv Conserv 5:1307–1335

Brown J, Ferrians OJ, Heginbottom JA, Melnikov ES (2001) Circum-arctic map of permafrost and ground ice conditions. Revised version. National Snow and Ice Data Center. ► http://nsidc.org/data/docs/fgdc/ggd318_map_circumarctic/index.html. Zugegriffen: 1. Juni 2013

Büdel B, Bendix J, Bicker FR, Green TGA (2008) Dewfall as a water source frequently activates the endolithic cyanobacterial communities in the granites of Taylor Valley, Antarctica. J Phycol 44:1415–1424

Bunn AG, Goetz SJ (2006) Trends in satellite-observed circumpolar photosynthetic activity from 1982 to 2003: the influence of seasonality, cover type, and vegetation density. Earth Interact 10(12):1–19

Burn CR, Zhang Y (2009) Permafrost and climate change at Herschel Island (Qikiqtaruq), Yukon Territory, Canada. J Geophys Res 114(F02001):1–16

Camac JS, Williams RJ, Wahren C-H, Hoffmann AA, Vesk PA (2017) Climate warming strengthens a positive feedback between alpine shrubs and fire. Glob Change Biol 23:3249–3258

Campbell IB, Claridge GGC (2006) Permafrost properties, patterns and processes in the transantarctic mountains region. Permafr Pericglac Process 17:215–232

Cao M, Woodward FI (1998) Net primary and ecosystem production and carbon stocks of terrestrial ecosystems and their responses to climate change. Glob Change Biol 4:185–198

Cao Y, Liang S, Chen X, He T, Wang D, Cheng X (2017) Enhanced wintertime greenhouse effect reinforcing Arctic amplification and initial sea-ice melting. Sci Rep 7(8462):1–9

Carpenter EJ, Lin S, Capone DG (2000) Bacterial activity in South Pole snow. Appl Environ Microbiol 66:4514–4517

Carvalho JVS, Mendonça E, Barbosa RT, Reis EL, Seabra PN, Schaefer CEGR (2010) Impact of expeceted global warming on C mineralization in maritime Antarctic soils: results of laboratory experiments. Antarct Sci 22:485–493

Carvalho JVS, Mendonça E, La Scala N, Reis C, Reis EL, Schaefer CEGR (2013) CO_2-C losses and carbon quality of selected Maritime Antarctic soils. Antarct Sci 25:11–18

Casanova-Katny MA, Cavieres L (2012) Antarctic moss carpets facilitate growth of *Deschampsia Antarctica* but not its survival. Polar Biol 35:1869–1878

Cebrian MR, Kielland K, Finstad G (2008) Forage quality and reindeer productivity: multiplier effects amplified by climate change. Arct Antarct Alp Res 40:48–54

Chapin FS (1983) Direct and indirect effects of temperature on Arctic plants. Polar Biol 2:47–52

Chapin FS, Shaver GR (1996) Physiological and growth responses of Arctic plants to a field experiment simulating climatic change. Ecology 77:822–840

Chapin FS, Shaver GR, Giblin AE, Nadelhoffer KJ, Laundre JA (1995) Responses of Arctic tundra to experimental and observed changes in climate. Ecology 76:694–711

Chapin FS, Sturm M, Serreze MC et al (2005) Role of land-surface changes in Arctic summer warming. Science 310:657–660

Chapman WL, Walsh JE (1993) Recent variations of sea ice and air temperature in high latitudes. Bull Am Meteorol Soc 74:33–47

Chen JL, Wilson CR, Blankenship D, Tapley BD (2009) Accelerated Antarctic ice loss from satellite gravity measurements. Nat Geosci 2:859–862

Chown SL, Clarke A, Fraser CI, Cary SC, Moon KL, McGeoch MA (2015) The changing form of Antarctic biodiversity. Nature 522:431–438

Christiansen CT, Haugwitz MS, Priemé A, Nielsen CS, Elberling B, Michelsen A, Grogan P, Blok D (2017) Enhanced summer warming reduces fungal decomposer diversity and litter mass loss more strongly in dry than in wet tundra. Glob Change Biol 23:406–420

Chwedorzewska KJ, Gielwanowska I, Olech M, Molina-Montenegro MA, Wódkiewicz M, Galera H (2015) Poa Annua L. in the maritime Antarctic: an overview. Polar Rec 51:637–643

Chylek P, Dubey MK, Lesins G (2006) Greenland warming of 1920–1930 and 1995–2005. Geophys Res Lett 33(L11707):1–5

Clemmensen KE, Michelsen A, Jonasson S, Shaver GR (2006) Increased ectomycorrhizal fungal abundance after long-term fertilization and warming of two arctic tundra ecosystems. New Phytol 171:391–404

Coachman LK, Barnes CA (1963) The movement of Atlantic water in the Arctic Ocean. Arctic 16:8–16

Cocks MP, Balfour DA, Stock WD (1998) On the uptake of ornithogenic products by plants on the inland mountains of Dronning Maud Land, Antarctica, using stable isotopes. Polar Biol 20:107–111

Colesie C, Büdel B, Hurry V, Green TGA (2017) Can Antarctic lichens acclimatize to changes in temperature? Glob Change Biol 24:1123–1135

Comiso JC (2000) Variability and trends in Antarctic surface temperatures from in situ and satellite infrared measurements. J Clim 13:1674–1696

Comiso JC (2006a) Arctic warming signals from satellite observations. Weather 61:70–76

Comiso JC (2006b) Abrupt decline in the Arctic winter sea ice cover. Geophys Res Lett 33(L18504):1–5

Comiso JC, Parkinson CL, Gersten R, Stock L (2008) Accelerated decline in the Arctic sea ice cover. Geophys Res Lett 35(L01703):1–6

Convey P (1996) Reproduction of Antarctic flowering plants. Antarct Sci 8:127–134

Convey P, Bindschadler R, Di Frisco G et al (2009) Antarctic climate change and the environment. Antarct Sci 21:541–563

Cook AJ, Fox AJ, Vaughan DG, Ferrigno JG (2005) Retreating glacier fronts on the Antarctic Peninsula over the past half-century. Science 308:541–544

Cornelissen JHC, Callaghan TV, Alatalo JM et al (2001) Global change and arctic ecosystems: is lichen decline a function of increases in vascular plant biomass? J Ecol 89:984–994

Cornwell JC (1992) Cation export from Alaskan arctic watersheds. Hydrobiol 240:15–22

Cox CJ, Walden P, Rowe PM, Shupe MD (2015) Humidity trends imply increased sensitivity to clouds in a warming Arctic. Nat Commun 6(10117):1–8

Dahl MB, Priemé A, Brejnrod A, Brusvang P, Lund M, Nymand J, Kramshøj M, Ro-Poulsen H, Haugwitz MS (2017) Warming, shading and a moth outbreak reduce tundra carbon sink strength dramatically by changing plant cover and soil microbial activity. Sci Rep 7(16035):1–13

Darmody RG, Thorn CE, Schlyter P, Dixon JC (2004) Relationship of vegetation distribution to soil properties in Kärkevagge, Swedish Lapland. Arct Antarct Alp Res 36:21–32

Davidson EA, Janssens IA, Luo Y (2006) On the variability of respiration in terrestrial ecosystems: moving beyond Q_{10}. Glob Change Biol 12:154–164

Day TA, Ruhland CT, Strauss SL, Park J-H, Krieg ML, Krna MA, Bryant DM (2009) Response of plants and the dominant microathropod, cryptopygus antarcticus, to warming and contrasting precipitation regimes in Antarctic tundra. Glob Change Biol 15:1640–1651

de Bruyn M, Hall BL, Chauke LF, Baroni C, Koch PL, Hoelzel AR (2009) Rapid response of a marine mammal species to Holocene climate and habitat change. PLoS Genet 5(e1000554):1–11

de la Torre JR, Goebel BM, Friedmann EI, Pace NR (2003) Microbial diversity of cryptoendolithic communities from the McMurdo Dry Valleys, Antarctica. Appl Environ Microbiol 69:3858–3867

Dennis JG, Tieszen LL, Vetter MA (1978) Seasonal dynamics of above- and belowground production of vascular plants at Barrow, Alaska. Ecol Stud 29:113–140

Dennis PG, Sparrow AD, Gregorich EG, Novis PM, Elberling B, Greenfield LG, Hopkins DW (2013) Microbial responses to carbon and nitrogen supplementation in an Antarctic dry valley soil. Antarct Sci 25:55–61

Dierßen K (1996) Vegetation Nordeuropas. Ulmer, Stuttgart

Ding Q, Schweiger A, L'Heureux ML, Battisti DS, Po-Chedley S, Johnson NC, Blanchard-Wrigglesworth E, Harnos K, Zhang Q, Eastman R, Steig EJ (2017) Influence of high-latitude atmospheric circulation changes on summertime Arctic sea ice. Nat Clim Change 7:289–295

Dmitrenko IA, Polyakov IV, Kirillov SA, Timokhov LA, Frolov IE, Sokolov VT, Simmons HL, Ivanov VV, Walsh D (2008) Toward a warmer Arctic Ocean: spreading of the 21st century Atlantic water warm anomaly along the Eurasian Basin margins. J Geophys Res 113(C05023):1–13

Doake CSM, Vaughan DG (1991) Rapid disintegration of the Wordie Ice Shelf in response to atmospheric warming. Nature 350:328–330

Doherty SJ, Warren SG, Grenfell TC, Clarke AD, Brandt RE (2010) Light-absorbing impurities in Arctic snow. Atmos Chem Phys 10:11647–11680

Domack E, Duran D, Leventer A, Ishman S, Doane S, McCallum S, Amblas D, Ring J, Gilbert R, Prentice M (2005) Stability of the Larsen B ice shelf on the Antarctic Peninsula during the Holocene epoch. Nature 436:681–685

Doran PT, McKay CP, Clow GD, Dana GL, Fountain AG, Nylen T, Lyons WB (2002) Valley floor climate observations from the McMurdo dry valleys, Antarctica, 1986–2000. J Geophys Res 107, D24, 4772:1–12

Duncan SM, Minasaki R, Farrell RL, Thwaites JM, Held BW, Arenz BE, Jurgens JA, Blanchette RA (2008) Screening fungi isolated from Discovery Hut on Ross Island, Antarctica for cellulose degradation. Antarct Sci 20:463–470

Dutta K, Schuur EAG, Neff JC, Zimov SA (2006) Potential carbon release from permafrost soils of Northeastern Siberia. Glob Chang Biol 12:2336–2351

Dyurgerov MB, Meier MF (2000) Twentieth century climate change: evidence from small glaciers. Proc Natl Acad Sci USA 97:1406–1411

Edlund SA, Alt BT (1989) Regional congruence of vegetation and summer climate patterns in the Queen Elizabeth Islands, Northwest Territories, Canada. Arctic 42:3–23

Edwards JA (1972) Studies in *Colobanthus quitensis* (Kunth) Bartl. and *Deschampsia antarctica* Desv.: V. Distribution, ecology and vegetative performance on Signy Islands. Brit Antarct Surv Bull 28:11–28

Edwards JA, Smith RIL (1988) Photosynthesis and respiration of *Colobanthus quitensis* and *Deschampsia antarctica* from the maritime Antarctic. Brit Antarct Surv Bull 81:43–63

Eisenman I (2010) Geographic muting of changes in the Arctic sea ice cover. Geophys Res Lett 37(L16501):1–5

Elmendorf SC, Henry GHR, Hollister RD et al (2012a) Global assessment of experimental warming on tundra vegetation: heterogeneity over space and time. Ecol Lett 15:164–175

Elmendorf SC, Henry GHR, Hollister RD et al (2012b) Plot-scale evidence of tundra vegetation change

and links to recent summer warming. Nat Clim Change 2:453–457

Emmerton CA, St. Louis VL, Humphreys ER, Gamon JA, Barker JD, Pastorello GZ (2016) Net ecosystem exchange of CO_2 with rapidly changing high Arctic landscapes. Glob Change Biol 22:1185–1200

Epstein HE, Calef MP, Walker MD, Chapin FS, Starfield AM (2004) Detecting changes in arctic tundra plant communities in response to warming over decadal time scales. Glob Change Biol 10:1325–1334

Epstein HE, Bhatt U, Raynolds M, Walker D, Forbes BC, Horstkotte T, Macias-Fauria M, Martin A, Phoenix GK, Bjerke JW, Tømmervik H, Fauchald P, Vickers H, Myneni R, Dickerson C (2017) Tundra greenness. National Oceanic and Atmospheric Administration, Arctic Program, Washington

Ernakovich JG, Hopping KA, Berdanier AB, Simpson RT, Kachergis EJ, Steltzer H, Wallenstein MD (2014) Predicted responses of arctic and alpine ecosystems to altered seasonality under climate change. Glob Change Biol 20:3256–3269

Eskelinen A, Kaarlejärvi E, Olofsson J (2017) Herbivory and nutrient limitation protect warming tundra from lowland species' invasion and diversity loss. Glob Change Biol 23:245–255

Esposito RMM, Horn SL, McKnight DM, Cox MJ, Grant MC, Spaulding SA, Doran PT, Cozzetto KD (2006) Antarctic climate cooling and response of diatoms in glacial meltwater streams. Geophys Res Lett 33(L07406):1–4

Farbrot H, Etzelmüller B, Schuler TV, Guðmundsson Á, Eiken T, Humlum O, Björnsson H (2007) Thermal characteristics and impact of climate change on mountain permafrost in Iceland. J Geophys Res 112 (F03S90):1–12

Favero-Longo SE, Worland MR, Convey P, Smith RIL, Piervittori R, Guglielmin M, Cannone N (2012) Primary succession of lichen and bryophyte communities following glacial recession on Signy Island, South Orkney Islands, maritime Antarctic. Antarct Sci 24:323–336

Ferrigno JG, Cook AJ, Mathie AM, Williams RS, Swithinbank C, Foley KM, Fox AJ, Thomson JW, Sievers J (2008) Coastal-change and glaciological map of the Larsen Ice Shelf Area, Antarctica: 1940–2005. US Geological Survey Geologic Investigations Series Map I–2600–B:1–28

Fettweis X, Gallée H, Lefebre F, van Ypersele J-P (2006) The 1988–2003 Greenland ice sheet melt extent using passive microwave satellite data and a regional climate model. Clim Dyn 27:531–541

Fettweis X, van Ypersele J-P, Gallée H, Lefebre F, Lefebvre W (2007) The 1979–2005 Greenland ice sheet melt extent from passive microwave data using an improved version of the melt retrieval XPGR algorithm. Geophys Res Lett 34(L05502):1–5

Forbes BC, Fauria MM, Zetterberg P (2010) Russian Arctic warming and ‚greening' are closely tracked by tundra shrub willows. Glob Change Biol 16:1542–1554

Førland EJ, Benestad R, Hanssen-Bauer I, Haugen JE, Skaugen TE (2011) Temperature and precipitation development at Svalbard 1900–2100. Adv Meteorol 893790:1–14

Fransson A, Chierici M, Anderson LG, Bussmann I, Kattner G, Jones EP, Swift JH (2001) The importance of shelf processes for the modification of chemical constituents in the waters of the Eurasian Arctic Ocean: implication for carbon fluxes. Cont Shelf Res 21:225–242

Franzke C (2013) Significant reduction of cold temperature extremes at Faraday/Vernadsky station in the Antarctic Peninsula. Int J Climatol 33:1070–1078

Franzmann PD (1996) Examination of Antarctic prokaryotic diversity through molecular comparisons. Biodiv Conserv 5:1295–1305

Fraser CI, Morrison AK, McC Hogg A, Macaya EC, van Sebille E, Ryan PG, Padovan A, Jack C, Valdivia N, Waters JM (2018) Antarctica's ecological isolation will be broken by storm-driven dispersal and warming. Nat Clim Change 8:704–708

Frauenfeld OW, Knappenberger PC, Michaels PJ (2011) A reconstruction of annual Greenlad ice melt extent, 1784–2009. J Geophys Res 116(D08104):1–7

Frenot Y, Gloaguen JC, Massé L, Lebouvier M (2001) Human activities, ecosystem disturbance and plant invasions in subantarctic Crozet, Kerguelen and Amsterdam Islands. Biol Conserv 101:33–50

Fretwell P, Pritchard HD, Vaughan DG et al (2013) Bedmap2: improved ice bed, surface and thickness datasets for Antarctica. Cryosphere 7:375–393

Friedmann EI (1982) Endolithic microorganisms in the Antarctic cold desert. Science 215:1045–1053

Friedmann EI, Ocampo R (1976) Endolithic blue-green algae in the dry valleys: primary producers in the Antarctic desert ecosystem. Science 193:1247–1249

Friedmann EI, LaRock PA, Brunson JO (1980) Adenosine triphosphate (ATP), chlorophyll, and organic nitrogen in endolithic microbial communities and adjacent soils in the dry valleys of southern Victoria Land [Chasmoendolithic algae, lichens; Antarctica]. Antarct J US 15:164–166

Friedmann EI, Kappen L, Meyer MA, Nienow JA (1993) Long-term productivity in the cryptoendolithic microbial community of the Ross Desert, Antarctica. Microb Ecol 25:51–69

Frost GV, Epstein HE (2014) Tall shrub and tree expansion in Siberian tundra ecotones since the 1960s. Glob Change Biol 20:1264–1277

Frost GV, Epstein HE, Walker DA, Matyshak G, Ermokhina K (2013) Patterned-ground facilitates shrub expansion in Low Arctic tundra. Environ Res Lett 8(015035):1–9

Fyfe JC, von Salzen K, Gillett NP, Arora VK, Flato GM, McConell JR (2013) One hundred years of Arctic surface temperature variation due to anthropogenic influence. Sci Rep 3(2645):1–7

Gagnon AS, Gough WA (2005) Trends in the dates of ice freeze-up and breakup over Hudson Bay, Canada. Arctic 58:370–382

Gibson JJ, Edwards TWD (2002) Regional water balance trends and evaporation-transpiration partitioning from a stable isotope survey of lakes in northern Canada. Glob Biogeochem Cycl 16(1026):1–14

Girardin MP, Guo XJ, De Jong R, Kinnard C, Bernier P, Raulier F (2014) Unusual forest growth decline in boreal North America covaries with the retreat of Arctic sea ice. Glob Change Biol 20:851–866

Goetz SJ, Bunn AG, Fiske GJ, Houghton RA (2005) Satellite-observed photosynthetic trends across boreal North America associated with climate and fire disturbance. Proc Natl Acad Sci USA 102:13521–13525

Gordon C, Wynn JM, Woodin SJ (2001) Impacts of increased nitrogen supply on high Arctic heath: the importance of bryophytes and phosphorus availability. New Phytol 149:461–471

Gornall JL, Jónsdóttir IS, Woodin SJ, van der Wal R (2007) Arctic mosses govern below-ground environment and ecosystem processes. Oecologia 153:931–941

Gough L (2006) Neighbor effects on germination, survival, and growth in two arctic tundra plant communities. Ecography 29:44–56

Graae BJ, Alsos IG, Ejrnaes R (2008) The impact of temperature regimes on development, dormancy breaking and germination of dwarf shrub seeds from arctic, alpine and boreal sites. Plant Ecol 198:275–284

Grant AN, Brönnimann S, Tracy E, Griesser T, Stickler A (2009) The early twentieth century warm period in the European Arctic. Meterol Z 18:425–432

Graversen RG, Wang M (2009) Polar amplification in a coupled climate model with locked albedo. Clim Dyn 33:629–643

Greenfield LG (1993) Decomposition studies on New Zealand and Antarctic lichens. Lichenologist 25:73–82

Gregory JM, Huybrechts P, Raper SCB (2004) Threatened loss of the Greenland ice-sheet. Nature 428:616

Guglielmin M, Balks MR, Adlam LS, Baio F (2011) Permafrost thermal regime from two 30-m deep boreholes in Southern Victoria Land, Antarctica. Permafr Periglac Process 22:129–139

Guo L, Ping C-L, Macdonald RW (2007) Mobilization pathways of organic carbon from permafrost to arctic rivers in a changing climate. Geophys Res Lett 34(L13603):1–5

Hagen JO, Kohler J, Melvold K, Winther J-G (2003) Glaciers in Svalbard: mass balance, runoff and freshwater flux. Polar Res 22:145–159

Haine TWN, Martin T (2017) The Arctic-Subarctic sea ice system is entering a seasonal regime: implications for future Arctic amplication. Sci Rep 7(4618):1–9

Hall A (2004) The role of surface albedo feedback in climate. J Clim 17:1550–1568

Hall DK, Comiso JC, DiGirolamo NE, Shuman CA, Box JE, Koenig LS (2013) Variability in the surface temperature and melt extent of the Greenland ice sheet from MODIS. Geophys Res Lett 40:1–7. ▶ https://doi.org/10.1002/grl.50240

Hallinger M, Manthey M, Wilmking M (2010) Establishing a missing link: warm summers and winter snow cover promote shrub expansion into alpine tundra in Scandinavia. New Phytol 186:890–899

Hanna E, Huybrechts P, Janssens I, Cappelen J, Steffen K, Stephens A (2005) Runoff and mass balance of the Greenland ice sheet: 1958–2003. J Geophys Res 110(D13108):1–16

Hanna E, McConnell J, Das S, Cappelen J, Stephens A (2006) Observed and modeled Greenland ice sheet snow accumulation, 1958–2003, and links with regional climate forcing. J Clim 19:344–358

Hanna E, Huybrechts P, Steffen K, Cappelen J, Huff R, Shuman C, Irvine-Fynn T, Wise S, Griffiths M (2008) Increased runoff from melt from the Greenland ice sheet a response to global warming. J Clim 21:331–341

Hanna E, Jones JM, Cappelen J, Mernild SH, Wood L, Steffen K, Huybrechts P (2013) The influence of North Atlantic atmospheric and oceanic forcing effects on 1900–2010 Greenland summer climate and ice melt/runoff. Int J Climatol 33:862–880

Hanna E, Fettweis X, Mernild SH, Cappelen J, Ribergaard MH, Shuman CA, Steffen K, Wood L, Mote TL (2014) Atmospheric and oceanic climate forcing of the exceptional Greenland ice sheet surface melt in summer 2012. Int J Climatol 34:1022–1037

Hanssen-Bauer I (2002) Temperature and precipitation in Svalbard 1912–2050: measurements and scenarios. Polar Record 38:225–232

Harding RJ, Lloyd CR (1998) Fluxes of water and energy from three high latitude tundra sites in Svalbard. Nord Hydrol 29:267–284

Hartmann B, Wendler G (2005) The significance of the 1976 Pacific climate shift in the climatology of Alaska. J Clim 18:4824–4839

Haussmann NS, Rudolph EM, Kalwij JM, McIntyre T (2013) Fur seal populations facilitate establishment of exotic vascular plants. Biol Conserv 162:33–40

Hicks Pries CE, Schuur EAG, Crummer KG (2012) Holocene carbon stocks and carbon accumulation rates altered in soils undergoing permafrost thaw. Ecosystems 15:162–173

Hicks Pries CE, Schuur EAG, Crummer KG (2013) Thawing permafrost increases old soil and autotrophic respiration in tundra: partitioning ecosystem respiration using δ13C and Δ14C. Glob Change Biol 19:649–661

Hill GB, Henry GHR (2011) Responses of High Arctic wet sedge tundra to climate warming since 1980. Glob Change Biol 17:276–287

Hillenbrand C-D, Kuhn G, Smith JA, Gohl K, Graham AGC, Larter RD, Klages JP, Downey R, Moreton SG, Forwick M, Vaughan DG (2013) Grounding-line retreat of the West Antarctic ice sheet from inner Pine Island Bay. Geology 41:35–38

Hillenbrand C-D, Smith JA, Hodell DA, Greaves M, Poole CR, Kender S, Williams M, Andersen TJ, Jernas PE, Elderfield H, Klages JP, Roberts SJ, Gohl K, Larter RD, Kuhn G (2017) West Antarctic ice sheet retreat driven by Holocene warm water intrusions. Nature 547:43–48

Hinkel KM, Hurd JK (2006) Permafrost destabilization and thermokarst following snow fence installation, Barrow, Alaska, U.S.A. Arct Antarct Alp Res 38:530–539

Hinzman LD, Bettez ND, Bolton WR et al (2005) Evidence and implications of recent climate change in northern Alaska and other Arctic regions. Clim Change 72:251–298

Hobbie SE (1996) Temperature and plant species control over litter decomposition in Alaskan tundra. Ecol Monogr 66:503–522

Hobbie SE, Chapin FS (1998a) An experimental test of limits to tree establishment in Arctic tundra. J Ecol 86:449–461

Hobbie SE, Chapin FS (1998b) The response of tundra plant biomass, aboveground production, nitrogen, and CO_2 flux to experimental warming. Ecology 79:1526–1544

Hobbie SE, Nadelhoffer KJ, Högberg P (2002) A synthesis: the role of nutrients as constraints on carbon balances in boreal and arctic regions. Plant Soil 242:163–170

Hodson AJ, Mumford PN, Kohler J, Wynn PM (2005) The High Arctic glacial ecosystem: new insights from nutrient budgets. Biogeochemistry 72:233–256

Hofer S, Tedstone AJ, Fettweis X, Bamber JL (2017) Decreasing cloud cover drives the recent mass loss on the Greenland Ice Sheet. Sci Adv 3(e1700584):1–8

Hogg AE, Gudmundsson GH (2017) Impacts of the Larsen-C Ice Shelf calving event. Nat Clim Change 7:540–542

Literatur

Holderegger R, Stehlik I, Smith RIL, Abbott RJ (2003) Populations of Antarctic hairgrass (*Deschampsia antarctica*) show low genetic diversity. Arct Antarct Alp Res 35:214–217

Holland MM, Bitz CM (2003) Polar amplification of climate change in the coupled model intercomparison project. Clim Dyn 21:221–232

Holland MM, Bitz CM, Trembley B (2006) Future abrupt reductions in the summer Arctic sea ice. Geophys Res Lett 33(L23503):1–5

Hollister RD, Webber PJ, Tweedie CE (2005) The response of Alaskan arctic tundra to experimental warming: differences between short- and long-term responses. Glob Change Biol 11:525–536

Hollister RD, Webber PJ, Nelson FE, Tweedie CE (2006) Soil thaw and temperature response to air warming varies by plant community: results from an open-top chamber experiment in northern Alaska. Arct Antarct Alp Res 38:206–215

Hope A, Engstrom R, Stow DA (2005) Relationships between AVHRR surface temperature and NDVI in Arctic tundra ecosystems. Int J Remote Sens 26:1771–1776

Howat IM, Ahn Y, Joughin I, van den Broeke MR, Lenaerts JTM, Smith B (2011) Mass balance of Greenland's three largest outlet glaciers, 2000–2010. Geophys Res Lett 38(L12501):1–5

Howat IM, Porter C, Noh MJ, Smith BE, Jeong S (2015) Sudden drainage of a subglacial lake beneath the Greenland Ice Sheet. Cryosphere 9:103–108

Høye TT, Ellebjerg SM, Philipp M (2007) The impact of climate on flowering in the High Arctic – the case of Dryas in a hybrid zone. Arct Antarct Alp Res 39:412–421

Høye TT, Post E, Schmidt NM, Trøjelsgaard K, Forchhammer MC (2013) Shorter flowering seasons and declining abundance of flower visitors in a warming Arctic. Nat Clim Change 3:759–763

Hugelius G, Strauss J, Zubrzycki S et al (2014) Estimated stocks of circumpolar permafrost carbon with quantified uncertainty ranges and identified data gaps. Biogeosciences 11:6573–6593

Ikard SJ, Gooseff MN, Barrett JE, Takacs-Vesbach C (2009) Thermal characterisation of active layer across a soil moisture gradient in the McMurdo Dry Valleys, Antarctica. Permafr Periglac Process 20:27–39

Isaksen K, Sollid JL, Holmlund P, Harris C (2007a) Recent warming of mountain permafrost in Svalbard and Scandinavia. J Geophys Res 112 (F02S04):1–11

Isaksen K, Benestad RE, Harris C, Sollid JL (2007b) Recent extreme near-surface permafrost temperatures on Svalbard in relation to future climate scenarios. Geophys Res Lett 34(L17502):1–5

Jandt R, Joly K, Meyer CR, Racine C (2008) Slow recovery of lichen on burned caribou winter range in Alaska tundra: potential influences of climate warming and other disturbance factors. Arct Antarct Alp Res 40:89–95

Jia GJ, Epstein HE, Walker DA (2006) Spatial heterogeneity of tundra vegetation response to recent temperature changes. Glob Change Biol 12:42–55

Jia GJ, Epstein HE, Walker DA (2009) Vegetation greening in the Canadian Arctic related to decadal warming. J Environ Monit 11:2231–2238

Johannessen OM, Bengtsson L, Miles MW, Kuzmina SI, Semenov VA, Alekseev GV, Naguryi AP, Zakharov VF, Bobylev LP, Pettersson LH, Hasselmann K, Cattle HP (2004) Arctic climate change: observed and modeled temperature and sea-ice variability. Tellus A 56:328–341

Johnson DA, Tieszen LL (1976) Aboveground biomass allocation, leaf growth, and photosynthesis patterns in tundra plant forms in Arctic Alaska. Oecologia 24:159–173

Jonasson S, Havström M, Jensen M, Callaghan TV (1993) In situ mineralization of nitrogen and phosphorus of arctic soils after perturbations simulating climatic change. Oecologia 95:179–186

Jonasson S, Michelsen A, Schmidt IK, Nielsen EV, Callaghan TV (1996) Microbial biomass C, N and P in two arctic soils and responses to addition of NPK fertilizer and sugar: implications for plant nutrient uptake. Oecologia 106:507–515

Jonasson S, Michelsen A, Schmidt IK (1999a) Coupling of nutrient cycling and carbon dynamics in the Arctic, integration of soil microbial and plant processes. Appl Soil Ecol 11:135–146

Jonasson S, Michelsen A, Schmidt IK, Nielsen EV (1999b) Responses in microbes and plants to changes temperature, nutrient, and light regimes in the Arctic. Ecology 80:1828–1843

Jones BM, Grosse G, Arp CD, Miller E, Liu L, Hayes DJ, Larsen CF (2015) Recent Arctic tundra fire initiates widespread thermokarst development. Sci Rep 5(15865):1–13

Jones JM, Gille ST, Goosse H et al (2016) Assessing recent trends in high-latitude Southern Hemisphere surface climate. Nat Clim Change 6:917–926

Jorgenson MT, Shur YL, Pullman ER (2006) Abrupt increase in permafrost degradation in Arctic Alaska. Geophys Res Lett 33(L02503):1–4

Joughin I, Alley RB (2011) Stability of the West Antarctic ice sheet in a warming world. Nat Geosci 4:506–513

Joughin I, Bamber JL (2005) Thickening of the ice stream catchments feeding the Filchner-Ronne Ice Shelf, Antarctica. Geophys Res Lett 32(L17503):1–4

Joughin I, Tulaczyk S (2002) Positive mass balance of the ross ice streams, West Antarctica. Science 295:476–480

Jumpponen A, Trappe JM (1998) Dark septate endophytes: a review of facultative biotrophic root-colonizing fungi. New Phytol 140:295–310

Kade A, Walker DA (2008) Experimental alteration of vegetation of nonsorted circles: effects on cryogenic activity and implications for climate change in the Arctic. Arct Antarct Alp Res 40:96–103

Kahl JD, Charlevoix DJ, Zaitseva NA, Schnell RC, Serreze MC (1993) Absence of evidence for greenhouse warming over the Arctic Ocean in the past 40 years. Nature 361:335–337

Kanevskiy M, Shur Y, Fortier D, Jorgonson MT, Stephani E (2011) Crystallography of late Pleistocene syngenetic permafrost (yedoma) in northern Alaska, Itkillik River exposure. Quatern Res 75:584–596

Kappen L (1983) Ecology and physiology of the Antarctic fruticose lichen *Usnea sulphurea* (Koenig) Th. Fries. Polar Biol 1:249–255

Kappen L (1985) Vegetation and ecology of ice-free areas of northern Victoria Land, Antarctica. 1. The lichen vegetation of Birthday Ridge and an Inland Mountain. Polar Biol 4:213–225

Kappen L (2000) Some aspects of the great success of lichens in Antarctica. Antarct Sci 12:314–324

Kappen L, Friedmann EI (1983) Ecophysiology of lichens in the dry valley of southern Victoria Land, Antarctica. Polar Biol 1:227–232

Kappen L, Schroeter B (2002) Plants and lichens in the Antarctic, their way of life and their relevance to soil formation. Ecol Stud 154:327–373

Kappen L, Sommerkorn M, Schroeter B (1995) Carbon aquisition and water relations of lichens in polar regions – potentials and limitations. Lichenologist 27:531–545

Kappen L, Schroeter B, Scheidegger C, Sommerkorn M, Hestmark G (1996) Cold resistance and metabolic activity of lichens below 0 °C. Adv Space Res 18:119–128

Kappen L, Schroeter B, Green TGA, Seppelt RD (1998) Microclimatic conditions, meltwater moistening and the distributional pattern of *Buellia frigida* on rock in a southern continental Antarctic habitat. Polar Biol 19:101–106

Kapsch M, Graversen R, Tjernström M (2013a) Springtime atmospheric energy transport and the control of Arctic summer sea-ice extent. Nat Clim Change 3:744–748

Kapsch M, Graversen R, Tjernström M (2013b) Springtime atmospheric transport controls Arctic summer sea-ice extent. Geophys Res Abstr 15:EGU2013-7955

Karcher MJ, Gerdes R, Kauker F, Köberle C (2003) Arctic warming: evolution and spreading of the 1990s warm event in the Nordic seas and the Arctic Ocean. J Geophys Res 108 (C2, 3034):1–16

Kay JE, L'Ecuyer T (2013) Observational constraints on Arctic Ocean clouds and radiative fluxes during the early 21st century. J Geophys Res Atmos 118:7219–7236

Keller K, Blum JD, Kling GW (2007) Geochemistry of soils and streams on surfaces of varying age in Arctic Alaska. Arct Antarct Alp Res 39:84–98

Kelley AM, Epstein HE (2009) Effects of nitrogen fertilization on plant communities of nonsorted circles in moist nonacidic tundra, northern Alaska. Arct Antarct Alp Res 41:119–127

Kennedy AD (1993) Water as a limiting factor in the Antarctic terrestrial environment: a biogeographical synthesis. Arct Alp Res 25:308–315

Khan SA, Wahr J, Bevis M, Velicogna I, Kendrick E (2010) Spread of ice mass loss into northwest Greenland observed by GRACE and GPS. Geophys Res Lett 37(L06501):1–5

Kiepe I, Friborg T, Herbst M, Johansson T, Soegaard H (2013) Modeling canopy CO_2 exchange in the European Russian Arctic. Arct Antarct Alp Res 45:50–63

Kim B-M, Hong J-Y, Jun S-Y, Zhang X, Kwon H, Kim S-J, Kim J-H, Kim S-W, Kim H-K (2017) Major cause of unprecedented Arctic warming in January 2016: critical role of an Atlantic windstorm. Sci Rep 7(40051):1–9

King JC, Turner J (1997) Antarctic meteorology and climatology. Cambridge University Press, Cambridge

Knies J, Cabedo-Sanz P, Belt ST, Baranwal S, Fietz S, Rosell-Melé A (2014) The emergence of modern sea ice cover in the Arctic Ocean. Nat Commun 5(5608):1–7

Komárková V, Poncet S, Poncet J (1985) Two native Antarctic vascular plants, *Deschampsia antarctica* and *Colobanthus quitensis*: a new southernmost locality and other localities in the Antarctic Peninsula area. Arct Alp Res 17:401–416

Konrad H, Shepherd A, Gilbert L, Hogg AE, McMillan M, Muir A, Slater T (2018) Net retreat of Antarctic glacier grounding lines. Nat Geosci 11:258–262

Kravchenko VO, Evtushesky OM, Grytsai AV, Milinevsky GP (2011) Decadal variability of winter temperatures in the Antarctic Peninsula region. Antarct Sci 23:614–622

Kristinsson H, Zhurbenko M, Hansen ES (2010) Panarctic checklist of lichens and lichenicolous fungi. CAFF Tech Rep 20:1–120

Kumar A, Perlwitz J, Eischeid J, Quan X, Xu T, Zhang T, Hoerling M, Jha B, Wang W (2010) Contribution of sea ice loss to Arctic amplification. Geophys Res Lett 37(L21701):1–6

Kwok R (2009) Outflow of Arctic Ocean sea ice into the Greenland and Barent Seas: 1979–2007. J Clim 22:2438–2457

Kwok R, Comiso JC (2002) Spatial patterns of variability in Antarctic surface temperature: connections to the Southern hemisphere annual mode and the southern oscillation. Geophys Res Lett 29(1705):1–4

Kwok R, Rothrock DA (2009) Decline in Arctic sea ice thickness from submarine and ICESat records: 1958-2008. Geophys Res Lett 36(L15501):1–5

Kytöviita M-M, Ruotsalainen AL (2007) Mycorrhizal benefit in two low arctic herbs increases with increasing temperature. Am J Bot 94:1309–1315

Laj P, Palais JM, Sigurdsson H (1992) Changing sources of impurities to the Greenland ice sheet over the last 250 years. Atmos Environ A 26:2627–2640

Landhäusser SM, Wein RW (1993) Postfire vegetation recovery and tree establishment at the Arctic treeline: climate-change–vegetation-response hypotheses. J Ecol 81:665–672

Langen PL, Alexeev VA (2007) Polar amplification as a preferred response in an idealized aquaplanet GCM. Clim Dyn 29:305–317

Lang SI, Cornelissen JHC, Shaver GR, Ahrens M, Callaghan TV, Molau U, ter Braak CJF, Hölzer A, Aerts R (2012) Arctic warming on two continents has consistent negative effects on lichen diversity and mixed effects on bryophyte diversity. Glob Change Biol 18:1096–1107

Lara MJ, McGuire AD, Euskirchen ES, Tweedie CE, Hinkel KM, Skurikhin AN, Romanovsky VE, Grosse G, Bolton WR, Genet H (2015) Polygonal tundra geomorphological change in response to warming alters future CO_2 and CH_4 flux on the Barrow Peninsula. Glob Change Biol 21:1634–1651

Lara MJ, Nitze I, Grosse G, Martin P, McGuire AD (2018) Reduced arctic tundra productivity linked with landform and climate change interactions. Sci Rep 8(2345):1–10

le Roux PC, Ramaswiela T, Kalwij JM, Shaw JD, Ryan PG, Treasure AM, McClelland GTW, McGeoch MA, Chown SL (2013) Human activities, propagule pressure and alien plants in the sub-Antarctic: tests of generalities and evidence in support of management. Biol Conserv 161:18–27

Lee JR, Raymond B, Bracegirdle TJ, Chadès I, Fuller RA, Shaw JD, Terauds A (2017) Climate change drives expansion of Antarctic ice-free habitat. Nature 547:49–54

Lenaerts JTM, van den Broeke MR, van de Berg WJ, van Meijgaard E (2012) A new, high-resolution surface mass balance map of Antarctica (1979–2010) based on regional atmospheric climate modeling. Geophys Res Lett 39(L04501):1–5

Lennihan R, Chapin DM, Dickson LG (1994) Nitrogen fixation and photosynthesis in high arctic forms of *Nostoc commune*. Can J Bot 72:940–945

Levy J (2013) How big are the McMurdo Dry Valleys? Estimating ice-free area using Landsat image data. Antarct Sci 25:119–120

Liengen T, Olsen RA (1997) Nitrogen fixation by free-living cyanobacteria from different coastal sites in a high arctic tundra, Spitsbergen. Arct Alp Res 29:470–477

Lind S, Ingvaldsen RB, Furevik T (2018) Arctic warming hotspot in the northern Barent Sea linked to declining sea ice import. Nat Clim Change 8:634–639

Lindsay RW, Zhang J (2005) The thinning of Arctic sea ice, 1988–2003: have passed a tipping point? J Clim 18:4879–4894

Line MA (1988) Microbial flora of some soils of Mawson Base and the Vestfold Hills, Antarctica. Polar Biol 8:421–427

Ling HU (1996) Snow algae of the Windmill Islands region, Antarctica. Hydrobiologia 336:99–106

Loisel J, Yu Z, Beilman DW, Kaiser K, Parnikoza I (2017) Peatland ecosystem processes in the maritime Antarctic during warm climates. Sci Rep 7(12344):1–9

Longton RE (1979) Vegetation ecology and classification in the Antarctic Zone. Can J Bot 57:2264–2278

Lunt DJ, de Noblet-Ducoudré N, Charbit S (2004) Effects of a melted Greenland ice sheet on climate, vegetation, and the cryosphere. Clim Dyn 23:679–694

Lythe MB, Vaughan DG, BEDMAP Consortium (2001) BEDMAP: a new ice thickness and subglacial topographic model of Antarctica. J Geophys Res 106:11335–11351

Macias-Fauria M, Karlsen SR, Forbes BC (2017) Disentangling the coupling between sea ice and tundra productivity in Svalbard. Sci Rep 7(8586):1–10

Mack MC, Schuur EAG, Bret-Harte MS, Shaver GR, Chapin FS (2004) Ecosystem carbon storage in arctic tundra reduced by long-term nutrient fertilization. Nature 431:440–443

Manabe S, Stouffer RJ (1980) Sensitivity of a global climate model to an increase of CO_2 concentration in the atmosphere. J Geophys Res 85:5529–5554

Manabe S, Spelman MJ, Stouffer RJ (1992) Transient responses of a coupled ocean-atmosphere model to gradual changes of atmospheric CO_2, Part II: Seasonal response. J Clim 5:105–126

Marchand FL, Nijs I, Heuer M, Mertens S, Kockelbergh F, Pontailler J-Y, Impens I, Beyens L (2004a) Climate warming postpones senescence in High Arctic tundra. Arct Antarct Alp Res 36:390–394

Marchand FL, Nijs I, de Boeck HJ, Kockelbergh F, Mertens S (2004b) Increased turnover but little change in the carbon balance of High-Arctic tundra exposed to whole growing season warming. Arct Antarct Alp Res 36:298–307

Marion GM, Miller PC, Kummerov J, Oechel WC (1982) Competition for nitrogen in a tussock tundra ecosystem. Plant Soil 66:317–327

Maslanik JA, Fowler C, Stroeve JC, Drobot S, Zwally J, Yi D, Emery W (2007) A younger, thinner Arctic ice cover: increased potential for rapid, extensive sea-ice loss. Geophys Res Lett 34(L24501):1–5

Mataloni G, Tell G, Wynn-Williams DD (2000) Structure and diversity of soil algal communities from Cierva point (Antarctic Peninsula). Polar Biol 23:205–211

Matishov G, Moiseev D, Lyubina O, Zhichkin A, Dzhenyuk S, Karamushko O, Frolova E (2012) Climate and cyclic hydrobiological changes of the Barent Sea from the twentieth to twenty-first centuries. Polar Biol 35:1773–1790

Mauritz M, Bracho R, Celis G, Hutchings J, Natali SM, Pegoraro E, Salmon VG, Schädel C, Webb EE, Schuur EAG (2017) Nonlinear CO_2 flux response to years of experimentally induced permafrost thaw. Glob Change Biol 23:3646–3666

Maxwell B (1997) Recent climate patterns in the Arctic. Ecol Stud 124:21–46

McBean G, Alekseev G, Chen D, Førland E, Fyfe J, Groisman PY, King R, Melling H, Vose R, Whitfield PH (2006) Arctic climate: past and present. In: Berner J, Callaghan TV, Fox S et al. (Hrsg) Arctic climate impact assessment. Cambridge University Press, Cambridge, S 21–60

McConell JR, Edwards R, Kok GL, Flanner MG, Zender CS, Saltzman ES, Banta JR, Pasteris DR, Carter MM, Kahl JDW (2007) 20th-century industrial black carbon emissions altered Arctic climate forcing. Science 317:1381–1384

McGrath D, Colgan W, Bayou N, Muto A, Steffen K (2013) Recent warming at Summit, Greenland: global context and implications. Geophys Res Lett. ▶ https://doi.org/10.1002/grl.50456

McKay C (2010) Liquid water formation around rocks and meteorites on Antarctic Polar Plateau ice. Antarct Sci 22:287–288

Medley B, Thomas ER (2019) Increased snowfall over the Antarctic ice sheet mitigated twentieth-century sea-level rise. Nat Clim Change 9:34–39

Mendonça E, La Scala N, Panosso AR, Simas FNB, Schaefer CEGR (2010) Spatial variability of CO_2 emissions from soils colonized by grass (*Deschampsia antarctica*) and moss (*Sanionia uncinata*) in Admiralty Bay, King George Island. Antarct Sci 23:27–33

Meese D, Glow AJ, Grootes P, Mayewski PA, Ram M, Stuiver M, Taylor KC, Waddington ED, Zielinski GA (1994) The accumulation record from the GISP2 core as an indicator of climate change throughout the Holocene. Science 266:1680–1682

Mercer JH (1978) West Antarctic ice sheet and CO_2 greenhouse effect: a threat of disaster. Nature 271:321–325

Meredith MP, King JC (2005) Rapid climate change in the ocean west of the Antarctic Peninsula during the second half of the 20th century. Geophys Res Lett 32(L196604):1–5

Mernild SH, Mote TL, Liston GE (2011) Greenland ice sheet surface melt extent and trends: 1960–2010. J Glaciol 57:621–628

Mikan CJ, Schimel JP, Doyle AP (2002) Temperature controls of microbial respiration in Arctic tundra soils above and below freezing. Soil Biol Biochem 34:1785–1795

Miller GH, Lehman SJ, Refsnider KA, Southon JR, Zhong Y (2013) Unprecedented recent summer warmt in Arctic Canada. Geophys Res Lett 40:5745–5751

Miller PC (1982) Environmental and vegetational variation across a snow accumulation area in montane tundra in central Alaska. Ecography 5:85–98

Miller PC, Stoner WA, Tieszen LL (1976) A model of stand photosynthesis for the wet meadow tundra at Barrow, Alaska. Ecology 57:411–430

Miller PC, Stoner WA, Ehleringer JR (1978) Some aspects of water relations of arctic and alpine regions. Ecol Stud 29:343–357

Minikin A, Legrand M, Hall J, Wagenbach D, Kleefeld C, Wolff E, Pasteur EC, Ducroz F (1998) Sulfur-containing species (sulfate and methanesulfate) in coastal Antarctic aerosol and precipitation. J Geophys Res 103:10975–10990

Molina-Montenegro MA, Carrasco-Urra F, Rodrigo C, Convey P, Valladares F, Gianoli E (2012) Occurrence of the non-native annual bluegrass on the Antarctic mainland and its negative effects on native plants. Conserv Biol 26:717–723

Molnár K, Farkas E (2010) Current results on biological activities of lichen secondary metabolites: a review. Z Naturforsch C 65:157–173

Monaghan AJ, Bromwich DH, Fogt RL et al (2006) Insignificant change in Antarctic snowfall since the International Geophysical Year. Science 313:827–831

Morgado LN, Semenova TA, Welker JM, Walker MD, Smets E, Geml J (2015) Summer temperature increase has distinct effects on the ectomycorrhizal fungal communities of moist tussock and dry tundra in Arctic Alaska. Glob Change Biol 21:959–972

Morris EM, Vaughan DG (2003) Spatial and temporal variation of surface temperature on the Antarctic Peninsula and the limit of viability of ice shelves. Antarct Res Ser 79:61–68

Mote TL (2007) Greenland surface melt trends 1973–2007: evidencen of a large increase in 2007. Geophys Res Lett 34(L22507):1–5

Mu Q, Jones LA, Kimball JS, McDonald KC, Running SW (2009) Satellite assessment of land surface evapotranspiration fort he pan-Arctic domain. Water Resour Res 45(W09420):1–20

Myers-Smith I, Elmendorf SC, Beck PSA et al (2015) Climate sensitivity of shrub growth across the tundra biome. Nat Clim Change 5:887–891

Nadelhoffer KJ, Giblin AE, Shaver GR, Laundre JA (1991) Effects of temperature and substrate quality on element mineralization in six arctic soils. Ecology 72:242–253

Nakatsubo T, Ino Y (1986) Nitrogen cycling in an Antarctic ecosystem. 1. Biological nitrogen fixation in the vicinity of Syowa Station. Mem Natl Inst Polar Res Ser E 37:1–10

Nesje A, Lie Ø, Dahl SO (2000) Is the North Atlantic Oscillation reflected in Scandinavian glacier mass balance records. J Quatern Sci 15:587–601

Nesje A, Bakke J, Dahl SO, Lie Ø, Matthews JA (2008) Norwegian mountain glaciers in the past, present and future. Glob Planet Change 60:10–27

Newsham KK (2010) The biology and ecology of the liverwort *Cephaloziella varians* in Antarctica. Antarct Sci 22:131–143

Nghiem SV, Rigor IG, Perovich DK, Clemente-Colón P, Weatherly JW, Neumann G (2007) Rapid reduction of Arctic perennial sea ice. Geophys Res Lett 34(L19504):1–6

Nghiem SV, Hall DK, Mote TL, Tedesco M, Albert MR, Keegan K, Shuman CA, DiGirolamo NE, Neumann G (2012) The extreme melt across the Greenland ice sheet in 2012. Geophys Res Lett 39(L20502):1–6

Nicolas JP, Bromwich DH (2011) Climate of West Antarctica and influence of marine air intrusions. J Clim 24:49–67

Niessen F, Hong JK, Hegewald A, Matthiesen J, Stein R, Kim H, Kim S, Jensen L, Jokat W, Nam S-I, Kang S-H (2013) Repeated pleistocene glaciations of the East Siberian continental margin. Nat Geosci 6:842–846

Nijs I, Behaeghe T, Impens I (1995) Leaf nitrogen content as a predictor of photosynthetic capacity in ambient and global change conditions. J Biogeogr 22:177–183

Oberbauer SF, Starr G, Pop EW (1998) Effects of extended growing seaon and soil warming on carbon dioxide and methane exchange of tussock tundra in Alaska. J Geophys Res 103:29075–29082

Oberbauer SF, Tweedie CE, Welker JM, Fahnestock JT, Henry GHR, Webber PJ, Hollister RD, Walker MD, Kuchy A, Elmore E, Starr G (2007) Tundra CO_2 fluxes in response to experimental warming across latitudinal and moisture gradients. Ecol Monogr 77:221–238

Ochyra R, Bednarek- Ochyra H, Smith RIL (1998) 170 years of research of the Antarctic moss flora. Polish Polar Stuides 25th International Polar Symposium. Polish Academy of Sciences, Warzawa, S 159–177

Oechel WC, Hastings SJ, Vourlitis GL, Jenkins M, Riechers G, Grulke N (1993) Recent change of Arctic tundra ecosystems from a net carbon dioxide sink to a source. Nature 361:520–523

Oechel WC, Vourlitis GL, Hastings SJ, Ault RP, Bryant P (1998) The effect of water table manipulation and elevated temperature on the net CO_2 flux of wet sedge tundra ecosystems. Glob Change Biol 4:77–90

Oechel WC, Vourlitis GL, Hastings SJ, Zulueta RC, Hinzman L, Kane D (2000) Acclimation of ecosystem CO_2 exchange in the Alaskan Arctic in response to decadal climate warming. Nature 406:978–981

Ohtani S, Kanda H (2002) Dronning maud land and its environments. Ecol Stud 154:51–68

Olefeldt D, Turetsky MR, Crill PM, McGuire AD (2013) Environmental and physical controls on northern terrestrial methane emissions across permafrost zones. Glob Change Biol 19:589–603

Olefeldt D, Goswami S, Grosse G, Hayes D, Hugelius G, Kuhry P, McGuirre AD, Romanovsky VE, Sannel ABK, Schuur EAG, Turetsky MR (2016) Circumpolar distribution and carbon storage of thermokarst landscapes. Nat Commun 7(13043):1–11s

Olofsson J (2009) Effects of simulated reindeer grazing trampling, and waste products on nitrogen mineralization and primary production. Arct Antarct Alp Res 41:330–338

Olofsson J, Stark S, Oksanen L (2004) Reindeer influence on ecosystem processes in the tundra. Oikos 105:386–396

Osterkamp TE (2005) The recent warming of permafrost in Alaska. Glob Planet Change 49:187–202

Overland JE, Wang M, Salo S (2008) The recent Arctic warm period. Tellus A 60:589–597

Øvstedal DO, Smith RIL (2001) Lichens of Antarctica and South Georgia. Cambridge University Press, Cambridge

Øvstedal DO, Tønsberg T, Elvebakk A (2009) The lichen flora of Svalbard. Sommerfeltia 33:1–393

Painter TG (1991) Lindow Man, Tollund Man, and other peat-bog bodies: the preservative and antimicrobial action of sphagnan, a reactive glycunoroglycan with tanning and sequestering properties. Carbohydr Polym 15:123–142

Parmentier F-JW, Christensen TR, Sørensen LL, Rysgaard S, McGuire AD, Miller PA, Walker DA (2013) The impact of lower sea-ice extent on Arctic greenhouse-gas exchange. Nat Clim Change 3:195–202

Peat HJ, Clarke A, Convey P (2007) Diversity and biogeography of the Antarctic flora. J Biogeogr 34:132–146

Perovich DK, Richter-Menge JA, Jones KF, Light B (2008) Sunlight, water, and ice: extreme Arctic sea ice melt during the summer of 2007. Geophys Res Lett 35(L11501):1–4

Peterson BJ, Holmes RM, McClelland JW, Vörösmarty CJ, Lammers RB, Shiklomanov AI, ShiklomanovIA Rahmstorf S (2002) Increasing river discharge to the Arctic Ocean. Science 298:2171–2173

Pfirman S, Haxby WF, Colony RL, Rigor IG (2004) Variability in Arctic sea ice drift. Geophys Res Lett L16402:1–4

Phoenix GK, Bjerke JW (2016) Arctic browning: extreme events and trends reversing arctic greening. Glob Change Biol 22:2960–2962

Pithan F, Mauritsen T (2014) Arctic amplification dominated by temperature feedbacks in contemporary climate models. Nat Geosci 7:181–184

Pointing SB, Chan Y, Lacap DC, Lau MCY, Jurgens JA, Farrell RL (2009) Highly specialized microbial diversity in hyper-arid polar desert. Proc Natl Acad Sci USA 106:19964–19969

Polyakov IV, Alekseev GV, Bekryaev RV, Bhatt U, Colony RL, Johnson MA, Karklin VP, Makshtas AP, Walsh D, Yulin AV (2002) Observationally based assessment of polar amplification of global warming. Geophys Res Lett 29(1878):1–4

Porazinska DL, Fountain AG, Nylen TH, Tranter M, Virginia RA, Wall DH (2004) The biodiversity and biogeochemistry of cryoconite holes from McMurdo Dry Valley Glaciers, Antarctica. Arct Antarct Alp Res 36:84–91

Post E, Pedersen C (2008) Opposing plant community responses to warming with and without herbivores. Proc Natl Acad Sci USA 105:12353–12358

Prevéy J, Vellend M, Rüger N et al (2017) Greater temperature sensitivity of plant phenology at colder sites: implications for convergence across northern latitudes. Glob Change Biol 23:2660–2671

Pritchard HD, Arthern RJ, Vaughan DG, Edwards LA (2009) Extensive dynamic thinning on the margins of the Greenland and Antarctic ice sheet. Nature 461:971–975

Qu X, Hall A (2006) Assessing snow albedo feedback in simulated climate change. J Clim 19:2617–2630

Racine C, Jandt R, Meyers C, Dennis J (2004) Tundra fire and vegetation change along a hillslope on the Seward Peninsula, Alaska, U.S.A. Arct Antarct Alp Res 36:1–10

Ramos M, Vieira G (2003) Active layer and permafrost monitoring in Livingston Island, Antarctic. First results from 2000 to 2001. In: Phillips M, Springman S, Arenson LU (Hrsg) Permafrost. Swets & Zeitlinger, Lisse, S 929–933

Rayback SA, Henry GHR (2006) Reconstruction of summer temperature for a Canadian High Arctic site from retroperspective analysis of the dwarf shrub, *Cassiope tetragona*. Arct Antarct Alp Res 38:228–238

Raymond PA, McClelland JW, Holmes RM, Zhulidov AV, Mull K, Peterson BJ, Striegl RG, Aiken GR, Gurtovaya TY (2007) Flux and age of dissolved organic carbon exported to the Arctic Ocean: a carbon isotopic study of the five largest arctic rivers. Glob Biogeochem Cycl 21(GB4011):1–9

Raynolds MK, Comiso JC, Walker DA, Verbyla D (2008) Relationships between satellite-derived land surface temperatures, Arctic vegetation types, and NDVI. Remote Sens Environ 112:1884–1894

Raynolds MK, Walker DA, Epstein HE, Pinzon JE, Tucker CJ (2012) A new estimate of tundra-biome phytomass from trans-Arctic field data and AVHRR NDVI. Remote Sens Lett 3:403–411

Reese R, Gudmundsson GH, Levermann A, Winkelmann R (2018) The far reach of ice-shelf thinning in Antarctica. Nat Clim Change 8:53–57

Repo ME, Susiluoto S, Lind SE, Jokinen S, Elsakov V, Biasi C, Virtanen T, Martikainen PJ (2009) Large N_2O emissions from cryoturbated peat soil in tundra. Nat Geosci 2:189–192

Ridley J, Gregory JM, Huybrechts P, Lowe J (2010) Thresholds for irreversible decline of the Greenland ice sheet. Clim Dyn 35:1049–1057

Rigor IG, Colony RL, Martin S (2000) Variations in surface air temperature observations in the Arctic, 1979–1997. J Clim 13:896–914

Rignot E, Casassa G, Gogineni P, Krabill W, Rivera A, Thomas R (2004) Accelerated ice discharge from the Antarctic Peninsula following the collapse of Larse B ice shelf. Geophys Res Lett 31(L18401):1–4

Rignot E, Box JE, Burgess E, Hanna E (2008a) Mass balance of the Greenland ice sheet from 1958 to 2007. Geophys Res Lett 35(L20502):1–5

Rignot E, Bamber JL, van den Broeke MR, Davis C, Li Y, van de Berg WJ, van Meijgaard E (2008b) Recent Antarctic ice mass loss from radar interferometry and regional climate modelling. Nat Geosci 1:106–110

Rignot E, Velicogna I, van den Broeke MR, Monaghan A, Lenaerts JTM (2011) Acceleration of the contribution of the Greenland and Antarctic ice sheets to sea level rise. Geophys Res Lett 38(L05503):1–5

Rignot E, Mouginot J, Scheuchl B, van den Broeke M, van Wessem MJ, Morlighem M (2019) Four decades of Antarctic Ice Sheet mass balance from 1979–2017. Proc Natl Acad Sci USA 116:1095–1103

Riihelä A, Manninen T, Laine V (2013) Observed changes in the albedo of the Arctic sea-ice zone for the period 1982–2009. Nat Clim Change 3:895–898

Rixen C, Freppaz M, Stoeckli V, Huovinen C, Huovinen K, Wipf S (2008) Altered snow density and chemistry change soil nitrogen mineralization and plant growth. Arct Antarct Alp Res 40:568–575

Robinson CH, Wookey PA (1997) Microbial ecology, decomposition and nutrient cycling. In: Woodin

SJ, Marquiss M (Hrsg) Ecology of Arctic environments. Blackwell, Oxford, S 41–68

Robinson CH, Wookey PA, Lee JA, Callaghan TV, Press MC (1998) Plant community responses to simulated environmental change at a high arctic polar semi-desert. Ecology 79:856–866

Robinson SA, King DH, Bramley-Alves J, Waterman MJ, Ashcroft MB, Wasley J, Turnbull JD, Miller RE, Ryan-Colton E, Benny T, Mullany K, Clarke LJ, Barry LA, Hua Q (2018) Rapid change in East Antarctic terrestrial vegetation in response to regional drying. Nat Clim Change 8:879–884

Robock A (2000) Volcanic eruptions and climate. Rev Geophys 38:191–219

Rosa RK, Oberbauer SF, Starr G, Parker la Puma I, Pop E, Ahlquist L, Baldwin T (2015) Plant phenological responses to a long-term experimental extension of growing season and soil warming in the tussock tundra of Alaska. Glob Change Biol 21:4520–4532

Rothrock DA, Yu Y, Maykut GA (1999) Thinning of the Arctic sea-ice cover. Geophys Res Lett 26:3469–3472

Rott H, Skvarca P, Nagler T (1996) Rapid collapse of northern Larsen Ice Shelf, Antarctica. Science 271:788–792

Roy I (2018) Solar cyclic variability can modulate winter Arctic climate. Sci Rep 8(4864):1–15

Rupp TS, Chapin FS, Starfield AM (2000) Response of subarctic vegetation to transient climatic change on the Seward Peninsula in north-west Alaska. Glob Change Biol 6:541–555

Rustad LE, Campbell JL, Marion GM, Norby RJ, Mitchell MJ, Hartley AE, Cornelissen JHC, Gurevitch J (2001) A meta-analysis of the response of soil respiration, net nitrogen mineralization, and aboveground plant growth to experimental ecosystem warming. Oecologia 126:543–562

Rye CD, Naveira Garabato AC, Holland PR, Meredith P, Nurser AJG, Hughes CW, Coward AC, Webb DJ (2014) Rapid sea-level rise along the Antarctic margins in response to increased glacial discharge. Nat Geosci 7:732–735

Sancho LG, Pintado A, Navarro F, Ramos M, de Pablo MA, Blanquer JM, Raggio J, Valladares F, Green TGA (2017) Recent warming and cooling in the Antarctic Peninsula region has rapid and large effects on lichen vegetation. Sci Rep 7(5689):1–8

Sand M, Berntsen TK, von Salzen K, Flanner MG, Langner J, Victor DG (2016) Response of Arctic temperature to changes in emissions of short-lived climate forcers. Nat Clim Change 6:286–289

Scambos TA, Bohlander JA, Shuman CA, Skvarca P (2004) Glacier acceleration and thinning after ice shelf collapse in the Larsen B embayment. Antarctica. Geophys Res Lett 31(L18402):1–4

Schädel C, Bader MK-F, Schuur EAG et al (2016) Potential carbon emissions dominated by carbon dioxide from thawed permafrost soils. Nat Clim Change 6:950–953

Schaeffer SM, Sharp E, Schimel JP, Welker JM (2013) Soil-plant N processes in a High Arctic ecosystem, NW Greenland are altered by long-term experimental warming and higher rainfall. Glob Change Biol 19:3529–3539

Schauer U, Fahrbach E, Osterhus S, Rohardt G (2004) Arctic warming through the Fram Strait: oceanic heat transport from 3 years of measurements. J Geophys Res 109(C06026):1–14

Schell DM, Alexander V (1973) Nitrogen fixation in arctic coastal tundra in relation to vegetation and micro-relief. Arctic 26:130–137

Schiermeier Q (2007) The new face of the Arctic. Nature 446:133–135

Schimel JP, Bilbrough C, Welker JM (2004) Increased snow depth affects microbial activity and nitrogen mineralization in two Arctic tundra communities. Soil Biol Biochem 36:217–227

Schimel JP, Fahnestock J, Michaelson G, Mikan CJ, Ping C-L, Romanovsky VE, Welker JM (2006) Cold-season production of CO_2 in Arctic soils: can laboratory and field estimates be reconciled through a simple modeling approach? Arct Antarct Alp Res 38:249–256

Schmidt IK, Jonasson S, Michelsen A (1999) Mineralization and microbial immobilization of N and P in arctic soils in relation to season, temperature and nutrient amendment. Appl Soil Ecol 11:147–160

Schmidt IK, Jonasson S, Shaver GR, Michelsen A, Nordin A (2002) Mineralization and distribution of nutrients in plants and microbes in four arctic ecosystems: responses to warming. Plant Soil 242:93–106

Schnitzer M, Vendette E (1975) Chemistry of humic substances extracted from an Arctic soil. Can J Soil Sci 55:93–103

Schroeter B, Scheidegger C (1995) Water relations in lichens at subzero temperatures: structural changes and carbon dioxide exchange in the lichen Umbilicaria aprina from continental Antarctica. New Phytol 131:273–285

Schroeter B, Olech M, Kappen L, Heitland W (1995) Ecophysiological investigations of Usnea antarctica in the maritime Antarctic. I. Annual microclimatic conditions and potential primary production. Antarct Sci 7:251–260

Schroeter B, Green TGA, Pintado A, Türk R, Sancho LG (2017) Summer activity patterns for mosses and lichens in Maritime Antarctica. Antarct Sci 29:519–530

Schuler TV, Hock R, Jackson M, Elvehøy H, Braun M, Brown I, Hagen J-O (2005) Distributed mass-balance and climate sensitivity modeling of Engabreen, Norway. Ann Glaciol 42:395–401

Schuur EAG, Crummer KG, Vogel JG, Mack MC (2007) Plant species composition and productivity following permafrost thaw and thermokarst in Alaskan tundra. Ecosystems 10:280–292

Screen JA, Simmonds I (2010) The central role of diminishing sea ice in recent Arctic temperature amplification. Nature 464:1334–1337

Screen JA, Francis JA (2016) Contribution of sea-ice loss to Arctic amplification is regulated by Pacific Ocean decadal variability. Nat Clim Change 6:856–860

Seale A, Christoffersen P, Mugford RI, O'Leary M (2011) Ocean forcing of the Greenland Ice Sheet: calving fronts and patterns of retreat identified by automatic satellite monitoring of eastern outlet glaciers. J Geophys Res 116(F03013):1–16

Seppelt RD, Green TGA (1998) A bryophyte flora for Southern Victoria Land, Antarctica. New Zeal J Bot 36:617–635

Seppelt RD, Green TGA, Schroeter B (1995) Lichens and mosses from the Kar Plateau, southern victoria land, Antarctica. New Zeal J Bot 33:203–220

Seppelt RD, Türk R, Green TGA, Moser G, Pannewitz S, Sancho LG, Schroeter B (2010) Lichen and moss communities of Botany Bay, Granite Harbour, Ross Sea, Antarctica. Antarct Sci 22:691–702

Serreze MC, Francis JA (2006) The Arctic amplification debate. Climatic Change 76:241–264

Serreze MC, Walsh JE, Chapin FS, Osterkamp T, Dyurgerov MB, Romanovsky V, Oechel WC, Morison J, Zhang T, Barry RG (2000) Observational evidence of recent changein the northern high-latitude environment. Climatic Change 46:159–207

Serreze MC, Holland MM, Stroeve JC (2007) Perspectives on the Arctic's shrinking sea-ice cover. Science 315:1533–1536

Seybold CAm Balks MR, Harms DS (2010) Characterization of active layer water contents in the McMurdo Sound region, Antarctica. Antarct Sci 22.633.645

Shaver GR, Jonasson S (2001) Productivity of arctic ecosystems. In: Mooney H, Roy J, Saugier B (Hrsg) Terrestrial global productivity. Academic Press, New York, S 189–210

Shaver GR, Bret-Hartle SM, Jones MH, Johnstone J, Gough L, Laundre J, Chapin FS (2001) Species composition interacts with fertilizer to control long-term change in tundra productivity. Ecology 82:3163–3181

Shen Q, Wang H, Shum CK, Jiang L, Hsu HT, Dong J (2018) Recent high-resolution Antarctic ice velocity maps reveal increased mass loss in Wilkes Land, East Antarctica. Sci Rep 8(4477):1–8

Shepherd A, Wingham D, Mansley JAD, Corr HFJ (2001) Inland thinning of pine island glacier, West Antarctica. Science 291:862–864

Shepherd A, Wingham D, Payne T, Skvarca P (2003) Larsen ice shelf has progressively thinned. Science 302:856–859

Shepherd A, Wingham D, Rignot E (2004) Warm ocean is eroding West Antarctic ice sheet. Geophys Res Lett 31(L23402):1–4

Shepherd A, Irvins ER, Geruo A et al (2012) A reconciled estimate of ice-sheet mass balance. Science 338:1183–1189

Shindell D, Faluvegi G (2009) Climate response to regional radiative forcing during the twentieth century. Nat Geosci 2:294–300

Siebert J, Hirsch P, Hoffmann B, Gliesche CG (1996) Cryptoendolithic microorganisms from Antarctic sandstone of Linnaeus Terrace (Asgard Range): diversity, properties and interactions. Biodiv Conserv 5:1337–1363

Silaspaswan CS, Verbyla DL, McGuire AD (2001) Land cover change on the Seward Peninsula: the use of remote sensing to evaluate the potential influences of climate warming on historical vegetation dynamics. Can J Remote Sens 27:542–554

Skansi MLM, King J, Lazzara MA et al. (2017) Evaluating highest-temperature extremes in the Antarctic. Eos 98, ▶ https://doi.org/10.1029/2017eo068325

Skiles SM, Flanner M, Cook JM, Dumont M, Painter TH (2018) Radiative forcing by light-absorbing particles in snow. Nat Clim Change 8:964–971

Skvarca P, De Angelis H (2003) Impact assessment of regional climatic warming on glaciers and ice shelves of the northeastern Antarctic Peninsula. Antarct Res Ser 79:69–78

Sloan VL, Fletcher BJ, Press MC, Williams M, Phoenix GK (2013) Leaf and fine root carbon stocks and turnover are coupled across Arctic ecosystems. Glob Change Biol 19:3668–3676

Smelsrud LH, Halvorsen MH, Stroeve JC, Zhang R, Kloster K (2017) Fram Strait sea ice export variability and September Arctic sea ice extent over the last 80 years. Cryosphere 11:65–79

Smith LC, Sheng Y, MacDonald GM, Hinzman LD (2005) Disappearing Arctic lakes. Science 308:1429

Smith RC, Stammerjohn SE, Baker KS (1996) Surface air temperature variations in the western Antarctic Peninsula region. Antarct Res Ser 70:105–121

Smith RIL (1988) Classification and ordination of cryptogamic communities in Wilkes Land, continental Antarctica. Vegetatio 76:155–166

Smith RIL (1994) Vascular plant as bioindicators of regional warming in Antarctica. Oecologia 99:322–328

Smith RIL (1996) Introduced plants in Antarctica: potential impacts and conservation issues. Biol Conserv 76:135–146

Smith RIL, Poncet S (1987) *Deschampsia antarctica* and *Colobanthus quitensis* in the Terra Firma Islands. Br Antarct Surv Bull 74:31–35

Smith RIL, Richardson M (2011) Fuegian plants in Antarctica: natural or anthropogenically assisted immigrants? Biol Invasions 13:1–5

Smith VR (2002) Climate change in the sub-Antarctic: an illustration from Marion Island. Climatic Change 52:345–357

Smith VR (2005) Moisture, carbon and inorganic nutrient controls of soil respiration at a sub-Antarctic island. Soil Biol Biochem 37:81–91

Smith VR, Steenkamp M (1994) Classification of the terrestrial habitats of Marion Island based on vegetation and soil chemistry. J Veg Sci 12:181–198

Sorensen PL, Jonasson S, Michelsen A (2006) Nitrogen fixation, denitrification, and ecosystem nitrogen pools in relation to vegetation development in the Subarctic. Arct Antarct Alp Res 38:263–272

Spence P, Holmes RM, Hogg AM, Griffies SM, Stewart KD, England MH (2017) Localized rapid warming of West Antarctic subsurface waters by remote winds. Nat Clim Change 7:595–604

Stalheim T, Ballance S, Christensen BE, Granum PE (2009) Sphagnan – a pectin-like polymer isolated from *Sphagnum* moss can inhibit the growth of some typical food spoilage and food poisoning bacteria by lowering the pH. J Appl Microbiol 106:967–976

Stammer D (2008) Response of the global ocean to Greenland and Antarctic ice melting. J Geophys Res 113(C06022):1–16

Stammerjohn SE, Martinson DG, Smith RC, Yuan X, Rind D (2008) Trends in Antarctic annual sea ice retreat and advance and their relation to El Niño-Southern Oscillation and Southern Annular Mode variability. J Geophys Res 113 (C03S90): 1–20

Starr G, Oberbauer SF (2003) Photosynthesis of arctic evergreens under snow: implications for tundra ecosystem carbon balance. Ecology 84:1415–1420

Starr G, Oberbauer SF, Ahlquist LE (2008) The photosynthetic response of Alaskan tundra plants to increased season length and soil warming. Arct Antarct Alp Res 40:181–191

Steig EJ, Schneider DP, Rutherford SD, Mann ME, Comiso JC, Shindell DT (2009) Warming of the Antarctic ice-sheet surface since the 1957 International Geophysical Year. Nature 457:459–662

Steig EJ, Ding Q, White JWC et al (2013) Recent climate and ice-sheet changes in West Antarctica compared with the past 2000 years. Nat Geosci 6:372–375

Stein R, Fahl K, Gierz P, Niessen F, Lohmann G (2017) Arctic Ocean sea ice cover during the penultimate glacial and the last interglacial. Nat Commun 8(373):1–13

Stendel M, Christensen JH (2002) Impact of global warming on permafrost conditions in a coupled GCM. Geophys Res Lett 29(1632):1–4

Steven B, Léveillé R, Pollard WH, Whyte LG (2006) Microbial ecology and biodiversity in permafrost. Extremophiles 10:259–267

Stieglitz M, Déry SJ, Romanovsky VE, Osterkamp TE (2003) The role of snow cover in the warming of arctic permafrost. Geophys Res Lett 30(1721):1–4

Stone RS (1997) Variations in western Arctic temperatures in response to cloud radiative and synoptic-scale influences. J Geophys Res 102:21769–21776

Stone RS, Dutton EG, Harris JM, Longenecker D (2002) Earlier spring snowmelt in northern Alaska as an indicator of climate change. J Geophys Res 107 (D10, 4089):1-13

Stow DA, Hope A, McGuire D et al (2004) Remote sensing of vegetation and land-cover change in Arctic tundra ecosystems. Remote Sens Environ 89:281–308

Stow DA, Petersen A, Hope A, Engstrom R, Coulter L (2007) Greeness trends of Arctic tundra vegetation in the 1990s: comparison of two NVDI data sets from NOAA and AVHRR systems. Int J Remote Sens 28:4807–4822

Strauss J, Schirrmeister L, Wetterich S, Borchers A, Davydov SP (2012) Grain-size properties and organic-carbon stock of Yedoma Ice Complex permafrost from the Kolyma lowland, northeastern Siberia. Glob Biogeochem Cycl 26(GB3003):1–12

Stroeve JC, Serreze MC, Fetterer F, Arbetter T, Meier W, Maslanik J, Knowles K (2005) Tracking the Arctic's shrinking ice cover: another extreme September minimum in 2004. Geophys Res Lett 32(L04501):1–4

Stuecker MF, Bitz CM, Armour KC, Proistosescu C, Kang SM, Xie S-P, Kim D, McGregor S, Zhang W, Zhao S, Cai W, Dong Y, Jin F-F (2018) Polar amplification dominated by local forcing and feedbacks. Nat Clim Change 8:1076–1081

Sturm M, Racine C, Tape K (2001) Increasing shrub abundance in the Arctic. Nature 411:546–547

Sturm M, Schimel J, Michaelson G, Welker JM, Oberbauer SF, Liston GE, Fahnestock J, Romanovsky VE (2005) Winter biological processes could help convert Arctic tundra to shrubland. BioScience 55:17–26

Stutz RC, Bliss LC (1975) Nitrogen fixation in soils of Truelove Lowland, Devon Island, Northwest Territories. Can J Bot 53:1387–1399

Sundal AV, Shepherd A, Nienow P, Hanna E, Palmer S, Huybrechts P (2011) Melt-induced speed-up of Greenland ice sheet offset by efficient subglacial drainage. Nature 469:521–524

Sutinen R, Vajda A, Hänninen P, Sutinen M-L (2009) Significance of snowpack for root-zone water and temperature cycles in subarctic Lapland. Arct Antarct Alp Res 41:373–380

Sweet SK, Griffin KL, Steltzer H, Gough L, Boelman NT (2015) Greater deciduous shrub abundance extends tundra peak season and increases modeled net CO_2 uptake. Glob Change Biol 21:2394–2409

Thoma M, Jenkins A, Holland D, Jacobs S (2008) Modelling circumpolar deep water intrusions on the Amundsen Sea continental shelf. Antarctica. Geophys Res Lett 35(L18602):1–6

Thompson C, Beringer J, Chapin FS, McGuirre AD (2004) Structural complexity and land-surface energy exchange along a gradient from arctic tundra to boreal forest. J Veg Sci 15:397–406

Thompson LG, Peel DA, Mosley-Thompson E, Mulvaney R, Dal J, Lin PN, Davis ME, Raymond CF (1994) Climate since AD 1510 on Dyer Plateau, Antarctic Peninsula: evidence for recent climate change. Ann Glaciol 20:420–426

Tieszen LL (1978) Photosynthesis in the principal Barrow, Alaska, species: a summary of field and laboratory responses. Ecol Stud 29:241–268

Tjernström M, Shupe MD, Brooks IM, Persson POG, Prytherch J, Salisbury DJ, Sedlar J, Achtert P, Brooks BJ, Johnston PE, Sotiropoulou G, Wolfe D (2015) Warm-air advection, air mass transformation and fog causes rapid ice melt. Geophys Res Lett 42:5594–5602

Treharne R, Bjerke JW, Tømmervik H, Stendardi L, Phoenix GK (2019) Arctic browning: impacts of extreme climatic events on heathland ecosystem CO_2 fluxes. Glob Change Biol 25:489–503

Trenberth KE (2015) Has there been a hiatus? Science 349:691–692

Trenberth KE, Jones PD, Ambenje P et al. (2007) Observations: surface and atmospheric climate change. In: Solomon S, Qin D, Manning M, Chen Z, Marquis M, Averyt KB, Tignor M, Miller HL (Hrsg) Climate change 2007: the physical science basis. Contribution of Working Group I to the fourth assessment report of the Intergovernmental Panel on Climate Change. Cambridge University Press, Cambridge, S 235–336

Tsukernik M, Deser C, Alexander M, Tomas R (2010) Atmospheric forcing of fram strait sea ice export: a closer look. Clim Dyn 35:1349–1360

Turner J, Lachlan-Cope TA, Thomas JP, Colwell SR (1995) The synoptic origins of precipitation over the Antarctic Peninsula. Antarct Sci 7:327–337

Turner J, Colwell SR, Harangozo S (1997) Variability of precipitation over the coastal western Antarctic Peninsula from synoptic observations. J Geophys Res 102:13999–14007

Turner J, King JC, Lachlan-Cope TA, Jones PD (2002) Recent temperature trends in the Antarctic. Nature 418:291–292

Turner J, Colwell SR, Marshall GJ, Lachlan-Cope TA, Carleton AM, Jones PD, Lagun V, Reid PA, Iagovkina S (2005) Antarctic climate change during the last 50 years. Int J Climatol 25:279–294

Turner J, Lachlan-Cope TA, Colwell SR, Marshall GJ, Connolley WM (2006) Significant warming of the Antarctic winter troposphere. Science 311:1914–1917

Turner J, Lu H, White I, King JC, Phillips T, Hosking JS, Bracegirdle TJ, Marshall GJ, Mulvaney R, Deb P (2016) Absence of 21st century warming on Antarctic Peninsula consistent with natural variability. Nature 535:411–415

Turner J, Orr A, Gudmundsson GH, Jenkins A, Bingham RG, Hillenbrandt C-D, Bracegirdle TJ (2017) Atmosphere-ocean-ice interactions in the Admundsen Sea Embayment, West Antarctica. Rev Geophys 55:235–276

Tye AM, Heaton THE (2007) Chemical and isotopic characteristics of weathering and nitrogen release in non-glacial drainage waters on Arctic tundra. Geochim Cosmochim Acta 71:4188–4205

Ulrich A, Gersper PL (1978) Plant nutrient limitations of tundra plant growth. Ecol Stud 29:457–481

Upson R, Newsham KK, Read DJ (2008) Root-fungal associations of *Colobanthus quitensis* and *Deschampsia antarctica* in the maritime and sub-Antarctic. Arct Antarct Alp Res 40:592–599

Valladares F, Sancho LG (2000) The relevance of nutrient availability for lichen productivity in the maritime Antarctic. Bibl Lichenol 75:189–199

Van Cleve K, Alexander V (1981) Nitrogen cycling in tundra and boreal ecosystems. Ecol Bull 33:375–404

van den Broeke M, van de Berg WJ, van Meijgaard E, Reijmer C (2006) Identification of Antarctic ablation areas using a regional atmospheric climate model. J Geophys Res 111(D18110):1–14

van der Waal R, Brooker RW (2004) Mosses mediate grazer impacts on grass abundance in arctic ecosystems. Funct Ecol 18:77–86

van der Linden Bintanja R, Hazeleger W (2017) Arctic decadal variability in a warming world. J Geophys Res Atmos 122:5677–5696

Vaughan DG, Doake CSM (1996) Recent atmospheric warming and retreat of ice shelves on the Antarctic Peninsula. Nature 379:328–331

Vaughan DG, Marshall GJ, Connolley WM, King JC, Mulvaney R (2001) Devil in the detail. Science 293:1777–1779

Vaughan DG, Marshall GJ, Connolley WM, Parkinson C, Mulvaney R, Hodgson DA, King JC, Pudsey CJ, Turner J (2003) Recent rapid regional climate warming on the Antarctic Peninsula. Climatic Change 60:243–274

Vaughn LJS, Conrad ME, Bill M, Torn MS (2016) Isotopic insights into methane production, oxidation, and emissions in Arctic polygon tundra. Glob Change Biol 22:3487–3502

Velicogna I (2009) Increasing rates of ice mass loss from the Greenland and Antarctic ice sheets revealed by GRACE. Geophys Res Lett 36(L19503):1–4

Vera ML, Fernández-Teruel T, Quesada A (2013) Distribution and reproductive capacity of *Deschampsia antarctica* and *Colobanthus quitensis* on Byers Peninsula, Livingston Island, South Shetland Islands, Antarctica. Antarct Sci 25:292–302

Verbyla D (2008) The greening and browning of Alaska based on 1982–2003 satellite data. Glob Ecol Biogeogr 17:547–555

Vieira G, Bockheim J, Guglielmin M et al (2010) Thermal state of permafrost and active-layer monitoring in the Antarctic: advances during the International Polar Year 2007–2009. Permafrost Periglac Process 21:182–197

Vikhamar-Schuler D, Isaksen K, Haugen JE, Tømmervik H, Luks B, Vikhamar-Schuler T, Bjerke JW (2016) Change in winter warming events in the Nordic Arctic Region. J Clim 29:6223–6244

Vishniac HS (1996) Biodiversity of yeasts and filamentous microfungi in terrestrial Antarctic ecosystems. Biodiv Conserv 5:1365–1378

Voigt C, Lamprecht RE, Marushchak ME, Lind SE, Novakovskiy A, Aurela M, Martikainen PJ, Biasi C (2017) Warming of subarctic tundra increases emissions of all three important greenhouse gases – carbon dioxide, methane, and nitrous oxide. Glob Change Biol 23:3121–3138

Vonk JE, Sánchez-Garcia L, van Dongen BE, Alling V, Kosmach D, Charkin A, Semiletov IP, Dudarev OV, Shakhova N, Roos P, Eglinton TI, Andersson A, Gustafsson Ö (2012) Activation of old carbon by erosion of coastal and subsea permafrost in Arctic Siberia. Nature 489:137–140

von Lützow M, Kögel-Knabner I (2009) Temperature sensitivity of soil organic matter decomposition – what do we know? Biol Fertil Soils 46:1–15

Vorobyova E, Soina V, Gorlenko M, Minkovskaya N, Zalinova N, Mamukelashvili A, Gilichinsky DA, Rivkina E, Vishnivetskaya T (1997) The deep cold biosphere: facts and hypothesis. FEMS Microbiol Rev 20:277–290

Wahren CH, Walker MD, Bret-Harte MS (2005) Vegetation responses in Alaskan arctic tundra after 8 years of a summer warming and winter snow manipulation experiment. Glob Change Biol 11:537–552

Walker MD, Wahren CH, Hollister RD et al (2006) Plant community responses to experimental warming across the tundra biome. Proc Natl Acad Sci USA 103:1342–1346

Walsh JE, Doran PT, Priscu JC, Lyons WB, Fountain AG, McKnight DM, Moorhead DL, Virginia RA, Wall DH, Clow GD, Fritsen CH, McKay CP, Parsons AN (2002) Reply to Turner et al. (2002) Recent temperature trends in the Antarctic. Nature 418:292

Walter H, Breckle S-W (1991) Ökologie der Erde. Bd 4. Spezielle Ökologie der Gemäßigten und Arktischen Zonen außerhalb Eurasiens. G. Fischer, Stuttgar

Walter H, Breckle S-W (1994) Ökologie der Erde. Bd 3. Spezielle Ökologie der gemäßigten und arktischen Zonen Euro-Nordasiens. 2. Aufl. G. Fischer, Stuttgart

Walton DWH (1985) Cellulose decomposition and its relationship to nutrient cycling at South Georgia. In: Siegfried WR, Condy PR, Laws RM (Hrsg) Proceedings of the 4th SCAR symposium on Antarctic biology. Springer, Berlin, S 192–199

Walvoord MA, Striegl RG (2007) Increased groundwater to stream discharge from permafrost thawing in the Yukon River basin: potential impacts on lateral export of carbon and nitrogen. Geophys Res Lett 34(L12402):1–6

Wang M, Overland JE, Kattsov W, Walsh JE, Zhang X, Pavlova T (2007) Intrinsic versus forced variation in coupled climate model simulations over the Arctic during the twentieth century. J Clim 20:1093–1107

Wang X, Key JR (2003) Recent trends in Arctic surface, cloud, and radiation properties from space. Science 299:1725–1728

Webster M, Gerland S, Holland M, Hunke E, Kwok R, Lecomte O, Massom R, Perovich D, Sturm M (2018) Snow in the changing sea-ice systems. Nat Clim Change 8:946–953

Weijers S, Buchwal A, Blok D, Löffler J, Elberling B (2017) High Arctic summer warming tracked by increased *Cassiope tetragona* growth in the world's northernmost polar desert. Glob Change Biol 23:5006–5020

Weintraub MN, Schimel JP (2003) Interactions between carbon and nitrogen mineralization and soil organic matter chemistry in Arctic tundra soils. Ecosystems 6:129–143

Weiss M, Hobbie SE, Gettel GM (2005) Contrasting responses of nitrogen-fixation in arctic lichens to experimental and ambient nitrogen and phosphorus availability. Arct Antarct Alp Res 37:396–401

Welch KA, Lyons WB, Graham E, Neumann K, Thomas JM, Mikesell D (1996) Determination of major element chemistry in terrestrial waters from Antarctica by ion chromatography. J Chromatogr A 739:257–263

Welker JM, Fahnestock JT, Jones MH (2000) Annual CO_2 flux in dry and moist Arctic tundra: field responses to increases in summer temperatures and winter snow depth. Climatic Change 44:139–150

Welker JM, Fahnestock JT, Henry GHR, O'Dea KW, Chimner RA (2004) CO_2 exchange in three Canadian High Arctic ecosystems: response to long-term experimental warming. Glob Change Biol 10:1981–1995

Weller G, Holmgren B (1974) The microclimates of the arctic tundra. J Appl Meteorol 13:854–862

Wernli H, Papritz L (2018) Role of polar anticyclones and mid-latitude cyclones for Arctic summertime sea-ice melting. Nat Geosci 11:108–113

Whinam J, Chilcott N, Bergstrom DM (2005) Subantarctic hitchhikers: expeditioners as vectors for the introduction of alien organisms. Biol Conserv 121:207–219

Widell K, Østerhus S, Gammelsrød T (2003) Sea ice velocity in the Fram Strait monitored by moored instruments. Geophys Res Lett 30. ► https://doi.org/10.1029/2003gl018119:1-4

Williams M, Rastetter EB (1999) Vegetation characteristics and primary productivity along an arctic transect: implications for scaling up. J Ecol 87:885–898

Willis MJ, Herried BG, Bevis MG, Bell RE (2015) Recharge of a subglacial lake by surface meltwater in northeast Greenland. Nature, in press

Wingham DJ, Shepherd A, Muir A, Marshall GJ (2006) Mass balance of the Antarctic ice sheet. Phil Trans Roy Soc A 364:1627–1635

Wood KR, Overland JE (2009) Early 20th century Arctic warming in retrospect. Int J Climatol 30:1269–1279

Woodin SJ (1997) Effects of deposition on Arctic vegetation. In: Woodin SJ, Marquiss (Hrsg) Ecology of Arctic environments. Blackwell, Oxford, S 219–240

Wookey PA, Robinson CH, Parsons AN, Welker JM, Press MC, Callaghan TV, Lee JA (1995) Environmental constraints on the growth, photosynthesis and reproductive development of *Dryas octopetala* at a high Arctic polar semi-desert, Svalbard. Oecologia 102:478–489

Worby AP, Geiger CA, Paget MJ, Van Woert ML, Ackley SF, DeLiberty TL (2008) Thickness distribution of Antarctic sea ice. J Geophys Res 113 (C05S92):1–14

Wouters B, Chambers D, Schrama EJO (2008) GRACE observes small-scale mass loss in Greenland. Geophys Res Lett 35(L20501):1–5

Xiong FS, Ruhland CT, Day TA (1999) Photosynthetic temperature response of the Antarctic vascular plants *Colobanthus quitensis* and *Deschampsia antarctica*. Physiol Plant 106:276–286

Xu L, Myneni RB, Chapin FS et al (2013) Temperature and vegetation seasonality diminishment over northern lands. Nat Clim Change 3:581–586

Xue K, Yuan MM, Shi ZJ et al (2016) Tundra soil carbon is vulnerable to rapid microbial decomposition under climate warming. Nat Clim Change 6:595–600

Yamori W, Suzuki K, Noguchi K, Nakai M, Terashima I (2006) Effects of Rubisco kinetics and Rubisco activation state on the temperature dependence of the photosynthetic rate in spinach leaves from contrasting growth temperatures. Plant Cell Environ 29:1659–1670

Yergeau E, Kowalchuk GA (2008) Responses of Antarctic soil microbial communities and associated functions to temperature and freeze-thaw cycle frequency. Environ Microbiol 10:2223–2235

Yergeau E, Kang S, He Z, Zhou J, Kowalchuk GA (2007) Functional microarray analysis of nitrogen and carbon cycling genes across an Antarctic latitudinal transect. Int Soc Microb Ecol J 1:163–179

Yuan MM, Zhang J, Xue K et al (2018) Microbial functional diversity covaries with permafrost thaw-induced environmental heterogeneity in tundra soil. Glob Change Biol 24:297–307

Yuan N, Ding M, Ludescher J, Budde A (2017) Increase of the Antarctic Sea ice extent is highly significant only in the Ross Sea. Sci Rep 7(41096):1–8

Yurtsev BA (1994) Floristic division of the Arctic. J Veg Sci 5:765–776

Zasada JC, Sharik TL, Nygren M (1992) The reproductive process in boreal forest trees. In: Shugart HH, Leemans R, Bonan GB (Hrsg) A systems analysis of the global boreal forest. Cambridge University Press, Cambridge, S 85–125

Zeeberg JJ, Forman SL (2001) Changes in glacier extent on north Novaya Zemlya in the twentieth century. Holocene 11:161–175

Zhang J (2007) Increasing Antarctic sea ice under warming atmospheric and oceanic conditions. J Clim 20:2515–2529

Zhang J, Rothrock DA, Steele M (1998) Warming of the Arctic Ocean by a strengthened Atlantic inflow: model results. Geophys Res Lett 25:1745–1748

Zhu R, Sun J, Liu Y, Gong Z, Sun L (2010) Potential ammonia emissions from penguin guano, ornithogenic soils and seal colony soils in coastal Antarctica: effects of freezing-thawing cycles and selected environmental variables. Antarct Sci 23:78–92

Zielke M, Solheim B, Spjelkavik S, Olsen RA (2005) Nitrogen fixation in the High Arctic: role of vegetation and environmental conditions. Arct Antarct Alp Res 37:372–378

Zimov SA, Voropaev YV, Semiletov IP, Davidov SP, Prosiannikov SF, Chapin FS, Chapin MC, Trumbore S, Tyler S (1997) North Siberian lakes: a methane source fueled by Pleistocene carbon. Science 277:800–802

Zimov SA, Davydov SP, Zimova GM, Davydova AI, Schuur EAG, Dutta K, Chapin FS (2006a) Permafrost carbon: stock and decomposability of a globally significant carbon pool. Geophys Res Lett 33(L20502):1–5

Zimov SA, Schuur EAG, Chapin FS (2006b) Permafrost and the global carbon budget. Science 312:1612–1613

Zuniga GE, Zamora P, Ortego M, Obrecht A (2009) Micropropagation of Antarctic *Colobanthus quitensis*. Antarct Sci 21:149–150

4

Boreale Wälder und Moorgebiete

© Springer-Verlag GmbH Deutschland, ein Teil von Springer Nature 2019
M. Hauck, C. Leuschner, J. Homeier, *Klimawandel und Vegetation – Eine globale Übersicht*,
https://doi.org/10.1007/978-3-662-59791-0_4

4.1 Abgrenzung und Charakterisierung der Vegetation

Die boreale Zone umschließt als ein von Wald dominierter Vegetationsgürtel südlich der Arktis und nördlich der gemäßigten Zone die gesamte Nordhalbkugel. Die Abgrenzung ist klimatisch bedingt. Die Nordgrenze der borealen Zone fällt in etwa mit der Position der **Arktikfront** während des Sommers zusammen, die die im Bereich des Nordpolarmeeres liegenden arktischen Luftmassen von den südlich anschließenden (die Namensgebung irritiert hier ein wenig) polaren Luftmassen abgrenzt (Bryson 1966; Krebs und Barry 1970). Die räumliche Übereinstimmung von Arktikfront und Wald-Tundra-Grenze spiegelt vermutlich einen Effekt der meteorologischen Verhältnisse auf die Vegetation (Beringer et al. 2001; Lynch et al. 2001) und nicht, wie von Pielke und Vidale (1995) angenommen, von der Vegetation auf die Lage der Luftmassengrenzen wider. Die Südgrenze der borealen Zone deckt sich in etwa mit der Position der Arktikfront im Winter sowie der 10 °C-Juli-Isotherme (Stäblein 1987).

Die **Monatsmitteltemperatur** sinkt im Winter im kältesten Monat auf unter −3 °C ab; die Monatsmitteltemperatur des wärmsten Monats übersteigt 10 °C. Die Länge der Vegetationsperiode in der borealen Zone beträgt 3 bis 6 Monate (Walter und Breckle 1991, 1994; Schultz 2000). Die im Vergleich zur Arktis längere Vegetationsperiode und die höheren Temperaturen erlauben das Wachstum von Bäumen. Die boreale Zone ist deckungsgleich mit dem **borealen Nadelwaldgebiet,** dem mit 20 Mio. km^2 (das sind 13 % der Landoberfläche der Erde) größten Waldzonobiom der Erde. Neben ausgedehnten Nadelwäldern und von Pionierlaubhölzern geprägten Ersatzgesellschaften liegen hier große Moorgebiete. Aufgrund der Lage und Form der Kontinente ist die boreale Zone im Gegensatz zu allen anderen Vegetationszonen der Erde nur auf der Nordhalbkugel ausgeprägt. Die Nord-Süd-Ausdehnung des borealen Nadelwaldgebiets beträgt bis zu 2000 km in Eurasien und 700 bis 1500 km in Nordamerika (Schultz 2000).

4.2 Baumartenzusammensetzung borealer Wälder

4.2.1 Boreale Waldvegetation in Eurasien

Die Waldvegetation der borealen Zone wird durch wenige Baumarten mit meist großen Arealen geprägt. In Eurasien führen ausgeprägte Unterschiede in der **Kontinentalität** zur Differenzierung in die subozeanische bis subkontinentale **Dunkle Taiga** humider, ganzjährig feuchter Lagen und die **Helle Taiga** stark kontinentaler, semihumider bis semiarider Regionen mit geringem Winterniederschlag. Der Jahresniederschlag beträgt in der Dunklen Taiga mehr als 400 mm, in der Hellen Taiga weniger als 400 mm, oft jedoch nur 200 bis 300 mm (Jäger 1968; Tei et al. 2014). Die **Dunkle Taiga Sibiriens** ist durch die Sibirische Fichte *(Picea obovata)*, Sibirische Tanne *(Abies sibirica)*, Sibirische Zirbelkiefer *(Pinus sibirica)* und daneben die Sibirische Lärche *(Larix sibirica)* geprägt. Westlich des Urals wird Letztere durch die Russische Lärche *(L. sukaczewii)* abgelöst (Araki et al. 2008). Während *Pinus sibirica* westlich des Urals nur bis etwa 50° E vordringt, erreicht *Abies sibirica* als Westgrenze ihres Areals 40° E und *Larix sukaczewii* sogar 35° E. *Picea obovata* ist über das nördliche europäische Russland bis Nordfinnland verbreitet und kommt vereinzelt selbst in Nordschweden westlich von 20° E vor (Meusel et al. 1965). Im Übrigen wird *P. obovata* in **Fennoskandinavien** allerdings durch die Europäische Fichte *(Picea abies)* abgelöst, die die dortige Klimaxvegetation der Wälder dominiert. Die Ostgrenze ihrer Verbreitung erreicht *P. abies* erst bei 55° E am Ural. Während es im Überlappungsbereich der Areale zur Hybridisierung kommt (Krutovskii und Bergmann 1995), unterscheiden sich die Populationen von *P. obovata* östlich des Urals genetisch deutlich von *P. abies* (Tollefsrud et al. 2009).

Im Gegensatz zur immergrünen Dunklen Taiga wird die **sommergrüne Helle Taiga** stark durch die **Lärche** dominiert, die oft ausgedehnte Reinbestände bildet. Etwa die Hälfte der Waldfläche Sibiriens wird von Lärchen eingenommen (Abaimov 2010). Durch Isolation im Pleistozän haben sich mehrere eng miteinander verwandte Lärchenarten gebildet (Khatab et al. 2008). In Südsibirien und an der äußersten Südgrenze des borealen Nadelwaldgebiets in Innerasien kommt die auch in Westsibirien verbreitete *Larix sibirica* vor. Das westliche Ostsibirien wird von der Daurischen Lärche *(L. gmelinii)* dominiert, wohingegen im Nordosten Sibiriens etwa östlich von 120° E Cajanders Lärche *L. cajanderi* vorkommt (Semerikov et al. 1999). *L. cajanderi* besiedelt hier das kälteste Gebiet der borealen Zone mit der tiefsten jemals außerhalb der Antarktis gemessenen Extremtemperatur von $-67{,}8\,°C$ und mittleren Januar-Temperaturen von -40 bis $-50\,°C$. Die Lärchen müssen in der Hellen Taiga nicht nur tiefe Temperaturen im Winter und flachgründigen Permafrost, sondern auch Sommertrockenheit tolerieren (Arneth et al. 1996; Dulamsuren et al. 2009a). Aufgrund des kalttrockenen Klimas werden die *Larix cajanderi*- und *Larix gmelinii*-Wälder Ostsibiriens häufig nur wenige Meter hoch und weisen selten eine geschlossene Kronenschicht auf (Kajimoto et al. 2006). Die konkurrenzschwache, aber physiologisch äußerst anpassungsfähige Waldkiefer *(Pinus sylvestris)* besiedelt vermoorte Bereiche im gesamten borealen Nadelwaldgebiet Eurasiens, aber auch besonders trockene Standorte an dessen Südrand; sie wird besonders durch Feuer gefördert.

Pioniergehölze im borealen Waldgebiet Eurasiens sind durch die Birke und in geringerem Umfang durch die Espe *(Populus tremula)* dominiert. Unter den Birken herrschen die weit verbreitete *Betula pubescens* sowie die nahe miteinander verwandten *B. pendula* in Europa und Westsibirien und *B. platyphylla* in Ostsibirien vor.

4.2.2 Boreale Waldvegetation in Nordamerika

In Nordamerika fehlt die Helle Taiga, da hier die geringere Kontinentalmasse zur Ausbildung ähnlich hochkontinentaler Klimate wie in Ostsibirien nicht ausreicht. Dementsprechend gibt es kein englischsprachiges Gegenstück zu dem dem Russischen entstammenden Begriffspaar der Dunklen und der Hellen Taiga. Dennoch existiert ein **Kontinentalitätsgradient**, da der Niederschlag von Ost nach West von etwa $1500\,\mathrm{mm\,a^{-1}}$ im östlichen Québec und auf Neufundland bis auf unter $200\,\mathrm{mm\,a^{-1}}$ in Alaska abnimmt (Walter und Breckle 1991; Rivas-Martínez et al. 1999). Durch das gesamte boreale Waldgebiet Nordamerikas gleichermaßen verbreitet sind die beiden Fichtenarten *Picea glauca* (Weißfichte) und *P. mariana* (Schwarzfichte). Obwohl beide Arten annähernd das gleiche Areal besiedeln, unterscheiden sie sich doch ökologisch. *P. glauca* dominiert die Klimaxvegetation auf **gut drainierten** und **gut nährstoffversorgten Böden**. Die auf guten Böden konkurrenzschwächere *P. mariana* kommt vor allem auf **vermoorten** und **nährstoffarmen Standorten** vor und vermag **Permafrostböden** mit nur sehr flachgründiger Auftauschicht (bis 25 cm) zu besiedeln (Van Cleve et al. 1990; McLeod und MacDonald 1997; Germano und Klein 1999). Da *P. glauca* staunasse Böden meidet, nimmt ihre Bedeutung in der Vegetation vom niederschlagsreichen Osten zum niederschlagsärmeren Westen des nordamerikanischen Nadelwaldgebietes zu (McLeod und MacDonald 1997). Die Genügsamkeit von *P. mariana* lässt sich zumindest teilweise mit der Langlebigkeit ihrer Nadeln erklären, die besonders lange einen positiven Beitrag zur Kohlenstoffbilanz zu leisten vermögen (Hom und Oechel 1983). Entsprechend ihrer unterschiedlichen Standortansprüche haben sich die Mengenanteile der beiden Fichtenarten im späten Pleistozän und während des Holozäns in Wärmephasen zugunsten von *P. glauca* und in kalt-feuchte Phasen zugunsten von *P. mariana* verschoben (Lindbladh et al. 2007). Im östlichen und mittleren

Nordamerika, westlich 120° W, spielt auch die Balsamtanne *(Abies balsamea)* eine wichtige Rolle in der Vegetation der borealen Wälder. Die kontinentalsten Bereiche im westlichen Kanada und in Alaska meidet sie ähnlich wie *A. sibirica* in Ostsibirien. Mit *Larix laricina* ist auch eine Lärchenart fast durch das gesamte nordamerikanische boreale Nadelwaldgebiet verbreitet. Im Gegensatz zu den Lärchenarten Sibiriens ist sie jedoch keine bestandesbildende Baumart der zonalen Waldvegetation, sondern weicht der Konkurrenz der meisten anderen Baumarten durch ihre weitgehende Konzentration auf vernässte Standorte aus (Tilton 1977). Sie kommt an solchen Standorten oft zusammen mit *Picea mariana* vor, vermag aber durch die Ausbildung von Adventivwurzeln mit hoher hydraulischer Leitfähigkeit noch stärkere Vernässung als *P. mariana* zu tolerieren (Islam und Macdonald 2004).

In Pionierwäldern des borealen Nordamerikas treten wie in Eurasien Birke (z. B. *B. papyrifera* sowie *B. neoalaskana* von Alaska bis zur Hudson Bay) und Espe *(Populus tremuloides)* auf. Allerdings ist im Vergleich zu Eurasien der Mengenanteil der Espe an der Vegetation sehr viel größer. Unter den Kiefern sind als Profiteure von Störungen *Pinus banksiana* und die überwiegend temperat verbreitete, aber auch im westlichen borealen Nadelwaldgebiet vorkommende *P. contorta* hervorzuheben. Die Kiefern werden (wie auch *P. sylvestris* in Eurasien) durch Waldbrände begünstigt. Die reifen Zapfen von *P. banksiana* und *P. contorta* öffnen sich nur durch starke Erhitzung, wie sie normalerweise bei starken Kronenfeuern auftritt (Johnson und Gutsell 1993; Kenkel et al. 1997).

4.3 Limitierende Standortfaktoren für boreale Wälder

4.3.1 Temperatur und Nährstoffverfügbarkeit

Entsprechend den klimatischen Rahmenbedingungen ist die Produktivität borealer Nadelwälder maßgeblich durch **niedrige Temperaturen** und die **Kürze der Vegetationsperiode** limitiert (Jarvis und Linder 2000). Darüber hinaus wirkt die Verfügbarkeit von Nährstoffen, insbesondere von **Stickstoff**, limitierend (Brown und Higginbotham 1986). Für die Bodenvegetation ist zudem Licht ein limitierender Faktor (Messier et al. 1998; Strengbom et al. 2004).

Die Produktivität ist eng mit dem Blattstickstoffgehalt gekoppelt (Reich et al. 1998). Die geringe **Stickstoffverfügbarkeit** in borealen Wäldern ist vor allem das Resultat der niedrigen Temperaturen, die die bodenbiologische Aktivität erniedrigen und die Nachlieferung durch **Mineralisation** abgestorbener organischer Substanz verlangsamen (Bonan und Van Cleve 1992; Stottlemyer und Toczydlowksi 1999). Darüber hinaus ist die Streu von Nadelwäldern durch ein niedriges Stickstoff/Lignin-Verhältnis gekennzeichnet; sie ist daher in der Regel schlecht abbaubar, wodurch auch auf diesem Weg eine rasche Mineralisation verhindert wird (Pastor et al. 1987; Bonan 1990; Côte et al. 2000). Im Vergleich mit der noch kälteren Tundra ist die Mineralisationsrate im Wald allerdings generell höher (Sjögersten und Wookey 2005). Dennoch sind ähnlich wie in der Tundra viele Pflanzen der borealen Wälder in Anpassung an den verbreiteten Stickstoffmangel dazu in der Lage, bereits organischen Stickstoff in Form von Aminosäuren und Peptiden aufzunehmen, und erhöhen so ihre Konkurrenzfähigkeit bei der **Stickstoffaufnahme** (Näsholm et al. 1998; Näsholm und Persson 2001; Persson et al. 2003). Außerdem werden so Auswaschungsverluste von leicht löslichem mineralischem Stickstoff vermieden. Der limitierende Schritt bei der Stickstoffversorgung ist somit die Geschwindigkeit des Proteinabbaus zu kurzkettigen Peptiden und Aminosäuren, da Proteine nicht von Pflanzen und Mikroorganismen intrazellulär aufgenommen werden können (Jones und Kielland 2002). Über Permafrost wird die Nährstoffverfügbarkeit zusätzlich durch den sehr begrenzten Wurzelraum in der Auftauschicht eingeschränkt. Die für das Pflanzenwachstum limitierenden abiotischen Umweltfaktoren entsprechen qualitativ also denen in der Tundra, sind aber in der Intensität aufgrund des milderen Klimas in der borealen Zone abgeschwächt.

Eine wichtige Rolle für die **Nährstoffversorgung** spielen die in den kontinentalen Gebieten der borealen Nadelwaldzone regelmäßig wiederkehrenden **Feuer** (Schulze et al. 1995). Bei Bränden, insbesondere solchen, die den alten Baumbestand vernichten, werden Nährstoffe aus der Vegetation und der organischen Auflage mineralisiert und in den Boden freigesetzt (Wirth et al. 2002). Zudem erhöht die nach einem Brand geringere Beschattung den Wärmefluss in den Boden und somit die Mineralisierungsraten für abgestorbene Biomasse (Bonan und Shugart 1989). Die durch den Brand freigesetzten Nährstoffe können von der neuaufwachsenden Vegetation genutzt werden. Allerdings senken Waldbrände auch die Fähigkeit zur **Stickstoff-Fixierung** aus der Luft, die in borealen Wäldern überwiegend durch Cyanobakterien durchgeführt wird, die in Moospolstern leben, die auch schon bei Bodenfeuern stark in Mitleidenschaft gezogen werden (DeLuca et al. 2008). Sehr starke Waldbrände führen außerdem zu Stickstoffverlusten durch die **Freisetzung von Stickoxiden** in die Atmosphäre (Bonan und Shugart 1989). Mit Fortschreiten der Sukzession werden aus der Biomasse der Bäume wieder zuvor gebundene Nährstoffe freigesetzt. Dies geschieht während der **Selbstausdünnung** der jungen Baumbestände infolge der mit dem Alter zunehmenden Konkurrenz um Licht und um Bodenressourcen. Mit zeitlicher Verzögerung stehen die in den absterbenden Bäumen gebundenen Nährstoffe wieder der verbleibenden Vegetation zur Verfügung (Schulze et al. 1995). Altholzbestände sind hingegen häufig durch Stickstoffmangel in ihrer Produktivität eingeschränkt. In feuchten, insbesondere staunassen Wäldern kann die Stickstoffaufnahme durch die Moosschicht einen bedeutenden Anteil am Stickstoffbedarf

der Vegetation ausmachen (Bond-Lamberty et al. 2006).

Da sich das Klima in der borealen Zone nicht zum Ackerbau eignet und in der Folge auch die Besiedlungsdichte durch den Menschen im Vergleich zu südlicheren Breiten gering ist, ist die **atmosphärische Stickstoffdeposition** im Allgemeinen niedrig. In weiten Bereichen des borealen Nadelwaldgebiets liegt die Stickstoffdeposition bei 1–2 kg N ha^{-1} a^{-1}; am Südrand im Übergangsgebiet zu den dichter besiedelten gemäßigten Breiten steigt sie gebietsweise auf Werte um 5 kg N ha^{-1} a^{-1} an (Galloway et al. 2008). Am geringsten ist die atmosphärische Stickstoffdeposition in Nordostsibirien, Alaska und im nordöstlichen Kanada mit 0,5–1 kg N ha^{-1} a^{-1} oder teilweise noch geringeren Werten. Die **kritische Belastungsgrenze** (*Critical Load*), ab der es zu bedeutenden ökosystemaren Veränderungen kommt, wurde von Nordin et al. (2005) für boreale Nadelwälder bei 6 kg N ha^{-1} a^{-1} angesetzt. Jenseits dieser Belastungsgrenze beobachteten Nordin et al. (2005) in nordskandinavischen Wäldern Verschiebungen in der Bodenvegetation von Ammonium und organischen Stickstoff bevorzugenden Ericaceen (*Vaccinium myrtillus*, *V. vitis-idaea*) zu sich hauptsächlich von Nitrat ernährenden Gräsern (*Deschampsia*). Ferner stellten die Autoren eine Abnahme von Moosen sowie eine verstärkte Anfälligkeit von Pflanzen der Bodenvegetation gegenüber Pathogenen fest, weil die Pflanzen bei engerem C/N-Verhältnis als Folge der Stickstoffdeposition weniger phenolische Abwehrstoffe produzierten. Die Befunde von Nordin et al. (2005) liegen deutlich unterhalb der kritischen Belastungsgrenze für boreale Wälder von 10–15 kg N ha^{-1} a^{-1}, ab der Achermann und Bobbink (2003) Veränderungen in der Artenzusammensetzung der Bodenvegetation hin zu nitrophytischen Arten, eine Abnahme der Fruchtkörperproduktion von Mykorrhizapilzen, eine Abnahme von Flechten, eine zunehmende Anfälligkeit der Vegetation für Parasiten und gestörte Gleichgewichte im Nährstoffhaushalt annahmen.

4.3.2 Wasserhaushalt und Permafrost

Die Wasserversorgung stellt am Südrand der borealen Zone, in der Waldsteppe, eine entscheidende limitierende Größe für den Wald dar. Hier nähert sich die Jahressumme der **potenziellen Evapotranspiration** dem **Jahresniederschlag** an, wohingegen im übrigen borealen Nadelwaldgebiet der Niederschlag generell die potenzielle Evapotranspiration übersteigt (Hogg 1997). Allerdings kann in den kontinentalen Gebieten der borealen Zone in den dort vorherrschenden trocken-heißen Sommern saisonal die Evapotranspiration den Niederschlag überschreiten. Charakteristisch ist, dass dort der Jahresniederschlag oft einer deutlich höheren Variabilität unterworfen ist als die Jahressumme der tatsächlichen Evapotranspiration (Maximov et al. 2008; Ohta et al. 2008). Diese Diskrepanz erklärt sich durch den **Permafrost**, dessen oberflächliches Auftauen gerade während sommerlicher Trockenperioden die Evapotranspiration aufrechtzuerhalten vermag. Das im Sommer verbrauchte Wasser entstammt dabei maßgeblich dem **Herbstniederschlag** des Vorjahres, der von der Vegetation nicht vollständig verbraucht wird, da die Photosyntheseleistung dann aufgrund niedriger Temperaturen und kurzer Tageslängen reduziert ist und deshalb die stomatäre Leitfähigkeit eingeschränkt wird (Sugimoto et al. 2003; Nikolaev et al. 2009). In trockenen Sommern steigt das Wasser von der Auftauschicht des Permafrosts in den Oberboden auf, während in regenreichen Sommern in den von den Pflanzen durchwurzelten Bodentiefen Wasser aus den aktuellen Niederschlägen dominiert (◘ Abb. 4.1). Der Permafrost vermag die **Bestandestranspiration** bei variablem Niederschlag in weitem Rahmen konstant zu halten. In einem Bewässerungsversuch mit *L. cajanderi* in Jakutien während des Hochsommers (Juli/August) unterschied sich die Bestandestranspiration zwischen einem bewässerten und einem unbewässerten Bestand (43 bzw. 46 mm) kaum, obwohl die bewässerte Fläche in den Untersuchungsmonaten die doppelte Wassermenge (219 mm) wie durch den natürlichen Niederschlag (110 mm) erhielt (Lopez et al. 2010).

4.4 Moore in der borealen Zone

Die boreale Zone beherbergt 80 % der globalen Moorfläche (Wieder et al. 2006), nämlich 3,5 Mio. km^2 mit mehr als 30 cm Torfmächtigkeit (Gorham 1991; Charman 2002). Allein ein Viertel dieser Fläche befindet sich in der Westsibirischen Tiefebene (900.000 km^2; Kremenetski et al. 2003), darunter das Moorgebiet von Vasyugan (53.000 km^2) in der Ob-Irtysch-Niederung als größtes Moor der Erde. Die Torfmächtigkeit übersteigt die für die Definition benutzte Mindestgrenze von 30 cm in der Regel beträchtlich und beträgt im Mittel 2,3 m (Gorham 1991). Andere Schätzungen gehen von einer noch größeren Moorfläche von 4 Mio. km^2 aus (Maltby und Immirzi 1993; MacDonald et al. 2006; Yu et al. 2010). Prägend für die Vegetation und die Entwicklung in bodensauren Mooren sind die Torfmoose der Gattung *Sphagnum*, deren schlechte Zersetzbarkeit die Torfbildung begünstigt (Moore und Basiliko 2006; Rydin et al. 2006). Etwa ein Viertel der Moorfläche der borealen Zone ist bewaldet (Wieder et al. 2006) und z. B. mit *Pinus sylvestris* (Eurasien) oder *Picea mariana* und *Larix laricina* (Nordamerika) bestanden. Diese Moorwälder sind in die Ausführungen zu den Wäldern in diesem Kapitel eingeschlossen. Vor allem in den kontinentalen Gebieten stehen die borealen Moorgebiete unter dem Einfluss von Permafrost und Feuer (Kuhry und Turunen 2006). Obwohl der Anteil intakter Moore in der borealen Zone naturgemäß sehr viel größer ist als in den viel dichter vom Menschen besiedelten temperaten Breiten, sind auch in der borealen Zone beträchtliche Moorflächen durch Entwässerungsmaßnahmen, Abtorfung und Öl- und Gasförderung beeinträchtigt worden

4

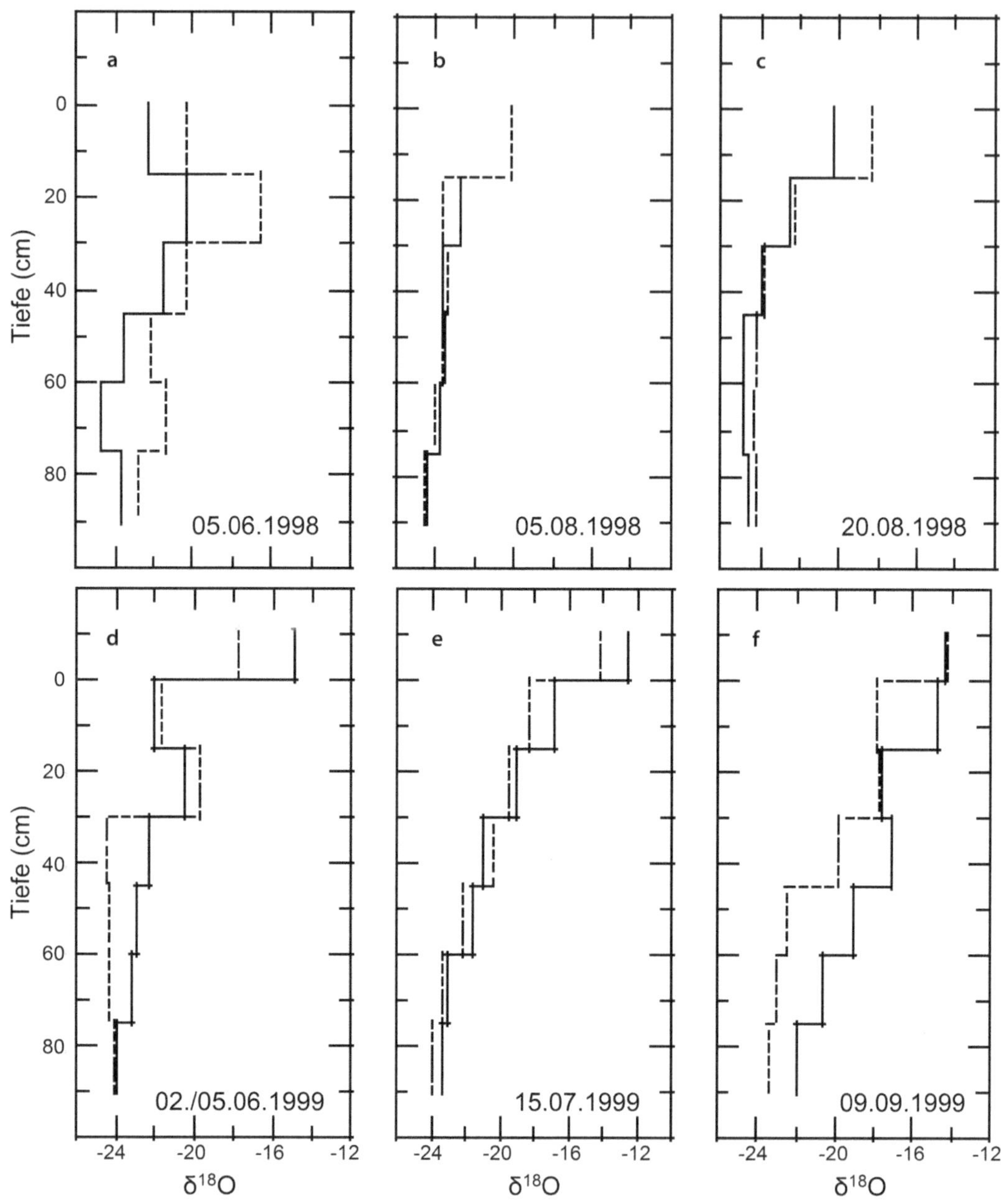

■ **Abb. 4.1**   Die δ^{18}O-Signatur des Bodenwassers als Indikator für den Einfluss des Permafrostes auf die Boden-wasserverfügbarkeit in einem trockenen (1998) und einem feuchten (1999) Sommer in der Hellen Taiga mit *Larix gmelinii* auf kontinuierlichem Permafrost in Jakutien, Ostsibirien. Im feuchten Sommer 1999 nimmt die δ^{18}O-Signatur in Richtung Bodenoberfläche aufgrund des Einflusses des Niederschlags zu. Im trockenen Sommer 1998 zeigen niedrigere δ^{18}O-Werte den kapillaren Aufstieg von Wasser aus der Auftauschicht des Permafrosts an. Die durchgezogenen und gestrichelten Linien repräsentieren Parallelmessungen. (Nach Sugimoto et al. 2003, S. 1082)

(Botch et al. 1995; Turetsky und Louis 2006). Allein 150.000 km² Moorfläche, größtenteils in Skandinavien und Russland, waren nach Schätzung von Laine et al. (2006) von Entwässerungsmaßnahmen durch die Forstwirtschaft betroffen.

4.5 Klimatrends in der borealen Zone

Das boreale Nadelwaldgebiet gehört zu den Gebieten der Erde mit dem stärksten **Temperaturanstieg** seit Beginn des 20. Jahrhunderts (Karoly und Wu 2005; Knutson et al. 2006; IPCC 2013). Die Erwärmung ist allerdings weniger stark ausgeprägt als in den nördlich anschließenden Tundren sowie über den grönländischen Eismassen und dem Nordpolarmeer (Hansen und Lebedeff 1987). In den küstenfernen Gebieten Sibiriens und des nördlichen Innerasiens sowie in großen Teilen Kanadas und Alaskas ist die Temperatur von 1901 bis 2012 um mehr als 1,5 K (oder 0,14 K pro Dekade), vielerorts sogar um mehr als 1,75 K (oder 0,16 K pro Dekade) angestiegen (◘ Abb. 1.5). Das Ausmaß der Klimaerwärmung in der borealen Zone liegt damit deutlich **über dem globalen Mittel** für die Landflächen der Erde von 0,89 K (oder 0,08 K pro Dekade) im selben Zeitraum. In der zweiten Hälfte des 20. Jahrhunderts wurden in einzelnen Regionen des borealen Nadelwaldgebietes deutlich höhere Erwärmungsraten registriert.

Von 1970 bis 2000 ist die Temperatur über den Landmassen des borealen Eurasiens und Nordamerikas (◘ Abb. 4.2a) in den meisten Gebieten um mindestens 0,2 K pro Dekade, in großen Bereichen um mehr als 0,35 oder sogar mehr als 0,5 K pro Dekade angestiegen (Buermann et al. 2014). Gebiete mit besonders starker Temperaturzunahme (◘ Abb. 4.2a) finden sich in **Eurasien** im Ural und im Westsibirischen Tiefland bis zum Jenissei, in Jakutien, am Baikalsee, in den Südsibirischen Gebirgen (einschließlich Sayanen und Altai) (Hansen und Lebedeff 1987;

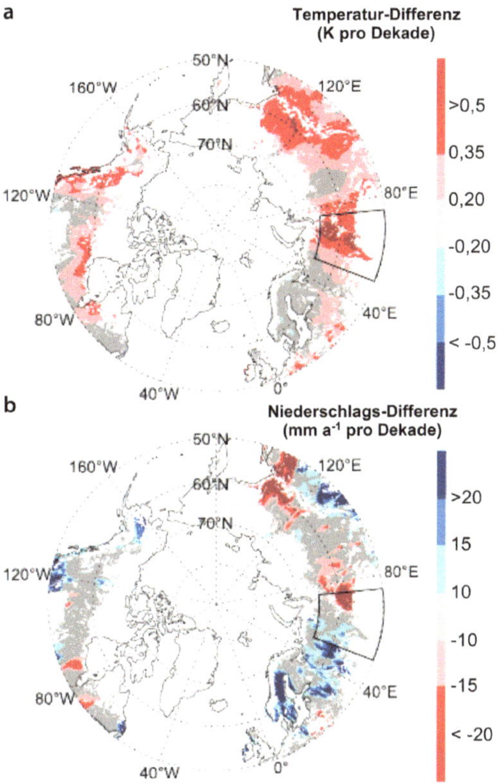

◘ **Abb. 4.2**   Lineare Trends für (**a**) die Sommertemperatur (Juni–August) und (**b**) den Sommerniederschlag von 1970 bis 2000 in der borealen Zone. (Nach Buermann et al. 2014, S. 1999)

Buermann et al. 2014) sowie am äußersten Südrand der Eurosibirischen Nadelwälder in Innerasien in den Waldsteppen Kasachstans und der Mongolei (Dagvadorj et al. 2009; Dulamsuren 2013). Das Mittelsibirische Bergland östlich des Jenissei und westlich der Lena sowie Fennoskandien und das europäische Russland sind hingegen von geringeren Erwärmungsraten von unter 0,35 K pro Dekade betroffen. Die Zahl der Tage mit stark überdurchschnittlicher Temperatur hat in Sibirien wie im europäischen Russland zu allen Jahreszeiten zugenommen (Bulygina et al. 2007). Die Zahl heißer Sommertage ist in Südsibirien stärker angestiegen als im restlichen eurasischen borealen Waldgebiet. In **Nordamerika** (◘ Abb. 4.2a) sind Alaska, das westliche Kanada sowie der Nordrand des borealen Waldgebiets am Rand und südwestlich der Hudson Bay besonders stark von der Klimaerwärmung (>0,35 K pro Dekade) betroffen (Hansen und Lebedeff 1987; Stafford et al. 2000; Karl et al. 2009; Price et al. 2013; Buermann et al. 2014).

In Übereinstimmung mit den Temperaturtrends für die Arktis (▶ Abschn. 3.3.1) und für die gesamte Nordhemisphäre kam es auch in weiten Teilen des borealen Nadelwaldgebiets zu einer vorübergehenden **Abkühlung Mitte des 20. Jahrhunderts**. Diese Abkühlung war mit einer vorübergehenden Abschwächung der Nordatlantischen Oszillation (NAO) korreliert, die sich über ihren Einfluss auf die Bildung von in West-Ost-Richtung verlaufenden Luftströmungen auf das Klima in weiten Teilen der Nordhalbkugel auswirkt (Hurrell 1995). Kennzeichnend für diese kühle Klimaperiode Mitte des 20. Jahrhunderts sind allerdings starke regionale Unterschiede in den Temperaturtrends. Am stärksten (−0,4 bis −0,8 K pro Dekade; 1940–1965) kühlte sich das Klima in Alaska und im nordwestlichen Kanada sowie in der innerasiatischen Waldsteppe der Mongolei und Ostkasachstans ab (Hansen und Lebedeff 1987). Ebenfalls zu einer starken Abkühlung (−0,2 bis −0,4 K pro Dekade) kam es im Gebiet der Hudson Bay und einem Streifen im westlichen und mittleren Kanada in Höhe von etwa 50° N. Im Waldgebiet des östlichen Kanada und in Ostsibirien kühlte sich das Klima von 1945 bis 1965 um nur −0,1 K pro Dekade ab, was in etwa der mittleren Temperaturänderung der gesamten Nordhemisphäre in diesem Zeitraum entsprach. Fennoskandien, das europäische Russland und West- und Mittelsibirien zeigten entgegen dem nordhemisphärischen Abkühlungstrend sogar leichte Erwärmungstendenzen um bis zu 0,4 K pro Dekade (Hansen und Lebedeff 1987).

Die **Temperaturzunahme in den 1920er- und 1930er-Jahren** in der Nordhemisphäre und insbesondere in der Arktis (s. ▶ Abschn. 3.3.1) wirkte sich auch in der borealen Zone, wenngleich auch mit starken regionalen Unterschieden, aus (Jacoby und D'Arrigo 1989; Meleshko et al. 2008). Die Wärmephase der

1920er- und 1930er-Jahre war in Teilen des borealen Nadelwaldgebiets, so im mittleren und östlichen Kanada, mit Trockenheit (Girardin et al. 2006) sowie verringertem Dickenzuwachs und erhöhter Mortalität der Bäume (Bond-Lamberty et al. 2014; Girardin et al. 2014) verbunden. In Zentralalaska lässt sich dagegen keine Erwärmungsphase für diesen Zeitraum nachweisen (Davi et al. 2003; Barber et al. 2004). Für den längeren Zeitraum von 1880 bis 1940 gehen Hansen und Lebedeff (1987) allerdings von einem besonders starken Temperaturanstieg in Alaska (0,3 bis 0,5 K pro Dekade), im mittleren Kanada (0,2 bis 0,5 K pro Dekade) und in der nördlichen eurosibirischen Nadelwaldregion (0,2 bis 0,3 K pro Dekade) aus.

Im Allgemeinen ist die Temperaturzunahme in der borealen Zone im Winter stärker ausgeprägt als im Sommer (Anisimov und Zhiltsova 2012). Allerdings sind die **jahreszeitlichen Unterschiede** in der Intensität der Erwärmung weniger deutlich als in der Arktis, wo sich die Polare Verstärkung stärker auswirkt. Im Zeitraum von 1880 bis 1985 überstieg die Erwärmung bei 50° N im Winter die im Sommer etwa um das 2,5- bis 5-Fache (Hansen und Lebedeff 1987). Dies hat wie in der Tundra zur Folge, dass die **Temperatursaisonalität**, die Differenz von Sommer- und Wintertemperatur, abnimmt. In der borealen Zone hat seit Anfang der 1980er-Jahre binnen 30 Jahren die Temperatursaisonalität so stark abgenommen, als wenn das Gebiet um 5 Breitengrade nach Süden verschoben worden wäre (Xu et al. 2013).

Die **Niederschlagstrends** im borealen Waldgebiet sind uneinheitlich (Girardin et al. 2009; Buermann et al. 2014). In Teilen Westsibiriens und des Ostsibirischen Berglandes sowie gebietsweise südlich und südöstlich der Hudson-Bay hat der **Sommerniederschlag** von 1970 bis 2000 um mehr als 20 mm pro Dekade abgenommen (◘ Abb. 4.2b). Im Mittelsibirischen Bergland und (räumlich stärker eingeschränkt) in Südsibirien sind Abnahmen von meist 10 mm pro Dekade, zum Teil aber auch mehr, zu verzeichnen. Niederschlagszunahmen gab es von 1970 bis 2000 vor allem in Fennoskandien, dem europäischen Teil Russlands und dem Uralgebiet sowie in Zentralalaska, dem westlichen Kanada und in Neufundland. Teilweise hat sich auch die saisonale Niederschlagsverteilung verschoben. In großen Teilen Kanadas und Nordeuropas sowie in Westsibirien hat der **Schneefall** zugenommen (Mekis und Vincent 2011; Anisimov und Zhiltsova 2012; IPCC 2013). In Süd- und Ostsibirien hat sich hingegen der Winterniederschlag kaum verändert (Kirdyanow et al. 2003; Anisimov und Zhiltsova 2012).

In der Bilanz aus Sommer- und Winterniederschlag ergeben sich Gebiete mit zunehmendem **Jahresniederschlag** (1901–2001) vor allem im Südwesten Kanadas, am Südrand des borealen Nadelwaldgebietes südlich der Hudson Bay und im äußersten Osten des kanadischen borealen Waldgebietes am Atlantik (Girardin et al. 2009). In Eurasien sind in erster Linie Skandinavien, Teile Westsibiriens und das östliche Südsibirische Gebirge nördlich des Amurflusses von zunehmenden Jahresniederschlägen betroffen.

Steigende Temperaturen können insbesondere an den Rändern der Kontinente eine frühere **Schneeschmelze** verursachen (Mellander et al. 2007). Ein früheres Abschmelzen kann dazu führen, dass mehr Schmelzwasser oberflächlich abfließt, anstatt von der Vegetation genutzt zu werden (Barnett et al. 2005). Eine frühere Schneeschmelze verstärkt die Erwärmung durch eine Abnahme der Albedo (Betts und Ball 1997; Euskirchen et al. 2010).

4.6 Einfluss des Klimawandels auf die Produktivität borealer Wälder

4.6.1 Gegenläufige Produktivitätstrends als Reaktion auf den Klimawandel

Da die Produktivität der borealen Wälder in erster Linie durch tiefe Temperaturen und die Stickstoffverfügbarkeit limitiert ist und die Stickstoffverfügbarkeit ihrerseits über die Temperaturabhängigkeit der Mineralisation eine Funktion der Temperatur ist (▶ Abschn. 4.3.1), war es naheliegend, in der borealen Zone überwiegend positive Effekte der Klimaerwärmung im Hinblick auf die Produktivität der Wälder zu erwarten (Kauppi und Posch 1985; Myneni et al. 1997). In Modellrechnungen erkannten Emanuel et al. (1985) und Bonan et al. (1990) jedoch frühzeitig, dass in Teilbereichen der borealen Zone die positive Wirkung der gestiegenen Temperaturen auf längere Sicht durch den Nachteil der durch den **Temperaturanstieg** erhöhten **Evapotranspiration** kompensiert oder sogar übertroffen wird. Beobachtungen zunehmender Produktivität sind dennoch zahlreich, und die Ausbreitung von borealen Wäldern an den Waldgrenzen zur Tundra oder zur Hochgebirgsvegetation ist wiederholt dokumentiert worden. Auf der anderen Seite der Bilanz stehen jedoch auch zahlreiche Waldgebiete, in denen Bäume heute langsamer wachsen sowie höhere Mortalitätsraten und geringere Verjüngungsraten aufweisen als früher. Die **Reaktion** des borealen Waldes **auf den Klimawandel** ist also **uneinheitlich**. Fernerkundungsstudien zu **Ergrünungs- und Bräunungstrends** im **Normalized Difference Vegetation Index (NDVI)** zeigen jedoch, dass Flächen mit Produktivitätszunahme inzwischen gegenüber denen mit Produktivitätsabnahme sowohl in Eurasien als auch in Nordamerika (◘ Abb. 4.3) in der Minderheit sind (Beck und Goetz 2011, 2012; Verbyla 2011). Nadelhölzer sind von Trends zu Produktivitätsrückgängen infolge des Klimawandels im zentralen borealen Waldgebiet im Allgemeinen stärker betroffen als Laubhölzer. Langfristige Produktivitätsrückgänge sind insofern alarmierend, als dass sie Vorboten steigender trockenheitsbedingter Mortalitätsraten sein können (Cailleret et al. 2017).

In Teilgebieten der borealen Zone wurde Ende des 20. Jahrhunderts **zunächst eine erhöhte Produktivität, später** jedoch mit fortschreitender Erwärmung eine **Abnahme**

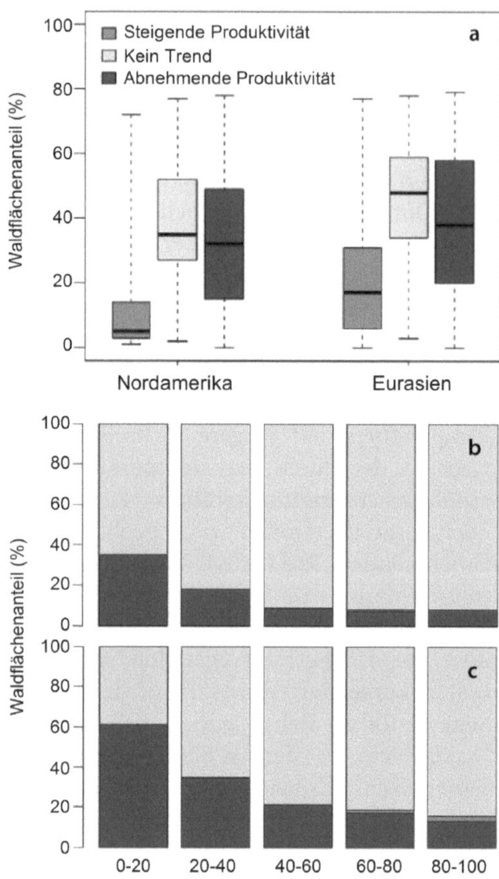

Abb. 4.3 Anteil der borealen Waldfläche mit steigender, konstanter oder abnehmender Produktivität von 1982 bis 2008 auf der Grundlage von Trends des NDVI: (**a**) Eurasien und Nordamerika ($P < 0{,}05$); (**b, c**) Einfluss des Laubwaldanteils auf die Zu- oder Abnahme der Produktivität am Fallbeispiel von Alaska. Dargestellt sind die Trends zur Zu- oder Abnahme der Produktivität bei einer Irrtumswahrscheinlichkeit von (**b**) $P < 0{,}05$ und (**c**) $P < 0{,}10$. (Nach Beck und Goetz 2012, S. 2 f.)

der Produktivität beobachtet (Buermann et al. 2014). Im Zeitraum von 1982 bis 1996 war der NDVI fast überall in der borealen Zone entweder positiv oder nicht mit der Sommertemperatur korreliert (Abb. 4.4a). Positive Korrelationen fanden sich in diesem Zeitraum vor allem in Fennoskandien, dem europäischen Russland, dem Uralgebiet, dem

Westsibirischen Tiefland, der Lenaniederung, dem Ost- und Südsibirischen Bergland sowie in weiten Teilen Kanadas mit Ausnahme des mittleren Westens von etwa 100 bis 120° W. Im darauffolgenden Zeitraum von 1997 bis 2011 haben sich die Gebiete mit positiver Korrelation zwischen Sommertemperatur und NDVI zwar in einige Regionen ausgebreitet, in denen diese beiden Größen zuvor nicht miteinander verknüpft waren, so in Teilen des Mittelsibirischen Berglands, Alaskas und des mittleren Westens Kanadas (Abb. 4.4b). In anderen Bereichen, so in der Lenaniederung und dem Ostsibirischen Bergland, trat nun nach zuvor positiver Korrelation kein signifikanter Zusammenhang mehr auf. Vor allem im Bereich des Urals und in Westsibirien, aber auch in Teilen Ostkanadas im östlichen Québec und südlichen Labrador sind Sommertemperatur und NDVI seit 1997 negativ korreliert. Goetz et al. (2005) stellten quer durch das nordamerikanische boreale Waldgebiet von 1982 bis 2003 zurückgehende NDVI-Werte fest, denen sehr viele kleinere Bereiche mit zunehmendem NDVI gegenüberstehen.

Tei et al. (2017) legten eine Metaanalyse dendrochronologischer Daten aus dem gesamten borealen Waldgebiet vor, in der sie 554 Jahrringchronologien im Hinblick auf Wachstumstrends zwischen 1951 und den (je nach Datenverfügbarkeit) 1990er- bis 2000er-Jahren bewerteten (Abb. 4.5). Trends zu zunehmendem Holzzuwachs traten am Nordrand des eurasischen borealen Waldgebiets sowie im westlichen Kanada auf. In Übereinstimmung mit den Ergebnissen der Fernerkundungsstudie von Buermann et al. (2014) ließen sich hingegen in Zentralalaska sowie im Ostsibirischen Bergland und in der südlichen Lenaniederung negative Zuwachstrends feststellen. Zuwachsrückgänge fanden Tei et al. (2017) auch für das zentrale und östliche Kanada; allerdings waren diese Gebiete Kanadas in ihrer Studie durch zu wenige Jahrringchronologien vertreten, als dass eine Generalisierung der Trends hier statthaft erscheint.

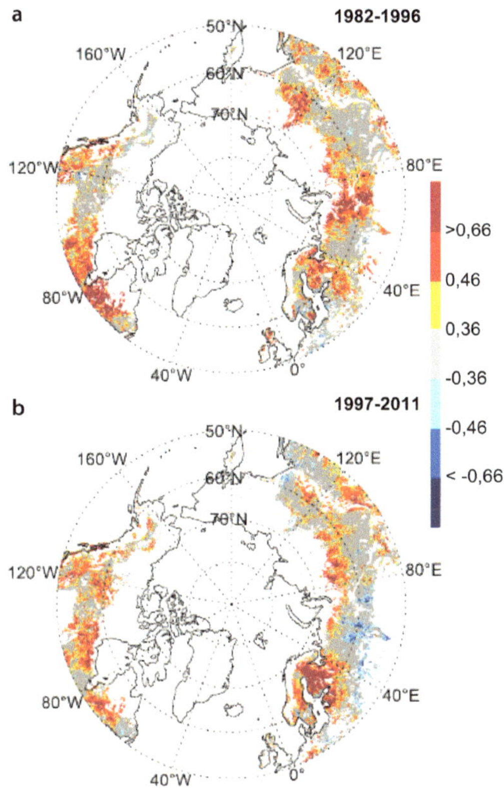

◘ Abb. 4.4 Korrelation zwischen Sommertemperatur (Juni bis August) und NDVI für die Zeiträume (**a**) 1982 bis 1996 und (**b**) 1997 bis 2011. Die Farbskala gibt Pearson-Korrelationskoeffizienten an. (Nach Buermann et al. 2014, S. 1997)

Eine **Zunahme der Produktivität** tritt immer dann auf, wenn die Temperaturzunahme die Wasserversorgung nicht beeinträchtigt. Dies betrifft niederschlagsreiche Gebiete (Huang et al. 2010; Girardin et al. 2011a), aber auch Waldbestände in kalten Regionen mit geringem Niederschlag, bei denen die bodenhydrologischen Verhältnisse (etwa durch Hang- und Stauwasser) die Wasserversorgung begünstigen (Dulamsuren et al. 2014). Fälle zunehmender Produktivität sowie die Ausbreitung von borealen Wäldern an den Baumgrenzen zur Tundra oder Hochgebirgsvegetation sind wiederholt dokumentiert worden. Eine Verbesserung der Wachstumsverhältnisse durch steigende Temperaturen und zunehmende Niederschläge führt zu einer vermehrten Investition der Bäume in die Krone, wie sich für die zweite Hälfte des 20. Jahrhunderts für die borealen Wälder des europäischen Russlands zeigen lässt (Lapenis et al. 2005). Nimmt hingegen die Aridität zu, wie in Teilen Sibiriens, verringert sich der Anteil der grünen Biomasse an der Gesamtbiomasse.

Der **Rückgang von Produktivität und Vitalität** der Wälder ist nicht auf Gebiete beschränkt, in denen parallel zum Temperaturanstieg der Niederschlag sinkt. Vielmehr können steigende Temperaturen zu

◘ Abb. 4.5 Lineare Trends für zunehmende (grüne Kreise) oder abnehmende (rote Kreise) Jahrringbreitenindices in Jahrringchronologien aus der borealen Zone von 1951 bis (je nach Datum der Probenahme) in die 1990er-/2000er-Jahre. Graue Kreise stehen für Bestände ohne signifikanten Trend. (Nach Tei et al. 2017, S. 5182)

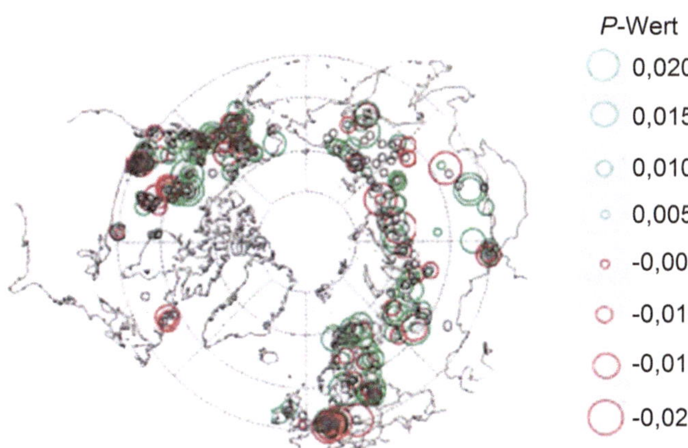

einem so starken Anstieg des Verdunstungsanspruchs der Atmosphäre führen, dass auch bei konstantem Niederschlag (Dulamsuren et al. 2013) oder sogar ansteigendem Niederschlag (Peng et al. 2011) erhöhter Trockenstress zu abnehmendem Wachstum der Bäume führt. Rückgänge der Produktivität durch steigende Temperaturen bei konstantem Niederschlag können durch ein erhöhtes Wasserdampfsättigungsdefizit der Atmosphäre (Dolman et al. 2004) und durch sinkende Bodenfeuchte (Nikolaev et al. 2009; Tei et al. 2014) hervorgerufen werden. Die Produktivität des borealen Waldes ist in diesen Fällen also gar nicht (mehr) durch tiefe Temperaturen (Jarvis und Linder 2000), sondern **durch Wassermangel limitiert**. Insbesondere mehrjährige Defizite in der Wasserversorgung führen zu einer Einschränkung der Nettoprimärproduktion, aber auch durch eine stärkere Reduktion der Produktion als der Atmung zu einer verringerten Nettoökosystemproduktion (Kljun et al. 2006). Der Produktivitätsrückgang in borealen Wäldern, in denen die Bäume durch den Temperaturanstieg zunehmend Trockenstress ausgesetzt sind, führt dazu, dass die Jahrringbreiten der Bäume dort meist nicht mehr positiv, sondern negativ mit der Sommertemperatur korreliert sind. Dieses Verhalten, das die Erstellung von Temperaturrekonstruktionen mit Hilfe von Jahrringen erschwert, wird in der Dendrochronologie vielfach als **Divergenzproblem** *(Divergence Problem)* bezeichnet (Wilmking et al. 2005; D'Arrigo et al. 2008). Wird der Trockenstress zu stark, sinkt nicht nur die Produktivität der Wälder, sondern es kommt zum vermehrten **Absterben von Bäumen**. Als Hauptmechanismen hierfür werden eine Unterbrechung des Transpirationsstromes durch Kavitation (**hydraulisches Versagen**, *Hydraulic Failure*) und **Assimilatmangel** *(Carbon Starvation)* durch reduzierte stomatäre Leitfähigkeit angenommen (Anderegg et al. 2012; Sevanto et al. 2014). Gebiete mit absterbenden Wäldern oder Wäldern, die sich zumindest durch ein verschlechtertes Verhältnis von Mortalität zu Verjüngung ausdünnen,

gibt es bemerkenswerterweise nicht nur in der ohnehin häufig Trockenstress ausgesetzten Waldsteppe am Südrand des borealen Nadelwaldgebietes (Bond-Lamberty et al. 2014). Vielmehr zeigen auch Waldgebiete im Zentrum und am Nordrand der borealen Zone vielerorts eine reduzierte Produktivität und Vitalität. Dies betrifft vor allem kontinentale Lagen, in denen die Wälder einem erhöhten Risiko von episodischem sommerlichem Trockenstress ausgesetzt sind. Dichte und aufwachsende, produktive Bestände sind aufgrund ihres hohen Wasserverbrauchs meist besonders anfällig für Produktivitätseinschränkungen durch Wasserknappheit (Khansaritoreh et al. 2017b; Nicklen et al. 2019).

Piao et al. (2017) postulierten zudem eine zunehmende **Entkoppelung der Nettoprimärproduktion** borealer Wälder von der **Frühjahrstemperatur**. Die Temperaturverhältnisse zu Beginn der Vegetationsperiode üben einen wichtigen Einfluss auf die Phänologie und den Umfang der Biomasseproduktion aus. Durch zunehmend mildere Winter wird die Beziehung zwischen Frühjahrstemperatur und Produktivität geschwächt. Ein deutlicher Schwachpunkt der entsprechenden Modellrechnungen von Piao et al. (2017) liegt allerdings darin, dass die der Studie zugrundeliegenden Messdaten zum CO_2-Haushalt in Barren, Alaska, in der Tundra erhoben wurden und somit die von den Autoren vorgenommene Übertragung auf die boreale Zone der Verifikation bedarf.

Wassermangel unterdrückt auch die Förderung der Produktivität durch erhöhte **Nährstoffverfügbarkeit** bei einem Temperaturanstieg. Solange ausreichend Wasser zur Verfügung steht, sorgen höhere Temperaturen für eine raschere Mineralisation abgestorbener organischer Substanz und damit für eine höhere Nährstoffverfügbarkeit (Moore et al. 1999; Yakazi et al. 2001; Strömgren und Linder 2002). Bei einem Erwärmungsversuch in einem *Picea mariana*-Wald auf Permafrost in Zentralalaska, bei dem der Oberboden um 8 bis 10 K erwärmt wurde, fanden sich höhere Konzentrationen an Stickstoff, Phosphor und

Kalium in den Nadeln als auf nicht erwärmten Kontrollflächen (Van Cleve et al. 1990). In einem *Picea abies*-Wald in Norwegen mit 1100 mm Jahresniederschlag führte die Aufheizung des Waldbodens um 3 bis 5 K zu einem Anstieg der Stickstoffnettomineralisation, wie sich über erhöhte Nitrat- und Ammoniumkonzentrationen im abfließenden Wasser nachweisen ließ (Lükewille und Wright 1997). Ist Wasser ein limitierender Faktor, ist das Wachstum der Bäume jedoch nur im zeitigen Frühjahr durch Nährstoffmangel begrenzt, wenn durch die Schneeschmelze bei noch geringer Evapotranspiration eine ausreichende Wasserversorgung sichergestellt ist. Später in der Vegetationsperiode wird der Wassermangel dominant (Yarie und Van Cleve 2010). Mit dem Übergang des Ökosystems von der Temperatur- zur Wasserlimitierung bei steigender Temperaturzunahme, wie sie in vielen borealen Wäldern zu beobachten ist (Buermann et al. 2014), verschwindet also auch der positive Effekt der höheren Nährstoffverfügbarkeit durch den Temperaturanstieg auf die Produktivität (Chapin et al. 2010). Ein Langzeitexperiment mit einer Bodenerwärmung um 5 K über 18 Jahre in einem *Picea abies*-Wald in Schweden ergab zudem, dass auch ohne Trockenheitslimitierung die Steigerung der Nährstoffverfügbarkeit durch Erwärmung offensichtlich nur vorübergehender Natur ist (Lim et al. 2019). Über längere Zeiträume erschöpfen sich offensichtlich die Vorräte an abbaufähigem organischem Material. Außerdem besteht die Möglichkeit, dass sich die an der Mineralisation beteiligten Mikroorganismen an die höheren Temperaturen akklimatisieren und ihre Stoffwechselraten senken (Bradford et al. 2008; Lim et al. 2019).

4.6.2 Regionale Trends im borealen Waldgebiet

Da der Einfluss des Temperaturanstiegs auf die Wasserbilanz und damit auf die Kohlenstoffassimilation entscheidend dafür ist, ob die Produktivität eines Waldes durch den Klimawandel ab- oder zunimmt (▶ Abschn. 4.6.1), hängt die Richtung, in der die Erwärmung auf die Produktivität wirkt, nicht nur vom Makroklima ab. Vielmehr besitzen hier auch die edaphischen Verhältnisse (Velesevich und Kozlov 2006) und die kleinräumige Variabilität des Niederschlags, wie sie vor allem in Gebirgsregionen auftritt (Dulamsuren et al. 2010a), einen großen Einfluss. Auch Baumart und Bestandesalter spielen eine Rolle (Girardin et al. 2012). In Regionen, in denen sich der positive Effekt des Temperaturanstiegs und der negative Effekt des erhöhten Wasserdampfsättigungsdefizits der Atmosphäre in etwa die Waage halten, kann es schon auf kurzen Distanzen von wenigen 100 km oder gar nur einigen 10 km zu gegenläufigen Trends in der Produktivität der Bäume kommen. Eine derartige hohe räumliche Variabilität wurde beispielsweise in Alaska (Beck et al. 2011a) und in der Waldsteppe der Mongolei (Dulamsuren et al. 2010a) festgestellt.

4.6.2.1 Nordeuropa

In Skandinavien, Finnland und im europäischen Russland sind die borealen Wälder primär temperaturlimitiert, da die Niederschläge wegen der Nähe zum Atlantik hoch sind. Der Jahresniederschlag liegt meist in der Größenordnung von 400 bis 600 mm und nimmt von Norden nach Süden zu. In kontinental getönten Lagen Finnlands und Nordwestrusslands treten im Norden des Waldgebiets auch Niederschläge um die (250 bis) 300 mm a^{-1} auf. In atlantiknahen exponierten Lagen des westlichen Skandinaviens liegen die Niederschläge oft zwischen 800 und 900 mm, teilweise jedoch auch deutlich darüber. Die Jahresmitteltemperaturen liegen oft wenige Grad unter oder über dem Gefrierpunkt. Das Klima im europäischen Teil des borealen Nadelwaldgebiets weicht durch seine hohen Niederschlagsmengen deutlich von den meisten anderen Gebieten der borealen Zone ab und findet lediglich im östlichen Kanada eine Parallele. Somit reagieren auch die Wälder Nordeuropas anders auf den Klimawandel als viele andere boreale Wälder. Dies hat maßgeblich seine Ursache darin, dass in weiten Teilen des Nadelwaldgebiets Fennoskandiens und des europäischen Russlands der **Niederschlag** in **Zunahme** begriffen ist, da sich die vom Atlantik kommenden Tiefdruckgebiete in Europa nach Norden verschoben haben (Crawford et al. 2003) und die Verdunstung aus dem Meer mit steigender Temperatur zunimmt.

Die Temperaturlimitierung der Produktivität und deren Förderung durch die Klimaerwärmung belegten beispielsweise Kellomäki et al. (1997) in einer Modellierungsstudie für südfinnische *Pinus sylvestris*-Wälder bei 61° N. Die Autoren zeigten, dass der Zuwachs im Modell durch erhöhte Niederschläge (9 mm pro Dekade) keine Änderung erfuhr, bei Temperaturanstieg (0,4 K pro Dekade) allein oder aber kombiniertem Temperatur- und Niederschlagsanstieg jedoch zunahm. Im subkontinentalen Süden Finnlands wird allerdings in Zukunft bei fortschreitender Erwärmung mit einem Rückgang der Fichte zugunsten von Kiefer und Birke gerechnet (Kellomäki et al. 2008).

Jahrringanalysen, die retrospektiv Reaktionen des jährlichen Stammholzzuwachses auf den Klimawandel analysieren, zeigten in Nordeuropa überwiegend **positive Reaktionen auf den Temperaturanstieg.** Dies gilt mehrheitlich auch für die nur mäßig ozeanisch beeinflussten bis subkontinentalen Gebiete in Finnland und Nordwestrussland. Mäkinen et al. (2000) und Lopatin et al. (2007) legten Jahrringstudien vor, bei denen sie jeweils Nord-Süd-Transekte von der Waldtundra bis in die südliche Taiga in Finnland bzw. in Komi im äußersten Nordosten des europäischen Teils Russlands untersuchten. Die beiden Transekte erstreckten sich über ähnliche Distanzen von der Waldtundra bei 68° N in Finnland und 67° N in Komi zum südlichen borealen Nadelwaldgebiet bei 61 bis 62° N. Der Jahresniederschlag nahm entlang des untersuchten Gradienten von Nord nach Süd von 465 mm auf 600 mm in Finnland und von 425 mm auf 620 mm in Komi zu, die Jahresmitteltemperatur von $-1{,}8$ auf $+2{,}5\,°C$ bzw. von -6 auf $+1\,°C$. Bei einem Vergleich zweier Zeiträume (1901–1950 gegenüber 1951–2000) zeigten Lopatin et al. (2008)

bei *Picea obovata* und *Pinus sylvestris* an allen Standorten des Nord-Süd-Gradienten in Komi (*P. sylvestris* fehlte allerdings in der Waldtundra) einen erhöhten mittleren jährlichen Stammzuwachs in der zweiten Hälfte des 20. Jahrhunderts (◘ Abb. 4.6). Der jährliche Höhenzuwachs hat in Komi in der zweiten Hälfte des 20. Jahrhunderts gegenüber der ersten Hälfte bei *Picea obovata* im Mittel um 40 % und bei *Pinus sylvestris* um 30 % zugenommen (Lopatin 2007).

In Finnland fanden Mäkinen et al. (2000), dass der Zuwachs von *Picea abies* mit der Sommertemperatur zunahm, und zwar am

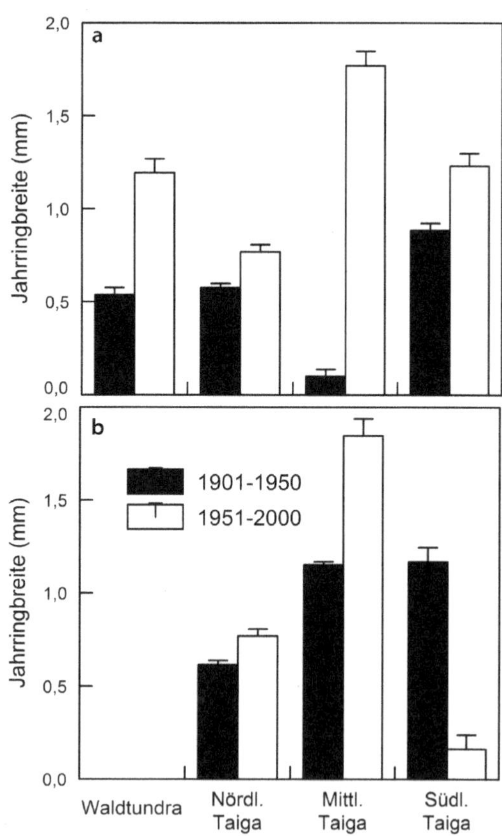

◘ **Abb. 4.6**   Zunahme der mittleren Jahrringbreite bei (**a**) der Sibirischen Fichte *(Picea obovata)* und (**b**) der Waldkiefer *(Pinus sylvestris)* in der zweiten gegenüber der ersten Hälfte des 20. Jahrhunderts in der Waldtundra sowie der nördlichen, mittleren und südlichen Taiga von Komi im europäischen Russland. (Nach Lopatin et al. 2008, S. 549)

stärksten mit der Juni-Temperatur und im Norden des Gradienten auch signifikant mit der Juli-Temperatur. Signifikante Korrelationen zwischen Jahrringbreite und Sommerniederschlag traten hingegen nicht auf. Allerdings gab es an den nördlichen Standorten bei 66 bis 68° N eine negative Korrelation mit dem Mai-Niederschlag; dieser fällt dort zwar überwiegend bereits als Regen, jedoch dürfte ein niederschlagsreicher und damit kühler Start der Vegetationsperiode für die Holzbildung nachteilig sein, da die Wasserversorgung im Frühjahr durch die Schneeschmelze ohnehin gewährleistet ist. Positive Korrelationen der Jahrringbreite mit der Sommertemperatur fanden auch Drobyshev et al. (2004) bei *Pinus sylvestris* in Komi bei 61° N und Tuovinen (2005) in der Waldtundra nördlich des zusammenhängenden Nadelwaldgebietes bei 70° N in Nordfinnland. Im Südosten Finnlands bei 62 bis 64° N und einem Jahresniederschlag von 536 bzw. 589 mm weisen allerdings abnehmende Zuwächse von *P. sylvestris* auf gut drainierten Böden bei zunehmender Temperatur und abnehmendem Niederschlag im Frühsommer auf eine Trockenheitslimitierung hin (Linderholm et al. 2003).

Im stärker maritim beeinflussten Skandinavien ergaben Jahrringanalysen durchweg positive Korrelationen mit der Sommertemperatur und einen meist schwachen Einfluss der Niederschlagsverhältnisse. In Nordnorwegen bei 69° N war der Dickenzuwachs bei *Pinus sylvestris* am engsten mit der Juli-Temperatur, an Nordhängen auch mit der Juni-Temperatur verknüpft (Kirchhefer 2000). Auch in Nordschweden bei 68° N ergaben sich positive Korrelationen zwischen den Jahrringbreiten von *P. sylvestris* und der Sommertemperatur (Briffa et al. 1990; Grudd 2008). In Mittelschweden bei 62 bis 64° N wurden in *Pinus sylvestris*-Beständen mehrfach positive Korrelationen des Zuwachses mit der Sommertemperatur gefunden (Linderholm 2001; Gunnarson und Linderholm 2002; Linderholm et al. 2003). Auf trockenem, gut drainiertem Boden traten zusätzlich positive Korrelationen

mit dem Niederschlag im späten Winter und zeitigen Frühjahr (Februar bis April) auf. Eine Förderung des Zuwachses durch den Sommerniederschlag wurde hier jedoch nirgendwo beobachtet. In sehr niederschlagsreichen Lagen Norwegens und Westschwedens (900–1565 mm a^{-1}) nahm der Zuwachs sogar mit dem Sommerniederschlag ab (Linderholm et al. 2003).

Im **Skandinavischen Gebirge** ist verbreitet ein **Vorrücken der Baumgrenze in die alpine Tundra** zu beobachten (Kullman 2000, 2010). Diese Vertikalwanderung betrifft alle Baumarten, die in der Nähe der dortigen alpinen Baumgrenze vorkommen, also *Betula pubescens* (Kullman 1993), *Picea abies* (Kullman 1996) und *Pinus sylvestris* (Kullman 2005a, 2006, 2007a). Diese Baumarten haben sich allesamt seit Ende der Kleinen Eiszeit in größere Höhenlagen ausgebreitet. Durchschnittlich hat sich die Baumgrenze bei allen drei Arten von 1915 bis 2007 um 70 bis 90 m in die alpine Stufe hineinverschoben (Kullman und Öberg 2009). Bemerkenswert sind allerdings Unterschiede zwischen den Baumarten im zeitlichen Ablauf des Vorrückens in die alpine Stufe (◘ Tab. 4.1). Während die Birke sich vor 1975 etwas stärker ausgebreitet hat als zwischen 1975 und 2007, hat sich die Ausbreitung von Fichte und Kiefer in erster Linie nach 1975 abgespielt. Der Klimawandel bewirkt also eine Verschiebung der Baumartenzusammensetzung an der bislang von *Betula pubescens* dominierten alpinen Baumgrenze in Skandinavien (Kulman 1991; Kullman und Öberg 2009). Das Vorrücken der Baumgrenze in die alpine Stufe ist das Resultat einer erhöhten Samenproduktion und -keimfähigkeit der dort wachsenden Bäume als Folge der Temperaturzunahme (Kullman 1987, 2007a, b). Kullman (2002) zeigte, dass die Keimfähigkeit der Samen von *B. pubescens* mit steigender Sommertemperatur (Juni–August) zunahm. Bei den Koniferen ist vielfach auch ein Auswachsen von Krummholz zu normal geformten Bäumen zu beobachten. Die alpine Baumgrenze ist im Skandinavischen Gebirge heute so hoch wie nie zuvor in den letzten

◘ Tab. 4.1   Aufwärtswanderung der alpinen Baumgrenze in den südlichen Skanden in Mittelschweden von 1915 bis 2007 (in m a^{-1}; ±Standardabweichung). (Nach Kullman und Öberg 2009, S. 423)

	1915–1975	1975–2007	1915–2007
Betula pubescens	0,75 ± 0,58	0,65 ± 0,78	0,74 ± 0,49
Picea abies	0,78 ± 0,63	1,34 ± 1,41	0,98 ± 0,61
Pinus sylvestris	0,35 ± 0,45	1,66 ± 1,25	0,81 ± 0,47

4

7000 Jahren (Kullman 2006; Kullman und Öberg 2009). Die alpine Waldgrenze, also die Obergrenze des geschlossenen Waldes, hat sich allerdings in Skandinavien sehr viel weniger in Richtung der alpinen Stufe verlagert als die Baumgrenze (Kullman 2010). Eine mögliche Erklärung hierfür ist, dass die Ausbreitung der Bäume nach oben derzeit erst an durch das Relief mikroklimatisch begünstigen Kleinstandorten möglich ist (Kullman 2005b, 2010). Darüber hinaus spielt zumindest für die Birke der Beweidungsdruck durch Rentiere eine Rolle für die Etablierungschancen (Lehtonen und Heikkinen 1995; Oksanen et al. 1995; Moen et al. 2004).

Nicht nur die alpine Baumgrenze des Skandinavischen Gebirges, sondern auch die **Nordgrenze des borealen Waldgebiets** zur polaren Tundra verschiebt sich in Europa durch den Klimawandel nach Norden. Aune et al. (2011) fanden bei Untersuchungen in der Waldtundra Nordnorwegens und der Kola-Halbinsel ein vermehrtes Auftreten von Jungwuchs von *Betula pubescens* seit Ende des 20. Jahrhunderts und ein Vordringen der Baumgrenze in die Tundra um einige 10 m bis wenige 100 m. Wie an der alpinen Baumgrenze war die Bewaldung auch hier durch Rentierbeweidung behindert.

4.6.2.2 Sibirien

Sibiriens Wälder zeigen regional unterschiedlich teils positive und teils negative Reaktionen auf den Klimawandel. Die feuchtigkeitsbedürftigeren Arten der **Dunklen Taiga** sind generell anfälliger für durch den Klimawandel verursachte zunehmende Trockenheit als die Arten der **Hellen Taiga**

(Nazimova und Polikarpov 1996; Tchebakova et al. 2010a). Dies lässt sich zum Beispiel aus einer Auswertung von Jahrringanalysen folgern, die Lloyd und Bunn (2007) für das gesamte eurasische boreale Waldgebiet vorgenommen haben. Die Fichte (*Picea obovata* im Ural und Sibirien, aber auch *Picea abies* in Nordeuropa) zeigte Ende des 20. Jahrhunderts in dieser Analyse einen höheren Anteil von negativen Korrelationen der Jahrringbreite mit der Temperatur als die Lärche *(Larix sibirica, L. gmelinii* und *L. cajanderi)* und die Waldkiefer *(Pinus sylvestris)*. Allerdings kommen Lärche und Waldkiefer im kontinentalen Sibirien (und erst recht in der Waldsteppe Innerasiens) an Standorten vor, die stärkerem und häufigerem Trockenstress ausgesetzt sind als im Areal der Dunklen Taiga, sodass es auch in der Hellen Taiga durch den Klimawandel zu massiven Einschränkungen im Zuwachs der Bäume kommen kann.

An der **nördlichen Baumgrenze zur Tundra** sind seit den 1970er-Jahren verbreitet eine Zunahme der Verjüngung der Nadelbäume (◘ Abb. 4.7), ein Vorrücken der Baumgrenze nach Norden sowie eine Zunahme der Bestandesdichte in den Baumbeständen in der Waldtundra zu beobachten (Esper und Schweingruber 2004; Shiyatov et al. 2005; MacDonald et al. 2008). Das Vorrücken des Waldes in die Tundra läuft jedoch sehr viel langsamer ab als die Verbuschung (▶ Abschn. 3.6.1.2). In Ostsibirien wurden auch Rückgänge der Waldfläche im Wald-Tundra-Ökoton beobachtet, da dort durch schmelzenden Permafrost Lärchenwaldflächen absinken und in überstaute Senken umgewandelt werden (▶ Abschn. 4.9; Frost und Epstein 2014).

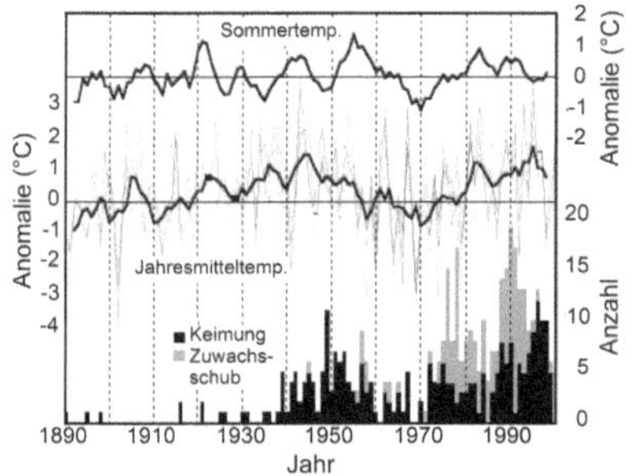

○ Abb. 4.7 Rekonstruktion von Verjüngung und Zuwachsschüben im radialen Stammzuwachs von 1890 bis 2000 an der Baumgrenze zur Tundra im nördlichen Westsibirien im Vergleich zur Jahresmittel- und zur Sommertemperatur (Juni–August). Dendrochronologische Daten von *Picea obovata*, *Pinus sibirica*, *Larix sibirica* und *L. cajanderi* von 9 Lokalitäten entlang einer Strecke von 1900 km. (Nach Esper und Schweingruber 2004, S. 4)

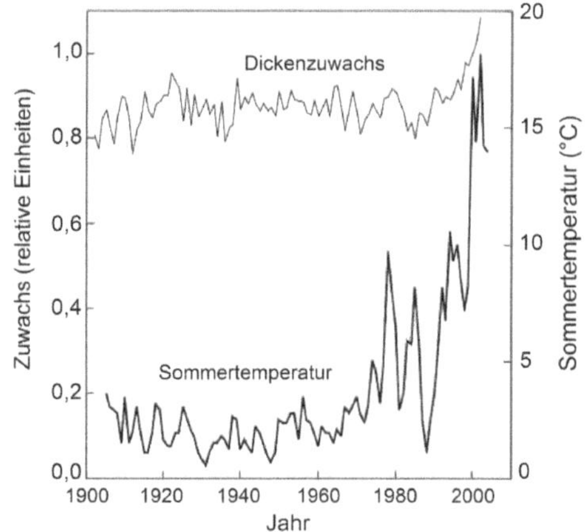

○ Abb. 4.8 Rasanter Anstieg der Jahrringbreite der Sibirischen Zirbelkiefer *(Pinus sibirica)* an einer alpinen Baumgrenze in Südsibirien parallel zum Anstieg der Sommertemperatur seit den 1970er-Jahren (Chronologie aus 13 Bäumen). Der Zuwachsschub markiert das Hochwachsen von niederliegendem Krummholz in aufrechte Bäume. (Nach Kharuk et al. 2009, S. 137)

Auch eine Verschiebung **alpiner Baumgrenzen** nach oben wurde in Sibirien in der zweiten Hälfte des 20. Jahrhunderts vielfach beobachtet, so im Ural sowie in Südsibirien im Altai, im Sajangebirge und im Kuznetsker Alatau (Soja et al. 2007; Kharuk et al. 2009; Hagedorn et al. 2014). Oftmals befindet sich hier *Pinus sibirica*, aber auch *Larix sibirica* in Ausbreitung, Letztere vor allem an trockenen Standorten. Steigende Temperaturen wirken sich hier in einer Aufwärtswanderung der Verjüngung, höherem Zuwachs, einer erhöhten Bestandesdichte sowie in einem Auswachsen von Krummholz zu hohen Bäumen aus (○ Abb. 4.8). In Südsibirien war ein Temperaturanstieg um 1 K mit einem Vorrücken des Koniferenjungwuchses um 10 bis 40 Höhenmeter verbunden (Kharuk et al. 2009). Entscheidend für die Etablierung junger Bäume an der alpinen Baumgrenze ist ihre Überlebensrate im Winter, die mit der Jahresmitteltemperatur steigt (○ Abb. 4.9a). Höhen- und Dickenzuwachs der Altbäume (○ Abb. 4.9b) steigen mit der Temperatur während der Vegetationsperiode (Panyushkina et al. 2005; Kharuk et al. 2009).

Im Nordwesten des **Westsibirischen Tieflandes** westlich des Ob und am Ostrand des Uralgebirges, also einer Region mit stark zunehmenden Temperaturen, aber auch stark zunehmendem Schneefall (▶ Abschn. 4.5), nimmt die Jahrringbreite bei *Pinus sylvestris* bei 64 bis 65° N (Niederschlag 500 mm a^{-1}, Jahresmitteltemperatur −3,7 °C) mit zunehmender Temperatur im Früh- und Hochsommer und im Herbst des Vorjahres zu, sodass die Bäume hier also vom Klimawandel profitieren (Thomsen 2001). Die steigenden Schneemengen wirken sich dagegen negativ aus, da der Zuwachs mit der Niederschlagsmenge von Oktober bis Mai vor der Jahrringbildung abnimmt. Kirdyanov et al. (2003) erklären diesen negativen Einfluss des Schneefalls mit einem späteren Abschmelzen des Schnees im nördlichen West- und Mittelsibirien durch den dort gestiegenen Winterniederschlag und damit mit einem späteren Einsetzen der Kambiumaktivität. Noch weiter im Norden in der Waldtundra bei 65 bis 67° N breiten sich im Uralgebiet *Larix sibirica*, *Picea obovata* und *Betula pubescens* in die baumfreie Tundra aus (Shiyatov et al. 2005).

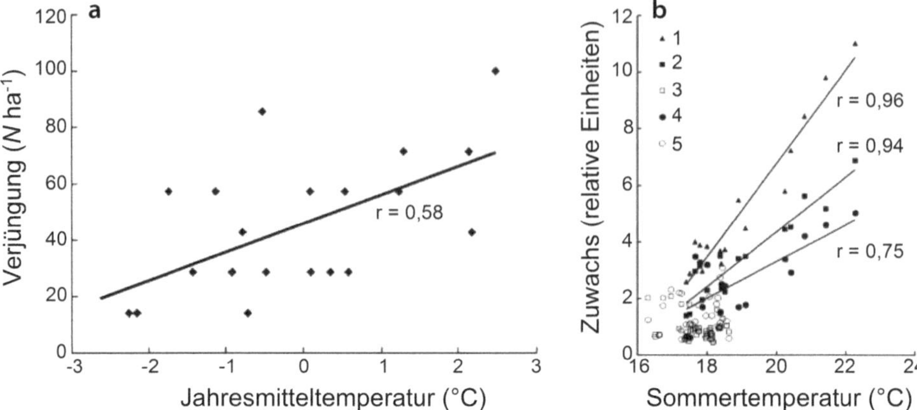

◨ Abb. 4.9   Temperaturabhängigkeit der Entwicklung von *Larix sibirica* und *Pinus sibirica* an der alpinen Baumgrenze in Südsibirien: (**a**) Überlebensrate von einjährigem Jungwuchs nach dem ersten Winter in Abhängigkeit von der Jahresmitteltemperatur; (**b**) Höhen- und Dickenzuwachs bei *P. sibirica* (1–3) und *L. sibirica* (4–5): 1, Höhenzuwachs 1987 bis 2005; 2 und 4, Dickenzuwachs 1987 bis 2005; 3 und 5, Dickenzuwachs 1950 bis 1986. (Nach Kharuk et al. 2009, S. 134, 136)

Im südöstlichen Westsibirischen Tiefland bei 57° N (Niederschlag 540 mm a⁻¹, Jahresmitteltemperatur −1,3 °C) ist der Stammzuwachs von *Larix sibirica* auf frischen und feuchten Böden positiv mit der Juli-Temperatur (und nicht signifikant negativ mit dem Juli-Niederschlag) korreliert (Velesevich und Kozlov 2006). Die Bäume sind hier also offensichtlich nicht durch Sommertrockenheit in ihrer Produktivität eingeschränkt. Auf trockenen Böden belegen hingegen steigende Zuwächse bei steigendem Niederschlag im Frühjahr und Frühsommer eine Limitierung des Wachstums durch Wassermangel.

Im **Mittelsibirischen Bergland** bei 64° N und 100° E (Niederschlag 368 mm a⁻¹, Jahresmitteltemperatur −9,1 °C) nahm der Stammzuwachs bei *Larix gmelinii* zum Ende des 20. Jahrhunderts zumindest in einigen Waldbeständen ab (Sidorova et al. 2009). Zwar hat sich hier der Jahresniederschlag kaum verändert, wohl aber die Niederschlagsverteilung, da Zuwächsen im Winter eine Abnahme im für die Vegetation relevanteren Sommer gegenübersteht. Auch ist die Sommertemperatur stärker als im Jahresdurchschnitt angestiegen. Die dadurch zunehmende Sommertrockenheit schlägt sich in steigenden

Werten für δ¹³C- und δ¹⁸O-Signaturen im Holz nieder, was auf einen zunehmenden Spaltenschluss in Trockenperioden hindeutet (Sidorova et al. 2009; Xu et al. 2014). Kujansuu et al. (2007) fanden im gleichen Gebiet und bei derselben Baumart in einem von vier untersuchten Waldbeständen eine positive Korrelation des Zuwachses mit dem Sommerniederschlag (August), aber überall positive Korrelationen mit der Sommertemperatur. Weiter nördlich im Mittelsibirischen Bergland bei 68 bis 71° N stellten Silkin und Kirdyanov (2003) eine zunehmende Zellwanddicke im Spätholz mit zunehmender Sommertemperatur bei *L. gmelinii* und *L. sibirica* fest, was auf eine Temperaturlimitierung des Holzwachstums hindeutet.

Selbst in der **Hellen Taiga Jakutiens in Ostsibirien**, dem kältesten Gebiet der borealen Zone, profitierte die dort die Wälder dominierende *Larix cajanderi* in den meisten untersuchten Wäldern nicht vom Klimawandel, wie Nikolaev et al. (2009), Lloyd et al. (2011) und Tei et al. (2014) in Beständen (60–62° N, 129–134° E) entlang der Lena zeigen konnten. Diese Bestände liegen etwa 500 km südlich der *Larix cajanderi*-Wälder, in denen Lloyd et al. (2011) einen positiven Effekt der

Temperaturzunahme auf die Produktivität der Bäume nachweisen konnten. An zwei von Tei et al. (2014) untersuchten Standorten sind die Sommertemperaturen (Juni–August) im Zeitraum 1991 bis 2009 (Mittelwerte 15,8–16,1 °C) gegenüber dem Zeitraum 1911 bis 1930 (14,8–15,3 °C) um 0,7 bis 1,0 K angestiegen. Die steigenden Sommertemperaturen bei konstantem Niederschlag haben, gebietsabhängig unterschiedlich, zu einem kaum veränderten oder einem verringerten radialen Stammzuwachs geführt (◘ Abb. 4.10a, b). Der bis zu 1,4 m auftauende Permafrost konnte das mit der Erwärmung verknüpfte erhöhte atmosphärische Wasserdampfsättigungsdefizit im Hinblick auf die Wasserversorgung der Vegetation also offensichtlich nicht ausgleichen. Dies dürfte u. a. darauf zurückzuführen sein, dass die maximale Auftautiefe erst im Spätsommer erreicht wird, wenn der maximale Wasserbedarf des Waldes bereits wieder gesunken ist (Lopez et al. 2007). Die Zuwachsrückgänge wurden bemerkenswerterweise am feuchteren der beiden Standorte (Sommerniederschlag 1901–2009: 150 gegenüber 133 mm a^{-1}) nachgewiesen; die Sommertemperaturen (1901–2009) unterschieden sich mit 15,1 °C am feuchteren und 15,5 °C am trockeneren Standort kaum. Der Zuwachsrückgang am feuchteren Standort erklärt sich über die dort herrschende höhere Bestandesdichte mit einem Pflanzenflächenindex (*Plant Area Index*, PAI) von 2,1 statt 1,4 im trockeneren Bestand, der zu einem höheren Wasserverbrauch führt. Diese Befunde aus dem nordöstlichen Sibirien decken sich mit den Resultaten von *Larix sibirica* aus der mongolischen Waldsteppe, wo mit zunehmender Bestandesdichte abnehmende Sprosswasserpotenziale und Jahrringbreiten gefunden wurden (Dulamsuren et al. 2010b). Korrelationsanalysen (◘ Abb. 4.10c, d) zeigten, dass die Jahrringbreite von *L. cajanderi* in der jakutischen Hellen Taiga mit zunehmenden Sommertemperaturen im Vorjahr wie im aktuellen Jahr abnimmt, mit zunehmendem Sommerniederschlag hingegen zunimmt (Nikolaev

et al. 2009; Tei et al. 2014). Die δ^{13}C-Signatur des Stammholzes war positiv mit der Sommertemperatur und negativ mit dem Sommerniederschlag des aktuellen Jahres korreliert (◘ Abb. 4.10e, f), was auf Trockenstress und häufigen Schluss der Stomata in warmen Sommern hindeutet (Tei et al. 2014). *Pinus sylvestris*, die von Nikolaev et al. (2009) an einer Lokalität vergleichend zu *L. cajanderi* untersucht werden konnte, zeigte eine noch stärkere Limitierung des Stammzuwachses durch hohe Sommertemperaturen und niedrigen Sommerniederschlag als die Lärche.

Nördlich von 66° N stellten Lloyd et al. (2011) allerdings in Auenwäldern der **Lenaniederung** bei *Larix cajanderi* im Zeitraum von 1908 bis 2007 einen Anstieg des Basalflächenzuwachses fest. Korrelationsanalysen des Zuwachses mit Klimadaten legen nahe, dass die Bäume hier insbesondere durch warme Frühsommer begünstigt werden. Allerdings ist *L. cajanderi* in der Flussaue mit *Picea obovata* vergesellschaftet, die noch stärker vom Temperaturanstieg profitiert als die Lärche. Hält dieser Trend an, ist mit einem Zuwachs des Fichtenanteils im Wald zu Lasten der Lärche zu rechnen.

Die nördlichsten Waldbestände der Erde befinden sich auf der **Taimyrhalbinsel in Nordsibirien** bei 70 bis 73° N und 101 bis 105° E und werden auf Böden, in denen der Permafrost im Sommer nur bei wenigen Dezimeter Tiefe beginnt (20–80 cm), von *Larix gmelinii* gebildet (MacDonald et al. 2008). Jahrringanalysen in diesen Beständen zeigten einen stark erhöhten Zuwachs in der Wärmephase zu Anfang des 20. Jahrhunderts (Jacoby et al. 2000). Nach vorübergehender Abkühlung in den 1950er-Jahren erwärmte sich die Lufttemperatur ab den 1970er-Jahren wieder deutlich. Noch für die Periode 1933–1989 zeigten Naurzbaev und Vaganov (2000) einen starken positiven Einfluss der Juni- und Juli-Temperatur auf das Wachstum von *L. gmelinii*. Inzwischen reagiert der Zuwachs der Lärchen jedoch sehr viel schwächer auf die gestiegenen Temperaturen während der Vegetationsperiode als zu Beginn des 20. Jahrhunderts. Auch in diesen

4

◨ **Abb. 4.10**   Klimaabhängigkeit des Holzzuwachses von *Larix cajanderi* im Tal der Lena in Jakutien, Ostsibirien: (**a**) Konstanter bzw. (**b**) seit Ende des 20. Jahrhunderts leicht reduzierter Dickenzuwachs; (**c, d**) Abhängigkeit der Jahrringbreite von (**c**) der Temperatur und (**d**) dem Niederschlag des Jahres der Holzbildung und des Vorjahres; (**e, f**) wie (**c, d**) für die δ13C-Signatur des Stammholzes. Ergebnisse von Korrelations- und linearer Responseanalyse (*$P < 0{,}05$*). (Nach Tei et al. 2014, S. 189 f.)

nördlichsten Lärchenvorkommen in der Waldtundra wird daher eine Limitierung der Holzproduktion durch Wassermangel angenommen (Jacoby et al. 2000). Trockenstress durch ein mit dem Temperaturanstieg erhöhtes Wasserdampfdefizit der Atmosphäre kompensiert hier also offenkundig den positiven Effekt der gestiegenen Temperatur auf das Wachstum.

Eine Klimarekonstruktion mit Hilfe von im Permafrost konservierten Baumstämmen zeigte, dass das derzeitige Klima auf der Taimyrhalbinsel wärmer und trockener ist als während der Mittelalterlichen Wärmeperiode und in etwa dem Klima während der zweiten Phase des Postglazialen Wärmeoptimums vor 6000 Jahren entspricht (Sidorova et al. 2013).

Im **Ostsibirischen Tiefland** am Unterlauf des Indigirkaflusses (70° N, 147–148° E; Jahresmitteltemperatur −13,4 °C, Niederschlag 203 mm a^{-1}) fanden Hughes et al. (1999) bis Ende des 20. Jahrhunderts eine reine Temperaturlimitierung des Zuwachses von *Larix cajanderi*. Im Gegensatz zur Taimyrhalbinsel hat hier seit Mitte des 20. Jahrhunderts (1966–2003) nicht nur der Niederschlag im Winter, sondern auch der im Sommer zugenommen (Sidorova et al. 2010). Auch im Osten des **Ostsibirischen Berglandes** (63° N, 139° E; Jahresmitteltemperatur −12,3 °C, Niederschlag 334 mm a^{-1}) ist der Zuwachs von *L. cajanderi* durch die Sommertemperatur, nicht aber durch den Niederschlag limitiert (Kirdyanov et al. 2008).

4.6.2.3 Innerasiatische Waldsteppe

Im Bereich der südlichsten Ausläufer des eurosibirischen Nadelwaldes in der innerasiatischen **Waldsteppe Südsibiriens, Kasachstans, der Mongolei und Nordchinas** sind die Auswirkungen des Klimawandels auf die Waldvegetation überwiegend negativ, da der ohnehin angespannte Wasserhaushalt an der Südgrenze des Waldareals zur Steppe durch den Temperaturanstieg zusätzlich belastet wird. Dementsprechend finden sich in der Waldsteppe Innerasiens, in der die Waldflächen überwiegend von der Hellen Taiga eingenommen werden, auch zahlreiche Beispiele für eine Abnahme des Zuwachses der in Ostkasachstan, der Mongolei und in Südsibirien an der Wald-Steppen-Grenze oft dominanten *Larix sibirica* mit abnehmendem Sommerniederschlag und steigender Sommertemperatur (Pederson et al. 2001; De Grandpré et al. 2011; Dulamsuren et al. 2011, 2013). Ganz im Osten der innerasiatischen Waldsteppe im Großen Khingangebirge in der Mandschurei ist der Zuwachs der dort vorkommenden *L. gmelinii* ebenfalls durch **Sommertrockenheit** limitiert (Zhang et al. 2010). Dies zeigen negative Korrelationen der Jahrringbreite mit der Mai- und Juli-Temperatur sowie positive Korrelationen mit dem Palmer-Dürreindex (*Palmer Drought Severity Index*, PDSI), bei dem hohe Werte Humidität anzeigen. Da die Temperatur in Innerasien seit Mitte des 20. Jahrhunderts stark zugenommen hat, ist der Holzzuwachs der Bäume (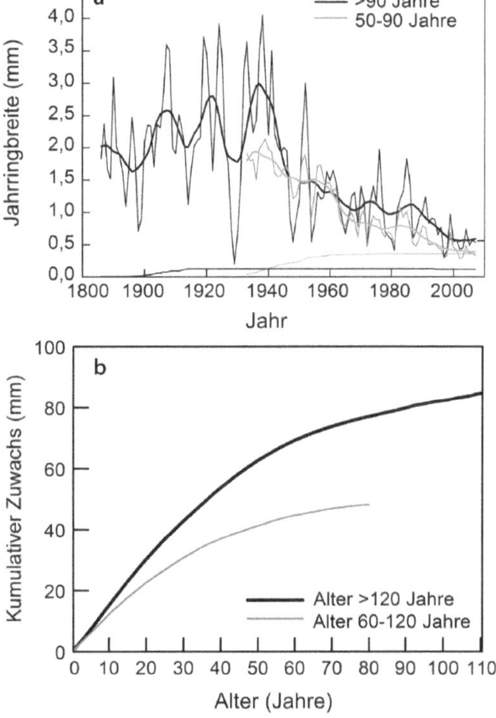 Abb. 4.11) in vielen Gebieten der Waldsteppe rückläufig (Dulamsuren et al. 2010a, b, 2013).

Kleine und isolierte *Larix sibirica*-Wälder in der Waldsteppe, in der die Wälder als Inseln an den feuchtesten Stellen (vor allem

□ Abb. 4.11 Rückgänge im Zuwachs der Sibirischen Lärche *(Larix sibirica)* seit Mitte des 20. Jahrhunderts an der Südgrenze des borealen Waldes in Innerasien (a) in der Nordmongolei (Khenteigebirge) und (b) in Ostkasachstan (Saurgebirge). Die Teilabbildungen zeigen zwei unterschiedliche Darstellungsweisen: Bei (a) ist die Jahrringbreite gegen das Kalenderjahr aufgetragen; (b) veranschaulicht den Rückgang des Zuwachses im gleichen Lebensalter beim Vergleich unterschiedlicher Altersgruppen. Climate-Response-Analysen legen nahe, dass die Einbrüche im Zuwachs mit steigenden Temperaturen allein (b) oder in Kombination mit sinkenden Niederschlägen (a) in Verbindung stehen. (Nach **a** Dulamsuren et al. 2010b, S. 3032; und **b** Dulamsuren et al. 2013, S. 1543) an Nordhängen) umgeben vom Grasland vorkommen, reagieren mit dem Holzzuwachs empfindlicher auf sommerliche Trockenheit als große, zusammenhängende Waldbestände mit luftfeuchterem und zumindest im Sommer kühlerem Innenklima (Khansaritoreh et al. 2017a). Insofern besteht auch eine **Interaktion mit der Landnutzung,** da die Waldflächen in der innerasiatischen Waldsteppe nicht nur durch zunehmende Trockenheit abnehmen, sondern auch durch Holzeinschlag, Viehhaltung und anthropogene Brände zunehmend fragmentiert werden (Tsogtbaatar 2004; Hansen et al. 2013). Die Alters- und Bestandesstruktur durch früheren (Khansaritoreh et al. 2017b) oder aktuellen (Dulamsuren et al. 2014) Holzeinschlag beeinflusst ebenfalls die Trockenheitsempfindlichkeit der Wälder. Trockenheitsbedingte Abnahmen der Produktivität wirken sich nicht nur in Form der Bildung dünnerer Jahrringe aus, sondern können auch zum vollständigen Ausfall der Stammholzbildung führen *(Missing Rings).* Deren Häufigkeit hat in der mongolischen Waldsteppe Ende des 20. Jahrhunderts stark zugenommen (Khishigjargal et al. 2014; Khansaritoreh et al. 2017a). Khishigjargal et al. (2014) zeigten eine Korrelationen der Häufigkeit der *Missing Rings* mit der Anzahl heißer Tage (Tagesmittel über 15 °C) im Frühsommer (Juni) und dem Auftreten von Trockenperioden in der Vegetationsperiode.

L. sibirica ist an Sommertrockenheit eigentlich gut adaptiert, da bei der Holzbildung der Durchmesser der Tracheiden der örtlichen wie der zeitlichen Variabilität der Wasserversorgung angepasst wird (Chenlemuge et al. 2015a, b; Khansaritoreh et al. 2018). Kleinere Tracheiden- und Tracheendurchmesser sind in der Regel mit einem geringeren Kavitationsrisiko und einer reduzierten Gefahr von hydraulischem Versagen *(Hydraulic Failure),* also der Blockierung der Wassernachleitung durch Embolien, verbunden. In feuchten Jahren bzw. an feuchten Standorten gewährleisten hohe Tracheidendurchmesser, dass das Bodenwasser für

höhere CO_2-Assimilation und eine höhere Produktivität genutzt werden kann. Bei Trockenheit werden dagegen Tracheiden kleineren Durchmessers und mit größerer Sicherheit vor Kavitation gebildet. Zusätzlich kann *L. sibirica* bei Trockenheit das Wasserpotenzial in den Nadeln und Zweigen stark absenken, um die Wasserversorgung lange aufrechtzuerhalten (Dulamsuren et al. 2009a, b). Die Art zeigt also anisohydrisches Verhalten. Diese Mechanismen reichen offensichtlich bei der durch den Klimawandel angestiegenen Aridität in der innerasiatischen Waldsteppe inzwischen an vielen Orten zum Vitalitätserhalt nicht mehr aus, wie sich durch eine Zunahme der Mortalitätsraten von *L. sibirica* belegen lässt. In der Mongolei ist vermehrt ein Absterben der Wälder an den im Sommer besonders trocken-warmen Südrändern der Waldinseln im Wald-Grasland-Mosaik der Waldsteppe zu beobachten. Das Absterben der Bäume könnte außer durch Emboliebildung im Stamm- und Astxylem möglicherweise auch durch hohe trockenheitsbedingte **Feinwurzelmortalität** und Unterbindung der Bodenwasseraufnahme verursacht sein. Die Biomasse lebender Feinwurzeln geht bei *L. sibirica* in der Waldsteppe in Trockenjahren auf außerordentlich niedrige Bestandeswerte zurück (4–5 g Trockenmasse m^{-2}), die geringer sind als in jedem anderen bisher untersuchten Waldökosystem der Erde (Chenlemuge et al. 2013).

Raten erhöhter **Baummortalität** sind aus Südsibirien, der Nordmongolei (❏ Abb. 4.12) und Nordostchina belegt und betreffen neben der Lärche *(Larix sibirica, L. gmelinii)* vor allem Pionierwälder aus *Betula platyphylla* (Kharuk et al. 2013; Liu et al. 2013), die den Wasserverbrauch weniger sensitiv als die Nadelhölzer regulieren kann. Die Birken erleiden schon bei sehr viel höheren Wasserpotenzialen kritische Embolieraten im Xylem, die zu hydraulischem Versagen führen, als *L. sibirica* und andere in Innerasien am Südrand der borealen Zone verbreitete Koniferen einschließlich *Abies sibirica, Picea obovata, Pinus sibirica* und *P. sylvestris* (Dulamsuren

◧ Abb. 4.12   Durch zunehmende sommerliche Trockenheit absterbender Waldrand eines *Larix sibirica*-Waldes in der Waldsteppe der Nordmongolei im Jahr 2015. Die Waldinseln in der mongolischen Waldsteppe sterben seit Beginn des 21. Jahrhunderts verbreitet vor allem an ihren wärmeexponierten Südrändern ab und werden dort in der Folge vom Steppengrasland abgelöst. (Foto: M. Hauck)

et al. 2019). Der dürrebedingten Mortalität gehen oft längere Phasen verringerten Wachstums voraus. In *Betula platyphylla*-Beständen in der südsibirischen Waldsteppe in Transbaikalien nahmen die Zuwächse bei vielen Bäumen Anfang des 21. Jahrhunderts infolge von Trockenheit ab (Kharuk et al. 2013). Ein Teil der Bäume starb schließlich ab, während sich andere Individuen (zumindest vorübergehend) wieder erholen konnten (◧ Abb. 4.13).

Ein dauerhaftes Überleben der *Larix sibirica*-Wälder in der innerasiatischen Waldsteppe wird nicht nur durch die angestiegene Baummortalität erschwert, sondern zusätzlich dadurch, dass die **Verjüngung** der Wälder unter der in vielen Gebieten steigenden Aridität leidet. In Teilgebieten Ostkasachstans und der Mongolei haben sich seit Jahrzehnten

keine Jungbäume mehr etablieren können, und zwar ausdrücklich auch an Orten, an denen keine oder kaum Waldweide existiert (Dulamsuren 2010b, 2013). Meist sind in der Streu kaum keimfähige Samen vorhanden, und auch die Zapfenbildung ist oft reduziert. In vielen Regionen wirken zudem Klima und ein hoher Beweidungsdruck als einschränkende Faktoren für die Waldverjüngung zusammen (Khishigjargal et al. 2013).

In größeren Höhenlagen und an bodenfeuchteren Standorten dringen auch Baumarten der Dunklen Taiga, nämlich *Pinus sibirica* und *Picea obovata*, in die innerasiatische Waldsteppe ein (Gunin et al. 1999). Diese Arten reagieren empfindlicher auf steigende Sommertemperaturen als die dominante *Larix sibirica*, da sie höhere Ansprüche

4

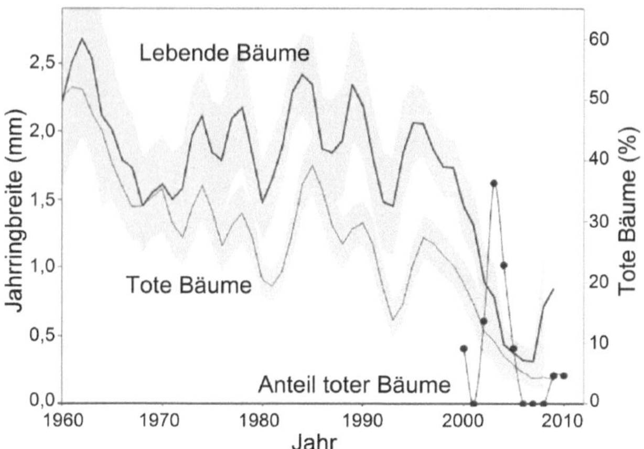

☐ Abb. 4.13 Dickenzuwachs und durch Trockenheit verursachte Mortalität von *Betula platyphylla* in der Waldsteppe Transbaikaliens südöstlich des Baikalsees in Südsibirien. Vor dem Absterben zeigen die Bäume einen oft über Jahre verringerten Zuwachs. Die Jahrringchronologien wurden durch die Berechnung dreijähriger gleitender Mittelwerte geglättet. (Nach Kharuk et al. 2013, S. 390)

an die Wasserversorgung stellen (Dulamsuren 2004; James 2011). Das äußert sich beispielsweise darin, dass *Pinus sibirica* am Südrand des borealen Waldes in der Mongolei an benachbarten Standorten im selben Gebirgszug weniger Spätholz produziert als die stärkere Trockenheit tolerierenden *Larix sibirica* und *Pinus sylvestris* (De Grandpré et al. 2011).

Ungeachtet des weitverbreiteten, trockenheitsbedingten Vitalitätsrückgangs in den Wäldern der innerasiatischen Waldsteppe gibt es auch Waldbestände, in denen der Temperaturanstieg zu einer erhöhten Produktivität und darüber hinaus zu einer verstärkten Verjüngung führt. Ein solches Beispiel findet sich im östlichen Khenteigebirge in der Nordmongolei, wo die Jahresmitteltemperatur von 1942 bis 2007 um 0,18 K pro Dekade gestiegen ist (Dulamsuren et al. 2010a). Dieser Temperaturanstieg erfolgte jedoch überwiegend im Winter (0,36 K pro Dekade), während die Sommertemperatur nahezu konstant geblieben ist (Anstieg um 0,03 K pro Dekade). Der Niederschlag ist im selben Zeitraum um 8 mm pro Dekade angestiegen. Dies führte zu einem verstärkten Zuwachs und einer verstärkten Verjüngung von *L. sibirica* in einer Region, die nur etwa 200 km von einem Gebiet mit starker sommerlicher Temperaturzunahme und Niederschlagsabnahme sowie starken Wachstumsrückgängen und ausbleibender Verjüngung von *L. sibirica* entfernt ist.

An der alpinen Baumgrenze ist auch in der innerasiatischen Waldsteppe der Zuwachs der Bäume durch die niedrige Sommertemperatur und nicht durch die Wasserverfügbarkeit limitiert. Sowohl in der Mongolei als auch im Chinesischen Altai ist der Stammzuwachs positiv mit der Temperatur während der Vegetationsperiode korreliert, sodass seit Mitte des 20. Jahrhunderts erhöhte Zuwächse zu verzeichnen sind. Entsprechende Beobachtungen wurden bei *Larix sibirica* (D'Arrigo et al. 2000; Chen et al. 2012; Dulamsuren et al. 2014) und *Pinus sibirica* (Jacoby et al. 1996) gemacht.

4.6.2.4 Nadelholzdominierte boreale Wälder Nordamerikas

Die Wälder der borealen Zone Nordamerikas zeigen eine Tendenz zu stärkeren Beeinträchtigungen von Produktivität und Vitalität im niederschlagsärmeren Westen und Zentrum, wo sich auch das Klima am stärksten erwärmt hat (▶ Abschn. 4.5), als an der Ostküste. Einen starken Einfluss auf die Produktivität der Waldvegetation übt der Klimawandel in **Alaska** aus. Jahrringanalysen aus Zentralalaska zeigten wiederholt einen **Rückgang des Holzzuwachses** bei *Picea glauca* parallel zum Temperaturanstieg seit den 1970er-Jahren (Barber et al. 2000; McGuirre et al. 2010). Rückgänge im Zuwachs wurden nicht nur an Berghängen, sondern trotz der dort besseren Wasserversorgung auch in Flussauen gefunden (McGuirre et al. 2010). Zentralalaska ist durch hohe Gebirgszüge vom Nordpolarmeer und dem Golf von Alaska abgeschirmt und erhält deswegen nur geringere Niederschläge; in Fairbanks liegt der Jahresniederschlag bei 287 mm (bei einer Jahresmitteltemperatur von −3,1 °C, Hinzman et al. 2006) und damit nicht über dem vieler Wald-Steppen-Ökotone. Nicht nur *P. glauca,* sondern auch die mehr an staunassen Standorten vorkommende *P. mariana* wird in Zentralalaska vielfach negativ vom Klimawandel beeinflusst. Jahrringanalysen zeigten negative Korrelationen des Zuwachses von *P. mariana* mit der Temperatur im Sommer und selbst im Frühjahr und eine positive Korrelation mit dem Niederschlag im Sommer (Wilmking und Myers-Smith 2008; Walker et al. 2015). Derartige Korrelationen wurden bei Bäumen von frischen Waldböden sowohl auf Nord- als auch auf Südhängen gefunden, aber nicht bei Bäumen im Hochmoor. Zumindest bei *P. glauca* geht in Zentralalaska auch die **Verjüngung** zurück, was zum einen ein direkter Trockenheitseffekt sein dürfte, zum anderen aber auch auf durch den

Klimawandel gestiegene Populationsgrößen von Herbivoren, wie zum Beispiel dem Schneehasen *(Lepus americanus),* zurückzuführen ist (Angell und Kielland 2009; Hollingworth et al. 2010). In einer Flussaue Zentralalaskas fanden Angell und Kielland (2009) eine Abnahme der Keimrate von *P. glauca* mit zunehmender Temperatur und abnehmender Bodenfeuchte sowie die höchsten Überlebensraten der Jungbäume bei mittlerer Bodenfeuchte.

Beck et al. (2011a) untersuchten Veränderungen der Produktivität sowohl mit Hilfe des NDVI als auch anhand von Jahrringanalysen an *Picea glauca* und *P. mariana* im Zeitraum von 1982 bis 2008 für ganz Alaska. NDVI und Jahrringbreiten waren positiv miteinander korreliert. Es gab Zu- und Abnahmen der Produktivität, wobei die Trends zur Abnahme stark überwogen. Zuwächse in der Produktivität wurden vor allem (ebenso wie in der baumlosen Tundra) in der Waldtundra im maritimen Westen Alaskas beobachtet. Im kontinentalen Inland Zentralalaskas überwogen jedoch bei weitem Produktivitätsrückgänge (◾ Abb. 4.14). Eine Abnahme des NDVI in weiten Teilen

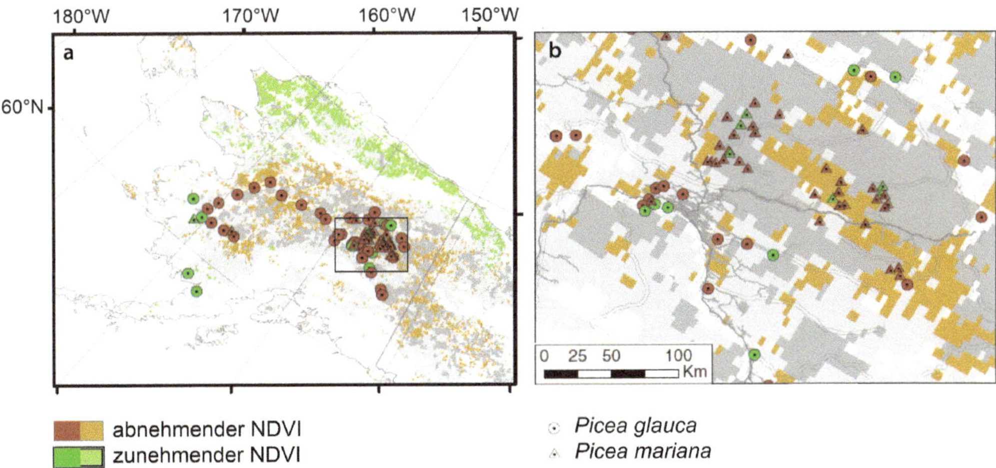

◾ **Abb. 4.14**   Lineare Produktivitätstrends (NDVI und Jahrringbreiten) für boreale Fichtenwälder aus *Picea glauca* und *P. mariana* in (**a**) ganz Alaska und (**b**) der Umgebung von Fairbanks für den Zeitraum von 1982 bis 2008. Hellgrau unterlegte Flächen hatten keinen signifikanten NDVI-Trend; dunkelgrau unterlegte Flächen haben im Untersuchungszeitraum gebrannt. (Nach Beck et al. 2011a, S. 375)

des borealen Waldgebietes von Alaska wurde bei Fernerkundungsstudien festgestellt, so für die Zeiträume von 1982 bis 1998 (Hicke et al. 2002), 1982 bis 2003 (Goetz et al. 2005) und 1982 bis 2008 (Beck und Goetz 2011, 2012).

Auch im **westlichen Kanada** sind die Wälder heute oftmals trockenheitslimitiert, und zwar vor allem, aber nicht nur, im südlichen Teil des borealen Nadelwaldgebiets. In den kanadischen Northwest Territories nahe Inuvik (68° N) an der Küste der Beaufortsee wiesen Szeicz und Mac Donald (1996) bei *Picea glauca* auf gut drainiertem, felsigem Substrat eine enge positive Korrelation des Dickenzuwachses der Stämme mit dem Frühjahrniederschlag nach. Daneben trat eine negative Korrelation mit der Temperatur in der Vegetationsperiode vor der Jahrringbildung auf. Der Jahresniederschlag liegt hier bei nur 250 mm bei einer Jahresmitteltemperatur von −8 °C. Bei 65° N in Yukon zeigten D'Arrigo et al. (2004), dass der Stammzuwachs von *P. glauca* bis 1965 positiv, danach aber

negativ mit der Temperatur korreliert war (Abb. 4.15). Dieses Beispiel belegt also einen Wechsel von temperatur- zu trockenheitslimitiertem Wachstum mit zunehmender Erwärmung. Bei 62° N in den Northwest Territories (Niederschlag 281 mm a^{-1}, Jahresmitteltemperatur −4,5 °C) war der Zuwachs von *Pinus banksiana* positiv mit dem Sommerniederschlag korreliert (Pisaric et al. 2009).

Aus dem westlichen und zentralkanadischen borealen Waldgebiet von Alberta und Saskatchewan sind Zuwachsrückgänge sowohl bei *Picea glauca* als auch bei *P. mariana* bekannt. Hogg et al. (2017) untersuchten 75 *Picea glauca*-Bestände, die das gesamte Waldgebiet Albertas von der Nordgrenze der Great Plains bis hinauf zu den Northwest Territories sowie ferner den Südwestrand der borealen Zone in Sasketchewan abdeckten. Drei Viertel der Bestände zeigten im Zeitraum 2001 bis 2010 gegenüber der Dekade davor deutlich verringerte

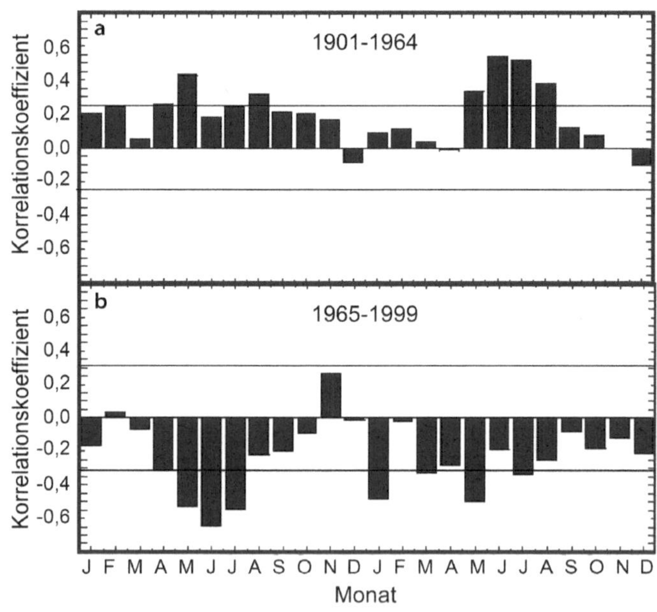

Abb. 4.15   Wechsel von Temperatur- zu Trockenheitslimitierung des Wachstums bei *Picea glauca* in Yukon, Nordwestkanada. Der radiale Stammholzzuwachs war in der ersten Hälfte des 20. Jahrhunderts positiv mit der Temperatur korreliert (**a**), in der zweiten Hälfte dagegen negativ (**b**), da hohe Temperaturen das Wasserdampfsättigungsdefizit der Atmosphäre vergrößern und somit Trockenstress bei den Bäumen induzieren können. (Nach D'Arrigo et al. 2004, S. 3)

Zuwächse. Die Rückgänge traten vorwiegend im mittleren und südlichen borealen Waldgebiet auf und waren mit zunehmender Trockenheit assoziiert. Dang und Lieffers (1989) zeigten in Alberta sogar bei *Picea mariana* von vermoorten Böden eine positive Korrelation der Jahrringbreite mit dem Sommerniederschlag und eine negative Korrelation mit den Monatsmaxima der Sommertemperatur. Etwa 1000 km weiter östlich in Manitoba fanden Bond-Lamberty et al. (2014) bei *P. mariana* von staunassen Böden nicht nur Zuwachsrückgänge, sondern auch eine erhöhte Mortalität. Zuvor hatten hier schon Brooks et al. (1998) eine negative Korrelation des Zuwachses von *P. mariana* mit dem Juli-Niederschlag belegt. Etwas weiter südlich bei 54° N in Sasketchewan nahm der Zuwachs nicht nur mit der Sommertemperatur des aktuellen Jahres, sondern auch mit zunehmender Temperatur und abnehmendem Niederschlag im Sommer des Vorjahres ab (Brooks et al. 1998). Biomasseschätzungen im Rahmen von Waldinventuren, die aus Alberta und Sasketchewan von 871 Flächen vorliegen, bestätigen den bei den dendrochronologischen Untersuchungen gewonnenen Eindruck, dass die Produktivität der dortigen Wälder rückläufig ist. Im Zeitraum von 1958 bis 2011 ging die oberirdische Biomasse spätsukzessionaler Nadelwälder aus *P. glauca*, *P. mariana* und anderen Koniferen um 0,069 Mg ha^{-1} a^{-1} zurück (Chen und Luo 2015).

Pinus banksiana ist kälteempfindlicher als *Picea glauca* und *P. mariana* (McLeod und MacDonald 1997) und profitiert daher, anders als in den niederschlagsarmen Northwest Territories (Pisaric et al. 2009), bei über 400 mm Jahresniederschlag in Sasketchewan und Manitoba derzeit von steigenden Temperaturen (Brooks et al. 1998; Tardif et al. 2011).

Im **niederschlagsreichen Ostkanada** wurden sowohl Produktionszuwächse als auch -abnahmen festgestellt. Huang et al. (2010) fanden bei *Picea mariana* und *Pinus banksiana* im südwestlichen Québec nördlich von 47° N (bis 54° N) steigende Zuwächse mit zunehmender Temperatur. An der Südgrenze des borealen Waldes zwischen 46 und 47° N bestand hingegen eine negative Korrelation zwischen Jahrringbreite und Sommertemperatur, sodass von einer Einschränkung der Produktivität durch den Klimawandel auszugehen ist. Im Bereich von 48 bis 54° N nahm der Niederschlag von 920 auf 640 mm a^{-1} und die Jahresmitteltemperatur von +1 auf −3 °C ab; bei 46 und 47° N lag der Niederschlag bei 880 bis 990 mm a^{-1} und die Jahresmitteltemperatur bei 3 bis 4,5 °C.

Südlich der Hudson Bay bei 48 bis 50° N fanden Hofgaard et al. (1999) auf gut drainierten sandigen und felsigen Böden, dass die Jahrringbreiten von *Picea mariana* und *Pinus banksiana* neben hohen Temperaturen zu Beginn der Vegetationsperiode mit dem Niederschlag im Sommer vor der Jahrringbildung positiv korreliert waren. Etwas östlich des Untersuchungsgebiets von Hofgaard et al. (1999) stellten Archambault und Bergeron (1992) bei *Thuja occidentalis* eine Zunahme der Jahrringbreite mit dem Juni-Niederschlag und eine Abnahme mit der Temperatur im Juni und im Juli fest. Im gleichen Gebiet (bei 49° N) wiesen Deslauriers et al. (2003) nach, dass der Dickenzuwachs von *Abies balsamea* auch durch die täglichen Schwankungen in der Niederschlagsversorgung stimuliert wird. Südöstlich der Hudson Bay bei 51 bis 53° N stellten Girardin et al. (2014) weitverbreitete Zuwachsrückgänge bei *Picea mariana* seit den 1970er-Jahren fest. Der Jahresniederschlag ist im südwestlichen Québec südlich und südöstlich der Hudson Bay mit 850 bis 930 mm (bei 0–2 °C Jahresmitteltemperatur) sehr viel höher als in der kontinentalen Nadelwaldregion des westlichen Nordamerikas, dennoch ist auch hier die Produktivität der Wälder durch Sommertrockenheit limitiert. Allerdings nimmt hier zumindest in Teilbereichen der Niederschlag zu (► Abschn. 4.5), was aufgrund der bestehenden Limitierung der Produktivität durch Wassermangel zu zunehmenden Zuwächsen führt (Bergeron und Archambault 1993).

4

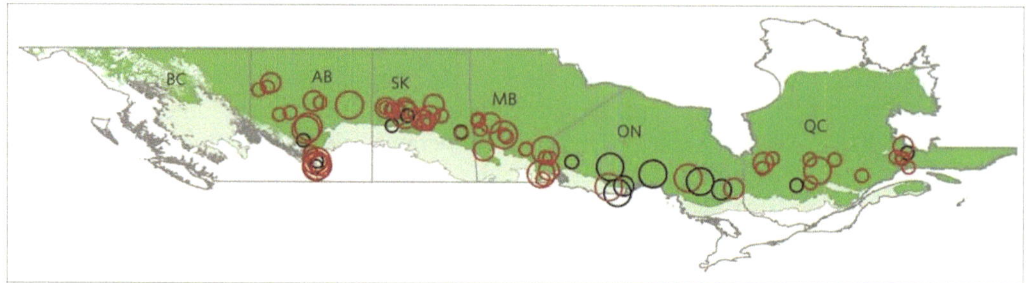

⬡ Abb. 4.16   Waldbestände mit von 1963 bis 2008 steigender (rote Kreise) oder abnehmender (schwarz) Baummortalität an der Südgrenze des borealen Waldes in Nordamerika. Die Kreisgröße gibt das Ausmaß der Änderung der Mortalitätsrate an (kleine Kreise: <0,05 % a^{-1}; mittelgroß: 0,05–0,1 % a^{-1}; groß: >0,1 % a^{-1}). (Nach Peng et al. 2011, S. 468)

In der **Waldtundra** östlich der Hudson Bay bei 57° N profitiert *Picea mariana* von den gestiegenen Temperaturen. Tremblay und Boudreau (2011) zeigten bei vergleichenden Untersuchungen für die Zeiträume von 1989 bis 1995 und 2006 bis 2007, dass die Bäume in der zweiten Untersuchungsperiode mehr als tausendmal so viele lebensfähige Samen ausbildeten wie in der ersten.

Quer durch Nordamerika lassen sich am **Südrand des borealen Waldgebietes** erhöhte **Mortalitätsraten** bei verschiedenen Baumarten feststellen (⬡ Abb. 4.16). Peng et al. (2011) fanden bei der Analyse der Bestandesdynamik von 96 Dauerbeobachtungsflächen mit einem Mindestbestandesalter von 80 Jahren eine Zunahme der Baummortalität um 4,7 % a^{-1} von 1963 bis 2008. Diese Zunahme war im trockeneren Westen mit 4,9 % a^{-1} stärker ausgeprägt als im niederschlagsreicheren Osten (1,9 % a^{-1}). Im westlichen Abschnitt der Südgrenze des borealen Waldes in Alberta, Saskatchewan und Manitoba nahm die Baummortalität in 91 % der untersuchten Waldbestände, im Osten in Ontario und Québec in 62 % der Bestände zu. Zunehmende Absterberaten wurden bei allen auf den Untersuchungsflächen vorkommenden Baumarten festgestellt; 69 % der dort vorkommenden Bäume gehörten zu *Populus tremuloides* (vgl. ▶ Abschn. 4.6.2.5), *Pinus banksiana*, *Picea mariana* und *P. glauca*. Bemerkenswert ist, dass in Teilbereichen des Untersuchungsgebietes von Peng et al. (2011) der Niederschlag sogar zugenommen hat (Girardin et al. 2004, 2009) und somit der negative Effekt des Temperaturanstiegs auf die Wasserbilanz der Bäume den positiven Einfluss der Niederschlagszunahme übersteigt.

4.6.2.5   *Populus tremuloides*-Bestände in Nordamerika

Viele Espenwälder aus *Populus tremuloides* weisen durch den Klimawandel Rückgänge im Holzzuwachs (Chen et al. 2017a, b) und seit den frühen 1990er-Jahren eine stark erhöhte Baummortalität auf (Hogg et al. 2002; Michaelian et al. 2011; Peng et al. 2011). Dies gilt insbesondere für den Südrand der borealen Zone im Übergang zum Präriegebiet der Great Plains, setzt sich aber in abgeschwächter Form ins nördlich anschließende kanadische boreale Waldgebiet fort (Hogg und Michaelian 2015). Wachstumsrückgänge und eine gesteigerte Mortalität als Folge sommerlicher Trockenheit wurden jedoch auch in Zentral- und Südalaska nachgewiesen (Trugman et al. 2018). Da *Populus tremuloides* als Pionierlaubholz die stomatäre Leitfähigkeit sehr viel weniger sensitiv reguliert als die Nadelbäume der Klimaxvegetation (Ponton et al. 2006; Zha et al. 2010), kommt es bei starker sommerlicher Trockenheit zu katastrophalen Mortalitätsereignissen, bei denen Krone und Stammholz ganzer Bestände absterben. An der Grenze zur Prärie kommt

P. tremuloides typischerweise in inselartigen Reinbeständen im Grasland an durch das Relief oder die Brandhistorie begünstigten Kleinstandorten vor. Hier können bei starken Dürreereignissen durch das synchrone Absterben benachbarter Bestände ganze Waldsteppen-Landschaften entwaldet werden (Michaelian et al. 2011; Worrall et al. 2013). Durch das hohe Vermögen von *P. tremuloides,* aus dem Wurzelstock wiederauszutreiben, sind diese Absterbeereignisse zunächst reversibel, vermindern bei häufigerem Auftreten durch wiederholte Trockenphasen aber die Biomasse in den Espenbeständen. Bei fortschreitendem Temperaturanstieg wird mit einer nachhaltigen Verschiebung der Wald-Steppen-Grenze am Nordrand der Great Plains nach Norden gerechnet (Frelich und Reich 2010; 2013). Besonders hohe Mortalitätsraten treten nach mehreren aufeinanderfolgenden Dürrejahren auf (Hanna und Kulakowski 2012), da dann die Vorräte an für die Bäume erreichbarem Wasser stark reduziert sind. Abgestorbene Individuen von *P. tremuloides* zeigen daher in den Jahren vor dem Absterben häufig eine erhöhte Temperatursensitivität des Holzzuwachses und bereits ein reduziertes Wachstum (Hanna und Kulakowski 2012). Chen et al. (2017b) wiesen nach, dass direkte physiologische Trockenschäden bei *P. tremuloides* eine sehr viel größere Rolle spielen als Schäden durch herbivore Insekten, die durch den Klimawandel begünstigt werden. Parallele Untersuchungen bei Espe und Birke *(Betula kenaica, B. neoalaskana)* offenbarten eine sehr viel geringere Dürreempfindlichkeit der beiden Birkenarten als von *P. tremuloides* (Trugman et al. 2018). Die erhöhte Mortalität von *P. tremuloides* in den borealen Wäldern am Nordrand der Great Plains setzt sich im temperaten westlichen Nordamerika nach Süden fort, wo die Art vorwiegend montan insbesondere im Gebiet der Rocky Mountains verbreitet ist (Rehfeldt et al. 2009; Kulakowski et al. 2013; Rogers et al. 2013).

4.7 Veränderungen in der Baumartenzusammensetzung

4.7.1 Veränderung der Dominanzverhältnisse und Areale borealer Baumarten

In Eurasien wie Nordamerika wird mit zunehmender Erwärmung von einer Ausbreitung der Baumarten ausgegangen, die auf relativ mildes boreales Klima und tiefgründige, gut drainierte Böden angewiesen sind. Diese Ausbreitung verläuft zu Lasten der Baumarten, die an ein streng kontinentales Klima und flachgründige Permafrostböden adaptiert sind. Für **Sibirien** wird eine Ausbreitung der Dunklen Taiga in die von der Lärche dominierte Helle Taiga prognostiziert (Tchebakova et al. 2005, 2010b; Shuman et al. 2011). Erste Anzeichen dafür wurden bereits beobachtet (Soja et al. 2007). Im Mittelsibirischen Bergland fanden Kharuk et al. (2007, 2010) im Lärchenwaldgebiet Jungwuchs von Koniferen der Dunklen Taiga, der sich dort zumeist seit etwa 1980 bis 1990 etabliert hatte. Insbesondere stellten die Autoren die Neueinwanderung von *Pinus sibirica* in *Larix gmelinii*-Bestände fest (◘ Abb. 4.17). Der Anteil von Fichte, Tanne und Zirbelkiefer an der Verjüngung lag deutlich über ihrem Anteil in der Baumschicht. Umgekehrt war die die Baumschicht dominierende Lärche im Jungwuchs unterrepräsentiert. In der Flussaue der Lena in Jakutien zeigt *Larix cajanderi* seit Mitte des 20. Jahrhunderts einen niedrigeren Basalflächenzuwachs als die mit ihr (dort nur in den Flussauen) vergesellschaftete *Picea obovata* (◘ Abb. 4.18); im 19. Jahrhundert und zu Beginn des 20. Jahrhunderts war der Zuwachs noch bei der Lärche höher als bei der Fichte (Lloyd et al. 2011). Am Fuß des Kasachischen Altais führt offensichtlich das Abtauen des Permafrostes zum Einwandern von *Pinus sibirica* und *Picea obovata* (◘ Abb. 4.19) in die von *Betula pendula* und *Larix sibirica* dominierte Helle Taiga (Dulamsuren et al., nicht publiziert).

4

◨ Abb. 4.17   Einwanderung von Baumarten der Dunklen Taiga *(Pinus sibirica, Abies sibirica, Picea obovata)* im Unterwuchs der von *Larix gmelinii* dominierten Hellen Taiga entlang eines 800 km langen West-Ost-Gradienten im Mittelsibirischen Bergland. (**a, b**) Anteil der einzelnen Arten an (**a**) der Baumschicht und (**b**) am Jungwuchs; (**c**) normalisiertes Verhältnis von Verjüngung zu Altbestand nach der Formel Verjüngungskoeffizient = (Verjüngung [%] – Baumschicht [%])/(Verjüngung [%] + Baumschicht [%]). Die Birke *(Betula)* tritt nach Störung sowohl in der Hellen Taiga als auch in der Dunklen Taiga auf. (Nach Kharuk et al. 2007, S. 165)

Die Ausbreitung der Dunklen Taiga in die Helle Taiga verursacht eine Verringerung der Albedo vor allem im Winterhalbjahr, aber auch während der Vegetationsperiode (◨ Abb. 4.20), und leistet somit im Sinne einer positiven Rückkopplung einer weiteren Klimaerwärmung Vorschub. Für Südsibirien schätzten Shuman et al. (2011), dass die Reduktion der Albedo bei Umwandlung von Lärchenwald in dunkle Taiga in der Strahlungsbilanz der Wälder mit etwa $5\ \mathrm{W\ m^{-2}}$ zu Buche schlägt.

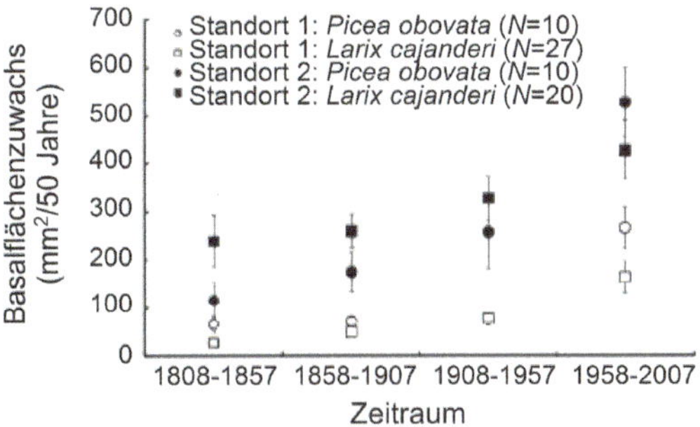

◘ **Abb. 4.18** Basalflächenzuwachs bei *Larix cajanderi* und *Picea obovata* an zwei Standorten in der Lenaniederung in Jakutien (Ostsibirien) von 1808 bis 2007. In der zweiten Hälfte des 20. Jahrhunderts hat der Zuwachs bei beiden Baumarten als Folge steigender Temperaturen zugenommen. Die Fichte hat davon mehr profitiert als die Lärche. Die Zuwächse sind insgesamt aufgrund des sehr kalten Klimas sehr gering. (Nach Lloyd et al. 2011, S. 1939)

In Nordamerika dürfte sich mit zunehmender Erwärmung der Mengenanteil von *Picea glauca* gegenüber dem der gegenüber Kälte und flachgründigem Permafrost toleranteren *P. mariana* (▶ Abschn. 4.2.2) erhöhen, wie die bisherigen Schwankungen in den Dominanzverhältnissen der beiden Arten im Verlauf des Holozäns nahelegen (Lindbladh et al. 2007). Eine Ausnahme bilden Gebiete mit steigendem Niederschlag im ohnehin feuchten Ostkanada. Im Übrigen ist es wahrscheinlich, dass sich *Populus tremuloides*, die in der Waldsteppe am Nordrand der Great Plains durch den Klimawandel im Rückgang begriffen ist (s. o.: ▶ Abschn. 4.6.2.5), im zentralen borealen Waldgebiet weiter ausbreiten können wird. Untersuchungen an Nord-Süd-Gradienten in Kanada zeigen, dass

◘ **Abb. 4.19** Im Kasachischen Altai wandern derzeit Jungbäume der Dunklen Taiga (*Pinus sibirica* [links], *Picea obovata* [rechts] und *Abies sibirica* [nicht abgebildet]) in die Helle Taiga ein. Die Baumarten der Dunklen Taiga besiedeln feuchtere Standorte als diejenigen der Hellen Taiga. Die Wasserversorgung hat sich dort offensichtlich im 21. Jahrhundert durch abtauenden Permafrost (vorübergehend) verbessert. (Foto: M. Hauck)

4

◻ Abb. 4.20 Vergleich der Albedo von drei Paaren von Beständen der immergrünen Dunklen Taiga und der durch die Lärche dominierten, sommergrünen Hellen Taiga. (Nach Shuman et al. 2011, S. 2379)

die Produktivität von *P. tremuloides* nach Norden hin zunehmend durch niedrige Temperaturen limitiert wird (Huang et al. 2010; Anyomi et al. 2012). Landhäusser et al. (2001) zeigten in einem Versuch in der Klimakammer, dass tiefe Bodentemperaturen das Wurzelwachstum bei *P. tremuloides*, nicht aber bei der zum Vergleich untersuchten *Picea glauca* einschränkten; bei einer Bodentemperatur von 5 °C zeigte *Populus tremuloides* überhaupt kein Wurzelwachstum. *P. tremuloides* sollte also von höheren Bodentemperaturen profitieren können, solange die Wasserversorgung nicht wie im Ökoton zum Grasland limitierend wird.

4.7.2 Einwanderung temperater Baumarten

Im **Skandinavischen Gebirge** rückt als Folge des Klimawandels nicht nur die aus *Betula pubescens*, *Picea abies* und *Pinus sylvestris* gebildete Baumgrenze in größere Höhenlagen vor (▶ Abschn. 4.6.2.1: „Nordeuropa"), sondern es gibt bemerkenswerterweise auch erste Ansätze zu einer **Einwanderung wärmeliebenderer Baumarten** in das Wald-Tundra-Ökoton (Kullman 2002, 2008, 2010). Im mittelschwedischen Jämtland wurden an der Baumgrenze wenige Dezimeter, teilweise aber auch über 1 m hohe Jungbäume der boreal-temperat verbreiteten Hängebirke

(*Betula pendula;* bei 60–63° N) und der süd-boreal-temperat-submediterran verbreiteten Schwarzerle (*Alnus glutinosa;* 63° N) gefunden (Kullman 2008). Mit der Stieleiche (*Quercus robur;* 63° N), der Bergulme (*Ulmus glabra;* 63° N) und dem Spitzahorn (*Acer platanoides;* 61–65° N) sind jedoch auch echte **temperate Laubwaldarten** an die alpine Baumgrenze eingewandert. Diese Baumarten sind dort auf Süd- und Südwesthänge beschränkt. Das geschlossene Areal der Bergulme ist ca. 50 km, das der Stieleiche 200 km und das des Spitzahorns 300 km von den Funden in der alpinen Tundra des Jämtlandes entfernt. Gleichzeitig sind die betroffenen Baumarten gegenüber ihrem zuvor bekannten Areal in Skandinavien um 500 bis 800 Höhenmeter nach oben gewandert. Klimatisch liegen dieser Neueinwanderung eine Temperaturzunahme um 0,7 K im Sommer und um 1,8 K im Winter sowie eine Niederschlagszunahme um 20 bzw. 10 % im Zeitraum 1991 bis 2005 gegenüber 1961 bis 1990 zugrunde (Wetterstation Storlien, 63°17′ N, 12°7′ E, 642 m ü. NN). Zuletzt kamen temperate Baumarten zu Zeiten des Postglazialen Wärmeoptimums vor 9500 bis 8000 Jahren in vergleichbaren Höhenlagen im Skandinavischen Gebirge vor (Kullman 1998).

Im **östlichen Nordamerika** grenzt das boreale Nadelwaldgebiet an seiner Südgrenze an das von Ahorn (*Acer saccharum, A. rubrum*), Eiche (*Quercus rubra*) und Buche (*Fagus grandifolia*) dominierte temperate Laubwaldgebiet. Hier profitieren die temperaten Wälder von steigenden Temperaturen. Anhand von immerhin 5719 Dauerbeobachtungsflächen zeigten Sittaro et al. (2017), dass 16 temperate Laub- und Nadelbaumarten zwischen 1970 bis 1978 und 2000 bis 2012 im Mittel um 0,13 km a^{-1} (Altbäume) bzw. 0,34 km a^{-1} (Jungwuchs) nach Norden gewandert waren. Für eine ganze Reihe von Baumarten, die für die temperaten Wälder des nordöstlichen Nordamerikas charakteristisch sind, wurden Nordwärtswanderungen sowohl für ausgewachsene Bäume als auch für Jungwuchs gefunden. Dies schließt *Acer rubrum, A. saccharum, Betula populifolia, Picea rubens, Pinus* *strobus, Populus grandidentata, Quercus rubra, Tilia americana* und *Tsuga canadensis* ein. Bei *Fagus grandifolia*, aber auch bei *Betula alleghaniensis* und *Ostrya virginiana*, wanderte hingegen nur der Jungwuchs nach Norden.

Fallstudien für einzelne Arten belegen, dass sowohl Vermehrung als auch Zuwachs der temperaten Baumarten am Nordrand ihres Areals durch die Temperatur limitiert sind. Tremblay et al. (2002) zeigten, dass *Acer rubrum* am Nordrand seines Areals nur selten und in geringer Menge Samen bildet und so an einer Ausbreitung nach Norden gehindert wird. Westlich von Lake Superior fanden Fisichelli et al. (2012) anhand eines räumlichen Temperaturgradienten mit einem Temperaturunterschied von bis zu 2,3 K, dass Höhen- und Dickenzuwachs bei Jungbäumen von *Acer saccharum, A. rubrum* und *Quercus rubra* positiv mit der Sommertemperatur korreliert waren. Beim Jungwuchs von *Abies balsamea* und *Picea glauca*, beides boreale Nadelbaumarten, nahmen umgekehrt Höhen- und Dickenzuwachs mit steigender Sommertemperatur ab. Der Konkurrenzvorteil der Laubbäume bei der Verjüngung am wärmeren Ende des Gradienten wurde allerdings in der Studie von Fisichelli et al. (2012) durch stärkeren Wildverbiss wieder weitgehend zunichte gemacht. Die Ausbreitungsmöglichkeiten des temperaten Laubwaldes in den borealen Nadelwald mit steigenden Temperaturen erhöhen sich damit mit abnehmender Herbivorendichte. Auf der anderen Seite brennen Laubwälder im Allgemeinen weniger leicht als Nadelwälder, was angesichts eines mit zunehmenden Temperaturen steigenden Waldbrandrisikos (▶ Abschn. 4.10) einen Konkurrenzvorteil für einwandernde Laubbaumarten mit sich bringt (Girardin et al. 2013a; Anyomi et al. 2014).

4.8 Veränderungen in der Vegetation der Moore

Die Vegetation der Moore ist stark vom Wasserstand und dadurch von der mittleren Überflutungsdauer und -häufigkeit abhängig. Die Klimaerwärmung übt einen starken Einfluss auf den Wasserstand in den Moorgebieten aus. Zunehmende Trockenheit kann zur Absenkung des Wasserspiegels führen, wohingegen das Abtauen von Permafrost (▶ Abschn. 4.9) und steigende Niederschläge (wie im größten borealen Moorgebiet in Westsibirien) eine zunehmende Vernässung herbeiführen kann. Der mittlere Wasserstand beeinflusst maßgeblich die Dominanzverhältnisse der Torfmoose (Rydin und McDonald 1985; Li et al. 1992; Dünhofen 1999) und steuert die Verteilung der *Sphagnum*-Arten in Bulten (z. B. *S. fuscum, S. magellanicum, S. warnstorfii*) und Schlenken (z. B. *S. riparium, S. obtusum;* Camill 1999). Ein hoher Wasserspiegel fördert aerenchymatische Seggen *(Carex)* und Wollgräser *(Eriophorum)*, während Zwergsträucher und schließlich Bäume erhöhte Standorte ohne direkte Überflutung des Wurzelraums benötigen. Verschiebungen in der Dominanz von Arten mit dem Klima sind retrospektiv über die Analyse von Torfprofilen vielfach belegt (Belyea und Malmer 2004; Peregon et al. 2007). Rezente Veränderungen können über Dauerbeobachtungsflächen nachgewiesen werden (Nordbakken 2001). Deren Resultate sind im Hinblick auf Klimawandeleffekte schwieriger zu interpretieren, da mögliche Effekte der Klimaerwärmung von der ohnehin vorhandenen Vegetationsdynamik durch die interannuelle Klimavariabilität sowie von Effekten der Stickstoffdeposition getrennt werden müssen. Mäkiranta et al. (2017) manipulierten die klimatischen Standortsbedingungen durch Open Top Chambers (Erwärmung) und Absenkung des Wasserspiegels per Drainage in zwei Mooren in Finnland und wiesen nach 4 bis 5 Jahren eine Zunahme von Zwergsträuchern *(Betula nana, Vaccinium oxycoccos)*, Baumjungwuchs *(Pinus sylvestris, Betula pubescens)*, der Rasenbinse *(Trichophorum cespitosum)* und des Torfmooses *Sphagnum subnitens* durch Absenken des Wasserspiegels allein oder in Kombination mit Erwärmung nach. Erwärmung allein zeigte keinen signifikanten Effekt. Im Übergangsbereich zwischen borealer und temperater Zone im Norden Minnesotas führten

Weltzin et al. (2003) von 1994 bis 1998 ein ganz ähnliches Experiment durch und fanden uneinheitliche Reaktionen auf Erwärmung des Bodens während der Vegetationsperiode von Mai bis Oktober um 1,6–4,1 K. Ein Absenken des Wasserspiegels während der Vegetationsperiode förderte Zwergsträucher *(Andromeda glaucophylla, Chamaedaphe calyculata)*, das Anheben des Wasserspiegels hingegen Seggen *(Carex lasiocarpa, C. livida)* und Torfmoose. Mit sinkendem Wasserspiegel und somit Ausdehnung des aeroben Bodenraums steigt das Verhältnis von unterirdischer zu oberirdischer Nettoprimärproduktion (Weltzin et al. 2000).

Sehr viel besser dokumentiert als Verschiebungen innerhalb der Moos- und Krautschicht als Folge des Klimawandels ist das Absterben von **Moorwäldern** durch das Abtauen des Permafrosts (Laberge und Payette 1995; Quinton et al. 2011). An der **Südgrenze des Permafrosts** kommen Baumbestände auf aufgewölbten Plateaus über Permafrostlinsen im Mosaik mit baumfreien Mooren in Senken ohne Permafrost vor. Das Auftauen des Permafrosts durch die Klimaerwärmung resultiert in **steigenden Wasserspiegeln** und der Neubildung von Senken durch **Thermokarst**, da die Geländeoberfläche durch die Volumenreduktion infolge des Abtauens der Permafrostlinsen absinkt (vgl. ▶ Abschn. 4.9). Der Verlust von Wäldern durch das Abschmelzen von Permafrost und die Umwandlung in baumfreie Moore ist nicht nur wegen der deutlichen Auswirkungen auf die Landschaftsgenese besser untersucht als Veränderungen der Vegetation innerhalb baumfreier Moore, sondern auch, weil die Abnahme der Waldfläche durch die Fernerkundung rückwirkend analysiert werden kann.

4.9 Rückgang des Permafrosts

Das Abschmelzen des in der borealen Zone weit verbreiteten Permafrosts kann zu einer **vorübergehenden Verbesserung der Wasserversorgung** führen. Dies kann sich nicht nur in einer erhöhten Produktivität, die sich beispielsweise in größeren Jahrringbreiten der Bäume niederschlägt, äußern. Durch das Auftauen des Permafrosts können auch feuchtigkeitsbedürftige Baumarten der Dunklen Taiga in Bestände der Hellen Taiga einwandern. Diese Verbesserung der Wasserversorgung dürfte jedoch im Regelfall vorübergehender Natur sein, da so langfristig der Permafrost als Wasserquelle für die Vegetation ausfällt. In einer Modellierung gehen zudem Tchebakova et al. (2009) davon aus, dass es in den Taigawäldern des östlichen Sibiriens zukünftig nicht zu einem flächigen Eindringen der Dunklen Taiga in die von der Lärche dominierte Helle Taiga kommen wird, da der Rückgang des Permafrosts in dieser sehr kalten Region dafür wohl nicht massiv genug ausfallen wird. Neben den Auswirkungen auf den Temperatur- und Wasserhaushalt führt der Rückgang des Permafrosts dazu, dass zuvor für lange Zeit im gefrorenen Boden festgelegte Nährstoffe für Pflanzenwurzeln und Mikroorganismen erreichbar werden (Kobak et al. 1996). Auch verringert sich nach Abtauen des Permafrosts der Anteil organischer Substanz (einschließlich der darin enthaltenen noch nicht mineralisierten Nährstoffe), die für die Vegetation ungenutzt über den Oberflächenabfluss verlorengeht (MacLean et al. 1999; Walvoord und Striegl 2007).

In der **Waldsteppe** am Südrand der borealen Zone ist der Rückgang des Permafrosts derzeit besonders stark ausgeprägt. Hier steigt die Temperatur in der Permafrostschicht, die Auftautiefe nimmt zu (Sharkhuu 2003; Jin et al. 2007), und die Südgrenze des Permafrosts wandert letztendlich nach Norden (◘ Abb. 4.21). Darüber hinaus unterstützt die Freilegung des Bodens durch Störungen (wie Holzeinschlag, Feuer oder Windwurf) das Abtauen des Permafrosts und so die irreversible Umwandlung von Wald in Steppengrasland.

An der Nordgrenze des borealen Waldgebietes kann ein zunehmendes oberflächliches Antauen des Permafrosts zur **Etablierung von Bäumen in der Tundra** führen, allerdings nur dann, wenn die Böden ausreichend drainiert sind (Lloyd et al. 2003). Auch in den borealen **Mooren** hat seit Mitte des 20. Jahrhunderts ein Trend zu einem Rückgang des Permafrosts eingesetzt (Camill 2005). In **vermoorten Wäldern** resultiert das Auftauen des Permafrosts in vermehrter Staunässe, die die Bedingungen

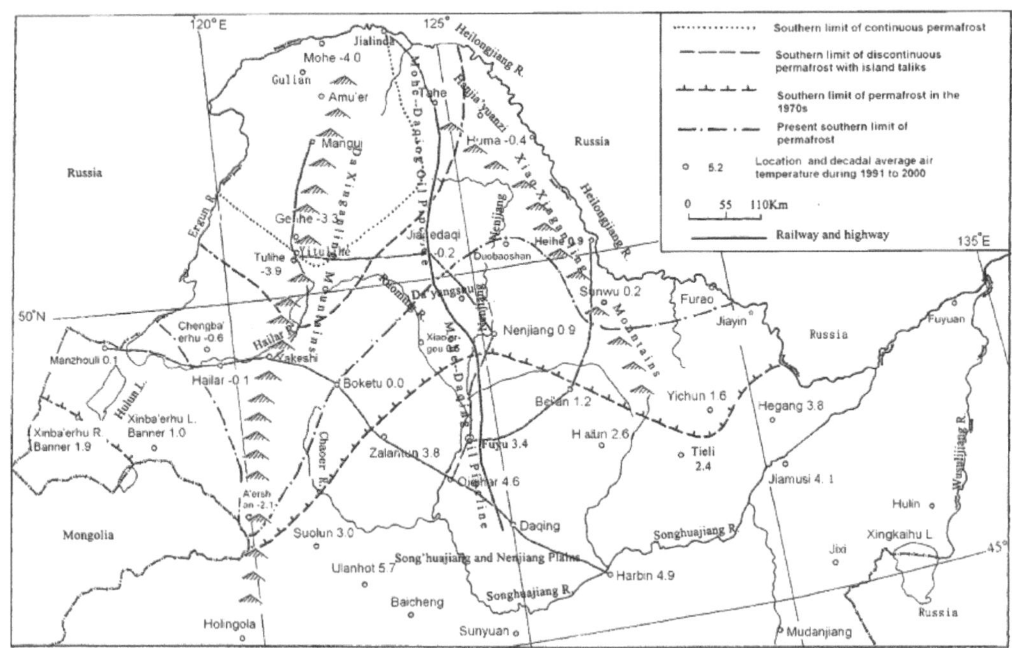

Abb. 4.21 Nordwärtswanderung der Südgrenze des Permafrosts im Großen Khingan in Nordostchina zwischen den 1970er- und 1990er-Jahren. Dort kommt von *Larix gmelinii* dominierte Waldsteppe vor. (Aus: Jin et al. 2007, S. 247)

für das Baumwachstum verschlechtert (vgl. ► Abschn. 4.8). Dies wurde von Baltzer et al. (2014) und Chasmer und Hopkinson (2017) intensiv in *Picea mariana*-Beständen in den kanadischen Northwest Territorities südlich von Fort Simpson untersucht. Obwohl sich das Klima hier seit Ende des 20. Jahrhunderts stark erwärmt hat (um 1 K im Zeitraum 1997 bis 2015 im Vergleich zu 1970 bis 1996) und obwohl der Niederschlag unter dem dortigen kontinentalen Klima nur etwa 230 mm a^{-1} beträgt, verursacht das Abtauen des Permafrosts eine Reduktion der Waldfläche. Von den Rändern der bewaldeten Moorbereiche her schmilzt der Permafrost und bewirkt so ein Steigen des Wasserspiegels und die Neubildung von Senken. *Picea mariana* kann der entstehenden Staunässe nicht standhalten, reduziert die Wasseraufnahme (■ Abb. 4.22a) und in der Folge den Zuwachs (■ Abb. 4.22b). Am Ende kommt es zum Verlust von Waldfläche (■ Abb. 4.23), und zwar umso ausgeprägter, je stärker die Waldbestände fragmentiert sind. Die Vernässung unterbindet auch die Verjüngung von *P. mariana* durch verringerte Samenproduktion, reduzierte Keimraten und höhere Sterblichkeit der Keimlinge und Sämlinge nicht nur infolge ungünstigerer abiotischer Standortbedingungen, sondern auch durch eine stärkere Konkurrenz durch Moose (Camill et al. 2010). Waldflächenrückgänge durch Thermokarst sind auch aus Ostsibirien von *Larix cajanderi*-Wäldern bekannt (Frost und Epstein 2014). Bemerkenswert ist, dass der Klimawandel somit die Produktivität und Vitalität borealer Wälder nicht nur durch zunehmende Sommertrockenheit verringert (► Abschn. 4.6.1), sondern durch das Abtauen von Permafrost und Staunässe auch zu Waldflächenverlusten auf vernässten Böden führen kann, auf denen die Bäume von Dürreeffekten verschont bleiben.

4.10 Veränderungen in der Waldbrandhäufigkeit und -intensität

Die Wahrscheinlichkeit der **Entstehung von natürlichen Waldbränden** hängt zum einen von der Blitzhäufigkeit und zum anderen vom Vorrat und der Trockenheit brennbaren

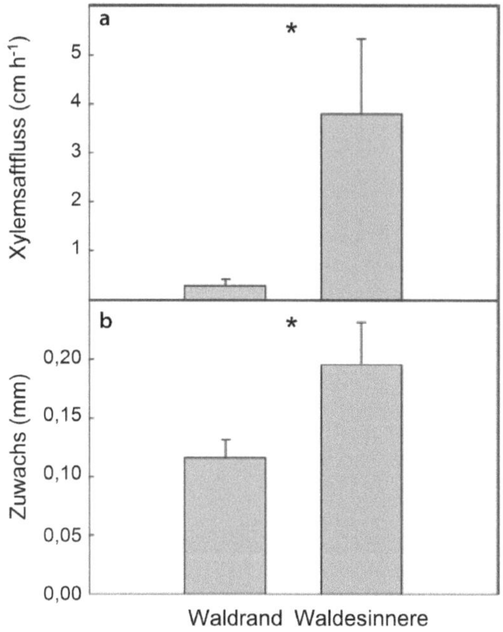

4

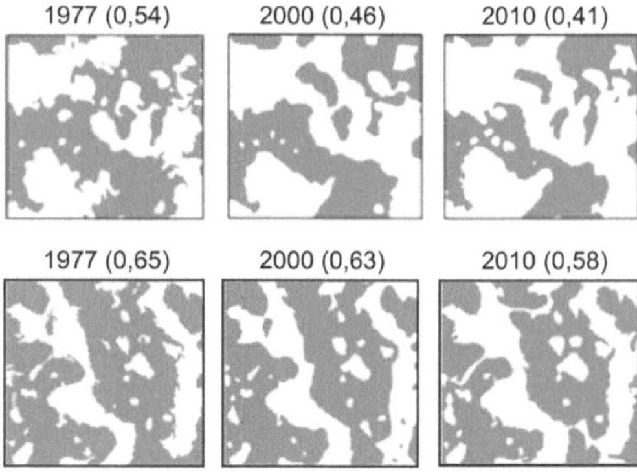

◘ **Abb. 4.23**   Waldflächenverluste in einem Vegetationsmosaik aus *Picea mariana*-Beständen auf Plateaus über Permafrostlinsen und waldfreien vermoorten Senken durch punktuelles Abtauen des Permafrosts von 1977 bis 2010 (Northwest Territories, Kanada). Vegetationsverteilung in zwei Probeflächen von je 500 m × 500 m; in Klammern neben der Jahreszahl ist der Anteil des Waldes an der Gesamtfläche angegeben. (Nach Baltzer et al. 2014, S. 828)

◘ **Abb. 4.22**   Durch Staunässe (**a**) reduzierter Xylemsaftfluss in den Wurzeln in der Mitte der Vegetationsperiode und (**b**) verringerter Dickenzuwachs im Untersuchungsjahr (2011) bei *Picea mariana* als Folge tauenden Permafrosts am Rand von mit Fichtenwald bestandenen Permafrostplateaus in den Northwest Territories, Kanada (±Standardfehler; *P < 0,05). (Nach Baltzer et al. 2014, S. 830)

Materials ab (Johnson 1992; Goldammer und Furyaev 1996; Hart et al. 2019). Beides wird durch steigende Temperaturen und damit zusammenhängend durch die Ausbildung sommerlicher Hochdruckgebiete begünstigt, da nicht nur das Totholz und anderes organisches Material austrocknen, sondern mit steigender Temperatur in der Folge auch verstärkt Gewitter auftreten (Drobyshev und Niklasson 2004; Xiao und Zhuang 2007; Girardin et al. 2009). In Alaska und den kanadischen Northwest Territories wiesen Veraverbeke et al. (2017) von 1975 bis 2014/2015 einen Anstieg der Waldbrandhäufigkeit von 20 bis 50 % pro Dekade nach. Das **Ausmaß von Waldbränden** ist maßgeblich eine Funktion der Menge trockener brennbarer Substanz und wird somit ebenso durch den Klimawandel begünstigt

(Stocks 1998, 2002). Ausgenommen von der Förderung von Waldbränden durch den Klimawandel sind lediglich Gebiete mit starkem Anstieg des Sommerniederschlags und gleichzeitig mäßigem Temperaturanstieg (Meyn et al. 2013).

Brände üben also genau in den Gebieten der boreale Zone einen besonders starken Einfluss auf die Vegetation aus, die durch den direkten Effekt zunehmender Trockenheit ohnehin durch zurückgehende Produktivität, reduzierte Verjüngung und erhöhte Baummortalität gekennzeichnet sind (▶ Abschn. 4.6). Werden aufgrund von Feuern Nadelwälder durch **Pionierlaubwälder** aus Birke oder Espe ersetzt, was vielfach der Fall ist (Johnstone et al. 2010; Beck et al. 2011b; Otoda et al. 2013), wirkt dies der erhöhten Waldbrandhäufigkeit durch trockenere Sommer als Folge des Klimawandels in allerdings begrenztem Maße entgegen, da sich Laubwälder generell schwerer entzünden als Nadelwälder (Girardin et al. 2013a; Terrier et al. 2013). Zudem können Brände im Wald, gerade bei den isolierten, auf Nordhänge beschränkten Vorkommen in der

Waldsteppe, zu einem langfristigen Verlust von **Permafrost** führen (Burn 1998; Jin et al. 2007). Wesentlich ist dabei nicht so sehr der Anstieg der Bodentemperatur während des Brandes selbst, sondern vor allem die langfristige Erwärmung durch die Vernichtung von Vegetation und organischer Auflage sowie durch die Abnahme der Albedo, was zu einem erhöhten Wärmefluss in den Boden führt (Thomas und Rowntree 1992; Yoshikawa et al. 2003; Shur und Jorgenson 2007). Waldbrände führen daher zu erhöhten Luft- und Bodentemperaturen und, sofern keine Vermoorung vorliegt, zu reduzierter Bodenfeuchte (Park et al. 2009).

Über die **Freisetzung von Treibhausgasen und von Rußpartikeln**, die die Albedo in abgebrannten Wäldern und deren Umland verringern, tragen Waldbrände im Sinne einer positiven Rückkoppelung zu einer Verstärkung der lokalen Erwärmung bei (Bergner et al. 2004; Randerson et al. 2006). Dieser Effekt ist allerdings nur kurzfristig, da über den gesamten Lebenszyklus eines Waldes die erhöhte Netto-CO_2-Aufnahme der nach dem Waldbrand produktiveren Vegetation in der Bilanz zu einer Verringerung des Strahlungsantriebs des Klimasystems, also zu einer Nettoabkühlung, führt (Randerson et al. 2006). Daneben werden durch Brände im borealen Waldgebiet nennenswerte Mengen an Stickoxiden (NO_x) in die Atmosphäre freigesetzt und über weite Strecken transportiert (Spichtinger et al. 2001). Die bei starken Waldbränden freigesetzten Stickstoffverbindungen werden bis in die Arktis verfrachtet und können so einen Einfluss auf die Produktivität stickstofflimitierter Ökosysteme der nördlichen Breiten ausüben. Daneben werden Stickstoff- und auch Schwefelverbindungen lokal in Gewässer freigesetzt, die dadurch vorübergehend angesäuert werden können (Bayley et al. 1992).

Bereits heute zeigen **Fallstudien aus Nordamerika und Eurasien**, dass Waldbrände in einigen Gebieten der borealen Zone stark zugenommen haben. Hingewiesen wurde bereits auf die Studie von Veraverbeke et al.

(2017) aus Alaska und den kanadischen Northwest Territories. In Zentralalaska im Mündungsgebiet des Porcupine River in den Yukon belegen Analysen von Holzkohleresten in Seesedimenten durch Kelly et al. (2013), dass die Waldbrandhäufigkeit dort derzeit so hoch ist wie nie zuvor im Holozän. Für ganz Kanada zeigten Gillett et al. (2004), dass die von Waldbränden betroffene Fläche mit dem Temperaturanstieg im 20. Jahrhundert zugenommen hat, und zwar besonders seit 1970, als sich auch die Klimaerwärmung verstärkte. Zu ganz ähnlichen Resultaten gelangten Xiao und Zhuang (2007) bei einer Analyse für Kanada und Alaska oder Girardin (2010) selbst für die außerordentlich niederschlagsreichen (800–1000 mm a^{-1} bei ca. 0 °C Jahresmitteltemperatur) Laurentinischen Berge im küstennahen Québec nördlich des Sankt-Lorenz-Stroms. Die zeitliche Variabilität der gesamten Waldbrandfläche über ein größeres Gebiet wie auch die Größe der einzelnen Brände ist am engsten (positiv) mit der Temperatur bzw. (negativ) mit dem Palmer-Dürre-Index (PDI) korreliert; beim PDI wird Trockenheit durch niedrige Werte angezeigt. Die Abhängigkeit von Niederschlag und Windgeschwindigkeit ist dagegen gering (Flannigan und Harrington 1988; Gillett et al. 2004; Xiao und Zhuang 2007; Meyn et al. 2010; Ali et al. 2012). Bemerkenswert ist die Zunahme der Waldbrandfläche in Nordamerika in der zweiten Hälfte des 20. Jahrhunderts trotz intensiver Bemühungen zur Waldbrandbekämpfung und -prävention. Am stärksten hat das Waldbrandrisiko im Norden der borealen Zone Nordamerikas zugenommen, wohingegen es in Teilbereichen des Südwestens und Südostens des kanadischen Nadelwaldgebietes von 1901 bis 2002 durch zunehmende Feuchtigkeit sogar abgenommen hat (Bergeron und Flannigan 1995; Girardin und Wotton 2009; Girardin et al. 2009; Hély et al. 2010). In Sibirien hat von 1901 bis 2002 die Fläche, die von extremer Sommertrockenheit betroffen war, signifikant zugenommen, wodurch das Waldbrandrisiko angestiegen ist (Girardin et al.

2009). Ohnehin sind die Flächenanteile mit hohem Waldbrandrisiko im kontinentalen Sibirien höher als in der borealen Zone Nordamerikas (Stocks et al. 1998). Zum hohen klimatisch bedingten Risiko kommt eine meist schlechtere Waldbrandüberwachung und -bekämpfung als in Nordamerika. Im niederschlagsreichen Fennoskandien spielen Waldbrände in der borealen Zone nur eine sehr geringe Rolle (Luyssaert et al. 2010).

Zahlreiche Studien sagen eine **künftige Zunahme von Waldbränden** mit Fortschreiten des Klimawandels voraus (Stocks et al. 1998). Dies bezieht sich sowohl auf die Waldbrandhäufigkeit als auch auf die von Feuern betroffene Fläche (Girardin et al. 2010). Diese Prognosen gründen sich auf das vielerorts in der borealen Zone ungünstiger werdende Verhältnis von Niederschlag zu potenzieller Evaporation und auf die damit steigende Sommertrockenheit (Le Goff et al. 2009; Parida und Buermann 2014). Für das boreale Nadelwaldgebiet Alaskas und Westkanadas rechnen Balshi et al. (2009a) mit einer Verdoppelung der Waldbrandfläche in der Dekade 2041 bis 2050 gegenüber dem Ende des 20. Jahrhunderts (1991–2000); innerhalb von 100 Jahren (bis 2091–2100) gehen die Autoren von einem Anstieg der Waldbrandfläche um den Faktor 3,5 bis 5,5 aus. Im östlichen Kanada wird erwartet, dass die Abnahme des Waldbrandrisikos während des 20. Jahrhunderts infolge regionaler Niederschlagszunahmen und verbesserter Waldbrandüberwachung zukünftig durch den Klimawandel so weit kompensiert wird, dass wieder in etwa die Waldbrandhäufigkeit wie vor der Industrialisierung erreicht wird (Bergeron et al. 2010; Girardin et al. 2013b). In Sibirien und im europäischen Russland wird im 21. Jahrhundert in weiten Gebieten mit einem signifikanten Anstieg des Waldbrandrisikos, vor allem am Südrand des borealen Nadelwaldgebiets und in Jakutien, gerechnet (Stocks et al. 1998; Malevsky-Malevich et al. 2008; Tchebakova et al. 2009). Erschwerend kommt hinzu, dass mit zunehmender Häufigkeit und Intensität von Bränden deren Bekämpfung erschwert wird und somit die Auswirkungen der Waldbrände auf die Vegetation zunehmen werden (Flannigan et al. 2009).

Waldbrände können auch dem durch den Temperaturanstieg verschiedentlich beobachteten Vorrücken der Baumgrenze in die Tundra entgegenwirken, da durch die Erwärmung auch das Risiko für Feuer steigt. Brände haben seit jeher die räumliche Verteilung von Wald und Offenland in der **Waldtundra** mitbestimmt (Arseneault und Payette 1992; Payette et al. 2001). In Ostsibirien sind durch trocken-wärmere Klimabedingungen und verschlechterte Waldbrandbekämpfung Ende des 20. Jahrhunderts etwa 500.000 km^2 Waldtundra in baumlose Tundra umgewandelt worden (Vlassova 2002; Chapin et al. 2004).

4.11 Klimaabhängigkeit von Herbivoren

Viele Herbivoren profitieren von steigenden Temperaturen. Bei Insekten geschieht dies einerseits (wie bei allen wechselwarmen Tieren) über **beschleunigte Entwicklungsraten** während der Vegetationsperiode (Ayres und Lombardero 2000) und andererseits über eine gesteigerte **Überlebenswahrscheinlichkeit der Überwinterungsstadien** (Andresen et al. 2001; Bale et al. 2002). Eine abnehmende Schneedecke mindert allerdings die Überlebensrate von am Boden überwinternden Arten (Dulamsuren et al. 2011), fördert hingegen herbivore Säugetiere (Niemelä et al. 2001). Auch bei den homoiothermen (gleichwarmen) Säugetieren haben milde Winter einen maßgeblichen positiven Effekt auf die Populationsgrößen (Bartmann et al. 1992). Die Bestandesgrößen der Herbivoren sind entscheidend für das Ausmaß der Schädigung der Vegetation. Herbivoren üben in der Regel nur einen vorübergehenden Einfluss auf die Biomasse, Produktivität und die Dominanzverhältnisse in Wäldern aus. Dieser kann allerdings, je nach Schwere der Einwirkung, nach der akuten Schädigung, die oft nur eine oder wenige Vegetationsperioden anhält, noch über eine Reihe von Jahren nachwirken (Holling 1973; Hauck et al. 2008; Dulamsuren et al. 2010c).

Sommertrockenheit wird oft neben der Temperatur als ein Faktor genannt, der Bäume, und insbesondere Koniferen, gegen Herbivorenbefälle empfindlich macht. Die **Harzproduktion** (u. a. Harzsäuren, Monoterpene, Phenole) verringert sich zwar nicht generell bei Trockenheit (Turtola et al. 2003), auch ist die Dichte der Harzkanäle im Holz, das in Trockenphasen gebildet wird, erhöht (Rigling et al. 2003; Kane und Kolb 2010), doch senkt ein niedriger Wassergehalt im Gewebe rund um die Harzkanäle die Harzfreisetzung (Rosner und Hannrup 2004). Ein geringer Wassergehalt verhindert den Aufbau eines ausreichenden Transportdruckes für das Harz, ohne den es, auch wenn das Harz in großen Mengen produziert wird, seine Abwehrfunktion nicht erfüllen kann (Rosner und Hannrup 2004). Harze vermindern einerseits den Befall durch Schadinsekten (wie z. B. Borkenkäfer) und andererseits die Überlebensraten von Eiern und Larven (Lombardero et al. 2000). Das erwähnte Ausbleiben einer generellen Verringerung der Harzproduktion bei Trockenheit bezieht sich nur auf das konstitutiv gebildete Harz, das bei Trockenheit sogar oft vermehrt synthetisiert wird (Kainulainen et al. 1992; Lombardero et al. 2000; Turtola et al. 2003). Die Menge desjenigen Harzes, dessen Bildung durch Verwundung induziert wird, ist hingegen bei Trockenheit häufig geringer als bei guter Wasserversorgung (Lewinsohn et al. 1993; Lombardero et al. 2000).

Der Klimawandel sollte also mit einem verstärkten Einfluss von Klein-, aber durchaus auch Großherbivoren auf die Dynamik borealer Wälder einhergehen. Entsprechende Modellierungen, die den Effekt steigender Temperaturen auf die Bedeutung von Herbivoren für die Produktivität borealer Wälder zu quantifizieren versuchen, sind vielfach publiziert worden (Virtanen et al. 1998; Logan et al. 2003). Es gibt auch eine Reihe von Fallstudien,

die massiven Befall durch herbivore Insekten in der jüngeren Zeit mit dem Klimawandel in Verbindung bringen (Volney 1988; Kurz und Apps 1999). Der Nachweis eines solchen Zusammenhangs wird allerdings durch die von Natur aus komplexe zeitlich-räumliche Dynamik von Schadinsekteninvasionen erschwert (Malmström und Raffa 2000; Hollingsworth et al. 2010). Für die Populationsschwankungen von herbivoren Klein- und Großsäugern, die vor allem den Jungwuchs der Bäume dezimieren, gilt Ähnliches. Neben direkten Effekten hebt der Befall durch herbivore Insekten auch das ohnehin durch den Klimawandel ansteigende Brandrisiko (▶ Abschn. 4.10), da es durch massive Entnadelung (bzw. Entlaubung) zu einem höheren Wärmefluss in den Boden und somit zur Austrocknung von Totholz und Streu kommt (Bonan und Shugart 1989). In Nadelwäldern ist dieses Risiko höher als in Laubbaumbeständen, da die Laubbäume teilweise noch in derselben Vegetationsperiode wieder austreiben können (Krause und Raffa 1996; Malmström und Raffa 2000). Schließlich können herbivore Insekten das Brandrisiko erhöhen, indem sie zur Vermehrung der Totholzmenge beitragen (McCullough et al. 1998).

Aufgrund ihrer höheren Mobilität kann davon ausgegangen werden, dass Herbivoren in der Regel rascher auf sich verändernde Standortbedingungen reagieren als ihre Nahrungspflanzen. Bei nicht zu stark spezialisierten Herbivoren kann es daher auch zur Ausbildung neuer Pflanzen-Herbivoren-Interaktionen kommen, da Arten miteinander in Kontakt treten können, die bei kühlerem Klima räumlich oder auch zeitlich nicht gemeinsam auftraten. In diesem Zusammenhang ist auch mit dem Einwandern von Herbivoren in für die Arten neue Habitate zu rechnen (Logan und Powell 2001; Bale et al. 2002; Régnière und Nealis 2002). Dies ist insofern problematisch, als dass sich die Bildung phenolischer Sekundärmetabolite zur Abwehr von Herbivoren (und Pathogenen) zwischen nahe verwandten Baumarten stark unterscheiden kann (Stolter et al. 2010). Diese artspezifischen Unterschiede sind das Ergebnis der Coevolution von Wirt und den auf ihn einwirkenden Organismen. Ein neuer Wirt kann also sehr viel empfindlicher gegenüber einer Herbivoreninvasion sein als ein alter. Wirtspflanzen können allerdings auch für Herbivoren unattraktiv werden, wenn die Synchronisierung der Phänologien von Pflanzenfresser und Nahrungspflanze aufgehoben wird. Frisch austreibende Blätter und Nadeln haben zum Beispiel höhere Stickstoffgehalte als älteres Gewebe, sodass die Stickstoffversorgung des Herbivoren verschlechtert werden kann, wenn der Entwicklungszyklus des Herbivoren nicht mehr synchron zu dem des Wirtes verläuft (Fleming und Volney 1995).

4.12 Effekte auf Produktivität und Kohlenstoffvorräte

4.12.1 Boreale Wälder

Boreale Wälder zeichnen sich durch hohe **Kohlenstoffvorräte** im Boden aus. Diese sind das Ergebnis tiefer Temperaturen und des dadurch langsamen Abbaus organischer Substanz, die sich in niedrigen Raten der Bodenatmung äußert. Typische Werte für die **Dichte an organischem Bodenkohlenstoff** (*Soil Organic Carbon,* SOC) in borealen Wäldern schwanken im Bereich von etwa 100 bis 450 Mg C ha^{-1} (Gower et al. 1997; Goulden et al. 1998; Jobbágy und Jackson 2000; Prentice et al. 2001; Pregitzer und Euskirchen 2004; DeLuca und Boisvenue 2012; Shvidenko und Schepaschenko 2014; Dulamsuren et al. 2016). Cao und Woodward (1998) gehen von einer mittleren SOC-Dichte von 200 Mg C ha^{-1} im borealen Wald aus. Dies ist nur ein grober Schätzwert, von dem andere Autoren deutlich nach oben (Dixon et al. 1994; Malhi et al. 1999; Lal 2005) oder nach unten (Jobbágy und Jackson 2000; DeLuca und Boisvenue 2012) abweichen. Der Wert von Cao und Woodward (1998) ist höher als in der noch kälteren Tundra, wo die geringere Nachlieferung von Kohlenstoff in den Boden durch die weitaus weniger produktive

Vegetation limitierend wirkt. Trotz der häufigen Waldbrände in der borealen Zone ist der Beitrag von Holzkohle zur Dichte an organischem Bodenkohlenstoff mit weniger als 1 Mg C ha^{-1} gering (Ohlson et al. 2009). Die **Kohlenstoffvorräte in der Waldbiomasse** betragen in der borealen Zone typischerweise 40 bis 80 Mg C ha^{-1} (Jarvis et al. 2001; Prentice et al. 2001; Luyssaert et al. 2007; Thurner et al. 2014) und liegen damit oft deutlich unter der temperater oder tropischer Wälder mit wärmerem Klima. Bei Vermoorung sind die Kohlenstoffvorräte in der Biomasse in der Regel geringer als auf gut drainierten Böden (Wang et al. 2003). Dafür haben vermoorte Waldbestände meist höhere Vorräte an organischem Kohlenstoff im Boden und in der Moosschicht (Wang et al. 2003; Turetsky et al. 2010; DeLuca und Boisvenue 2012).

Boreale Wälder sind zumeist **Kohlenstoffsenken**, können aber auch **Kohlenstoffquellen** sein. Luyssaert et al. (2007) geben für die **CO$_2$-Bilanz** von borealen Nadelwäldern eine Spannweite zwischen 61 (Nettoabgabe an die Atmosphäre) und -270 g C m^{-2} a^{-1} (Nettoaufnahme) an. Unter semiaridem Klima war das Mittel für die Netto-CO$_2$-Aufnahme niedriger (-42 g C m^{-2} a^{-1}) als unter humidem Klima (-134 g C m^{-2} a^{-1}). In gewissem Widerspruch hierzu steht allerdings der Befund von Luyssaert et al. (2007), dass boreale Wälder mit einer Nettofreisetzung von CO$_2$ in humiden und nicht in den arideren Klimaten der borealen Zone zu finden waren. Schulze et al. (1999) maßen eine Netto-CO$_2$-Aufnahme in 67 bis 215 Jahren alten *Pinus sylvestris*- und *Larix gmelinii*-Beständen in Mittelsibirien und in Jakutien, aber eine Netto-CO$_2$-Abgabe in einem 110-jährigen *Picea abies*-Bestand im europäischen Russland. Im Mittel lässt sich für Russlands boreale Wälder nach von Shvidenko und Nilsson (2003) publizierten Werten eine mittlere Netto-CO$_2$-Aufnahme von -63 g C m^{-2} a^{-1} in der Waldtundra, -47 g C m^{-2} a^{-1} in der zentralen Taiga und -20 g C m^{-2} a^{-1} in der südlichen Taiga errechnen. Dolman et al. (2012)

geben für den Zeitraum 1991 bis 2003 für die Wälder Russlands eine mittlere Kohlenstoffaufnahme von $-52\,g\,C\,m^{-2}\,a^{-1}$ an. Im kontinentalen asiatischen Teil Russlands fanden die Autoren mit $-39\,g\,C\,m^{-2}\,a^{-1}$ eine deutlich geringere Kohlenstoffaufnahme als im feuchteren und milderen europäischen Teil ($-105\,g\,C\,m^{-2}\,a^{-1}$).

Ungeachtet der hohen unterirdischen Kohlenstoffvorräte ist somit die Netto-CO_2-Aufnahme in den meisten borealen Wäldern recht gering (Malhi et al. 1999; Luyssaert et al. 2007). Dies hat zur Folge, dass bei Störung die borealen Waldökosysteme leicht von einer Kohlenstoffsenke zu einer Kohlenstoffquelle werden können (Valentine et al. 2006; Kurz et al. 2008). Der Netto-CO_2-Austausch hängt stark von den klimatischen Rahmenbedingungen ab, sodass der Klimawandel einen entscheidenden Einfluss auf die Senkenfähigkeit der borealen Wälder ausüben kann. Dolman et al. (2004) zeigten bei *Larix cajanderi* in Jakutien einen starken Rückgang der Netto-CO_2-Aufnahme mit zunehmendem Wasserdampfsättigungsdefizit der Atmosphäre und der damit einhergehenden Abnahme der stomatären Leitfähigkeit. Der negative Einfluss trocken-heißer Sommer auf die Netto-CO_2-Bilanz über die sinkende Nettoprimärproduktion und die Temperaturabhängigkeit der Ökosystematmung übersteigt also den positiven Einfluss auf die Bilanz durch die Verringerung von Streuabbau und Bodenatmung bei niedriger Bodenfeuchte. Diese Ergebnisse legen den Schluss nahe, dass viele Waldflächen in der borealen Zone, deren Produktivität als Folge des Klimawandels durch Sommertrockenheit limitiert ist (► Abschn. 4.6), auch eine reduzierte Senkenfähigkeit für atmosphärisches CO_2 aufweisen. Dennoch zeigten allerdings Li et al. (2005) in der durch sommerliche Trockenheit limitierten Waldsteppe der Mongolei eine Nettoaufnahme von CO_2 durch einen *Larix sibirica*-Bestand. Mit weitergehender Erwärmung wird nicht nur die Fläche der durch Trockenheit limitierten Bestände steigen, sondern auch deren Beitrag

zur Festlegung von CO_2 aus der Atmosphäre sinken bzw. auch gänzlich verlorengehen. Auf lange Sicht ist also damit zu rechnen, dass ein Teil der hohen Vorräte an organischem Kohlenstoff im Boden der borealen Wälder in die Atmosphäre freigesetzt wird.

Eine Bilanzierung, ob der zu erwartende Rückgang der Kohlenstoffsenkenfähigkeit in von Sommertrockenheit negativ betroffenen borealen Wäldern den möglichen Zuwachs in der Netto-CO_2-Aufnahme in gut mit Wasser versorgten Wäldern etwa in Nordeuropa, Westsibirien und Ostkanada zu kompensieren vermag, steht noch aus. Das Resultat einer solchen Bilanz ist auch von der nicht abschließend geklärten Frage abhängig, inwieweit die borealen Wälder von einer CO_2-Düngung durch die steigende atmosphärische CO_2-Konzentration profitieren können oder ob ein solcher Düngungseffekt wegen der starken Limitierung der Produktivität durch niedrige Temperaturen, Stickstoffmangel und Wasserdefizite unbedeutend ist (Balshi et al. 2009b; Girardin et al. 2011b). In Wäldern mit guter Wasserversorgung führt die beschleunigte Streuzersetzung nicht automatisch zu einer erhöhten Nettofreisetzung von CO_2 in die Atmosphäre, da die verbesserte Stickstoffversorgung infolge der rascheren Mineralisation organischen Materials die Biomasseerzeugung durch die Vegetation steigert (Bonan und Van Cleve 1992). Auch können steigende Temperaturen bei guter Wasserversorgung die Senkenfähigkeit für CO_2 in Regionen mit nennenswerten Einträgen von reaktivem Stickstoff aus der Atmosphäre erhöhen (Magnani et al. 2007). Anthropogene Stickstoffeinträge spielen allerdings in großen Teilen des borealen Nadelwaldgebietes nur eine geringe Rolle (► Abschn. 4.3.1). Zumindest eine Vergrößerung der Kohlenstoffsenkenfunktion des boreales Waldes insgesamt erscheint aufgrund der bedeutenden Flächengröße der derzeit schon durch Wassermangel limitierten borealen Wälder (► Abschn. 4.6) unwahrscheinlich. Koven (2013) geht davon aus, dass die zu erwartende Verbesserung der CO_2-Bilanz an der Nordgrenze der borealen Zone infolge der Ausbreitung des Waldes in die Tundra durch Kohlenstoffverluste an der Südgrenze wettgemacht werden wird.

In weiten Teilen der borealen Zone verursacht die Klimaerwärmung ein **zeitigeres Frühjahr** und damit verbunden eine frühere Schneeschmelze (Brown 2000; Angert et al. 2005). Die Wiederaufnahme der Photosyntheseaktivität im Frühjahr bei immergrünen Koniferen und der Laubaustrieb werden von Schwellenwerten der Lufttemperatur (bei *Picea abies* eine Tagesmitteltemperatur von 8 °C) und weniger von der Bodentemperatur gesteuert (Bergh und Linder 1999; Tanja et al. 2003). Das frühere Überschreiten der Temperaturschwelle für die Photosynthese führt zu einem Anstieg der Produktivität zu Beginn der Vegetationsperiode, wie sich durch Zeitreihen des NDVI belegen lässt (Angert et al. 2005; Buermann et al. 2013). Die erhöhte CO_2-Assimilation im Frühjahr übersteigt dabei die temperaturbedingte Zunahme der CO_2-Abgabe durch die Atmung (Piao et al. 2008). Über die gesamte Vegetationsperiode gemittelt, nimmt dadurch aber die Produktivität der Vegetation nicht zu. Das meiste CO_2, das im Frühjahr durch die Klimaerwärmung zusätzlich assimiliert wird, geht durch eine erhöhte Atmung im Herbst wieder verloren (Piao et al. 2008). Die zeitigere Schneeschmelze führt zu einem früheren Anstieg der Evapotranspiration zu Beginn der Vegetationsperiode und daneben auch zu einem verstärkten oberflächlichen Abfluss von Wasser direkt nach der Schneeschmelze (▶ Abschn. 4.5). Die höhere Wasserabgabe an die Atmosphäre und in die Gewässer im Frühjahr kann später im Sommer zu Wassermangel führen, wie sich auch an niedrigen Wasserständen der Flüsse in warmen Jahren ablesen lässt. Der Wassermangel verursacht eine Abnahme der Produktivität oder gar einen Anstieg der Baummortalität, sofern kein Ausgleich durch steigende Niederschläge stattfindet (Chapin et al. 2010; Buermann et al. 2013). Buermann et al. (2013) zeigten für das boreale Waldgebiet Nordamerikas,

dass einer Steigerung des NDVI durch einen zeitigen Frühjahrsbeginn eine Abnahme des NDVI in den Monaten Juli bis September, gebietsweise auch schon im Juni, gegenübersteht (◘ Abb. 4.24). Die Anzahl der frostfreien Tage zu Beginn der Vegetationsperiode war in weiten Teilen der borealen Zone Nordamerikas im Zeitraum von 1982 bis 2010 mit dem NDVI im Hoch- und Spätsommer negativ korreliert (Parida und Buermann 2014).

Externe **Störungen** wie Kahlschlag, Feuer, Windwurf und starker Befall durch herbivore Insekten führen kurzfristig zu starken Produktivitätsrückgängen und zur Freisetzung von CO_2 in die Atmosphäre (Schulze et al. 1999; Hicke et al. 2003; Howard et al. 2004; Grant et al. 2007; Berner et al. 2012). Bei Waldbränden wird der meiste Kohlenstoff aus organischem Material, das sich am und im Waldboden befindet, freigesetzt (Kasischke und Hoy 2012). Längerfristig können Störungen der Bestandeskontinuität allerdings, wenn sie in größeren Abständen auftreten, einen positiven Einfluss auf die Nettoprimärproduktion und die CO_2-Bilanz ausüben. Ungestörte Altholzbestände besitzen zwar oft hohe Kohlenstoffvorräte, zeigen in der Regel aber eine verringerte Produktivität. Obwohl sie meist Kohlenstoffsenken sind, ist der Betrag der Netto-CO_2-Aufnahme aus der Atmosphäre oft gering (Bond-Lamberty et al. 2004; Pregitzer und Euskirchen 2004; Luyssaert et al. 2008). Den Kohlenstoffverlusten durch den Abbau von Biomasse während der Störung und einer Freisetzung von organischem Kohlenstoff aus dem Boden stehen also hinterher eine höhere Produktivität und eine höhere Netto-CO_2-Aufnahme der aufwachsenden Baumbestände gegenüber. In feuchten Regionen vermooren die Klimaxstadien borealer Wälder häufig und speichern so zwar den organischen Kohlenstoff, der sich bereits im Boden befindet, zeigen aber einen verringerten Zuwachs. Hier spielen Waldbrände eine entscheidende Rolle, die zwar einerseits Kohlenstoff aus der Baumbiomasse, der Moosbiomasse und Teilen des Oberbodens freisetzen (Harden et al. 1997;

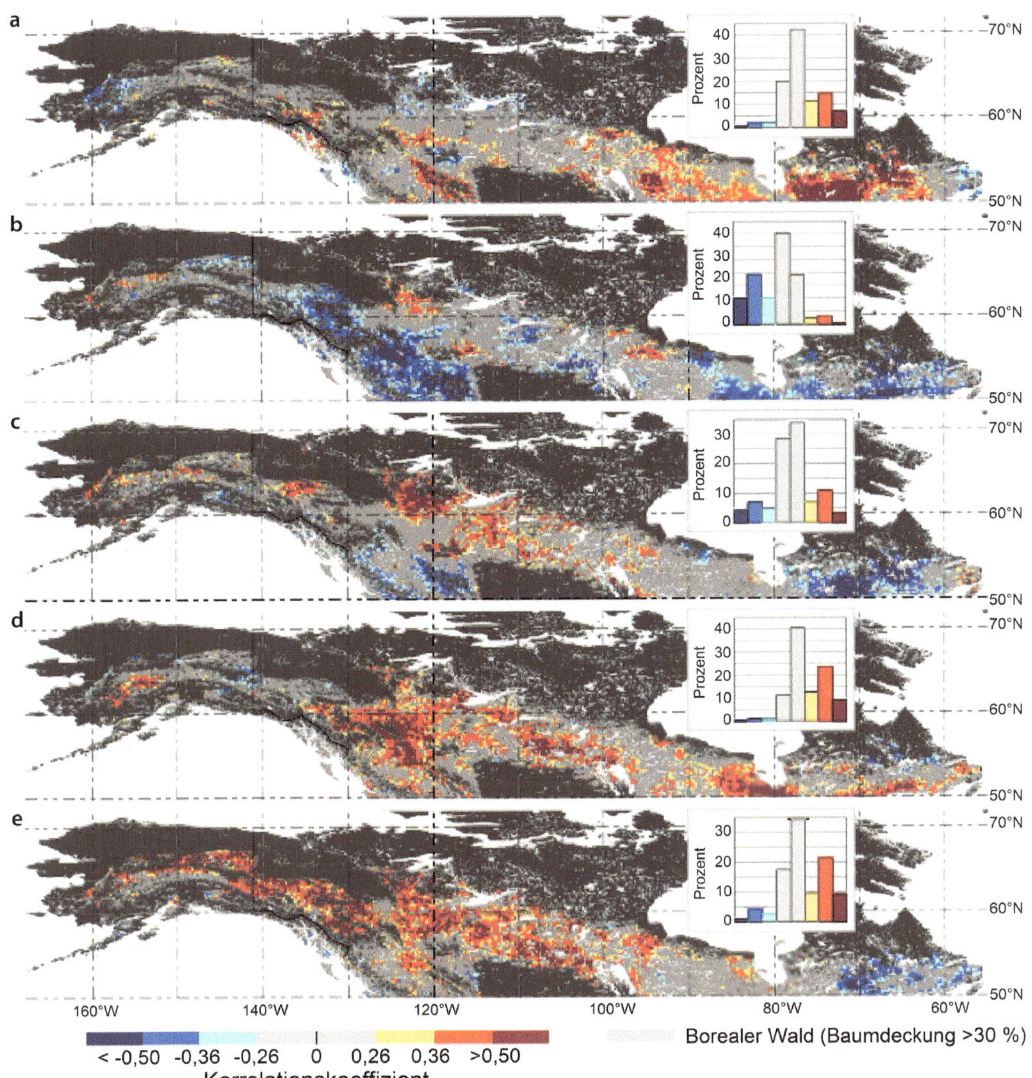

■ **Abb. 4.24** Einfluss des Klimas vor und in der laufenden Vegetationsperiode auf den NDVI in der borealen Zone Nordamerikas im Zeitraum von 1982 bis 2008. Korrelationen des NDVI im Sommer (Juni–August) mit (**a**) der Sommertemperatur, (**b**) dem Sommerniederschlag, (**c**) der Differenz aus der aktuellen minus der potenziellen Evapotranspiration (Januar–August), (**d**) dem Winterniederschlag (Oktober–Mai) und (**e**) dem Einsetzen der Schneeschmelze im Frühjahr (mindestens 12 Tage Tauwetter in einem zusammenhängenden Zeitraum von 15 Tagen). (Nach Buermann et al. 2013, S. 5)

Terrier et al. 2014), aber andererseits der Vermoorung entgegenwirken und das Aufwachsen jüngerer, produktiverer Waldbestände ermöglichen, die mehr CO_2 aus der Atmosphäre festlegen (Bonan 1990; Simard et al. 2007). Girardin et al. (2011a) zeigten, dass in *Pinus banksiana*-Beständen im südöstlichen Kanada von den 1930er- Jahren bis zu den 1990er-Jahren die Netto-Ökosystem-Produktion um 12 % abgenommen hat, da durch eine verringerte Brandhäufigkeit das Durchschnittsalter der *Pinus banksiana*-Bestände in der Region in diesem Zeitraum von 87 auf 131 Jahre zugenommen hat. Störungen bedeuten oft auch eine Ablösung der die Klimaxvegetation bildenden Nadelwälder durch **Pionierlaubwälder** aus Birke und Espe, die in der Regel produktiver sind und eine stärkere Senkenfähigkeit für CO_2 besitzen als die von ihnen abgelösten Nadelwälder (Gower et al. 2001; Arain et al. 2002). Die Nettoprimärproduktion der borealen Pionierwälder aus Espe und Birke liegt etwa um das 1,5- bis 2-Fache über der der Klimaxwälder aus Nadelbäumen (Jarvis et al. 2001). Die Zunahme von Störungen durch Feuer, Herbivoren und Windwurf als Folge des Klimawandels (Price et al. 2013) führt also zwar immer kurzfristig, aber nicht zwangsläufig auf längere Sicht zu einer Verringerung der Senkenfähigkeit für Kohlenstoff der betroffenen Waldbestände. Die Wiederbewaldung von Waldbrandflächen auch in Gebieten, in denen die Produktivität der Wälder heute durch Wassermangel limitiert ist, dürfte dadurch begünstigt werden, dass (im Gegensatz zu älteren Pionierlaubwäldern) der Wasserverbrauch junger Pionierlaubwälder geringer ist als der von alten Nadelholzbeständen (Bond-Lamberty et al. 2009).

4.12.2 Moorgebiete

Die borealen Moore verdienen besondere Aufmerksamkeit im Hinblick auf ihre Reaktion auf den Klimawandel wegen ihrer hohen Kohlenstoffvorratsdichte bei gleichzeitig großer Flächenausdehnung. Der in der Vegetation gespeicherte Kohlenstoff spielt dabei nur eine geringe Rolle. Während die Kohlenstoffdichte in der Vegetation in offenen Mooren mit etwa 3 Mg C ha^{-1} vernachlässigbar ist, liegt sie in dicht bewaldeten Mooren im Bereich der typischen Kohlenstoffdichte für boreale Wälder (Gorham 1991). Die **Kohlenstoffvorräte** im Torf übersteigen nicht nur diese Beträge, sondern auch die Dichte an Bodenkohlenstoff (SOC) in den Wäldern der borealen Zone beträchtlich (Pluchon et al. 2014). Während die mittlere Kohlenstoffdichte im Boden

borealer Wälder bei etwa 200 Mg C ha^{-1} liegt, schätzte Gorham (1991) sie für den Torf in den Mooren der borealen Zone auf beeindruckende 1330 Mg C ha^{-1}. Den kompletten Vorrat an organischem Kohlenstoff in den borealen Mooren bezifferte Gorham (1991) mit 455 Pg C, verglichen mit 270 Pg C im borealen Wald; allerdings gibt es bei diesen Schätzungen Überschneidungen, da ein Teil der borealen Moorfläche bewaldet ist (▶ Abschn. 4.4). Mit 455 Pg C sind etwa 20 % des global vorhandenen Bodenkohlenstoffs in Torf festgelegt (Wu und Roulet 2014). Die Menge von 455 Pg C bedeutet auch, dass in den Mooren der borealen Zone etwa halb so viel Kohlenstoff gespeichert ist wie in der Erdatmosphäre (800 Pg C). Yu et al. (2010) ermittelten die Kohlenstoffvorräte in den borealen Mooren nicht durch Multiplikation von Kohlenstoffdichte und Fläche, sondern über das Alter der Moore und modellierte Kohlenstoff-Akkumulationsraten, und kamen auf einen noch höheren Schätzwert von 547 Pg C.

Neben der CO_2-Aufnahme aus der Atmosphäre und der Akkumulation von Kohlenstoff im Zuge der Torfbildung ist die **Freisetzung von Methan (CH$_4$)** für den Kohlenstoffhaushalt der Moore charakteristisch. Das CH_4 entstammt der anaeroben Zersetzung von organischer Substanz durch methanogene Archaebakterien (Smith et al. 2004; Galand et al. 2005). Kohlenstoffaufnahme in Form von CO_2 und -abgabe in Form von CH_4 sind also parallel ablaufende Prozesse, die einen antagonistischen Effekt auf die Kohlenstoffbilanz ausüben. Mehr als 20 % des aus der Atmosphäre assimilierten CO_2 werden in der Folge wieder als CH_4 an die Atmosphäre abgegeben (Frolking und Roulet 2007; Rinne et al. 2007). Im Hinblick auf die Relevanz für die Klimaerwärmung ist zu bedenken, dass CH_4 ein höheres Treibhauspotenzial als CO_2 besitzt (▶ Abschn. 1.1).

In welchem Verhältnis aerobe und anaerobe Abbauprozesse und damit CO_2- und CH_4-Freisetzung aus dem Torf zueinander stehen, hängt von der **Höhe des Wasserspiegels** im Torfkörper ab. Mit zunehmender

Höhe des Wasserspiegels steigt der Anteil der CH_4-Produktion (Moore und Knowles 1987). Zwar wird auch bei niedrigem Wasserstand unterhalb des Wasserspiegels im anaeroben Torfkörper CH_4 produziert, dieses wird jedoch zum Teil noch zu CO_2 oxidiert, bevor es die Oberfläche des Moores erreicht und in die Atmosphäre freigesetzt wird, wo es seine Treibhauswirkung entfalten kann (Strack et al. 2004). Ein hoher Wasserstand fördert außerdem die Ansiedlung von Seggen und Wollgräsern mit Aerenchym (Camill 1999; Mäkiranta et al. 2017). Im Wurzelraum aufgenommenes CH_4 kann durch das Aerenchym direkt in die Atmosphäre transportiert werden und so der Oxidation zu CO_2 bei der Passage der oberen aeroben Torfschichten entgehen (Saarnio et al. 1997; Helbig et al. 2017a).

Mit der Bildung der borealen Moore im Holozän hat nicht nur ein enorm großer CO_2-Transfer von der Atmosphäre in die Moore stattgefunden (die Freisetzung der 455 Pg C entsprächen einer Erhöhung der atmosphärischen CO_2-Konzentration um mehr als 200 ppm; Frolking und Roulet 2007), sondern es sind auch die CH_4-Emissionen kontinuierlich angestiegen. Da die Netto-CO_2-Aufnahme durch Torfbildung in den borealen Mooren die CH_4-Freisetzung um ein Vielfaches übersteigt, führen die heute in der borealen Zone vorhandenen Moore in der Bilanz global zu einem **Abkühleffekt** von $-0,22$ bis $-0,56$ W m^{-2} (Frolking und Roulet 2007).

Der Klimawandel kann sich auf unterschiedliche Weise auf die borealen Moore auswirken. **Höhere Temperaturen** und ein steigendes Wasserdampfsättigungsdefizit der Atmosphäre steigern wie im Wald die **Evapotranspiration** und können so ein Absinken des Wasserspiegels, die Austrocknung von Torfböden und in der Folge den aeroben Abbau und die Humifizierung des Torfs bewirken (Tarnocai 2006). Doch nicht nur der aerobe Abbau und damit die CO_2-**Bildung** werden in oberflächlich austrocknenden und sich erwärmenden Mooren beschleunigt (Lafleur et al. 2005; Schädel et al. 2016). Vielmehr stimulieren steigende Temperaturen

auch die anaerobe Zersetzung im überfluteten Bereich und erhöhen so die CH_4-**Produktion** (Dunfield et al. 1993; Bohn et al. 2007; Rinne et al. 2007). Da die CH_4-Bildung sensitiver auf die Temperatur reagiert als die Atmung, verschiebt sich bei Erwärmung das Verhältnis von CH_4- zu CO_2-Emission zugunsten des klimaschädlicheren CH_4 (Gill et al. 2017), solange der Wasserspiegel hoch bleibt. Weil jedoch bei steigenden Temperaturen der Flächenanteil der überfluteten Moorbereiche mit oberflächennahen anaeroben Bedingungen zurückgeht, wenn nicht gleichzeitig mehr Wasser aus schmelzendem Permafrost oder steigenden Niederschlägen zugeführt wird, können in der Gesamtbilanz die CH_4-Emissionen gleich bleiben oder sogar absinken (Bohn et al. 2007). Ein Absinken des Wasserspiegels wirkt also dem temperaturbedingten Anstieg der CH_4-Freisetzung in der Atmosphäre entgegen (Roulet et al. 1992). Absinkende Wasserspiegel und oberflächliche Austrocknung setzen allerdings auch vorher durch Staunässe geschützte Torfböden dem Risiko von **Moorbränden** aus (Hogg et al. 1992; Flannigan et al. 2009).

Weitreichende Folgen hat das **Auftauen des Permafrosts**, der unter vielen borealen Mooren vorhanden ist (Kuhry und Turunen 2006; Chaudhary et al. 2017). Der Permafrost ist vor allem in den Mooren der kontinentalen Regionen der borealen Zone, jedoch weniger in Fennoskandien, dem europäischen Russland und dem küstennahen Ostkanada verbreitet. Während auf gut drainierten Waldböden das Abtauen des Permafrosts durch eine, wenn auch vorübergehende, Verbesserung der Wasserversorgung das Wachstum der Bäume stimulieren und die Ansiedlung feuchtigkeitsbedüftiger Baumarten fördern kann (▶ Abschn. 4.9), hat der durch den tauenden Permafrost **steigende Wasserspiegel** in den ohnehin staunassen Moorgebieten sehr viel weitreichendere Konsequenzen für die Vegetation und den Kohlenstoffhaushalt. Durch das Absterben von Moorwäldern verringert sich der Anteil des in der lebenden Biomasse gebundenen

Kohlenstoffs. Vor allem wird aber auch der durch den Permafrost konservierte Torf abgebaut, was zur **Verringerung der Kohlenstoffreserven** führt. Bei einem Vergleich unterschiedlicher Entwicklungsstadien entlang einer Catena von bewaldeten Permafrostplateaus hin zu seit unterschiedlich langer Zeit vernässten Senken in Yukon zeigten Jones et al. (2017), dass schon innerhalb von 10 Jahren 30 % der Kohlenstoffvorräte im Torfboden verlorengingen (⚫ Abb. 4.25).

Das Ansteigen des Wasserspiegels erhöht darüber hinaus die **CH$_4$-Emissionen** und verstärkt damit den Treibhauseffekt (Turetsky et al. 2002; Treat et al. 2015). Helbig et al. (2017a) fanden in vernässten Senken nach Auftauen des Permafrosts über die gesamte Vegetationsperiode (Mai–Oktober) kumuliert eine Emission von 13 g CH$_4$ m^{-2}, wohingegen die CH$_4$-Emissionen auf bewaldeten Plateaus mit intaktem Permafrost vernachlässigbar waren. Ursache für den Anstieg der CH$_4$-Produktion ist dabei die Veränderung der Standortbedingungen, die den anaeroben Abbau begünstigen, nicht dagegen der Abbau vorher lange im Permafrost eingeschlossener Substanz (Cooper et al. 2017). Die Vernässung durch tauenden Permafrost wird durch das Auftreten von **Thermokarst**, also dem Entstehen von Senken durch den Volumenverlust bei Tauen des Eises, verstärkt (Lara et al. 2016). Eine zunehmende Vernässung kann auch durch **steigende Niederschläge** ausgelöst werden; so steigen gerade im größten borealen Moorgebiet in Westsibirien, aber auch in Skandinavien und im küstennahen Ostkanada die Niederschläge an (▶ Abschn. 4.5).

Auf der anderen Seite führen steigende Wasserspiegel zu einer **erhöhten Torfbildung** und Netto-CO$_2$-Aufnahme (⚫ Abb. 4.25) aus der Atmosphäre (Belyea und Malmer 2004; Jones et al. 2017). Zudem zeigten vergleichende Untersuchungen aus Alberta zur Torfbildung in Mooren mit und ohne Permafrost eine höhere ökosystemare Nettoaufnahme von Kohlenstoff an permafrostfreien Standorten als über Permafrost (Turetsky et al.

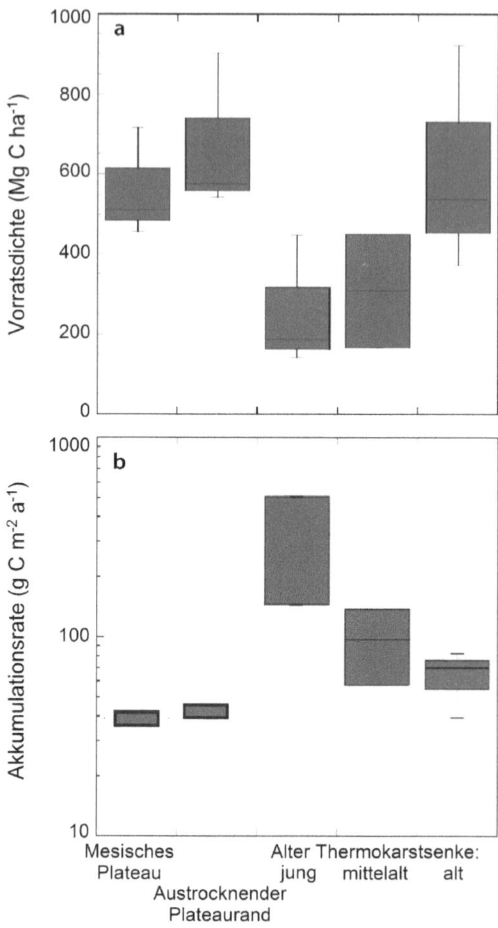

⚫ **Abb. 4.25**   Auswirkungen von Thermokarst auf (**a**) die Vorratsdichte und (**b**) die Akkumulation von organischem Kohlenstoff im Torf in einem bewaldeten *Picea mariana*-Moor in Westalaska. Junge (14–21 Jahre alte) und mittelalte (30–60 Jahre alte) Thermokarstsenken zeigen deutlich reduzierte Vorratsdichten, die sich erst über sehr lange Zeiträume (400–1200 Jahre) durch die höhere Akkumulationsrate wieder an die Vorratsdichten der bewaldeten Permafrostplateaus annähern. (Nach Jones et al. 2017, S. 1119)

2007), sodass das Abtauen des Permafrosts auch, zumindest fallweise, einen positiven Einfluss auf die Kohlenstoffbilanz ausüben könnte. Im Übrigen führt der tauende Permafrost nachweislich zu einem Anstieg des **Austrags von organischem Kohlenstoff** aus den Mooren in gelöster Form (*Dissolved Organic Carbon*, DOC) mit dem **Oberflächenabfluss**

(Frey und Smith 2005). Dieser Austrag wird in erster Linie durch den gesteigerten Oberflächenabfluss verursacht (Pastor et al. 2003). Er wird vor allem aus dem Abbau in der jüngeren Vergangenheit abgestorbener Biomasse und nicht aus dem Vorrat an vor Jahrhunderten oder Jahrtausenden festgelegtem Kohlenstoff gespeist (Campeau et al. 2017).

In der Bilanz dieser teils gegenläufigen Entwicklungen zeigt sich, dass die borealen Moorgebiete, zu denen Messungen zu den Flüssen von CO_2, CH_4 und DOC vorliegen, abhängig von der interannuellen Klimavariabilität zwischen den Zuständen einer **starken Kohlenstoffsenke** und einer **schwachen Kohlenstoffquelle** schwanken (Yu et al. 2011). Schon Phasen mit starker Bewölkung können die **Netto-CO_2-Aufnahme** durch die Verringerung der Photosyntheseleistung stark herabsetzen (Nijp et al. 2015). **Trockenperioden** mit absinkendem Wasserspiegel verwandeln Moore von Kohlenstoffsenken in Kohlenstoffquellen (Waddington und Roulet 2000). Im mehrjährigen Mittel sind die meisten borealen Moore Kohlenstoffsenken mit einer Netto-CO_2-Aufnahme von etwa -20 bis $-30\,\mathrm{g\,C\,m^{-2}\,a^{-1}}$ (Roulet et al. 2007; Nilsson et al. 2008; Helbig et al. 2017b). Basierend auf einer Metaanalyse gaben Yu et al. (2011) als Mittel eine Nettokohlenstoffaufnahme von $-25\,\mathrm{g\,C\,m^{-2}\,a^{-1}}$ an. Die Netto-CO_2-Aufnahme ist somit im Vergleich zu den borealen Wäldern mit ihrer sehr viel höheren Phytomasse gering (▶ Abschn. 4.12.1). Die Bedeutung der Moore für das globale Klima besteht primär in den enormen Kohlenstoffvorräten und dem Risiko eines deutlich spürbaren Anstiegs der atmosphärischen CO_2-Konzentration, sollten nennenswerte Anteile dieser Kohlenstoffvorräte in die Atmosphäre freigesetzt werden. Die derzeitige Netto-CO_2-Aufnahme in die vorhandenen borealen Moorflächen übersteigt jene im 17. bis 19. Jahrhundert deutlich (weniger als $-10\,\mathrm{g\,C\,m^{-2}\,a^{-1}}$; Yu et al. 2011). Die Ursachen hierfür sind nicht abschließend geklärt, und die weitere Entwicklung bei steigenden Temperaturen ist somit derzeit schwer absehbar.

Literatur

Abaimov AP (2010) Geographical distribution and genetics of Siberian larch species. Ecol Stud 209:41–58

Achermann B, Bobbink R (2003) Empirical critical loads for nitrogen. Environmental documentation No. 164. Swiss Agency for the Environment, Forests and Landscape, Bern

Ali AA, Blarquez O, Girardin MP, Hély C, Tinquaut F, El Guellab A, Valsecchi V, Terrier A, Bremond L, Genries A, Gauthier S, Bergeron Y (2012) Control of the multimillennial wildfire size in boreal North America by spring climatic conditions. Proc Natl Acad Sci USA 109:20966–20970

Anderegg WRL, Berry JA, Smith DD, Sperry JS, Anderegg LDL, Field CB (2012) The roles of hydraulic and carbon stress in a widespread climate-induced forest die-off. Proc Natl Acad Sci USA 109:233–237

Andresen JA, McCullogh DG, Potter BE, Koller CN, Bauer LS, Lusch DP, Ramm CW (2001) Effects of winter temperatures on gypsy moth egg masses in the Great Lakes region of the United States. Agric For Meteorol 110:85–100

Angell AC, Kielland K (2009) Establishment and growth of white spruce on a boreal forest floodplain: interactions between microclimate and mammalian herbivory. For Ecol Manag 258:2475–2480

Angert A, Biraud S, Bonfils C, Henning CC, Buermann W, Pinzon J, Tucker CJ, Fung I (2005) Drier summers cancel out the CO_2 uptake enhancement induced by warmer springs. Proc Natl Acad Sci USA 102:10823–10827

Anisimov OA, Zhiltsova EL (2012) Climate change estimates for the regions of Russia in the 20th century and in the beginning of the 21st century based on the observational data. Russ Meteorol Hydrol 37:421–429

Anyomi KA, Raulier F, Mailly D, Girardin MP, Bergeron Y (2012) Using height growth to model local and regional response of trembling aspen (*Populus tremuloides* Michx.) to climate within the boreal forest of western Québec. Ecol Model 243:123–132

Anyomi KA, Raulier F, Bergeron Y, Mailly D, Girardin MP (2014) Spatial and temporal heterogeneity of forest site productivity drivers: a case study within the eastern boreal forests of Canada. Landsc Ecol 29:905–918

Arain MA, Black TA, Barr AG, Jarvis PG, Massheder JM, Verseghy DL, Nesic Z (2002) Effects of seasonal and interannual climate variability on net ecosystem productivity of boreal deciduous and conifer forests. Can J For Res 32:878–891

Araki NHT, Khatab IA, Hemamali KKGU, Inomata N, Wang X-R, Szmidt AE (2008) Phylogeography of

Larix sukaczewii Dyl. and *Larix sibirica* L. inferred from nucleotide variation of nuclear genes. Tree Genet Genomes 4:611–623

Archambault S, Bergeron Y (1992) An 802-year tree-ring chronology from the Quebec boreal forest. Can J For Res 22:674–682

Arneth A, Kelliher FM, Bauer G, Hollinger DY, Byers JN, Hunt JE, McSeveny TM, Ziegler W, Vygodskaya NN, Milukova I, Sogachov A, Varlagin A, Schulze E-D (1996) Environmental regulation of xylem sap flow and total conductance of *Larix gmelinii* trees in eastern Siberia. Tree Physiol 16:247–255

Arseneault D, Payette S (1992) A postfire shift from lichen-spruce to lichen-tundra vegetation at tree line. Ecology 73:1067–1081

Aune S, Hofgaard A, Söderström L (2011) Contrasting climate- and land-use-driven tree encroachment patterns of subarctic tundra in northern Norway and Kola Peninsula. Can J For Res 41:437–449

Ayres MP, Lombardero MJ (2000) Assessing the consequences of global change for forest disturbance from herbivores and pathogens. Sci Total Environ 262:263–286

Bale JS, Masters GJ, Hodkinson ID et al (2002) Herbivory in global climate change research: direct effects of rising temperature on insect herbivores. Glob Change Biol 8:1–16

Balshi MS, McGuirre AD, Duffy P, Flannigan MD, Walsh J, Mellilo J (2009a) Assessing the response of area burned to changing climate in western boreal North America using a Multivariate Adaptive Regression Splines (MARS) approach. Glob Change Biol 15:578–600

Balshi MS, McGuirre AD, Duffy P, Flannigan MD, Kicklighter DW, Mellilo J (2009b) Vulnerability of carbon storage in North American boreal forests to wildfires during the 21st century. Glob Change Biol 15:1491–1510

Baltzer JL, Veness T, Chasmer LE, Sniderman AE, Quinton WL (2014) Forests on thawing permafrost: fragmentation, edge effects, and net forest loss. Glob Change Biol 20:824–834

Barber VA, Juday GP, Finney BP (2000) Reduced growth of Alaskan white spruce in the twentieth century from temperature-induced drought stress. Nature 405:668–673

Barber VA, Juday GP, Finney BP, Wilmking M (2004) Reconstruction of summer temperatures in Interior Alaska from tree-ring proxies: evidence for changing synoptic climate regimes. Clim Change 63:91–120

Barnett TP, Adam JC, Lettenmaier DP (2005) Potential impacts of a warming climate on water availability in snow-dominated regions. Nature 438:303–309

Bartmann RM, White GC, Carpenter LH (1992) Compensatory mortality in a Colorado mule deer population. Wildl Monogr 121:5–39

Bayley SE, Schindler DW, Parker BR, Stainton MP, Beaty KG (1992) Effects of forest fire and drought on acidity of a base-poor boreal forest stream: similarities between climate warming and acidic precipitation. Biogeochemistry 17:191–204

Beck PSA, Goetz SJ (2011) Satellite observations of high norther latitude vegetation productivity changes between 1982 and 2008: ecological variability and regional differences. Environ Res Lett 6(045501):1–10

Beck PSA, Goetz SJ (2012) Corrigendum: Satellite observations of high norther latitude vegetation productivity changes between 1982 and 2008: ecological variability and regional differences. Environ Res Lett 7(029501):1–3

Beck PSA, Juday GP, Alix C, Barber VA, Winslow SE, Sousa EE, Heiser P, Herriges JD, Goetz SJ (2011a) Changes in forest productivity across Alaska consistent with biome shift. Ecol Lett 14:373–379

Beck PSA, Goetz SJ, Mack MC, Alexander HD, Jin Y, Randerson JT, Loranty MM (2011b) The impacts and implications of an intensifying fire regime on Alaskan boreal forest composition and albedo. Glob Change Biol 17:2853–2866

Belyea LR, Malmer N (2004) Carbon sequestration in peatland: patterns and mechanisms of response to climate change. Glob Change Biol 10:1043–1052

Bergeron Y, Archambault S (1993) Decreasing frequency of forest fires in the southern boreal zone of Québec and its relation to global warming since the end of the ‚Little Ice Age'. Holocene 3:255–259

Bergeron Y, Flannigan MD (1995) Predicting the effects of climate change on fire frequency in the southeastern Canadian boreal forest. Water Air Soil Pollut 82:437–444

Bergeron Y, Cyr D, Girardin MP, Carcaillet C (2010) Will climate change drive 21st century burn rates in Canadian boreal forest outside of its natural variability: collating global climate model experiments with sedimentary charcoal data. Int J Wildland Fire 19:1127–1139

Bergh J, Linder S (1999) Effects of soil warming during spring on photosynthetic recovery in boreal Norway spruce stands. Glob Change Biol 5:245–253

Bergner B, Johnstone J, Treseder KK (2004) Experimental warming and burn severity alter soil CO_2 flux and soil functional groups in a recently burned boreal forest. Glob Change Biol 10:1996–2004

Beringer J, Tapper NJ, McHugh I, Chapin FS, Lynch AH, Serreze MC, Slater A (2001) Impact of Arctic treeline on synoptic climate. Geophys Res Lett 28:4247–4250

Berner LT, Beck PSA, Loranty MM, Alexander HD, Mack MC, Goetz SJ (2012) Cajander larch (*Larix cajanderi*) biomass distribution, fire regime and post-fire recovery in northeastern Siberia. Biogeosciences 9:3943–3959

Betts AK, Ball JH (1997) Albedo over the boreal forest. J Geophys Res 102:28901–28909

Bohn TJ, Lettenmaier DP, Sathulur K, Bowling LC, Podest E, McDonald KC, Friborg T (2007) Methane emissions from western Siberia wetlands: heterogeneity and sensitivity to climate change. Environ Res Lett 2(045015):1–9

Bonan GB (1990) Carbon and nitrogen cycling in North American boreal forests. I. Litter quality and soil thermal effects in Interior Alaska. Biogeochemistry 10:1–28

Bonan GB, Shugart HH (1989) Environmental factors an ecological processes in boreal forests. Annu Rev Ecol Syst 20:1–28

Bonan GB, Van Cleve K (1992) Soil temperature, nitrogen mineralization, and carbon source-sink relationships in boreal forests. Can J For Res 22:629–639

Bonan GB, Shugart HH, Urban DL (1990) The sensitivity of some high-latitude boreal forests to climatic parameters. Clim Change 16:9–29

Bond-Lamberty B, Wang C, Gower ST (2004) Net primary production and net ecosystem production of a boreal black spruce wildfire chronosequence. Glob Change Biol 10:473–487

Bond-Lamberty B, Gower ST, Wang C, Cyr P, Veldhuis H (2006) Nitrogen dynamics of a boreal black spruce chronosequence. Biogeochemistry 81:1–16

Bond-Lamberty B, Peckham SD, Gower ST, Ewers BE (2009) Effects of fire on regional evapotranspiration in the central Canadian boreal forest. Glob Change Biol 15:1242–1254

Bond-Lamberty B, Rocha AV, Calvin K, Holmes B, Wang C, Goulden ML (2014) Disturbance legacies and climate jointly drive tree growth and mortality in an intensively studied boreal forest. Glob Change Biol 20:216–227

Botch MS, Kobak KI, Vinson TS, Kolchugina TP (1995) Carbon pools and accumulation in peatlands of the former Soviet Union. Glob Biochem Cycl 9:37–46

Bradford MA, Davies CA, Frey SD, Maddox TR, Melillo JM, Mohan JE, Reynolds JF, Treseder KK, Wallenstein MD (2008) Thermal adaptation of soil microbial respiration to elevated temperature. Ecol Lett 11:1316–1327

Briffa KR, Bartholin TS, Eckstein D, Jones PD, Karlén W, Schweingruber FH, Zetterberg P (1990) A 1,400-year tree-ring record of summer temperatures in Fennoscandia. Nature 346:434–439

Brooks JR, Flanagan LB, Ehleringer JR (1998) Responses of boreal conifers to climate fluctuations: indications from tree-ring width and carbon isotope analyses. Can J For Res 28:524–533

Brown RD (2000) Northern hemisphere snow cover variability and change, 1915–97. J Clim 13:2339–2355

Brown K, Higginbotham KO (1986) Effects of carbon dioxide enrichment and nitrogen supply on growth of boreal tree seedlings. Tree Physiol 2:223–232

Bryson RA (1966) Air masses, streamlines, and the boreal forest. Geogr Bull 8:228–269

Buermann W, Parida BR, Jung M, Burn DH, Reichstein M (2013) Earlier springs decrease peak summer productivity in North American boreal forests. Environ Res Lett 8(024027):1–10

Buermann W, Parida BR, Jung M, MacDonald GM, Tucker CJ, Reichstein M (2014) Recent shift in Eurasian boreal forest greening response may be associated with warmer and drier summers. Geophys Res Lett. ▶ https://doi.org/10.1002/2014gl059450

Bulygina ON, Razuvaev VN, Korshunova NN, Groisman PY (2007) Climate variations and changes in extreme climate events in Russia. Environ Res Lett 2(045020):1–7

Burn CR (1998) The response (1958–1997) of permafrost and near-surface ground temperatures to forest fire, Takhini River valley, southern Yukon Territory. Can J Earth Sci 35:184–199

Cailleret M, Jansen S, Robert EMR et al (2017) A synthesis of radial growth patterns preceding tree mortality. Glob Change Biol 23:1675–1690

Camill P (1999) Patterns of boreal permafrost peatland vegetation across environmental gradients sensitive to climate warming. Can J Bot 77:721–733

Camill P (2005) Permafrost thaw accelerates in boreal peatlands during late-20th century climate warming. Clim Change 68:135–152

Camill P, Chihara L, Adams B, Andreassi C, Barry A, Kalim S, Limmer J, Mandell M, Rafert G (2010) Early life history transitions and recruitment of *Picea mariana* in thawed boreal permafrost peatlands. Ecology 91:448–459

Campeau A, Bishop KH, Billett MF, Garnett MH, Laudon H, Leach JA, Nilsson MB, Öquist MG, Wallin MB (2017) Aquatic export of young dissolved and gaseous carbon from a pristine boreal fen: implications for peat carbon stability. Glob Change Biol 23:5523–5536

Cao M, Woodward FI (1998) Net primary and ecosystem production and carbon stocks of terrestrial ecosystems and their responses to climate change. Glob Change Biol 4:185–198

Chapin FS, Callaghan TV, Bergeron Y, Fukuda M, Johnstone JF, Juday G, Zimov SA (2004) Global change and the boreal forest: threshold, shifting states or gradual change? Ambio 33:361–365

Chapin FS, McGuire AD, Ruess RW et al (2010) Resilience of Alaska's boreal forest to climatic change. Can J For Res 40:1360–1370

Charman D (2002) Peatlands and environmental change. Wiley, Chichester

Chasmer LE, Hopkinson C (2017) Threshold loss of discontinuous permafrost and landscape evolution. Glob Change Biol 23:2672–2686

Chaudhary N, Miller PA, Smith B (2017) Modelling past, present and future peatland carbon accumulation across the pan-Arctic region. Biogeosciences 14:4023–4044

Chen HY, Luo Y (2015) Net aboveground biomass declines of four major forest types with forest ageing and climate change in western Canada's boreal forest. Glob Change Biol 21:3675–3684

Chen F, Yuan YJ, Wei WS, Fan ZA, Zhang TW, Shang HM, Zhang RB, Yu SL, Ji CR, Qin L (2012) Climatic responses of ring width and maximum latewood density of *Larix sibirica* in the Altay Mountains reveals recent warming trends. Ann For Sci 69:723–733

Chen L, Huang J-G, Alam SA, Zhai L, Dawson A, Stadt KJ, Comeau PG (2017a) Drought causes reduced growth of trembling aspen in western Canada. Glob Chang Biol 23:2887–2902

Chen L, Huang J-G, Dawson A, Zhai L, Stadt KJ, Comeau PG, Whitehouse C (2017b) Contributions of insects and droughts to growth decline of trembling aspen mixed boreal forest of western Canada. Glob Chang Biol 24:655–667

Chenlemuge T, Hertel H, Dulamsuren C, Khishigjargal M, Leuschner C, Hauck M (2013) Extremely low fine root biomass in *Larix sibirica* forests at the southern drought limit of the boreal forest. Flora 208:488–496

Chenlemuge T, Dulamsuren Ch, Hertel D, Schuldt B, Leuschner C, Hauck M (2015a) Hydraulic properties and fine root mass of *Larix sibirica* along forest edge-interior gradients. Acta Oecol 63:28–35

Chenlemuge T, Schuldt B, Dulamsuren Ch, Hertel D, Leuschner C, Hauck M (2015b) Stem increment and hydraulic architecture of a boreal conifer (*Larix sibirica*) under contrasting macroclimates. Trees 29:623–636

Cooper MDA, Estop-Aragones C, Fisher JP, Thierry A, Garnett MH, Charman DJ, Murton JB, Phoenix GK, Treharne R, Kokelj SV, Wolfe SA, Lewkowicz AG, Williams M, Hartley IP (2017) Limited contribution of permafrost carbon to methane release from thawing peatlands. Nat Clim Change 7:507–511

Côte L, Brown S, Paré D, Fyles J, Bauhus J (2000) Dynamics of carbon and nitrogen mineralization in relation to stand type, stand age and soil texture in the boreal mixedwood. Soil Biol Biogeochem 32:1079–1090

Crawford RMM, Jefree CE, Rees WG (2003) Paludification and forest retreat in northern oceanic environments. Ann Bot 91:213–226

D'Arrigo RD, Jacoby GC, Pederson N, Frank D, Buckley B, Baatarbileg N, Mijiddorj R, Dugarjav R (2000) Mongolian tree-rings, temperature sensitivity and reconstructions of Nothern Hemisphere temperature. Holocene 10:669–672

D'Arrigo RD, Kaufmann RK, Davi N, Jacoby GC, Laskowski C, Myneni RB, Cherubini P (2004) Thresholds for warming-induced growth decline at elevational tree line in Yukon Territory, Canada. Glob Biogeochem Cycles 18(GB3021):1–7

D'Arrigo RD, Wilson R, Liepert B, Cherubini P (2008) On the ‚divergence problem' in northern forests: a review of the tree-ring evidence and possible causes. Glob Planet Change 60:289–305

Dagvadorj D, Natsagdorj L, Dorjpurev J, Namkhainyam B (2009) Mongolian assessment report on climate change 2009. Ministry of Environment, Nature and Tourism, Mongolia

Dang QL, Lieffers VJ (1989) Climate and annual ring growth of black spruce in some Alberta peatlands. Can J Bot 67:1885–1889

Davi NK, Jacoby GC, Wiles GC (2003) Boreal temperature variability inferred from maximum latewood density and tree-ring width data, Wrangel Mountain region. Alaska. Quatern Res 60:252–262

De Grandpré L, Tardif JC, Hessl A, Pederson N, Conciatori F, Green TR, Oyunsanaa B, Baatarbileg N (2011) Seasonal shift in the climate responses of *Pinus sibirica*, *Pinus sylvestris*, and *Larix sibirica* trees from semi-arid, north-central Mongolia. Can J For Res 41:1242–1255

DeLuca TH, Boisvenue C (2012) Boreal forest soil carbon: distribution, function and modelling. Forestry 85:161–184

DeLuca TH, Zackrisson O, Gundale MJ, Nilsson M-C (2008) Ecosystem feedbacks and nitrogen fixation in boreal forests. Science 320:1181

Deslauriers A, Morin H, Urbinati C, Carrer M (2003) Daily weather response of balsam fir (*Abies balsamea* (L.) Mill.) stem radius increment from dendrometer analysis in the boreal forests of Québec (Canada). Trees 17:477–484

Dixon RK, Brown S, Houghton RA, Solomon AM, Trexler MC, Wisniewski J (1994) Carbon pools and flux of global forest ecosystems. Science 263:185–190

Dolman AJ, Maximov TC, Moors EJ, Maximov AP, Elbers JA, Kononov AV, Waterloo MJ, van der Molen MK (2004) Net ecosystem exchange of carbon dioxide and water of far eastern Siberian larch (*Larix cajanderi*) on permafrost. Biogeosciences 1:133–146

Dolman AJ, Shvidenko AZ, Schepaschenko DG, Ciais P, Tchebakova NN, Chen T, van der Molen MK, Belelli Marchesini L, Maximov TC, Maksyutov S, Schulze E-D (2012) An estimate of the terrestrial carbon budget of Russia using inventory-based, eddy-covariance and inversion methods. Biogeosciences 9:5323–5340

Drobyshev I, Niklasson M (2004) Linking tree rings, summer aridity, and regional fire data: an example from the boreal forests of the Komi Republic, East European Russia. Can J For Res 34:2327–2339

Drobyshev I, Niklasson M, Angelstam A (2004) Contrasting tree-ring data with fire record in a pine-dominated landscape in the Komi Republic (Eastern European Russia): recovering a common climate signal. Silva Fenn 38:43–53

Dulamsuren Ch (2004) Floristische Diversität, Vegetation und Standortbedingungen in der Gebirgstaiga des Westkhentey, Nordmongolei. Ber Forschungszentr Waldökosyst A 191:1–290

Dulamsuren Ch, Hauck M, Bader M, Osokhjargal D, Oyungerel Sh, Nyambayar S, Runge M, Leuschner C (2009a) Water relations and photosynthetic performance in *Larix sibirica* growing in the forest-steppe ecotone of northern Mongolia. Tree Physiol 29:99–110

Dulamsuren Ch, Hauck M, Bader M, Osokhjargal D, Oyungerel Sh, Nyambayar S, Leuschner C (2009b) The different strategies of *Pinus sylvestris* and *Larix sibirica* to deal with summer drought in a northern Mongolian forest-steppe ecotone suggest a future superiority of pine in a warming climate. Can J For Res 39:2520–2528

Dulamsuren Ch, Hauck M, Khishigjargal M, Leuschner HH, Leuschner C (2010a) Diverging climate trends in Mongolian taiga forests influence growth and regeneration of *Larix sibirica*. Oecologia 163:1091–1102

Dulamsuren Ch, Hauck M, Leuschner C (2010b) Recent drought stress leads to growth reductions in *Larix sibirica* in the western Khentey, Mongolia. Glob Change Biol 16:3024–3035

Dulamsuren Ch, Hauck M, Leuschner HH, Leuschner C (2010c) Gypsy moth-induced growth decline of *Larix sibirica* in a forest-steppe ecotone. Dendrochronologia 28:207–213

Dulamsuren Ch, Hauck M, Leuschner HH, Leuschner C (2011) Climate response of tree-ring width in *Larix sibirica* growing in the drought-stressed forest-steppe ecotone of northern Mongolia. Ann For Sci 68:275–282

Dulamsuren Ch, Wommelsdorf T, Zhao F, Xue Y, Zhumadilov BZ, Leuschner C, Hauck M (2013) Increased summer temperatures reduce the growth and regeneration of *Larix sibirica* in southern boreal forests of eastern Kazakhstan. Ecosystems 16:1536–1549

Dulamsuren Ch, Khishigjargal M, Leuschner C, Hauck M (2014) Response of tree-ring width to climate warming and selective logging in larch forests of the Mongolian Altai. J Plant Ecol 7:24–38

Dulamsuren Ch, Klinge M, Degener J, Khishigjargal M, Chenlemuge T, Bat-Enerel B, Yeruult

Y, Saindovdon D, Ganbaatar K, Tsogtbaatar J, Leuschner C, Hauck M (2016) Carbon pool densities and a first estimate of the total carbon pool in the Mongolian forest-steppe. Glob Change Biol 22:830–844

Dulamsuren Ch, Abilova SB, Bektayeva M, Eldarov M, Schuldt B, Leuschner C, Hauck M (2019) Hydraulic architecture and vulnerability to drought-induced embolism in southern boreal tree species of Inner Asia. Tree Physiol 39:463–473

Dunfield P, Knowles R, Dumont R, Moore TR (1993) Methane production and consumption in temperate and subarctic peat soils: response to temperature and pH. Soil Biol Biochem 25:321–326

Dünhofen AM (1999) Der Wasserstand als einer der wichtigsten Faktoren für die Einnischung ausgewählter *Sphagnum*-Arten auf fünf österreichischen Mooren. Abh Zool Bot Ges Österreich 30:39–47

Emanuel WR, Shugart HH, Stevenson MP (1985) Climate change and the broad-scale distribution of terrestrial ecosystem complexes. Clim Change 7:29–43

Esper J, Schweingruber FH (2004) Large-scale treeline changes recorded in Siberia. Geophys Res Lett 31(L06202):1–5

Euskirchen ES, McGuire AD, Chapin FS, Rupp TS (2010) The changing effects of Alaska's boreal forests on the climate system. Can J For Res 40:1336–1346

Fisichelli N, Frelich LE, Reich PB (2012) Sapling growth responses to warmer temperatures 'cooled' by browse pressure. Glob Change Biol 18:3455–3463

Flannigan MD, Harrington JB (1988) A study of the relation of meteorological variables to monthly provincial area burned by wildfire in Canada (1953–80). J Appl Meteorol 27:441–452

Flannigan MD, Stocks BJ, Turetsky MR, Wotton BM (2009) Impacts of climate change on fire activity and fire management in the circumboreal forest. Glob Change Biol 15:549–560

Fleming RA, Volney WJA (1995) Effects of climate change on insect defoliator population processes in Canada's boreal forest: some plausible scenarios. Water Air Soil Pollut 82:445–454

Frelich LE, Reich PB (2010) Will environmental changes reinforce the impact of global warming on the prairie-forest border of central North America? Front Ecol Environ 8:371–378

Frey KE, Smith LC (2005) Amplified carbon release from vast West Siberian peatlands by 2100. Geophys Res Lett 32(L09401):1–4

Frolking S, Roulet NT (2007) Holocene radiative forcing impact of northern peatland carbon accumulation and methane emissions. Glob Change Biol 13:1079–1088

Frost GV, Epstein HE (2014) Tall shrub and tree expansion in Siberian tundra ecotones since the 1960s. Glob Change Biol 20:1264–1277

Galand PE, Fritze H, Conrad R, Yrjälä K (2005) Pathways for methanogenesis and diversity of methanogenic Archaea in three boreal peatland ecosystems. Appl Environ Microbiol 71:2195–2198

Galloway JN, Townsend AR, Erisman JW, Bekunda M, Cai Z, Freney JR, Martinelli LA, Seitzinger SP, Sutton MA (2008) Transformation of the nitrogen cycle: recent trends, questions, and potential solutions. Science 320:889–892

Germano J, Klein AS (1999) Species-specific nuclear and chloroplast single nucleotide polymorphisms to distinguish *Picea mariana*, *P. glauca* and *P. rubens*. Theor Appl Genet 99:37–49

Gill AL, Giasson M-A, Yu R, Finzi AC (2017) Deep peat warming increases surface methane and carbon dioxide emissions in a black spruce-dominated ombrotrophic bog. Glob Change Biol 23:5398–5411

Gillett NP, Weaver AJ, Zwiers FW, Flannigan MD (2004) Detecting the effect of climate change on Canadian forest fires. Geophys Res Lett 31(L18211):1–4

Girardin MP (2010) Wildfire risk inferred from tree rings in the Central Laurentians of boreal Quebec, Canada. Dendrochronologia 28:187–206

Girardin MP, Wotton BM (2009) Summer moisture and wildfire risk across Canada. J Appl Meteorol Climatol 48:517–533

Girardin MP, Tardif JC, Flannigan MD, Wotton BM, Bergeron Y (2004) Trends and periodicities in the Canadian Drought Code and their relationships with atmospheric circulation for the southern Canadian boreal forest. Can J For Res 34:103–119

Girardin MP, Tardif JC, Flannigan MD, Bergeron Y (2006) Synoptic-scale atmospheric circulation and boreal Canada summer drought variability of the past three centuries. J Clim 19:1922–1947

Girardin MP, Ali AA, Carcaillet C, Mudelsee M, Drobyshev I, Hély C, Bergeron Y (2009) Heterogenous response of circumboreal wildfire risk to climate change since the early 1900s. Glob Change Biol 15:2751–2769

Girardin MP, Ali AA, Hély C (2010) Wildfires in boreal ecosystems: past, present and some emerging trends. Int J Wildland Fire 19:991–995

Girardin MP, Bernier PY, Gauthier S (2011a) Increasing potential NEP of eastern boreal North American forests constrained by decreasing wildfire activity. Ecosphere 2(25):1–23

Girardin MP, Bernier PY, Raulier F, Tardif JC, Conciatori F, Guo XJ (2011b) Testing for a CO_2 fertilization effect on growth of Canadian boreal forest. J Geophys Res 116(G01012):1–16

Girardin MP, Guo XJ, Bernier PY, Raulier F, Gauthier S (2012) Changes in growth of pristine boreal North American forests from 1950 to 2005 driven by landscape demographics and species traits. Biogeosciences 9:2523–2536

Girardin MP, Ali AA, Carcaillet C, Blarquez O, Hély C, Terrier A, Genries A, Bergeron Y (2013a) Vegetation limits the impact of a warm climate on boreal wildfires. New Phytol 199:1001–1011

Girardin MP, Ali AA, Carcaillet C, Gauthier S, Hély C, Le Goff H, Terrier A, Bergeron Y (2013b) Fire in managed forests of eastern Canada: Risks and options. For Ecol Manag 294:238–249

Girardin MP, Guo XJ, De Jong R, Kinnard C, Bernier P, Raulier F (2014) Unusual forest growth decline in boreal North America covaries with the retreat of Arctic sea ice. Glob Change Biol 20:851–866

Goetz SJ, Bunn AG, Fiske GJ, Houghton RA (2005) Satellite-observed photosynthetic trends across boreal North America associated with climate and fire disturbance. Proc Natl Acad Sci USA 102:13521–13525

Goldammer JG, Furyaev VV (1996) Fire in ecosystems of boreal Euasia. Kluwer, Dordrecht

Gorham E (1991) Northern peatlands: role in the carbon cycle and probable responses to climatic warming. Ecol Appl 1:182–195

Goulden ML, Wofsy SC, Harden JW, Trumbore SE, Crill PM, Gower ST, Fries T, Daube BC, Fan S-M, Sutton DJ, Bazzaz A, Munger JW (1998) Sensitivity of boreal forest carbon balance to soil thaw. Science 279:214–217

Gower ST, Vogel JG, Norman JM, Kucharik CJ, Steele SJ, Stow TK (1997) Carbon distribution and aboveground net primary production in aspen, jack pine, and black spruce stands in Saskatchewan and Manitoba, Canada. J Geophys Res 102:29029–29041

Gower ST, Krankina O, Olson RJ, Apps M, Linder S, Wang C (2001) Net primary production and carbon allocation patterns of borel forest ecosystems. Ecol Appl 11:1395–1411

Grant RF, Barr AG, Black TA, Gaumont-Guay D, Iwashita H, Kidson J, McCaughey H, Morgenstern K, Murayama S, Nesic Z, Saigusa N, Shashkov A, Zha T (2007) Net ecosystem productivity of boreal jack pine stands regenerating from clearcutting under current and future climates. Glob Change Biol 13:1423–1440

Grudd H (2008) Torneträsk tree-ring width and density AD 500–2004: a test of climatic sensitivity and a new 1500-year reconstruction of north Fennoscandian summers. Clim Dyn 31:843–857

Gunin PD, Vostokova EA, Dorofeyuk NI, Tarasov PE, Black CC (1999) Vegetation dynamics of Mongolia. Kluwer, Dordrecht

Gunnarson BE, Linderholm HW (2002) Low-frequency summer temperature variation in central Sweden since the tenth century inferred from tree rings. Holocene 12:667–671

Hagedorn F, Shiyatov SG, Mazepa VS, Devi NM, Grigorev AA, Bartysh AA, Fomin VV, Kapralov DS, Terentev M, Bugman H, Rigling A, Moiseev PA (2014) Treeline advances along the Urals mountain range – driven by improved winter conditions. Glob Change Biol 20:3530–3543

Hanna P, Kulakowski D (2012) The influences of climate on aspen dieback. For Ecol Manag 274:91–98

Hansen J, Lebedeff S (1987) Global trends of measured air temperature. J Geophys Res 92:13345–13372

Hansen MC, Potapov PV, Moore R, Hancher M, Turubanova SA, Tyukavina A, Thau D, Stehmann SV, Goetz SJ, Loveland TR, Kommareddy A, Egorov A, Chini L, Justice CO, Townshend JRG (2013) High-resolution global maps of 21st-century forest cover change. Science 342:850–853

Harden JW, O'Neill KPO, Trumbore SE, Veldhuis H, Stocks BJ (1997) Moss and soil contributions to the annual net carbon flux of a maturing boreal forest. J Geophys Res 102:28805–28816

Hart SJ, Henkelman J, McLoughlin PD, Nielsen SE, Truchon-Savard A, Johnstone JF (2019) Examining forest resilience to changing fire frequency in a fire-prone region of boreal forest. Glob Change Biol 25:869–884

Hauck M, Dulamsuren Ch, Heimes C (2008) Effects of insect herbivory on the performance of *Larix sibirica* in a forest-steppe ecotone. Environ Exp Bot 62:351–356

Helbig M, Chasmer LE, Kljun N, Quinton WL, Treat CC, Sonnentag O (2017a) The positive net radiative greenhouse gas forcing of increasing methane emissions from a thawing boreal forest-wetland landscape. Glob Change Biol 23:2413–2427

Helbig M, Chasmer LE, Desai AR, Kljun N, Quinton WL, Sonnentag O (2017b) Direct and indirect climate change effects on carbon dioxide in a thawing boreal forest-wetland landscape. Glob Change Biol 23:3231–3248

Hély C, Girardin MP, Ali AA, Carcaillet C, Brewer S, Bergeron Y (2010) Eastern boreal North American wildfire risk of the past 7000 years: A model-data comparison. Geophys Res Lett 37(L14709):1–6

Hicke JA, Asner GP, Randerson JT, Tucker CJ, Los SO, Birdsey R, Jenkins JC, Field CB, Holland E (2002) Satellite-derived increases in net primary productivity across North America, 1982–1998. Geophys Res Lett 29. ▶ https://doi.org/10.1029/2001gl013578

Hicke JA, Asner GP, Kasischke ES, French NHF, Randerson JT, Collatz GJ, Stocks BJ, Tucker CJ, Los SO, Field CB (2003) Postfire response of North American boreal forest net primary productivity analyzed with satellite observations. Glob Change Biol 9:1145–1157

Hinzman LD, Viereck LA, Adams PC, Romanovsky VE, Yoshikawa K (2006) Climatic and permafrost dynamics of the Alaskan boreal forest. In: Chapin FS, Oswood MW, Van Cleve KV, Viereck LA, Verbyla DA (Hrsg) Alaska's changing boreal forest. Oxford University Press, Oxford, S 39–61

Hofgaard A, Tardif J, Bergeron Y (1999) Dendroclimatic response of *Picea mariana* and *Pinus banksiana* along a latitudinal gradient in eastern Canadian boreal forest. Can J For Res 29:1333–1346

Hogg EH (1997) Temporal scaling of moisture and the forest-grassland boundary in western Canada. Agric For Meteorol 84:115–122

Hogg EH, Michaelian M (2015) Factors affecting fall down rates of dead aspen (*Populus tremuloides*) biomass following severe drought in west-central Canada. Glob Change Biol 21:1968–1979

Hogg EH, Lieffers VJ, Wein RW (1992) Potential carbon losses from peat profiles: effects of temperature, drought cycles, and fire. Ecol Appl 2:298–306

Hogg EH, Brandt JP, Kochtubajda B (2002) Growth and dieback of aspen forests in northwestern Alberta, Canada, in relation to climate and insects. Can J For Res 32:823–832

Hogg EH, Michaelian M, Hook TI, Undershultz ME (2017) Recent climatic drying leads to age-independent growth reductions of white spruce stands in western Canada. Glob Change Biol 23:5297–5308

Holling CS (1973) Resilience and stability of ecological systems. Annu Rev Ecol Syst 4:1–73

Hollingsworth TN, Lloyd AH, Nossov DR, Ruess RW, Charlton BA, Kielland K (2010) Twenty-five years of vegetation change along a putative successional chronosequence on the Tanana River, Alaska. Can J For Res 40:1273–1287

Hom JL, Oechel WC (1983) The photosynthetic capacity, nutrient content, and nutrient use efficiency of different needle age-classes of black spruce (*Picea mariana*) found in Interior Alaska. Can J For Res 13:834–839

Howard EA, Gower ST, Foley JA, Kucharik CJ (2004) Effects of logging on carbon dynamics of a jack pine forest in Saskatchewan, Canada. Glob Change Biol 10:1267–1284

Huang J, Tardif JC, Bergeron Y, Denneler B, Berninger F, Girardin MP (2010) Radial growth response of four dominant boreal tree species to climate along a latitudinal gradient in the eastern Canadian boreal forest. Glob Change Biol 16:711–731

Hughes MK, Vaganov EA, Shiyatov S, Touchan R, Funkhouser G (1999) Twentieth-century summer warmth in northern Yakutia. Holocene 9:629–634

Hurrell JW (1995) Decadal trends in the North Atlantic Oscillation: regional temperatures and precipitation. Science 269:676–679

IPCC (2013) Climate change 2013: the physical science basis. Contribution of working group I to the fifth assessment report of the Intergovernmental Panel on Climate Change. Cambridge University Press, Cambridge

Islam MA, Macdonald SE (2004) Ecophysiological adaptations of black spruce (*Picea mariana*) and tamarack (*Larix laricina*) seedlings to flooding. Trees 18:35–42

Jacoby GC, D'Arrigo RD (1989) Reconstructed northern hemisphere annual temperature since 1671 based on high-latitude tree-ring data from North America. Clim Change 14:39–59

Jacoby GC, D'Arrigo RD, Davaajamts T (1996) Mongolian tree-rings and 20th-century warming. Science 273:771–773

Jacoby GC, Lovelius NV, Shumilov OI, Raspopov OM, Karbainov JM, Frank DC (2000) Long-term temperature trends and tree growth in the Taimyr region of northern Siberia. Quatern Res 53:312–318

Jäger EJ (1968) Die klimatischen Bedingungen des Areals der Dunklen Taiga und der sommergrünen Breitlaubwälder. Ber Dtsch Bot Ges 81:397–408

James TM (2011) Temperature sensitivity and recruitment dynamics of Siberian larch (*Larix sibirica*) and Siberian spruce (*Picea obovata*) in northern Mongolia's boreal forest. For Ecol Manag 262:629–636

Jarvis P, Linder S (2000) Constraints to growth of boreal forests. Nature 405:904–905

Jarvis PG, Saugier B, Schulze E-D (2001) Productivity of boreal forests. In: Roy J, Saugier B, Mooney H (Hrsg) Terrestrial global productivity. Academic Press, San Diego, S 211–244

Jin H, Yu Q, Lü L, Guo D, He R, Yu S, Sun G, Li Y (2007) Degradation of permafrost in the Xing'anling Mountains, northeastern China. Permafrost Periglac Process 18:245–258

Jobbágy EG, Jackson RB (2000) The vertical distribution of soil organic carbon and its relation to climate and vegetation. Ecol Appl 10:423–436

Johnson EA (1992) Fire and vegetation dynamics: studies from the North American boreal forest. Cambridge University Press, Cambridge

Johnson EA, Gutsell SL (1993) Heat budget and fire behavior associated with the opening of serotinous cones in two *Pinus* species. J Veg Sci 4:745–750

Johnstone JF, Hollingsworth TN, Chapin FS, Mack MC (2010) Changes in fire regime break the legacy lock on successional trajectories in Alaskan boreal forest. Glob Change Biol 16:1281–1295

Jones DL, Kielland K (2002) Soil amino acid turnover dominates the nitrogen flux in permafrost-dominated taiga forest soils. Soil Biol Biochem 34:209–219

Jones MC, Harden J, O'Donell J, Manies K, Jorgenson T, Treat C, Ewing S (2017) Rapid carbon loss and slow recovery following permafrost thaw in boreal peatlands. Glob Change Biol 23:1109–1127

Kainulainen P, Oksanen J, Palomäki V, Holopainen JK, Holopainen T (1992) Effect of drought and water-logging stress on needle monoterpenes of *Picea abies*. Can J Bot 71:1613–1616

Kajimoto T, Matsuura Y, Osawa A, Abaimo AP, Zyryanova OA, Isaev AP, Yefremov DP, Mori S, Koike T (2006) Size-mass allometry and biomass allocation of two larch species growing on the continuous permafrost region in Siberia. For Ecol Manag 222:314–325

Kane JM, Kolb TE (2010) Importance of resin ducts in reducing ponderosa pine mortality from bark beetle attack. Oecologia 164:601–609

Karl TR, Melillo JM, Peterson TC et al (2009) Global climate change impacts in the United States: a state of knowledge report from the U.S. Global Change Research Program. Cambridge University Press, New York

Karoly DJ, Wu Q (2005) Detection of regional surface temperature trends. J Clim 18:4337–4343

Kasischke ES, Hoy EE (2012) Controls on carbon consumption during Alaskan wildland fires. Glob Change Biol 18:685–699

Kauppi P, Posch M (1985) Sensitivity of boreal forests to possible climatic warming. Clim Change 7:45–54

Kellomäki S, Karjalainen T, Vaisänen H (1997) More timber from boreal forests under changing climate? For Ecol Manag 94:195–208

Kellomäki S, Peltola H, Nuutinen T, Korhonen KT, Strandman H (2008) Sensitivity of managed boreal forests in Finland to climate change, with implications for adaptive management. Phil Trans Roy Soc B 363:2341–2351

Kelly R, Chipman ML, Higuera PE, Stefanova I, Brubaker LB, Hu FS (2013) Recent burning of boreal forests exceeds fire regime limits of the past 10,000 years. Proc Natl Acad Sci USA 110:13055–13060

Kenkel NC, Hendrie ML, Bella IE (1997) A long-term study of *Pinus banksiana* population dynamics. J Veg Sci 8:241–254

Khansaritoreh E, Dulamsuren Ch, Klinge M, Ariunbaatar T, Bat-Enerel B, Batsaikhan G, Ganbaatar K, Saindovdon D, Yeruult Y, Tsogtbaatar J, Tuya D, Leuschner C, Hauck M (2017a) Higher climate warming sensitivity of Siberian larch in small than large forest islands in the fragmented Mongolian forest steppe. Glob Change Biol 23:3675–3689

Khansaritoreh E, Eldarov M, Ganbaatar K, Saindovdon D, Leuschner C, Hauck M, Dulamsuren Ch (2017b) Age structure and trends in annual stem increment of *Larix sibirica* in two neighboring Mongolian forest-steppe regions differing in land use history. Trees 31:1973–1986

Khansaritoreh E, Schuldt B, Dulamsuren Ch (2018) Hydraulic traits and tree-ring width in *Larix sibirica* Ledeb. as affected by summer drought and forest fragmentation in the Mongolian forest steppe. Ann For Sci. ▶ https://doi.org/10.1007/s13595-018-0701-2

Kharuk VI, Ranson KJ, Dvinskaya ML (2007) Evidence of evergreen conifer invasion into larch dominated forests during recent decades in Central Siberia. Euras J For Res 10:163–171

Kharuk VI, Ranson KJ, Im ST, Dvinskaya ML (2009) Response of *Pinus sibirica* und *Larix sibirica* to climate change in southern Siberian alpine forest-tundra ecotone. Scand J For Res 24:130–139

Kharuk VI, Ranson KJ, Dvinskaya ML (2010) Evidence of evergreen conifers invasion into larch dominated forests during recent decades. In: Baltzer H (Hrsg) Environmental change in Siberia: earth observation, field studies and modelling. Springer, Dordrecht, S 53–66

Kharuk VI, Ranson KJ, Oskorbin PA, Im ST, Dvinskaya ML (2013) Climate induced birch mortality in Trans-Baikal lake region, Siberia. For Ecol Manag 289:385–392

Khatab IA, Ishiyama H, Inomata N, Wang X-R, Szmidt AE (2008) Phylogeography of Eurasian *Larix* species inferred from nucleotide variation in two nuclear genes. Genes Genet Syst 83:55–66

Khishigjargal M, Dulamsuren Ch, Lkhagvadorj D, Leuschner C, Hauck M (2013) Contrasting responses of seedling and sapling densities to livestock density in the Mongolian forest-steppe. Plant Ecol 214:1391–1403

Khishigjargal M, Dulamsuren Ch, Leuschner HH, Leuschner C, Hauck M (2014) Climate effects on inter- and intra-annual larch stemwood anomalies in the Mongolian forest-steppe. Acta Oecol 55:113–121

Kirchhefer AJ (2000) The influence of slope aspect on tree-ring growth of *Pinus sylvestris* L. in northern Norway and its implications for climate reconstruction. Dendrochronologia 18:27–40

Kirdyanov AV, Hughes M, Vaganov E, Schweingruber H, Silkin P (2003) The importance of early summer temperature and date of snow melt for tree growth in the Siberian Subarctic. Trees 17:61–69

Kirdyanov AV, Treydte KS, Nikolaev A, Helle G, Schleser GH (2008) Climate signals in tree-ring width, density and $\delta^{13}C$ from larches in Eastern Siberia (Russia). Chem Geol 252:31–41

Kljun N, Black TA, Griffis TJ, Barr AG, Gaumont-Guay D, Morgenstern K, McCaughey JH, Nesic Z (2006) Response of net ecosystem productivity of three boreal forest stands to drought. Ecosystems 9:1128–1144

Knutson TR, Delworth TL, Dixon KW, Held IM, Lu J, Ramaswamy V, Schwarzkopf MD (2006) Assessment of twentieth-century regional surface temperature trends using the GFDL CM2 coupled models. J Clim 19:1624–1651

Kobak KI, Turchinovich IY, Kondrasheva NY, Schulze E-D, Schulze W, Koch H, Vygodskaya NN (1996) Vulnerability and adaptation of the larch forest in eastern Siberia to climate change. Water Air Soil Pollut 92:119–127

Koven CD (2013) Boreal carbon loss due to poleward shift in low-carbon ecosystems. Nat Geosci 6:452–456

Krause SC, Raffa KF (1996) Differential growth and recovery rates from defoliation in deciduous and evergreen conifers. Trees 10:308–316

Krebs JS, Barry RG (1970) The Arctic front and the tundra-taiga boundary in Eurasia. Geogr Rev 60:548–554

Kremenetski KV, Velichko AA, Borisova OK, MacDonald GM, Smith LC, Frey KE, Orlova LA (2003) Peatlands of the Western Siberian lowlands: current knowledge on zonation, carbon content and Late Quaternary history. Quatern Sci Rev 22:703–723

Krutovskii KV, Bergmann F (1995) Introgressive hybridization and phylogenetic relationships between Norway, *Picea abies* (L.) Karst., and Siberian, *P. obovata* Ledeb., spruce species studied by isozyme loci. Heredity 74:464–480

Kuhry P, Turunen J (2006) The postglacial devolpment of boreal and subarctic peatlands. Ecol Stud 188:25–46

Kujansuu J, Yasue K, Koike T, Abaimov AP, Kajimoto T, Takeda T, Tokumoto M, Matsuura Y (2007) Climatic responses of tree-ring width of *Larix gmelinii* on contrasting north-facing and south-facing slopes in central Siberia. J Wood Sci 53:87–93

Kulakowski D, Kaye MW, Kashian DM (2013) Long-term aspen cover change in the western US. For Ecol Manag 299:52–59

Kullman L (1987) Long-term dynamics of high-altitude populations of *Pinus sylvestris* in the Swedish Scandes. J Biogeogr 14:1–8

Kullman L (1991) Structural change in a subalpine birch woodland in North Sweden during the past century. J Biogeogr 18:53–62

Kullman L (1993) Tree limit dynamics of *Betula pubescens* ssp. *tortuosa* in relation to climate variability: evidence from central Sweden. J Veg Sci 4:765–772

Kullman L (1996) Rise and demise of cold-climate *Picea abies* forest in Sweden. New Phytol 134:243–256

Kullman L (1998) Non-analogous tree flora in the Scandes Mountains, Sweden, during the early Holocene – macrofossil evidence of rapid geographic spread and response to palaeoclimate. Boreas 27:153–161

Kullman L (2000) Tree-limit rise and recent warming: a geoecological case study from the Swedish Scandes. Norsk Geograf Tidskr 54:49–59

Kullman L (2002) Rapid recent range-margin rise of tree and shrub species in the Swedish Scandes. J Ecol 90:68–77

Kullman L (2005a) Pine (*Pinus sylvestris*) treeline dynamics during the past millennium – a population study in west-central Sweden. Ann Bot Fenn 42:95–106

Kullman L (2005b) Wind-conditioned 20th century decline of birch treeline vegetation in the Swedish Scandes. Arctic 58:286–294

Kullman L (2006) Long-term geobotanical observations of climate change impacts in the Scandes of west-central Sweden. Nord J Bot 24:445–467

Kullman L (2007a) Tree line population monitoring of *Pinus sylvestris* in the Swedish Scandes, 1973–2005: implications for tree line theory and climate change ecology. J Ecol 95:41–52

Kullman L (2007b) Modern climate change and shifting ecological states of the subalpine/alpine landscape in the Swedish Scandes. Geoöko 28:187–221

Kullman L (2008) Thermophilic tree species reinvade subalpine Sweden – early responses to anomalous late Holocene climate warming. Arct Antarct Alp Res 40:104–110

Kullman L (2010) A richer, greener and smaller alpine world: review and projection of warming-induced plant cover change in the Swedish Scandes. Ambio 39:159–169

Kullman L, Öberg L (2009) Post-Little Ice Age tree line rise and climate warming in the Swedish Scandes: a landscape ecological perspective. J Ecol 97:415–429

Kurz WA, Apps MJ (1999) A 70-year retrospective analysis of C fluxes in the Canadian forest sector. Ecol Appl 9:526–547

Kurz WA, Dymond CC, Stinson G, Rampley GJ, Neilson ET, Carroll AL, Ebata T, Safranyik L (2008) Mountain pine beetle and forest carbon feedback to climate change. Nature 452:987–990

Laberge M-J, Payette S (1995) Long-term monitoring of permafrost change in a palsa peatland in northern Quebec, Canada, 1983–1993. Arct Alp Res 27:167–171

Lafleur PM, Moore TM, Roulet NT, Frolking S (2005) Ecosystem respiration in a cool temperate bog depends on peat temperature but not water table. Ecosystems 8:619–629

Laine J, Laiho R, Minkkinen K, Vasander H (2006) Forestry and boreal peatlands. Ecol Stud 188:331–357

Lal R (2005) Forest soils and carbon sequestration. For Ecol Manag 220:242–258

Landhäusser SM, DesRochers A, Lieffers VJ (2001) A comparison of growth and physiology in *Picea glauca* and *Populus tremuloides* at different soil temperatures. Can J For Res 31:1922–1929

Lapenis A, Shvidenko A, Shepaschenko D, Nilsson S, Aiyyer A (2005) Acclimation of Russian forests to recent changes in climate. Glob Change Biol 11:2090–2102

Lara MJ, Genet H, McGuirre AD, Euskirchen ES, Zhang Y, Brown DRN, Jorgenson MT, Romanovsky V, Breen A, Bolton WR (2016) Thermokarst rates intensify due to climate change and forest fragmentation in an Alaskan boreal forest lowland. Glob Change Biol 22:816–829

Le Goff H, Flannigan MD, Bergeron Y (2009) Potential changes in monthly fire risk in the eastern Canadian boreal forest under future climate change. Can J For Res 39:2369–2380

Lehtonen J, Heikkinen RK (1995) On the recovery of mountain birch after *Epirrita* damage in Finnish Lapland, with a particular emphasis on reindeer grazing. Ecoscience 2:349–356

Lewinsohn E, Gizjen M, Muzika RM, Barton K, Croteau R (1993) Oleoresinosis in grand fir (*Abies grandis*) saplings and mature trees. Plant Physiol 101:1021–1028

Li Y, Glime JM, Liao C (1992) Responses of two interacting *Sphagnum* species to water level. J Bryol 17:59–70

Li SG, Asanuma J, Kotani A, Eugster W, Davaa G, Oyunbaatar D, Sugita M (2005) Year-round measurements of net ecosystem CO_2 flux over a montane larch forest in Mongolia. J Geophys Res 110(D09303):1–14

Lim H, Oren R, Näsholm T, Strömgren M, Lundmark T, Grip H, Linder S (2019) Boreal forest biomass accumulation is not increased by two decades of soil warming. Nat Clim Change 9:49–52

Lindbladh M, Oswald WW, Forster DR, Faison EK, Hou J, Huang Y (2007) A late-glacial transition from *Picea glauca* to *Picea mariana* in southern New England. Quatern Res 67:502–508

Linderholm HW (2001) Climatic influence on Scots pine growth on dry and wet soils in the central Scandinavian mountains, interpreted from tree-ring width. Silva Fenn 35:415–424

Linderholm HW, Solberg BØ, Lindholm M (2003) Tree-ring records from central Fennoscandia: the relationship between tree growth and climate along a west-east transect. Holocene 13:887–895

Liu H, Williams AP, Allen CD, Guo D, Wu X, Anenkhonov OA, Liang EY, Sandanov DV, Yin Y, Qi Z, Badmaeva NK (2013) Rapid warming accelerates tree growth decline in semi-arid forests of Inner Asia. Glob Change Biol 19:2500–2510

Lloyd AH, Bunn AG (2007) Responses of the circumpolar boreal forest to 20th century climate variability. Environ Res Lett 2(045013):1–13

Lloyd AH, Yoshikawa K, Fastie CL, Hinzman L, Fraver M (2003) Effects on permafrost degradation on woody vegetation at arctic treeline on the Seward Peninsula, Alaska. Permafrost Periglac Process 14:93–101

Lloyd AH, Bunn AG, Berner L (2011) A latitudinal gradient in tree growth response to climate warming in the Siberian taiga. Glob Change Biol 17:1935–1945

Logan JA, Powell JA (2001) Ghost forests, global warming, and the mountain pine beetle. Am Entomol 47:160–173

Logan JA, Régnière J, Powell JA (2003) Assessing the impacts of global warming on forest pest dynamics. Front Ecol Environ 1:130–137

Lombardero MJ, Ayres MP, Lorio PL, Ruel JJ (2000) Environmental effects on constitutive and inducible resin defences of *Pinus taeda*. Ecol Lett 3:329–339

Lopatin E (2007) Long-term trends in height growth of *Picea obovata* and *Pinus sylvestris* during the past 100 years in Komi Republic (north-western Russia). Scand J For Res 22:310–323

Lopatin E, Kolström T, Spiecker H (2008) Long-term trends in radial growth of Siberian spruce and Scots pine in Komi Republic (northwestern Russia). Boreal Environ Res 13:539–552

Lopez ML, Saito H, Kobayashi Y, Shirota T, Iwahana G, Maximov TC, Fukuda M (2007) Interannual environmental-soil thawing rate variation and its control on transpiration from *Larix cajanderi*, Central Yakutia, Eastern Siberia. J Hydrol 338:251–260

Lopez ML, Shirota T, Iwahana G, Koide T, Maximov TC, Fukuda M, Saito H (2010) Effect of increased rainfall on water dynamics of larch (*Larix cajanderi*) forest in permafrost regions, Russia: an irrigation experiment. J For Res 15:365–373

Lükewille A, Wright RF (1997) Experimentally increased soil temperature causes release of nitrogen at a boreal forest catchment in southern Norway. Glob Change Biol 3:13–21

Luyssaert S, Inglima I, Jung M et al (2007) The CO_2 balance of boreal, temperate, and tropical forests derived from a global data base. Glob Change Biol 13:2509–2537

Luyssaert S, Schulze E-D, Börner A et al (2008) Old-growth forests as carbon sinks. Nature 455:213–215

Luyssaert S, Ciais P, Piao SL et al (2010) The European carbon balance. Part 3: forests. Glob Change Biol 16:1429–1450

Lynch AH, Serreze MC, Slater A (2001) The Alaskan Arctic frontal zone: forcing by orography, coastal contrast and the boreal forest. J Clim 14:4351–4362

MacDonald GM, Beilman DW, Kremenetski KV, Sheng Y, Smith LC, Velichko AA (2006) Rapid early development of circumarctic peatlands and atmospheric CH_4 and CO_2 variations. Science 314:285–288

MacDonald GM, Kremenetski KV, Beilman DW (2008) Climate change and the northern Russian treeline zone. Phil Trans Roy Soc B 363:2285–2299

MacLean R, Oswood MW, Irons JG, McDowell WH (1999) The effect of permafrost on stream biogeochemistry: a case study of two streams in the Alaskan (U.S.A.) taiga. Biogeochemistry 47:239–267

Magnani F, Mencuccini M, Borghetti M et al (2007) The human footprint in the carbon cycle of temperate and boreal forests. Nature 447:848–850

Mäkinen H, Nöjd P, Mielikäinen K (2000) Climatic signal in annual growth variation of Norway spruce (*Picea abies*) along a transect from central Finland to the Arctic timberline. Can J For Res 30:769–777

Mäkiranta P, Laiho R, Mehtätalo L, Strakova P, Sormunen J, Minkkinen K, Penttilä T, Fritze H, Tuittila E-S (2017) Responses of phenology and biomass production of boreal fens to climate warming under different water-table level regimes. Glob Change Biol 24:944–956

Malhi Y, Baldocchi DD, Jarvis PG (1999) The carbon balance of tropical, temperate and boreal forests. Plant Cell Environ 22:715–740

Malmström CM, Raffa KF (2000) Biotic disturbance agents in the boreal forest: considerations for vegetation change models. Glob Change Biol 6(Suppl 1):35–48

Maltby E, Immirzi P (1993) Carbon dynamics in peatlands and other wetland soils, regional and global perspectives. Chemosphere 27:999–1023

Malyvsky-Malevich SP, Molkentin EK, Nadyozhina ED, Shklyarevich OB (2008) An assessment of potential change in wildfire activity in the Russian boreal forest zone induced by climate warming during the twenty-first century. Clim Change 86:463–474

Maximov T, Ohta T, Dolman AJ (2008) Water and energy exchange in East Siberian forest: A synthesis. Agric For Meteorol 148:2013–2018

McCullough D, Werner RA, Neumann D (1998) Fire and insects in northern and boreal forest ecosystems of North America. Annu Rev Entomol 43:107–127

McGuire AD, Ruess RW, Lloyd A, Yarie J, Clein JS, Juday GP (2010) Vulnerability of white spruce tree growth in Interior Alaska in response to climate variability: dendrochronological, demographic, and experimental perspectives. Can J For Res 40:1197–1209

McLeod TK, MacDonald GM (1997) Postglacial range expansion and population growth of *Picea mariana*, *Picea glauca* and *Pinus banksiana* in the western interior of Canada. J Biogeogr 24:865–881

Mekis É, Vincent LA (2011) An overview of the second generation adjusted daily precipitation dataset for trend analysis in Canada. Atmos Ocean 49:163–177

Meleshko VP, Kattsov VM, Mirvis VM, Govorkova VA, Pavlova TV (2008) Climate of Russia in the 21st century. Part 1. New evidence of anthropogenic climate change and the state of the art of its simulation. Russ Meteorol Hydrol 33:341–350

Mellander P-E, Löfvenius MO, Laudon H (2007) Climate change impact on snow and soil temperature in boreal Scots pine stands. Clim Change 85:179–193

Messier C, Parent S, Bergeron Y (1998) Effects of overstory and understory vegetation on the understory light environment in mixed boreal forests. J Veg Sci 9:511–520

Meusel H, Jäger EJ, Weinert E (1965) Vergleichende Chorologie der zentraleuropäischen Flora. Text u. Karten, Bd 1. G. Fischer, Jena

Meyn A, Schmidtlein S, Taylor SW, Girardin MP, Thonicke K, Cramer W (2010) Spatial variation of trends in wildfire and summer drought in British Columbia, Canada, 1920–2000. Int J Wildland Fire 19:272–283

Meyn A, Schmidtlein S, Taylor SW, Girardin MP, Thonicke K, Cramer W (2013) Precipitation-driven decrease in wildfires in British Columbia. Reg Environ Change 13:165–177

Michaelian M, Hogg EH, Hall RJ, Arsenault E (2011) Massive mortality of aspen following severe drought along the southern edge of the Canadian boreal forest. Glob Change Biol 17:2084–2094

Moen J, Aune K, Edenius L, Angerbjörn A (2004) Potential effects of climate change on treeline position in the Swedish mountains. Ecol Soc 9(1, 16):1–11

Moore TR, Basiliko N (2006) Decomposition in boreal peatlands. Ecol Stud 188:125–143

Moore TR, Knowles R (1987) Methane and carbon dioxide emissions from peatland soils. Can J Soil Sci 67:77–81

Moore TR, Trofymow JA, Taylor B et al (1999) Litter decomposition rates in Canadian forests. Glob Change Biol 5:75–82

Myneni RB, Keeling CD, Tucker CJ, Asrar G, Nemani RR (1997) Increased plant growth in the northern high latitudes from 1981 to 1991. Nature 386:698–702

Näsholm T, Persson J (2001) Plant acquisition of organic nitrogen in boreal forests. Physiol Plant 111:419–426

Näsholm T, Ekblad A, Nordin A, Giesler R, Högberg MN, Högberg P (1998) Boreal forest plants take up organic nitrogen. Nature 392:914–916

Naurzbaev MM, Vaganov EA (2000) Variation of early summer and annual temperature in east Taymir and Putoran (Siberia) over the last two milennia inferred from tree rings. J Geophys Res 105:7317–7326

Nazimova DI, Polikarpov NP (1996) Forest zones of Siberia as determined by climatic zones and their possible transformation trends under global change. Silva Fenn 30:201–208

Nicklen EF, Roland CA, Csank AZ, Wilmking M, Ruess RW, Muldoon LA (2019) Stand basal area and solar radiation amplify white spruce climate sensitivity in Interior Alaska: evidence from carbon isotopes and tree rings. Glob Change Biol 25:911–926

Niemelä P, Chapin FS, Danell K, Bryant JP (2001) Herbivory-mediated responses of selected boreal forests to climatic change. Clim Change 48:427–440

Nijp JJ, Limpens J, Metselaar K, Peichl M, Nilsson MB, van der Zee SEATM, Berendse F (2015) Rain events decrease boreal peatland net CO_2 uptake through reduced light availability. Glob Change Biol 21:2309–2320

Nikolaev AN, Fedorov PP, Desyatkin AR (2009) Influence of climate and soil hydrothermal regime on radial growth of *Larix cajanderi* and *Pinus sylvestris* in Central Yakutia. Scand J For Res 24:217–226

Nilsson M, Sagerfors J, Buffam I, Laudon H, Eriksson T, Grelle A, Klemedtsson L, Weslien P, Lindroth A (2008) Contemporary carbon accumulation in a boreal oligotrophic minerogenic mire – a significant sink after accounting for all C-fluxes. Glob Change Biol 14:2317–2332

Nordbakken J-F (2001) Fine-scale five-year vegetation change in boreal bog vegetation. J Veg Sci 12:771–778

Nordin A, Strengbom J, Witzell J, Näsholm T, Ericson L (2005) Nitrogen deposition and the biodiversity of boreal forests: implications for the nitrogen critical load. Ambio 34:20–24

Ohlson M, Dahlberg B, Økland T, Brown KJ, Halvorsen R (2009) The charcoal carbon pool in boreal forest soils. Nat Geosci 2:692–695

Ohta T, Maximov TC, Dolman AJ, Nakai T, van der Molen MK, Kononov AV, Maximov AP, Hiyama T, Iijima Y, Moors EJ, Tanaka H, Toba T, Yabuki H (2008) Interannual variation of water balance and summer evapotranspiration in an eastern Siberian larch forest over a 7-year period (1998–2006). Agric For Meteorol 148:1941–1953

Oksanen L, Moen J, Helle T (1995) Timberline patterns in northernmost Fennoscandia. Relative importance of climate and grazing. Act Bot Fenn 153:93–105

Otoda T, Doi T, Sakamato K, Hirobe M, Baatarbileg N, Yoshikawa K (2013) Frequent fires may alter the future composition of the boreal forest in northern Mongolia. J For Res 18:246–255

Panyushkina IP, Ovtchinnikov DV, Adamenko MF (2005) Mixed response of decadal variability in larch tree-ring chronologies from upper tree-lines of the Russian Altai. Tree Ring Res 61:33–42

Parida BR, Buermann W (2014) Increasing summer drying in North American ecosystems in response to longer nonfrozen periods. Geophys Res Lett. ► https://doi.org/10.1002/2014gl060495

Park YE, Lee DK, Stanturf JA, Woo SY, Zoyo D (2009) Ecological indicators of forest degradation after forest fire and clear-cutting in the Siberian larch (*Larix sibirica*) stand of Mongolia. J Korean For Soc 98:609–617

Pastor J, Gardner RH, Dale VH, Post WM (1987) Successional changes in nitrogen availability as a potential factor contributing to spruce declines in boreal North America. Can J For Res 17:1394–1400

Pastor J, Solin J, Bridgham SC, Updegraff K, Harth C, Weishampel P, Dewey B (2003) Global warming and the export of dissolved organic carbon from boreal peatlands. Oikos 100:380–386

Payette S, Fortin M-J, Gamache I (2001) The subarctic forest-tundra: the structure of a biome in a changing climate. Bioscience 51:709–718

Pederson N, Jacoby GC, D'Arrigo RD, Cook ER, Buckley BM, Dugarjav C, Mijiddorj R (2001) Hydrometeorological reconstructions for northeastern Mongolia derived from tree rings: 1651–1995. J Clim 14:872–881

Peng C, Ma Z, Lei X, Zhu Q, Chen H, Wang W, Liu S, Li W, Fang X, Zhou X (2011) A drought-induced pervasive increase in tree mortality across Canada's boreal forest. Nat Clim Change 1:467–471

Peregon A, Uchida M, Shibata Y (2007) *Sphagnum* peatland development at their southern climatic range in West Siberia: trends and peat accumulation patterns. Environ Res Lett 2(045014):1–5

Persson J, Högberg P, Ekblad A, Högberg MN, Nordgren A, Näsholm T (2003) Nitrogen acquisition from inorganic and organic sources by boreal forest plants in the field. Oecologia 137:252–257

Piao S, Ciais P, Friedlingstein P et al (2008) Net carbon dioxide losses of northern ecosystems in response to autumn warming. Nature 451:49–52

Piao S, Liu Z, Wang T et al (2017) Weakening temperature control on the intraannual variations of spring carbon uptake across northern lands. Nat Clim Change 7:359–363

Pielke RA, Vidale PL (1995) The boreal forest and the polar front. J Geophys Res 100(D12):25755–25758

Pisaric MFJ, St-Onge SM, Kokelj SV (2009) Tree-ring reconstruction of early-growing season precipitation from Yellowknife, Northwest Territories, Canada. Arct Antarct Alp Res 41:486–496

Pluchon N, Hugelius G, Kuusinen N, Kuhry P (2014) Recent paludification rates and effects on total ecosystem carbon storage in two boreal peatlands of Northeast European Russia. Holocene 24:1126–1136

Ponton S, Flanagan LB, Alstad KP, Johnson BG, Morgenstern K, Kljun N, Black TA, Barr AG (2006) Comparison of ecosystem water-use efficiency among Douglas-fir forest, aspen forest and grassland using eddy covariance and carbon isotope techniques. Glob Change Biol 12:294–310

Pregitzer KS, Euskirchen ES (2004) Carbon cycling and storage in world forests: biome patterns related to forest age. Glob Change Biol 10:2052–2077

Prentice IC, Farquhar GD, Fasham MJR, Goulden ML, Heimann M, Jaramillo VJ, Kheshgi HS, LeQuéré C, Scholes RJ, Wallace Douglas WR (2001) The carbon cycle and atmospheric carbon dioxide. In: Houghton JT, Ding Y, Griggs DJ, Noguer M, van der Linden PJ, Dai X, Maskell K, Johnson CA (Hrsg) Climate change: the scientific basis. Cambridge University Press, Cambridge, S 183–237

Price DT, Alfaro RI, Brown KJ et al (2013) Anticipating the consequences of climate change for Canada's boreal forest ecosystems. Environ Rev 21:322–365

Quinton WL, Hayashi M, Chasmer LE (2011) Permafrost-thaw-induced land cover change in the Canadian subarctic: implications for water resources. Hydrol Process 25:152–158

Randerson JT, Liu H, Flanner MG et al (2006) The impact of boreal forest fire on climate warming. Science 314:1130–1132

Régnière J, Nealis V (2002) Modeling seasonality of the gypsy moth, *Lymantria dispar* L. (Lepidoptera: Lymantridae) to evaluate the persistence in novel enviroments. Can Entomol 134:805–824

Rehfeldt GE, Ferguson DE, Crookston NL (2009) Aspen, climate, and sudden decline in western USA. For Ecol Manag 258:2353–2364

Reich PB, Tjoelker MG, Walters MB, Vanderklein DW, Buschena C (1998) Close association of RGR, leaf and root morphology, seed mass and shade tolerance in seedlings of nine boreal tree species grown in high and low light. Funct Ecol 12:327–338

Rigling A, Brühlhart H, Bräker OU, Forster T, Schweingruber FH (2003) Effects of irrigation on diameter growth and vertical resin duct production in *Pinus sylvestris* L. on dry sites in the central Alps, Switzerland. For Ecol Manag 175:285–296

Rinne J, Riutta T, Pihlatie M, Aurela M, Haapanala S, Tuovinen J-P, Tuittila E-S, Vesala T (2007) Annual cycle of methane emission from a boreal fen measured by the eddy covariance technique. Tellus B 59:449–457

Rivas-Martínez S, Sánchez-Mata D, Costa M (1999) North American boreal and western temperate forest vegetation. Itinera Geobotanica 12:5–316

Rogers PC, Eisenberg C, Clair SB (2013) Resilience in quaking aspen: recent advances and future needs. For Ecol Manag 299:1–5

Rosner S, Hannrup B (2004) Resin canal traits relevant for constitutive resistance of Norway spruce against bark beetles: environmental and genetic variability. For Ecol Manag 200:77–87

Roulet NT, Moore TM, Bubier J, Lafleur PM (1992) Northern fens: methan flux and climatic change. Tellus B 44:100–105

Roulet NT, Lafleur PM, Richard PJH, Moore TM, Humhreys ER, Bubier J (2007) Contemporary carbon balance and late Holocene carbon accumulation in a northern peatland. Glob Change Biol 13:397–411

Rydin H, McDonald AJS (1985) Tolerance of *Sphagnum* to water level. J Bryol 13:571–578

Rydin H, Gunnarsson U, Sundberg S (2006) The role of *Sphagnum* in peatland development and persistence. Ecol Stud 188:47–65

Saarnio S, Alm J, Silvola J, Lohila A, Nykänen H, Martikainen PJ (1997) Seasonal variation in CH_4 emissions and production and oxidation potentials at microsites on an oligotrophic pine fen. Oecologia 110:414–422

Schädel C, Bader MK-F, Schuur EAG et al (2016) Potential carbon emissions dominated by carbon dioxide from thawed permafrost soils. Nat Clim Change 6:950–954

Schultz G (2000) Handbuch der Ökozonen. Ulmer, Stuttgart

Schulze E-D, Schulze W, Koch H, Arneth A, Bauer G, Kelliher FM, Hollinger DY, Vygodskaya NN, Kusnetsova WA, Sogatchev A, Ziegler W, Kobak KI, Issajev A (1995) Aboveground biomass and nitrogen nutrition in a chronosequence of pristine Dahurian *Larix* stands in eastern Siberia. Can J For Res 42:356–363

Schulze E-D, Lloyd J, Kelliher FM (1999) Productivity of forests in the Eurosiberian boreal region and their potential to act as a carbon sink – a synthesis. Glob Change Biol 5:703–722

Semerikov VL, Semerikov LF, Lascoux M (1999) Intra- and interspecific allozyme variability in Eurasian *Larix* Mill. species. Heredity 82:193–204

Sevanto S, McDowell NG, Dickman LT, Pangle R, Pockman RT (2014) How do trees die? A test of the hydraulic failure and carbon starvation hypothesis. Plant Cell Environ 37:153–161

Sharkhuu N (2003) Recent changes in the permafrost of Mongolia. In: Phillips M, Springman SM, Arenson LU (Hrsg) Permafrost. Swets & Zeitlinger, Lisse, S 1029–1034

Shiyatov SG, Terentev MM, Fomin VV (2005) Spatio-temporal dynamics of forest-tundra communities in the Polar Urals. Russ J Ecol 36:83–90

Shuman JK, Shugart HH, O'Halloran TL (2011) Sensitivity of Siberian larch forests to climate change. Glob Change Biol 17:2370–2384

Shur YL, Jorgenson MT (2007) Patterns of permafrost formation and degradation in relation to climate and ecosystems. Permafrost Periglac Process 18:7–19

Shvidenko AZ, Nilsson S (2003) A synthesis of the impact of Russian forests on the global carbon budget for 1961–1998. Tellus B 55:391–415

Shvidenko AZ, Schepaschenko DG (2014) Carbon budget of Russian forests. Siberian J For Sci 1:69–92 (auf Russisch)

Sidorova OV, Siegwolf RTW, Saurer M, Shashkin AV, Knorre AA, Prokushkin AS, Vaganov EA, Kirdyanov AV (2009) Do centennial tree-ring and stable isotope trends of *Larix gmelinii* (Rupr.) Rupr. indicate increasing water shortage in the Siberian north? Oecologia 161:825–835

Sidorova OV, Siegwolf RTW, Saurer M, Naurzbaev MM, Shashkin AV, Vaganov EA (2010) Spatial patterns of climatic changes in the Eurasian north reflected in Siberian larch tree-ring parameters and stable isotopes. Glob Change Biol 16:1003–1018

Sidorova OV, Saurer M, Andreev A, Fritzsche D, Opel T, Naurzbaev MM, Siegwolf R (2013) Is the 20th century warming unprecedented in the Siberian north? Quatern Sci Rev 73:93–102

Silkin PP, Kirdyanov AV (2003) The relationship between variability of cell wall mass of earlywood and latewood tracheids in larch tree-rings, the rate of tree-ring growth and climatic changes. Holzforschung 57:1–7

Simard M, Lecomte N, Bergeron Y, Bernier PY, Paré D (2007) Forest productivity decline caused by successional paludification of boreal soils. Ecol Appl 17:1619–1637

Sittaro F, Paquette A, Messier C, Nock CA (2017) Tree range expansion in eastern North America fails to keep pace with climate warming at northern range limits. Glob Change Biol 23:3292–3301

Sjögersten S, Wookey PA (2005) The role of soil organic matter quality and physical environment for nitrogen mineralization at the forest-tundra ecotone in Fennoscandia. Arct Antarct Alp Res 37:118–126

Smith LC, MacDonald GM, Velichko AA, Beilman DW, Borisova OK, Frey KE, Kremenetski KV, Sheng Y (2004) Siberian peatlands: a net carbon sink and global methane source since the early Holocene. Science 303:353–356

Soja AJ, Tchebakova NM, French NHF, Flannigan MD, Shugart HH, Stocks BJ, Sukhinin AI, Parfenova EI, Chapin FS, Stackhouse PW (2007) Climate-induced boreal forest change: Predictions versus current observations. Glob Planet Change 56:274–296

Spichtinger N, Wenig M, James P, Wagner T, Platt U, Stohl A (2001) Satellite detection of a continental-scale plume of nitrogen oxides from boreal forest fires. Geophys Res Lett 28:4579–4582

Stäblein G (1987) Periglazial und Permafrost in Polargebieten. Münchener Geogr Abh B 4:97–107

Stafford JM, Wendler G, Curtis J (2000) Temperature and precipitation of Alaska: 50 year trend analysis. Theor Appl Climatol 67:33–44

Stocks BJ, Fosberg MA, Lynham TJ, Mearns L, Wotton YQ, Jin- JZ, Lawrence K, Hartley GR, Mason JA, McKenney DW (1998) Climate change and forest fire potential in Russian and Canadian boreal forests. Clim Change 38:1–13

Stocks BJ, Mason JA, Todd JB, Bosch EM, Wotton BM, Amiro BD, Flannigan MD, Hirsch KG, Logan KA, Martell DL, Skinner WR (2002) Large forest fires in Canada, 1959–1997. J Geophys Res 108, D1(8149):1–12

Stolter C, Ball JP, Niemelä P, Julkunen-Tiitto R (2010) Herbivores and variation in the composition of specific phenolics of boreal conifer tree species: a search for patterns. Chemosphere 20:229–242

Stottlemyer R, Toczydlowksi D (1999) Nitrogen mineralization in a mature boreal forest, Isle Royal, Michigan. J Environ Qual 28:709–720

Strack M, Waddington JM, Tuittila E-S (2004) Effect of water table drawdown on northern peatland methane dynamics: implications for climate change. Glob Biochem Cycl 18(GB4003):1–7

Strengbom J, Näsholm T, Ericson L (2004) Light, not nitrogen limits growth of the grass *Deschampsia flexuosa* in boreal forests. Can J Bot 82:430–435

Strömgren M, Linder S (2002) Effects of nutrition and soil warming on stemwood production in a boreal Norway spruce stand. Glob Change Biol 8:1195–1204

Sugimoto A, Naito D, Yanagisawa N, Ichiyanagi K, Kurita N, Kubota J, Kotake T, Ohata T, Maximov TC, Fedorov AN (2003) Characteristics of soil moisture in permafrost observed in East Siberian taiga with stable isotopes of water. Hydrol Process 17:1073–1092

Szeicz JM, Mac Donald GM (1996) A 930-year ring-width chronology from moisture-sensitive white spruce (*Picea glauca* Moench) in northwestern Canada. Holocene 6:345–351

Tanja S, Berninger F, Vesala T et al (2003) Air temperature triggers the recovery of evergreen boreal forest photosynthesis in spring. Glob Change Biol 9:1410–1426

Tardif JC, Girardin MP, Conciatori F (2011) Light rings as bioindicators of climate change in Interior North America. Glob Planet Change 79:134–144

Tarnocai C (2006) The effect of climate change on carbon in Canadian peatlands. Glob Planet Change 53:222–232

Tchebakova NM, Rehfeldt GE, Parfenova EI (2005) Impacts of climate change on the distribution of *Larix* spp. and *Pinus sylvestris* and the climatypes in Siberia. Mitig Adapt Strat Glob Change 11:861–882

Tchebakova NM, Parfenova EI, Soja AJ (2009) The effects of climate, permafrost and fire on vegetation change in Siberia in a changing climate. Environ Res Lett 4(045013):1–9

Tchebakova NM, Rehfeldt GE, Parfenova EI (2010a) From vegetation zones to climatypes: effects of climate warming on Siberian ecosystems. Ecol Stud 209:427–445

Tchebakova NM, Parfenova EI, Soja AJ (2010b) Potential climate-induced vegetation change in Siberia in the twenty-first century. In: Baltzer H (Hrsg) Environmental change in Siberia: earth observation, field studies and modelling. Springer, Dordrecht, S 67–82

Tei S, Sugimoto A, Yonenobu H, Ohta T, Maximov TC (2014) Growth and physiological responses of larch trees to climate changes deduced from tree-ring widths and δ^{13}C at two forest sites in eastern Siberia. Polar Sci 8:183–195

Tei S, Sugimoto A, Yonenobu H, Matsuura Y, Osawa A, Sato H, Fujinuma J, Maximov TC (2017) Tree-ring analysis and modelling approaches yield contrary response of circumboreal forest productivity to climate change. Glob Change Biol 23:5179–5188

Terrier A, Girardin MP, Périé C, Legendre P, Bergeron Y (2013) Potential changes in forest composition could reduce impacts of climate change on boreal wildfires. Ecol Appl 23:21–35

Terrier A, de Groot WJ, Girardin MP, Bergeron Y (2014) Dynamics of moisture content in spruce-feather moss and spruce-*Sphagnum* organic layers during an extreme fire season and implications for future depths of burn in Clay Belt black spruce forests. Int J Wildland Fire 23:490–502

Thomas G, Rowntree PR (1992) The boreal forests and climate. Quat J Roy Meteorol Soc 118:469–497

Thomsen G (2001) Response to winter precipitation in ring-width chronologies of *Pinus sylvestris* L. from the northwestern Siberian plain, Russia. Tree-Ring Res 57:15–29

Thurner M, Beer C, Santoro M, Carvalhais N, Wutzler T, Schepaschenko D, Shvidenko A, Kompter E, Ahrens B, Levick SR, Schmullius C (2014) Carbon stock and density of northern boreal and temperate forest. Glob Ecol Biogeogr 23:297–310

Tilton DL (1977) Seasonal growth and foliar nutrients of *Larix laricina* in three wetland ecosystems. Can J Bot 55:1291–1298

Tollefsrud MM, Sønstebø JH, Brochmann C, Johnsen Ø, Skrøppa T, Vendramin GG (2009) Combined analysis of nuclear and mitochondrial markers provide new insight into the genetic structure of North European *Picea abies*. Heredity 102:549–562

Treat CC, Natali SM, Ernakovich J et al (2015) A pan-Arctic synthesis of CH_4 and CO_2 production from anoxic soil incubations. Glob Change Biol 21:2787–2803

Tremblay GD, Boudreau S (2011) Black spruce regeneration at the treeline ecotone: synergistic impacts of climate change and caribou activity. Can J For Sci 41:460–468

Tremblay MF, Bergeron Y, Lalonde D, Mauffette Y (2002) The potential effects of sexual reproduction and seedling recruitment on the maintenance of red maple (*Acer rubrum* L.) populations at the northern limit of the species range. J Biogeogr 29:365–373

Trugman AT, Medvigy D, Anderegg WRL, Pacala SW (2018) Differential declines in Alaskan boreal forest vitality related to climate and competition. Glob Change Biol 24:1097–1107

Tsogtbaatar J (2004) Deforestation and reforestation needs in Mongolia. For Ecol Manag 201:57–63

Tuovinen M (2005) Response of tree-ring width and density of *Pinus sylvestris* to climate beyond the continuous northern forest line in Finland. Dendrochronologia 22:83–91

Turetsky MR, Louis VLS (2006) Disturbance in boreal peatlands. Ecol Stud 1888:359–379

Turetsky MR, Wieder RK, Vitt DH (2002) Boreal peatland C fluxes under varying permafrost regimes. Soil Biol Biochem 34:907–912

Turetsky MR, Wieder RK, Vitt DH, Evans RJ, Scott KD (2007) The disappearance of relict permafrost in boreal North America; effects on peatland carbon storage and fluxes. Glob Change Biol 13:1922–1934

Turetsky MR, Mack MC, Hollingsworth TN, Harden JW (2010) The role of mosses in ecosystem succession and function in Alaska's boreal forest. Can J For Res 40:1237–1264

Turtola S, Manninen A-M, Rikala R, Kainulainen P (2003) Drought stress alters the concentration of wood terpenoids in Scots pine and Norway spruce seedlings. J Chem Ecol 29:1981–1995

Valentine DW, Kielland K, Chapin FS, McGuire AD, Van Cleve K (2006) Patterns of biogeochemistry in Alaskan boreal forests. In: Chapin FS, Oswood MW, Van Cleve KV, Viereck LA, Verbyla DA (Hrsg) Alaska's changing boreal forest. Oxford University Press, Oxford, S 241–266

Van Cleve K, Oechel WC, Hom JL (1990) Response of black spruce (*Picea mariana*) ecosystems to soil temperature modification in Interior Alaska. Can J For Res 20:1530–1535

Velesevich SN, Kozlov DS (2006) Effects of temperature and precipitation on radial growth of Siberian larch in ecotopes with optimal, insufficient, and excessive soil moistening. Russ J Ecol 37:241–246

Veraverbeke S, Rogers BM, Goulden ML, Jandt RR, Miller CE, Wiggins EB, Randerson JT (2017) Lightning as a major driver of recent large fire years in North American boreal forests. Nat Clim Change 7:529–534

Verbyla D (2011) Browning boreal forests of western North America. Environ Res Lett 6(041003):1–3

Virtanen T, Neuvonen S, Nikula A (1998) Modelling topoclimatic patterns of egg mortality of *Epirrita autumnata* (Lep., Geometridae) with geographical information system: predictions in current climate and scenarios with warmer climate. J Appl Ecol 35:311–322

Vlassova TK (2002) Human impacts on the tundra-taiga zone dynamics: the case of the Russian lesotundra. Ambio Special Report 12:30–36

Volney WJA (1988) Analysis of historic jack pine budworm outbreaks in the prairie provinces of Canada. Can J For Res 18:1152–1158

Waddington JM, Roulet NT (2000) Carbon balance of a boreal patterned peatland. Glob Change Biol 6:87–97

Walker XJ, Mack MC, Johnstone JF (2015) Stable carbon isotope analysis reveals widespread drought stress in boreal black spruce forests. Glob Change Biol 21:3102–3113

Walter H, Breckle S-W (1991) Ökologie der Erde. Band 4. Spezielle Ökologie der Gemäßigten und Arktischen Zonen außerhalb Eurasiens, Bd 4. G. Fischer, Stuttgart

Walter H, Breckle S-W (1994) Ökologie der Erde. Band 3. Spezielle Ökologie der gemäßigten und arktischen Zonen Euro-Nordasiens, 2. Aufl. G. Fischer, Stuttgart

Walvoord MA, Striegl RG (2007) Increased groundwater to stream discharge from permafrost thawing in the Yukon River basin: potential impacts on lateral export of carbon and nitrogen. Geophys Res Lett 34(L12402). ▶ https://doi.org/10.1029/2007gl030216

Wang C, Bond-Lamberty B, Gower ST (2003) Carbon distribution of a well- and poorly-drained black spruce fire chronosequence. Glob Change Biol 9:1066–1079

Weltzin JF, Pastor J, Harth C, Bridgham SD, Updegraff K, Chapin CT (2000) Response of bog and fen plant communities to warming and water-table manipulations. Ecology 81:3464–3478

Weltzin JF, Bridgham SD, Pastor J, Chen J, Harth C (2003) Potential effects of warming and drying on peatland plant community composition. Glob Chang Biol 9:141–151

Wieder RK, Vitt DH, Benscoter BW (2006) Peatlands and the boreal forest. Ecol Stud 188:1–24

Wilmking M, Myers-Smith I (2008) Changing climate sensitivity of black spruce (*Picea mariana* Mill.) in a peatland-forest landscape in Interior Alaska. Dendrochronologia 25:167–175

Wilmking M, D'Arrigo RD, Jacoby GC, Juday GP (2005) Increased temperature sensitivity and divergent growth trends in circumpolar boreal forests. Geophys Res Lett 32(L15715):1–4

Wirth C, Schulze E-D, Lühker B, Grigoriev S, Siry M, Hardes G, Ziegler W, Backor M, Bauer G, Vygodskaya NN (2002) Fire and site type effects on the long-term carbon and nitrogen balance in pristine Siberian Scots pine forests. Plant Soil 242:41–63

Worrall JJ, Rehfeldt GE, Hamann A, Hogg EH, Marchetti SB, Michaelian M, Gray LK (2013) Recent declines of *Populus tremuloides* in North America linked to climate. For Ecol Manag 299:35–51

Wu J, Roulet NT (2014) Climate change reduces the capacity of northern peatlands to absorb the atmospheric carbon dioxide: the different responses of bogs and fens. Glob Biogeochem Cycles 27:1005–1024

Xiao J, Zhuang Q (2007) Drought effects on large fire activity in Canadian and Alaskan forests. Environ Res Lett 2(044003):1–6

Xu L, Myneni RB, Chapin FS et al (2013) Temperature and vegetation seasonality diminishment over northern lands. Nat Clim Change 3:581–586

Xu G, Liu X, Qin D, Chen T, Sun W, An W, Wang W, Wu G, Zen X, Ren J (2014) Drought history inferred from tree ring $\delta^{13}C$ and $\delta^{18}O$ in the central Tianshan Mountains of China and linkage with the North Atlantic Oscillation. Theor Appl Climatol 116:385–401

Yakazi K, Funada R, Mori S, Maruyama Y, Abaimov AP, Kayama M, Koike T (2001) Growth and annual ring structure of *Larix sibirica* grown at different carbon dioxide concentrations and nutrient supply rates. Tree Physiol 21:1223–1229

Yarie J, Van Cleve K (2010) Long-term monitoring of climatic and nutritional affects on tree growth in interior Alaska. Can J For Res 40:1325–1335

Yoshikawa K, Bolton WR, Romanovsky VE, Fukuda M, Hinzman LD (2003) Impacts of wildfire on the permafrost in the boreal forests of Interior Alaska. J Geophys Res 108, D1(8148):1–14

Yu Z, Loisel J, Brosseau DP, Beilman DW, Hunt SJ (2010) Global peatland dynamics since the Last Glacial Maximum. Geophys Res Lett 37(L13402):1–5

Yu Z, Beilman DW, Frolking S, MacDonald GM, Roulet NT, Camill P, Charman DJ (2011) Peatlands and their role in the global carbon cycle. Eos 92:97–108

Zha T, Barr AG, van der Kamp G, Black TA, McCaughey JH, Flanagan LB (2010) Interannual variation of evapotranspiration from forest and grassland ecosystems in western Canada in relation to drought. Agric For Meteorol 150:1476–1484

Zhang XL, Cui MX, Ma YJ, Wu T, Chen ZJ, Ding WH (2010) *Larix gmelinii* tree-ring width chronology and its responses to climate change in Kuduer, Great Xing'an Mountains. Ying Yong Sheng Tai Xue Bao 21:2501–2507 (auf Chinesisch mit englischer Zusammenfassung)

Temperate Waldzone

© Springer-Verlag GmbH Deutschland, ein Teil von Springer Nature 2019
M. Hauck, C. Leuschner, J. Homeier, *Klimawandel und Vegetation – Eine globale Übersicht*,
https://doi.org/10.1007/978-3-662-59791-0_5

5.1 Abgrenzung und Charakterisierung der Vegetation

Die mittleren Breiten zwischen etwa 35 und 60° Nord bzw. Süd liegen im Einflussbereich der außertropischen Westwindzonen und werden von kühl-gemäßigten (nemoralen) Klimaten geprägt. Diese Regionen fasst man auch zur temperaten Zone zusammen. Thermische Kennzeichen sind der ausgeprägte Jahreszeitenwechsel mit einer mehr oder weniger ausgeprägten Winterruhe der Vegetation, eine Vegetationsperiodenlänge von 5 bis 7 Monaten (wenn monatliche Mitteltemperaturen > 10 °C als Kriterium verwendet werden), Maximaltemperaturen, die nur selten 30 °C übersteigen, und mäßige bis starke Fröste in bis zu 6 Monaten. In wintermilden ozeanischen Gebieten der temperaten Zone können immergrüne Laub- und Nadelwälder sogar mehr als 250 Tage im Jahr für den Stoffgewinn nutzen. Die temperate Zone genießt einen jährlichen Strahlungsinput von 2500 bis 6000 MJ m^{-2} (Jarvis und Leverenz 1983).

Entsprechend ihrer Lage zwischen den frostarmen Subtropen und der winterkalten borealen Zone ist die temperate Zone durch einen ausgeprägten thermischen Nord-Süd-Gradienten geprägt, der mehrere klimatische Subtypen bedingt. Für die Vegetation noch einflussreicher sind innerhalb der temperaten Zone regionale Unterschiede in der Höhe und Saisonalität der Niederschläge, die vor allem von der Meeresferne und der Ozeanität des Klimas sowie von der Lage an den West- oder den Ostseiten der Kontinente bestimmt werden. Entsprechend lässt sich die temperate Zone in eine feuchte und eine trockene temperate Zone gliedern. Die **feuchte temperate Zone**, die Inhalt dieses Kapitels ist, ist waldfähig. Die trockene temperate Zone ist dagegen aus hygrischen Gründen waldfrei und wird von winterkalten Grasländern, den Steppen, dominiert (► Kap. 6). In Zentralasien gehören die winterkalten Binnenwüsten ebenfalls zur temperaten Zone (► Kap. 9).

Der überwiegend von **sommergrünen Laubwäldern** geprägte feuchte Subtyp der temperaten Zone, das temperate Waldbiom, das in diesem Kapitel behandelt wird, gliedert sich in 4 nordhemisphärische Regionen in Europa, Ostasien, im östlichen und westlichen Nordamerika sowie in 3 südhemisphärische in Westpatagonien, Südostaustralien (insbesondere Tasmanien) und im Süden von Neuseeland. Das eurasische Teilareal erstreckt sich über West-, Mittel- und Osteuropa mit Ausläufern bis in den Kaukasus und Elburs sowie in Ostasien in Pazifiknähe über das östliche Mittel- und Nordchina, Korea, das nördliche Japan und schließt den südöstlichen Zipfel des russischen Fernen Ostens ein. In Nordamerika reicht die feuchte temperate Zone von den kanadischen Atlantikprovinzen New Brunswick und Nova Scotia entlang der Küste bis etwa 32°N im Norden der US-amerikanischen Südstaaten und im Landesinneren bis etwa 95°W, wo sie in die Steppenregion übergeht. Auch im pazifischen Nordwesten der USA und in Südwestkanada herrscht ein kühl-gemäßigtes waldfähiges Klima, in dem jedoch aufgrund einer kurzen sommerlichen Trockenperiode **nemorale Nadelwälder** anstelle von Laubwäldern die zonale Vegetation bilden. Temperate, feuchte Waldklimate gibt es kleinflächig auch auf der Südhalbkugel, und zwar im westlichen Südpatagonien (vor allem in Chile) südlich 38°S sowie auf Tasmanien und im Westen der Südinsel von Neuseeland.

Aufgrund der Vielgestaltigkeit der 7 Teilregionen variiert die **Jahresmitteltemperatur** in einem weiten Bereich zwischen etwa 4 °C und über 15 °C entlang der Nord-Süd-Gradienten und in Abhängigkeit von der Meeresferne. Am nördlichen und kontinentalen Rand der Regionen kann die Januar-Mitteltemperatur −6 bis −10 °C betragen, während die Juli-Mitteltemperaturen in südlichen und kontinentalen Teilregionen über 25 °C liegen können. Allen Regionen gemeinsam sind **ganzjährige Niederschläge** und mindestens 10 humide Monate. Kurze, sommerliche Trockenperioden sind vor allem für die nemoralen immergrünen Nadelwälder im Nordwesten der USA und in Südwestkanada kennzeichnend, die auch der feuchten temperaten Zone zuzurechnen sind. Die Jahresniederschlagsmengen schwanken in der temperaten Zone zwischen etwa 500 und weit über 1000 mm in manchen Regionen an den Westseiten der Kontinente. Die relative Luftfeuchte variiert in der Regel um 60 bis 80 % (Greller 1988). Dieses Klima begünstigt **sommergrüne, zartblättrige Laubbäume** mit nur mäßigem oder geringem Frostschutz, aber vergleichsweise hoher Produktivität. Immergrüne nemorale Laubwälder ersetzen diese kleinflächig an den wintermilden, niederschlagsreichen Westseiten Patagoniens, Tasmaniens und der neuseeländischen Südinsel (immergrüne *Nothofagus*-Wälder, valdivianischer Lorbeerwald), während sie immergrünen Nadelwäldern in Regionen mit kurzer sommerlicher Trockenperiode weichen.

Die sommergrünen Laubwälder werden von Vertretern einer charakteristischen Gehölzflora aufgebaut, deren Familien ganz überwiegend außertropische Verbreitungsschwerpunkte besitzen. Besonders artenreich sind die temperaten Wälder Ostasiens, deren Areal von keiner Vereisung betroffen war und die in direktem Kontakt zu südlich anschließenden subtropischen Wäldern stehen, gefolgt von den nordamerikanischen und zuletzt den europäischen Wäldern. Ein Vergleich der europäischen und der nordamerikanischen temperaten Wälder ergibt ein Baumartenverhältnis von etwa 50:120, also einen mehr als doppelt so großen Gehölzartenreichtum in Nordamerika, während die Artenzahl krautiger Gefäßpflanzen in ähnlich großen Gebieten im Osten Nordamerikas nicht höher ist als in Europa. Noch vor etwa 7000 Jahren waren rund 95 % der feuchten temperaten Zone in allen Teilregionen von Wald bedeckt. Insbesondere in Ostasien und Europa wurde die Waldbedeckung im Zuge der mehrere Jahrtausende währenden kulturellen Entwicklung bis auf kleine Reste zurückgedrängt und durch landwirtschaftliche Flächen, Siedlungsgebiete und Forstplantagen ersetzt. Im Osten Nordamerikas begann die großflächige Waldzerstörung erst mit

der europäischen Kolonisierung vor 500 Jahren, schritt aber rasch voran und hinterließ gleichfalls nur Reste der naturnahen Laubwaldvegetation, während Forsten und Sekundärwälder weithin dominieren. Auf der Südhalbkugel sind insbesondere in Patagonien heute noch größere Bestände naturnaher temperater Laubwälder vorhanden.

5.2 Limitierung durch Klimafaktoren und Nährstoffmangel

Das temperate Waldbiom erstreckt sich über eine große thermische und hygrische Spannweite, die allgemeingültige Aussagen über produktionslimitierende Umweltfaktoren erschwert. Einige Kernelemente der Umweltabhängigkeit der Produktivität temperater Wälder lassen sich jedoch trotz der Mannigfaltigkeit der Waldstandorte in der temperaten Zone und großer Variabilität in der Physiologie temperater Baumarten erkennen.

Mit Werten des **Blattflächenindex (LAI)** im Bereich von 4 bis 5 in Beständen frühsukzessionaler Baumarten und 5 bis 8 in solchen spätsukzessionaler Arten (Leuschner und Ellenberg 2017a) werden ähnlich große photosynthetisch aktive Oberflächen erreicht wie im tropischen Regenwald (Gower 2002). Vor allem aufgrund des recht großen LAI und der vergleichsweise hohen photosynthetischen Leistungsfähigkeit der eher zarten, mesomorphen und stickstoffreichen Blätter gehören temperate Laubwälder zu den produktivsten Landökosystemen der Erde (Saugier et al. 2001). Übertroffen werden sie nur noch von den immergrünen Wäldern der Feuchttropen. Globale Übersichten der **Nettoprimärproduktion** lassen für tropische Regenwälder eine im Mittel um etwa 50 % höhere Nettoprimärproduktion erkennen als in der temperaten Laubwaldzone (Saugier et al. 2001; Luyssaert et al. 2007). Dieser Unterschied lässt sich weitgehend mit der längeren Vegetationsperiode in den Tropen (12 Monate gegenüber 6 bis 7 Monaten) erklären und deutet an, dass die Nettoprimärproduktion pro Tag (oder Monat) der Vegetationsperiode in temperaten und tropischen Wäldern im Mittel ähnlich hoch ist, obwohl die Temperaturen in den Tropen um rund 15 °C höher sind. Vor allem die Wintertemperaturen und das Ausmaß von Sommerdürre spielen für die Größe des LAI eine wichtige Rolle. Temperate Wälder in wintermilderen, feuchten Klimaten besitzen in der Regel einen größeren LAI als solche am trockeneren, kontinentalen Rand des Areals des temperaten Waldbioms (Jarvis und Sandford 1986). Dies wird bei den Koniferen der temperaten Nadelwälder in wintermilden Regionen besonders deutlich, die sehr große Werte für den LAI (>10) und eine hohe Nettoprimärproduktion (bis zu 35 Mg Trockenmasse ha^{-1} a^{-1}) erreichen (Waring und Franklin 1979).

Eine Temperaturerhöhung im Rahmen der globalen Erwärmung beeinflusst die Physiologie und Produktivität von Bäumen über zahlreiche Wirkungspfade, nicht nur direkt durch die Länge der Vegetationsperiode und die Temperaturabhängigkeit von Nettophotosynthese, pflanzlicher Atmung und Wachstumsprozessen, sondern auch indirekt durch Temperatureffekte auf den Wasser- und Stickstoffkreislauf. Überschreitet die mittägliche Erwärmung der Baumkronen Blatttemperaturen von ungefähr 25 °C, so ist damit zu rechnen, dass sich die Nettophotosyntheserate vieler temperater Waldbäume verringert (Warren et al. 2012). Besonders schädlich ist die Kombination von Hitze und Trockenheit, wie sie in Hitzewellen auftritt, die mit der Erwärmung in Zunahme begriffen sind (Schär et al. 2004), weil temperate Bäume gegenüber dieser Stresskombination offenbar empfindlicher sind als z. B. mediterrane Bäume (Rennenberg et al. 2006; Garcia-Plazaola et al. 2008). Überoptimale Temperaturen schädigen das Photosystem II und reduzieren den Aktivitätszustand der Rubisco (Yamane et al. 1997).

Sie können ferner zu einer Überproduktion von reaktiven Sauerstoffspezies (*Reactive Oxygen Species*, ROS) und oxidativem Stress führen (Rennenberg et al. 2006). Klimaerwärmung kann den Wasserhaushalt von Bäumen über eine größere Verdunstungsbeanspruchung, verringerte stomatäre Leitfähigkeit und reduzierte Bodenwasserverfügbarkeit beeinflussen; einige bisher beobachtete Auswirkungen auf temperate Wälder werden in ▶ Abschn. 5.6 dargestellt.

Die meisten terrestrischen Ökosysteme der temperaten Zone sind entweder durch **Stickstoff** oder Stickstoff und **Phosphor** limitiert (Vitousek und Howarth 1991; Elser et al. 2007; Leuschner und Ellenberg 2017a, b). Für viele Wälder in den industrialisierten Regionen gilt das auch noch nach Jahrzehnten hoher atmosphärischer Stickstoffeinträge (Kenk und Fischer 1988). Chronische **Stickstoffdeposition** ist eine mögliche Ursache für offenbar verbreiteten Phosphormangel in den Wäldern Mitteleuropas und anderer temperater Regionen, der durch niedrige Phosphorgehalte in den Blättern und ungünstige N:P-Verhältnisse in Boden und Laub-(Nadel-)Masse angezeigt wird (de Vries et al. 2000). Stickstoffeinträge können die Produktivität und Kohlenstoffbindung von Waldökosystemen steigern, solange keine Produktionslimitierung durch Wasser- oder Phosphormangel, Ozon (O$_3$) oder andere Stressoren stattfindet (Canadell et al. 2007). Dieser Effekt sollte in den temperaten Wäldern der nordhemisphärischen Industrieländer besonders groß sein, weil hier verbreitete Stickstofflimitierung des Wachstums und hohe Stickstoffdeposition zusammentreffen (Holland et al. 1997). Für die gesamte nördliche Hemisphäre, in der der Hauptteil der anthropogenen Stickstoffdeposition stattgefunden hat, wurde eine zusätzliche Kohlenstoffbindung infolge des Stickstoffdüngungseffektes von 8 Pg C im Zeitraum 1950 bis 2000 angenommen (Canadell et al. 2007).

5.3 Klimatrends in der temperaten Waldzone

5.3.1 Änderungen des Temperaturregimes

Nur wenige Gebiete der bewaldeten Regionen der temperaten Zone haben eine aus globaler Sicht überdurchschnittliche **Erwärmung** erfahren. Das trifft auf den **europäischen Kontinent** (einschließlich der europäischen mediterranen und borealen Regionen) zu, dessen Landmasse sich im Mittel um rund 1,3 K gegenüber vorindustrieller Zeit erwärmt hat (Dekade 2002–2012 gegenüber 1850–1900; EEA 2012). Dieser Anstieg liegt deutlich über dem globalen Mittel über Land von 0,89 K im Zeitraum von 1901 bis 2012 (IPCC 2013). Im Vergleich zu Europa haben sich die temperaten Regionen **Ostasiens** (China, Korea, Japan) und **Nordamerikas** (vor allem der Nordosten und Nordwesten der USA) im 20. Jahrhundert im Mittel schwächer erwärmt. Für die USA (einschließlich der subtropischen und mediterranen Landesteile, jedoch ohne Alaska) errechnet sich ein mittlerer Anstieg von 0,82 K für das 20. Jahrhundert (1901–2000; Lu et al. 2005). Für China (einschließlich der subtropischen und borealen Landesteile) ermittelten Tang et al. (2010) eine mittlere Erwärmung um 0,78 K in 100 Jahren (1906–2005). In den temperaten Regionen **Südamerikas** und **Australiens** sind die Trends ähnlich (IPCC 2013), während in Neuseeland die Erwärmung geringer ist (McGlone und Walker 2011). Die Gebirge der temperaten Zone einschließlich der Alpen und die japanischen Gebirge waren im 20. Jahrhundert von besonders starker Erwärmung betroffen; in manchen Bergregionen ist der Anstieg bis zu dreimal stärker als das globale Mittel (Natori 2006; Nogués-Bravo et al. 2007).

Sowohl in Europa als auch in Nordamerika verlief die Erwärmung in mehreren Phasen. Die stärkste Erwärmung fand seit 1980 statt. In Europa (◘ Abb. 5.1) stieg die Jahresmitteltemperatur in diesem Zeitraum im Mittel um 0,11 bis 0,24 K pro Dekade (EEA 2012). Eine weitere, etwas schwächere Periode der Erwärmung stellt der Zeitraum 1900 bis 1940 dar, als der Temperaturanstieg in Europa 0,08 bis 0,21 K pro Dekade betrug. Rekonstruktionen des Temperaturverlaufes in der nördlichen Hemisphäre für die letzten 2000 Jahre machen es wahrscheinlich, dass es in der Römerzeit und um 950 bis 1050 (Mittelalterliche Wärmeperiode) etwa so warm war wie Mitte des 20. Jahrhunderts (Moberg et al. 2005; Christiansen und Ljungqvist 2012; Ahmed et al. 2013). Das 17. Jahrhundert war in Europa mit dem Höhepunkt der Kleinen Eiszeit besonders kalt, während es um 1700 bis 1750 und 1800 relativ warm war (◘ Abb. 5.2), allerdings im Jahresmittel immer noch mehr als 1 K kühler als in der ersten Dekade des 21. Jahrhunderts (Brázdil et al. 2010).

Auf Jahrringen basierende Rekonstruktionen der Wintertemperatur in Nordpolen im Zeitraum 1200 bis 2010 lassen eine Häufung besonders kalter Winter im Zeitraum 1850 bis 1920 und eine folgende fortschreitende **Erhöhung der Wintertemperaturen** bis in die Gegenwart erkennen. Eine Häufung relativ warmer Winter wurde von 1929 bis 1953, 1965 bis 1975 und 1988 bis 2010 registriert (Balanzategui et al. 2017).

Die verschiedenen Teilregionen der temperaten Zone unterscheiden sich hinsichtlich der Jahreszeit, in der die stärkste Erwärmung stattfand. Während in Mitteleuropa alle vier Jahreszeiten im 20. Jahrhundert eine ähnlich starke Erwärmung erfuhren (Kaspar und Mächel 2017), erwärmte sich in den USA der Winter im Landesmittel deutlich stärker als der Sommer (Lu et al. 2005). Unabhängig vom Grad der Erwärmung sind die interannuellen Temperaturschwankungen im Winter (◘ Abb. 5.1b) in der Regel größer als im Sommer (EEA 2012).

Biologisch bedeutsamer als der mittlere Erwärmungstrend sind Veränderungen in der Häufigkeit und Stärke der Temperaturextreme. Im westlichen Europa hat sich die mittlere Dauer von sommerlichen **Hitzeperioden** pro Dekade seit 1880 verdoppelt (◘ Abb. 5.3), die

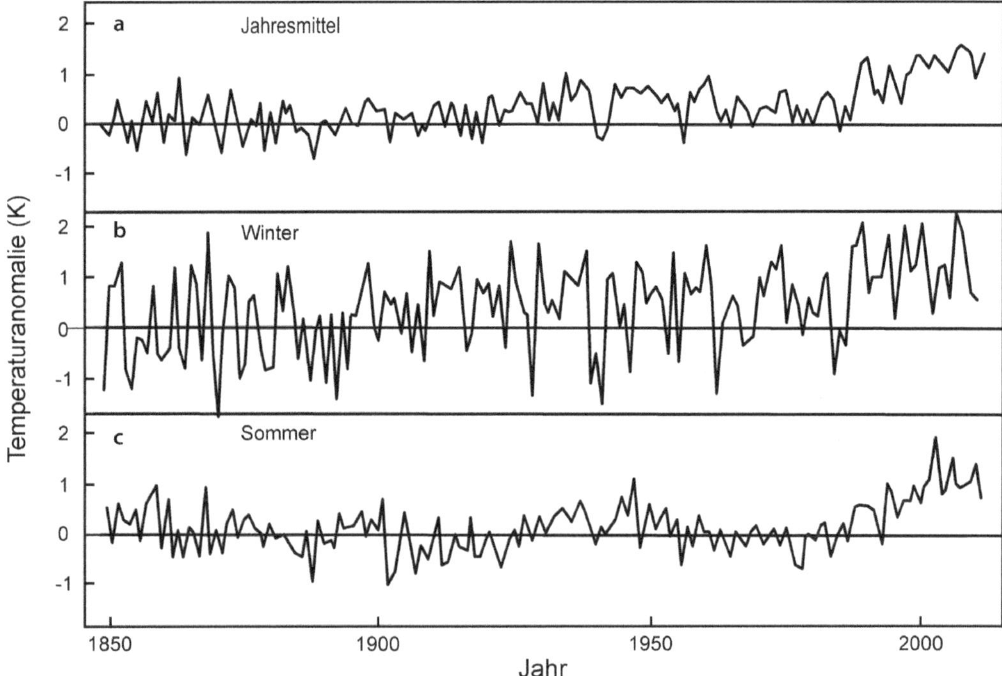

◘ Abb. 5.1   Mittlere Temperatur auf der Landfläche Europas im Zeitraum 1850 bis 2011 im (**a**) Jahresmittel, (**b**) Winter und (**c**) Sommer (Abweichung vom Mittel des Zeitraums 1850–1899). Datenquelle: NASA Goddard Institute for Space Studies, Met Office Hadley Centre und UEA Climate Research Unit. (Nach EEA 2012, S. 59)

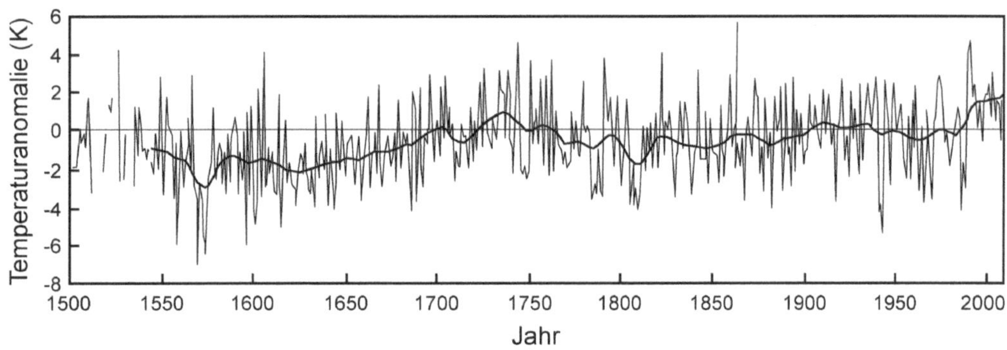

◘ Abb. 5.2   Rekonstruierte Temperaturkurve für Mitteleuropa (1500–2007) relativ zum Mittel 1961 bis 1990 basierend auf verschiedenen biologisch-physikalischen Proxies und klimatischen Indices. (Nach Brázdil et al. 2010, S. 21)

Häufigkeit von Hitzetagen sogar verdreifacht (Della-Marta et al. 2007; Barriopedro et al. 2011). Im Zeitraum 1960 bis 2011 erhöhte sich in Europa die Zahl heißer Tage (Maximum > 30 °C) um 4 bis 10, die Zahl warmer Nächte (Temperatur < 10. Perzentil der Tagesminima) um 5 bis 11 Tage pro Jahrzehnt (EEA 2012). In Deutschland nahm von den 1950er-Jahren bis 2000–2010 die Zahl heißer Tage von etwa 3 auf 6 zu (Becker et al. 2012). Im Wallis (West-schweiz) stieg im Zeitraum 1980 bis 2005 die Zahl der Tage mit Mitteltemperatur >20 °C von

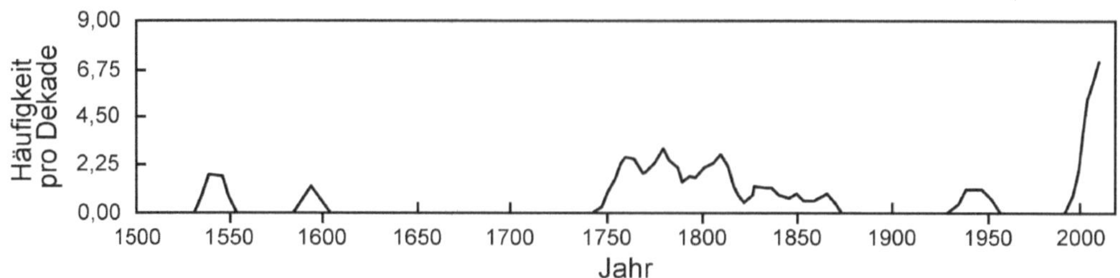

■ **Abb. 5.3**   Häufigkeit extrem heißer Sommer im Zeitraum 1500 bis 2002 in Europa. Anzahl von Sommern pro Dekade mit Temperaturen über der 95. Perzentile der Häufigkeitsverteilung der Sommer im Zeitraum 1500 bis 2002 (10-jährige Glättung). (Nach Barriopedro et al. 2011, S. 222)

22 auf 40 an (Rigling et al. 2006). Die Sommer 2003, 2010 und 2018 werden in Mittel- und Osteuropa als Megahitzewellen gewertet, in denen die Sommertemperatur um 1,6–1,8 °C (3,5 Standardabweichungen) über dem Mittel der Jahre 1970 bis 1999 lag; die Sommer dieser drei Jahre waren vermutlich die wärmsten seit 1500. Auch in den USA hat die Häufigkeit von Hitzeperioden im Zeitraum 1979 bis 2011 in fast allen Regionen zugenommen (Smith et al. 2013).

5.3.2 Änderungen des Niederschlagsregimes

Erwärmung erhöht die Verdunstung und führt zu stärkerer Austrocknung des Bodens. In den USA erhöhte sich der Wasserdampfgehalt der Atmosphäre im 20. Jahrhundert um 7,4 % (Groisman et al. 2004). Seit ungefähr 1950 wird in den temperaten Regionen Nordamerikas und Europas ein **Anstieg der Jahresniederschläge** registriert; die Trends unterscheiden sich jedoch zwischen den Jahreszeiten und Regionen. In den USA stiegen die Jahresmengen im 20. Jahrhundert im Mittel um 7 % an, seit 1960 sogar mit einer Rate von 2 bis 3 % pro Dekade. Erhöhte Niederschläge wurden im Frühjahr, Sommer und Herbst gemessen, nicht aber im Winter (Karl et al. 1993; Groisman et al. 2004). Die 1930er- und 1950er-Jahre gelten als relativ trockene Zeiträume, die 1970er- bis 1990er-Jahre dagegen als feuchte.

In den temperaten Regionen Europas ergibt sich ein vielschichtiges Bild mit verbreiteten Niederschlagszunahmen ab etwa den 1950er-Jahren im nordwestlichen bis nordöstlichen Mitteleuropa und Südskandinavien (EEA 2012). Dagegen nahm der Niederschlag im südlichen Mitteleuropa bis in die submediterranen Regionen ab. Gemittelt über den ganzen Kontinent ergibt sich für den Zeitraum 1950 bis 2006 allerdings keine signifikante Veränderung des Jahresniederschlages (Haylock et al. 2008). Wenn Zunahmen registriert wurden, dann betreffen sie in Mitteleuropa vor allem den Winterniederschlag, während der Sommerniederschlag vielfach unverändert geblieben ist oder gar abnahm. Deutliche und zum Teil signifikante **Rückgänge im Sommerniederschlag** wurden z. B. in Großbritannien, in den Westalpen und in Mittelitalien registriert (Pal et al. 2004). Über Deutschland gemittelt stieg der Jahresniederschlag im Zeitraum 1961 bis 2014 um 10 % an; im Winter nahmen die Mengen um 26 % zu, im Sommer dagegen um 0,6 % ab (Kaspar und Mächel 2017). Die regionalen Unterschiede in den Niederschlagstrends sind auch innerhalb Deutschlands erheblich: Nach Schönwiese und Janoschitz (2008) verzeichneten weite Regionen Mitteldeutschlands im Zeitraum 1901 bis 2000 Rückgänge des Sommerniederschlags um bis zu 20 mm (in Sachsen bis über 60 mm), während Nordrhein-Westfalen und große Teile Bayerns eine geringe Zunahme der Sommerregenmengen erfuhren.

Infolge der Erwärmung sind **Niederschlagsextreme** im 20. Jahrhundert häufiger geworden; besonders auffällig ist dies seit der Jahrtausendwende (Coumou und Rahmstorf 2012). In der Schweiz beispielsweise hat die Häufigkeit von Starkregenereignissen und deren Intensität im Zeitraum 1901 bis 2014/2015 an 90 % der Messstationen zugenommen; die Intensität stieg um 7,7 % pro 1 K Temperaturerhöhung (Scherrer et al. 2016). In Deutschland wurde im Vergleich der Perioden 1951 bis 2000 und 1901 bis 1950 ein mittlerer Anstieg der Zahl der Tage mit Starkregenereignissen um 22 % registriert (Malitz et al. 2011). Dies betrifft vor allem die Winterniederschläge (Kunz et al. 2017). Auch in den USA stieg die Zahl der Tage mit Starkregen deutlich an, vor allem seit 1990 (Groisman et al. 2004).

Zunehmende Niederschläge können die Humidität des Klimas erhöhen. Trotz der steigenden Temperaturen und wachsenden Verdunstungsbeanspruchung der Atmosphäre errechnete Grundstein (2009) für den Zeitraum 1895 bis 2006 eine Zunahme des Thornthwaite-Mather-Feuchteindex für den temperaten Osten der USA, also einen mittleren Trend zu einem feuchteren Klima (s. auch Groisman et al. 2004). Für Nordamerika ist es nach diesen Daten eher unwahrscheinlich, dass das Klima im Inneren des Kontinents mit der Erwärmung arider wird (vgl. ▶ Abschn. 6.3), wie dies in Zentralasien beobachtet wird (Oberhänsli et al. 2011).

Für die Vegetation noch bedeutsamer als die klimatische Wasserbilanz sind jedoch die Häufigkeit und Intensität von **extremen Trockenperioden**. In diesem Zusammenhang ist das vermehrte Auftreten von extremen Trockenperioden in den temperaten Regionen Südpatagoniens und Ostasiens in den letzten Dekaden zu sehen (Spinoni et al. 2014). In Europa haben jedoch auf der Betrachtungsebene des Kontinentes im Zeitraum 1900 bis 1999 weder die Häufigkeit noch die Dauer extremer und mittelstarker Trockenperioden zugenommen (Lloyd-Hughes und Saunders 2002). Tendenzen hin zu häufigeren Trockenperioden wurden lediglich für das mittlere bis östliche Mitteleuropa und den Westen Russlands registriert.

Sommerliche Trockenperioden beeinflussen die Vegetation nicht nur durch verringerte Wasserverfügbarkeit, sondern auch durch erhöhte Einstrahlung, höhere Temperaturen und ein vergrößertes Wasserdampfsättigungsdefizit der Luft (de Boeck und Verbeek 2011). In jenen Regionen, in denen der Sommerniederschlag abgenommen hat, ist mit einer langfristigen Reduktion des Bodenwassergehaltes zu rechnen. In Teilen Brandenburgs in Ostdeutschland zum Beispiel haben die Bodenwasservorräte seit den 1950er-Jahren um bis zu 15 mm abgenommen (Holsten et al. 2013). Der Grundwasserstand sank dort um bis zu 30 mm pro Jahr (Gerstengarbe et al. 2003).

Im Nordosten der USA hat sich im Zeitraum von 1967 bis 2007 die Häufigkeit längerer Trockenperioden (>30 Tage) in der Vegetationsperiode um rund 30 % erhöht, obwohl die Niederschlagsmenge angestiegen ist (Groisman und Knight 2008). Dies steht im scheinbaren Widerspruch zu ansteigenden klimatischen Feuchteindices (Groisman et al. 2004). Eine Erklärung hierfür ist der Rückgang der Tage mit Regenfall und die Zunahme von Starkregenereignissen (Groisman et al. 2005). Noch stärker ist die Zunahme der Häufigkeit und Intensität von Trockenperioden im semiariden Südwesten der USA (um fast 1 % pro Dekade), während der temperate Nordwesten bisher keinen Trend zeigt (Groisman und Knight 2008).

Wärmere Winter reduzieren die fallende Schneemenge und verringern die Dauer und Ausdehnung der **Schneedecke**, und zwar vor allem im Frühjahr (Brown und Robinson 2011; RUGSL 2011). In der Nordhemisphäre ging die Schneemenge zwischen 1982 und 2009 um rund 7 % zurück (Takala et al. 2011). Dies ließ sich in vielen Regionen des europäischen und nordamerikanischen Tieflandes beobachten (◘ Abb. 5.4), auch wenn die Jahresniederschläge angestiegen sind (Karl et al. 1993; Perry 2006; Bednorz 2011). Beispielsweise nahm im Fichtelgebirge in Nordbayern die Zahl der Tage mit Schneebedeckung zwischen 1961/1962

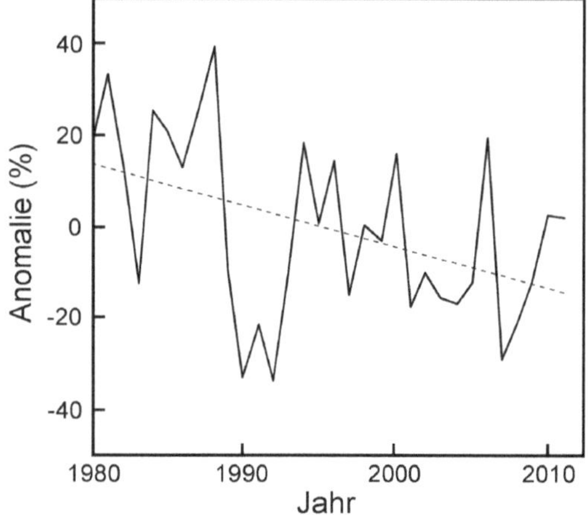

◘ Abb. 5.4 Abnahme der Schneemengen im März in Europa (ohne Gebirgsregionen) im Zeitraum von 1980 bis 2011. In diesem Zeitraum ist die Schneemenge um 8,9 % pro Dekade zurückgegangen. (Nach GlobSnow SWE v.1.2, ▶ www.globsnow.info, Luojus et al. 2011)

und 2001/2002 um rund 25 % ab (Foken 2004). Im Nordosten der USA ging die mittlere Ausdehnung der winterlichen Schneedecke im Zeitraum von 1950 bis 2003 um 12 % zurück, in der Region der Großen Seen sogar um 28 % (Groisman et al. 2004).

Die Erwärmung der Meere hat in den vergangenen 25 Jahren zu einer Nordwärtsverlagerung der Wanderwege extratropischer Zyklone geführt. Die Auswirkungen auf die **Sturmhäufigkeit** waren regional sehr unterschiedlich. In manchen temperaten Regionen hat die Häufigkeit starker geostrophischer Winde zugenommen, in Europa vor allem im Nord- und Ostseeraum und in den Alpen ab etwa den 1950er-Jahren (Usbeck et al. 2010; Donat et al. 2011; Wang et al. 2011). Dies ist mit steigenden Sturmschäden (◘ Abb. 5.5) in den mitteleuropäischen Wäldern verbunden (Schelhaas et al. 2003). Allerdings haben andere Analysen keine signifikanten Veränderungen in der Häufigkeit von Stürmen in Europa in den letzten 200 Jahren ergeben (Matulla et al. 2007). In den USA hat in vielen Regionen die Windgeschwindigkeit im 20. Jahrhundert sogar abgenommen (Groisman et al. 2004).

5.4 Rezente Veränderungen in der Phänologie

5.4.1 Früherer Aktivitätsbeginn

Knospung, Blattentfaltung und Blüten- und Fruchtbildung werden in erster Linie von der Temperatur und der Photoperiode gesteuert (Way und Montomery 2014; Marchin et al. 2015; Chen et al. 2019). Höhere Temperaturen im Frühling und Herbst können zu raschen Anpassungsreaktionen in der Phänologie der

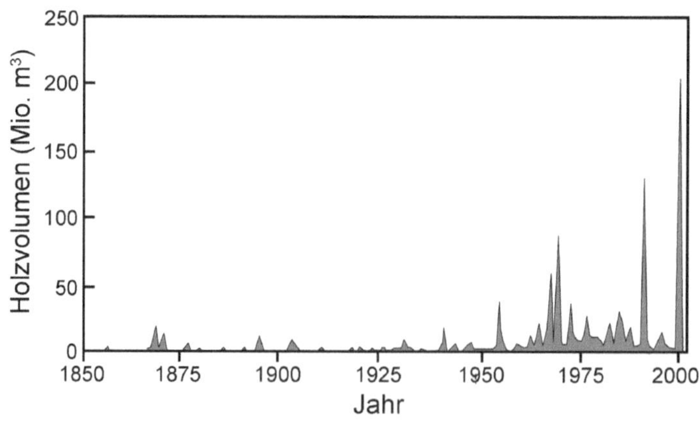

◘ Abb. 5.5 Sturmschäden in europäischen Wäldern im Zeitraum von 1850 bis 2000 (beschädigtes Holzvolumen pro Jahr; teilweise auf Europa hochgerechnet). (Nach Schelhaas et al. 2003, S. 1624)

Pflanzen führen. Sie stellen aber auch eine mögliche Gefährdung der pflanzlichen Entwicklung dar, wenn extreme Witterungsverhältnisse häufiger oder in anderer Zeitlichkeit auftreten. Spätfrost im Frühjahr kann zu schweren Schäden an jungen Blättern und auch Blütenknospen führen, früher Frost im Herbst die Fruchtreife behindern. Temperate Bäume benötigen ferner eine ausreichend lange kalte Periode *(Winter Chill)*, um im kommenden Frühjahr die Blatt- und Blütenknospen auszutreiben (Schwartz und Hanes 2010).

Die jährliche Aufzeichnung der Kirschblüte im japanischen Kyoto durch den kaiserlichen Hof seit dem Jahr 801 stellt wahrscheinlich die längste **phänologische Zeitreihe** der Welt dar (Aono und Kazui 2008). Nach dieser Chronologie traten in den vergangenen 12 Jahrhunderten Perioden mit relativ später Vollblüte zum Beispiel um 1550 und 1700 auf, Zeiten mit frühem Blühbeginn dagegen um 900, 1220 und 1400. Auffallend ist die fortschreitende Verfrühung der Blüte seit etwa 1900, die auf den Temperaturanstieg seit dem 20. Jahrhundert zurückgeführt wird. Wie bei vielen anderen Zeitreihen aus urbanen Regionen hat die zunehmende Verstädterung der

Region Kyoto diesen Effekt aber zweifellos verstärkt (Sekiguchi 1969). Der Knospenaustrieb der Rosskastanie *(Aesculus hippocastanum)*, der in Genf seit 1880 beobachtet wird, hat sich seit 1900 um rund 40 Tage von Anfang April bis Mitte Februar vorverlagert (Defila und Clot 2003). Auch in dieser Beobachtungsreihe dürften **Urbanisierungseffekte** den Einfluss der Klimaerwärmung verstärkt haben (Jochner und Menzel 2015). Hansen et al. (2010) haben daher mit Modellrechnungen versucht, den Einfluss der Urbanisierung auf langfristige Temperaturzeitreihen zu quantifizieren. Sie fanden nur einen geringen Einfluss auf die gemessene Temperaturerhöhung in der Größenordnung von 1/100 K.

Immerhin 250 Jahre umfasst eine phänologische Zeitreihe aus Großbritannien, die den **Blühbeginn** von 405 Pflanzenarten seit 1760 dokumentiert (Amano et al. 2010). Diese vermutlich kaum durch Verstädterungsprozesse beeinflusste Reihe zeigt, dass der mittlere Blühbeginn in der jüngsten Periode von 25 Jahren Länge (1985–2010) um 2,2 bis 12,7 Tage früher lag als in jeder anderen Beobachtungsperiode seit 1760 (❑ Abb. 5.6). Auch in früheren Epochen hat es Zeiträume

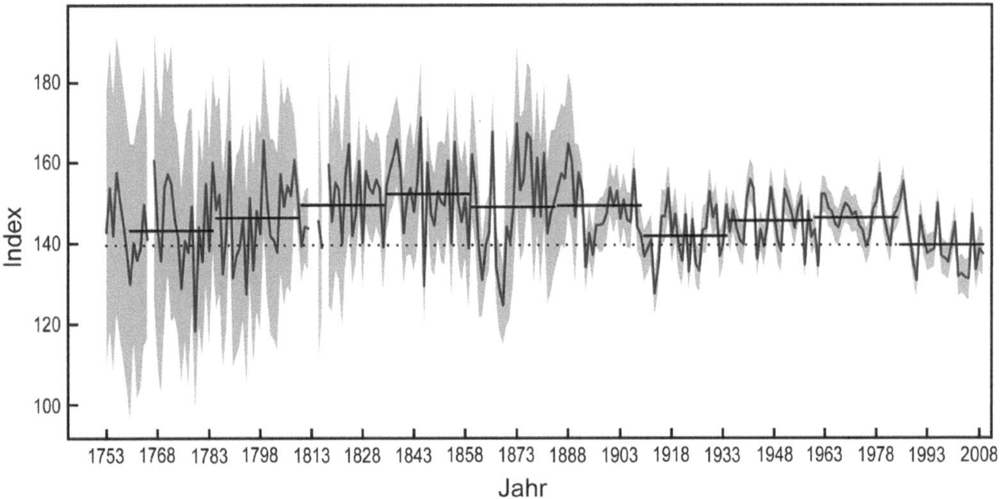

❑ **Abb. 5.6**   Index des Blühbeginns (Tag des Jahres) für 405 Pflanzenarten in Großbritannien im Zeitraum von 1753 bis 2008 (fette Linie: Median aller Arten, grau: 95 %-Vertrauensbereich). Ausgezogene Linien: 25-Jahres-Mittel, gepunktete Linie: Jüngste 25-Jahr-Periode. (Nach Amano et al. 2010, S. 2454)

mit relativ frühem Blühbeginn gegeben, so in der Periode von 1910 bis 1934 und um 1760. Gemittelt über alle Pflanzenarten verfrühte sich der Blühbeginn um 5 Tage pro 1 K Temperaturerhöhung im Frühjahr (Februar–April); die phänologische Antwort der verschiedenen Arten unterschied sich jedoch erheblich. Ein Vergleich des Blühbeginns von 43 Pflanzenarten in Massachusetts (USA) zwischen den 1850er-Jahren und 2004/2006 ergab eine mittlere Verfrühung um 2,9 Tage pro 1 K Erwärmung (Miller-Rushing und Primack 2008).

Auch eine große Anzahl kürzerer phänologischer Zeitreihen demonstriert übereinstimmend die Verfrühung von **Blattentfaltung** und **Blüte** bei zahlreichen krautigen Wildpflanzen und Holzgewächsen der temperaten Zone; das gilt ebenso für die Phänologie der landwirtschaftlichen Feldfrüchte in diesen Regionen. Zusammenfassend lässt sich feststellen, dass seit den 1970er-Jahren in Nordamerika eine Vorverlegung von Austrieb und Blüte um 1,4 bis 3,1 Tage pro Jahrzehnt registriert wurde (Parmesan und Yohe 2003), in Europa (einschließlich der mediterranen und borealen Regionen) um 2,5 Tage (Menzel et al. 2006) und in China um etwa 2,75 Tage (Ge et al. 2015). 78 % der Beobachtungsreihen zum Blattaustrieb und Blüh- oder Fruktifikationszeitpunkt in Europa (542 Pflanzenarten) zeigten eine **Verfrühung**, die allerdings nur in 30 % der Fälle signifikant war (Menzel et al. 2006). Bei 132 von 293 Pflanzenarten in Großbritannien war die Vorverlagerung des Blühbeginns im Zeitraum von 1930 bis 2009 signifikant (1,0–3,5 Tage pro Jahrzehnt); nur drei Arten zeigten eine signifikante Verspätung (Amano et al. 2014). Von 104 untersuchten Pflanzenarten in China zeigten gar 91 % eine Verfrühung des Austriebs; in 42 % der Beobachtungsreihen war der Trend signifikant (Ge et al. 2015).

Verschiedene Pflanzenarten und systematische Gruppen unterscheiden sich deutlich in ihrer Klimasensitivität der phänologischen Entwicklung im Frühjahr (Fitter und Fitter 2002). Einjährige zeigen überwiegend eine stärkere Verfrühung als Mehrjährige und insektenbestäubte Pflanzen eine deutlichere Reaktion als windbestäubte. Unter den **temperaten Baumarten** in Deutschland verfrühte sich der Blattaustrieb von Rotbuche *(Fagus sylvatica)*, Stieleiche *(Quercus robur)*, Hängebirke *(Betula pendula)* und Rosskastanie *(Aesculus hippocastanum)* im Zeitraum von 1951 bis 1996 im Mittel um 0,6, 1,2, 1,3 bzw. 1,6 Tage pro Jahrzehnt (◘ Abb. 5.7). Die Sensitivität gegenüber Erwärmung ist also bei der Rosskastanie weit höher als bei der Buche. Die Kirschblüte verfrühte sich in Japan seit den 1970er-Jahren sogar um im Mittel 3,1 Tage pro Dekade (Koike et al. 2006). Innerhalb von 50 Jahren fand danach eine Vorverlegung des Austriebs um 3 bis 7 Tage statt, das ist eine Verfrühung um 2,5 bis 6,7 Tage pro 1 K Temperaturerhöhung im Frühjahr (Menzel 2003). Besonders rasch erfolgte die Verfrühung des Laubaustriebs bei diesen temperaten Laubbäumen seit etwa 1985 (◘ Abb. 5.7). **Frühblüher** reagieren besonders

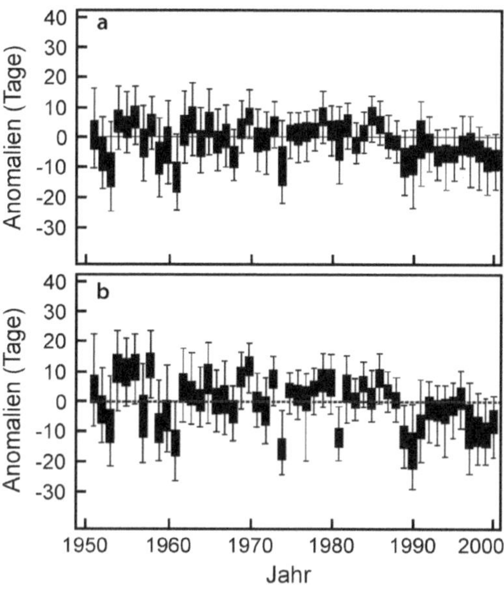

◘ **Abb. 5.7**   Blattaustrieb (a) der Rotbuche *(Fagus sylvatica)* und (b) der Hängebirke *(Betula pendula)* an 166 deutschen Orten im Zeitraum von 1950 bis 2000 (Boxen: 25 und 75 %, Balken 5 und 95 % der Werte). (Nach Menzel 2003, S. 248)

sensitiv (Fitter und Fitter 2002). Die Schneeglöckchen blühen in Deutschland heute rund 14 Tage früher als noch zu Beginn der 1960er-Jahre (◘ Abb. 5.8); das entspricht einer Verfrühung um 3,2 Tage pro Jahrzehnt (Umweltbundesamt 2005). Dieser Frühlingsgeophyt reagiert also erheblich sensitiver auf Erwärmung als die im gleichen Lebensraum vorkommenden Laubbäume. In artenreichen Laubwäldern in Mitteldeutschland haben sich die Frühjahrsblühphasen mancher Krautschichtarten seit 1989 sogar um über einen Monat verfrüht (Dierschke 2000).

Wie sich die Phänologie mit fortschreitendem Temperaturanstieg in Zukunft weiter verändern wird, lässt sich kaum aus dem Temperaturtrend im Frühjahr ableiten, weil der Zusammenhang zwischen Lufttemperatur und phänologischem Eintrittsdatum nicht linear ist. Beobachtungen an 13 temperaten Baumarten haben vielmehr gezeigt, dass die **für den Austrieb benötigte Wärmesumme** im Zeitraum von 1980 bis 2012 um 50 % zugenommen hat (Fu et al. 2015a). Für 7 mitteleuropäische Baumarten ergibt sich für den Zeitraum von 1980 bis 1994 eine Verfrühung des Blattaustriebs um 4,0 Tage pro 1 K Erwärmung, jedoch nur noch um 2,3 Tage in der Periode von 1999 bis 2013 (Fu et al. 2015b). Danach sollte das Ausmaß der phänologischen Verfrühung bei weiter fortschreitender Erwärmung abnehmen, also die Verfrühung in absehbarer Zukunft zum Stillstand kommen.

In verschiedenen temperaten Regionen wurde eine Reduktion der **Kältesumme im Winter** (*Winter Chill*) beobachtet (Baldocchi und Wong 2008; Luedeling et al. 2011). Bei Arten, die eine Kälteperiode vor der Blüte benötigen, können angestiegene Winter- und Frühjahrstemperaturen deshalb zu verspätetem oder verringertem Knospenaustrieb (Samish 1954) und zu einer Verspätung des Blühbeginns führen (Fitter und Fitter 2002).

In der Phänologie **landwirtschaftlicher Feldfrüchte** lässt sich in den letzten Jahrzehnten gleichfalls eine deutliche Verfrühung erkennen. Für 78 phänologische Ereignisse in Landwirtschaft und Gartenbau in Deutschland stellten Estrella et al. (2007) eine mittlere Verfrühung um 1,1 bis 1,3 Tage pro Jahrzehnt im Zeitraum von 1951 bis 2004 fest. Das entspricht einer Vorverlegung um 4,3 Tage pro 1 K Temperaturerhöhung für die Monate März bis Mai. Bereinigt man diese Zahlen um den Einfluss von technischen Innovationen in der Landwirtschaft, die zu einer Vorverlegung beigetragen haben, ergibt sich eine Verfrühung der Phänologie um 3,7 Tage pro 1 K Temperaturanstieg. Mehrjährige Feldfrüchte reagierten in ihrer Phänologie stärker auf die Erwärmung als Einjährige, was im Gegensatz zu den Befunden bei Wildpflanzen zu stehen scheint (Fitter und Fitter 2002). Steigende Temperaturen im Frühjahr haben beim Mais insbesondere seit 1987 eine frühere Aussaat ermöglicht (◘ Abb. 5.9), in Deutschland um 1,7 Tage pro Jahrzehnt (Chmielewski et al. 2004). Der Zeitpunkt des Ährenschiebens hat sich aufgrund beschleunigter pflanzlicher Entwicklung sogar um 3,3 Tage pro Dekade verfrüht. Andere Feldfrüchte zeigen ähnliche phänologische Trends; die Zuckerrübenaussaat erfolgt pro Jahrzehnt um 1,6 Tage früher. Im gedüngten Grünland Deutschlands hat sich die Blüte des Wiesenfuchsschwanzes (*Alopecurus pratensis*) im Zeitraum von 1991 bis 2011 um einen Tag pro Jahrzehnt (oder um 2,9 Tage pro 1 K Temperaturanstieg) verfrüht (Bock et al. 2013); auch der Weißklee blüht heute früher (Williams und Abberton 2004).

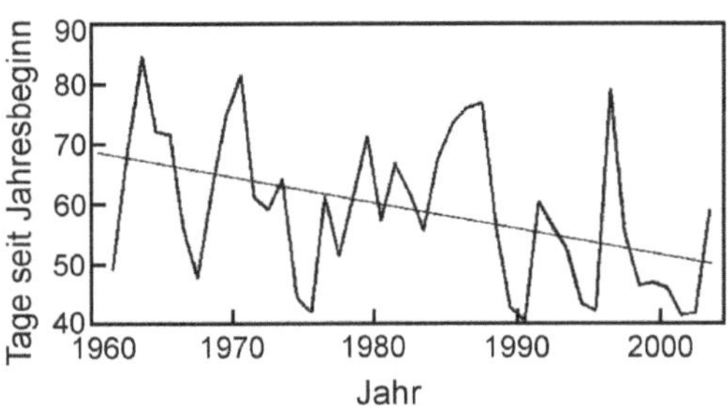

◘ Abb. 5.8 Beginn der Blüte des Schneeglöckchens (*Galanthus nivalis*) in Deutschland (Gebietsmittel) im Zeitraum von 1961 bis 2005. (Nach Umweltbundesamt 2005, S. 18)

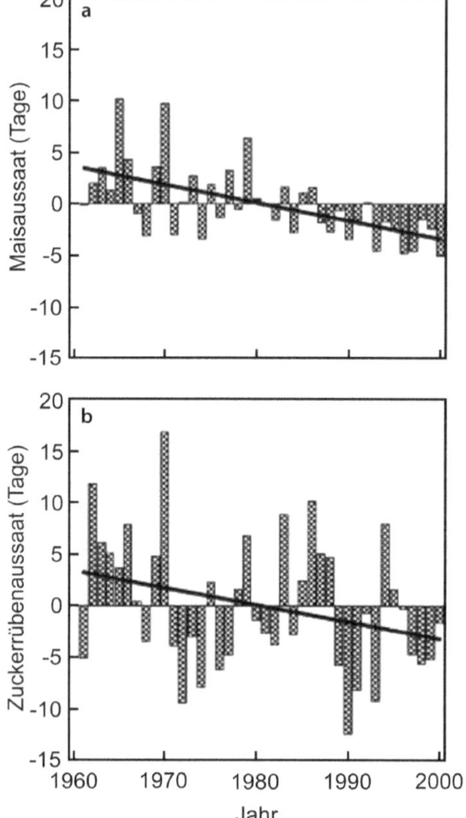

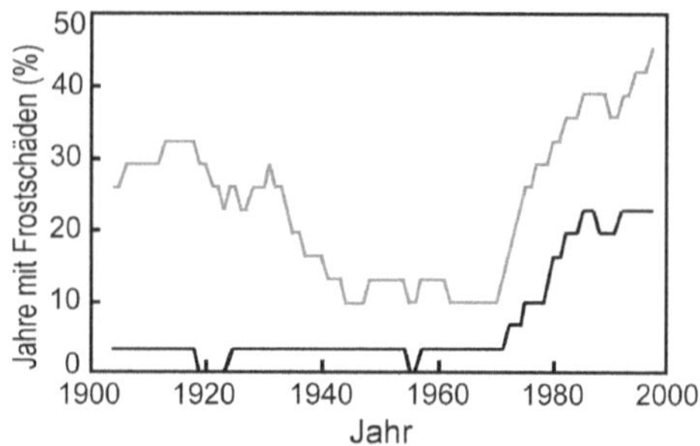

⬛ Abb. 5.10   Relative Häufigkeit von Jahren mit Frostschäden an Holzgewächsen in einem temperaten Laubwald in Illinois (nördliche USA) im 20. Jahrhundert. Dargestellt sind die Ergebnisse eines wandernden Zeitfensters von 31 Jahren (% der Jahre pro Periode mit Frostschäden). Die schwarze Linie gibt die Häufigkeit der mittels Modellen errechneten Frostschäden wieder, wenn extremere Temperaturanomalien im Frühjahr zugrunde gelegt werden, die graue Linie die errechnete Schadenshäufigkeit bei Verwendung von weniger extremen Frühjahrstemperaturen. (Nach Augspurger 2013, S. 47)

⬛ Abb. 5.9   Veränderungen im Zeitpunkt der Aussaat von (a) Mais *(Zea mays)* und (b) Zuckerrüben *(Beta vulgaris)* in Deutschland im Zeitraum von 1961 bis 2000 (relativ zum Mittelwert der Periode). (Nach Chmieleawski et al. 2004, S. 76)

Früher Austrieb kann die **Spätfrostgefährdung** insbesondere bei Obstgehölzen und Waldbäumen erhöhen (Ma et al. 2019). Eine 124-jährige Beobachtungsreihe der Frosthäufigkeit im Frühjahr im kontinentalen Klima von Illinois in den nördlichen USA zeigte (⬛ Abb. 5.10), dass die Spätfrostwahrscheinlichkeit im April Mitte des 20. Jahrhunderts ein Minimum erreichte (1889–1979: 3,3 % a^{-1}), aber seit den 1970er-Jahren deutlich angestiegen ist (1980–2012: 21,2 % a^{-1}; Augspurger 2013). Ursache ist neben der Erwärmung die zunehmende Temperaturvariabilität mit häufigerem Wechsel von Warm- und Kaltphasen im Frühjahr. Für das subozeanische Klima Mitteleuropas folgerten Scheifinger et al. (2003) dagegen aus klimatologischen und phänologischen Zeitreihen über 46 Jahre, dass die Wahrscheinlichkeit von Spätfrösten von 1951 bis 1997 gesunken ist, weil sich diese rascher verfrüht haben als die besonders kälteempfindlichen phänologischen Phasen der Pflanzen.

5.4.2 Spätere Herbstruhe und Verlängerung der Vegetationsperiode

Höhere Sommertemperaturen verschieben in der temperaten Zone das Ende der Vegetationsperiode in den Herbst. Dieses Signal ist in den meisten Regionen schwächer ausgeprägt als die Verfrühung des Beginns der Vegetationsperiode (Menzel et al. 2006). Während 91 % der in China von Ge et al. (2015) betrachteten 104 Pflanzenarten eine Verfrühung des Blattaustriebs im Zeitraum von 1960 bis 2011 zeigten, war ein **späteres Ende der Vegetationsperiode** im Herbst nur bei 69 % der Arten zu erkennen, und zwar um

1,9 bis 4,8 Tage pro Jahrzehnt (◘ Abb. 5.11). In der montanen Stufe Schottlands wurde im Zeitraum von 2000 bis 2011 eine signifikante Verfrühung der phänologischen Entwicklung beobachtet, während im Herbst wenig Veränderung festzustellen war (Chapman 2013). Auch in Mitteleuropa ist der Trend zu einer Vorverlegung der Phänologie im Frühjahr deutlicher ausgeprägt als der zu einer Verlängerung der Vegetationsperiode im Herbst: Menzel et al. (2001) stellten für 20 phänologische Ereignisse in Deutschland eine Verfrühung des Austriebs um 1,8 bis 2,3 Tage pro Jahrzehnt fest, während die Verzögerung im Herbst nur 0,3 bis 1,0 Tage betrug. In Mitteleuropa könnte dies seine Ursache im stärkeren rezenten Temperaturanstieg im Frühjahr (März–Mai: 0,25 K pro Dekade) im Vergleich zum Hoch- und Spätsommer (Juni–August: 0,11 K pro Dekade) haben (Estrella et al. 2007).

Früherer Laubaustrieb im Frühjahr und späterer Blattabwurf im Herbst im Zuge der sommerlichen Erwärmung tragen beide zu einer **Verlängerung der Vegetationsperiode** bei. Regelmäßig auftretende Frostereignisse begrenzen jedoch die Vegetationsperiode sowohl im Frühling als auch im Herbst (Chiune et al. 1998).

Verschiedene Pflanzenarten unterscheiden sich deutlich in ihrer phänologischen Antwort auf die Temperaturerhöhung. In Deutschland beispielsweise verlängerte sich die Vegetationsperiode im Zeitraum von 1951 bis 1996 bei der Rotbuche *(Fagus sylvatica)* um 5 Tage, bei der Birke *(Betula pendula)*, Eiche *(Quercus robur)* und Rosskastanie *(Aesculus hippocastanum)* sogar um 7 bis 9 Tage; das entspricht einer Zunahme um 3 bis 5 % (Menzel 2003). Diese Veränderungen korrelieren relativ eng mit Schwankungen des die Nordatlantische Oszillation (NAO) beschreibenden **NAO-Index** des Januar und Februar. Positive NAO-Indexwerte stehen für warm-feuchte Wetterlagen in Mitteleuropa und zeigen gleichzeitig eine Verlängerung der Vegetationsperiode an. In den Pyrenäen (Südwestfrankreich) fanden Vitasse et al. (2009) bei der Betrachtung von 41 Populationen in unterschiedlicher Meereshöhe, dass die Vegetationsperiode von Bergahorn *(Acer pseudoplantanus)*, Traubeneiche *(Quercus petraea)* und Esche *(Fraxinus excelsior)* von höheren Sommertemperaturen vor allem über einen früheren Austrieb verlängert wird, während die Rotbuche stärker von verspäteter Blattvergilbung im Herbst profitiert (◘ Abb. 5.12). Ursache sind artspezifisch unterschiedliche Temperatursensitivitäten von Blattaustrieb und Vergilbung: Der Laubaustrieb von Traubeneiche und Esche erwies sich als deutlich wärmeabhängiger als der von Bergahorn und Buche, während *Fagus* unter den vier Arten die größte Temperatursensitivität der herbstlichen Blattvergilbung besaß. Höhere Herbsttemperaturen können die Vegetationsperiode verlängern, durch **steigende Atmungsraten** aber auch zu einer Verringerung des Kohlenstoffgewinns führen (Piao et al. 2008). Erhöhte Atmungsraten sind eine mögliche Erklärung, warum ein wärmerer Herbst bei Esche und Bergahorn nicht zu einer Verlängerung der Vegetationsperiode geführt hat.

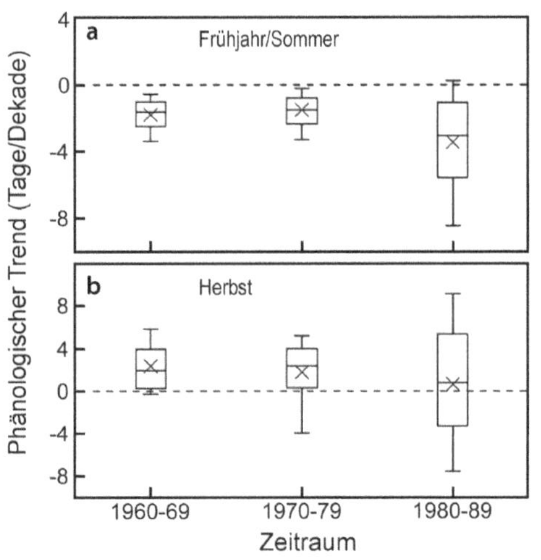

◘ Abb. 5.11   Phänologische Trends in der Gehölzflora von China nach 48 Studien, die mindestens 20 Jahre zwischen 1960 und 2011 betrachten. Box-Plot-Darstellung (**a**) der Verfrühung von Blattaustrieb, Blühbeginn oder Fruchtreife und (**b**)der Verspätung von Blattverfärbung oder Blattfall in drei verschiedenen Zeiträumen (Beginn der Messreihen). (Nach Ge et al. 2015, S. 270)

5

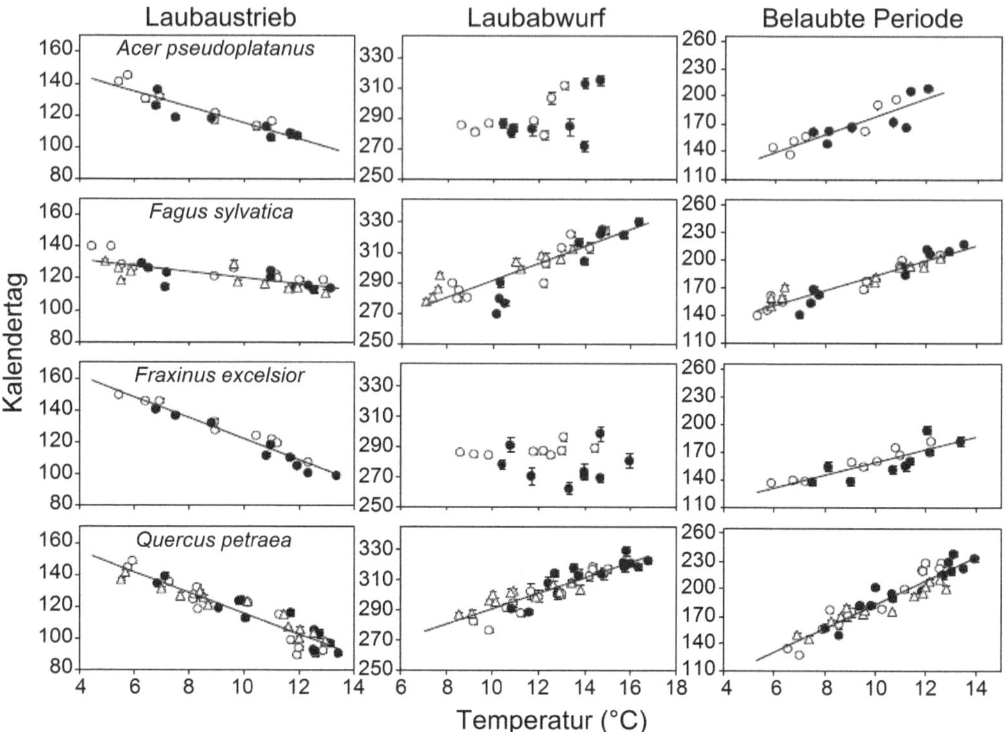

◘ Abb. 5.12   Abhängigkeit von Blattaustrieb, Blattfall und der Länge der belaubten Periode von der Temperatur des betreffenden Zeitraumes bei vier Laubbaumarten in verschiedener Meereshöhe in den französischen Pyrenäen. Die unterschiedlichen Symbole stehen für verschiedene Messjahre. Im Falle der belaubten Periode gibt die y-Achse die Periodenlänge an. (Nach Vitasse et al. 2009, S. 194)

Seit den 1980er-Jahren lässt sich die Verlängerung der Vegetationsperiode auf der Nordhalbkugel mit satellitengestützten Messungen des **Normalized Difference Vegetation Index (NDVI)** nachweisen (Myneni et al. 1997). Wiederholte Messungen mit dem Advanced Very High Resolution Radiometer (AVHRR) im Zeitraum von 1982 bis 2011 zeigten für Europa einschließlich der mediterranen und borealen Regionen eine Verlängerung der Vegetationsperiode um 18 bis 24 Tage pro Jahrzehnt (◘ Abb. 5.13). Dabei war die Zunahme im stärker kontinental geprägten temperaten Mittel- und Osteuropa im Bereich von 50 bis 65°N und 10 bis 35°E am größten (Garonna et al. 2014). Nach den NDVI-Daten wurde die Verlängerung der Vegetationsperiode im temperaten, westlichen Mitteleuropa nicht nur durch einen früheren Beginn

der Vegetationsperiode im Frühjahr bedingt, sondern in gleichem Maße auch durch die spätere Vegetationsruhe im Herbst.

5.4.3 Wärmere Winter und Rückgang der Schneebedeckung

Höhere Wintertemperaturen und reduzierte Schneebedeckung haben das Potenzial, die Vegetation der temperaten Zone tiefgreifend zu beeinflussen. Wenn die isolierende winterliche Schneedecke ausbleibt, könnten Bodenfröste zunehmen und nicht abnehmen. Eine Auswertung deutscher Klimadaten der Jahre 1950 bis 2000 hat hierfür allerdings keine Hinweise geliefert; vielmehr stieg die minimale jährliche Bodentemperatur parallel zum Lufttemperaturanstieg an (Kreyling und Henry 2011). Mildere

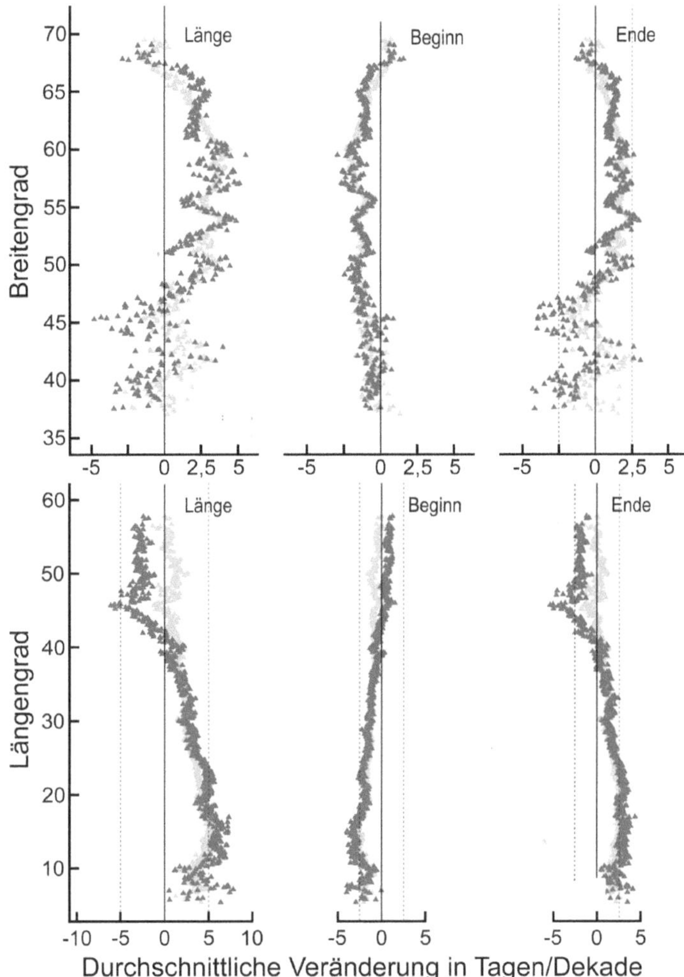

Abb. 5.13 Veränderung des Beginns, des Endes und der Länge der Vegetationsperiode (in Tagen pro Dekade im Zeitraum von 1982 bis 2011) in Europa in Abhängigkeit vom Breiten- und Längengrad im Raum von 37 bis 70° N und 5 bis 59° O nach Auswertung von Satellitendaten. Die Auswertung erfolgte mit zwei verschiedenen Methoden (helle und dunkle Symbole). (Nach Garonna et al. 2014, S. 3466)

Winter können die Frostabhärtung von Holzgewächsen und krautigen Pflanzen schwächen und dadurch zu stärkeren Frostschäden führen. Zurückgehende Schneebedeckung kann den Verjüngungserfolg temperater Baumarten verringern. Ein Beispiel hierfür ist die in Japan verbreitete Kerbbuche *(Fagus crenata)*, bei der der Verjüngungserfolg mit der Schneehöhe steigt (Shimano 2006). Durch höhere Wintertemperaturen können der pflanzliche Stoffwechsel während der Winterruhe aktiviert und

Kohlenhydratreserven aufgezehrt werden (Kätzel 2008). Mildere Winter sind zweifellos auch eine der treibenden Kräfte für die gegenwärtig vielfach beobachtete Thermophilisierung der Vegetation in temperaten Regionen, also die Einwanderung und/oder Zunahme von wärmebedürftigeren Arten (s. ▶ Abschn. 5.5.5 und 5.5.7 zur Thermophilisierung der Waldvegetation). Dies schließt auch das verstärkte Auftreten von wärmeliebenden Pathogenen und Herbivoren ein.

5.4.4 Ökosystemare Konsequenzen von phänologischen Veränderungen

Die Phänologien aller Pflanzenarten der temperaten Zone werden durch die **Temperatur** gesteuert oder zumindest mitbestimmt. Das gilt auch für die Tiere, Pilze und Mikroorganismen, mit denen die Pflanzen funktionale Verbindungen eingehen. Würden alle Organismen für ihre Phänologie die gleichen Taktgeber nutzen, dann sollten sich die Beziehungsgefüge der Pflanzen zu ihren Konkurrenten, mutualistischen Partnern, Herbivoren, Parasiten und Krankheitserregern nur langsam mit der Klimaerwärmung ändern. Dies ist aber nicht der Fall, denn die Temperatursensitivität verschiedener Pflanzenarten unterscheidet sich deutlich, und weitere Faktoren wie die **Photoperiode, Bodenfeuchteänderungen** und die Dauer der **Schneebedeckung** treten neben die Temperatursteuerung der Phänologie (Inouye 2008). Gleiches gilt für Organismen anderer Evolutionslinien, die mit Pflanzen interagieren. Zudem werden phänologische Veränderungen nicht nur von langjährigen Trends in den Mittelwerten klimatischer Faktoren angetrieben, sondern wesentlich auch durch klimatische Extremereignisse beeinflusst, die artspezifisch wirken (Jentsch et al. 2009).

Mittlerweile liegen zahlreiche Beispiele aus Ökosystemen der temperaten Zone vor, die eine **Entkopplung von Pflanze-Tier-Interaktionen** im Zuge des Klimawandels demonstrieren, weil die Phänologie der Arten unterschiedlich auf Erwärmung reagiert (Both et al. 2009; Cook et al. 2012). Höhere Frühjahrstemperaturen führten beispielsweise in japanischen Laubwäldern zu stark reduzierter Samenproduktion bei Frühlingsgeophyten aus den Gattungen *Corydalis, Gagea* und *Anemone,* weil diese nun zu früh blühen, um von später aktiven Hummeln bestäubt zu werden (Kudo et al. 2004). Häufiger wurde jedoch der umgekehrte Fall beobachtet, nämlich eine stärkere Verfrühung der phänologischen Entwicklung bestäubender Insekten im Vergleich zur Phänologie der insektenbestäubten Pflanzen (Visser und Both 2005; Sparks und Collinson 2007). Der Kleine Frostspanner *(Operophtera brumata)* ist ein Fraßschädling von temperaten Eichen und anderen Laubbäumen, dessen junge Larven sich bevorzugt von den sich entfaltenden Blättern ernähren. Visser und Holleman (2001) beobachteten, dass warme Frühlingstemperaturen die Larven früher, d. h. bis zu 3 Wochen vor dem Knospenaustrieb der Eiche, schlüpfen lassen, sodass die zeitliche Synchronisation dieser beiden trophischen Ebenen gestört wird. Die Schmetterlinge reagieren also sensitiver in ihrer Phänologie auf die Erwärmung als die Eichen. Polce et al. (2014) rechnen bei fortschreitender Erwärmung ab Mitte des 21. Jahrhunderts mit verbreiteter **phänologischer Desynchronisierung** zwischen dem Blühzeitpunkt von Obstbäumen und ihren Bestäubern in Großbritannien. Modelle lassen annehmen, dass Insekten-Wirtspflanzen-Systeme insbesondere dann durch phänologische Desynchronisierung infolge des Klimawandels gefährdet sind, wenn der Wirt nur ein kleines Verbreitungsareal besitzt (Schweiger et al. 2012).

Ähnlich bedeutsam wie die Interaktion mit Bestäubern ist für Pflanzen die Symbiose mit Mykorrhizapilzen. Die Klimaerwärmung hat auch die **Phänologie von Großpilzen** verändert. Gange et al. (2007) untersuchten in Südengland das Auftreten von Pilzfruchtkörpern in Wäldern. Sie fanden unter den 315 beobachteten im Herbst fruchtenden Pilzarten ein früheres Erscheinen im Spätsommer, eine Verdopplung der Dauer der herbstlichen Fruchtkörperperiode und ein Verbleiben bis später in den Herbst. Diese phänologische Verschiebung stand mit erhöhten August-Temperaturen in Verbindung. Alle Pilzarten, bei denen phänologische Anpassung beobachtet wurde, waren **Mykorrhizabildner der Laubbäume**, während eine entsprechende Antwort bei Partnern der Nadelbäume nicht gefunden wurde. Ursache ist möglicherweise ein durch den Klimawandel verändertes zeitliches Muster der physiologischen Aktivität und des

Kohlenhydrattransfers der Bäume an die Pilze. Kauserud et al. (2012) fanden bei **saprotrophen Pilzen** eine stärkere Verschiebung der Fruchtkörperbildung in den Herbst als bei Ektomykorrhizapilzen. Diese Beispiele zeigen, dass Klimaveränderungen trophische Systeme entkoppeln und zur Umsteuerung der Interaktionen im Nahrungsnetz führen können. Von der Temperatur gesteuerte Wirkungsketten könnten dabei entweder von den pflanzlichen Primärproduzenten ausgehen und höhere Ebenen beeinflussen oder Top-down-Effekte von Herbivoren und höheren trophischen Ebenen auf die Pflanzen betreffen. Besonders weitreichende Auswirkungen sind zu erwarten, wenn von Schlüsselarten ausgeübte Funktionen von den Veränderungen betroffen sind.

Erwärmungsexperimente im Freiland stellen eine Möglichkeit dar, diese Zusammenhänge zu untersuchen. Bei der Übertragbarkeit solcher experimentellen Befunde auf natürliche Systeme ist jedoch Vorsicht geboten. In einer Metaanalyse, in der die Daten aus 14 Langzeitbeobachtungsreihen an natürlichen Systemen und 36 Erwärmungsexperimenten in Europa und Nordamerika miteinander verglichen wurden, unterschätzen beispielsweise die Erwärmungsexperimente die Verfrühung

der Phänologie um das Vier- bis Achtfache (Wolkovich et al. 2012). Viele ökosystemare Effekte der Klimaerwärmung wird man allerdings aufgrund ihrer Komplexität nicht im Freiland untersuchen können, sondern ist auf vereinfachende Modelle angewiesen.

5.5 Klimabedingte Populationsveränderungen und Arealverschiebungen

5.5.1 Migration und Temperaturantwort

Zahlreiche Untersuchungen belegen rezente Veränderungen in der Häufigkeit und Verbreitung der Pflanzen der temperaten Zone, die am besten mit der Klimaerwärmung zu erklären sind (Kelly und Goulden 2008). Trägt man diese Veränderungen im Verbreitungsareal oder in der Häufigkeit gegen das Ausmaß der regionalen Erwärmung auf, lassen sich Aussagen über die **Temperaturantwort der Pflanzen** treffen. Vegetationsanalysen in französischen Wäldern im Jahr 1965 sowie erneut im Jahr 2008 (◻ Abb. 5.14) lassen für Tieflandstandorte eine starke **Verzögerung in der Antwort** der Waldbodenpflanzen

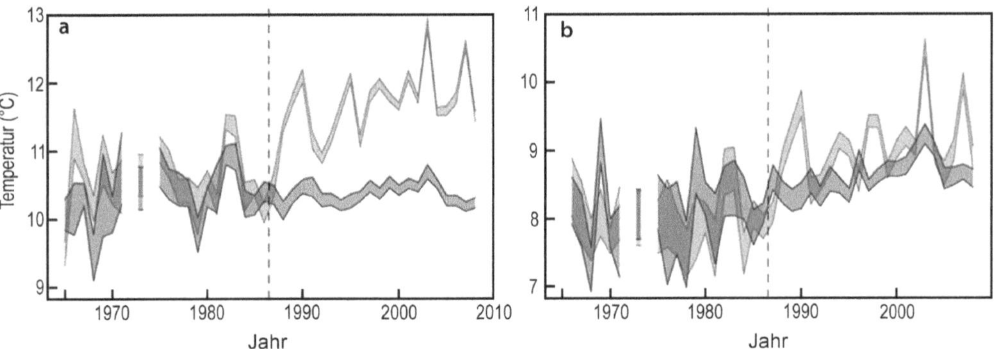

◻ **Abb. 5.14** Vergleich von mittels floristischer Daten (Temperaturzeigerwerte; dunkle Linien) oder klimatischer Messdaten (helle Linien) rekonstruierten Temperaturtrends für 1965 bis 2008 in Frankreich für (a) Tieflagenwälder (<500 m ü. NN) und (b) Bergwälder (500–2600 m ü. NN). Grundlage sind zahlreiche Vegetationsaufnahmen und die Temperaturzeigerwerte von 760 Pflanzenarten. Die Breite der Kurven gibt den Schwankungsbereich der rekonstruierten Temperaturtrends (*N* = 1000 Trends) an. Die gestrichelte Linie markiert den Beginn der rezenten Erwärmung. (Nach Bertrand et al. 2011, S. 519)

auf die im 44-jährigen Zeitraum erfolgte Erwärmung erkennen, während die Hochlagenwälder rascher mit **Arealverschiebung und Häufigkeitsänderungen** der Arten reagiert haben (Bertrand et al. 2011). Für das Tiefland errechnete sich für den Zeitraum von 44 Jahren eine aus den Verbreitungsdaten abgeleitete Temperaturantwort in Höhe von nur 0,02 K bei einer gemessenen Erwärmung um 1,11 K. Für die Vegetation höherer Lagen ließ sich dagegen aus beobachteter Migration und Häufigkeitsveränderungen eine Temperaturantwort von 0,54 K (bei einer Erwärmung um 1,07 K) ableiten. Aus der nur schwachen Reaktion der Tieflandvegetation auf die Erwärmung lässt sich schließen, dass Einwanderungs- und Aussterbeprozesse in der vergleichsweise reliefarmen und stark fragmentierten Landschaft des französischen Untersuchungsgebietes nur langsam voranschritten. Es ist wahrscheinlich, dass sich die Mehrzahl der Pflanzenarten in den Tieflandlebensräumen zu langsam ausbreitet, um der Erwärmung durch Migration folgen zu können. Dies dürfte insbesondere für viele tierverbreitete Baumarten mittlerer bis später Sukzessionsstadien gelten, die nur langsam wandern (Iversen et al. 2004; Zhu et al. 2012). Die meist windverbreiteten Pionierbaumarten dürften der Erwärmung dagegen besser folgen können (Meier et al. 2012). Faktoren, die die Ausbreitung und Keimlingsetablierung limitieren, bestimmen auch wesentlich die Wanderungsgeschwindigkeit von Bäumen im Klimawandel (Wohlgemuth et al. 2016). Für europäische frühsukzessionale Baumarten sagen Modelle eine mittlere Wanderungsgeschwindigkeit von etwa 157 m pro Jahr voraus, für spätsukzessionale Arten jedoch nur von etwa 16 m (Meier et al. 2012).

Die Pflanzenwelt der **Gebirge** kann der Erwärmung besser durch Wanderungsbewegungen folgen als jene des reliefarmen Tieflandes, weil das **Ausweichen in kühlere Lebensräume** leichter möglich ist. Im Gebirge existieren nicht nur viel steilere Temperaturgradienten, sondern Migration wird zusätzlich durch die Vielfalt an klimatisch gegensätzlichen Lebensräumen auf kleinem Raum, bedingt durch Neigungs- und Expositionsunterschiede, begünstigt (Scherrer und Körner 2011). Entsprechend zahlreich sind die Berichte über rezent beobachtetes Höherwandern von Pflanzenarten in den Gebirgen der Erde; ein Überblick über diese Wanderungsbewegungen wird in ▶ Abschn. 5.5.4 gegeben. Weit spärlicher sind demgegenüber zweifelsfreie Belege für eine **polwärts gerichtete Verschiebung** von pflanzlichen Arealgrenzen im Tiefland (▶ Abschn. 5.5.2). Dies steht in deutlichem Kontrast zu Vögeln, Libellen, Schmetterlingen und anderen mobilen Tiergruppen, für die bereits viele Berichte über rezente Ausbreitungsprozesse in Richtung höhere Breiten vorliegen (Thomas und Lennon 1999; Ott 2010). Selbst bei windverbreiteten Pflanzenarten und hochmobilen Tiergruppen entspricht allerdings in vielen Fällen das Ausmaß der beobachteten Arealveränderung nicht der vom Klimawandel her erwarteten Wanderungsgeschwindigkeit (Doak und Morris 2010). Zudem können Arealverschiebungen und Arealausweitungen auch west- oder ostwärts und nicht nur polwärts gerichtet sein und im Gebirge hangabwärts anstelle hangaufwärts voranschreiten. Solche unerwarteten Wanderungsbewegungen wurden in der Flora der Alpen und Großbritanniens beobachtet (Lenoir et al. 2010; Crimmins et al. 2011; Groom 2013). Diese unerwarteten Arealverschiebungen können durch veränderte Niederschlagsverhältnisse bedingt sein oder auf Landnutzungsänderungen in bestimmten Höhenlagen im Gebirge zurückgehen, die die Konkurrenzverhältnisse in der Vegetation verändern und dem Höherwandern entgegenwirken.

5.5.2 Arealerweiterung

Nur in wenigen Regionen der temperaten Zone sind die Kenntnisse über die Verbreitung der Arten so gut und die Beobachtungszeiträume ausreichend lang, um gesicherte Erkenntnisse über rezente Arealverschiebungen im Pflanzenreich zu ermöglichen. Vorherrschend sind anekdotische Berichte über die **Ausbreitung einzelner auffälliger Arten**, wobei der Mensch das Vordringen oft aktiv unterstützt hat. Für die Stechpalme (*Ilex aquifolium*) beispielsweise lässt sich in den letzten 50 Jahren im Ostseeraum eine Ausbreitung nach Norden und Osten in Verbindung mit steigenden Wintertemperaturen belegen (Callauch 1983; Skou et al. 2012). Im Tessin registrierten Gianoni et al. (1988) und Walther (2000) das Einwandern von immergrünen laurophyllen Sträuchern und sogar des Gartenflüchtlings *Trachycarpus fortunei* (Chinesische Hanfpalme), die offenbar von den milden Wintern und zurückgehender Frostdauer in der Südschweiz profitieren. Zahlreiche weitere Beispiele von **Arealausdehnung** aus der temperaten Zone werden von Garamvölgyi und Hufnagel (2013) sowie Hufnagel und Garamvölgyi (2014) genannt.

Mehrere Jahrzehnte zurückliegende Atlaskartierungen der Flora Großbritanniens erlauben die florenweite Analyse möglicher Arealveränderungen im Zuge des Klimawandels. Basierend auf Rasterdaten der Pflanzenverbreitung in 4-km²-Feldern untersuchte Groom (2013) die Verschiebung des Verbreitungszentrums der Arten zwischen den Zeiträumen 1978 bis 1994 und 1995 bis 2011 für Süd- und Nordengland, Wales und Schottland. Mutmaßliche Arealveränderungen wurden bei fast allen Arten festgestellt, aber nur in Schottland und Nordengland war der Wanderungstrend im 20- bis 30-jährigen Zeitraum im Mittel über alle Arten signifikant nach Norden gerichtet, und dies war nur bei Taxa mit beobachteter Arealausweitung der Fall (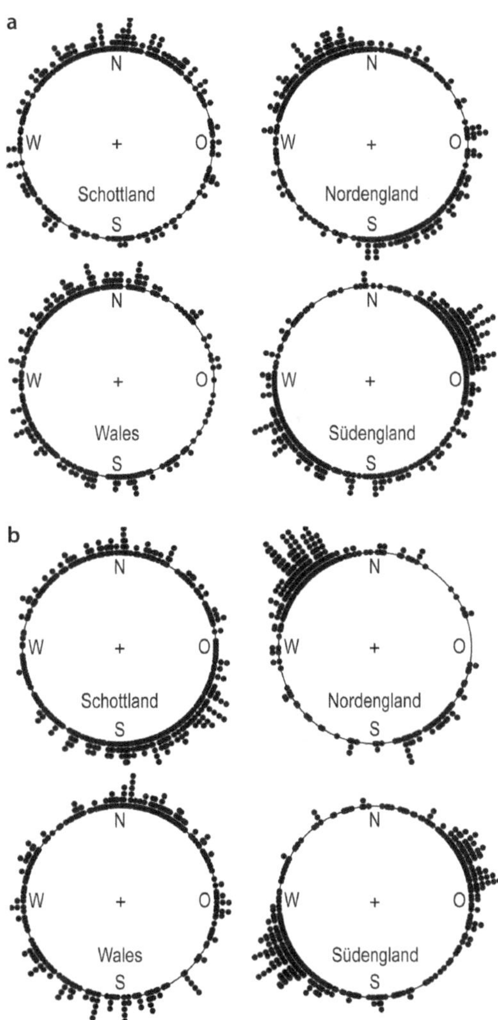 Abb. 5.15). Bei Arten mit schrumpfendem Areal war keine signifikante **Nordwärtsausdehnung** zu erkennen. Wärmeliebende Arten zeigten keine deutlicheren Wanderungstrends als weniger wärmegebundene Taxa. Die Ergebnisse von Groom (2013) sowie Doxford und Freckleton (2012) lassen erkennen, dass klimabedingte Migration im Tiefland bei der großen Mehrzahl der Arten nur langsam voranschreitet und von landnutzungsbedingten Arealveränderungen überlagert wird. Erst bei Betrachtung längerer Zeitspannen (1930–1960 gegenüber 1987–1999) waren klare Trends der Nordwärtsverlagerung

des Verbreitungsareals sichtbar. Amano et al. (2014) ermittelten für 225 von 284 Arten einen Nordwärtstrend, für 59 Taxa dagegen einen Südwärtstrend (Abb. 5.16). Die meisten

Abb. 5.15 Himmelsrichtung der Veränderung des Zentrums der Verbreitung der Pflanzenarten Großbritanniens zwischen den Zeiträumen von 1978 bis 1994 und 1995 bis 2011 in Schottland, Wales und Nord- und Südengland, dargestellt für Arten mit (**a**) zunehmender oder (**b**) abnehmender Rasterfeldbesetzung. Grundlage ist die floristische Kartierung in 4-km²-Rasterfeldern. Arten mit Ausdehnungstendenz zeigen eine signifikante, wenn auch geringe, Nordwärtsbewegung (insbesondere in Schottland und Nordengland), Taxa mit Rückgangstendenzen dagegen nicht. (Nach Groom 2013, S. 5 f.)

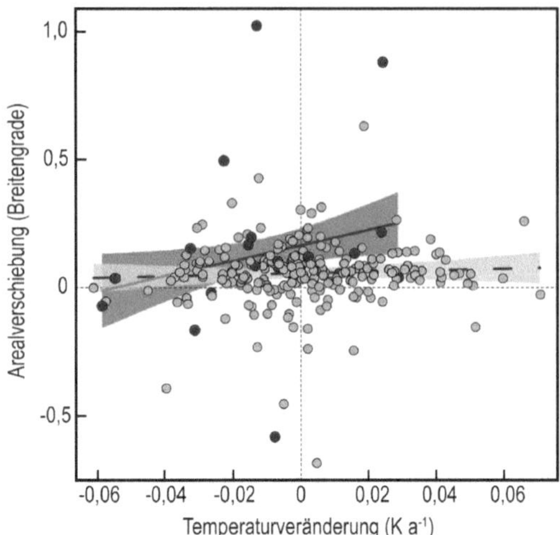

◘ **Abb. 5.16**   Abhängigkeit der Arealverschiebung einer Art (in Breitengraden; im Zeitraum 1930/1960 bis 1987/1999) vom Ausmaß der phänologischen Anpassung (ausgedrückt als Änderung der Temperatur in der ersten Blühwoche im Zeitraum 1930/1960 bis 1987/1999) in der britischen Flora. Datengrundlage: Rasterkartierung in 10 km × 10 km Rasterfeldern. Dunkle Punkte: annuelle Arten, helle Punkte: perenne Arten; dargestellt sind die 95 %-Vertrauensbereiche der Beziehung für Annuelle (dunkel) und Perenne (hell). Arten, die nur geringe phänologische Anpassung zeigen (und daher stärkere Temperaturerhöhung während des Blühbeginns erfahren), zeigen eine größere Arealverschiebung in nördliche Richtung als Arten, die ihren Blühbeginn stärker vorverlegt haben. Arten mit höherer phänologischer Plastizität neigen also zu geringerer Arealverschiebung. Die Abhängigkeit der Arealverschiebung von der phänologischen Plastizität war bei den Annuellen generell stärker als bei den Perennen. (Nach Amano et al. 2014, S. 6)

Arten hatten in den betrachteten etwa 50 Jahren das Zentrum ihres Verbreitungsareals um 1 bis 30 km nach Norden verlagert. Wie Untersuchungen an Schmetterlingen in Großbritannien gezeigt haben, ist eine rezente Nordwärtsausdehnung des Verbreitungsareals nicht notwendigerweise an eine Häufigkeitszunahme innerhalb des bisherigen Areals gebunden (Mair et al. 2012).

Generell zeigen Pflanzenarten mit breiter ökologischer Nische raschere Arealveränderungen als Spezialisten (Powney et al.

2014). Ein Vergleich der Verbreitung von Sämlingen und adulten Pflanzen von 92 Baumarten im Osten der USA ergab, dass nur 20 % der Arten Verbreitungsmuster aufweisen, die auf eine rezente Nordwärtswanderung hindeuten, also eine polwärts verschobene Verbreitung der Sämlinge (Zhu et al. 2012). 16 % der Arten zeigten Hinweise eher in Richtung auf Südwärtswanderung und 59 % keine Anzeichen von Arealausdehnung, sondern Hinweise auf Arealschrumpfung. Unter den Arten der britischen Flora neigten Taxa mit geringerer phänologischer Anpassung (also nur wenig ausgeprägter Verfrühung des Blühbeginns) stärker zur Ausbreitung Richtung Norden als Arten mit ausgeprägter Vorverlagerung des Blühens, also plastischer Phänologie. Beide Reaktionen können als komplementäre Strategien betrachtet werden, mit denen Pflanzen auf Erwärmung im Frühjahr reagieren (Amano et al. 2014). Generell zeigen annuelle Pflanzen eine stärkere Anpassungsfähigkeit an steigende Temperaturen als Mehrjährige, entweder durch phänologische Plastizität oder Nordwärtswanderung (Amano et al. 2014).

Es wird oft angenommen, dass unregelmäßige **Fernausbreitungsereignisse** von Samen und Sporen eine wichtige Rolle bei der Arealausweitung spielen (Bonn und Poschlod 1998; Nathan 2006). Deren Bedeutung lässt sich jedoch mit Felddaten meist nur schwer quantifizieren. 1781 Pflanzenarten in Großbritannien, die im Zeitraum 1930/1960 bis 1987/1999 Verbreitungsveränderungen zeigten, dehnten ihr Areal überwiegend mittels Phalanxausbreitung aus, also über individuenstarke Besiedlung geeigneter direkt benachbarter Lebensräume mittels lokaler Diasporenausbreitung, während Fernausbreitung nur sehr selten nachweisbar war (Doxford und Freckleton 2012). Für 5 Laub- und Nadelbaumarten der östlichen USA nahmen Iverson et al. (2004) an, dass diese nur in weniger als 20 km Umkreis ein hohes Potenzial zur Besiedlung neuer Standorte haben, also Fernausbreitung von untergeordneter Bedeutung ist.

5.5.3 **Arealverlust**

Wenn Anpassung an den Temperaturanstieg nicht gelingt, lassen sich Populationsrückgänge und letztlich regionales Aussterben nicht vermeiden. Arealverluste lassen sich jedoch schwerer nachweisen als Arealausweitungen (Parmesan und Galbraith 2004; Thomas et al. 2006), und langlebige Arten reagieren in der Regel erst mit erheblicher **zeitlicher Verzögerung** *(Extinction Debt)* auf veränderte Umweltbedingungen (Cousins 2009; Kuussaari et al. 2009). Der Rückzug aus dem Areal kann durch demographische Veränderungen abgepuffert werden, wenn beispielsweise die Pflanzen am südlichen (oder unteren) Arealrand von der Erwärmung zunächst mit höherem Zuwachs profitieren, während gleichzeitig ihre Fortpflanzungs- und Überlebensrate sinkt (Doak und Morris 2010). Tatsächlich konnten Braithwaite et al. (2006) im Zeitraum von 1987 bis 2004 keinen Rückgang von nördlich verbreiteten Pflanzenarten an ihrem südlichen Arealrand in Großbritannien feststellen, obwohl es wärmer geworden war. Arealverluste lassen sich auch deshalb schwieriger als Ausweitungen nachweisen, weil sich Populationen am **Arealrand** häufig an Sonderstandorte mit günstigerem Mikroklima und Wasserhaushalt zurückziehen. Hier sind sie dem Klimawandel nicht stärker ausgesetzt als im **Arealzentrum**. Tatsächlich fanden Cavin und Jump (2016) mittels dendrochronologischer Untersuchungen die größte Sensitivität des Zuwachses von *Fagus sylvatica* nicht am südlichen Arealrand in Spanien und Italien, sondern im Verbreitungszentrum in Mitteleuropa.

Lokale oder regionale Aussterbeereignisse werden vielfach mit Populationsmodellen vorhergesagt (Thomas et al. 2004); sie lassen sich aber auch empirisch nachweisen. Mittels Wiederholungsaufnahmen ließ sich in zahlreichen Fällen belegen, dass an kühleres Klima angepasste Pflanzen der Wälder, Moore und alpinen Rasen in Mitteleuropa und Nordamerika im Zuge der rezenten Erwärmung Populationsrückgänge erlitten

haben. Nach De Frenne et al. (2013) haben in den letzten Dekaden (Zeitraum 12–67 Jahre) **kältetolerante Krautschichtarten** in den temperaten Wäldern Europas abgenommen, also vor allem Arten mit montanem und/oder borealem Verbreitungsschwerpunkt. Dies wird durch regionale mitteleuropäische Studien bestätigt, beispielsweise für die Wälder des Elbe-Weser-Gebietes (Nordwestdeutschland) für den Zeitraum von 1935 bis 2004 (Diekmann 2010). In den Mittelgebirgen Thüringens (Mitteldeutschland) ist nach floristischen Wiederholungskartierungen die Zahl der Vorkommen von *Cicerbita alpina*, *Peucedanum ostruthium*, *Prenanthes purpurea* und anderer, an kühle Standorte angepasster Arten in rezenter Zeit zurückgegangen (Korsch und Westhus 2004). In anderen Gebirgen der temperaten Zone wurden ähnliche Rückgänge beobachtet. Das gilt auch für verschiedene waldbewohnende Farne wie *Polystichum braunii* im deutschen Bergland, die auf **hohe Luftfeuchte und Schneeschutz** im Winter angewiesen sind und im Zuge der rezenten Erwärmung wahrscheinlich unter trockenerer Luft und kürzerer Schneebedeckung leiden (Schwerbrock und Leuschner 2016, 2017). In den Wäldern im Osten Nordamerikas konnten dagegen vergleichbare Trends bisher nicht beobachtet werden (De Frenne et al. 2013).

Die vielerorts zu beobachtende Tendenz, dass in den Hochlagen verbreitete Pflanzenarten in tieferen Lagen abnehmen, ist wahrscheinlich ebenfalls vor allem auf die Erwärmung zurückzuführen. Ein Beispiel ist der auffällige **Rückgang von Glazialrelikten** in den Hochmooren des deutschen Voralpen- und Alpenraumes (Dörr 2000; Schwarz und Poschlod 2015). In den Schweizer Alpen haben kryophile Moose im Zeitraum 1880/1920 bis 1980/2005 an ihrem unteren Verbreitungsrand in der Fußstufe abgenommen, und manche Taxa sind sogar ganz verschwunden (Bergamini et al. 2009). Trotz all der präsentierten Beispiele ist die Evidenz für Rückgänge kältegebundener Arten meist schwächer als Hinweise auf das Vordringen wärmeliebender Arten (▶ Abschn. 5.5.7).

Wenn die montane und alpine Stufe wie in den Mittelgebirgen Europas nur kleine Flächen einnimmt, kann Erwärmung zu einem Rückgang in der Vielfalt der vertretenen Pflanzengesellschaften führen, weil kältetolerante Charakterarten verschwinden. In den schottischen Gebirgen beispielsweise hat in den letzten 20 bis 40 Jahren eine **Homogenisierung der alpinen Vegetation** stattgefunden, weil manche alpin und boreal verbreiteten Taxa heute fehlen. Aus tieferen Lagen einwandernde Generalisten, insbesondere Grasartige, haben zwar zu einer Erhöhung der α-Diversität in den alpinen Rasen geführt, die β-Diversität nahm jedoch ab. Zurückgegangen ist insbesondere die **Schneetälchenvegetation**, die zudem durch einwandernde Gräser und Kräuter tieferer Lagen zunehmend ihre charakteristische Artengarnitur verliert (Britton et al. 2009). Wie in den schottischen Bergen werden Schneetälchengesellschaften in den Alpen und den skandinavischen Gebirgen vielerorts durch alpine Rasengesellschaften verdrängt (Kullman und Kjällgen 2006). In der alpinen Stufe der Adirondack Mountains im Staat New York haben sich im Zeitraum von 1984 bis 2007 Gefäßpflanzen auf Kosten von Moosen und Flechten ausgebreitet (Robinson et al. 2010).

5.5.4 Höherwandern im Gebirge

Weil sich meereshöhenabhängige Temperaturgradienten im Gebirge über viel kürzere Entfernungen erstrecken als latitudinale Gradienten im Flachland, lassen sich **Vertikalwanderungen** leichter nachweisen als polwärts gerichtete Bewegungen. Bereits in den 1950er-Jahren beobachtete Braun-Blanquet (1955, 1957) in den Schweizer Alpen Veränderungen in der alpinen Vegetation, die er auf rezente Klimaveränderungen zurückführte, also lange bevor Wissenschaft und Öffentlichkeit auf dieses Thema aufmerksam wurden. Insbesondere seit den 1990er-Jahren wird das Höhersteigen von Pflanzen in den Gebirgen

der Erde systematisch untersucht. Zu diesem Zweck wurde ein **globales Monitoringsystem** in 90 Hochgebirgsregionen der Erde geschaffen (GLORIA; Pauli et al. 2007). Die seitdem an den Waldgrenzen der Erde gewonnenen Daten stützen das Bild eines raschen Wandels in der Hochgebirgsvegetation vieler Regionen der Erde einschließlich der temperaten Zone.

In den Rhätischen Alpen (Norditalien) erkannten Parolo und Rossi (2008) entlang eines Höhentransekts im Zeitraum 1954/1958 bis 2003/2005 ein **Höherwandern der oberen Verbreitungsgrenze der Gefäßpflanzen** um 24 Höhenmeter pro Dekade. Die 52 von Parolo und Rossi (2008) untersuchten Pflanzenarten erreichen heute um 30 bis 430 m höher liegende obere Verbreitungsgrenzen als noch vor 50 Jahren. Im gleichen Zeitraum nahm die Sommertemperatur in der Bergstufe um 1,6 K zu. Dies entspricht einem Höherwandern der Isothermen um rund 240 Höhenmeter und damit etwa dem Doppelten der medianen Wanderungsgeschwindigkeit der Pflanzen. Grabherr et al. (1995) errechneten für die Ostalpen eine effektive Wanderungsgeschwindigkeit in die Höhe von mindestens 1 m (maximal 4 m) pro Dekade für die eingewanderten Arten der Gipfelzone. Für 45 Gipfel in ganz Europa ermittelten Pauli et al. (2012) eine mittlere Höhenverlagerung der Gipfelflora um 2,7 Höhenmeter in 7 Jahren (2001–2008).

Auch die **Pflanzen der montanen Stufe** zeigen rezente Veränderungen in ihren Verbreitungsmustern. Die ermittelten scheinbaren Wanderungsgeschwindigkeiten unterscheiden sich dabei, je nachdem, ob die obere Verbreitungsgrenze oder der Verbreitungsschwerpunkt betrachtet werden, und welchem Störungsregime die Wälder unterliegen. Das Wanderungsvermögen hängt auch von den betrachteten systematischen Gruppen ab (◘ Abb. 5.17). Niedere Pflanzen mit Sporenbildung wandern am schnellsten, Pflanzen mit schweren Samen am langsamsten (Parolo und Rossi 2008). Grabherr et al. (1994) vermuteten, dass für viele Gefäßpflanzen der temperaten Gebirge die rezente Erwärmung zu

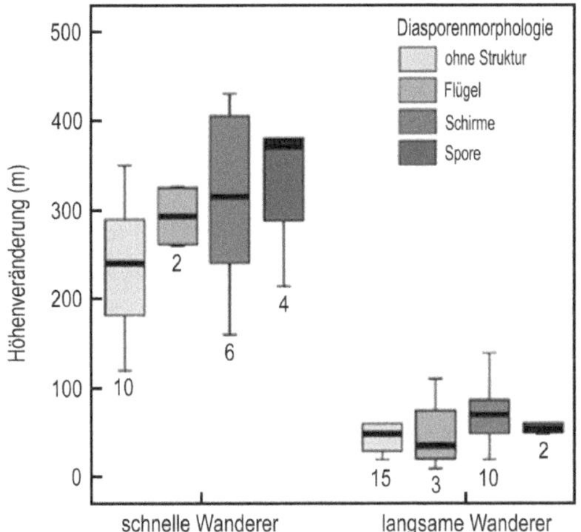

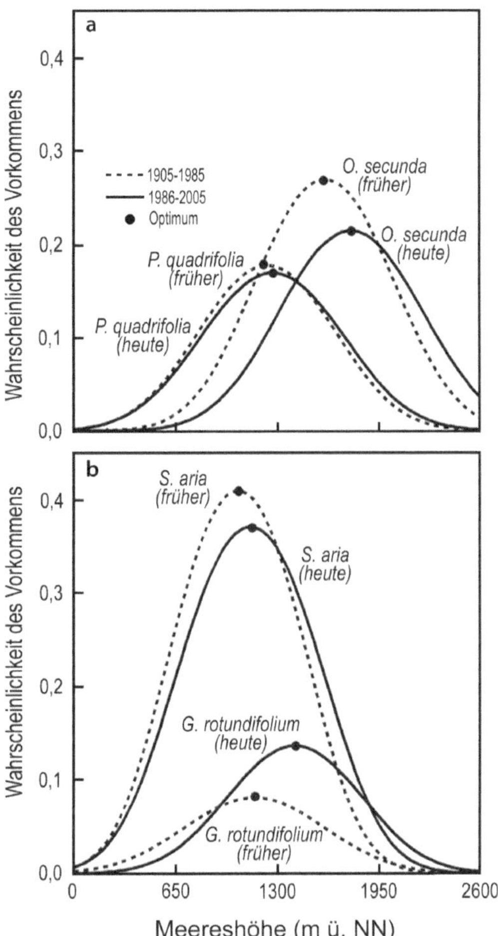

◘ Abb. 5.17 Beobachtete Höhenveränderung der Verbreitung von Gefäßpflanzen in den norditalienischen Alpen im Zeitraum 1954/1958 bis 2003/2005 (absolute Wanderung in Höhenmetern) in Abhängigkeit von der (aus der Morphologie abgeleiteten) Windausbreitungsfähigkeit der Diasporen (Unterscheidung von schnellen und langsamen Wanderern). Angegeben ist die Artenzahl pro Gruppe. (Nach Parolo und Rossi 2008, S. 104)

rasch verläuft, um ihr durch Höherwanderung folgen zu können.

Hohe Wanderungsgeschwindigkeiten wurden dagegen bei **kryophilen Moosen** gefunden, die sich über Sporen ausbreiten (etwa 24 Höhenmeter pro Dekade in den Schweizer Alpen). Diese Organismen konnten offensichtlich mit der Höhenverlagerung der Isothermen (22,5 Höhenmeter pro Dekade) Schritt halten (Bergamini et al. 2009). Thermophile und indifferente Moose zeigten dagegen keine Höhenverlagerung (Bergamini et al. 2009). Eine deutliche Bewegung in größere Höhen wurde auch bei den **Waldbodenpflanzen der montanen und submontanen Stufe** festgestellt. Lenoir et al. (2008) stellten für 171 Pflanzenarten der westeuropäischen Gebirge in den letzten Jahrzehnten einen mittleren Anstieg um 29 Höhenmeter pro Dekade fest (◘ Abb. 5.18). Allerdings zeigten nur 65 % der Taxa ein Höherwandern ihres Verbreitungsschwerpunktes, während 10 % nicht wanderten und 25 % eine Tieferverlagerung erkennen ließen (Lenoir et al. 2010).

◘ Abb. 5.18 Beispiele für Pflanzenarten, die in Europa in den letzten Dekaden eine signifikante Höherwanderung im Gebirge vollzogen haben. Höhenverbreitungskurven für den Zeitraum von 1905 bis 1985 (gestrichelte Kurven) und 1986 bis 2015 (ausgezogene Kurven) von (**a**) *Orthilia secunda, Paris quadrifolia* sowie (**b**) *Sorbus aria* und *Galium rotundifolium,* erzeugt mit logistischen Regressionsmodellen. Die Punkte zeigen das Zentrum der Höhenverbreitung an. (Nach Lenoir et al. 2008, S. 1770)

Absteigende Wanderungsbewegungen könnten durch Landnutzungswandel bedingt sein, durch den sich die Konkurrenzverhältnisse am unteren Verbreitungsrand geändert haben. Vergleichbare Untersuchungen in der Montanstufe der Schweizer Wälder ergaben geringere Wanderungsbewegungen als in den westeuropäischen Gebirgen. Küchler et al. (2015) ermittelten bei

Wiederholungsaufnahmen in 451 Plots eine mittlere Höhenverlagerung der Krautschichtarten um 10 m pro Dekade und damit einen deutlich geringeren Anstieg, als nach dem Höherwandern der Isothermen zu erwarten wäre.

Auch für die **Bäume der Bergwälder** wurde ein Höherwandern im Zuge der rezenten Erwärmung beobachtet. In den Green Mountains (Vermont, nordöstliche USA) wanderte die Grenze zwischen der Laubwaldstufe und der darüber liegenden boreal getönten Nadelwaldstufe innerhalb von 43 Jahren (1962–2005) um 91 bis 119 m, also um rund 25 m pro Dekade, nach oben, getrieben durch einen Temperaturanstieg von 1,1 K (Beckage et al. 2008). Der Wandel erfolgt wahrscheinlich umso rascher, je dynamischer sich die Kronenschicht durch den Ausfall einzelner Baumarten ändert. Wiederholungsaufnahmen der Höhenverbreitung adulter Bäume und Jungpflanzen in europäischen Gebirgen ließen anders als in Nordamerika bisher für wichtige Arten wie Buche, Fichte und Kiefer allerdings kein Höherwandern erkennen (Rabasa et al. 2013). Dies bestätigen auch Untersuchungen von Küchler et al. (2015) für Arten der Baum- und Strauchschicht in den Schweizer Wäldern (Zeitraum seit 1950). Eine Ursache für anscheinend geringe Migrationsraten in europäischen Bergwäldern könnte dichter Kronenschluss sein, der die Erwärmung dämpft.

5.5.5 Vegetationsveränderungen in der montanen und alpinen Stufe

Das Höhersteigen thermophiler Arten kann zu einer **Zunahme der lokalen Artenvielfalt** in den Hochlagen führen, wenn die erwärmungsbedingte Einwanderung schneller verläuft als das Aussterben kältegebundener Arten. Das ist auf Plotebene in vielen Regionen der Alpen der Fall. In den Rhätischen Alpen war der Anstieg der α-Diversität (◨ Abb. 5.19) in der oberen alpinen Stufe in 2800 bis 3100 m Meereshöhe am größten (Parolo und Rossi 2008). Bei Wiederholungsaufnahmen in den Ostalpen nach 40 bis 160 Jahren fanden Pauli et al. (2001) auf 21 von 30 untersuchten Gipfeln eine Zunahme der Gefäßpflanzenvielfalt; auf den übrigen 9 war die Artenzahl unverändert geblieben oder hatte sogar geringfügig abgenommen. Die meisten der eingewanderten Sippen haben

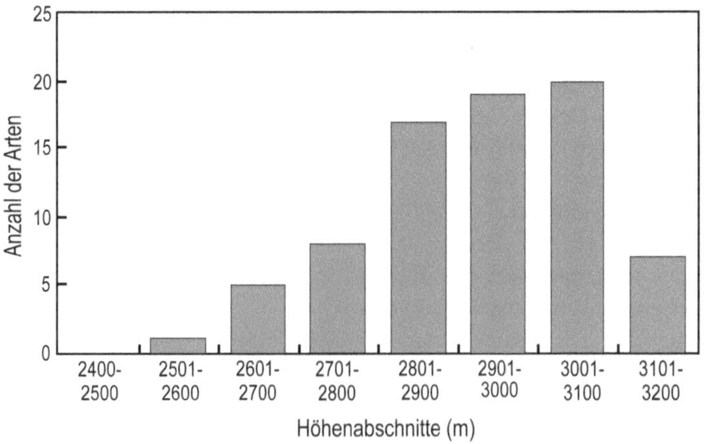

◨ **Abb. 5.19**   Zunahme der Anzahl an Gefäßpflanzen in verschiedener Meereshöhe in den Rhätischen Alpen (Norditalien) im Zeitraum 1954/1958 bis 2003/2005 nach Wiederholungsaufnahmen entlang eines Höhentransekts von 730 Höhenmetern. Die größte Zunahme des Artenreichtums wurde zwischen 2800 und 3100 m ü. NN in der oberen alpinen Rasenstufe festgestellt. (Nach Parolo und Rossi 2008, S. 103)

ihre Hauptverbreitung in der alpinen Rasenstufe. In Entsprechung zum beschleunigten Temperaturanstieg seit 1980 war die Diversitätszunahme auf den Gipfeln europäischer Gebirge im Zeitraum von 2007 bis 2016 5-mal größer als in der gleich langen Zeitspanne von 1957 bis 1966 (Steinbauer et al. 2018). Nicht nur die Artenzahl hat in den Gipfelregionen zugenommen, sondern auch deren Populationsgröße. Dies ist ein deutlicher Hinweis darauf, dass die Temperaturerhöhung und nicht anthropogene Einflussfaktoren Ursache des Höherwanderns sein müssen.

Die Ergebnisse der GLORIA-Studie (▶ Abschn. 5.5.4) aus den europäischen Gebirgen lassen selbst für den kurzen Zeitraum von 2001 bis 2008 eine signifikante **Thermophilisierung** der Vegetation oberhalb der alpinen Waldgrenze erkennen, also eine Zunahme wärmebedürftiger Arten und einen Rückgang kälteertragender Taxa (Gottfried et al. 2012). Dabei war die Thermophilisierung in Gebirgen mit stärkerer rezenter Erwärmung erwartungsgemäß größer (◪ Abb. 5.20). In den schwedischen Skanden

hat die Artenvielfalt alpiner Rasen seit den 1950er-Jahren um 58 bis 67 % zugenommen, weil subalpine und alpine Arten um rund 200 m nach oben gewandert sind.

Wie sich der Temperaturanstieg auf die Hochgebirgsvegetation auswirkt, hängt auch vom **Niederschlagsregime** ab. Während der Vegetationswandel in den humiden Gebirgen Europas (◪ Abb. 5.21) im Zeitraum von 2001 bis 2008 mit einer Erhöhung der Artenvielfalt verbunden war (Diversitätszunahme auf 43 von 52 Gipfeln), nahm die Artenzahl in den Gebirgen der europäischen Mediterranzone auf der Mehrzahl (8 von 14) der Gipfel ab (▶ Abschn. 7.7.3), vermutlich weil hier die Niederschläge zurückgegangen sind (Pauli et al. 2012). Nach McCain und Colwell (2011) ist ein Höherwandern nur zu erwarten, wenn Isothermen und Isohygren parallel nach oben wandern. Wenn dagegen die Gipfelregion trockener wird, ist mit verstärktem Ausfall von Pflanzenarten zu rechnen. Während die Diversität auf Plotebene vielerorts zugenommen hat, hat die β-Diversität dagegen nach vergleichenden

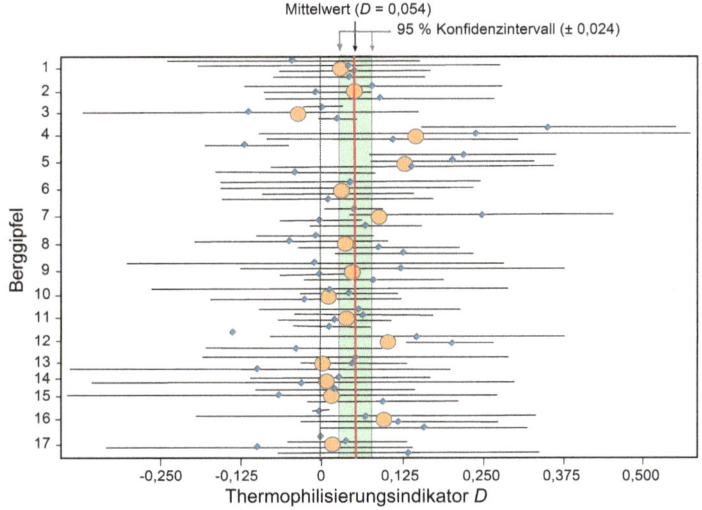

◪ **Abb. 5.20** Thermophilisierungsindikator D für 60 Gipfel in europäischen Gebirgen aus 17 Regionen der borealen, temperaten und mediterranen Zone, berechnet aus der Veränderung des Temperaturzeigerwertes der Vegetation in den Jahren 2001 bis 2008: 16 der 17 Regionen und 42 der 60 Gipfel zeigten einen positiven Indikator. Rauten und horizontale Linien: Mittel und 95 %-Vertrauensbereich für die einzelnen Gipfel. Kreise: Mittel und 95 %-Vertrauensbereich für die verschiedenen Bergregionen. (Nach Gottfried et al. 2012, S. 112)

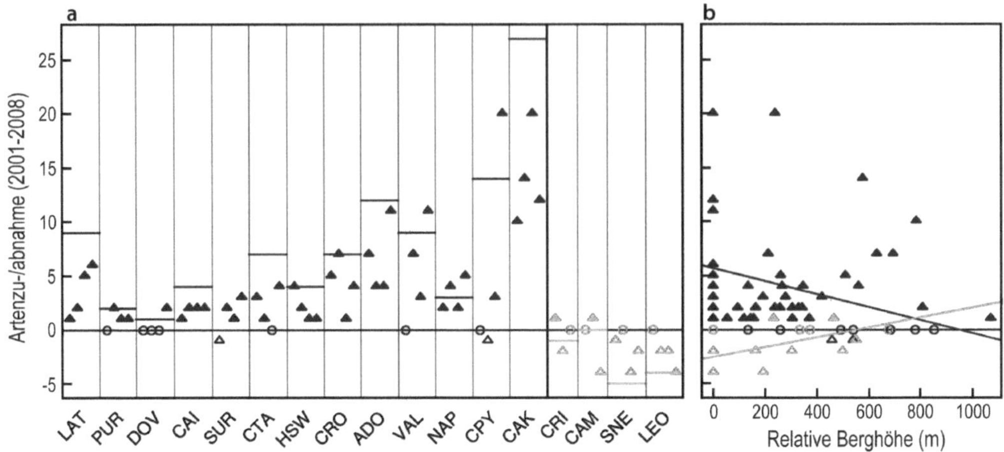

▣ Abb. 5.21   Veränderung der Gefäßpflanzen-Artenzahl auf 66 europäischen Gipfeln im Zeitraum von 2001 bis 2008 (gefüllte Symbole: Zunahme, offene Symbole: Abnahme oder unverändert): (**a**) Die Gipfel wurden zu 17 Regionen zusammengefasst (LAT–SUR: boreale Zone; CTA–CAK: temperate Zone; CRI–LEO: mediterrane Zone). (**b**) Artenveränderung in Abhängigkeit von der relativen Höhe der Gipfel in den Regionen (0 = niedrigster Gipfel). Zuwächse in der Artenzahl wurden auf den meisten temperaten und borealen Gipfeln, Artenverluste dagegen auf den mediterranen Gipfeln registriert. (Nach Pauli et al. 2012, S. 354)

Untersuchungen von Jurasinski und Kreyling (2007) in der Schweiz (Zeitraum 1907–2003) abgenommen; die Gipfelvegetation unterliegt also einem Prozess der Homogenisierung.

5.5.6 Anstieg der Waldgrenze

In den **Alpen** der Schweiz und Italiens wurden seit Mitte des 20. Jahrhunderts mittlere Höhenverschiebungen der Waldgrenze im Bereich von 13 bis 28 m pro Dekade beobachtet (Gehrig-Fasel et al. 2007; Diaz-Varela et al. 2010). In Übereinstimmung hiermit schlossen Vitasse et al. (2012) aus dem verbreiteten Vorkommen von Baumsämlingen und Jungpflanzen oberhalb der aktuellen Baumgrenze, dass in den Schweizer Alpen das **Potenzial für einen Waldgrenzanstieg** vielerorts grundsätzlich vorhanden ist. An vielen Waldgrenzlokalitäten wird das Höherwandern der Bäume allerdings durch nur seltene Fruktifikation erschwert. Manche Rasengesellschaften sind außerdem so dicht, dass eindringende Baumkeimlinge kaum Fuß fassen können. Probleme bei

der Keimlingsetablierung behindern beispielsweise das Höherwandern der Latsche *(Pinus mugo)* in den Kalkalpen, die in intensiv beweideten alpinen Borstgrasrasen nur schlecht Fuß fassen kann, während die offenen Rasen von *Carex firma* rasch besiedelt werden (Dullinger et al. 2003). Tatsächlich lässt sich an vielen Stellen in den Alpen und anderen temperaten Gebirgen bisher kein Waldgrenzanstieg feststellen. Die Waldgrenzvegetation besitzt also ein erhebliches Beharrungsvermögen gegenüber der Erwärmung (Hättenschwiler und Körner 1995; Theurillat und Guisan 2001; Garamvölgyi und Hufnagel 2013). Nur an der Hälfte von weltweit 166 untersuchten Waldgrenzstandorten ließ sich ein Höherwandern der Waldgrenze seit 1900 feststellen (Harsch et al. 2009).

Ein signifikanter Anstieg wurde in der Regel dann festgestellt, wenn die Wintertemperaturen deutlich angestiegen sind. Rezente Waldgrenzverschiebungen sind häufig durch Änderungen in der menschlichen Nutzung bedingt und nicht klimagetrieben. Das rezent beobachtete Höherwandern der

Waldgrenze in bestimmten Regionen der Schweizer Alpen ist ganz überwiegend eine Folge lokaler **Nutzungsaufgabe der Almbewirtschaftung** (Mietkiewicz et al. 2017) und weniger durch die Erwärmung bedingt. Oft liegt die aktuelle Waldgrenze nämlich 300 Höhenmeter oder mehr unter der potenziellen, sodass der Klimawandel als treibende Kraft von Höhenveränderungen der Waldgrenze nur von sekundärer Bedeutung ist. Nur bei 10 % der beobachteten Waldgrenzverschiebungen war Erwärmung tatsächlich die Hauptursache (Gehrig-Fasel et al. 2007). Auch bei der rezenten Einwanderung der Waldkiefer *(Pinus sylvestris)* in die subalpine Stufe des **schottischen Hochlandes** spielt Klimaveränderung vermutlich nur eine untergeordnete Rolle. Hauptursache dürfte auch hier die Abnahme der Beweidung sein (French et al. 1997).

5.5.7 Thermophilisierung der Waldvegetation außerhalb der Gebirge

Die Auswertung von floristischen Wiederholungskartierungen hat in mehreren Regionen Mitteleuropas Hinweise auf die **Zunahme** von mehr **südlich verbreiteten, wärmeliebenden Arten** ergeben, die entweder ihr Verbreitungsareal nach Norden ausgeweitet haben und/oder innerhalb des Verbreitungsareals häufiger geworden sind. Wiederholte Rasterfeldinventuren im Zeitraum zwischen den 1930er-Jahren und der Jahrtausendwende ergaben für die Gefäßpflanzen von Wäldern in Südschweden (Schonen) und Nordwestdeutschland (Elbe-Weser-Gebiet) eine signifikante Frequenzzunahme von Taxa mit höheren Temperatur- und Stickstoffzeigerwerten, während Arten mit niedrigeren Werten abnahmen (Diekmann 2010). Die Ausbreitungstendenz war bei wärmeliebenden Arten, die gleichzeitig als nitrophil gelten, besonders ausgeprägt, sodass eine Trennung der beiden Einflussfaktoren nicht leicht möglich ist. Die in vielen Laubwäldern des nordwestlichen Mitteleuropas in den letzten Jahrzehnten beobachtete Zunahme des Efeus *(Hedera helix)* könnte durch mildere Winter mitverursacht sein (Dierschke 2005; Diekmann 2010) und somit ebenfalls einen Aspekt der Thermophilisierung der Waldvegetation darstellen.

Vegetationsaufnahmen in semipermanenten Aufnahmeflächen, die meist in den 1950er- bis 1970er-Jahren zum ersten Mal und um die Jahrtausendwende ein zweites Mal erfasst wurden, lassen für zahlreiche temperate Wälder in Mitteleuropa und im östlichen Nordamerika ebenfalls eine signifikante Zunahme wärmeliebender Arten in der Krautschicht erkennen (De Frenne et al. 2013). Mittels aus der Verbreitung abgeleiteter Temperaturoptima der Arten ließ sich eine mittlere **Thermophilisierungsrate** von 0,041 K pro Dekade berechnen. In 20 von 29 Waldregionen war der Anstieg der wärmeliebenden Arten signifikant, in 8 Regionen (darunter in Irland) ergab sich dagegen ein Trend hin zu Abkühlung. Im Mittel war die Thermophilisierung in Nordamerika stärker ausgeprägt als in Europa (◘ Abb. 5.22). Wärmeliebende Arten nahmen im Allgemeinen schneller zu, wenn die Erwärmung größer war. Dies drückt sich auch im Einfluss der Waldstruktur auf den Vegetationswandel am Waldboden aus: Je geringer der Kronenschluss, umso ausgeprägter war die Thermophilisierung der Vegetation. Eine geschlossene Krone kann also die Krautschicht teilweise vor Erwärmung schützen und zu einer verzögerten Temperaturantwort führen (◘ Abb. 5.23).

Es gibt aber auch Vergleichsstudien, bei denen bisher keine signifikante Zunahme von thermophilen Arten in der Krautschicht feststellbar war. Hierzu gehören Untersuchungen aus Buchenwaldregionen in Bayern (Wiederholungsaufnahmen im Zeitraum 1949/1985 bis 2010 in 5 Buchenwaldregionen; Jantsch et al. 2013) und aus dem Reichensteiner Gebirge in Tschechien (Hédl 2004).

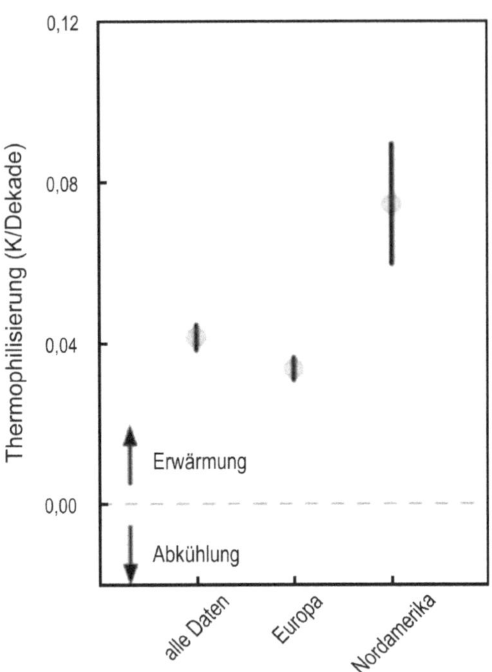

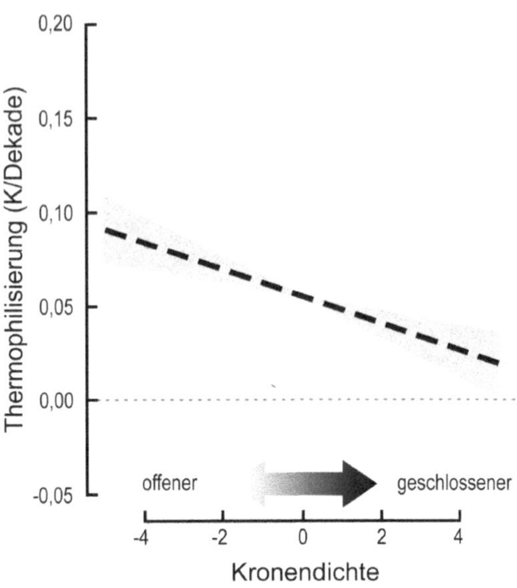

◘ **Abb. 5.22** Unterschiedliches Ausmaß der Thermophilisierung in der Krautschichtvegetation temperater Wälder Europas und Nordamerikas nach zahlreichen Vegetationsaufnahmen in Zeitintervallen von 12 bis 67 Jahren, basierend auf der Zu- oder Abnahme von Pflanzenarten mit hohen oder niedrigen Temperaturzeigerwerten (Mittelwerte und 95 %-Vertrauensbereich). (Nach De Frenne et al. 2013, S. 18563)

◘ **Abb. 5.23** Abhängigkeit des Ausmaßes der Thermophilisierung der Krautschichtvegetation europäischer und nordamerikanischer Wälder in den letzten Dekaden von der Veränderung im Kronenschluss innerhalb des Untersuchungszeitraumes (12–67 Jahre). Mittelwert und 95 %-Vertrauensbereich. (Nach De Frenne et al. 2013, S. 18564)

5.5.8 Thermophilisierung gehölzfreier Lebensräume

Ein verstärktes Auftreten wärmeliebender Pflanzenarten wurde auch außerhalb des Waldes in der temperaten Zone beobachtet, so in Kulturgrasländern, Heiden, Mooren, Binnengewässern und Küstenökosystemen. Eine landesweite Auswertung von Verbreitungsdaten der Gefäßpflanzen der Niederlande aus den Zeiträumen 1902 bis 1949, 1975 bis 1984 und 1985 bis 1999 (◘ Abb. 5.24) lässt eine deutliche **Zunahme thermophiler Arten** in der Flora Ende des 20. Jahrhunderts erkennen (Tamis et al. 2005). Dieser Anstieg wird etwa zur Hälfte durch das häufigere Auftreten urbanophiler Arten mit größerem Wärmebedürfnis

erklärt; die rezente Erwärmung stellt jedoch wahrscheinlich eine wesentliche weitere Ursache dar. Die floristische Kartierung Thüringens ergab beim Vergleich der mittleren Temperaturzeigerwerte nach Ellenberg für die Zeiträume 1959 bis 1989 und nach 1990 eine geringfügige Zunahme des gemittelten Temperaturwertes (von 5,42 auf 5,49, Korsch und Westhus 2004). Für besonders viele wärmebedürftige Arten (Temperaturzeigerwert 7 und höher) wurde festgestellt, dass ihre Gefährdung in den letzten Dekaden abgenommen hat und sich Wärmebedürftige generell in Ausbreitung befinden. Zu den Lebensräumen, in denen wärmebedürftige Arten in jüngster Zeit zugenommen haben, gehören in Mitteleuropa neben Wäldern auch Dünen mit ihren charakteristischen Erdflechten, Trockenrasen, Fließgewässer mit ihrer Makrophytenflora, die Ackerbegleitflora und insbesondere die Ruderalvegetation der Städte und Dörfer.

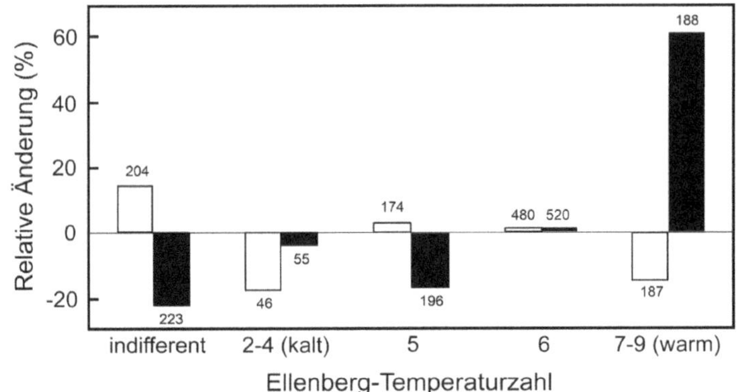

Abb. 5.24 Mittlere relative Veränderung in der Häufigkeit von Gefäßpflanzenarten mit verschiedenen Temperaturzeigerwerten nach Ellenberg in der Flora der Niederlande in den Perioden von 1930 bis 1980 (weiße Balken) und 1980 bis 2000 (schwarze Balken), basierend auf Rasterfelduntersuchungen (ca. 1 km²). Die Zahlen über den Balken geben die Anzahl der berücksichtigten Arten an. (Nach Tamis et al. 2005, S. 46)

In den ohnehin wintermilden Tieflagen des temperaten Westeuropas und des westlichen Mitteleuropas haben sich **wärmeliebende epiphytische Flechten** etwa seit den 1990er-Jahren stark ausgebreitet und in der Häufigkeit zugenommen. Dabei handelt es sich um Arten, die entweder zuvor sehr selten vor allem in Küstennähe vorkamen (z. B. *Punctelia borreri*) oder offensichtlich innerhalb von nur wenigen Jahrzehnten ihr Areal nach Norden ausgedehnt haben *(Flavoparmelia soredians)*. Der Florenwandel ist in manchen Regionen so massiv, dass die Flechten als Indikatoren für lokale Klimaveränderungen herangezogen werden (VDI 2017). Für die Niederlande zeigten van Herk et al. (2002), dass zwischen 1980 und 2000 die Zahl wärmeliebender epiphytischer Flechten deutlich gestiegen ist, während Arten mit borealer und montaner Verbreitung (z. B. die bodenbewohnende *Cetraria islandica*) stark abnahmen. Rund 50 % der in den Niederlanden heimischen arktisch-alpinen oder boreal-montanen Flechten ging im Beobachtungszeitraum zurück, wohingegen fast alle wärmeliebenderen Arten zunahmen. Der Rückgang arktisch-alpiner und boreal-montaner Bodenflechten, die in den Tieflagen Westeuropas und des nordwestlichen Mitteleuropas als Glazialrelikte vorkommen, wurde allerdings nicht nur durch die Klimaerwärmung, sondern vor allem durch die Aufgabe von Plaggenwirtschaft und extensiver Beweidung in den Heidegebieten verursacht (Hauck 2009). Atlantisch oder subatlantisch verbreitete Moose profitieren insbesondere von wärmeren Wintern. Auch manche wärmeliebenden Orchideen der **Trockenrasen** sind in Mittel- und Westeuropa in den letzten Dekaden an neuen Fundorten jenseits ihrer nördlichen Verbreitungsgrenze aufgetreten, darunter *Orchis simia, Himantoglossum hircinum* und *Anacamptis pyramidalis* (Beebee 2018; Bundesamt für Naturschutz, Bonn).

Thermophile Arten treten im Zuge der Erwärmung besonders stark in der **Ackerbegleitflora** auf, die von Annuellen dominiert wird. In der mitteleuropäischen Ackerlandschaft sind heute wärmeliebende C$_4$-Gräser und -Kräuter wie *Setaria-, Digitaria-* und *Echinochloa*-Arten sowie *Amaranthus retroflexus* weiter verbreitet als noch vor 20 bis 30 Jahren, was durch den zunehmenden Maisanbau, aber zweifellos auch durch die höheren Sommertemperaturen bedingt ist (Weber und Gut 2005; Otte et al. 2006; Peters et al. 2014). Ähnliches gilt auch für die nordamerikanische Ackerlandschaft, in der sich einige *Setaria*-Arten in Richtung Norden ausbreiten (Dekker 2003). Manche winterannuellen Segetalpflanzen werden vor allem durch wärmere und feuchtere Winter gefördert (Walck et al. 2011).

Wiederholungsaufnahmen in schleswig-holsteinischen **Wallhecken** nach rund 50 Jahren zeigten eine signifikante Zunahme von Arten mit höheren Temperatur- wie auch Stickstoffzeigerwerten (Litza und Diekmann 2017). In den Gewässern der Oberrheinebene und anderer mitteleuropäischer Regionen (z. B. bei Bremen) haben sich **Wasserpflanzen mit subtropischer Herkunft** wie *Wolffia arrhiza* und *Salvinia natans* ausgebreitet (Kesel und Gödeke 1996).

Besonders rasch verändert sich gegenwärtig die **Vegetation der Städte und Siedlungen**, in denen hohe Störungsintensität sowie rasche Erwärmung den Wandel beschleunigen. Übersichten über den von der Erwärmung mit verursachten Vegetationswandel in der Siedlungsvegetation Mitteleuropas geben z. B. Wittig (2002) und Chocholoušková und Pyšek (2003). Zahlreiche weitere Autoren haben die Ausbreitung **wärmeliebender Neophyten** in der temperaten Zone dokumentiert (z. B. Auge und Brandl 1997).

In vielen Fällen lässt sich der Einfluss steigender Temperaturen nicht eindeutig von dem Einfluss der **Eutrophierung** und – in siedlungsnahen Regionen – von der zunehmenden **Urbanisierung** trennen. Viele thermophile Arten sind offenbar auch bedürftiger für Stickstoff und andere Nährstoffe, sodass die treibende Kraft hinter einer Arealerweiterung oder Häufigkeitszunahme aus vegetationskundlichen Daten häufig nicht eindeutig ableitbar ist. Weil in einer Reihe von Untersuchungen zum Vegetationswandel aus den 1980er- und 1990er-Jahren zwar deutliche Auswirkungen der Eutrophierung, aber kein klares Temperatursignal gefunden wurde (z. B. Zerbe 1992; Oredsson 1999), ist zu vermuten, dass in vielen Regionen dominierende Stickstoffeffekte den Einfluss der Erwärmung überlagert haben und erst in jüngster Zeit die Auswirkungen der Temperaturerhöhung auf die Vegetation der temperaten Zone deutlicher erkennbar werden.

Wiederholungsaufnahmen im temperaten **Wirtschaftsgrünland** haben bisher eine eher geringe Beeinflussung der Artenzusammensetzung durch den Klimawandel gezeigt. Bodensaures *Agrostis-Festuca*-Grasland im Bergland von Wales war im Zeitraum von 1968 bis 2008 vermutlich aufgrund von Bodenversauerung von einem Rückgang der Artenvielfalt und einer Zunahme des Gras-Kraut-Verhältnisses gekennzeichnet, zeigte aber keine Antwort auf Klimaveränderungen oder Stickstoffeinträge (McGovern et al. 2011). Diese Ergebnisse werden durch ein 13-jähriges kombiniertes Erwärmungs- und Austrocknungsexperiment in einem beweideten Kalkmagerrasen in Nordengland bestätigt: Veränderungen in der Häufigkeit der Arten hatten ihre Ursache vor allem in interannuellen Witterungsschwankungen, während sommerliche Erwärmung und Trockenheit nur zu geringen Verschiebungen unter den dominanten, überwiegend relativ langlebigen Arten geführt haben (Grime et al. 2008). Es deutet sich an, dass unproduktives Grasland im jetzigen Stadium des Erwärmungsprozesses gegenüber Temperaturerhöhung relativ unempfindlich ist, vermutlich weil das Bodensubstrat aufgrund seiner Heterogenität die Koexistenz vieler Arten auf kleinem Raum ermöglicht und das Dominieren einiger weniger produktiver Arten verhindert (Fridley et al. 2011). Nach dieser Hypothese würde Diversität die Pflanzengesellschaft gegenüber klimatischen Störungen stabilisieren. Produktives gedüngtes Grünland auf Kalkboden reagierte dagegen empfindlich auf experimentelle winterliche Erwärmung und sommerliche Trockenheit, offenbar weil diese Gesellschaft von schnellwachsenden kurzlebigen Arten dominiert wird und der Wandel rascher abläuft (Grime et al. 2000).

Auch **Moore** gehören in der temperaten Zone zu den Lebensräumen, in denen die Auswirkungen des Klimawandels auf die Vegetation bisher nur wenig deutlich sichtbar sind (Moore 2002), obwohl bioklimatische Modelle eine besondere Gefährdung vorhersagen (Gallego-Sala und Prentice 2013). Die stärksten Auswirkungen sind von sommerlicher Erwärmung in Verbindung mit einem

Rückgang der Niederschläge zu erwarten, weil sie die Torfzersetzung und die damit verbundene Freisetzung von CO_2 und Methan (CH_4) beschleunigen können. Darüber hinaus fördert die oberflächliche Austrocknung des Torfes die Ansiedlung von Bäumen, die wiederum die Entwässerung des Torfkörpers verstärken und die Feuergefahr erhöhen können. Vor allem aus Niedermooren der Tieflagen liegen zahlreiche Berichte über rezente Vegetationsveränderungen vor (Hogg et al. 1995; Bollens und Ramseier 2001; Gunnarsson et al. 2002; van der Hoek et al. 2004; Stix und Erschbamer 2018). Diese Vegetationsveränderungen sind jedoch überwiegend durch natürliche Entwicklungsprozesse sowie Wasserstandabsenkung und atmosphärische Stickstoffeinträge erklärbar, während direkte Signale des Klimawandels meist nur undeutlich sichtbar werden. Am ehesten dürfte die Erwärmung die Artenzusammensetzung der Moore der Tieflagen beeinflussen (Klaus 2007; Kaule und Peringer 2015). In den Hochmooren der Sudeten nahm die Frequenz von *Sphagnum magellanicum* im Aufnahmematerial in den letzten Jahrzehnten von 40 % auf 7 % ab, während *S. recurvum* häufiger geworden ist (Hájková et al. 2011). Auch *Eriophorum angustifolium* und *Deschampsia flexuosa* haben zugenommen, während *Scheuchzeria palustris* zurückging. Wesentliche Treiber dieser Veränderungen sind wahrscheinlich die hohen Stickstoffeinträge und nicht der Klimawandel, der bisher noch eine untergeordnete Rolle zu spielen scheint. Im extrem trockenen Sommer 2003 beobachtete Bragazza (2008) allerdings das Absterben von *Sphagnum*-Polstern auf den Bulten zahlreicher Hochmoore der italienischen Alpen, ohne dass es in den folgenden 4 Jahren zu einer Erholung kam. Klimatische Extremereignisse dieser Art könnten langfristige Vegetationsveränderungen in den Mooren auslösen, über die erst wenig bekannt ist.

Literaturübersichten zur Wirkung des Klimawandels auf gehölzfreie Lebensräume der temperaten Zone finden sich in Field et al. (2007), Garamvöglyi und Hufnagel (2013), Hufnagel und Garamvöglyi (2014), Carey (2015) und Pateman und Hodgson (2015).

5.6 Temperate Wälder im Klimawandel: Auswirkungen auf Produktivität und Vitalität

5.6.1 Multifaktorielle Kontrolle des Baumwachstums

Weil das Baumwachstum von zahlreichen abiotischen und biotischen Faktoren gesteuert wird, lassen sich die Auswirkungen des rezenten Klimawandels auf den Wald in der Regel nicht einfach erkennen. Auch im humiden Klima des temperaten Waldbioms haben die Temperatur (bzw. die Länge der Vegetationsperiode) und die Wasserverfügbarkeit den größten Einfluss auf das Wachstum, gefolgt von der Nährstoffverfügbarkeit (vor allem Stickstoff- und Phosphorversorgung) und Effekten der Bestandesstruktur (Lukac 2016; Rohner et al. 2016; Leuschner und Ellenberg 2017a). Schadgase wie Ozon und Schwefeldioxid (SO_2) sowie Säuredeposition haben in den letzten Dekaden in vielen Regionen Mittel- und Osteuropas sowie im östlichen Nordamerika zu Vitalitätseinbußen und Waldschäden geführt. Der Klimawandel gewinnt jedoch zweifellos an Einfluss. Zahlreiche Forschungsergebnisse der letzten Jahrzehnte zeigen, dass die Wälder nicht nur der semiariden und ariden Regionen der Erde, sondern auch des temperaten Waldbioms immer mehr auf den Temperaturanstieg und zunehmenden Wassermangel reagieren. Dabei wirkt der Klimawandel im Wesentlichen durch fünf Faktoren:

1. höhere Sommertemperaturen und eine verlängerte Vegetationsperiode,
2. ein größeres Sättigungsdefizit der Luft, das mit der Temperatur exponentiell ansteigt,

3. in vielen Regionen häufigere und längere Trockenperioden,
4. mildere Wintertemperaturen und kürzere Schneebedeckung und
5. die ansteigende CO_2-Konzentration.

Weil mehrere dieser Faktoren miteinander und mit anderen Einflussgrößen wechselwirken, können die Auswirkungen des Klimawandels auf den Wald nur im multifaktoriellen Kontext und in Verbindung mit dem Einfluss von Stickstoffdeposition und Änderungen in der Waldbewirtschaftung verstanden werden.

5.6.2 Vitalitätsänderungen und Düngungseffekte

Die Wachstumstrends der Bäume in den temperaten Wäldern Europas, Nordamerikas und anderer Regionen der temperaten Zone lassen seit Mitte des 20. Jahrhunderts kein einheitliches Gesamtbild erkennen (Allen et al. 2015). Insbesondere in Wäldern, in denen Wassermangel keine dominierende Rolle spielt, haben die Holzzuwächse seit mehreren Dekaden zugenommen. Entsprechende Studien gibt es aus Europa (Spiecker 1999; Kahle et al. 2008; Belassen et al. 2011; Pretzsch et al. 2014), Ostasien (Fang et al. 2014) und Nordamerika (McMahon et al. 2010; Hember et al. 2012). Die Ursachen für die vielerorts gestiegenen Holzzuwächse sind vielfältig. Sie schließen Düngungseffekte durch den Anstieg der atmosphärischen CO_2-Konzentration und die Stickstoffdeposition, Auswirkungen der verlängerten Wachstumsperiode, Veränderungen in der Waldbehandlung und die Erholung der Waldböden nach jahrhundertelanger Übernutzung durch Streuentnahme ein (Schimel et al. 2000; de Vries et al. 2009; Nabuurs et al. 2013; Keenan et al. 2014; Maes et al. 2019).

Im Zusammenhang mit dem Klimawandel ist die produktionssteigernde Wirkung der erhöhten **atmosphärischen CO_2-Konzentration** von besonderer Bedeutung. Zu dieser Fragestellung liegen teilweise widersprüchliche Ergebnisse aus experimentellen Freilandstudien mit CO_2-Manipulation und Analysen des Zuwachsverhaltens von Wäldern vor. Mehrere Metaanalysen von **Free-Air Carbon Dioxide Enrichment (FACE)-Experimenten** in Wäldern der temperaten Zone kamen zu dem Ergebnis, dass Bäume aufgrund ihrer Fähigkeit, Kohlenhydrate in großem Umfang zu speichern, in ihrer Photosynthese und im Zuwachs vom CO_2-Anstieg am stärksten von allen pflanzlichen Lebensformen gefördert würden (Medlyn et al. 2001; Ainsworth und Long 2005; Ainsworth und Rogers 2007; Norby und Zak 2011). Deutliche Erhöhung der CO_2-Konzentration (475–600 ppm) führte bei temperaten Bäumen zu einer Steigerung der lichtgesättigten Nettophotosyntheserate um 47 %, des LAI um 21 % und des Holzzuwachses um rund 25 %, obwohl die Bäume ihre Photosynthesekapazität (Licht- und Dunkelreaktion), möglicherweise aufgrund von Stickstoffknappheit, um etwa 10 % reduzierten (Ainsworth und Long 2005). In mehreren Experimenten wurde eine Steigerung der Feinwurzelproduktion gefunden (Norby und Zak 2011). Manche Antworten des Baumes waren von vorübergehender Art und schwächten sich im Lauf der Jahre ab. Diese Ergebnisse stammen zudem von jungen Bäumen; manche Resultate ließen sich bei Altbäumen bisher nicht bestätigen. Die 8-jährige CO_2-Begasung mit 550 ppm führte in einem Laubmischwald der Schweiz zu keiner Erhöhung des Holzzuwachses und der Blattproduktion, jedoch zu größerer **Wassernutzungseffizienz**, geringerem Wasserverbrauch und wahrscheinlich erhöhter Auswaschung von gelöstem anorganischem Kohlenstoff infolge erhöhter Wurzelausscheidung (Bader et al. 2013). Auch alte Fichten (*Picea abies*) zeigten keine Wachstumsstimulation (Klein et al. 2016).

Diese experimentellen Befunde passen zu einer globalen Analyse von dendrochronologischen Daten, aus der Gedalof und Berg (2010) schlossen, dass nur ungefähr 20 % der Waldfläche der Erde von einem Düngungseffekt durch die **CO_2-Erhöhung** betroffen seien, dieser Faktor also bisher eher lokal wirkt (s. auch Körner et al. 2007). Dem widerspricht jedoch eine neuere Metaanalyse, basierend auf zahlreichen europäischen und nordamerikanischen Waldökosystemstudien, die den CO_2-Anstieg und nicht die Stickstoffeinträge als wichtigsten Treiber des rezenten Anstiegs der Nettoökosystemproduktion sieht (Fernández-Martínez et al. 2017). Auch die in den letzten 100 Jahren zunehmenden Radialzuwächse der Zirbe *(Pinus cembra)* in den österreichischen Alpen werden vor allem auf einen CO_2-Effekt und weniger auf die Erwärmung oder **Stickstoffeinträge** zurückgeführt (Nicolussi et al. 1995). Nach de Vries et al. (2009) und Ciais et al. (2008) lässt sich die Waldproduktivität in Europa gar nur zu 10 % (bzw. maximal 20–30 %) durch den Stickstoffdüngungseffekt erklären, während 70 bis 80 % auf den Einfluss der gestiegenen CO_2-Konzentration entfallen dürften. Als produktionssteigernd erwies sich in den Industriestaaten außerdem die durch Luftreinhaltungsmaßnahmen erzielte Reduktion der SO_2-Konzentration (Fernández-Martínez et al. 2017). Die teilweise widersprüchlichen Ergebnisse experimenteller und korrelativer Studien zum CO_2-Effekt auf temperate Wälder erfordert weitere und länger andauernde Studien, die andere Baumarten, Altersstadien und auch das Wurzelsystem mit einschließen.

Zunehmende Durchforstung kann eine weitere Ursache für ansteigende Zuwächse der Zielbäume in Nutzwäldern sein. In Europa hat die **Intensivierung der Waldwirtschaft** dazu geführt, dass das mittlere Alter der Bäume in den Forsten von 67 Jahren im Jahr 1950 auf 60 Jahre im Jahr 2010 abgenommen hat (Vilén et al. 2012). Diese Senkung des Durchschnittsalters der europäischen Wälder könnte zu der Zuwachssteigerung beigetragen haben. Wahrscheinlich stimulieren erhöhtes CO_2 und **chronische Stickstoffdeposition** das Waldwachstum nur vorübergehend, und zwar solange, bis andere Faktoren wie Wasser- oder Phosphormangel die Produktion limitieren. Braun et al. (2017) konnten des Weiteren zeigen, dass Buche und Tanne bei Stickstoffeinträgen über 20 bis 25 kg N ha^{-1} a^{-1} mit Wachstumsreduktion reagieren.

In scheinbarem Gegensatz zum Wachstumsanstieg stehen zahlreiche Berichte über **Vitalitätseinbußen** in den temperaten Wäldern Europas, Nordamerikas und Ostasiens seit den 1970er- oder 1980er-Jahren, die sich in Kronenverlichtung und langfristigen Zuwachsrückgängen, in manchen Fällen auch erhöhten Mortalitätsraten oder gar dem Absterben von Wäldern geäußert haben. Sie wurden zunächst als „neuartige Waldschäden" mit **Schadgasen (SO_2, Ozon)** und hohen **Säureeinträgen** in Wechselwirkung mit Stickstoffdeposition in Verbindung gebracht (Manion und Lachance 1992; Ciesla und Donaubauer 1994; Elling et al. 2007). Bei Buche *(Fagus sylvatica)*, Fichte *(Picea abies)* und anderen europäischen Baumarten ist es wahrscheinlich, dass die Schäden durch extreme Trockenjahre am Ende des letzten Jahrhunderts verstärkt wurden.

Seit der Jahrtausendwende werden in Europa an den **xerischen Verbreitungsgrenzen** von *Fagus sylvatica, Pinus sylvestris* und weiteren Baumarten in Mittel-, Südost- und Südwesteuropa (z. B. Ungarn, Wallis, Nordspanien) zunehmend **Kronenverlichtung,** langfristige **Zuwachsrückgänge** und erhöhte **Mortalität** beobachtet, die nicht mit chemischen Stressfaktoren, sondern mit der rezenten Klimaerwärmung erklärt werden (▶ Abschn. 5.6.3). Daten zur langfristigen Entwicklung des Kronenzustandes in den Wäldern der Schweiz zeigen, dass trockene und warme Sommer die Belaubung im Folgejahr reduzieren (Zierl 2004). Diese Beziehung ist bei Fichte und Buche am deutlichsten und im Tiefland ausgeprägter als im Bergland. Auch in den Laubwäldern im Osten der USA wurden seit 2000 Produktivitätsabnahmen festgestellt (Potter et al. 2012). Selbst für die als vergleichsweise trockenheitstolerant geltende Douglasie *(Pseudotsuga menziesii)* im Westen der USA zeigten Restaino et al. (2016), dass sie sensitiv auf erhöhte atmosphärische Sättigungsdefizite reagiert und ihr Dickenwachstum mit der Klimaerwärmung in vielen Regionen abnimmt.

In Ostasien weisen Bestände der Kerbbuche *(Fagus crenata)* am Südrand des Verbreitungsareals auf der japanischen Insel Kyushu seit Mitte des 20. Jahrhunderts einen kontinuierlichen Rückgang des Dickenzuwachses auf, der mit der Erwärmung erklärt wird (Mizunaga et al. 2005). Anders als bei den „neuartigen Waldschäden" in temperaten Wäldern am Ende des 20. Jahrhunderts wurden die genannten rezenten Zuwachsrückgänge vor allem im Tiefland beobachtet, während die Wälder höherer Lagen überwiegend steigende Zuwächse zeigen (Rolland et al. 1998; Savva et al. 2006; Salzer et al. 2009; Hartl-Meier et al. 2014; Dulamsuren et al. 2017).

Seit 2008 mehren sich Berichte, dass die **Rotbuche** *(Fagus sylvatica),* die vorherrschende Baumart der mitteleuropäischen Laubwaldzone, seit den 1970er- bis 1980er-Jahren auch im Zentrum ihres Verbreitungsgebietes langfristige Zuwachsrückgänge aufweist, und zwar in einem weitläufigen Gebiet zwischen Mittelitalien und Nordostdeutschland (z. B. Piovesan et al. 2008; Charru et al. 2010; Scharnweber et al. 2011; Kint et al. 2012; Härdtle et al. 2013b; Dulamsuren et al. 2017; Knutzen et al. 2017). In der Schweiz hat die Trockenstresssensitivität der Buche seit etwa 1980 nicht nur im Tiefland, sondern auch im humiden Klima der Bergwälder zugenommen (Weber et al. 2013).

Reduzierte Zuwächse korrelierten meist mit geringen Niederschlägen und hohen Temperaturen im Mai bis Juli des Vorjahres und/oder des laufenden Jahres (Hacket-Pain et al. 2016; Knutzen et al. 2017). Als mögliche physiologische Ursachen der Zuwachsrückgänge kommen Turgorreduktion im Stammkambium und/oder verringerte Kohlenstoffassimilation in Trockenperioden in Frage. Erhöhte Kohlenstoffallokation des Baumes in Wurzeln und Früchte sind weitere mögliche Einflussfaktoren (Aranda et al. 2012; Arend et al. 2016; Leuschner und Ellenberg 2017a). In manchen Regionen lassen sich die Zuwachsrückgänge der Buche weitgehend durch gesteigerte Fruktifikation in warmen, strahlungsreichen Sommern erklären (Hacket-Pain et al. 2015; Müller-Haubold et al. 2015;

Hacket-Pain et al. 2018). Extremereignisse wie der trocken-heiße Sommer 1976 können das Zuwachsverhalten noch für Jahrzehnte negativ beeinflussen (Peterken und Mountford 1996); sie spielen wahrscheinlich auch für die Ausprägung von Arealgrenzen eine zentrale Rolle (Rasztovits et al. 2014). Da die Zuwachsrückgänge in vielen Regionen etwa um die 1980er-Jahre einsetzten, liegt eine kausale Beziehung zum beschleunigten globalen Temperaturanstieg ab diesem Zeitpunkt nahe. Knutzen et al. (2017) und Zimmermann et al. (2015) konnten durch dendrochronologische Untersuchungen entlang von Niederschlagsgradienten zeigen, dass Buchenbestände im norddeutschen Tiefland langfristige Zuwachsrückgänge aufweisen, wenn der mittlere Sommerniederschlag (Juni–August) 200 mm unterschreitet. Bei den rezenten Vitalitätseinbußen in vielen temperaten Wäldern scheint es sich um ein großflächig verbreitetes Phänomen zu handeln: In den Wäldern Europas hat sich die Kohlenstoff-Senkenfunktion nach langjährigem Anstieg ab etwa 2005 nicht weiter erhöht (Nabuurs et al. 2013). Als eine der möglichen Ursachen diskutieren die Autoren die mit der Erwärmung abnehmende sommerliche Luftfeuchte als wachstumshemmenden Faktor.

Eine wichtige Rolle spielen hierbei **extreme Dürreperioden** wie jene im Sommer 2003, die in Europa im Wald- und Agrarland zu einer Reduktion der Bruttoproduktivität um 30 % geführt hat (Ciais et al. 2005). Die Landökosysteme Europas wandelten sich kurzfristig von einer Senke in eine Kohlenstoffquelle, weil die photosynthetische CO_2-Bindung stark zurückging. Reduziert wurde aber nicht nur die Photosynthese, sondern auch die heterotrophe und autotrophe Atmung, vermutlich weil sie während der Trockenheit substratlimitiert war.

In Europa wurden rezente Zuwachsrückgänge und Vitalitätsabnahmen außer bei **Rotbuche** *(Fagus sylvatica)* vor allem bei der wenig trockenheitstoleranten **Fichte** *(Picea abies)* beobachtet (Zang et al. 2014). Andere mitteleuropäische Laubholzarten mit wahrscheinlich größerer Trockenheitstoleranz wie

Hainbuche *(Carpinus betulus)*, Winterlinde *(Tilia cordata)*, Esche *(Fraxinus excelsior)* und Traubeneiche *(Quercus petraea)* zeigen dagegen keine vergleichbaren Zuwachsrückgänge (Härdtle et al. 2013a; Zimmermann et al. 2015). Im extrem heißen und trockenen Sommer 2018 wurde allerdings bei zahlreichen Baumarten eine **vorzeitige Blattseneszenz** beobachtet. Dies betraf verbreitet die Rotbuche, aber auch – allerdings in weitaus geringerem Maße – andere Laubhölzer wie Hainbuche, Linde und Ahorn (◘ Abb. 5.25).

5.6.3 Baummortalität

Obwohl die Niederschläge vergleichsweise hoch sind, wurde auch in manchen Regionen am Rande des temperaten Waldbioms in den letzten Jahrzehnten erhöhte **Baummortalität** und flächenhaftes Absterben von Wäldern beobachtet, ähnlich wie es in den südborealen, mediterranen und subtropisch-ariden Zonen registriert wurde (Allen et al. 2010). Diese Ereignisse wurden sehr wahrscheinlich durch außergewöhnlich heiße und trockene Sommer, oft in Verbindung mit Schadorganismenbefall, verursacht. Als **Beispiele aus Europa** können das flächenhafte Absterben von *Fagus sylvatica* an ihrem südwestlichen und südöstlichen Arealrand in Nordspanien und Ungarn (Peñuelas et al. 2007; Lakatos und Molnar 2009), stark erhöhte Mortalität von *Pinus sylvestris* und Verdrängung durch die submediterrane Flaumeiche *(Quercus pubescens)* in trockenen inneralpinen Tälern (Oberhuber 2001; Rebetez und Dobbertin 2004; Rigling et al. 2013) und verbreitetes trockenheitsbedingtes Eichensterben in Polen (Siwecki und Ufnalski 1998) genannt werden. Für die temperaten Zonen **Nord- und Südamerikas** lassen sich das flächenhafte Absterben von *Populus tremuloides* im mittleren Westen der USA und Kanadas (Hogg et al. 2008; Worrall et al. 2008), die steigende Mortalität in den temperaten Koniferenwäldern (◘ Abb. 5.26) des pazifischen Nordwestens der USA (van Mantgem et al. 2009) und die sterbenden

Nothofagus dombeyi-Wälder in Nordpatagonien und *Nothofagus pumilio*-Wälder in Nord- und Südpatagonien (Suarez et al. 2004; Suarez und Kitzberger 2010; Rodriguez-Caton et al. 2016) anführen. Das verstärkte Absterben von *Quercus crispula*-Wäldern in **Japan** seit den 1990er-Jahren, verursacht durch den Ambrosiapilz *(Raffaelea* sp.), wird mit zunehmender Sommerwärme in Verbindung gebracht (Kamata et al. 2007). Auch in den *Nothofagus*-Wäldern **Neuseelands** wurde wiederholt flächenhaftes Absterben beobachtet (Hosking und Kershaw 1985; Hosking und Hutcheson 1986), für das trockenheitsbedingter Schadfraß durch Insekten verantwortlich gemacht wurde. Vermutlich aufgrund der vergleichsweise geringen rezenten Erwärmung sind jedoch in Neuseeland durch den Klimawandel verursachte Waldschäden bisher unauffällig (Allen et al. 2013).

Insbesondere nach den **extrem heißen und trockenen Sommern** 1976, 2003 und 2018 wurde in vielen Regionen Europas eine erhöhte Mortalität bei *Fagus sylvatica* und anderen trockenheitsempfindlichen Baumarten beobachtet, was im Zusammenhang mit den weit verbreiteten Zuwachsrückgängen zu sehen ist. Die Sterblichkeitsrate ist im temperaten Europa im Mittel generell niedriger als im mediterranen Südeuropa ($0{,}31 - 0{,}23\,\%\ \mathrm{a}^{-1}$ vs. $1{,}39\,\%\ \mathrm{a}^{-1}$; Neumann et al. 2017). Sie erhöht sich jedoch sowohl mit der Trockenheit des Frühsommers wie auch mit hohen Sommertemperaturen im Vorjahr (◘ Abb. 5.27). Nach dem Extremsommer 2003 stieg die Sterblichkeit der Laubbäume im europäischen Walduntersuchungsflächennetz (◘ Abb. 5.28) von 0,2 auf $0{,}5\,\%\ \mathrm{a}^{-1}$, die der Nadelbäume auf $1{,}2\,\%\ \mathrm{a}^{-1}$ an (Renaud und Nageleisen in Bréda et al. 2006; Petercord 2008). Aus den Schweizer Wäldern gibt es Belege für eine langfristige Zunahme der Mortalität seit den 1980er-Jahren (Etzold et al. 2016). Das gilt auch für die europäischen temperaten Wälder insgesamt, wo sich die Mortalität der Bäume seit 1984 auf mehr als das Doppelte erhöht hat (Senf et al. 2018).

Infolge der ausgeprägten **Dürre und Hitze im Sommer 2018** ist die Baummortalität in

■ **Abb. 5.25** Durch die lang anhaltende, intensive Dürre und Hitze trat im Sommer 2018 in Mitteleuropa vielerorts vorzeitige Blattseneszenz bereits während des Sommers auf: (**a**) Großflächige Braunfärbung in einem von der Rotbuche dominierten Laubmischwald mit starker Braunfärbung bei der Rotbuche, Gelbfärbung bei Linde, Ahorn und Hainbuche, aber grünen Eschen und Eichen. (**b**) Südexponierter Waldrand mit stark braungefärbter Rotbuche, braungefärbter Hainbuche und vergilbtem Ahorn, die mediterran-zentralasiatisch verbreitete Walnuss *(Juglans regia)* aber mit grünen Blättern. Kanton Schaffhausen, Schweiz, Mitte August 2018. (Fotos: A. Rigling, WSL Birmensdorf, Schweiz)

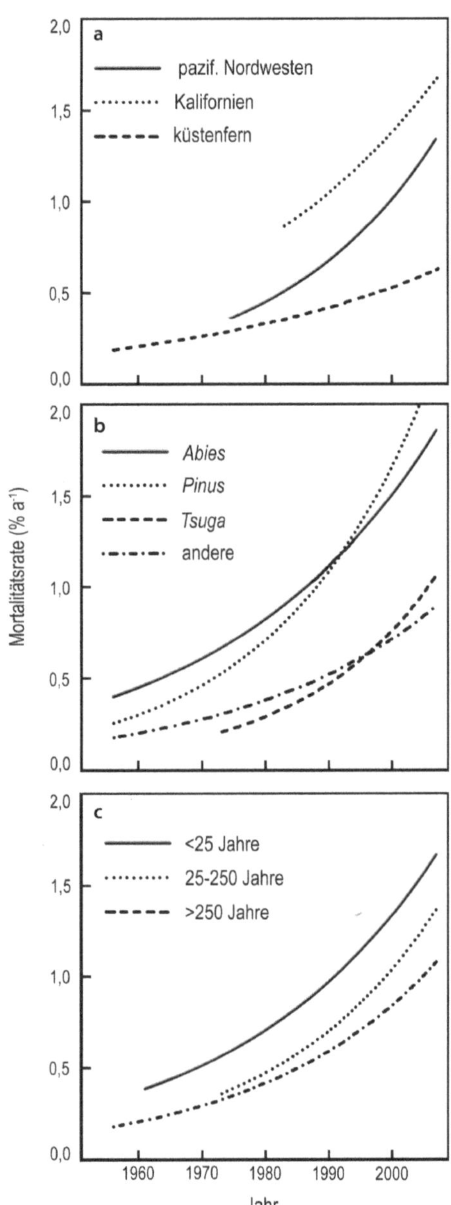

▣ Abb. 5.26 Modellierte Trends in der Mortalitätsrate von Bäumen im Zeitraum von 1955 bis 2007 in (**a**) drei verschiedenen Regionen der USA, (**b**) von verschiedenen Baumgattungen und (**c**) drei unterschiedlichen Altersklassen, basierend auf Bestandesinventuren in 76 unbewirtschafteten Waldbeständen in drei Regionen der westlichen USA. Die stärksten Mortalitätsanstiege in den letzten 50 Jahren wurden bei jungen Bäumen festgestellt. (Nach van Mantgem et al. 2009, S. 522)

Mitteleuropa stark angestiegen. Sehr hohe Mortalitätsraten traten durch die Kombination von Trockenheit und Borkenkäferbefall bei *Picea abies* außerhalb ihres natürlichen Verbreitungsgebietes in niederschlagsreichen Gebirgslagen auf (▣ Abb. 5.29). Auch die trockenheitstolerantere *Pinus sylvestris* starb verbreitet, wohl meist in Verbindung mit Pilzinfektionen, ab (Kunert 2019). Bei *Fagus sylvatica* ließ sich lokal beobachten, dass die Bäume, die 2018 vorzeitig ihr Laub verloren hatten, im Folgejahr nicht wieder austrieben. Die Mehrheit der Rotbuchen war jedoch 2019 wieder belaubt.

In den temperaten Wäldern im Nordosten der USA (▣ Abb. 5.30) hat sich der Anteil der Waldfläche mit Baumschäden (einschließlich sterbender Bäume) vom Zeitraum 1985/1997 bis 1997/2012 mehr als verdreifacht (Cohen et al. 2016). Dies wird wie in Europa mit außergewöhnlich heißen und trockenen Sommern in Verbindung gebracht. Als besonders trockenstressempfindlich erwiesen sich, neben anderen Arten, *Quercus alba, Q. velutina* und *Fraxinus americana* (Gu et al. 2015).

Als direkte **Todesursache der Bäume** nach trocken-heißen Sommern werden Dysfunktion des Xylems nach Embolisierung (**hydraulisches Versagen**, *Hydraulic Failure*), Kohlenhydratmangel nach trockenheitsbedingtem Stomaschluss *(Carbon Starvation)* und Infektion mit Pathogenen infolge verringerter Abwehr diskutiert (Sala et al. 2010; McDowell 2011). In vielen temperaten Wäldern wurde beobachtet, dass geschädigte Bäume im Anschluss an eine extreme Trockenperiode oft noch viele Jahre lebten und erst Jahre oder Jahrzehnte später starben. In den Laubmischwäldern im Osten der USA wiesen Bäume, die eine Trockenperiode zunächst überlebt hatten, später jedoch starben, in der Zwischenzeit für bis zu 10 Jahre **stark verringerte Zuwächse** auf (Berdanier und Clark 2016). Geringe Zuwächse in den 20 Jahren vor dem Tod sind auch bei *Fagus sylvatica* in Mitteleuropa gute Mortalitätsindikatoren (Gillner et al. 2013). Dies gilt ebenso für *Abies alba* und *Pinus sylvestris*

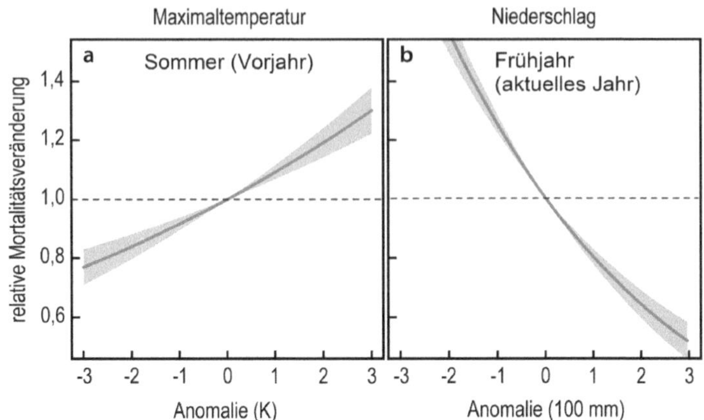

☐ **Abb. 5.27**   Relative Veränderung der Sterblichkeit von Bäumen in Europa in Abhängigkeit von (**a**) der Maximaltemperatur im Sommer des Vorjahres (Juni–August) sowie (**b**) dem Niederschlag im Zeitraum des Frühjahres des aktuellen Jahres (März–Mai). Anomalien bezeichnen die Abweichung vom langjährigen Mittel. Eine Veränderung von 1,2 bedeutet eine 20 % höhere Mortalität im Vergleich zu einem mittleren Jahr. (Nach Neumann et al. 2017, S. 4793)

☐ **Abb. 5.28**   Jährliche Mortalitätsrate von Laub- und Nadelbäumen in den Schweizer Wäldern im Zeitraum von 1986 bis 2013. Auffallend ist die erhöhte Laubbaummortalität nach dem Extremsommer 2003. (Nach Sanasilva-Inventur, WSL Birmensdorf, Schweiz)

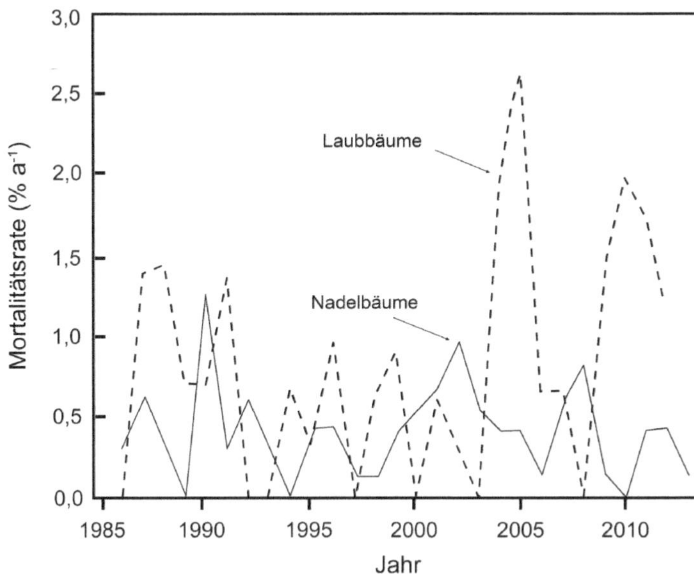

in Nordostspanien (Camarero et al. 2015). Sterbende Bäume weisen häufig vor ihrem Tod verringerte Gehalte an nichtstrukturellen Kohlenhydraten, eine reduzierte hydraulische Leitfähigkeit und verringerte Blattflächen auf. Sie leiden zudem vielfach an **pathogenen Pilzinfektionen** an Wurzel oder Stamm, **Borkenkäferbefall** und **Blattverlust** **durch Insektenfraß** (Poyatos et al. 2013; Aguade et al. 2015; Anderegg et al. 2015; Jakoby et al. 2016). Primäre oder sekundäre Pilzinfektionen können die Kohlenhydrat- und Wasserversorgung von durch Trockenperioden geschwächten Bäumen so weit reduzieren, dass diese an Kohlenstoffmangel oder Dehydrierung sterben (Oliva et al. 2014).

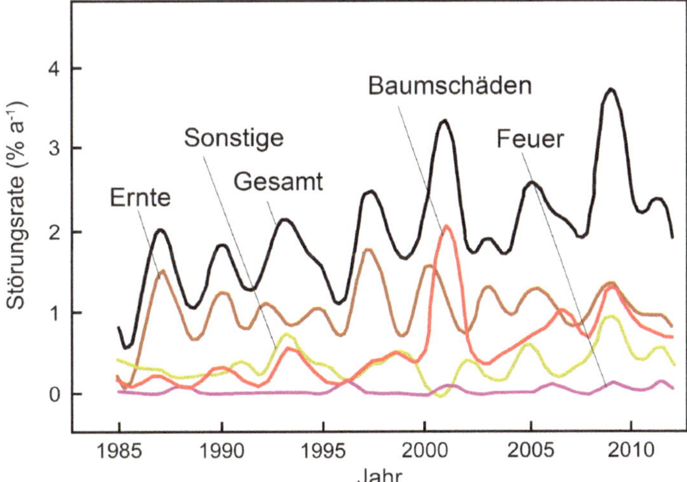

◘ **Abb. 5.29**   Infolge des extrem trockenen und heißen Sommers 2018 abgestorbene Fichten *(Picea abies)* neben vitaler Rotbuche *(Fagus sylvatica)* an einem Waldrand außerhalb des natürlichen Verbreitungsgebietes der Fichte. Weser-Leine-Bergland, Deutschland, Mitte Juni 2019. (Foto: M. Hauck)

◘ **Abb. 5.30**   Jährliche Störungsrate in den Wäldern im Nordosten der USA im Zeitraum von 1985 bis 2013 nach Störungsklassen (geglättete Kurven). Die Klasse Baumschäden schließt Vitalitätsverlust sowie Mortalität durch Insektenbefall und andere Faktoren ein. (Nach Cohen et al. 2016, S. 247)

Nicht nur sinkende Niederschlagsmengen, sondern auch zunehmende Niederschlagsvariabilität in einem wärmeren Klima können die Sterblichkeit von Bäumen erhöhen. Eine Abfolge von mehreren feuchten Jahren kann nämlich Bäume für trockenheitsbedingte Mortalität in den Folgejahren prädisponieren, wenn in feuchten Sommern größere Blattflächen ausgebildet werden *(Structural Overshoot)*, als in Trockenperioden physiologisch sinnvoll sind (Jump et al. 2017).

5.6.4 Wandel in der Baumartenzusammensetzung und Effekte auf Ökosystemfunktionen

Zunehmend heiße und trockene Sommer können langfristig zu einem **Wandel in der Artenzusammensetzung** temperater Wälder führen. Erhöhte Trockenstressexposition ist die wahrscheinliche Ursache von mehreren, in den letzten Jahrzehnten beobachteten Waldsukzessionen (s. Übersicht in Martinez-Vilalta und Lloret 2014). Hier zu nennen sind der Wandel von *Tilia americana-Fagus grandifolia*-Wäldern in *Acer saccharum-Aesculus flava*-Wälder in North Carolina (USA) (Olano und Palmer 2003), das Zurückweichen von *Fagus sylvatica* zugunsten von *Fraxinus excelsior* und *Quercus petraea* in verschiedenen englischen Laubwäldern (Cavin et al. 2013), das Verdrängen von *Pinus sylvestris* durch *Quercus pubescens* in einigen trockenen inneralpinen Wäldern (Rigling et al. 2013) und der Wandel von *Nothofagus dombeyi*-Wäldern in Nordpatagonien hin zu trockenheitstoleranteren *Austrocedrus chilensis*-Wälder (Suarez und Kitzberger 2008). Der von der Erwärmung bewirkte Vegetationswandel kann durch zunehmende Sturmintensität und Brandhäufigkeit sowie durch von höheren Temperaturen begünstigten Schädlingsbefall beschleunigt werden.

Durch die Erwärmung bewirkte Veränderungen in der Populationsstruktur und Artenzusammensetzung der Wälder haben oft tiefgreifende Auswirkungen auf andere Biota

und wichtige Ökosystemfunktionen wie die **Kohlenstoff-Senkenfunktion** (Anderegg et al. 2013). Wenn Bäume großflächig absterben, reduziert dies die Kohlenstoff-Senkenfunktion des Waldes für Jahrzehnte, und beträchtliche CO_2-Mengen können freigesetzt werden. Große Totholzmengen erhöhen wiederum die Feuergefahr (Amiro et al. 2010; Hanson und Weltzien 2000).

Modellberechnungen von Frank et al. (2015) deuten an, dass der **Wasserverbrauch** der europäischen Laubwälder im Verlauf des 20. Jahrhunderts trotz erhöhter **Wassernutzungseffizienz** um etwa 11 %, jener der Nadelwälder um 2 % angestiegen ist, weil die Vegetationsperiode länger, der **Blattflächenindex** höher und das atmosphärische Sättigungsdefizit heute größer sind (◘ Abb. 5.31). Diese Entwicklung dürfte Wasserspareffekte aufgrund gestiegener Wassernutzungseffizienz mehr als kompensiert und die Trockenstressexposition erhöht haben.

Durch den Klimawandel bewirkte Veränderungen in den Sommer- und Wintertemperaturen und in der Bodenfeuchte beeinflussen auch die **Spurengasflüsse** (Brüggemann und Butterbach-Bahl 2017). Aus Waldböden wird vermehrt Lachgas (N_2O) nach dem Auftauen des gefrorenen Bodens emittiert, wenn hohe Bodenfeuchte herrscht. Dies könnte durch wärmere Winter verstärkt werden. Höhere Bodentemperaturen im Winter begünstigen die Stickstoffmonoxid (NO)- und CO_2-Emissionen (Bodenatmung) aus Waldböden, höhere Bodenfeuchte reduziert sie (Wu et al. 2010). Es fehlen bisher langfristige Zeitreihen, die Effekte der Klimaerwärmung auf die Spurengasflüsse eindeutig belegen.

5.6.5 Anpassung temperater Bäume an den Klimawandel

Bäume können sich mit zahlreichen Mechanismen auf physiologischer und morphologisch-anatomischer Ebene an ein wärmeres und vielfach trockeneres Klima sowie die erhöhte CO_2-Konzentration anpassen. Zu den wichtigsten Anpassungsmechanismen

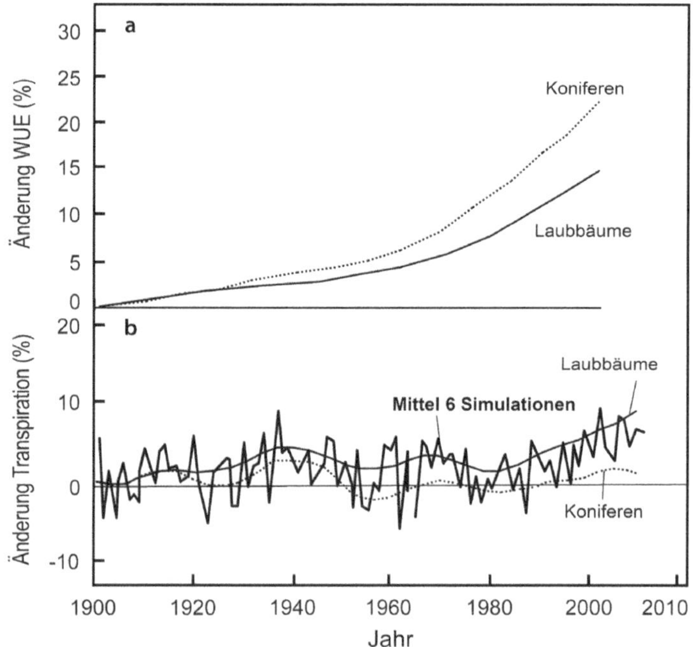

◘ Abb. 5.31   (a) Veränderungen in der Wassernutzungseffizienz (WUE) von Nadel- und Laubbaumbeständen in Europa seit 1900 relativ zur Periode von 1901 bis 1910 (^{cc}iWUE, intrinsische klimakorrigierte WUE). (b) Berechnete Veränderung der Transpiration von Nadel- und Laubbaumbeständen in Europa seit 1900: Mittel von 6 verschiedenen Modellsimulationen (durchgezogene Linie) und geglättete Kurven für Nadel- und Laubbaumbestände. (Nach Frank et al. 2015, S. 581)

gehören die langfristige Reduktion der Blattleitfähigkeit, verbunden mit einer Erhöhung der Wassernutzungseffizienz in der Photosynthese, die temporäre oder dauerhafte Reduktion der Blattfläche, verstärkte Investition in das Wurzelsystem und Veränderungen in der hydraulischen Architektur. Weitere mögliche Antworten auf zunehmende Sommerwärme und -trockenheit sind die Beseitigung von Embolien, Turgorerhöhung durch osmotische Anpassung und Modifikation der Zellwandelastizität, verstärkte Kohlenstoffallokation in die Abwehr von Pathogenen sowie Verringerung der Respiration (Mencuccini 2003; Aranda et al. 2012; Filewood und Thomas 2014; Arend et al. 2016; Leuschner und Ellenberg 2017a). Vielfach untersucht sind die Anpassung an erhöhte CO_2-Konzentrationen, die Steigerung der Wassernutzungseffizienz und die Erhöhung der Trockenstresstoleranz.

Schlussfolgerungen zur **Anpassung an erhöhte CO_2-Konzentration** lassen sich aus Begasungsexperimenten mit CO_2 ableiten. In verschiedenen Freilandexperimenten mit der Free-Air Carbon Dioxide Enrichment (FACE)-Technik stieg die Produktivität junger Bäume bei Verdopplung der CO_2-Konzentration im Mittel um 23 % an (Norby et al. 2005). Stickstoff- und Wassermangel begrenzen jedoch vielfach die Wachstumsstimulation, und der Effekt kann nach mehreren Jahren deutlich nachlassen. So hatte sich nach 11-jähriger CO_2-Begasung von *Liquidambar styraciflua*-Jungbäumen der Anstieg der Nettoprimärproduktion von 24 % auf 9 % reduziert (Norby et al. 2010). Zudem fällt die Wachstumsförderung durch erhöhte CO_2-Konzentrationen bei den Baumarten sehr unterschiedlich aus (Dawes et al. 2011).

Ein weiterer Anpassungsmechanismus besteht in der **Steigerung der Wassernutzungseffizienz**. In Anpassung an den CO_2-Anstieg seit vorindustrieller Zeit (▶ Abschn. 1.2) haben temperate Bäume ihre Blattleitfähigkeit reduziert und damit ihren Wasserverbrauch eingeschränkt und gleichzeitig ihre photosynthetische Wassernutzungseffizienz (WUE_i) erhöht. In Regionen mit deutlich ansteigender Trockenheitsbelastung wurde beobachtet, dass Wasserverknappung den WUE_i-Anstieg zusätzlich verstärkt hat (Peñuelas et al. 2008). Aus der Veränderung der $\delta^{13}C$-Signatur in der Cellulose der Jahrringe errechneten Frank et al. (2015), dass die WUE_i der Laubbäume in Europa im 20. Jahrhundert um etwa 14 % angestiegen sein muss, jene der Nadelbäume gar um ca. 22 % (◘ Abb. 5.31). Die Biomasseproduktion ist also im heutigen CO_2-reicheren Klima mit relativ weniger Wasserverbrauch verbunden als früher (s. auch Saurer et al. 2004). Dennoch hat der WUE_i-Anstieg nicht zu einer höheren Waldproduktivität geführt (Silva und Anand 2013; Allen et al. 2015); zunehmende Holzproduktion im 20. Jahrhundert, wie sie in verschiedenen temperaten Waldregionen beobachtet wurde, hat andere Ursachen (▶ Abschn. 5.6.2).

Zumindest manche Baumarten sind in begrenztem Maße auch zu einer **Erhöhung der Trockenstresstoleranz** in der Lage. Für den Zerstreutporer *Fagus sylvatica* konnten Schuldt et al. (2016) zeigen, dass in einem trockeneren und wärmeren Klima engere Gefäße im Xylem ausgebildet werden und das Wasserpotenzial, bei dem die hydraulische Leitfähigkeit durch Emboliebildung auf die Hälfte reduziert ist (P_{50}-Wert), bei negativeren Werten erreicht wird, also die **Embolieresistenz** zunimmt. Ähnliche hydraulische Anpassungen an Trockenheit wurden auch bei ringporigen temperaten Bäumen (z. B. *Quercus*-Arten) gefunden (Martínez-Sancho et al. 2017). Welchen Risiken temperate Wälder unter einem wärmeren und trockeneren Klima ausgesetzt sein werden, kann nur auf der Grundlage eines besseren Verständnisses der Anpassungsfähigkeit der wichtigsten Baumarten beurteilt werden.

Literatur

Aguade D, Poyatos R, Gomez M, Oliva J, Martínez-Vilalta J (2015) The role of defoliation and root rot pathogen infection in driving the mode of drought-related physiological decline in Scots pine (*Pinus sylvestris* L.). Tree Physiol 35:229–242

Ahmed M, Anchukaitis KJ, Asrat A et al (2013) Continental-scale temperature variability during the past two millennia. Nat Geosci 6:339–346

Ainsworth EA, Long SP (2005) What have we learned from 15 years of free-air CO_2 enrichment (FACE)? A meta-analytic review of the response of photosynthesis, canopy properties and plant production to rising CO_2. New Phytol 165:351–372

Ainsworth EA, Rogers A (2007) The response of photosynthesis and stomatal conductance to rising [CO_2]: mechanisms and environmental interactions. Plant, Cell Environ 30:258–270

Allen CD, Macalady AK, Chenchouni H et al (2010) A global overview of drought and heat-induced tree mortality reveals emerging climate change risks for forests. For Ecol Manag 259:660–684

Allen CD, Breshears DD, McDowell NG (2015) On underestimation of global vulnerability to tree mortality and forest die-off from hotter drought in the Anthropocene. Ecosphere 6 (article 129):1–55

Allen RB, Bellingham PJ, Holdaway RJ, Wiser SK (2013) New Zealand's indigenous forests and shrublands. In: Dymond JR (Hrsg) Ecosystem services in New Zealand – conditions and trends. Manaaki Whenua Press, Lincoln, S 34–48

Amano T, Smithers RJ, Sparks TH, Sutherland WJ (2010) A 250-year index of first flowering dates and its response to temperature changes. Proc Roy Soc B 277:2451–2457

Amano T, Freckleton RP, Queenborough SA, Doxford SW, Smithers RJ, Sparks TH, Sutherland WJ (2014) Links between plant species' spatial and temporal response to a warming climate. Proc Roy Soc B 281(20133017):1–9

Amiro BD, Barr AG, Barr JG et al (2010) Ecosystem carbon dioxide fluxes after disturbance in forests of North America. J Geophys Res 115 (G00K02):1–13

Anderegg WRL, Kane JM, Anderegg LDL (2013) Consequences of widespread tree mortality triggered by drought and temperature stress. Nat Clim Change 3:30–36

Anderegg WRL, Hicke JA, Fisher RA et al (2015) Tree mortality from drought, insects, and their interactions in a changing climate. New Phytol 208:674–683

Aono Y, Kazui K (2008) Phenological data series of cherry tree flowering in Kyoto, Japan, and its application to reconstruction of springtime temperatures since the 9th century. Int J Clim 28:905–914

Aranda I, Gil-Pelegrin E, Gasco A et al (2012) Drought response of forest trees: from the species to the gene. In: Aroca R (Hrsg) Plant responses to drought stress. Springer, Heidelberg, S 293–333

Arend M, Braun S, Buttler A, Siegwolf RTW, Signarbieux C, Körner C (2016) Ökophysiologie: Reaktionen von Waldbäumen auf Klimaänderungen. In: Pluess AR, Augustin S, Brang P (Hrsg) Wald im Klimawandel. Grundlagen und Adaptationsstrategien. Haupt, Bern, S 77–91

Auge H, Brandl R (1997) Seedling recruitment in the invasive clonal shrub *Mahonia aquifolium* Pursh (Nutt.). Oecologia 110:205–211

Augspurger CK (2013) Reconstructing patterns of temperature, phenology, and frost damage over 124 years: spring damage risk is increasing. Ecology 94:41–50

Bader MK-F, Leuzinger S, Keel SG, Siegwolf RT, Hagedorn F, Schleppi P, Körner C (2013) Central European hardwood trees in a high-CO_2 future: synthesis of an 8-year forest canopy CO_2 enrichment project. J Ecol 101:1509–1519

Balanzategui D, Knorr A, Heussner K-U, Wazny T, Beck W, Słowiński M, Helle G, Buras A, Wilmking M, Van der Maaten E, Scharnweber T, Dorado-Liñán I, Heinrich I (2017) An 810-year history of cold season temperature variability for northern Poland. Boreas 47:443–453

Baldocchi C, Wong S (2008) Accumulated winter chill is decreasing in the fruit growing regions of California. Clim Change 87:153–166

Barriopedro D, Fischer EM, Luterbacher J, Trigo RM, Garcia-Herrera R (2011) The hot summer of 2010: redrawing the temperature record map of Europe. Science 332:220–224

Beckage B, Osorne B, Gavin DG, Pucko C, Siccama T, Perkins T (2008) A rapid upward shift of a forest ecotone during 40 years of warming in the green mountains of Vermont. Proc Natl Acad Sci USA 105:4197–4202

Becker P, Jacob D, Deutschländer T et al (2012) Klimawandel in Deutschand. In: Moosbrugger V, Brasseur G, Schaller M, Stribrny B (Hrsg) Klimawandel und Biodiversität – Folgen für Deutschland. Wissenschaftliche Buchgesellschaft, Darmstadt, S 23–37

Bednorz E (2011) Synoptic conditions of the occurrence of snow cover in central European lowlands. Int J Climatol 31:1108–1118

Beebee T (2018) Climate change and British wildlife. Bloomsbury, London

Bellassen V, Viovy N, Luyssaert S, Le Maire G, Schelhaas M-J, Ciais P (2011) Reconstruction and attribution of the carbon sink of European forests 1950–2000. Glob Change Biol 17:3274–3292

Berdanier AB, Clark JS (2016) Multiyear drought-induced morbidity preceding tree death in southeastern U.S. forests. Ecol Appl 26:17–23

Bergamini A, Ungricht S, Hofmann H (2009) An elevational shift of cryophilous bryophytes in the last century – an effect of climate warming? Divers Distrib 15:871–879

Bertrand R, Lenoir J, Piedallu C, Riofrio-Dillon G, de Ruffray P, Vidal C, Pierrat J-C, Gégout J-C (2011) Change in plant community composition lags behind climate warming in lowland forests. Nature 479:517–520

Bock A, Sparks TH, Estrella N, Menzel A (2013) Changes in the timing of hay cutting in Germany do not keep pace with climate warming. Glob Change Biol 19:3123–3132

Bollens U, Ramseier D (2001) Shift in abundance in fen-meadow species along a nutrient gradient in a field experiment. Bull Geobot Inst ETH 67:57–71

Bonn S, Poschlod P (1998) Ausbreitungsbiologie der Pflanzen Mitteleuropas. Quelle & Meyer, Wiesbaden

Both C, van Asch M, Bijlsma RG, van den Burg AB, Visser ME (2009) Climate change and unequal phenological changes across four trophic levels: constraints or adaptations? J Animal Ecol 78:73–83

Bragazza L (2008) A climatic threshold triggers the die-off of peat mosses during an extreme heat wave. Glob Change Biol 14:2688–2695

Braithwaite ME, Ellis RW, Preston CD (2006) Change in the British flora 1987–2004. Botanical Society of the British Isles, London

Braun S, Schindler C, Rihm B (2017) Growth trends of beech and Norway spruce in Switzerland: the role of nitrogen deposition, ozone, mineral nutrition and climate. Sci Total Environ 599–600:637–646

Braun-Blanquet J (1955) Die Vegetation des Piz Languard, ein Massstab für Klimaänderungen. Svensk Bot Tidskr 49:1–9

Braun-Blanquet J (1957) Ein Jahrhundert Florenwandel am Piz Linard (3414 m). Bull Jardin Bot de l'État, Volume Jubilaire Walter Robyns (Comm. SIGMA 137), S. 221–232

Brázdil R, Dobrovolny P, Luterbacher J, Moberg A, Pfister C, Wheeler D et al (2010) European climate of the past 500 years: new challenges for historical climatology. Clim Change 101:7–40

Bréda N, Huc R, Granier A, Dreyer E (2006) Temperate forest trees and stands under severe drought: a review of ecophysiological responses, adaptation processes and long-term consequences. Ann For Sci 63:625–644

Britton AJ, Beale CM, Towers W, Hewison RL (2009) Biodiversity gains and losses: evidence for homogenization of Scottish alpine vegetation. Biol Conserv 142:1728–1739

Brown RD, Robinson DA (2011) Northern hemisphere spring snow cover variability and change over 1922–2010 including an assessment of uncertainty. Cryosphere 5:219–229

Brüggemann N, Butterbach-Bahl K (2017) Biogeochemische Stoffkreisläufe. In: Brasseur G, Jacob D, Schuck-Zöller S (Hrsg) Klimawandel in Deutschland. Springer Spektrum, Berlin, S 173–181

Callauch R (1983) Untersuchungen zur Biologie und Vergesellschaftung der Stechpalme *(Ilex aquifolium)*. Diss Univ Kassel, Kassel

Camarero JJ, Glazol A, Sangüesa-Barreda G, Oliva J, Vicente-Serrano M (2015) To die or not to die: early warnings of tree dieback in response to a severe drought. J Ecol 103:44–57

Canadell JG, Pataki DE, Gifford R, Houghton RA, Luo Y, Raupach MR (2007) Saturation of the terrestrial carbon sink. In: Canadell JG, DE Pataki, Pitelka LF (Hrsg) Terrestrial ecosystems in a changing world. Springer, Berlin, S 59–78

Cavin L, Mountford EP, Peterken GF, Jump AS (2013) Extreme drought alters competitive dominance within and between tree species in a mixed forest stand. Funct Ecol 27:1424–1435

Cavin L, Jump AS (2016) Highest drought sensitivity and lowest resistance to growth suppression are found in the range core of the tree Fagus sylvatica L. not the equatorial range edge. Glob Change Biol, ▶ https://doi.org/10.1111/gcb.13366

Chapman DS (2013) Greater phenological sensitivity to temperature on higher Scottish mountains: new insights from remote sensing. Glob Change Biol 19:3463–3471

Carey PD (2015) Biodiversity climate change report card technical paper. 5. Impacts of climate change on terrestrial habitats and vegetation. Biodiversity Report Card Paper 5. Bodsey Ecology, Huntingdon

Charru M, Seynave I, Morneau F, Bontemps J-D (2010) Recent changes in forest productivity: an analysis of national forest inventory data for common beech (*Fagus sylvatica* L.) in north-eastern France. For Ecol Manag 260:864–874

Chen L, Huang J-G, Ma Q, Hänninen H, Tremblay F, Bergeron Y (2019) Long-term changes in the impacts of global warming on leaf phenology of four temperate tree species. Glob Change Biol 25:997–1004

Chiune I, Cour P, Rousseau DD (1998) Fitting models predicting dates of flowering of temperate-zone trees using simulated annealing. Plant Cell Environ 21:455–466

Chmielewski F-M, Müller A, Bruns E (2004) Climate changes and trends in phenology of fruit trees and field crops in Germany, 1961–2000. Agric For Meteorol 121:69–78

Chocholoušková Z, Pyšek P (2003) Changes in composition and structure of urban flora over 120 years: a case study of the city of Plzeň. Flora 198:366–376

Christiansen B, Ljungqvist FC (2012) The extra-tropical Northern Hemisphere temperature in the last two millenia: reconstructions of low-frequency variability. Clim Past 8:765–786

Ciais P, Reichstein M, Viovy N et al (2005) Europe-wide reduction in primary productivity caused by the heat and drought in 2003. Nature 437:529–533

Ciais P, Schelhaas MJ, Zaehle S, Piao SL, Cescatti A, Liski J, Luyssaert S, Le-Maire G, Schulze E-D, Bouriaud O, Freibauer A, Valentini R, Nabuurs GJ (2008) Carbon accumulation in European forests. Nat Geosci 1:425–429

Ciesla WM, Donaubauer E (1994) Decline and dieback of trees and forests. A global overview. FAO Forestry Paper 120. FAO, Rome

Cohen WB, Yang Z, Stehman SV, Schroeder TA, Bell DM, Masek JG, Huang C, Meigs GW (2016) Forest disturbance across the conterminous United States from 1985–2012: the emerging dominance of forest decline. For Ecol Manag 360:242–252

Cook BI, Wolkovich EM, Parmesan C (2012) Divergent responses to spring and winter warming drive community level flowering trends. Proc Natl Acad Sci USA 109:9000–9005

Coumou D, Rahmstorf S (2012) A decade of weather extremes. Nat Clim Change 2:491–496

Cousins SAO (2009) Extinction debt in fragmented grasslands: paid or not? J Veg Sci 20:3–7

Crimmins SM, Dobrowski SZ, Greenberg JA, Abatzoglou JT, Mynsberge AR (2011) Changes in climatic water balance drive downhill shifts in plant species' optimum elevations. Science 331:324–327

Dawes MA, Hättenschwiler S, Bebi P, Hagedorn F, Handa IT, Körner C, Rixen C (2011) Species-specific tree growth responses to 9 years of CO_2 enrichment at the alpine treeline. J Ecol 99:383–394

de Boeck HJ, Verbeeck H (2011) Drought associated changes in climate and their relevance for ecosystem experiments and models. Biogeosciences 8:1121–1130

Defila C, Clot B (2003) Long-term urban-rural comparisons. In: Schartz MD (Hrsg.) Phenology: an integrative environmental science. Task for Vegetation Science 38:541–554

De Frenne P, Rodríguez-Sánchez F, Coomes DA et al (2013) Microclimate moderates plant responses to macroclimate warming. Proc Natl Acad Sci USA 110:18561–18565

Dekker J (2003) Evolutionary biology of the foxtail (*Setaria*) species-group. In: Inderjit (Hrsg) Weed biology and management. Kluwer, Dordrecht, S 65–114

Della-Marta PM, Haylock MR, Luterbacher J, Wanner H (2007) Doubled length of western European summer heat waves since 1880. J Geophys Res 112(D15103):1–11

de Vries W, Reinds GJ, Kerkvoorde M et al (2000) Intensive monitoring of forest ecosystems in Europe.

Technical Report 2000. UN/ECE, Forest Intensive Monitoring Coordinate Institute, Heerenveen

de Vries W, Solberg S, Dobbertin M et al (2009) The impact of nitrogen deposition on carbon sequestration by European forests and heathlands. For Ecol Manag 258:1814–1823

Diaz-Varela RA, Colombo R, Meroni M, Calvo-Iglesias MS, Buffoni A, Tagliaferri A (2010) Spatio-temporal analysis of alpine ecotones: a spatial explicit model targeting altitudinal vegetation shifts. Ecol Model 221:621–633

Diekmann M (2010) Aktuelle Vegetationsveränderungen in Wäldern – Welche Rolle spielt der Klimawandel? Ber Reinhold-Tüxen-Ges 22:57–65

Dierschke H (2000) Phenological phases and phenological species groups of mesic beech forests and their suitability for climatological monitoring. Phytocoenologia 30:469–476

Dierschke H (2005) Zur Lebensweise, Ausbreitung und aktuellen Verbreitung von *Hedera helix*, einer ungewöhnlichen Pflanze unserer Flora und Vegetation. Hoppea 66:187–206

Doak DF, Morris WF (2010) Demographic compensation and tipping points in climate-induced range shifts. Nature 467:959–962

Donat MG, Renggli D, Wild S, Alexander LV, Leckebusch GC, Ulbrich U (2011) Reanalysis suggests long-term upward trend in European storminess since 1871. Geophys Res Lett 38(L14703):1–6

Dörr E (2000) Verbreitung und Rückgang der Glazialrelikte in den Mooren des Allgäuer Raumes. Hoppea 61:567–585

Doxford SW, Freckleton RP (2012) Changes in the large-scale distribution of plants: extinction, colonisation and the effects of climate. J Ecol 100:519–529

Dulamsuren Ch, Hauck M, Kopp G, Ruff M, Leuschner C (2017) European beech responds to climate warming with growth decline at lower, and growth increase at higher elevations in the center of its distribution range (SW Germany). Trees 31:673–686

Dullinger S, Dirnböck T, Grabherr G (2003) Patterns of shrub invasion into high mountain grasslands of the northern Calcareous Alps, Austria. Arct Antarct Alp Res 35:434–441

EEA (2012) Climate change, impacts and vulnerability in Europe 2012. EEA Report No 12/2012. European Environmental Agency, Kopenhagen

Elling W, Heber U, Polle A, Beese F (2007) Schädigung von Waldökosystemen. Spektrum, Heidelberg

Elser JJ, Bracken MES, Cleland EE et al (2007) Global analysis of nitrogen and phosphorus limitation of primary producers in freshwater, marine and terrestrial ecosystems. Ecol Lett 10:1135–1142

Estrella N, Sparks TH, Menzel A (2007) Trends and temperature response in the phenology of crops in Germany. Glob Change Biol 13:1737–1747

Etzold S, Wunder J, Braun S, Rohner B, Bigler C, Abegg M, Rigling A (2016) Mortalität von Waldbäumen: Ursachen und Trends. In: Pluess AR, Augustin S, Brang P (Hrsg) Wald im Klimawandel. Grundlagen und Adaptationsstrategien. Haupt, Bern, S 177–196

Fang J, Guo Z, Hu H, Kato T, Muraoka H, Son Y (2014) Forest biomass carbon sinks in East Asia, with special reference to the relative contributions of forest expansion and forest growth. Glob Change Biol 20:2019–2030

Fernández-Martínez M, Vicca S, Janssens IA, Ciais P, Obersteiner M, Bartrons M et al (2017) Atmospheric deposition, CO_2, and change in the land carbon sink. Sci Rep 7:9632

Field CB, Mortsch LD, Brklacich M et al (2007) North America. In: Solomon S, Qin D, Manning M, Chen Z, Marquis M, Averyt KB, Tignor M, Miller HL (Hrsg) Climate change 2007: the physical science basis. Contribution of working group I to the fourth assessment report of the intergovernmental panel on climate change. Cambridge University Press, Cambridge, S 617–652

Filewod B, Thomas SC (2014) Impacts of a spring heat wave on canopy processes in a northern hardwood forest. Glob Change Biol 20:360–371

Fitter AH, Fitter RS (2002) Rapid changes in flowering time in British plants. Science 296:1689–1691

Foken T (2004) Climate change in the Lehstenbach region. Ecol Stud 172:59–66

Frank DC, Poulter B, Saurer M et al (2015) Water-use efficiency and transpiration across European forests during the Anthropocene. Nat Clim Change 5:579–584

French DD, Miller GR, Cummins RP (1997) Recent development of high-altitude *Pinus sylvestris* scrub in the Northern Cairngorm Mountains, Scotland. Biol Conserv 79:133–144

Fridley JD, Grime JP, Askew AP, Moser B, Stevens CJ (2011) Soil heterogeneity buffers community response to climate change in species-rich grassland. Glob Change Biol 17:2002–2011

Fu YH, Piao S, Vitasse Y, Zhao H, de Boeck HJ, Liu Q, Weber U, Hänninen H, Janssens IA (2015a) Increased heat requirement for leaf flushing in temperate woody species over 1980–2012: effects of chilling, precipitation and insolation. Glob Change Biol 21:2687–2697

Fu YH, Zhao H, Piao S, Peaucelle M, Peng S, Zhou G, Ciais P, Huang M, Menzel A, Peñnuelas J, Song Y, Vitasse Y, Zeng Z, Janssens IA (2015b) Declining global warming effects on the phenology of spring leaf enfolding. Nature 526:104–107

Gallego-Sala AV, Prentice C (2013) Blanket peat biome endangered by climate change. Nat Clim Change 3:152–155

Gange AC, Gange EG, Sparks TH, Boddy L (2007) Rapid and recent changes in fungal fruiting patterns. Science 316:71–75

Garamvölgyi A, Hufnagel L (2013) Impacts of climate change on vegetation distribution. No. 1 – climate change induced vegetation shifts in the Palearctic region. Appl Ecol Environ Res 11:79–122

García-Plazaola JI, Esteban R, Hormaetxe K, Fernández-Marín B, Becerril JM (2008) Photoprotective response of Mediterranean and Atlantic trees to the extreme heat-wave of summer 2003 in Southwestern Europe. Trees 22:385–392

Garonna I, de Jong R, de Wit AJW, Mücher CA, Schmid B, Schaepman ME (2014) Strong contribution of autumn phenology to changes in satellite-derived growing season length estimates across Europe (1982–2011). Glob Change Biol 20:3457–3470

Ge Q, Wang H, Rutishauser T, Dai J (2015) Phenological response to climate change in China: a meta-analysis. Glob Change Biol 21:265–274

Gedalof Z, Berg AA (2010) Tree ring evidence for limited direct CO_2 fertilization of forests over the 20th century. Glob Biogeochem Cycles 24(GB3027):1–6

Gehrig-Fasel J, Guisan A, Zimmermann NE (2007) Tree line shifts in the Swiss Alps: Climate change or land abandonment? J Veg Sci 18:571–582

Gerstengarbe F-W, Badeck F, Hattermann F et al. (2003) Studie zur klimatischen Entwicklung im Land Brandenburg bis 2055 und die Auswirkungen auf den Wasserhaushalt, die Forst- und Landwirtschaft sowie die Ableitung erster Perspektiven. PIK-Report 83. Potsdam-Institut für Klimafolgenforschung, Potsdam

Gianoni G, Carraro G, Klötzli F (1988) Thermophile, an laurophyllen Pflanzenarten reiche Waldgesellschaften im hyperinsubrischen Seenbereich des Tessins. Ber Geobot Inst ETH Zürich, Stiftung Rübel 54:164–180

Gillner S, Rüger N, Roloff A, Berger U (2013) Low relative growth rates predict future mortality of common beech (*Fagus sylvatica* L.). For Ecol Manag 302:372–378

Gottfried M, Pauli H, Futschik A et al (2012) Continent-wide response of mountain vegetation to climate change. Nat Clim Change 2:111–115

Gower ST (2002) Productivity of terrestrial ecosystems. In: Mooney HA, Canadell J (Hrsg) Encyclopedia of climate change, vol 2. Blackwell, Oxford, S 515–521

Grabherr G, Gottfried M, Pauli H (1994) Climate effects on mountain plants. Nature 369:448

Grabherr G, Gottfried M, Gruber A, Pauli H (1995) Patterns and current changes in alpine plant diversity. Ecol Stud 113:167–181

Greller AM (1988) Deciduous forest. In: Barbour MG, Billings WD (Hrsg) North American terrestrial vegetation. Cambridge University Press, Cambridge, S 287–316

Grime JP, Brown VK, Thompson K et al (2000) The response of two contrasting limestone grasslands to simulated climate change. Science 289:762–765

Grime JP, Fridely JD, Askew AP, Thompson K, Hodgson JG, Bennet CR (2008) Long-term resistance to simulated climate change in an infertile grassland. Proc Natl Acad Sci USA 105:10028–10032

Groisman PY, Knight RW (2008) Prolonged dry episodes over the conterminous United States: new tendencies emerging during the last 40 years. J Clim 21:1850–1862

Groisman PY, Knight RW, Karl TR, Easterling DR, Sun B, Lawrimore JH (2004) Contemporary changes of the hydrological cycle over the contiguous United States: trends derived from in situ observations. J Hydrometeorol 5:64–85

Groisman PY, Knight RW, Easterling DR, Hegerl GC, Razuvaev VN (2005) Trends in intense precipitation in the climate record. J Clim 18:1326–1350

Groom QJ (2013) Some polward movement of British native vascular plants is occurring, but the fingerprint of climate change is not evident. PeerJ 1(e77):1–13

Grundstein A (2009) Evaluation of climate change over the continental United States using a moisture index. Clim Change 93:103–115

Gu L, Pallardy SG, Hosman KP, Sun Y (2015) Drought-influenced mortality of tree species with different pre-dawn leaf water dynamics in a decade-long study of a central US forest. Biogeosciences 12:2831–2845

Gunnarsson U, Malmer N, Rydin H (2002) Dynamics or constancy in Sphagnum-dominated mire ecosystems. A 40-year study. Ecography 25:685–704

Hacket-Pain AJ, Friend AD, Lageard JA, Thomas PA (2015) The influence of masting phenomenon on growth-climate relationships in trees: explaining the influence of previous summers' climate on ring width. Tree Physiol 35:319–330

Hacket-Pain AJ, Cavin L, Friend AD, Jump AS (2016) Consistent limitation of growth by high temperatures and low precipitation from range core to southern edge of European beech indicates widespread vulnerability to changing climate. Eur J For Res 135:897–909

Hacket-Pain AJ, Ascoli D, Vacchiano G et al (2018) Climatically controlled reproduction drives interannual growth variability in a temperate tree species. Ecol Lett 21:1833–1844

Hájková P, Hájek M, Rybniček K, Jiroušek M, Tichý L, Králová Š, Mikulášková E (2011) Long-term vegetation change in bogs exposed to high atmospheric deposition, aerial liming and climate fluctuation. J Veg Sci 22:891–904

Hansen J, Ruedy R, Sato M, Lo K (2010) Global surface temperature change. Rev Geophys 48(RG4004):1–29

Hanson PJ, Weltzien JF (2000) Drought disturbance from climate change: response of United States forests. Sci Total Environ 262:205–220

Härdtle W, Niemeyer T, Assmann T, Aulinger A, Fichtner A, Lang A et al (2013a) Climatic responses of tree-ring width and δ¹³C signatures of sessile oak (*Quercus petraea* Liebl.) on soils with contrasting water supply. Plant Ecol 214:1147–1156

Härdtle W, Niemeyer T, Assmann T et al (2013b) Long-term trends in tree-ring width and isotope signatures (δ¹³C, δ ¹⁵N) of *Fagus sylvatica* L. on soils with contrasting water supply. Ecosystems 16:1413–1428

Harsch MA, Hulme PE, McGlone MS, Duncan RP (2009) Are treelines advancing? A global meta-analysis of treeline response to climate warming. Ecol Lett 12:1040–1049

Hartl-Meier C, Zang C, Dittmar C, Esper J, Göttlein A, Rothe A (2014) Vulnerability of Norway spruce to climate change in mountain forests of the European Alps. Clim Res 60:199–132

Hättenschwiler S, Körner C (1995) Responses to recent climate warming of *Pinus sylvestris* and *Pinus cembra* within their montane transition zone in the Swiss Alps. J Veg Sci 6:357–368

Hauck M (2009) Global warming and alternative causes of decline in arctic-alpine and boreal-montane lichens in north-western Central Europe. Glob Change Biol 15:2653–2661

Haylock MR, Hofstra N, Klein Tank AMG, Klok EJ, Jones PD, New M (2008) A European daily high-resolution gridded data set of surface temperature and precipitation for 1950–2006. J Geophys Res 113(D20119):1–12

Hédl R (2004) Vegetation of beech forests in the Rychlebské Mountains, Czech Republic, re-inspected after 60 years with assessment of environmental changes. Plant Ecol 170:243–265

Hember RA, Kurz WA, Metsaranta JM, Black TA, Guy RD, Coops NC (2012) Accelerating regrowth of temperate-maritime forests due to environmental change. Glob Change Biol 18:2026–2040

Hogg EH, Brandt JP, Michaellian M (2008) Impacts of a regional drought on the productivity, dieback and biomass of western Canadian aspen forests. Can J For Res 38:1373–1384

Hogg P, Squires P, Fitter AH (1995) Acidification, nitrogen deposition and rapid vegetational change in a small valley mire in Yorkshire. Biol Conserv 71:143–153

Holland EA, Braswell BH, Lamarque J-F, Townsend A, Sulzman J, Müller J-F, Dentener F, Brasseur G, Il HI, Penner JE, Roelofs G-J (1997) Variations in the predicted spatial distribution of atmospheric nitrogen deposition and their impact on carbon uptake by terrestrial ecosystems. J Geophys Res D 102:15849–15886

Holsten A, Vetter T, Vohland K, Krysanova V (2013) Veränderungen des Bodenwassers in Brandenburg – eine Fallstudie. Naturschutz und Biologische Vielfalt 129:47–54

Hosking GP, Kershaw DJ (1985) Red beech death in the Maruia Valley, South Island, New Zealand. N Z J Bot 23:201–211

Hosking GP, Hutcheson JA (1986) Hard beech *(Nothofagus truncata)* decline on the Mamaku Plateau, North Island, New Zealand. New Zealand J Bot 24:263–269

Hufnagel L, Garamvölgyi A (2014) Impacts of climate change on vegetation distribution. No. 2 – climate change induced vegetation shifts in the new world. Appl Ecol Environ Res 12:355–422

Inouye DW (2008) Effects of climate change on phenology, frost damage, and floral abundance of montane wildflowers. Ecology 89:353–362

IPCC (2013) Climate change 2013: the physical science basis. Contribution of working group I to the fifth assessment report of the Intergovernmental Panel on Climate Change. Cambridge University Press, Cambridge

Iverson LR, Schwartz MW, Prasad AM (2004) How fast and far might tree species migrate in the eastern United States due to climate change? Glob Ecol Biogeogr 13:209–219

Jakoby O, Stadelmann G, Lischke H, Wermelinger B (2016) Borkenkäfer und Befallsdisposition der Fichte im Klimawandel. In: Pluess AR, Augustin S, Brang P (Hrsg) Wald im Klimawandel. Grundlagen und Adaptationsstrategien. Haupt, Bern, S 247–264

Jantsch MC, Fischer A, Fischer HS, Winter S (2013) Shifts in plant species composition reveals environmental changes during the last decades: a long-term study in beech (*Fagus sylvatica*) forests in Bavaria, Germany. Folia Geobot 48:467–491

Jarvis PG, Leverenz JW (1983) Productivity of temperate, deciduous and evergreen forests. In: Lange OS, Nobel PS, Osmond B, Ziegler H (Hrsg) Physiological plant ecology IV. Springer, Berlin, S 233–280

Jarvis PG, Sandford AP (1986) Temperate forests. In: Baker NR, Long SP (Hrsg) Photosynthesis in contrasting environments. Elsevier, Amsterdam, S 199–236

Jentsch A, Kreyling J, Boettcher-Treschkow J, Beierkuhnlein C (2009) Beyond gradual warming: extreme weather events alter flower phenology of European grassland and heath species. Glob Change Biol 15:837–849

Jochner S, Menzel A (2015) Urban phenological studies – past, present and future. Environ Poll 203:250–261

Jump AS, Ruiz-Benito P, Greenwood S, Allen CD, Kitzberger T, Fensham R, Martínez-Vilalta J, Lloret F (2017) Structural overshoot of tree growth with climate variability and the global spectrum of drought-induced forest dieback. Glob Change Biol 23:3742–3757

Jurasinski G, Kreyling J (2007) Upward shift of alpine plants increases floristic similarity of mountain summits. J Veg Sci 18:711–718

Kahle HP, Karjalainen T, Schuck A, Ågren GI, Kellomäki S, Mellert K, Prietzel J, Rehfuess K-E, Spiecker H (Hrsg) (2008) Causes and consequences of forest growth trends in Europe. Results of the RECOGNITION Project. European Forest Institute, Joensuu

Kamata N, Esaki K, Kato K, Igeta Y (2007) Potential impact of global warming on deciduous oak dieback caused by ambrosia fungus *Raffaelea* sp. carried by ambrosia beetle *Platypus quercivorus* (Coleoptera: Platypodidae) in Japan. Bull Entomol Res 92:119–126

Karl TR, Groisman PY, Knight RW, Heim RR (1993) Recent variations of snow cover and snowfall in North America and their relation to precipitation and temperature variations. J Clim 6:1327–1344

Kaspar F, Mächel H (2017) Beobachtung von Klima und Klimawandel in Mitteleuropa und Deutschland. In: Brasseur GP, Jacob D, Schuck-Zöller S (Hrsg) Klimawandel in Deutschland. Entwicklung, Folgen, Risiken und Perspektiven. Springer Spektrum, Berlin, S 17–26

Kätzel R (2008) Klimawandel. Zur genetischen und physiologischen Anpassungsfähigkeit der Baumarten. Arch Forstwes Landschaftsökol 42:9–15

Kaule G, Peringer A (2015) Die Entwicklung der Übergangs- und Hochmoore im südbayerischen Voralpengebiet im Zeitraum 1969 bis 2013 unter Berücksichtigung von Nutzungs- und Klimagradienten. Kessler Druck + Medien, Bobingen

Kauserud H, Heegaard E, Büntgen U et al (2012) Warming-induced shift in European mushroom fruiting phenology. Proc Natl Acad Sci USA 109:14488–14493

Keenan TF, Gray J, Friedl M, Toomey M, Bohrer G, Hollinger DY, Munger JM, O'Keefe J, Schmid HP, Wing IS, Yang B, Richardson AD (2014) Net carbon uptake has increased through warming-induced changes in temperate forest phenology. Nat Clim Change 4:598–604

Kelly AE, Goulden ML (2008) Rapid shifts in plant distribution with recent climate change. Proc Natl Acad Sci USA 105:11823–11826

Kenk G, Fischer H (1988) Evidence from nitrogen fertilization in the forests of Germany. Environ Poll 54:199–218

Kesel R, Gödeke T (1996) *Wolffia arrhiza, Azolla filicuoides, Lemna turionifera* und andere wärmeliebende Pflanzen in Bremen – Boten eines Klimawandels? Abh Naturwiss Ver Bremen 43:339–362

Kint V, Aertsen W, Campioli M, Vansteenkiste D, Delcloo A, Muys B (2012) Radial growth change of temperate tree species in response to altered regional climate and air quality in the period 1901–2008. Clim Change 115:343–363

Klaus G (Hrsg) (2007) Zustand und Entwicklung der Moore in der Schweiz. Ergebnisse der Erfolgskontrolle Moorschutz. Umwelt-Zustand Nr. 0730. Bundesamt für Umwelt, Bern

Klein T, Bader MK-F, Leuzinger S, Mildner M, Schleppi P, Siegwolf RTW, Körner C (2016) Growth and carbon relations of mature *Picea abies* trees under 5 years of free-air CO_2 enrichment. J Ecol 104:1720–1733

Knutzen F, Dulamsuren Ch, Meier IC, Leuschner C (2017) Recent climate warming-related growth decline impairs European beech in the center of its distribution range. Ecosystems 20:1494–1511

Koike S, Fujita G, Higuchi H (2006) Climate change and the phenology of sympatric birds, insects and plants in Japan. Glob Env Res 10:167–174

Körner C, Morgan J, Norby R (2007) CO_2 fertilization: when, where, how much? In: Canadell JG, Pataki D, Pitelka L (Hrsg) Terrestrial ecosystems in a changing world. Global change – the IGBP series. Springer, Berlin, S 9–21

Korsch H, Westhus W (2004) Auswertung der floristischen Kartierung und der Roten Liste Thüringens für den Naturschutz. Haussknechtia 10:3–67

Kreyling J, Henry HAL (2011) Vanishing winters in Germany: soil frost dynamics and snow cover trends, and ecological implications. Clim Res 46:269–276

Küchler M, Küchler H, Bedolla A et al (2015) Response of Swiss forests to management and climate change in the last 60 years. Ann For Sci 72:311–320

Kudo G, Nishikawa Y, Kasagi T, Kosuge S (2004) Does seed production of spring ephemerals decrease when spring comes early? Ecol Res 19:255–259

Kullman L, Kjällgen L (2006) Holocen pine tree-line evolution in the Swedish Scandes: recent tree-line rise and climate change in a long-term perspective. Boreas 35:159–168

Kunert N (2019) Das Ende der Kiefer als Hauptbaumart in Mittelfranken. Allg Forstzeitschr 3:42–43

Kunz M, Mohr S, Werner P (2017) Niederschlag. In: Brasseur GP, Jacob D, Schuck-Zöller S (Hrsg) Klimawandel in Deutschland. Entwicklung, Folgen, Risiken und Perspektiven. Springer Spektrum, Berlin, S 57–66

Kuussaari M, Bommarco R, Heikkinen RK, Helm A, Krauss J, Lindborg R, Öckinger E, Pärtel M et al (2009) Extinction debt: a challenge for biodiversity conservation. Trends Ecol Evol 24:564–571

Lakatos F, Molnár M (2009) Mass mortality of beech (*Fagus sylvatica* L.) in south-west Hungary. Acta Silv Lignaria Hung 5:75–82

Lenoir J, Gégout J-C, Marquet PA, de Ruffray P, Brisse H (2008) A significant upward shift in plant species optimum elevation during the 20th century. Science 320:1768–1771

Lenoir J, Gégout J-C, Guisan A, Vittoz P, Wohlgemuth T, Zimmermann NE, Dullinger S, Pauli H, Willner W, Svenning J-C (2010) Going against the flow: potential mechanisms for unexpected downslope range shifts in a warming climate. Ecography 33:295–303

Leuschner C, Ellenberg H (2017a) Ecology of central European forests. Vegetation ecology of central Europe, Bd. I. Springer, Cham

Leuschner C, Ellenberg H (2017b) Ecology of central European non-forest vegetation. Ecology of Central Europe, Bd. II. Springer, Cham

Litza K, Diekmann M (2017) Resurveying hedgerows in Northern Germany: plant community shifts over the past 50 years. Biol Conserv 206:226–235

Lloyd-Hughes B, Saunders MA (2002) A drought climatology for Europe. Int J Climatol 22:1571–1592

Lu Q, Lund R, Seymour L (2005) An update of U.S. temperature trends. J Climate 18:4906–4914

Luedeling E, Girvetz EH, Semenov MA, Brown PH (2011) Climate change affects winter chill for temperate fruit and nut trees. PLoS ONE 6(e20155):1–13

Lukac M (2016) Agriculture and Forestry Climate Change Report. Card technical paper No. 6: Tree und stand growth and productivity. Natural Environment Research Council, Swindon

Luojus K, Pulliainen J, Takala M et al (2011) Final Report. GlobSnow Deliverable 3.5. GlobSnow. ► http://www.wmo.int/pages/prog/www/OSY/Meetings/GCW-IM1/Doc11.1_GlobSnow_Report.pdf

Luyssaert S, Inglima I, Jung M, Richardson AD et al (2007) CO_2 balance of boreal, temperate, and tropical forests derived from a global database. Glob Change Biol 13:2509–2537

Ma Q, Huang J-G, Hänninen H, Berninger F (2019) Divergent trends in the risk of spring frost damage to trees in Europe with recent warming. Glob Change Biol 25:351–360

Maes SL, Perring MP, Vanhellemont M et al (2019) Environmental drivers interactively affect individual tree growth across temperate European forests. Glob Change Biol 25:201–217

Mair L, Thomas CD, Anderson BJ, Fox R, Botham M, Hill JK (2012) Temporal variation in responses of species to four decade of climate warming. Glob Change Biol 18:2439–2447

Malitz G, Beck C, Grieser J (2011) Veränderung der Starkniederschläge in Deutschland (Tageswerte der Niederschlagshöhe im 20. Jahrhundert). In: Lozan JL, Graßl H, Hupfer P, Karbe L, Schönwiese CD (Hrsg) Warnsignal Klima: Genug Wasser für alle?, 3. Aufl. Universitätsverlag Hamburg, Hamburg, S 311–316

Manion PD, Lachance D (1992) Forest decline concepts. APS Press, St. Paul

Marchin RM, Salk CF, Hoffman WA, Dunn RR (2015) Temperature alone does not explain phenological variation of diverse temperate plants under experimental warming. Glob Change Biol 21:3138–3151

Martínez-Sancho E, Dorado-Linan I, Heinrich I, Helle G, Menzel A (2017) Xylem adjustment of sessile oak at its southern distribution limits. Tree Physiol 37:903–914

Martínez-Vilalta J, Lloret F (2014) Drought-induced vegetation shifts in terrestrial ecosystems: the key role of regeneration dynamics. Glob Planet Change 144:94–108

Matulla C, Schoener W, Alexandersson H, von Storch H, Wang XL (2007) European storminess: late nineteenth century to present. Clim Dyn 31:125–130

McCain CM, Colwell RK (2011) Assessing the threat to montane biodiversity from discordant shifts in temperature and precipitation in a changing climate. Ecol Lett 14:1236–1245

McDowell NG (2011) Mechanisms linking drought, hydraulics, carbon metabolism, and vegetation mortality. Plant Physiol 155:1051–1059

McGlone MS, Walker S (2011) Potential effects of climate change on New Zealand's terrestrial biodiversity and policy recommendations for mitigation, adaptation and research. Science for Conservation 312. Department of Conservation, Wellington

McGovern S, Evans CD, Dennis P, Walmsley C, McDonald MA (2011) Identifying drivers of species compositional change in a semi-natural grassland over a 40-year period. J Veg Sci 22:346–356

McMahon SM, Parker GG, Miller DR (2010) Evidence for a recent increase in forest growth. Proc Natl Acad Sci USA 107:3611–3615

Medlyn BE, Barton CVM, Broadmeadow MSJ et al (2001) Stomatal conductance of forest species after long-term exposure to elevated CO_2 concentration: a synthesis. New Phytol 149:247–264

Meier ES, Lischke H, Schmatz DR, Zimmermann NE (2012) Climate, competition and connectivity affect future migration and ranges of European trees. Glob Ecol Biogeogr 21:164–178

Mencuccini M (2003) The ecological significance of long-distance water transport: short-term regulation, long-term acclimation and the hydraulic costs of stature across plant life forms. Plant Cell Environ 26:163–182

Menzel A (2003) Plant phenological anomalies in Germany and their relation to air temperature and NAO. Clim Change 57:243–263

Menzel A, Estrella N, Fabian P (2001) Spatial and temporal variability of the phenological seasons in Germany from 1951 to 1996. Glob Change Biol 7:657–666

Menzel A, Sparks TH, Estrella N, Koch E, Aasa A, Ahas R, Alm-Kübler K, Bissolli P et al (2006) European phenological response to climate change matches the warming pattern. Glob Change Biol 12:1969–1976

Mietkiewicz N, Kulakowski D, Rogan J, Bebi P (2017) Long-term change in sub-alpine forest cover, tree line and species composition in the Swiss Alps. J Veg Sci 28:951–964

Miller-Rushing AJ, Primack RB (2008) Global warming and flowering times in Thoreau's Concord: a community perspective. Ecology 89:332–341

Mizunaga H, Sako S, Nakao Y, Shimono Y (2005) Factors affecting the dynamics of the population of *Fagus crenata* in the Takahuma Mountains, the southern limit of its distribution area. J For Res 10:481–486

Moberg A, Sonechkin DM, Holmgren K, Datsenko NM, Karlén W (2005) Highly variable northern hemisphere temperatures reconstructed from low- and high-resolution proxy data. Nature 433:613–617

Moore PD (2002) The future of cool temperate bogs. Environ Conserv 29:3–20

Müller-Haubold H, Hertel D, Leuschner C (2015) Climatic drivers of mast fruiting of European beech and resulting C and N allocation shifts. Ecosystems 18:1083–1100

Myneni RB, Keeling CD, Tucker CJ, Asrar G, Nemani RR (1997) Increased plant growth in the northern high latitudes from 1981 to 1991. Nature 386:698–702

Nabuurs G-J, Lindner M, Verkerk PJ, Gunia K, Deda P, Michalak R, Grassi G (2013) First signs of carbon sink saturation in European forest biomass. Nat Clim Change 3:792–796

Nathan R (2006) Long-distance dispersal of plants. Science 313:786–788

Natori T (2006) Impacts of global warming on alpine plants growing in the Japanese alpine zone and possibility of monitoring global warming impacts with alpine vegetation. Glob Env Res 10:161–166

Neumann M, Mues V, Moreno A, Hasenauer H, Seidl R (2017) Climate variability drives recent tree mortality in Europe. Glob Change Biol 23:4788–4797

Nicolussi K, Bortenschläger S, Körner C (1995) Increase in tree ring width in subalpine Pinus cembra from the Central Alps that may be CO_2-related. Trees 9:181–189

Nogués-Bravo D, Araújo MB, Martínez-Rica JP, Errea MP (2007) Exposure of global mountain systems to climate change. Glob Environ Change 17:420–428

Norby RJ, Zak DR (2011) Ecological lessons from free-air CO_2 enrichment (FACE) experiments. Ann Rev Ecol Evol Syst 42:181–203

Norby RJ, DeLucia EH, Gielen B et al (2005) Forest response to elevated CO_2 is conserved across a broad range of productivity. Proc Natl Acad Sci USA 102:18052–18056

Norby RJ, Warren JM, Iversen CM, Medlyn BE, McMurtrie RE (2010) CO_2 enhancement of forest productivity constrained by limited nitrogen availability. Proc Natl Acad Sci USA 107:19368–19373

Oberhänsli H, Novotna K, Piskova A, Chabrillat S, Nourgaliev DK, Kurbaniyazov AK, Grygar TM (2011) Variability in precipitation, temperature and river runoff in W Central Asia during the past ~2000 yrs. Glob Plant Change 76:95–104

Oberhuber W (2001) The role of climate in the mortality of Scots pine (*Pinus sylvestris* L.) exposed to soil dryness. Dendrochronologia 19:45–55

Olano JM, Palmer MW (2003) Stand dynamics of an Appalachian old-growth forest during a severe drought episode. For Ecol Manag 174:139–148

Oliva J, Stenlid J, Martínez-Vilalta J (2014) The effect fungal pathogens on the water and carbon economy of trees: implications for drought-induced mortality. New Phytol 203:1028–1035

Oredsson A (1999) Recent changes in the flora of northern Scania, Sweden. Svensk Bot Tidskr 93:303–317

Ott J (2010) The big trek northwards: recent changes in the European dragonfly fauna. In: Settele J, Penev L, Georgiev T, Grabaum R, Grobelink V, Hammen V, Klotz S, Kotarac M, Kühn I (Hrsg) Atlas of biodiversity risk. Pensoft, Sofia, S 82f

Otte A, Bissels S, Waldhardt R (2006) Samen-, Keimungs- und Habitateigenschaften: Welche Parameter erklären Veränderungstendenzen in der Häufigkeit von Ackerwildkräutern in Deutschland? J Plant Diseas Prot Spec Issue 20:507–515

Pal JS, Giorgi F, Bi XQ (2004) Consistency of recent European summer precipitation trends and extremes with future regional climate projections. Geophys Res Lett 31(L13202):1–4

Parmesan C, Yohe G (2003) A globally coherent fingerprint of climate change impacts across natural systems. Nature 421:37–42

Parmesan C, Galbraith H (2004) Observed impacts of global climate change in the U.S. Pew Center on Climate Change, Arlington

Parolo G, Rossi G (2008) Upward migration of vascular plants following a climate warming trend in the Alps. Basic Appl Ecol 9:100–107

Pateman R, Hodgson J (2015) Biodiversity climate change impacts report. Card Technical Paper 6. Natural Environment Research Council, Swindon

Pauli H, Gottfried M, Grabherr G (2001) High summits of the Alps in a changing climate. In: Walther G-R (Hrsg) "Fingerprints" of climate change. Kluwer, New York, S 139–149

Pauli H, Gottfried M, Reiter K, Klettner C, Grabherr G (2007) Signals of range expansions and contractions of vascular plants in the high Alps: observations (1994–2004) at the GLORIA master station site Schrankogel, Tyrol, Austria. Glob Change Biol 13:147–156

Pauli H, Gottfried M, Dullinger S et al (2012) Recent plant diversity changes on Europe's mountain summits. Science 336:353–355

Peñuelas J, Ogaya R, Boada M, Jump AS (2007) Migration, invasion and decline: changes in recruitment and forest structure in a warming-linked shift of European beech forest in Catalonia (NE Spain). Ecography 30:829–837

Peñuelas J, Hunt JM, Ogaya R, Jump AS (2008) Twentieth century changes of tree-ring $\beta^{13}C$ at the southern range-edge of *Fagus sylvatica*: increasing water-use efficiency does not avoid the growth decline induced by warming at low altitudes. Glob Change Biol 14:1076–1088

Perry M (2006) A spatial analysis of trends in the UK climate since 1914 using gridded data sets. Climate Memorandum, Bd. 2006. Met Office, Devon

Petercord R (2008) Zukünftige Gefährdung der Rotbuche durch rinden- und holzbrütende Käfer in Baden-Württemberg. Mitt Deut Ges Allg Angew Entomol 16:247–250

Peterken GF, Mountford EP (1996) Effects of drought on beech in Lady Park Wood, an unmanaged mixed deciduous woodland. Forestry 69:125–136

Peters K, Breitsameter L, Gerowitt B (2014) Impact of climate change on weeds in agriculture: a review. Agron Sust Develop 34:707–721

Piao S, Ciais P, Friedlingstein P et al (2008) Net carbon dioxide losses of northern ecosystems in response to autumn warming. Nature 451:49–52

Piovesan G, Biondi F, di Filipo A, Maugeri M (2008) Drought-driven growth reduction in old beech (*Fagus sylvatica* L.) forests of the central Apennines. Italy. Glob Change Biol 14:1265–1281

Polce C, Garratt MP, Termansen M, Ramirez-Villegas J, Challinor AJ, Lappage MG, Boatman ND, Crowe A, Endalew AM, Potts SG, Somerwill KE, Biesmeijer JC (2014) Climate-driven spatial mismatches between British orchards and their pollinators: increased risks of pollination deficits. Glob Change Biol 20:2815–2828

Potter C, Li S, Hiatt C (2012) Declining vegetation growth rates in the eastern United States from 2000 to 2010. Nat Resourc 3:184–190

Powney GD, Rapacciuolo G, Preston CD, Purvis A, Roy DB (2014) A phylogenetically-informed trait-based analysis of range change in the vascular plant flora of Britain. Biodiv Conserv 23:171–185

Poyatos R, Aguade D, Galiano L, Mencuccini M, Martínez-Vilalta J (2013) Drought-induced defoliation and long periods of near-zero gas exchange play a key role in accentuating metabolic decline of Scots pine. New Phytol 200:388–401

Pretzsch H, Biber P, Schütze G, Uhl E, Rötzer T (2014) Forest stand dynamics in Central Europe have accelerated since 1870. Nat Commun 5:4967

Rabasa SG, Granda E, Benavides R, Kunstler G, Espelta JM, Ogaya R, Penuelas J et al (2013) Disparity in elevational shifts of European trees in response to recent climate warming. Glob Change Biol 19:2490–2499

Rasztovits E, Berki I, Matyas C, Czimber K, Pötzelsberger E, Moricz N (2014) The incorporation of extreme drought events improves models for beech persistence at its distribution limit. Ann For Sci 71:201–210

Rebetez M, Dobbertin M (2004) Climate change may already threaten Scots pine stands in the Swiss Alps. Theor Appl Climatol 79:1–9

Rennenberg H, Loreto F, Polle A, Brilli F, Fares S, Beniwal RS, Gessler A (2006) Physiological responses of forest trees to heat and drought. Plant Biol 8:556–571

Restaino CM, Peterson DL, Littell J (2016) Increased water deficit decreases Douglas fir growth throughout the US forests. Proc Natl Acad Sci USA 113:9557–9562

Rigling A, Dobbertin M, Bürgi M, Feldmeier-Christe E, Gimmi U, Ginzler C, Graf U, Mayer P, Zweifel R, Wohlgemuth T (2006) Baumartenwechsel in den Walliser Waldföhrenwäldern. Forum für Wissen, Bd. 2006: Wald und Klimawandel. WSL, Birmensdorf, S 23–33

Rigling A, Bigler C, Eilmann B, Mayer P, Ginzler C, Vacchiano G, Weber P, Wohlgemuth T, Zweifel R (2013) Driving factors of a vegetation shift from Scots pine to pubescent oak in dry Alpine forests. Glob Change Biol 19:229–240

Robinson SC, Ketchledge EH, Fitzgerald BT, Raynal DJ, Kimmerer RW (2010) A 23-year assessment of vegetation composition and change in the Adirondack alpine zone, New York State. Rhodora 112:355–377

Rodríguez-Catón M, Villalba R, Morales M, Srur A (2016) Influence of droughts on *Nothofagus pumilio* forest decline across northern Patagonia, Argentina. Ecosphere 7(e01390):1–17

Rohner B, Braun S, Weber P, Thürig E (2016) Wachstum von Einzelbäumen: das Klima als Baustein im komplexen Wirkungsgefüge. In: Pluess AR, Augustin S, Brang P (Hrsg) Wald im Klimawandel. Grundlagen und Adaptationsstrategien. Haupt, Bern, S 137–155

Rollan C, Petitcolas V, Michalet R (1998) Changes in radial tree growth for *Picea abies*, *Larix decidua*, *Pinus cembra* and *Pinus uncinata* near the alpine timberline since 1750. Trees 13:40–53

RUGSL (2011) Fall, winter, and spring northern hemisphere snow cover extent from the Rutgers

University Global Snow Lab. Climate Science: Roger Pielke Sr. ► http://pielkeclimatesci.wordpress.com/2011/05/30/fall-winter-and-spring-northern-hemisphere-snow-cover-extent-from-the-rutgers-university-global-snow-lab/

Sala A, Piper F, Hoch G (2010) Physiological mechanisms of drought-induced tree mortality are far from being resolved. New Phytol 186:274–281

Salzer MW, Hughes MK, Bunn AG, Kipfmueller KF (2009) Recent unprecedented tree-ring growth in bristlecone pine at the highest elevations and possible causes. Proc Natl Adad Sci USA 106:20348–20353

Samish RM (1954) Dormancy in woody plants. Annu Rev Plant Physiol 5:183–204

Saugier B, Roy J, Mooney HA (2001) Estimations of global terrestrial productivity: converging toward a single number? In: Roy J, Saugier B, Mooney HA (Hrsg) Terrestrial global productivity. Academic Press, San Diego, S 543–557

Saurer M, Siegwolf RTW, Schweingruber FH (2004) Carbon isotope discrimination indicates improving water-use efficiency of trees in northern Eurasia over the last 100 years. Glob Change Biol 10:2109–2120

Savva Y, Oleksyn J, Reib PB, Tjoelker MG, Vaganov EA, Modrzynski J (2006) Interannual growth response of Norway spruce to climate along an altitudinal gradient in the Tatra Mountains, Poland. Trees 20:735–746

Schär C, Vidale PL, Lüthi D, Frei C, Häberli C, Liniger MA, Appenzeller C (2004) The role of increasing temperature variability in European summer heatwaves. Nature 427:332–336

Scharnweber T, Manthey M, Criegee C, Bauwe A, Schröder A, Wilmking M (2011) Drought matters – declining precipitation influences growth of *Fagus sylvatica* L. and *Quercus robur* L. in north-eastern Germany. For Ecol Manag 262:947–961

Scheifinger H, Menzel A, Koch E, Peter C (2003) Trends of spring time frost events and phenological dates in Central Europe. Theor Appl Climatol 74:41–51

Schelhaas M-J, Nabuurs G-J, Schuck A (2003) Natural disturbances in the European forests in the 19th and 20th centuries. Glob Change Biol 9:1620–1633

Scherrer D, Körner C (2011) Topographically controlled thermal-habitat differentiation buffers alpine plant diversity against climate warming. J Biogeogr 38:406–416

Scherrer SC, Fischer EM, Posselt R, Liniger MA, Croci-Maspoli M, Knutti R (2016) Emerging trends in heavy precipitation and hot temperature extremes in Switzerland. J Geophys Res 121:2626–2637

Schimel D, Melillo J, Tan H et al (2000) Contribution of increasing CO_2 and climate to carbon storage by ecosystems in the United States. Science 287:2004–2006

Schönwiese C-D, Janoschitz R (2008) Klima-Trendatlas Deutschland 1901–2000. 2. Aufl. Berichte des Instituts für Atmosphäre und Umwelt der Universität Frankfurt/Main 4:1–64

Schuldt B, Knutzen F, Delzon S, Jansen S, Müller-Haubold H, Burlett R, Clough Y, Leuschner C (2016) How adaptable is the hydraulic system of European beech in the face of climate change-related precipitation reduction? New Phytol 210:443–458

Schwarz BU, Poschlod P (2015) Die Letzten ihrer Art in Bayern – Das Eiszeitrelikt Zwergbirke (*Betula nana* L.). Anliegen Natur (Laufen) 37:19–30

Schwartz MD, Hanes JM (2010) Intercomparing multiple measures of the onset of spring in eastern North America. Int J Climatol 30:1614–1626

Schweiger O, Heikkinen RK, Harpke A, Hickler T, Klotz S, Kudrna O, Kühn I, Pöyry J, Settele J (2012) Increasing range mismatching of interacting species under global change is related to their ecological characteristics. Global Ecol Biogeogr 21:88–99

Schwerbrock R, Leuschner C (2016) Air humidity as a key determinant of the morphogenesis and productivity of the rare temperate woodland fern *Polystichum braunii*. Plant Biol 18:649–657

Schwerbrock R, Leuschner C (2017) Vulnerability analysis of the rare and endangered woodland fern *Polystichum braunii* in Germany: three possible causes of population decline. Plant Ecol Divers 10:329–342

Sekiguchi T (1969) The historical dates of Japanese cherry festivals since the 8th century and her climatic changes. Tokyo Geogr Pap 13:175–190

Senf C, Pflugmacher D, Zhiqiang Y, Sebald J, Knorn J, Neumann M, Neumann M, Holstert P, Seidl R (2018) Canopy mortality has doubled in Europe's temperate forests over the last three decades. Nat Commun 9:4978

Shimano K (2006) Differences in beech (*Fagus crenata*) regeneration between two types of Japanese beech forest and along a snow gradient. Ecol Res 21:651–663

Silva LCR, Anand M (2013) Probing for the influence of atmospheric CO_2 and climate change on forest ecosystems across biomes. Glob Ecol Biogeogr 22:83–92

Siwecki R, Ufnalski K (1998) Review of oak stand decline with special reference to the role of drought in Poland. Eur J For Pathol 28:99–112

Skou A-MT, Toneatto F, Kollmann J (2012) Are plant populations in expanding ranges made up of escaped cultivars? The case of *Ilex aquifolium* in Denmark. Plant Ecol 213:1131–1144

Smith TT, Zaitchik BF, Gohlke JM (2013) Heat waves in the United States: definitions, patterns and trends. Clim Change 118:811–825

Sparks TH, Collinson N (2007) Review of spring 2007, Nature's calendar project. ▶ www.naturscalendar.org.uk/NR/rdonlyres/ES8D7E9E-0C9B-4ACD-AB54-14203125C5A3/0/report_spring_2007.pdf

Spiecker H (1999) Overview of recent growth trends in European forests. Water Air Soil Poll 116:33–46

Spinoni J, Naumann G, Carrao H, Barbosa P, Vogt J (2014) World drought frequency, duration, and severity for 1951–2010. Int J Climatol 34:2792–2804

Steinbauer MJ, Grytnes J-A, Jurasinski G et al (2018) Accelerated increase in plant species richness on mountain summits is linked to warming. Nature 556:231–234

Stix S, Erschbamer B (2018) Zunahme der Artenvielfalt in zentralalpinen Mooren. Tuexenia 38:251–267

Suarez ML, Kitzberger T (2008) Recruitment patterns following a severe drought: long-term compositional shifts in Patagonian forests. Can J For Res 38:3002–3010

Suarez ML, Kitzberger T (2010) Differential effects of climate variability on forest dynamics along a precipitation gradient in northern Patagonia. J Ecol 98:1023–1034

Suarez ML, Ghermandi L, Kitzberger T (2004) Factors predisposing episodic drought-induced tree mortality in *Nothofagus* – site, climatic sensitivity and growth trends. J Ecol 92:954–966

Takala M, Luojus K, Pulliainen J et al (2011) Estimating northern hemisphere snow water equivalent for climate research through assimilation of space-borne radiometer data and ground-based measurements. Remote Sens Environ 115:3517–3529

Tamis WLM, van't Zelfde M, van der Meijden R, de Haes HAU (2005) Changes in vascular plant biodiversity in the Netherlands in the 20th century explained by their climatic and other environmental characteristics. Climatic Change 72:37–56

Tang G, Ding Y, Wang S, Ren G, Liu H, Zhang L (2010) Comparative analysis of China surface air temperature series for the past 100 years. Adv Clim Change Res 1:11–19

Theurillat JP, Guisan A (2001) Potential impact of climate change on vegetation in the European Alps: a review. Clim Change 50:77–109

Thomas CD, Lennon JJ (1999) Birds extend their ranges northwards. Nature 399:213

Thomas CD, Cameron A, Green RE et al (2004) Extinction risk from climate change. Nature 427:145–148

Thomas CD, Franco AMA, Hill JK (2006) Range retractions and extinction in the face of climate warming. Trends Ecol Evol 21:415–416

Umweltbundesamt (Hrsg.) (2005) Daten zur Umwelt. Umweltbundesamt, Dessau

Usbeck T, Wohlgemuth T, Dobbertin M, Pfister C, Burgi A, Rebetez M (2010) Increasing storm damage to forests in Switzerland from 1858 to 2007. Agric For Meteorol 241:189–199

van der Hoek D, van Mierlo AJEM, Groenendael JM (2004) Nutrient limitation and nutrient-driven shifts in plant species composition in a species-rich fen meadow. J Veg Sci 15:389–396

van Herk CM, Aptroot A, van Dobben HF (2002) Long-term monitoring in the Netherlands suggests that lichens respond to global warming. Lichenologist 34:141–154

van Mantgem PJ, Stephenson NL, Byrne JC, Daniels LD, Franklin JF, Fulé PZ, Harmon ME, Larson AJ, Smith JM, Taylor AH, Veblen TT (2009) Widespread increase of tree mortality rates in the Western United States. Science 323:521–524

VDI (2017) Biologische Messverfahren zur Ermittlung und Beurteilung der Wirkung von Luftverunreinigungen (Biomonitoring). Kartierung von Flechten zur Ermittlung der Wirkung von lokalen Klimaveränderungen. VDI 3957, Blatt 20. Verein Deutscher Ingenieure, Düsseldorf

Vilén T, Gunia K, Verkerk PJ, Seidl R, Schelhaas M-J, Lindner M, Bellassen V (2012) Reconstructed forest age structure in Europe 1950–2010. For Ecol Manag 286:203–218

Visser ME, Both C (2005) Shifts in phenology due to global climate change: the need for yardstick. Proc Roy Soc B 272:2561–2569

Visser ME, Holleman LJM (2001) Warmer springs disrupt the synchrony of oak and winter moth phenology. Proc Roy Soc B 268:289–294

Vitasse Y, Porté AJ, Kremer A, Michalet R, Delzon S (2009) Response of canopy duration to temperature changes in four temperate tree species: relative contributions of spring and autumn leaf phenology. Oecologia 161:187–198

Vitasse Y, Hoch G, Randin CF, Lenz A, Kollas C, Körner C (2012) Tree recruitment of European tree species at their current upper elevational limits in the Swiss Alps. J Biogeogr 39:1439–1449

Vitousek PM, Howarth RW (1991) Nitrogen limitation on land and in the sea: how can it occur? Biogeochemistry 13:87–115

Walck JL, Hidayati SN, Dixon KW, Thompson K, Poschlod P (2011) Climate change and plant regeneration from seed. Glob Change Biol 17:2145–2161

Walther G-R (2000) Climate forcing on the dispersal of exotic species. Phytocoenologia 30:409–430

Wang XL, Wan H, Zwiers FW, Swail VR, Compo GP et al (2011) Trends and low-frequency variability of storminess over western Europe, 1878–2007. Clim Dyn 37:2355–2371

Waring RH, Franklin JF (1979) Evergreen coniferous forests of the Pacific Northwest. Science 204:1380–1386

Warren CR, Garcia-Plazaola JI, Niinemets Ü (2012) Eco-physiology of photosynthesis in temperate forests. In: Flexas J, Loreto F, Medrano H (Hrsg) Terrestrial photosynthesis in a changing environment: a molecular, physiological and ecological approach. Cambridge University Press, Cambridge, S 465–487

Way DA, Montomery RA (2014) Photoperiod constraints on tree phenology, performance and migration in a warming world. Plant Cell Environ 38:1725–1736

Weber P, Bugmann H, Pluess AR, Walthert L, Rigling A (2013) Drought response and changing mean sensitivity of European beech close to the dry distribution limit. Trees 27:171–181

Weber E, Gut D (2005) A survey of weeds that are increasingly spreading in Europe. Agron Sust Develop 25:109–121

Williams TA, Abberton MT (2004) Earlier flowering between 1962 and 2002 in agricultural varieties of white clover. Oecologia 138:122–126

Wittig R (2002) Siedlungsvegetation. Ulmer, Stuttgart, S 252

Wohlgemuth T, Gallien L, Zimmermann NE (2016) Verjüngung von Buche und Fichte im Klimawandel. In: Pluess AR, Augustin S, Brang P (Hrsg) Wald im Klimawandel. Grundlagen für Adaptationsstrategien. Haupt, Bern, S 115–135

Wolkovich EM, Cook BI, Allen JM et al (2012) Warming experiments underpredict plant phenological responses to climate change. Nature 485:494–497

Worrall JJ, Egeland L, Eager T, Mask RA, Johnson EW, Kemp PA, Shepperd WD (2008) Rapid mortality of *Populus tremuloides* in southwestern Colorado, USA. For Ecol Manag 255:686–696

Wu X, Brüggemann N, Gasche R, Shen Z, Wolf B, Butterbach-Bahl K (2010) Environmental controls over soil-atmosphere exchange of N_2O, NO, and CO_2 in a temperate Norway spruce forest. Glob Biogeochem Cycl 24(GB2012):1–12

Yamane Y, Kashino Y, Koike H, Satoh K (1997) Increase in the fluorescence F_0 level and reversible inhibition of photosystem II reaction center by high-temperature treatments in higher plants. Photosynthesis Res 52:57–64

Zang C, Hartl-Meier C, Dittmar C, Rothe A, Menzel A (2014) Patterns of drought tolerance in major European temperate forest trees: climatic drivers and levels of variability. Glob Change Biol 20:3767–3779

Zerbe S (1992) Fichtenforste als Ersatzgesellschaften von Hainsimsen-Buchenwäldern. Vegetationsveränderungen eines Forstökosystems. Ber Forschungszentr Waldökosyst A 100:1–173

Zhu K, Woodall CW, Clark JS (2012) Failure to migrate: lack of tree range expansion in response to climate change. Glob Change Biol 18:1042–1052

Zierl B (2004) A simulation study to analyse the relations between crown condition and drought in Switzerland. For Ecol Manag 188:25–38

Zimmermann J, Hauck M, Dulamsuren C, Leuschner C (2015) Climate warming-related growth decline affects *Fagus sylvatica*, but not other broad-leaved tree species in Central European mixed forests. Ecosystems 18:560–572

Temperate Steppengrasländer

© Springer-Verlag GmbH Deutschland, ein Teil von Springer Nature 2019
M. Hauck, C. Leuschner, J. Homeier, *Klimawandel und Vegetation – Eine globale Übersicht*,
https://doi.org/10.1007/978-3-662-59791-0_6

6.1 Abgrenzung und Verbreitung

Die **winterkalten zonalen Graslandgebiete** finden sich vorwiegend in den kontinentalen Mitten Eurasiens und Nordamerikas. Die Steppen lösen in denjenigen Bereichen der temperaten Zone die Wälder ab, in denen das Klima für das Gedeihen von Bäumen zu trocken ist und zu starken interannuellen Schwankungen im Niederschlag unterworfen ist. Neben dem direkten Effekt der **Trockenheit** treten durch die Trockenheit ausgelöste **Vegetationsbrände** als begrenzender Faktor für das Waldwachstum hinzu. Das **eurasische Steppengebiet** umfasst in West-Ost-Richtung ca. 9000 km und reicht in einem bis zu 1000 km breiten Band von Südosteuropa über Zentralasien bis nach Nordostchina (Lavrenko und Karamysheva 1993; Pfeiffer et al. 2018). Die in Nordamerika als **Prärie** bezeichneten Steppen erstrecken sich im Wesentlichen auf die **Great Plains** mit einer Nord-Süd-Ausdehnung von etwa 3500 km und einer West-Ost-Ausdehnung von maximal 1600 km. Kleinere Präriebereiche finden sich auch westlich der Rocky Mountains (Coupland 1992). Die argentinische Pampa kommt in engem Kontakt mit subtropischen Savannengrasländern im Südosten Südamerikas vor und besitzt eine im Vergleich mit den winterkalten Steppen der Nordhalbkugel geringere Flächenausdehnung. Die subtropischen Grasländer der Savannen und des mediterranen Bioms werden hier nicht in die Steppen einbezogen.

6.2 Vegetation und Landnutzung

Die Steppengrasländer der Nordhemisphäre sind durch eine Abfolge unterschiedlicher **Vegetationstypen in Abhängigkeit von der Wasserversorgung** gekennzeichnet. In Eurasien nimmt im Steppengebiet der Niederschlag von Nord nach Süden ab, wohingegen die potenzielle Evaporation in gleicher Richtung ansteigt. In den Great Plains wird es von Ost nach West trockener. Mit zunehmender Trockenheit reduzieren sich die Höhe und Dichte der Vegetation. Die feuchten Steppen am Nordrand des eurasischen Steppengebiets werden Wiesensteppen genannt; ihr folgen weiter südlich die von Federgräsern (*Stipa*) dominierte Echte Steppe und die Wüstensteppe, die schließlich in Halbwüsten und Wüsten übergehen.

Die feuchteste Ausprägung der nordamerikanischen Prärie ist die meist 1 bis 2 m hohe Langgrasprärie (u. a. mit *Andropogon gerardii* und *Schizachyrium scoparium*). Die trockenen Bereiche der Great Plains sind mit der Kurzgrasprärie bestanden, die u. a. von *Bouteloua gracilis* und *Buchloë dactyloides* dominiert wird. Als Übergangsformation zwischen Langgras- und Kurzgrasprärie tritt die Gemischte Prärie auf. Ein wesentlicher Unterschied zwischen der Vegetation des eurasischen Steppengebiets und der Great Plains besteht in der Dominanz von **C_4-Gräsern** in den Grasländern der Great Plains, wohingegen in den Steppen Eurasiens **Pflanzen mit C_3-Stoffwechsel** überwiegen (Collatz et al. 1998). Dies erklärt sich durch das in den Great Plains wärmere und feuchtere Klima. Westlich der Rocky Mountains sind die Prärien von C_3-Horstgräsern wie *Pseudoroegneria spicata*, *Festuca idahoensis* und *F. scabrella* geprägt. Ausgedehnte Präriebereiche sind hier keine reinen Grasländer, sondern mit dem strauchförmigen Wüstenbeifuß (*Artemisia tridentata*) bestanden.

Auch die Böden der Steppengebiete ändern sich entlang des Trockenheitsgradienten. Generell sind Steppenböden sehr tiefgründige, humus- und nährstoffreiche **Humusakkumulationsböden**. Bei den Chernozemen und Phaeozemen der feuchteren Bereiche sind diese Eigenschaften jedoch stärker ausgeprägt als bei den Kastanozemen der trockeneren Steppen. Am trockenen Ende des Gradienten treten auch versalzte Solonetzböden auf. Die Chernozeme und Phaeozeme sind **hervorragende Ackerböden**, was zur Folge hat, dass fast die gesamte Langgrasprärie im Osten der Great Plains und viele Wiesensteppen in der Ukraine und in Russland im

19. Jahrhundert in Ackerland umgewandelt wurden (Ramankutty und Foley 1999; Torn et al. 2002). Auch die Gemischte Prärie im Zentrum der Great Plains und die Federgrassteppen im eurosibirischen Steppengebiet westlich des Altais wurden teilweise in Ackerland umgewandelt.

Die verbliebenen Steppengebiete der Erde werden fast sämtlich als **Weideland** genutzt. Das Ausmaß, in dem diese Weidelandnutzung die ursprüngliche Vegetation verändert hat, ist unklar, da die Steppen auch vor der menschlichen Besiedlung hohe Populationsdichten an Weidegängern aufwiesen (Pfeiffer et al. 2018). Die Auswirkung der Beweidung auf die Vegetation hängt nicht nur von der Anzahl der Tiere ab, sondern wird auch von der Artenvielfalt an Herbivoren und artspezifischen Spezialisierungen bei der Futterausnutzung beeinflusst. Unstrittig ist hingegen, dass heutzutage hohe Besatzdichten mit Weidevieh lokal bis regional zu einer Degradation der Steppen führen können, die sich im Rückgang von Vegetationsdecke und Phytomasse, in der Förderung bzw. Zurückdrängung einzelner Arten sowie in der Freilegung und Erosion des Bodens äußert (Fanselow et al. 2011). Durch die Schaffung von Lücken in der Vegetation begünstigt Beweidung die Etablierung von Einjährigen und Gehölzen (Loeser et al. 2007). Sowohl die Menge an Phytomasse als auch die Freilegung des Bodens üben einen Einfluss auf den Wasserhaushalt der Grasländer aus (Du et al. 2004; Babel et al. 2014). Stark beweidete Grasländer mit einem hohen Anteil junger schnellwüchsiger Triebe haben eine höhere Evapotranspiration als Grasländer mit einem hohen Anteil älterer Pflanzenteile (Bremer et al. 2001). Die Reduktion der Vegetationsdecke unter Schaffung vegetationsfreier Flächen bewirkt lediglich eine Erhöhung der Evaporation zulasten der Transpiration, verändert aber nicht die gesamte Evapotranspiration und führt so auch nicht zu einer verstärkten Infiltration des Bodens (Babel et al. 2014).

6.3 Klimatrends

Der eurasische Teil des Steppenbioms ist stärker vom globalen Klimawandel betroffen als der nordamerikanische (IPCC 2013). In zwei der drei Temperaturdatensätze, die dem Weltklimabericht zugrunde liegen (► Abschn. 1.5.1), zählen die **zentralen und östlichen Great Plains** zu den wenigen Gebieten der Erde **ohne signifikante Temperaturänderung** von 1901 bis 2012. Dies trifft auf die Datensätze des Britischen Wetterdienstes und der University of Anglia (HadCRUT4) sowie der National Oceanic and Atmospheric Administration (MLOST bzw. NOAAGlobalTemp) zu. Im Modell des NASA Goddard Institute for Space Studies (GISS) ist das Gebiet ohne signifikante Temperaturänderung auf die südöstlichen Great Plains beschränkt (IPCC 2013). In den westlichen Great Plains, also im Bereich der Kurzgrasprärie und Teilen der Gemischten Prärie, ist die Temperatur von 1901 bis 2012 überall signifikant angestiegen, und zwar um etwa 0,04 bis 0,11 K pro Dekade (IPCC 2013). Das Fehlen eines signifikanten Temperaturtrends für die Jahresmitteltemperatur in weiten Bereichen der **Great Plains** korrespondiert sogar mit einem, wenngleich auch schwachen, Trend zur **Abkühlung in Sommer und Frühherbst** (Kunkel et al. 2006; Weaver 2013). Die Temperatur für die Monate Juli bis September ist von 1950 bis 2010 in den zentralen und östlichen Great Plains um bis zu 0,05 K pro Dekade gesunken, in Teilgebieten allerdings auch deutlich schwächer, oder gleichgeblieben (◘ Abb. 6.1).

Im Gegensatz zu den Great Plains liegt das **eurasische Steppengebiet** zu großen Teilen in einem der sich **am stärksten erwärmenden Gebiete** der Erde mit Erwärmungsraten von etwa 0,15 bis über 0,2 K pro Dekade (IPCC 2013). In Kasachstan, wo weite Teile des Landes von Steppen dominiert werden, ist von 1941 bis 2011 die Jahresmitteltemperatur um 0,28 K pro Dekade angestiegen, wobei die Erwärmung im Winter mit 0,35 K pro Dekade sehr viel stärker ausfiel als im Sommer (0,18 K

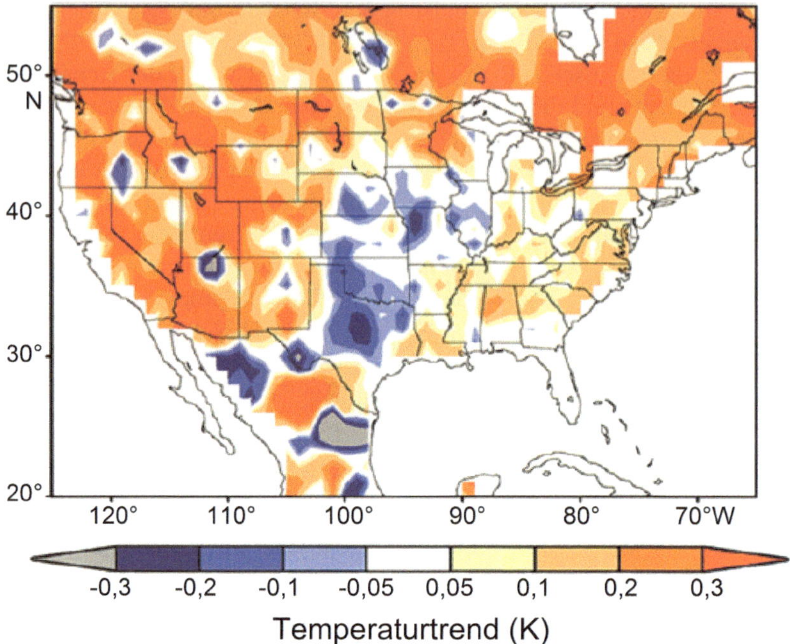

Abb. 6.1   Lineare Trends für die Temperatur in den USA und im südlichen Kanada für die Monate Juli bis September von 1950 bis 2010. (Nach Weaver 2013, S. 344)

pro Dekade; Salnikov et al. 2014). Bei gleichbleibendem Niederschlag in diesem Zeitraum (Dulamsuren et al. 2013; Salnikov et al. 2014) führt dies zu einem erhöhten atmosphärischen Wasserdampfsättigungsdefizit und damit **zunehmender Aridität.** Tage mit Temperaturmaxima über 35 °C haben in diesem Zeitraum stark zugenommen bei gleichzeitiger Abnahme von Frosttagen (Salnikov et al. 2014). In der Mongolei ist die Jahresmitteltemperatur von 1940 bis 2001 um 0,27 K pro Dekade angestiegen, und auch hier war die Erwärmung im Winter stärker als im Sommer (Batima et al. 2005; Nandintsetseg et al. 2007). Eine Zunahme der Aridität wurde auch für das Steppengebiet der Inneren Mongolei gezeigt (Zeitraum 1951–2005; Li et al. 2009), nicht jedoch für das Tibetische Plateau, das im gleichen Zeitraum feuchter geworden ist (Li et al. 2009; Yang et al. 2014).

Hitzewellen und langanhaltende **Dürren** sind typisch für die kontinentalen Klimate der Steppengebiete (Sternberg et al. 2011). Sie sind keineswegs eine neuartige Erscheinung, son-

dern traten bereits lange vor Beginn der rezenten globalen Erwärmung auf. Beispiele sind eine über 5 Jahre während Dürre von 1929 bis 1933 im Umland des heutigen Nur Sultan (Astana) in Kasachstan (Schubert et al. 2014) und die schwere Dürre, die die Great Plains von 1933 bis 1940 erfasste und dort in weiten Bereichen die noch nicht lange vorher begonnene ackerbauliche Nutzung zum Erliegen brachte (Albertson und Weaver 1944). Die Listen von Hitzewellen und Dürren, die aus dem eurasischen Steppengebiet aus dem 19. Jahrhundert und dem frühen 20. Jahrhundert überliefert sind, sind lang (Schubert et al. 2014).

Zwar lassen steigende Temperaturen grundsätzlich eine Vermehrung und Verstärkung von Hitzewellen und Dürren erwarten, inwieweit hier signifikante Trends vorliegen, ist allerdings in Anbetracht der hohen natürlichen interannuellen und dekadischen bis multidekadischen Klimavariabilität in den Steppengebieten nur sehr langfristig prüfbar. Für die Great Plains ist bisher kein langfristiger Trend zu veränderten

Dürrehäufigkeiten und -intensitäten erkennbar (Hoerling et al. 2012). Auch die interannuelle und die saisonale Variabilität des Niederschlags haben sich hier seit Beginn des 20. Jahrhunderts (Zeitraum 1901–2014) wenig verändert (Sloat et al. 2018). Anders sieht dies im eurasischen Steppengebiet aus, in dessen östlichem Teil, der mongolisch-chinesischen Steppenregion, die Variabilität der Niederschlagsmenge sowohl saisonal als auch zwischen 1901 und 2014 stark angestiegen ist (Sloat et al. 2018). Westlich des Altais in Kasachstan hat die Niederschlagsvariabilität kaum zugenommen, in den westlichen und nördlichen Landesteilen regional sogar etwas abgenommen. Ausgeprägte Dürren, wie sie in den 2000er-Jahren auf dem Mongolischen Plateau auftraten, sind zwar selten, traten aber wiederholt in den letzten 2000 Jahren auf, wie Hessl et al. (2018) durch eine dendrochronologische Klimarekonstruktion zeigen konnten.

6.4 Vegetationsveränderungen durch den Klimawandel

Grundsätzlich sind semiaride bis aride Grasländer gut an eine **mäßige und wechselnde Wasserversorgung** angepasst. Die Grasländer stellen eine Antwort der Evolution auf Dürren und zwischen den Jahren stark variierende Niederschlagsmengen dar. Die Variabilität im Niederschlag, mit der die Vegetation zurechtkommen muss, steigt innerhalb des Steppengebiets mit dem mittleren Jahresniederschlag (von Wehrden et al. 2010). Allerdings haben im Bereich des mongolisch-chinesischen Steppengebiets sowohl die interannuelle als auch die saisonale Variabilität des Niederschlags stark zugenommen (▶ Abschn. 6.3). Selbige ist aber negativ mit der Vitalität und Produktivität der Graslandvegetation korreliert, wie Sloat et al. (2018) anhand des Normalized Difference Vegetation Index (NDVI) in einer Fernerkundungsstudie zeigten. Semiaride Grasländer sind ferner gut an die durch die periodischen Dürren auftretenden regelmäßigen Brände adaptiert.

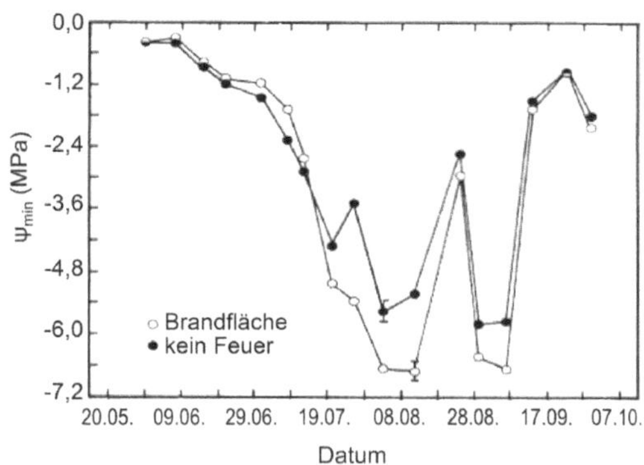

◻ Abb. 6.2 Mittägliches Blattwasserpotenzial (Ψ_{min}) von *Andropogon gerardii* im Laufe einer Vegetationsperiode in der Langgrasprärie von Kansas, USA. Die Absenkung bis unter −6 MPa ist beeindruckend im Vergleich mit vielen temperaten und borealen Baumarten und ermöglicht das Aufrechterhalten einer recht hohen Wasseraufnahme auch bei einsetzender Trockenheit. Die Abbildung zeigt Daten von zwei Plots mit und ohne Feuer zu Beginn der Vegetationsperiode. (Nach Knapp 1985, S. 1313)

Die **oberirdische Phytomasse** der Grasländer kann zwar durch Dürren und Feuer komplett vernichtet werden. Gräser sind jedoch nach einer einmaligen Störung dazu in der Lage, im Anschluss schon in derselben Vegetationsperiode, spätestens aber im folgenden Jahr, wieder auszutreiben bzw. aus Samen neu zu keimen. Darin unterscheiden sich Grasländer deutlich von Gehölzen, bei denen Dürre- und Feuerschäden katastrophale und irreversible Effekte haben können. Neben dem Vorkommen einjähriger Pflanzen liegt das **hohe Restitutionspotenzial** von Grasländern vor allem darin begründet, dass zumindest bei Trockenheit das Absterben der Pflanzen weitgehend auf die oberirdische Biomasse beschränkt ist, während das **Wurzelsystem** im Wesentlichen erhalten bleibt (Shinoda et al. 2010). Der Zuwachs an neuer unterirdischer Biomasse wird allerdings bei Dürre stark reduziert (Frank 2007).

An Trockenheit angepasste Gräser regulieren ihre Stomata nur wenig und **transpirieren auf relativ hohem Niveau**, solange im Boden dafür ausreichend Wasser zur Verfügung steht (Ponton et al. 2006; Zha et al. 2010; Brümmer et al. 2012). Sie senken ihr Blattwasserpotenzial entsprechend stark ab (◘ Abb. 6.2), um selbst bei knappem Wasserangebot noch verhältnismäßig lange Wasser aus dem Boden aufnehmen zu können (Knapp 1985). Auf diese Weise assimilieren sie auch bei sich abzeichnender Trockenheit mehr oder weniger ungebremst CO_2. Bei ausbleibenden Niederschlägen tun sie dies so lange, bis das Wasser im Boden aufgebraucht ist, um dann schließlich in ihren oberirdischen Teilen abzusterben. Dadurch schwanken die grüne Biomasse und damit auch der NDVI in trockenen Grasländern stark in Abhängigkeit vom Witterungsverlauf. Durch die dominante Rolle der Wasserversorgung für die Produktivität der semiariden Steppengrasländer (Sala 2001) besteht dort eine enge Abhängigkeit des NDVI von Wasserhaushaltsparametern, einschließlich des Niederschlags und der Evapotranspiration (Yu et al. 2004; Gu et al. 2007).

Eine zentrale Gefahr des Klimawandels für die Steppengrasländer liegt in einem dauerhaften Rückgang der Phytomasse und der Graslandfläche durch langfristige Trends zur **Austrocknung.** Da interannuelle und dekadische bis multidekadische Schwankungen in der Wasserversorgung der Steppen natürlich sind (Sala et al. 1992; Lauenroth und Bradford 2006; Weaver 2013; Pederson et al. 2014), sind solche Trends schwierig zuverlässig nachzuweisen. Kurz- bis mittelfristige Schwankungen des NDVI, die Veränderungen in der grünen Biomasse widerspiegeln, sind daher mit Vorsicht als Teil langfristiger Trends und als Folge des globalen Klimawandels zu betrachten. Mehrjährige schwere Dürren führen zwar zu einer längerfristigen Beeinflussung der **Dominanzverhältnisse** und der **Biomasse** von Steppengrasländern, auch zur Ausbreitung von Ruderalpflanzen und **Neophyten** (Loeser et al. 2007), die Grasländer können aber schließlich wieder vollständig restituiert werden. Ein prominentes Beispiel bilden die verheerenden **Dürrejahre auf den Great Plains** von 1933 bis 1940 (Weaver und Albertson 1943; Albertson und Weaver 1944). In dieser Trockenperiode starb in weiten Landstrichen die oberirdische Biomasse zu großen Teilen ab. Einzelne Arten konnten die verringerte Konkurrenz nutzen und sich vorübergehend invasiv ausbreiten. Kräuter und schließlich auch einjährige Gräser wurden zunehmend durch mehrjährige Gräser ersetzt. Als auf die mehrjährige Dürre von 1941 bis 1943 drei feuchte Jahre folgten, konnten sich viele Arten der ursprünglichen Vegetation wieder ausbreiten und die ursprüngliche Deckung der Vegetation wieder weitestgehend hergestellt werden. Da sich die Pflanzen wie auch die Samen nach mehreren Dürrejahren in tiefer Dormanz befanden, begann die Wiederherstellung der Vegetation zunächst langsam, setzte sich dann aber auf großer Fläche fort. Die meisten Kräuter besitzen ein geringeres Restitutionsvermögen als Gräser, sodass ihre Wiederausbreitung langsamer vonstattenging als die der Gräser (Albertson und Weaver 1944). Diese aus den Great Plains gut dokumentierte Vegetationsdynamik als Folge mehrjähriger Trockenheit belegt eindrucksvoll, dass eine Ableitung von dauerhaften Veränderungen der Vegetation als Folge des Klimawandels in den Steppengrasländern nur auf der Grundlage langjähriger Zeitreihen, die mehrere Dekaden umfassen, möglich sein wird. Untersuchungen von Tilman und El Haddi (1992) in einer wiederhergestellten Langgrasprärie auf ehemaligem Ackerland zeigten, dass nach einer schweren Dürre die ursprüngliche Phytomasse sehr viel schneller wieder erreicht wurde als die Artendiversität (◘ Abb. 6.3).

Experimente, die den **Temperatur- und Wasserhaushalt** manipulieren, zeigen, dass die Vegetation von semiariden Grasländern in der Regel auf Erwärmung sehr viel weniger anspricht als auf Veränderungen in der Wasserversorgung (White et al. 2011; Volder et al. 2013). Auch in einer Untersuchung zur Phänologie von Federgräsern *(Stipa)* in der mongolischen Steppe zeigte sich, dass die Keimung und weitere Entwicklung der Pflanzen sehr viel stärker vom Niederschlag als von der Temperatur beeinflusst wurde (Shinoda et al. 2007).

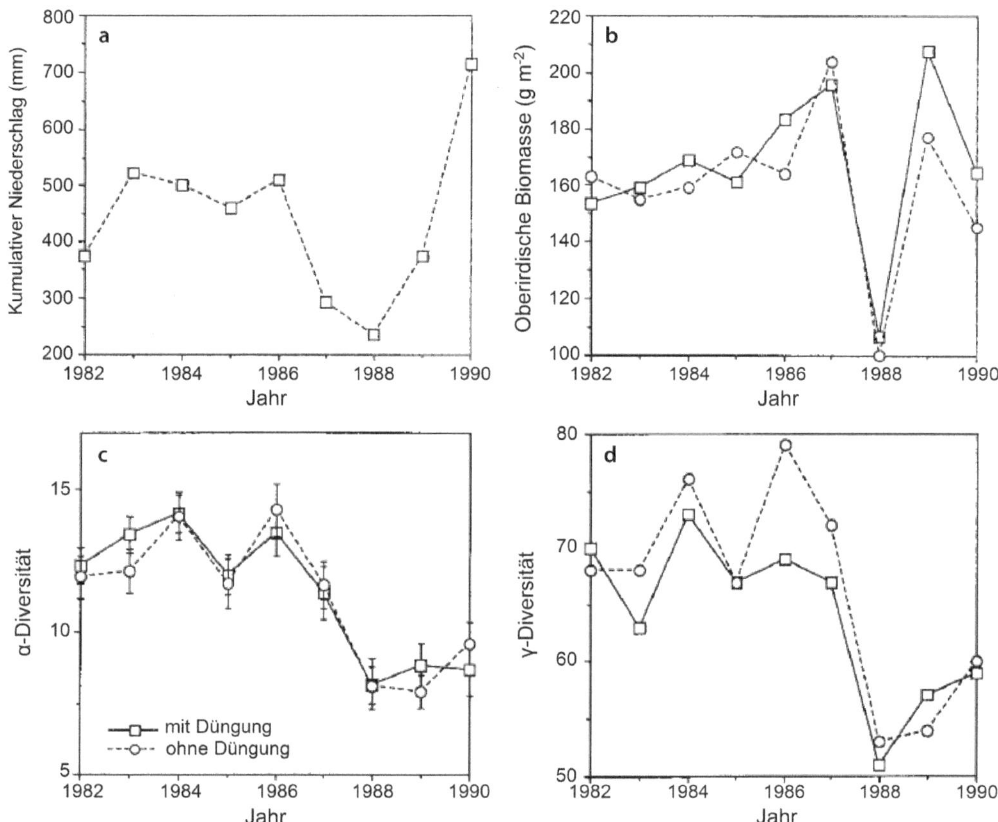

☐ Abb. 6.3 Interannuelle Variabilität (**a**) des Niederschlags, (**b**) der oberirdischen Phytomasse, (**c**) der Artenzahl pro 4 m × 4 m-Plot (α-Diversität) sowie (**d**) der Gesamtartenzahl in allen Plots (γ-Diversität) von 1982 bis 1990 im gedüngten und ungedüngten Grasland der Cedar Creek Natural History Area in Minnesota, USA. (Nach Tilman und El Haddi 1992, S. 259 f.)

Die **Blühphänologie** von Steppenpflanzen wird offensichtlich artspezifisch sehr unterschiedlich von Temperatur und Feuchtigkeit beeinflusst. Dies legt zumindest ein Erwärmungs- und Bewässerungsexperiment nahe, das 2009/2010 in der nordmongolischen Steppe durchgeführt wurde (Liancourt et al. 2012). Während die Blütenbildung von Gräsern durch Erwärmung eher verringert und verzögert wurde, reagierten die krautigen Pflanzen kaum. Bei der Brassicaceae *Dontostemon integrifolius* wurde allerdings durch 1,5 °C Erwärmung eine stärkere Blütenbildung induziert.

Selbst ohne Veränderungen im Niederschlagsregime wirken sich Temperaturänderungen auf das **Verhältnis von C$_4$- zu** **C$_3$-Pflanzen** aus, da Pflanzen mit C$_4$-Stoffwechsel eine höhere **Wassernutzungseffizienz** aufweisen. So führte die Erwärmung um 1,5 °C am Tage und 3 °C in der Nacht über 3 Jahre (2007–2009) in einem Experiment in der gemischten Prärie Wyomings zu einer Zunahme der Biomasse von C$_4$-Gräsern und einem Rückgang von C$_3$-Pflanzen (Morgan et al. 2011). Die Verhältnisse sind anders gelagert, wenn sich die Erwärmung auf die nächtlichen Temperaturminima konzentriert, da hier vor allem Unterschiede in den nächtlichen Atmungsverlusten zum Tragen kommen. Eine derartige Konstellation fanden Alward et al. (1999) in einer Langzeitstudie in der Kurzgrasprärie der westlichen

Great Plains in Colorado. Hier beruhte der in der zweiten Hälfte des 20. Jahrhunderts zu beobachtende Temperaturanstieg fast ausschließlich auf einem Anstieg des nächtlichen Temperaturminimums. In der Folge nahm die Nettoprimärproduktion des die Kurzgrasprärie dominierenden C_4-Grases *Bouteloua gracilis* von 1983 bis 1992 – anders als in Studien mit C_4-Pflanzen unter dem Einfluss steigender Tagestemperaturen – stark ab. Von diesem Rückgang, der sich am engsten mit den mittleren Temperaturminima im Frühjahr in Beziehung setzen ließ, profitierten C_3-Kräuter, darunter auch Neophyten, die in den Prärien Nordamerikas ein größeres Problem für den Naturschutz darstellen (Simmons et al. 2007; Grant et al. 2009). Ein steigendes CO_2-Angebot fördert in erster Linie C_3-Pflanzen (**CO_2-Düngung**), da bei ihnen die Photosynthese unter der heutigen oder gar vorindustriellen atmosphärischen CO_2-Konzentration nicht CO_2-gesättigt ist. Allerdings profitieren auch C_4-Pflanzen, solange sie durch das erhöhte CO_2-Angebot die Stomata stärker geschlossen halten können und dadurch trotz steigender Temperaturen die Transpiration konstant halten können (Morgan et al. 2011).

Neben Änderungen in der Niederschlagsmenge sowie temperaturbedingt im Wasserdampfsättigungsdefizit der Atmosphäre spielen auch Veränderungen in der **Niederschlagsverteilung** eine Rolle für die Vegetation, da diese sich auf die Nutzbarkeit des Wassers auswirken. Heisler-White et al. (2009) führten hierzu ein Experiment mit je einer Untersuchungsfläche in der Langgras-, der Kurzgras- und der Gemischten Prärie der Great Plains durch. In der Langgrasprärie führte die Konzentration des Niederschlags von 450 mm auf 4 oder 6 Termine zu einer Reduktion der oberirdischen Nettoprimärproduktion um 18 % gegenüber der Kontrolle, die dem natürlichen Niederschlagsregime ausgesetzt war (◘ Abb. 6.4). Das natürliche Niederschlagsregime umfasste während der Untersuchungsdauer über eine Vegetationsperiode 16 Niederschlagsereignisse in Höhe von insgesamt 436 mm. Die verringerte Produktivität erklärt sich durch das stärkere Austrocknen des Bodens zwischen den einzelnen Niederschlagsereignissen. In der Kurzgrasprärie und der Gemischten Prärie profitierten die Pflanzen hingegen von einer ungleichmäßigeren Niederschlagsverteilung. Die Konzentration der geringeren Niederschlagsmengen in diesen beiden Prärietypen (191 mm in der Kurzgrasprärie und 340 mm in der Gemischten Prärie) auf weniger Termine sorgte hier für eine stärkere und in der Folge längere Durchfeuchtung des Bodens. Von der Vegetation wurde dies für eine um 30 % erhöhte Nettoprimärproduktion in der Kurzgrasgrasprärie und eine sogar um 70 % erhöhte Nettoprimärproduktion in der Gemischten Prärie genutzt.

Die Grasländer des **Tibetischen Plateaus** stellen im Hinblick auf die Wasserversorgung und Klimawandeleffekte einen Sonderfall dar, da sie aufgrund der großen Höhenlage auf großer Fläche von **Permafrost** unterlegt sind (Yang et al. 2010). Der Permafrost in dieser Region ist wärmer und dünner als in den Polargebieten und daher empfindlicher gegenüber der Klimaerwärmung. Er taut aus diesem Grunde derzeit mit steigenden Temperaturen verbreitet ab (Wu und Zhang 2008; Yang et al. 2010). Dies führt zur Austrocknung des Bodens und senkt die Produktivität der Grasländer. Das Verschwinden des Permafrosts wirkt sich negativ auf die Vegetation aus, obwohl der Wassergehalt im gefrorenen Boden auf dem Tibetischen Plateau außerordentlich gering ist (Wang und French 1995), da durch das Abtauen mehr Niederschlagswasser im Boden versickern kann (Xue et al. 2009). Die auf dem Tibetischen Plateau heute verbreitete Überweidung und die dadurch ausgelöste Bodenerosion leisten einen zusätzlichen Beitrag zur Degradierung der Grasländer (Du et al. 2004; Wu et al. 2009; Harris 2010).

Die **Desertifikation** von Steppengrasländern lässt sich als Folge von Überweidung zum Beispiel am Rand der Wüste Gobi beobachten (Li et al. 2000; Addison et al. 2012). Der Rückgang der Vegetationsdecke erhöht die Turbulenz in Bodennähe und

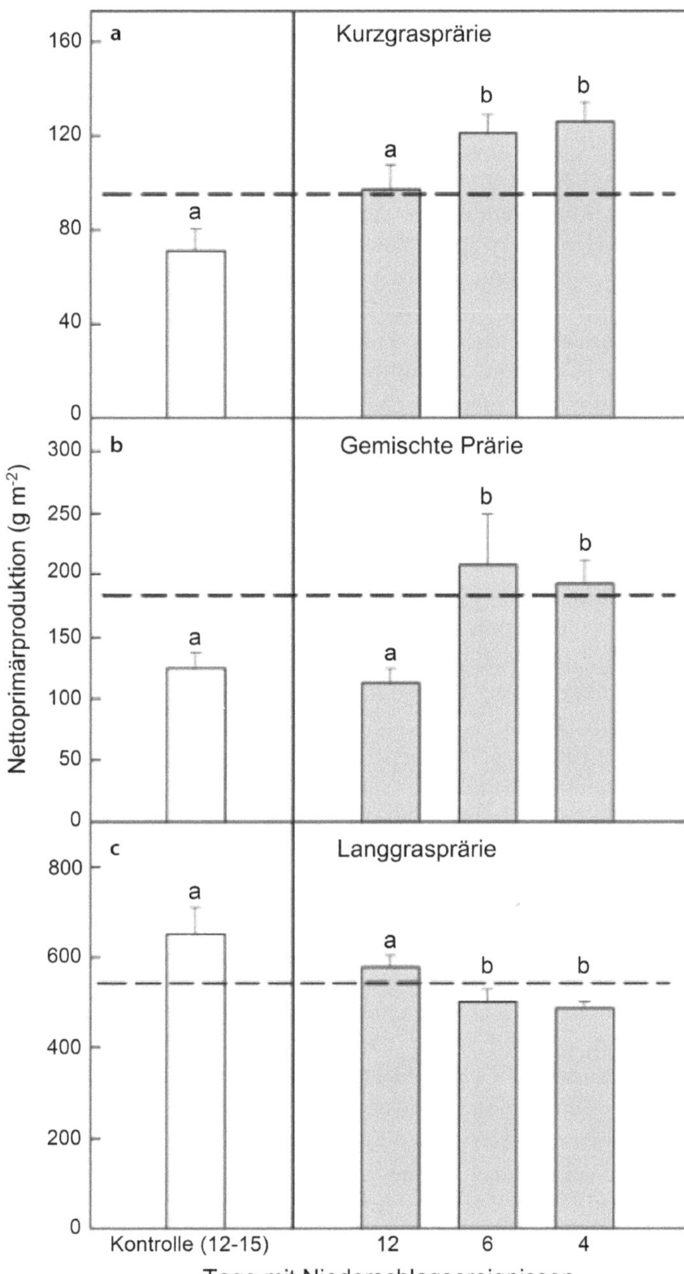

◘ **Abb. 6.4** Auswirkungen der Niederschlagsverteilung auf die oberirdische Nettoprimärproduktion in (**a**) der Kurzgrasprärie, (**b**) der Gemischten Prärie und (**c**) der Langgrasprärie der Great Plains. Die Kontrollen entsprechen der natürlichen Zahl von Niederschlagsereignissen während einer Vegetationsperiode. Die bewässerten Flächen waren vom natürlichen Niederschlag abgeschirmt und wurden mit dem 30-jährigen Mittel des Jahresniederschlags (**a**: 190 mm, **b**: 340 mm, **c**: 450 mm), gleichmäßig verteilt auf 4, 6 bzw. 12 Niederschlagsereignisse bewässert. Mittelwerte (±Standardfehler) mit gleichen Buchstaben innerhalb einer Teilabbildung unterscheiden sich nicht signifikant (P ≤ 0,05). Die gestrichelte Linie steht für die über 30 Jahre gemittelte oberirdische Nettoprimärproduktion. (Nach Heisler-White et al. 2009, S. 2900)

setzt die Bodenoberfläche so stärker der Austrocknung durch den Wind aus. Allerdings erhöht die Desertifikation auch die Albedo und senkt dadurch die Nettostrahlung (R_n oder Q^*) (Li et al. 2000). Umwandlungen von Steppengebieten in Wüsten und Halbwüsten als Folge des Klimawandels werden zwar prognostiziert (Dagvadorj et al. 2009; Zeng und Yoon 2009), sie werden aber im Einzelfall sicher schwer dem Klimawandel zuzuschreiben sein und als dauerhafter Prozess klassifiziert werden können (Nicholson et al. 1998). Dies ergibt sich daraus, dass, wie bereits ausgeführt, semiaride und aride Grasländer auch natürlicherweise längeren Trockenperioden ausgesetzt sind, von denen sie sich aber bei wieder verbesserter Wasserversorgung relativ leicht wieder erholen können. Dadurch können sich in feuchten Perioden auch von **Desertifikation** betroffene Landstriche wieder in Grasländer zurückverwandeln, wie Sternberg et al. (2015) für die Wüste Gobi zeigten (◨ Abb. 6.5). Zudem werden Klimawandeleffekte in aller Regel in Interaktion mit Beweidung auftreten, was ebenfalls die sichere Zuordnung zum Klimawandel als Hauptursache für die Transformation von Grasland in Wüsten und Halbwüsten erschwert (van Staalduinen und Werger 2006).

Die kontinentalen Steppengrasländer sind zwar aufgrund der trockenen Klimate, unter denen sie vorkommen, generell anfällig für **Feuer**, doch gibt es, anders als in Wäldern, keine enge positive Korrelation zwischen Trockenheit und Brandrisiko. Das Risiko für die Ausbreitung von Vegetationsbränden in der Steppe wird außer durch das Auftreten stabiler Hochdruckwetterlagen, die eine Austrocknung der Landschaft bewirken, stark von der Verfügbarkeit von brennbarem Material bestimmt. Zwar nimmt der Anteil trockener, gut brennbarer Phytomasse an der gesamten Biomasse mit zunehmender Trockenheit zu, doch sorgt Trockenheit eben auch für eine Abnahme der Dichte und Höhe der Vegetation, was wiederum das Brandrisiko reduziert. Dementsprechend zeigten Brown et al. (2005),

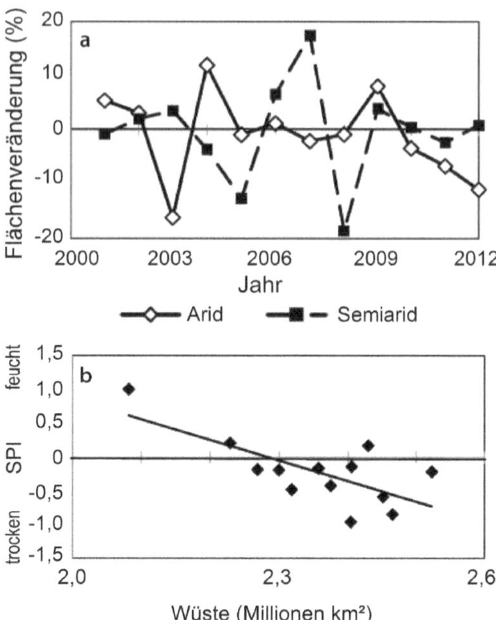

◨ **Abb. 6.5**   Verschiebung der Grenze zwischen semiaridem Grasland und arider (und hyperarider) Wüste in der Gobi in Innerasien: (**a**) Interannuelle Variabilität des Flächenanteils von Wüste und Grasland im Zeitraum von 2000 bis 2012; (**b**) Zusammenhang zwischen dem Standard Precipitation Index (SPI) und der absoluten Fläche der Wüste Gobi im selben Zeitraum. (Nach Sternberg 2015, S. 1352)

dass in den nördlichen Great Plains im Holozän besonders in feuchten Perioden, in denen das Grasland besonders üppig entwickelt war, Vegetationsbrände auftraten.

Genauso wie sich Trends zu einem hauptsächlich durch die globale Erwärmung ausgelösten dauerhaften Rückgang der Produktivität von Grasländern oder gar zur Desertifikation in Zeitskalen von einigen Jahren oder wenigen Jahrzehnten kaum nachweisen lassen, so sind auch gegenteilige Entwicklungen zu einer **Zunahme der Produktivität** mit Vorsicht im Hinblick auf ihre Dauerhaftigkeit und ihre Ursachen zu interpretieren. Zeitreihen des NDVI (oder verwandter Indices mit ähnlicher Aussage) für das innerasiatische Steppengebiet zeigen einen **Ergrünungstrend** seit den 1980er-Jahren mit zunehmenden NDVI-Werten (Liu et al. 2011; Poulter et al. 2013). Hier ist fraglich, ob es sich wirklich um eine langfristige, durch den Klimawandel und den Anstieg der atmosphärischen CO_2-Konzentration getragene Entwicklung handelt. Vielmehr muss in Betracht gezogen werden, dass im Jahr 1982, in dem die NDVI-Zeitreihen aufgrund der zu diesem Zeitpunkt verbesserten Satellitentechnologie begannen, besonders ungünstige Klimabedingungen herrschten, sodass diese Zeitreihen zufällig mit NDVI-Werten unterhalb des langjährigen Mittels starteten. Zu dieser Annahme passt, dass Mohammat et al. (2013) für das gesamte Gebiet von Zentral- und Innerasien vom Kaspischen Meer bis in die Ostmongolei und Nordostchina zwar Zunahmen des NDVI in den 1980er-Jahren, anschließend jedoch besonders in Ostkasachstan, der Mongolei und der Inneren Mongolei durch Trockenheit bedingte Rückgänge fanden.

6.5 Kohlenstoffhaushalt

Die humusreichen Böden der winterkalten Steppen sind wichtige Speicher für organischen Kohlenstoff. Cao und Woodward (1998) schätzten die Vorratsdichten an organischem **Bodenkohlenstoff** (*Soil Organic Carbon*, SOC) im globalen Mittel auf 97 Mg C ha^{-1} für Kurzgrassteppen und 119 Mg C ha^{-1} für Langgrassteppen. Die SOC-Dichten liegen damit unter jenen in vielen temperaten Wäldern und deutlich unter den SOC-Dichten der meisten borealen Wälder, ähneln aber denen von Tundren frischer Böden und von tropischen Regenwäldern (Cao und Woodward 1998). Publizierte Angaben für Wiesensteppen und Echte Steppen liegen für 0 bis 1 m Bodentiefe bei 112 bis 123 Mg C ha^{-1} in China (Ni 2002), 116 bis 151 Mg C ha^{-1} in der Waldsteppe der Mongolei (Dulamsuren et al. 2016) und 120 bis 140 Mg C ha^{-1} in der gemischten Prärie der nördlichen Great Plains (Frank et al. 1995). Die Chernozeme der Wiesensteppen haben meist deutlich

höhere SOC-Dichten als die Kastanozeme der Echten Steppe. Für Nordostchina geben Wang et al. (2002) für die Kastanozeme eine SOC-Dichte von 94 Mg C ha^{-1} und für Chernozeme die fast doppelt so hohe SOC-Dichte von 187 Mg C ha^{-1} an. Wüstensteppen verfügen über geringere Vorräte an organischem Kohlenstoff im Boden als besser wasserversorgte Steppen; für China gibt Ni (2002) im Mittel 87 Mg C ha^{-1} an. Für die alpinen Steppen des Tibetischen Plateaus schwanken die Angaben in einem weiten Bereich. Yang et al. (2008) gehen von einer mittleren SOC-Dichte bis 1 m Tiefe von 44 Mg C ha^{-1} aus, Genxu et al. (2002) hingegen von 90 bis 162 Mg C ha^{-1}. Beweidung übt entgegen der intuitiven Erwartung (Genxu et al. 2002) keinen systematischen Einfluss auf die SOC-Vorratsdichte aus und führt insbesondere nicht zwingend zu Kohlenstoffverlusten (Frank et al. 1995; Schuman et al. 1999; Reeder et al. 2004; Cui et al. 2005; Miehe et al. 2018).

Die Vegetation trägt mit ihrer **Biomasse** in den Steppengrasländern naturgemäß wenig zur Vorratsdichte an organischem Kohlenstoff bei. Die Kohlenstoffdichten in der oberirdischen Phytomasse liegen im Regelfall deutlich unter 1 Mg C ha^{-1}. Die publizierten Werte für Echte Steppen und Wiesensteppen schwanken zumeist zwischen 0,4 und 0,8 Mg C ha^{-1} (Wang et al. 2002; Ni 2004; Fan et al. 2008; Dulamsuren et al. 2016). In der Wüstensteppe sind die Vorratsdichten in der oberirdischen Phytomasse geringer. In China schätzt Ni (2004) sie im Mittel auf 0,2 Mg C ha^{-1} gegenüber 0,4 Mg C ha^{-1} in der Echten Steppe und 0,7 Mg C ha^{-1} in der Wiesensteppe. Für die alpinen Steppengrasländer des Tibetischen Plateaus geben Fan et al. (2008) Vorratsdichten von 0,2 bis 0,4 Mg C ha^{-1} an. Die Wurzelbiomasse enthält gegenüber dem Boden ebenfalls sehr wenig Kohlenstoff, kann aber deutliche höhere Werte annehmen als die oberirdische Phytomasse (Parton et al. 1995). Die Wurzelmasse in den Steppen der Mongolei und der Inneren Mongolei übersteigt die oberirdische Phytomasse in der Wiesensteppe um das 10- bis

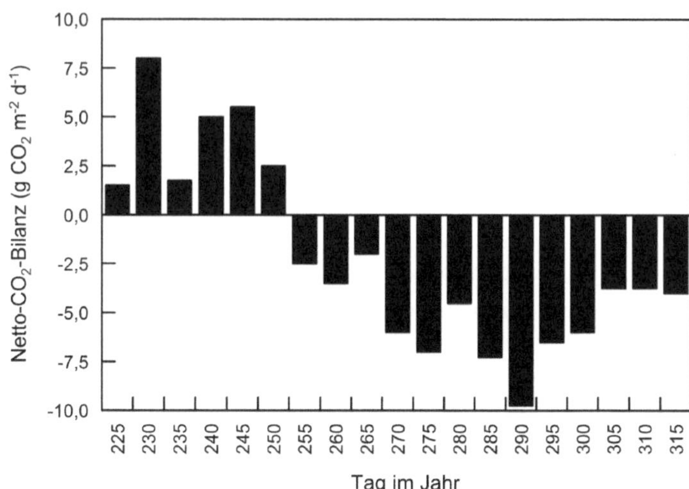

◘ Abb. 6.6 Netto-CO$_2$-Austausch am Ende der Vegetationsperiode (13.08.–15.11.1996) in der Langgrasprärie der östlichen Great Plains (Konza-Prärie, Kansas, USA). (Nach Ham und Knapp 1998, S. 9)

6

12-Fache, in der Echten Steppe um das 6- bis 11-Fache und in der Wüstensteppe um das 7- bis 9-Fache (Fan et al. 2008, 2009; Dulamsuren et al. 2016). In den alpinen Steppen des Tibetischen Plateaus gehen Yang et al. (2009a) von einer 5-fach höheren unterirdischen als oberirdischen Biomasse aus, wohingegen Fan et al. (2008) einen noch deutlich höheren Anteil der Wurzeln an der Gesamtbiomasse annehmen.

Die Fähigkeit der winterkalten Steppen, eine **Senke für atmosphärischen Kohlenstoff** zu bilden, wird stark durch die hohe saisonale und interannuelle Variabilität des Klimas im temperaten Graslandbiom beeinflusst. Die **CO$_2$-Bilanz** der Steppengrasländer ist von der Temperatur, vor allem aber stark vom Niederschlag abhängig (Kelly et al. 2000; Kwon et al. 2008; Yang et al. 2011). In feuchten Sommern findet über lange Zeit des Jahres eine **Nettoaufnahme von Kohlenstoff** statt (Ham und Knapp 1998; Shi et al. 2006), bevor sich das Grasland mit zurückgehender PAR-Strahlung und zurückgehenden Temperaturen im Herbst in eine Kohlenstoffquelle verwandelt (◘ Abb. 6.6). Bei **Trockenheit** kann die Senkenfähigkeit jedoch schon früh in der Vegetationsperiode reduziert werden, und es können **Netto-CO$_2$-Verluste** auftreten. Treten frühzeitig in der Vegetationsperiode Dürren auf, ist es möglich, dass das Grasland in der Jahresbilanz zu einer Kohlenstoffquelle wird.

Es kann aber schon im nächsten Jahr wieder eine Kohlenstoffsenke werden (◘ Abb. 6.7), wenn ausreichend Niederschlag fällt, wie Kwon et al. (2008) für die *Artemisia tridentata*-Steppe in Wyoming zeigen konnten.

Insgesamt sind die **Netto-CO$_2$-Flüsse** in den Steppengebieten in der Jahresbilanz **relativ gering**. Zhang et al. (2010) legten eine Modellierung des Netto-CO$_2$-Austauschs für die nördlichen Great Plains auf der Grundlage von Messungen an 6 Lokalitäten vor allem in der Gemischten Prärie, aber auch je einem Standort in der Kurzgras- und Langgrasprärie für die Jahre von 2000 bis 2006 vor. In diesem Zeitraum, in dem gleich mehrere Dürren auftraten, waren die nördlichen Great Plains eine schwache CO$_2$-Quelle mit $2 \text{ g C m}^{-2} \text{ a}^{-1}$. Die Jahresmittelwerte schwankten zwischen $-32 \text{ g C m}^{-2} \text{ a}^{-1}$ (Kohlenstoffsenke) und $35 \text{ g C m}^{-2} \text{ a}^{-1}$ (Kohlenstoffquelle). Nettofreisetzungen von CO$_2$ erfolgten in trockenen Jahren und überwogen im Untersuchungszeitraum durchgehend in den trockeneren westlichen Great Plains (◘ Abb. 6.8). Sehr ähnliche Resultate erbrachten Messungen über 3 Jahre von 2004 bis 2006 in einer von *Stipa krylovii* dominierten Steppe der Inneren Mongolei (Wang et al. 2008). Während der Niederschlag 2004 mit 297 mm a^{-1} in etwa dem langjährigen Mittel entsprach, war er in den beiden Folgejahren mit 174 und

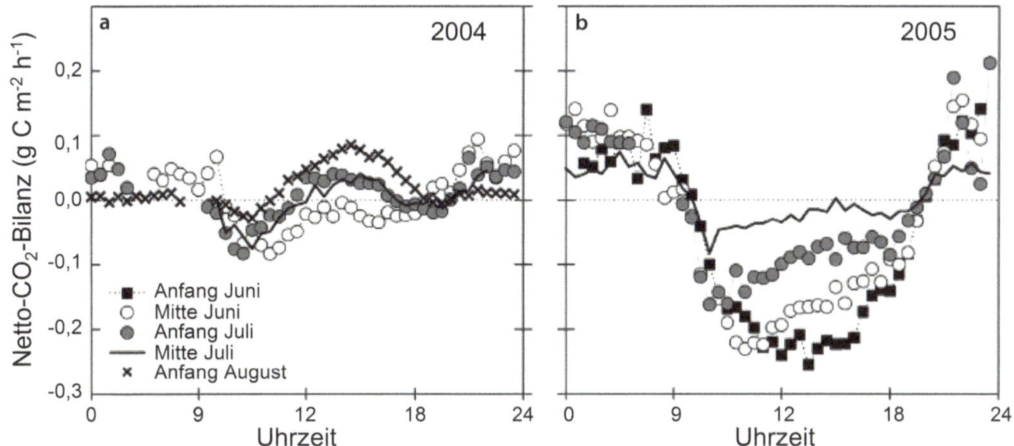

◨ Abb. 6.7 Variabilität der Netto-CO_2-Bilanz einer *Artemisia tridentata*-Steppe in Wyoming (USA) im Tagesverlauf. Die Kurven repräsentieren Mittelwerte über 15 Tage in den Jahren (**a**) 2004 und (**b**) 2005. Positive Werte entsprechen einer Netto-CO_2-Aufnahme ins Ökosystem, negative Werte entsprechen Netto-CO_2-Verlusten. (Nach Kwon et al. 2008, S. 386)

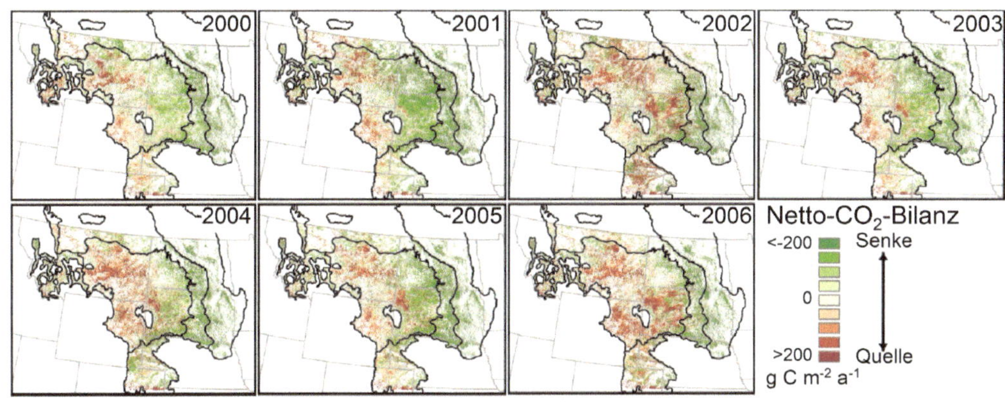

◨ Abb. 6.8 Jährlicher Netto-CO_2-Austausch in den nördlichen Great Plains von 2000 bis 2006 modelliert mithilfe von aus Fernerkundungsdaten abgeleiteten NDVI-Werten. 50 % der Fläche des Untersuchungsraumes waren mit Präriegrasland bedeckt. (Nach Zhang et al. 2010, S. 46)

215 mm a⁻¹ stark unterdurchschnittlich. In allen 3 Jahren war die Steppe eine leichte Kohlenstoffquelle mit Emissionen in Höhe von 37 bis 68 g C m⁻² a⁻¹. Einer Netto-CO_2-Aufnahme in Höhe von −12 g C m⁻² im feuchten Sommer 2006 standen eine Freisetzung in den trockenen Sommern in Höhe von 7 und 20 g C m⁻² sowie eine wenig variable Netto-CO_2-Abgabe im Winterhalbjahr (42–47 g C m⁻²) gegenüber. In der Langgrasprärie am Ostrand der Great Plains kann bei günstigem Witterungsverlauf die CO_2-Bilanz allerdings sehr viel positiver ausfallen. In Oklahoma fanden Suyker und Verma (2001) in einer von den C_4-Gräsern *Schizachyrium scoparium*, *Bouteloua gracilis* und *Andropogon gerardii* dominierten Prärie eine deutliche Netto-CO_2-Aufnahme in Höhe von −268 g C m⁻².

Bei einjährigen Messungen der ökosystemaren CO_2-Flüsse in der Kurzgrassteppe der Mongolei zeigten Li et al. (2005), dass das

Grasland zwar über das gesamte Jahr bilanziert eine Kohlenstoffsenke mit einer Netto-CO_2-Aufnahme von $-41\,\mathrm{g\,C\,m^{-2}\,a^{-1}}$ war, aber mitten in der Vegetationsperiode Ende Juli/Anfang August zur Kohlenstoffquelle wurde. In der Wüstensteppe der Inneren Mongolei stellten Yang et al. (2011) bei einjährigen Messungen eine Netto-CO_2-Aufnahme in Höhe von $-7\,\mathrm{g\,C\,m^{-2}\,a^{-1}}$ fest. Die Bruttoprimärproduktion und die Netto-CO_2-Aufnahme sind eng mit der grünen oberirdischen Phytomasse und folglich mit dem Blattflächenindex verknüpft (Li et al. 2005; Shi et al. 2006; Chen et al. 2009). Da die Phytomasse, wie in ▶ Abschn. 6.4 dargestellt, stark von der Wasserversorgung abhängt, wird die CO_2-Bilanz in hohem Maße vom Bodenwassergehalt beeinflusst (Li et al. 2005; Fu et al. 2006). Bei gut durchfeuchtetem Boden können Strahlungstage auch bei hohem atmosphärischem Wasserdampfsättigungsdefizit für eine hohe Biomasseproduktion und eine durchgehende Netto-CO_2-Aufnahme genutzt werden. Ist hingegen die Bodenfeuchte gering, fällt bei gleichem Wasserdampfsättigungsdefizit die Netto-CO_2-Aufnahme geringer aus, oder es wird in der Bilanz CO_2 in die Atmosphäre abgegeben. Entsprechend der Rolle von Wasser als in der Regel bedeutendstem limitierendem Standortfaktor reagiert der CO_2-Austausch der Steppengrasländer mit der Atmosphäre sehr sensibel auf Niederschlagsereignisse (Chen et al. 2009). Die Niederschlagsmenge entscheidet darüber, ob die Netto-CO_2-Aufnahme und die sie bestimmenden Teilprozesse (Bruttoprimärproduktion und Atmung) nur kurzfristig oder über mehrere Tage stimuliert werden (Chen et al. 2009).

Aufgrund der **dominanten Rolle der Wasserversorgung** für die CO_2-Bilanz der Steppen ist grundsätzlich durch den Klimawandel von einer Schwächung der Senkenfähigkeit und einer sich räumlich und zeitlich ausdehnenden Rolle von Steppengrasländern als Kohlenstoffquelle auszugehen. Die Atmung steigt zudem exponentiell mit der Temperatur, was eine verstärkte CO_2-Freisetzung als Folge des Klimawandels wahrscheinlich macht, doch wird dieser direkte Temperatureffekt durch Trockenheit geschwächt (Qi et al. 2006; Nakano et al. 2008; Fu et al. 2013). Analog zu den Trends für die Produktivität und Desertifikationsprozesse (▶ Abschn. 6.4) sind auch Entwicklungen in der CO_2-Bilanz der Steppengrasländer nur schwierig als dauerhaft und eindeutig durch den globalen Klimawandel verursacht zu identifizieren. Dies liegt in den schon mehrfach angesprochenen starken interannuellen und multidekadischen Schwankungen im Jahresniederschlag in den kontinentalen Steppengebieten begründet. Daneben spielen Nutzungseinflüsse eine Rolle. Für China gehen Piao et al. (2007) sogar von einem Anstieg der Kohlenstoffvorräte in der oberirdischen Phytomasse von Grasländern zwischen 1982 und 1999 von 136 auf 154 Tg C aus. Dieser Anstieg wurde aus NDVI-Zeitreihen abgeleitet. Dass es sich bei diesem Trend zu steigenden NDVI-Werten und damit zu erhöhten Kohlenstoffvorräten in der Biomasse um einen dauerhaften Trend handelt, darf jedoch angezweifelt werden (▶ Abschn. 6.4). Bei einem Vergleich von Bodenproben von etwa 100 Lokalitäten auf dem Tibetischen Plateau aus den 1980er-Jahren und aus dem Zeitraum 2001 bis 2004 stellten Yang et al. (2009b) leichte Kohlenstoffverluste fest $(0{,}6\,\mathrm{g\,C\,m^{-2}\,a^{-1}})$, die wahrscheinlich auf Atmungsverluste durch den Temperaturanstieg und das Abtauen von Permafrost zurückzuführen sind.

Literatur

Addison J, Friedel M, Brown C, Davies J, Waldron S (2012) A critical review of degradation assumptions applied to Mongolia's Gobi Desert. Rangeland J 34:125–137

Albertson FW, Weaver JE (1944) Nature and degree of recovery of grassland from the great drought of 1933 to 1940. Ecol Monogr 14:393–479

Alward RD, Detling JK, Milchunas DG (1999) Grassland vegetation changes and nocturnal global warming. Science 283:229–231

Babel W, Biermann T, Coners H et al (2014) Pasture degradation modifies the water and carbon cycles of the Tibetan highlands. Biogeosciences 11:6633–6656

Batima P, Natsagdorj L, Gombluudev P, Erdenetsetseg B (2005) Observed climate change in Mongolia. Assessments of Impacts and Adaptation to Climate Change Working Papers AIACC 12:1–26. ▶ http://www.start.org/Projects/AIACC_Project/working_papers/Working%20Papers/AIACC_WP_No013.pdf

Bremer DJ, Auen LM, Ham JM, Owensby CE (2001) Evapotranspiration in a prairie ecosystem: effects of grazing by cattle. Agron J 93:338–348

Brown KJ, Clark JS, Grimm EC, Donovan JJ, Mueller PG, Hansen BCS, Stefanova I (2005) Fire cycles in North American interior grasslands and their relation to prairie drought. Proc Natl Acad Sci USA 102:8865–8870

Brümmer C, Black TA, Jassal RS et al (2012) How climate and vegetation influence evapotranspiration and water use efficiency in Canadian forest, peatland and grassland ecosystems. Agric For Meteorol 153:14–30

Cao M, Woodward FI (1998) Net primary and ecosystem production and carbon stocks of terrestrial ecosystems and their responses to climate change. Glob Change Biol 4:185–198

Chen S, Lin G, Huang J, Jenerette GD (2009) Dependence of carbon sequestration on the differential responses of ecosystem photosynthesis and respiration to rain pulses in a semiarid steppe. Glob Change Biol 15:2450–2461

Collatz GJ, Berry JA, Clark JS (1998) Effects of climate and atmospheric CO_2 partial pressure on the global distribution of C_4 grasses: present, past, and future. Oecologia 114:441–454

Coupland RT (1992) Overview of the grasslands of North America. In: Coupland RT (Hrsg) Natural grasslands. Introduction and western hemisphere. Ecosystems of the world 8A. Elsevier, Amsterdam, S 147–149

Cui X, Wang Y, Niu H, Wu J, Wang S, Schnug E, Rogasik J, Fleckenstein J, Tang Y (2005) Effect of long-term grazing on soil organic carbon content in semiarid steppes in Inner Mongolia. Ecol Res 20:519–527

Dagvadorj D, Natsagdorj L, Dorjpurev J, Namkhainyam B (2009) Mongolia assessment report on climate change 2009. Ministry of Environment, Nature and Tourism, Mongolia

Du M, Kawashima S, Yonemura S, Zhang X, Chen S (2004) Mutual influence between human activities and climate change in the Tibetan Plateau during recent years. Glob Planet Change 41:241–249

Dulamsuren Ch, Wommelsdorf T, Zhao F, Xue Y, Zhumadilov BZ, Leuschner C, Hauck M (2013) Increased summer temperatures reduce the growth and regeneration of *Larix sibirica* in southern boreal forests of eastern Kazakhstan. Ecosystems 16:1536–1549

Dulamsuren Ch, Klinge M, Degener J, Khishigjargal M, Chenlemuge T, Bat-Enerel B, Yeruult Y, Saindovdon D, Ganbaatar K, Tsogtbaatar J, Leuschner C, Hauck M (2016) Carbon pool densities and a first estimate of the total carbon pool in the Mongolian forest-steppe. Glob Change Biol 22:830–844

Fan JW, Zhong HP, Harris W, Yu GR, Wang SQ, Hu ZM, Yu YZ (2008) Carbon storage in the grasslands of China based on field measurements of above- and below-ground biomass. Climatic Change 86:375–396

Fan JW, Wang K, Harris W, Zhong HP, Hu ZM, Han B, Zhang WY, Wang JB (2009) Allocation of vegetation biomass across a climate-related gradient in the grasslands of Inner Mongolia. J Arid Environ 73:521–528

Fanselow N, Schönbach P, Gong XY, Lin S, Taube F, Loges R, Pan Q, Dittert K (2011) Short-term regrowth responses of four steppe grassland species to grazing intensity, water and nitrogen in Inner Mongolia. Plant Soil 340:279–289

Frank DA (2007) Drought effects on above- and belowground production of a grazed temperate grassland ecosystem. Oecologia 152:131–139

Frank AB, Tanaka DL, Hofmann L, Follett RF (1995) Soil carbon and nitrogen of northern Great Plains as influenced by long-term grazing. J Range Manag 48:470–474

Fu YL, Yu GR, Sun XM, Li YN, Wen XF, Zhang LM, Li ZQ, Zhao L, Hao YB (2006) Depression of net ecosystem CO_2 exchange in semi-arid *Leymus chinensis* steppe and alpine shrub. Agric For Meteorol 137:234–244

Fu G, Shen ZX, Zhang XZ, Yu CQ, Zhou YT, Li YL, Yang PW (2013) Response of ecosystem respiration to experimental warming and clipping at daily time scale in an alpine meadow of Tibet. J Mount Sci 10:455–463

Genxu W, Ju Q, Guodong C, Yuanmin L (2002) Soil organic carbon pool of grassland soils on the Qinghai-Tibetan Plateau and its global implication. Sci Total Environ 291:207–217

Grant TA, Flanders-Wanner B, Shaffer TL, Murphy RK, Knutsen GA (2009) An emerging crisis across northern prairie refuges: prevalence of invasive plants and a plan for adaptive management. Ecol Restor 27:58–65

Gu Y, Brown JF, Verdin JP, Wardlow B (2007) A five-year analysis of MODIS NDVI and NDWI for grassland drought assessment over the central Great Plains of the United States. Geophys Res Lett 34(L06407):1–6

Ham JM, Knapp AK (1998) Fluxes of CO_2, water vapor, and energy from a prairie ecosystem during the seasonal transition from carbon sink to carbon source. Agric For Meteorol 89:1–14

Harris RB (2010) Rangeland degradation on the Qinghai-Tibetan plateau: a review of the evidence of its magnitude and causes. J Arid Environ 74:1–12

Heisler-White JL, Blair JM, Kelly EF, Harmoney K, Knapp AK (2009) Contingent productivity responses to more extreme rainfall regimes across a grassland biome. Glob Change Biol 15:2894–2904

Hessl AE, Anchukaitis KJ, Jelsema C, Cook B, Byambasuren O, Leland C, Nachin B, Pederson N, Tian H, Hayles LA (2018) Past and future drought in Mongolia. Sci Adv 4(e1701832):1–7

Hoerling MP, Eischeid JK, Quan XW, Diaz HF, Webb RS, Dole RM (2012) Is a transition to semipermanent drought conditions imminent in the U.S. Great Plains? J Clim 25:8380–8386

IPCC (2013) Climate change 2013: the physical science basis. Contribution of working group I to the fifth assessment report of the Intergovernmental Panel on Climate Change. Cambridge University Press, Cambridge

Kelly RH, Parton WJ, Hartman MD, Stretch LK, Ojima DS, Schimel DS (2000) Intra-annual and interannual variability of ecosystem processes in shortgrass steppe. J Geophys Res 105:20093–20100

Knapp AK (1985) Effect of fire and drought on the ecophysiology of *Andropogon gerardii* and *Panicum virgatum* in a tallgrass prairie. Ecology 66:1309–1320

Kunkel KE, Liang XZ, Zhu J, Lin Y (2006) Can GCMs simulate the twentieth-century "warming-hole" in the central United States. J Clim 19:4137–4153

Kwon H, Pendall E, Ewers BE, Cleary M, Naithani K (2008) Spring drought regulates summer net ecosystem CO_2 exchange in a sagebrush-steppe ecosystem. Agric For Meteorol 148:381–391

Lauenroth WK, Bradford JB (2006) Ecohydrology and the partitioning AET between transpiration and evaporation in a semiarid steppe. Ecosystems 9:756–767

Lavrenko EM, Karamysheva ZV (1993) Steppes of the former Soviet Union and Mongolia. In: Coupland RT (Hrsg) Natural grasslands. Eastern hemisphere and résumé. Ecosystems of the world 8B. Elsevier, Amsterdam, S 3–59

Li SG, Harazono Y, Oikawa T, Zhao HL, He ZY, Chang XL (2000) Grassland desertification by grazing and the resulting micrometeorological changes in Inner Mongolia. Agric For Meteorol 102:125–137

Li SG, Asanuma J, Eugster W, Kotani A, Liu JJ, Urano T, Oikawa T, Davaa G, Oyunbaatar D, Sugita M (2005) Net ecosystem carbon dioxide exchange over grazed steppe in central Mongolia. Glob Change Biol 11:1941–1955

Li J, Cook ER, D'Arrigo R, Chen F, Gou X (2009) Moisture availabity across China and Mongolia: 1951–2005. Clim Dyn 32:1173–1186

Liancourt P, Spence LA, Boldgiv B, Lkhagva A, Helliker BR, Casper BB, Petraitis PS (2012) Vulnerability of the northern Mongolian steppe to climate change: insights from flower production and phenology. Ecology 93:815–824

Liu Y, Wang X, Guo M, Tani H, Matsuoka N, Matsumura S (2011) Spatial and temporal relationships among NDVI, climate factors, and land cover changes in northeast Asia from 1982 to 2009. GIScience Remote Sens 48:371–393

Loeser MRR, Sisk TD, Crews TE (2007) Impact of grazing intensity during drought in an Arizona grassland. Conserv Biol 21:87–97

Miehe G, Schleuss P-M, Seeber E et al (2018) The *Kobresia pygmaea* ecosystem of the Tibetan highlands – origin, functioning and degradation of the world's largest pastoral ecosystem: *Kobresia* pastures of Tibet. Sci Total Environ 648:754–771

Mohammat A, Wang X, Xu X, Peng L, Yang Y, Zhang X, Myneni RB, Piao S (2013) Drought and spring cooling induced recent decrease in vegetation growth in Inner Asia. Agric For Meteorol 178–179:21–30

Morgan JA, LeCain DR, Pendall E, Blumenthal DM, Kimball BA, Carrillo Y, Williams DG, Heisler-White J, Dijkstra FA, West M (2011) C_4 grasses prosper as carbon dioxide eliminates desiccation in warmed semi-arid grassland. Nature 476:202–205

Nakano T, Nemoto M, Shinoda M (2008) Environmental controls on photosynthetic production and ecosystem respiration in semi-arid grasslands of Mongolia. Agric For Meteorol 148:1456–1466

Nandintsetseg B, Greene JS, Goulden CE (2007) Trends in extreme daily precipitation and temperature near Lake Hövsgöl, Mongolia. Int J Climatol 27:341–347

Ni J (2002) Carbon storage in grasslands of China. J Arid Environ 50:205–218

Ni J (2004) Forage yield-based carbon storage in grasslands of China. Climatic Change 67:237–246

Nicholson SE, Tucker CJ, Ba MB (1998) Desertification, drought, and surface vegetation: an example from the West Sahel. Bull Am Meteorol Soc 79:815–829

Parton WJ, Scurlock JMO, Ojima DS, Schimel DS, Hall DO (1995) Impact of climate change on grassland production and soil carbon worldwide. Glob Change Biol 1:13–22

Pederson N, Hessl AE, Baatarbileg N, Achukaitis KJ, Di Cosmo N (2014) Pluvials, droughts, the Mongol Empire, and modern Mongolia. Proc Natl Acad Sci USA 111:4375–4379

Pfeiffer M, Dulamsuren Ch, Jäschke Y, Wesche K (2018) Grasslands of China and Mongolia: spatial extent, land use and conservation. In: Squires VR, Dengler J, Feng H, Hua L (Hrsg) Grasslands of the world: diversity, management and conservation. CRC Press, Boca Raton, S 170–198

Piao S, Fang J, Zhou L, Tan K, Tao S (2007) Changes in biomass carbon stocks in China's grasslands between 1982 and 1999. Glob Biogeochem Cycles 21(GB2002):1–10

Ponton S, Flanagan LB, Alstad KP, Johnson BG, Morgenstern K, Kljun N, Black TA, Barr AG (2006) Comparison of ecosystem water-use efficiency among Douglas-fir forest, aspen forest and grassland using eddy covariance and carbon isotope techniques. Glob Change Biol 12:294–310

Poulter B, Pederson N, Liu H, Zhu Z, D'Arrigo R, Ciais P, Davi N, Frank D, Leland C, Myneni R, Piao S, Wang T (2013) Recent trends in Inner Asian forest dynamics to temperature and precipitation indicate high sensitivity to climate change. Agric For Meteorol 178–179:31–45

Qi Y, Dong Y, Domroes M, Geng Y, Liu L, Liu X (2006) Comparison of CO_2 effluxes and their driving factors between two temperate steppes in Inner Mongolia, China. Adv Atmos Sci 23:726–736

Ramankutty N, Foley JA (1999) Estimating historical changes in land cover: North American croplands from 1850 to 1992. Glob Ecol Biogeogr 8:381–396

Reeder JD, Schuman GE, Morgan JA, LeCain DR (2004) Response of organic and inorganic carbon and nitrogen to long-term grazing of the shortgrass steppe. Environ Manag 33:485–495

Sala OE (2001) Productivity of temperate grasslands. In: Roy J, Saugier B, Mooney H (Hrsg) Terrestrial global productivity. Academic, San Diego, S 285–300

Sala OE, Lauenroth WK, Parton WJ (1992) Long-term soil water dynamics in the shortgrass steppe. Ecology 73:1175–1181

Salnikov V, Turulina G, Polyakova S, Petrova Y, Skakova A (2014) Climate change in Kazakhstan during the past 70 years. Quatern Int 358:77–82

Schubert SD, Wang H, Koster RD, Suarez MJ, Groisman PYa (2014) Northern Eurasian heat waves and droughts. J Clim 27:3169–3207

Schuman GE, Reeder JD, Manley JT, Hart RH, Manley WA (1999) Impact of grazing management on the carbon and nitrogen balance of a mixed-grass rangeland. Ecol Appl 9:65–71

Shi P, Sun X, Xu L, Zhang X, He Y, Zhang D, Yu G (2006) Net ecosystem CO_2 exchange and controlling factors in a steppe-*Kobresia* meadow on the Tibetan Plateau. Sci China D: Earth Sci 49(Suppl 2):207–218

Shinoda M, Ito S, Nachinshonhor GU, Erdenetsetseg D (2007) Phenology of Mongolian grasslands and moisture conditions. J Meteorol Soc Japan 85:359–367

Shinoda M, Nachinshonhor GU, Nemoto M (2010) Impact of drought on vegetation dynamics of the Mongolian steppe: a field experiment. J Arid Environ 74:63–69

Simmons MT, Windhager S, Power P, Lott J, Lyons RK, Schwope C (2007) Selective and non-selective control of invasive plants: the short-term effects of growing-season prescribed fire, herbicide and mowing in two Texas prairies. Restor Ecol 15:662–669

Sloat LL, Gerber JS, Samberg LH, Smith WK, Herrero M, Ferreira LG, Godde CM, West PC (2018) Increasing importance of precipitation variability on global livestock grazing lands. Nat Clim Change 8:214–218

Sternberg T, Thomas D, Middleton N (2011) Drought dynamics on the Mongolian steppe, 1970–2006. Int J Climatol 31:1823–1830

Sternberg T, Rueff H, Middleton N (2015) Contraction of the Gobi Desert, 2000–2012. Remote Sens 7:1346–1358

Suyker AE, Verma SB (2001) Year-round observations of the net ecosystem exchange of carbon dioxide in a native tallgrass prairie. Glob Change Biol 7:279–289

Tilman D, El Haddi A (1992) Drought and biodiversity in grasslands. Oecologia 89:257–264

Torn MS, Lapenis AG, Timofeev A, Fischer ML, Babikiv BV, Harden JW (2002) Organic carbon and carbon isotopes in modern and 100-year-old-soil archives of the Russian steppe. Glob Change Biol 8:941–953

van Staalduinen MA, Werger MJA (2006) Vegetation ecological features of dry inner and outer Mongolia. Berichte der Reinhold-Tüxen-Gesellschaft 18:117–128

Volder A, Briske DD, Tjoelker MG (2013) Climate warming and precipitation redistribution modify tree-grass interactions and tree species establishment in a warm-temperate savanna. Glob Change Biol 19:843–857

von Wehrden H, Hanspach J, Ronnenberg K, Wesche K (2010) Inter-annual rainfall variability in Central Asia – a contribution to the discussion on the importance of environmental stochasticity in drylands. J Arid Environ 74:1212–1215

Wang B, French HM (1995) Permafrost on the Tibetan Plateau, China. Quatern Sci Rev 14:255–274

Wang S, Zhou C, Liu J, Tian H, Li K, Yang X (2002) Carbon storage in northeast China as estimated from vegetation and soil inventories. Environ Pollut 116:S157–S165

Wang Y, Zhou G, Wang Y (2008) Environmental effects on net ecosystem CO_2 exchange at half-hour and month scales over *Stipa krylovii* steppe in northern China. Agric For Meteorol 148:714–722

Weaver SJ (2013) Factors associated with decadal variability in Great Plains summertime surface temperatures. J Clim 26:343–350

Weaver JE, Albertson FW (1943) Effects of the great drought on the prairies of Iowa, Nebraska, and Kansas. Ecology 17:567–639

White SR, Carlyle CN, Fraser LH, Cahill JF (2011) Climate change experiments in temperate grasslands: synthesis and future directions. Biol Lett 8(4):484–487. ▶ https://doi.org/10.1098/rsbl.2011.0956

Wu Q, Zhang T (2008) Recent permafrost warming on the Qinghai-Tibetan Plateau. J Geophys Res 113(D13108):1–22

Wu GL, Du GZ, Liu ZH, Thirgood S (2009) Effect of fencing and grazing on a *Kobresia*-dominated meadow in the Qinghai-Tibetan Plateau. Plant Soil 319:115–126

Xue X, Guo J, Han B, Sun Q, Liu L (2009) The effect of climate warming and permafrost thaw on desertification in the Qinghai-Tibetan Plateau. Geomorphology 108:182–190

Yang Y, Fang Y, Tang Y, Ji C, Zheng C, He J, Zhu B (2008) Storage, patterns and controls of soil organic carbon in the Tibetan grasslands. Glob Change Biol 14:1592–1599

Yang Y, Fang Y, Ji C, Han W (2009a) Above- and belowground biomass allocation in Tibetan grasslands. J Veg Sci 20:177–184

Yang Y, Fang Y, Smith P, Tang Y, Chen A, Ji C, Hu H, Rao S, Tan K, He JS (2009b) Changes in topsoil carbon stock in the Tibetan grasslands between the 1980s and 2004. Glob Change Biol 15:2723–2729

Yang M, Nelson FE, Shiklomanov NI, Guo D, Wan G (2010) Permafrost degradation and its environmental effects on the Tibetan Plateau: a review of recent research. Earth Sci Rev 103:31–44

Yang F, Zhou G, Hunt JE, Zhang F (2011) Biophysical regulation of net ecosystem carbon dioxide exchange over a temperate desert steppe in Inner Mongolia, China. Agric Ecosyst Environ 142:318–328

Yang B, Qin C, Wang J, He M, Melvin TM, Osborn TJ, Briffa KR (2014) A 3,500-year tree-ring record of annual precipitation on the northeastern Tibetan Plateau. Proc Natl Acad Sci USA 111:2903–2908

Yu F, Price KP, Ellis J, Feddema JJ, Shi P (2004) Interannual variations of the grassland boundaries bordering the eastern edges of the Gobi Desert in central Asia. Int J Remote Sens 20:327–346

Zeng N, Yoon J (2009) Expansion of the world's deserts due to vegetation-albedo feedback under global warming. Geophys Res Lett 36(L17401):1–5

Zha T, Barr AG, van der Kamp G, Black TA, McCaughey JH, Flanagan LB (2010) Interannual variation of evapotranspiration from forest and grassland ecosystems in western Canada in relation to drought. Agric For Meteorol 150:1476–1484

Zhang L, Wylie BK, Ji L, Gilmanov TG, Tieszen LL (2010) Climate-driven interannual variability in net ecosystem exchange in the northern Great Plains grasslands. Rangeland Ecol Manag 63:40–50

Mediterrane Gebiete

© Springer-Verlag GmbH Deutschland, ein Teil von Springer Nature 2019
M. Hauck, C. Leuschner, J. Homeier, *Klimawandel und Vegetation – Eine globale Übersicht*,
https://doi.org/10.1007/978-3-662-59791-0_7

Die Gebiete mit mediterranem Klima nehmen nur einen sehr kleinen Anteil der Landoberfläche der Erde von etwa 2 % ein. Dennoch ist das mediterrane Biom hier von großem Interesse, da es zum einen sehr artenreich ist und zum anderen starken Erwärmungstrends ausgesetzt ist.

7.1 Räumliche und klimatische Abgrenzung

Mediterrane Klimaregionen findet man außer im **Mittelmeergebiet**, dem größten Teilareal, in **Kalifornien, Südwestaustralien, Mittelchile** sowie in der westlichen **Kapregion** Südafrikas (◼ Tab. 7.1). Mediterranes Klima tritt somit polwärts der Wendekreise in den mittleren Breiten der Nord- und Südhalbkugel auf. Diese Regionen bilden den Übergang zwischen den wendekreisnahen Trockengebieten und der temperaten Zone. Letztere fehlt allerdings im südlichen Afrika und ist in Australien nur auf Tasmanien vorhanden, da die Südspitzen dieser Kontinente zur Ausbildung eines temperaten Bioms zu weit nördlich liegen.

Klimatisch ist das mediterrane Biom durch **trocken-heiße Sommer** und ein ausgeprägtes **Niederschlagsmaximum im Winter** gekennzeichnet. Der Jahresniederschlag variiert in einer weiten Spanne zwischen etwa 250 und 1000 mm. In den Sommermonaten übersteigt die potenzielle Evapotranspiration deutlich den Niederschlag, der zu dieser Jahreszeit unter 40 mm im Monat liegt. Die Wintermonate hingegen sind humid (mindestens 65 % des Jahresniederschlags) und mild, aber weisen zumindest im kältesten Monat eine Mitteltemperatur unter 15 °C auf (Aschmann 1973). Dieser ausgeprägte jahreszeitliche Verlauf des Niederschlags erklärt sich durch die Verlagerung der Hadley-Zelle in Richtung Äquator im Winter (▶ Abschn. 1.5). Liegen die mediterranen Regionen im Sommer unter dem stabilen Einfluss des **subtropischen Hochdruckgürtels**, so verlagert sich dieser im Winter äquatorwärts. Dadurch geraten die mediterranen Gebiete im Winter in den Einflussbereich der von Westwinden dominierten Ferrel-Zelle. In Meeresnähe führen die Luftmassen dann genügend Feuchtigkeit mit sich, um ergiebige Niederschläge zu erzeugen. Daher sind die mediterranen Regionen stets auf die ozeanischen bis subozeanischen Westseiten der Kontinente beschränkt. Aufgrund der Lage des Mittelmeeres nördlich von 30° N und seiner größten Ausdehnung in West-Ost-Richtung parallel zum subtropischen Hochdruckgürtel nimmt die mediterrane Klimaregion im Südwesten Eurasiens und in Nordafrika eine besonders große Fläche ein (◼ Tab. 7.1). Durch die spezielle Topographie des Mittelmeeres, die an ein Binnenmeer erinnert, wird die sommerliche Hitze in direkter Küstennähe weniger stark abgemildert, als dies in den übrigen Gebieten der Erde mit mediterranem Klima der Fall ist, die mit ihren Westküsten direkt am Rand der Ozeane liegen und wo mit Ausnahme Südwestaustraliens kalte Auftriebsströmungen vorherrschen (Dallman 1998). Bewegt man sich

◼ **Tab. 7.1**   Mediterrane Klimaregionen der Erde und ihre Gefäßpflanzendiversität. Nach Cowling et al. (1996), S. 364

Region	Flächengröße (Mio. km^2)	Artenzahl Gefäßpflanzen	Endemische Arten (%)
Mittelmeergebiet	2,30	25.000	50
Kalifornien	0,32	4300	35
Südwestaustralien	0,31	8000	75
Mittelchile	0,14	2400	23
Westliche Kapregion	0,09	8550	68

allerdings nur 30 km ins Inland, ist das mediterrane Klima, gemessen in hohen Sommertemperaturen bei gleichzeitiger Konzentration des Niederschlags auf den Winter (85 % des Jahresniederschlags), in Kalifornien am stärksten ausgeprägt (Aschmann 1973). Im Zentrum des kleinen mediterranen Klimagebietes in Chile, das aufgrund seiner Lage zwischen Pazifik und Anden nur etwa 100 km breit ist, ist die Konzentration des Jahresniederschlags auf den Winter mit 90 % zwar noch extremer, doch sind die Sommer hier relativ kühl durch den kalten Humboldt-Strom, der Wasser aus der Antarktis mit sich führt. Im westlichen Mittelmeergebiet fallen dagegen nur 65 bis 70 % des Jahresniederschlags im Winter; im östlichen Mittelmeerraum ist der Niederschlag stärker auf den Winter konzentriert. Südwestaustralien unterscheidet sich von den anderen Teilregionen des mediterranen Bioms durch sein gering ausgeprägtes Höhenrelief.

7.2 Flora und Vegetation

7.2.1 Pflanzliche Diversität und Entstehung der mediterranen Floren

Fast ein Fünftel der weltweit bekannten Gefäßpflanzenarten kommt in den mediterranen Regionen der Erde vor (Cowling et al. 1996; Dallman 1998). Die Hälfte dieser insgesamt 48.250 Pflanzenarten findet sich im größten Teilgebiet des mediterranen Bioms, dem Mittelmeergebiet (◘ Tab. 7.1). Auffällig ist der hohe Anteil endemischer Arten an der Flora der Mediterrangebiete von 55 %, was immerhin rund 26.370 Arten entspricht.

Die stabilen subtropischen Hochdruckgürtel, die Voraussetzung für die Ausbildung von Winterregengebieten mit ariden Sommermonaten sind, entstanden vermutlich erst im Pliozän vor etwa 3,2 Mio. Jahren, als sich der Isthmus von Panama zwischen Nord- und Südamerika schloss, woraufhin das Nordpolarmeer vereiste (Deacon 1983; Suc 1984; Bartoli et al. 2005). Das globale Klima wurde in dieser Phase trockener und kälter. Als Folge gingen die bis dahin die heutigen Mediterrangebiete dominierenden subtropischen Wälder zurück, und es traten vermehrt **immergrüne Hartlaubwälder und -gebüsche** sowie teilweise auch an Trockenheit angepasste Nadelwälder auf. Die immergrünen mediterranen Gehölze müssen nicht nur mit sommerlicher Trockenheit, sondern an küstenferneren Standorten auch mit zumindest gelegentlichem Frost zurechtkommen (Langan et al. 1997).

Obwohl die fünf Teilgebiete des mediterranen Bioms von Natur aus keine einzige Pflanzenart gemeinsam haben, bildeten sich dort aufgrund der klimatischen Gemeinsamkeiten Arten und Vegetationsformationen mit recht ähnlichen Eigenschaften heraus. Die Vegetation der fünf Mediterrangebiete wird durch immergrüne Gebüsche und Wälder dominiert, die als morphologische Gemeinsamkeit Sklerophyllie, also durch Sklerenchym mechanisch verstärkte Blätter, aufweisen (Specht und Moll 1983). In der Krautschicht spielen Geophyten und vor allem Einjährige eine große Rolle, die den trockenen Sommer in Form von Knollen, Zwiebeln oder Rhizomen bzw. als Samen überdauern (Cowling et al. 1996).

Lange Zeit wurde die strukturelle Ähnlichkeit in der Flora und Vegetation der Teilgebiete des mediterranen Bioms als ein klassisches Beispiel für **konvergente Evolution** gesehen (Cody und Mooney 1978; Arroyo et al. 1994; Cowling und Witkowski 2005). Man ging davon aus, dass aufgrund ähnlicher Klimabedingungen unabhängig voneinander Arten mit ähnlichen Eigenschaften entstanden sind. Die immergrüne Hartlaubvegetation wäre demnach erst nach Entstehen der mediterranen Klimagebiete im Pliozän evolviert. Von dieser Vorstellung ist man allerdings in jüngerer Zeit abgerückt. Vielmehr wiesen Herrera (1992), Verdú et al. (2003) und Ackerly (2004, 2009) darauf hin, dass typische mediterrane Arteigenschaften (Sklerophyllie sowie durch Wirbeltiere verbreitete Fleischfrüchte mit großen Samen) aus

tertiären Abstammungslinien stammen, die somit **älter als das mediterrane Klima** sind. Immergrüne Hartlaubvegetation war bereits im Tertiär auf der Erde weit verbreitet. Für Nordamerika zeigte Axelrod (1975, 1989) Übereinstimmungen zwischen Hartlaubgehölzen des Tertiärs und der rezenten mediterranen Flora auf Gattungsebene auf. Zudem kommen selbst heute noch immergrüne Hartlaubgehölze auch außerhalb der mediterranen Winterregengebiete beispielsweise in Mexiko unter subtropischem Klima mit Sommerregen vor (Barbour und Minnich 1990; Valiente-Banuet et al. 1998). Demnach müssen holzige, immergrüne Hartlaubgewächse bereits vorhanden gewesen sein, als sich die mediterranen Winterregengebiete herausbildeten. Sklerophyllie ist somit nicht erst nach Ausbildung des mediterranen Klimas unabhängig voneinander in den Teilgebieten des mediterranen Bioms als Antwort auf die dort herrschenden Klimabedingungen entstanden, sondern ist zweifellos älter.

7.2.2 Vegetationsformationen in den Teilgebieten des mediterranen Bioms

Ungeachtet der physiognomischen Gemeinsamkeiten zeigen Flora und Vegetation der fünf Teilgebiete des mediterranen Bioms deutliche Unterschiede, was in Anbetracht der großen geographischen Entfernungen zwischen den isolierten Vorkommen dieses Bioms auch naheliegend ist.

Das **Mittelmeergebiet** war ursprünglich von **Wäldern** beherrscht, und zwar auf dem größten Teil der Fläche von Formationen, die von der immergrünen Steineiche (*Quercus ilex*) dominiert wurden (Terradas 1999). Dazu kommen rund 20 weitere immergrüne und laubwerfende Eichenarten. Ferner kommt hier eine Reihe weiterer sklerophyller Laubbäume mit noch höherer Trockenheitstoleranz und noch größerem Wärmebedürfnis vor, wie die Wilde Olive (*Olea oleaster*), der archäophytische Johannisbrotbaum (*Ceratonia siliqua*) und die

Erdbeerbäume (*Arbutus unedo, A. andrachne*). Kiefernwälder (z. B. aus *Pinus halepensis* oder *P. brutia*) entstehen vor allem nach Störung und wurden daher vom Menschen gefördert. Montane Zedernwälder sind für die Gebirge in Nordafrika (*Cedrus atlantica*) und im östlichen Mittelmeergebiet (*C. libani*) charakteristisch. Alle diese Waldformationen existieren bis heute, doch sind insbesondere die Laubwälder durch Abholzung für die Anlage von Ackerland und Siedlungen stark dezimiert worden. Ferner wurden Wälder infolge langanhaltender Beweidung verbreitet zu Gebüschformationen degradiert. Umfangreiche Waldrodungen für den Ackerbau begannen bereits in der Jungsteinzeit vor rund 8000 Jahren zunächst im östlichen Mittelmeergebiet und ein halbes Jahrtausend später auch in der westlichen Mittelmeerregion (Thirgood 1981; Blondel und Aronson 1995). Anthropogene Brände haben einen bedeutenden Beitrag zur Entwaldung geleistet (Morales-Molino et al. 2017). Vor etwa 5000 Jahren wurden große Flächen niederer und mittlerer Höhenlagen in den Südalpen und den Pyrenäen für den Getreideanbau entwaldet. Im 20. Jahrhundert setzte im europäischen Mittelmeergebiet eine gegenläufige Entwicklung zur Wiederbewaldung und zur Verdichtung von Gehölzbeständen durch Nutzungsaufgabe traditioneller, extensiv bewirtschafteter Landnutzungssysteme gerade in küstenfernen Regionen ein (Debussche et al. 1999; Poyatos et al. 2003; Chauchard et al. 2007). Ein Beispiel dafür ist die Aufgabe der Korkgewinnung in Wäldern der Korkeiche (*Quercus suber*; Bugalho et al. 2011).

Die heute ausgedehnten **immergrünen Hartlaubgebüsche** des Mittelmeerraumes, in denen oft Zistrosen (*Cistus*) dominieren, verdanken ihre Entstehung überwiegend der Degradierung von Wäldern durch den Menschen und sein Weidevieh. Diese heute flächenmäßig bedeutendsten Vegetationsformationen des Mittelmeerraumes haben also meist einen anthropogenen Ursprung. Die **Macchie**, degradierte Wälder, in denen noch einzelne größere Bäume auftreten, geht bei noch stärkerer Störung in reine

Gebüschformationen über, die **Garrigue** (in Griechenland Phrygana, in Spanien Tomillares genannt). Die stärkste Degradation des Mittelmeerraumes zu den heutigen Hartlaubgebüschen dürfte am Ende der Römerzeit und im Mittelalter stattgefunden haben, als das Klima trockener und heißer wurde und die zur Römerzeit hochentwickelte Organisation der Landwirtschaft zerbrach (Reale und Dirmeyer 2000). Stattdessen nahm die Beweidung mit Schafen und Ziegen zu, die die Entstehung verbisstoleranter Hartlaubgebüsche begünstigte.

Die vorherrschende Vegetationsformation in der **Kapregion Südafrikas** ist der **Fynbos**. Bäume fehlen hier fast völlig; stattdessen herrschen Sträucher vor, für die die Familien Proteaceae und Ericaceae charakteristisch sind und die beide mit einer sehr hohen Artenzahl von ca. 330 bzw. 650 Arten auftreten (Cowling und Lamont 1998; Goldblatt und Manning 2002; Schurr et al. 2012). In der Krautschicht sind die zu den Süßgrasartigen (Poales) gehörenden Restionaceae mit etwa 320 Arten vertreten.

Im **südwestlichen Australien** kommen im mediterranen Florengebiet Waldformationen und Gebüsche vor, deren Verteilung mit dem Jahresniederschlag korreliert (Fox 1995; Hobbs et al. 1995). Die Wälder werden hauptsächlich aus *Eucalyptus*-Arten gebildet (über 300 Arten), darunter aus *E. marginata, E. calophylla* und *E. diversicolor.* Offene Bestände aus vielstämmigen, nur einige Meter hohen Eukalypten entstehen durch das Wiederaustreiben aus der verdickten Stammbasis (Lignotuber) und werden als **Mallee** bezeichnet. In den trockensten Bereichen treten niedrige Gebüschformationen mit zahlreichen Zwergsträuchern auf **(Kwongan)**. Charakteristisch für die mediterrane Vegetation Südwestaustraliens sind neben den Eukalypten die wie diese zu den Myrtaceae gehörende Gattung *Melaleuca,* Akazien (*Acacia* mit über 400 Arten), die den Fagales angehörende Gattung *Casuarina,* die Loranthaceae *Nuytsia floribunda* sowie die baumförmigen Monokotyledonen *Xanthorhoea* (Grasbäume) und *Kingia australis* (van

der Moetzel und Bell 1989; Pignatti et al. 1993). Als Gemeinsamkeit mit dem südafrikanischen Fynbos kommen Vertreter der Proteaceae (ca. 680 Arten, besonders *Banksia,* inklusive *Dryandra,* mit etwa 150 Arten) und Ericaceae (inklusive Epacridaceae, ca. 180 Arten) vor (Cardillo und Pratt 2013; Cowling et al. 1994; Keighery 1996; Cowling und Lamont 1998).

Die mediterrane Vegetation im mittleren und südlichen **Kalifornien** wird von als **Chaparral** bezeichneten Gebüschen dominiert. Diese Buschländer werden häufig von der Rosaceae *Adenostoma fasciculatum,* in Südkalifornien auch von *A. sparsifolium,* dominiert. Weitere typische Gehölze des Chaparrals sind Arten der Gattungen *Arctostaphylos* und *Ceanothus* (Rhamnaceae) sowie *Heteromeles arbutifolia* (Rosaceae), *Frangula* (= *Rhamnus*) *californica, Quercus dumosa, Q. durata* und weitere immergrüne Eichenarten (Epling und Lewis 1942; Shmida 1981; Fried et al. 2004; Barbour et al. 2007). Neben buschförmigen Eichen kommen gelegentlich baumförmige Eichen (z. B. *Quercus agrifolia*) und Kiefern (z. B. *Pinus sabiniana*) im Chaparral vor. In feuchteren Lagen können auch Eichenwälder aus *Q. agrifolia* und anderen Arten auftreten (Callaway und Davis 1998).

Im **Matorral Mittelchiles** treten als charakteristische Hartlaubgehölze u. a. *Kageneckia angustifolia* und *K. oblonga* (Rosaceae), *Lithraea caustica* (Anacardiaceae), *Muehlenbeckia hastulata* (Polygalaceae), *Quillaja saponaria* (Quillajaceae), *Trevoa quinquenervia* und *T. trinervis* (Rhamnaceae) sowie *Vachelia* (= *Acacia) caven* (Fabaceae) auf (Parsons 1976; Montenegro et al. 1978; Badano et al. 2005). Die Niederschläge nehmen nach Süden hin zu, wo das Matorral an temperate *Nothofagus*-Wälder angrenzt (Villagrán 1994).

Da sich in den Teilregionen des mediterranen Bioms unter ähnlichen Klimabedingungen sehr unterschiedliche Arteninventare entwickelt haben und Störungen häufig auftreten, sind die mediterranen Floren sehr anfällig für die Ausbreitung von **Neophyten** aus anderen mediterranen Teilregionen. Therophyten und

Gräser wurden vielfach mit Saatgut zumeist aus dem Mittelmeerraum in außereuropäische Regionen, aber auch zum Beispiel aus Südafrika nach Australien, importiert (Fox 1995; Neumann et al. 2011). Dies geschah teilweise auch schon in sehr frühen Stadien der menschlichen Besiedlung, als die Vegetation großräumig durch Beweidung gestört wurde (Rundel 1998). Im Fynbos entfachten die frühen europäischen Einwanderer regelmäßig Vegetationsbrände, um Weideland für ihr Vieh zu schaffen. Auch ins Mittelmeergebiet wurde eine Reihe von außereuropäischen Neophyten, wie z. B. der aus Südafrika stammende Sauerklee *Oxalis pes-caprae*, eingeführt (Castro et al. 2007; Arianoutsou et al. 2010). Großflächige **Umwandlungen in Ackerland** wurden nach Besiedlung durch die Europäer in allen außereuropäischen Teilgebieten des mediterranen Bioms vorgenommen. In Südwestaustralien gingen etwa 70 % der Fläche mit mediterraner Vegetation verloren (Brouwers et al. 2013). Besonders stark wurde die ursprüngliche Vegetation auch im mediterranen Florengebiet Chiles zurückgedrängt, wo es in Ermangelung alternativer Holzquellen schon im 16. Jahrhundert zu großflächigen Abholzungen kam (Rundel 1998). Flächenverluste der Hartlaubvegetation traten auch durch **Aufforstungen** mit Kiefern (z. B. *Pinus halepensis, P. pinaster, P. radiata*) oder *Eucalyptus* auf. Diese Aufforstungen gibt es in allen Gebieten mit mediterranem Klima, in besonders starkem Umfang aber in Chile (Rundel 1998). Problematisch ist dabei nicht nur der direkte Flächenverlust für die Aufforstungen, sondern auch das anschließende Einwandern der Bäume als Neophyten in die Vegetation der Umgebung. In Südafrika breiten sich *Hakea sericea* (Proteaceae), *Acacia saligna* und eine Reihe weiterer Gehölze aus Australien invasiv aus, nachdem sie schon im 19. Jahrhundert eingeführt und zum Beispiel zur Stabilisierung von Sanddünen gepflanzt wurden (van Wilgen und Richardson 1985; Richardson und van Wilgen 2004; Neumann et al. 2011).

7.3 Limitierende Standortfaktoren

Die wichtigsten Standortfaktoren, die für die Ausbildung der Vegetation und deren Produktivität unter mediterranem Klima prägend sind, sind die durch die stabilen Hochdruckwetterlagen verursachte ausgeprägte **Sommertrockenheit** (Sabaté et al. 2002) und die daraus häufig resultierenden **Vegetationsbrände** (Keeley et al. 2012). Vielerorts wird die Vegetation auch durch den **Mangel an Nährstoffen** (insbesondere an Stickstoff und Phosphor) limitiert (Henkin et al. 1998; Sardans und Peñuelas 2005). Im Detail sind die Nährstoffverhältnisse zwischen den Teilgebieten des mediterranen Bioms, aber auch innerhalb dieser allerdings höchst uneinheitlich (Cowling et al. 1996). Es gibt einen Trend zu zunehmendem Nährstoffreichtum von den australischen und südafrikanischen Mediterrangebieten über Mittelchile und das Mittelmeergebiet nach Kalifornien. Niedrige Nährstoffgehalte im Boden sind korreliert mit einer langsamen Mineralisation organischen Materials und damit durch die Anreicherung brennbaren Pflanzenmaterials auch mit einer hohen Brandwahrscheinlichkeit. Die auf reichen Böden vorkommende mediterrane Vegetation Mittelchiles ist von Natur aus keinen Bränden ausgesetzt, während in Südwestaustralien und in der südafrikanischen Kapregion Vegetationsbrände in kurzen Intervallen von 10 bis 15 Jahren (Australien) bzw. 10 bis 20 Jahren (Südafrika) auftreten. Im Mittelmeergebiet liegen die Intervalle zwischen zwei Bränden bei 25 bis 50 Jahren und in Kalifornien bei 40 bis 60 Jahren (Cowling et al. 1996). Häufige Feuer begünstigen Gebüsche gegenüber Wäldern, da Erstere nach einem Brand schneller regenerieren können (Miller 1981; Pausas 1999).

Eine zentrale **Anpassung an die hohe Brandhäufigkeit**, aber auch an hohe Brandintensitäten mit häufigen Kronenfeuern, ist die unter mediterranen Gehölzen weitverbreitete

Fähigkeit, nach Bränden aus dem Wurzelstock wieder auszutreiben (Canadell et al. 1991). Typische Beispiele für nach Feuer wieder austreibende **Pyrophyten** finden sich unter den Eichen (Malanson und Trabaud 1988), Ölbaumgewächsen *(Olea, Fraxinus)* sowie bei *Rhamnus* und *Arbutus* (Pausas und Verdú 2005). Eine alternative Anpassung an häufige Vegetationsbrände ist die ebenfalls weitverbreitete Stimulation der Verjüngung durch Feuer. Manche Samen werden nur nach großer Hitze verbreitet, wie sie vor allem (aber nicht nur) durch Feuer entsteht. Dies ist typisch für die mediterranen Kiefernarten, deren Zapfen sich erst bei Hitzeeinwirkung öffnen (Nathan et al. 1999; Fernandes et al. 2008). Bei anderen Pflanzenarten wird die Samenkeimung durch Hitzeeinwirkung (z. B. bei *Cistus;* Thanos und Geroghiou 1988; Roy und Sonié 1992; Valbuena et al. 1992) oder durch Rauch oder den Kontakt mit Holzkohle stimuliert (Keeley und Fotheringham 1998a, b; Keeley und Keeley 1999).

Im Mittelmeergebiet entstand die Abhängigkeit der Vermehrung über Samen vom Feuer im Laufe der Evolution in jüngeren Entwicklungslinien als die Fähigkeit zum Wiederaustrieb (Lloret et al. 1999; Pausas und Verdú 2005). Trotz ähnlicher Brandintervalle zeigt die mediterrane Flora Kaliforniens insgesamt eine stärkere Anpassung an das Feuer als die des Mittelmeergebietes. Hier kommen auch öfter die Fähigkeit zum Wiederaustrieb nach Bränden und die Abhängigkeit der Samenverbreitung und -keimung vom Feuer bei derselben Pflanzenart vor (Pausas et al. 2006). Noch häufiger ist diese Merkmalskombination in den mediterranen Floren Südafrikas und Australiens zu finden, die durch kürzere Brandintervalle charakterisiert sind (Pausas et al. 2004, 2006). Wiederaustrieb und/oder Stimulation der Vermehrung über Samen durch Feuer sind also zusammen mit der Sklerophyllie kennzeichnende Eigenschaften mediterraner Gehölze, die allerdings nicht auf diese beschränkt sind.

Sklerophyllie ist eine Struktureigenschaften von Blättern, die helfen kann, auch bei Bodenaustrocknung Wasser aufzunehmen.

Die Blätter von Hartlaubgewächsen besitzen nicht nur zahlreiche Sklerenchymfasern zur Festigung und zum Strukturerhalt bei Turgorverlust, sondern auch in den lebenden Zellen verdickte Zellwände. Steife Zellwände führen zu einem hohen Elastizitätsmodul und damit zu einem raschen Absinken des Blattwasserpotenzials bei nur geringer Verminderung des Blattwassergehalts. Hartlaubgewächse können so besser auf Austrocknung mit einer gesteigerten Wasseraufnahme reagieren als Weichlaubgewächse. Ob diese, die Wasserversorgung in trockenen Klimaten verbessernde Eigenschaft die primär treibende Kraft zur Selektion von Hartlaubgewächsen im mediterranen Biom war, ist allerdings umstritten, da Sklerophyllie auch eine Anpassung an Nährstoffmangel darstellen kann (Edwards et al. 2000). Die Blätter der Hartlaubgewächse sind für Herbivoren weniger attraktiv als weiche Blätter. Somit senkt Sklerophyllie die Wahrscheinlichkeit von Fraßverlusten, die zu Nährstoffverlusten führen (Wright und Cannon 2001).

7.4 Klimatrends

Die geographisch weit auseinanderliegenden Teilgebiete des mediterranen Bioms unterscheiden sich nicht nur stark in ihrer Flora, sondern auch in ihren Klimatrends. Das **Matorral Mittelchiles** dürfte wohl der einzige Fall auf der Erde sein, wo das Klima einer kompletten Vegetationszone auf einem Kontinent überhaupt **keinen Erwärmungstrend** zeigt. Das ohnehin kalte Pazifikwasser vor der Küste Mittelchiles kühlt sich gegenwärtig ab (an der Oberfläche um 0,20 K pro Dekade von 1979 bis 2006), wohingegen die nur etwa 100 km landeinwärts aufsteigenden Anden einen Erwärmungstrend zeigen (0,25 K pro Dekade; Falvey und Garreaud 2009). Der dazwischen liegende schmale Streifen des Matorrals liegt in einem Gebiet mit bislang gleichbleibenden Temperaturen.

Die **übrigen Teilgebiete** des mediterranen Bioms zeigen allesamt **Erwärmungstrends** seit

Mitte des 20. Jahrhunderts. Im Mittelmeergebiet und in Südwestaustralien sind diese stärker ausgeprägt als in Kalifornien und der Kapregion.

Das **Mittelmeergebiet** ist durch ein trockener werdendes Klima charakterisiert **(Aridisierung)**. Die zunehmende Trockenheit kommt durch einen starken Temperaturanstieg zustande, der vielerorts durch eine Abnahme des Niederschlags verstärkt wird (Alpert et al. 2008; Lopez-Bustins et al. 2008; Rodrigo und Barriendos 2008). Der Temperaturanstieg betrug im 20. Jahrhundert typischerweise 0,15 bis 0,40 K pro Dekade und lag damit deutlich über dem globalen Durchschnitt (Alpert et al. 2008; Ciccarelli et al. 2008). Xoplaki et al. (2004) bezifferten die Abnahme des Monatsniederschlags im Mittel über das gesamte Mittelmeergebiet auf 2,2 mm pro Dekade seit den 1960er-Jahren.

Parallel zur Lufttemperatur steigt auch die Wassertemperatur des Mittelmeeres, und zwar im ohnehin wärmeren atlantikferneren Ostteil stärker (Oberflächentemperatur 1982–2012: 0,4–0,5 K pro Dekade) als im westlichen Mittelmeer (0,3–0,4 K pro Dekade; Shaltout und Omstedt 2014). Auch das Tiefenwasser hat sich seit Mitte des 20. Jahrhunderts erwärmt, wenn auch mit 0,04 K pro Dekade im Westen und 0,07 K pro Dekade im Osten des Mittelmeeres deutlich langsamer als an der Oberfläche (Bethoux et al. 1990; Vargaz-Yáñez et al. 2008).

Zukünftig ist im Mittelmeerraum von einer weiteren starken Temperaturzunahme, einer Abnahme des Niederschlages sowie einer noch stärkeren Konzentration der Niederschläge auf die Wintermonate, also von der Ausbildung eines noch extremeren mediterranen Klimas, auszugehen (Gibelin und Déqué 2003; Gao und Giorgi 2008; Hertig und Jacobeit 2008). Basierend auf einem Index, der Trends in der Jahresmitteltemperatur, dem Jahresniederschlag und der Variabilität von Temperatur und Niederschlag berücksichtigt, stufte Giorgi (2006) den Mittelmeerraum als eine von zwei Regionen auf der Erde ein, in

denen er bis Ende des 21. Jahrhunderts die stärksten Klimaänderungen erwartete.

Im Teilgebiet des mediterranen Bioms in **Südwestaustralien** ist die Temperatur von 1957 bis 1999 um 0,1 bis 0,3 K pro Dekade gestiegen (Alexander und Arblaster 2009). Damit einhergehend hat die Anzahl von Frosttagen abgenommen, die Häufigkeit von warmen Nächten sowie die Länge von Hitzewellen hingegen zugenommen. Die Niederschläge konzentrieren sich auf weniger, dafür aber stärkere Regenereignisse als früher und haben insgesamt etwas abgenommen (Hughes 2003; Alexander und Arblaster 2009).

In der **westlichen Kapregion** Südafrikas ist die Temperatur im Zeitraum von 1960 bis 2003 um etwa 0,15 bis 0,25 K pro Dekade angestiegen (Kruger und Shongwe 2004). Die in der Kapregion beobachteten Niederschlagstrends sind räumlich uneinheitlich (Mason et al. 1999; Fauchereau et al. 2003; Kruger 2006).

Auch im **Chaparral Kaliforniens** haben die Temperaturen im 20. Jahrhundert um etwa 0,15 bis 0,25 K pro Dekade zugenommen (LaDochy et al. 2007; Cordero et al. 2011). Dabei sind die Temperaturminima stärker angestiegen (ca. 0,4 K pro Dekade seit 1950) als die Jahresmitteltemperatur oder die Temperaturmaxima. Sommerliche Trockenperioden haben seit Ende des 20. Jahrhunderts zugenommen (Swain 2015). Seit 2012 sorgte die wiederholte Ausbildung eines stabilen Hochdruckgebietes im Winter vor der mittleren Pazifikküste Nordamerikas für eine Verlagerung der normalerweise für den Winterregen verantwortlichen pazifischen Tiefdruckgebiete nach Norden. Dies hat zu einem weitgehenden Ausbleiben der winterlichen Regenfälle in mehreren aufeinanderfolgenden Jahren und zu ausgeprägten Dürrephasen geführt (Swain 2015; Williams et al. 2015). Die Dürre von 2012 bis 2015 war die stärkste in Kalifornien während der letzten 1200 Jahre (Griffin und Anchukaitis 2014; Prugh et al. 2018). Kontrastierend zu diesen Dürrejahren sind El-Niño-Jahre regelmäßig mit Starkregenereignissen in Kalifornien verknüpft (Yoon et al. 2015).

7.5 Veränderungen in der Brandhäufigkeit und -intensität

Steigende Temperaturen bei sinkendem oder gleichbleibendem Niederschlag, die Umverteilung eines Anteils des ohnehin geringen Sommerniederschlags auf den Winter sowie häufigere und intensivere Dürreperioden machen die Mediterrangebiete insbesondere in den trocken-heißen Sommern anfälliger für Vegetationsbrände. Auf der Iberischen Halbinsel zeigten Piñol et al. (1998) und Pausas (2004) einen linearen **Anstieg der Feuerhäufigkeit** während des 20. Jahrhunderts. Die von den Vegetationsbränden betroffene Fläche ist Mitte der 1970er-Jahre sprunghaft angestiegen (Pausas 2004).

Für das Entstehen großer Vegetationsbrände ist zum einen die Verfügbarkeit von brennbarem Material und zum anderen dessen Entzündbarkeit entscheidend. Für Letztere sind Verdunstung und Niederschlag während der warmen Jahreszeit ausschlaggebend. Dementsprechend können negative Beziehungen zwischen Brandfläche und Niederschlag beobachtet werden. Auf der Iberischen Halbinsel bestand die engste Korrelation mit dem Sommerniederschlag (Pausas 2004), im kalifornischen Chaparral mit dem Frühjahrsniederschlag (Dennisson und Moritz 2009). Die Menge brennbaren Materials hängt von der Brandhäufigkeit, aber auch in starkem Maße von Art und Intensität der Landnutzung ab. Den rasanten Anstieg der Brandfläche auf der Iberischen Halbinsel in den 1970er-Jahren führte Pausas (2004) nicht nur auf den Klimawandel, sondern zusätzlich auf die verbreitete Aufgabe landwirtschaftlicher Nutzflächen ab den 1960er-Jahren zurück, die zu einer Akkumulation brennbaren Materials führte. In Kalifornien führte die Waldbrandbekämpfung seit den 1940er-Jahren bei steigenden Temperaturen durch die Akkumulation von Brennmaterial zu einem Anstieg der **Intensität von Waldbränden** (Miller et al. 2009). Besonders

intensive und ausgedehnte Vegetationsbrände traten in Kalifornien im Jahr 2018 auf. Trockenheit begünstigt nicht nur die Entstehung und Ausbreitung von Feuern, sondern wirkt sich auch auf die **Nährstoffverfügbarkeit** nach Bränden aus. Trockenperioden nach Bränden reduzieren zwar die Nitratauswaschung, aber auch die Verfügbarkeit von Phosphor und Kalium (Hinojosa et al. 2019). Die nichttierischen Destruentengemeinschaften werden bei Trockenheit stärker von Bakterien und weniger von Pilzen dominiert als bei feuchtem Boden.

7.6 Veränderungen in der Phänologie mediterraner Pflanzenarten

Zeitreihen zur Phänologie von Pflanzenarten, die die rezenten Klimaänderungen einschließen, liegen aus dem mediterranen Biom erst seit Mitte (vereinzelte Daten auch seit Beginn) des 20. Jahrhunderts vor und sind in dieser zeitlichen Ausdehnung auf das Mittelmeergebiet beschränkt (Gordo und Sanz 2005; Templ et al. 2017). Peñuelas et al. (2002) legten eine Zeitreihe für den Zeitraum von 1952 bis 2000 aus Nordostspanien vor, in dem dort die Temperatur um 1,4 K (oder 0,29 K pro Dekade) angestiegen ist. Jährliche Beobachtungen anhand von ca. 25 Gehölzarten zeigten eine **Verlängerung der Vegetationsperiode** mit im Mittel 16 Tage **früherem Blattaustrieb** und 13 Tage **späterem Blattabwurf.** Der **Blühbeginn** von 57 Gehölzen, Kräutern und Gräsern trat im Mittel um 6 Tage früher auf. Die **Fruchtbildung,** die an 27 Arten ab 1974 beobachtet wurde, setzte im Jahr 2000 im Mittel um 9 Tage früher ein. Auf der Grundlage eines die Jahre 1943 bis 2003 umfassenden Datensatzes für 29 Gehölzarten von mehr als 1500 Stationen aus ganz Spanien kamen Gordo und Sanz (2009, 2010) zu ähnlichen Ergebnissen. Ein früher Laubaustrieb, eine frühe Blüten- und Fruchtbildung sowie ein später Blattabwurf und damit eine lange Vegetationsperiode waren dabei klar an hohe Temperaturen gekoppelt. Im Mittel trieb das Laub (bei Zugrundelegung eines linearen Trends) um 0,48 Tage pro Jahr früher aus, Blüh- und Fruktifikationstermine waren um 0,59 bzw. 0,32 Tage pro Jahr nach vorn verschoben, und der Laubabwurf setzte um 0,12 Tage pro Jahr später ein. Die stärksten Veränderungen in der Phänologie werden seit den 1970er-Jahren beobachtet (Gordo und Sanz 2005; Orlandi et al. 2005). Für die Blattentwicklung, nicht jedoch für den Blühtermin, bei mediterranen Alpenveilchen *(Cyclamen)* nahmen Debussche et al. (2004) einen stärkeren Einfluss der Wasserverfügbarkeit als der Temperatur auf die Phänologie an.

7.7 Effekte des Klimawandels auf die Verbreitung und Produktivität von Pflanzenarten

7.7.1 Wälder

Da neben dem Feuer Wassermangel der hauptsächlich limitierende Faktor für die mediterrane Vegetation darstellt (Davis und Mooney 1986; Cherubini et al. 2003), ist die mit Ausnahme Chiles in allen Teilgebieten des mediterranen Bioms zu verzeichnende Zunahme der Aridität grundsätzlich nachteilig für die Vegetation. Mehr noch als der Jahresniederschlag üben die Dauer und Intensität von **Dürreperioden** einen negativen Einfluss auf die mediterrane Vegetation aus (Pasho et al. 2012). Bäume sind aufgrund ihres höheren Wasserverbrauchs und ihrer längeren Lebensdauer stärker betroffen als Sträucher und krautige Pflanzen (McDowell und Allen 2015). Auch verbrauchen dichtere Wälder mehr Wasser als lichtere, sodass die einzelnen Bäume in dichten Waldbeständen noch stärker von Bodenwasserverknappung limitiert werden als bei geringer Bestandesdichte (Gea-Izquierdo et al. 2009; Martín-Benito et al. 2011). Der Klimawandel fördert also die **Auflichtung** bestehender **Wälder** und deren **Umwandlung in Buschland** und verstärkt damit einen Prozess, der vom Menschen durch die Rodung von Wäldern, Viehhaltung und anthropogene Brände im Mittelmeergebiet schon seit Jahrtausenden, in den übrigen Teilgebieten des mediterranen Bioms seit Jahrhunderten teils gezielt, teils unbeabsichtigt vorangetrieben wird. Erwärmung in Kombination mit verringerter Wasserverfügbarkeit begünstigt auch die Umwandlung von Wäldern in Gebüsche im Zuge von Waldbränden und verzögert die Sukzession zurück zum Wald (Prieto et al. 2009).

Damit steuert der Klimawandel in Teilen des Mittelmeergebiets gerade dem erst in jüngerer Zeit verstärkten Trend zur Wiederausbreitung des Waldes und zu erhöhten Bestandesdichten als Folge von Nutzungsaufgabe (▶ Abschn. 7.2.2) entgegen. Dichtere Waldbestände zeigen im Zuge des Klimawandels in der Regel häufiger Trockenschäden und stärkere Zuwachsrückgänge als lockere Bestände, da mit der Bestandesdichte die Konkurrenz der Wurzeln um Wasser zunimmt (Linares et al. 2009; Candel-Peréz et al. 2012). Basierend auf einem Datensatz von Waldinventurdaten aus über 46.000 Waldbeständen Spaniens zeigten Ruiz-Benito et al. (2013) eine verstärkte Abhängigkeit der **Baummortalität** von der Temperatur. Bei den meisten Baumarten stieg die Mortalitätsrate mit steigender Temperatur, die wiederum mit einem erhöhten Wasserdampfsättigungsdefizit der Atmosphäre verbunden ist. Ein solcher Effekt wurde sowohl bei Kiefern *(Pinus halepensis, P. nigra, P. pinaster, P. pinea, P. sylvestris)* als auch bei Eichen *(Quercus faginea, Q. ilex, Q. pyrenaica)* beobachtet (Ruiz-Benito et al. 2013). Dichte Waldbestände sind zudem anfälliger für **Waldbrände**, da das Risiko von Kronenfeuern steigt (Alvarez et al. 2012). Mortalitätsereignisse in Folge von Dürren oder Bränden können allerdings auch zu einer Erhöhung der Resilienz von Waldökosystemen gegenüber dem Klimawandel führen, da sich durch das Absterben von Bäumen die Konkurrenz der verbleibenden Bäume um das Wasser reduziert (Barbeta et al. 2013). Nutzholzplantagen reagieren zumindest teilweise empfindlicher auf den Klimawandel als naturnahe Waldbestände (Sánchez-Salguero et al. 2013). Dies mag mit einer höheren Bestandesdichte in den Anpflanzungen, mit einer geringeren Heterogenität der Bestände und teilweise wohl auch mit der Auswahl suboptimaler Standorte zusammenhängen.

Die zunehmende Trockenheit wirkt nicht nur auf den Wasserhaushalt und die Brandhäufigkeit, sondern kann darüber hinaus auch die **Nährstoffverfügbarkeit** herabsetzen, da sie die mikrobielle Aktivität im Boden verringert (Sardans und Peñuelas 2005). Je nach Nährstoffversorgung, Bodenzustand und Vegetation kann sich Bodentrockenheit jedoch auch positiv oder gar nicht auf die Nährstoffaufnahme auswirken (Sardans et al. 2008a, b). Wird durch geringere Wasserverfügbarkeit weniger Biomasse aufgebaut, sinkt auch der Nährstoffbedarf durch die Vegetation, wodurch verschlechterte Nährstoffverfügbarkeit auf der Ebene der Einzelpflanze kompensiert werden kann. In der Bilanz kann dies auf trockenen Böden sogar zu höheren Nährstoffgehalten in der Phytomasse führen (Sardans et al. 2006).

Die Umwandlung mediterraner Wälder in Gebüsche ist mit einer Abnahme der **Kohlenstoffvorräte** und auch mit einer Verschlechterung der ökosystemaren CO_2-Bilanz als Folge der geringeren **Produktivität** der Gebüsche im Vergleich zur Waldvegetation verbunden. Daten zur Produktivität und Kohlenstoffbilanzen sind allerdings aus dem mediterranen Biom aufgrund seiner Heterogenität und seiner disjunkten Vorkommen nur schwer verallgemeinerbar (Rambal 2001). Die Nettoprimärproduktion von Gebüschformationen des Mittelmeerraumes, Kaliforniens und Chiles schwankt typischerweise zwischen rund 300 und 770 g m^2 a^{-1} (Mooney und Rundel 1979; Rundel et al. 1981; Tsiourlis 1990). Im mediterranen *Pinus pinea*-Wald liegt die Nettoprimärproduktion dagegen mit 1860 g m^2 a^{-1} deutlich höher (Rapp und Cabanettes 1981).

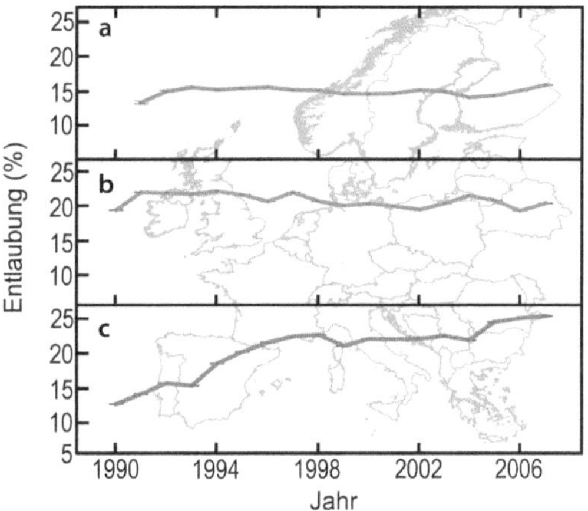

◘ **Abb. 7.1** Entwicklung der Belaubung der Kronen europäischer Laub- und Nadelbäume von 1987 bis 2007 auf der Grundlage von Waldinventurdaten. Konstanten Werten in den borealen und temperaten Wäldern (**a**) Nordeuropas und (**b**) Mitteleuropas steht (**c**) ein Trend zu zurückgehenden Blattflächen in den Wäldern des Mittelmeergebietes gegenüber. Die abnehmende Belaubung der mediterranen Wälder ist mit zunehmender Trockenheit korreliert und geht mit steigenden Mortalitätsraten einher. (Nach Carnicier et al. 2011, S. 1475)

7.7.1.1 Mittelmeergebiet

Im Mittelmeergebiet lässt sich seit Ende der 1980er-Jahre ein kontinuierlicher **Rückgang der Blattfläche** (◘ Abb. 7.1) bei zahlreichen Baumarten, so bei mehreren *Pinus*- und *Quercus*-Arten oder aber auch bei *Castanea sativa*, beobachten (Carnicer et al. 2011; Michel und Seidling 2016). In Trockenperioden sind diese Abnahmen besonders massiv. Die Reduktion der Blattfläche ist eine Strategie zur Herabsetzung der Transpiration (Hoff und Rambal 2003). Sie ermöglicht dem Baum bei Wassermangel trotz teilweiser Embolisierung das Aufrechterhalten einer ausreichenden blattflächenspezifischen hydraulischen Leitfähigkeit, was allerdings mit einer verringerten CO_2-Assimilation erkauft wird (Bréda et al. 2006; Limousin et al. 2009). Der Assimilatmangel verstärkt sich dadurch, dass bei Trockenheit zumindest bei *Pinus halepensis* und *Quercus ilex* ein höherer Anteil des assimilierten Kohlenstoffs zur Synthese von

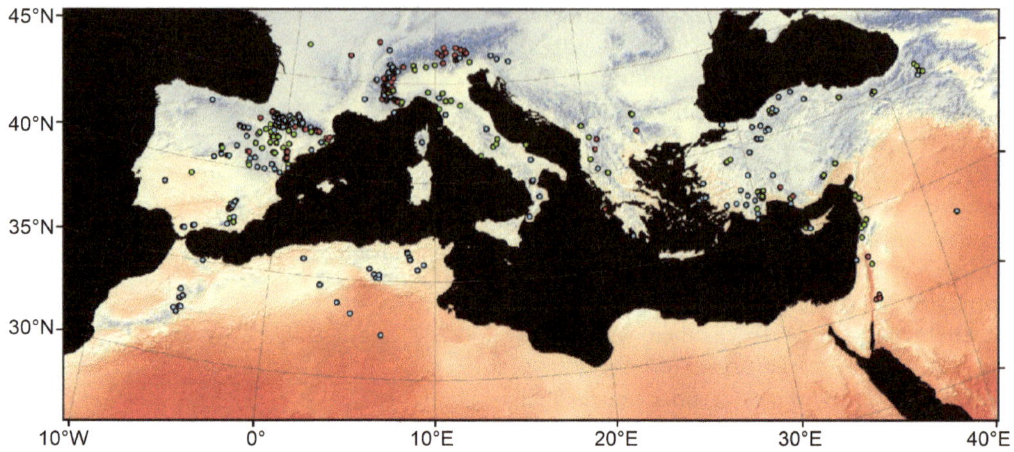

7

■ **Abb. 7.2**   Seit den 1970er-Jahren abnehmender (blaue Punkte), zunehmender (rote Punkte) oder unveränderter (grüne Punkte) Zuwachs in Jahrringchronologien aus dem Mittelmeerraum von 41 Gehölzarten. Mit rot und blau auf dem Kartenhintergrund sind hohe und niedrige Jahresmitteltemperaturen im Untersuchungsraum dargestellt. (Nach Galvan et al. 2014, S. 4)

Terpenen zur **Abwehr von Schadinsekten** investiert wird und somit nicht für den Zuwachs genutzt werden kann (Blanch et al. 2009). Die Anpassung der Blattfläche und auch der Durchwurzelungstiefe an die lokale Wasserverfügbarkeit wurde auch bei mediterranen Gebüschen beobachtet (Rambal 1993; Ogaya und Peñuelas 2006). Es ist jedoch unklar, ob auch diese Lebensform im Zuge des Klimawandels langfristige Trends zu einer Abnahme des Blattflächenindex aufweist.

Da die mediterranen Wälder in ihrer Produktivität durch Trockenheit limitiert sind, lassen sich sowohl im Experiment als auch durch Jahrringanalysen in naturnahen Gehölzbeständen **Zuwachsrückgänge bei Bäumen und Sträuchern** als Folge zunehmender Aridität beobachten. Negative Effekte des Klimawandels auf den Zuwachs wurden in vielen Regionen des Mittelmeergebietes beobachtet (■ Abb. 7.2) und betreffen zahlreiche Baumarten (Galván et al. 2014). Steigende Temperaturen haben dazu geführt, dass die bestehende Abhängigkeit des Holzzuwachses vom Herbst- und Winterniederschlag seit Ende des 20. Jahrhunderts enger geworden ist (Camarero et al. 2013). Die durch den stetigen Anstieg der

atmosphärischen CO_2-Konzentration verursachte erhöhte Wassernutzungseffizienz der Photosynthese vermag den Einfluss der zunehmenden Trockenheit auf den Zuwachs nicht auszugleichen (Maseyk et al. 2011; Granda et al. 2014; Olano et al. 2014). Ein Austrocknungsexperiment in einem *Quercus ilex*-Wald im Nordosten Spaniens, in dem die Bodenfeuchte von 1999 bis 2012 über 13 Jahre im Schnitt um 18 % reduziert wurde, verursachte eine Reduktion des Stammholzzuwachses und eine erhöhte Mortalität (■ Abb. 7.3) bei *Q. ilex* und *Arbutus unedo*, nicht jedoch bei *Phillyrea latifolia* (Barbeta et al. 2013). Dieser Befund legt nahe, dass durch zunehmende Trockenheit nicht nur mit einer verringerten Produktivität, sondern auch mit einer **Verschiebung der Dominanzverhältnisse** in der Gehölzvegetation zu rechnen ist.

Mediterrane Hartlaubhölzer, wie *Quercus ilex* oder in noch stärkerem Maße *Q. faginea*, sind prinzipiell anfälliger für Dürreschäden als **Kiefern** (Montoya 1995; de Dios et al. 2007; Granda et al. 2013). Zunehmende Aridität dürfte auch über die Verjüngung mediterrane Kiefern gegenüber spätsukzessionalen Laubhölzern fördern. Broncano

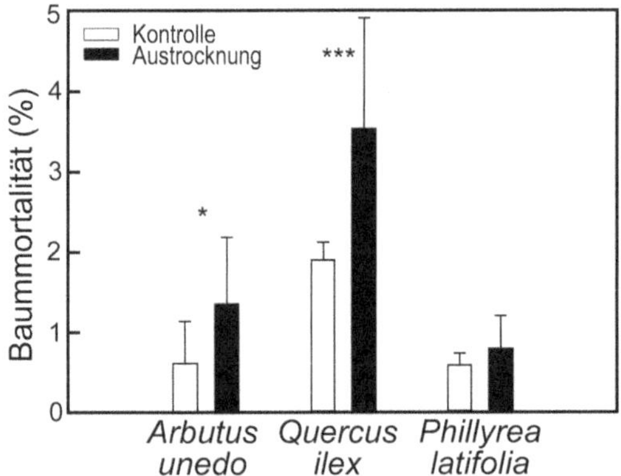

Abb. 7.3 Mortalitätsraten der drei dominanten Baumarten in einem mediterranen Steineichenwald in Nordostspanien in einem über 13 Jahre (1999–2012) währenden Austrocknungsexperiment. Die erhöhten Mortalitätsraten bei *Quercus ilex* (*** $P < 0{,}001$) und *Arbutus unedo* (* $P < 0{,}05$), nicht aber bei *Phillyrea latifolia* deuten auf eine Veränderung der Dominanzverhältnisse durch den Klimawandel hin. (Nach Barbeta et al. 2013, S. 3140)

et al. (1998) zeigten bei einem Aussaat- und Auspflanzungsversuch in Spanien, dass *Quercus ilex* niedrigere Keimraten und ihre Sämlinge niedrigere Wachstumsraten und höhere Mortalitätsraten unter trocken-heißeren Bedingungen in der vollen Sonne als im Schatten hatten. *Pinus halepensis* hingegen verhielt sich diesbezüglich indifferent gegenüber dem Mikroklima. Allerdings werden durch Dürren sowohl die Zapfenproduktion bei *P. halepensis* (Girard et al. 2012) als auch die Produktion keimfähiger Früchte bei *Q. ilex* eingeschränkt (Montoya 1995; Rodríguez-Calcerrada et al. 2011). Bei der **Pinie** *(Pinus pinea)* ist ein Rückgang der Samenproduktion durch zunehmende Trockenheit auch wirtschaftlich relevant. Pinienkerne werden nach wie vor nicht in Plantagen, sondern aus naturnahen Wäldern gewonnen. In Spanien, wo zwei Drittel der Pinienbestände lokalisiert sind, hat der Ertrag an Pinienkernen zwischen 1960 und 2000 von 180 auf 100 kg ha^{-1} abgenommen (Mutke et al. 2005). Dies ist nicht nur ökologisch, sondern auch ökonomisch bedeutsam, da die flächenbezogenen

Erträge durch die Pinienkerne höher sind als durch die Holzernte.

Vielen Laubbäumen ist zwar nach **Dürreschäden** oder **Kronenfeuern** im Gegensatz zur Kiefer ein **Wiederaustrieb** möglich (Catry et al. 2010), die dauerhafte Überlebensfähigkeit solcher Bestände ist jedoch meist eingeschränkt (Montoya 1995; de Dios et al. 2007). Stark geschädigte Bäume können nur schwach austreiben und sterben oft noch nach längerer Zeit ab (Lloret et al. 2004). Unter den Kiefern haben die weit verbreitete *P. halepensis* und die nahe verwandte *P. brutia*, wenngleich beide generell durch Störung gefördert werden, im Vergleich zu anderen mediterranen Arten der Gattung (vor allem *P. pinea* und *P. pinaster*) eine deutlich niedrigere Feuertoleranz (Fernandes et al. 2008). Wiederholte Feuer führen zu einer Transformation von *Pinus halepensis*-Beständen in Gebüsche (Eugenio und Lloret 2004).

Es gibt bereits heute in den Wäldern des Mittelmeergebietes Belege für **erhöhte Mortalitätsraten**. Ein Beispiel sind sterbende **Zedernwälder** *(Cedrus atlantica)* im Atlasgebirge in Nordwestafrika (Linares et al. 2011a; Kherchouche et al. 2012). Während die Zedern absterben, überleben niedrigere Gehölze in der unteren Baumschicht (z. B. *Quercus ilex*, *Fraxinus xanthoxyloides*, *Juniperus oxycedrus*), die weniger Wasser verbrauchen, aber auch weniger Kohlenstoff speichern (McDowell und Allen 2015). Eine besonders große Klimasensitivität alter Zedern (Linares et al. 2013) entspricht dem in vielen Regionen der Erde bestätigten Befund, dass in vielen Fällen große, viel Wasser verbrauchende Bäume durch den Temperaturanstieg besonders in Mitleidenschaft gezogen werden. Einhergehend mit zunehmender Aridität zeigte der Holzzuwachs von *Cedrus atlantica* im Atlas bereits seit den 1970er-Jahren eine beständig zunehmende Klimasensitivität (Slimani et al. 2014). Die ostmediterrane Libanon-Zeder *(Cedrus libani)*, die im Taurusgebirge sowie, auf wenige Vorkommen zurückgedrängt, im Libanon, in Syrien und auf Zypern vorkommt, leidet zwar wie die Atlaszeder unter Holzeinschlag und

Waldweide, aber offensichtlich bislang wenig unter dem Klimawandel (Boydak 2003; Hajar et al. 2010).

Unter den **Kiefern** des Mittelmeergebietes gibt es insbesondere bei der Schwarzkiefer *(Pinus nigra)* (Galván et al. 2014; Herguido et al. 2016) und der boreal-temperat verbreiteten Waldkiefer *(P. sylvestris)* (Martín-Benito et al. 2010, 2013; Gea-Izquierdo et al. 2014) Rückgänge im Zuwachs durch den Klimawandel. Diese Rückgänge nehmen generell von Nord nach Süd sowie mit abnehmender Höhenlage zu (Linares und Tíscar 2011; Martín-Benito et al. 2013; Gea-Izquierdo et al. 2014). In Trockenjahren wurden bei westmediterranen *Pinus sylvestris*-Beständen zudem erhöhte Mortalitätsraten festgestellt (Martínez-Vilalta und Piñol 2002; Thabeet et al. 2009); ferner ist die Verjüngung eingeschränkt (Castro et al. 1999). Zusätzlich zur Trockenheit leidet die Waldkiefer, die im Mittelmeergebiet auf Hochlagen konzentriert ist, infolge steigender Temperaturen inzwischen stärker unter **Herbivoren** als früher. Für den Pinien-Prozessionsspinner *(Thaumetopoea pityocampa)*, dessen Raupen sich von Nadeln unterschiedlicher Kiefernarten ernähren, wurde noch von Torrent (1958) und Huchon und Demolin (1971) eine obere Höhengrenze von 1300 bis 1500 m ü. NN für das westliche Mittelmeergebiet angegeben. Die Art kam somit damals nur unterhalb der unteren Verbreitungsgrenze der Waldkiefer vor. Seit den 1990er-Jahren werden jedoch auch Massenbefälle von *P. sylvestris* mit massiver Entnadelung auf 2000 bis 2100 m ü. NN beobachtet (Hódar und Zamora 2004). In den Pyrenäen wurde der Pinien-Prozessionsspinner mittlerweile auch auf *P. uncinata* bei 2000 m ü. NN gefunden (Hódar und Zamora 2004).

Die im Mittelmeergebiet sehr weit verbreitete ***Pinus halepensis*** wird bisher kaum durch den bisherigen Temperaturanstieg beeinträchtigt. Die Art reagiert auf Trockenphasen zunächst mit dem Vordringen ihres Feinwurzelsystems in tiefere Bodenschichten (▢ Abb. 7.4) und reagiert in der

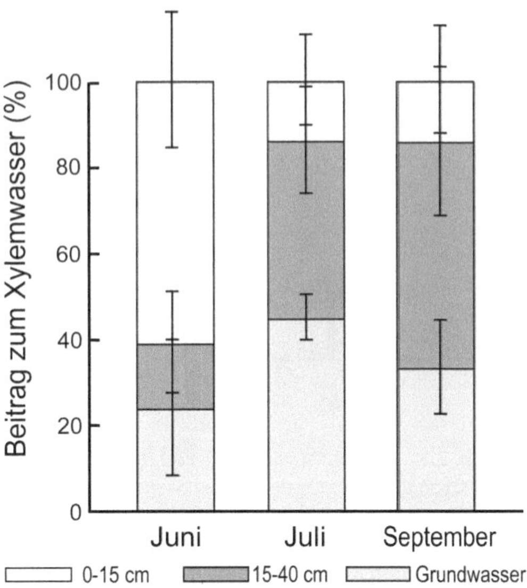

▢ Abb. 7.4   Die Aleppokiefer *(Pinus halepensis)* dringt mit ihrem Wurzelsystem mit zunehmender Austrocknung des Bodens in immer tiefere Bodenschichten vor. Eine erhebliche Plastizität des Wurzelsystems dürfte einer der Gründe dafür sein, dass die Art bisher auf den Klimawandel schwächer als viele andere mediterrane Baumarten mit zurückgehender Produktivität und Vitalität reagiert. Daten aus einem Experiment mit einjährigen Sämlingen von 56 Herkünften aus dem Gesamtareal der Art. (Nach Voltas et al. 2015, S. 1036)

Wasseraufnahme daher recht plastisch (Voltas et al. 2015). Dennoch lassen Jahrringanalysen auch bei *P. halepensis* erste Auswirkungen des Klimawandels erkennen. Je weiter man im Mittelmeergebiet nach Süden geht, also je trocken-wärmer die klimatischen Verhältnisse werden, desto stärker erweist sich der Holzzuwachs als durch hohe Temperaturen eingeschränkt. Dieser Effekt tritt zur ohnehin im gesamten Areal der Art bestehenden Limitierung durch die Niederschlagsmenge hinzu (de Luis et al. 2013). Fernerkundungsdaten aus dem mittleren Ebrotal im Nordosten der Iberischen Halbinsel belegen leichte Rückgänge im NDVI im Zeitraum von 1965 bis 2006 in den trockensten Bereichen, aber einen NDVI-Anstieg in feuchteren Teilgebieten (Vicente-Serrano et al. 2010). Das Ebrotal ist eine der trockensten Regionen Spaniens mit einem

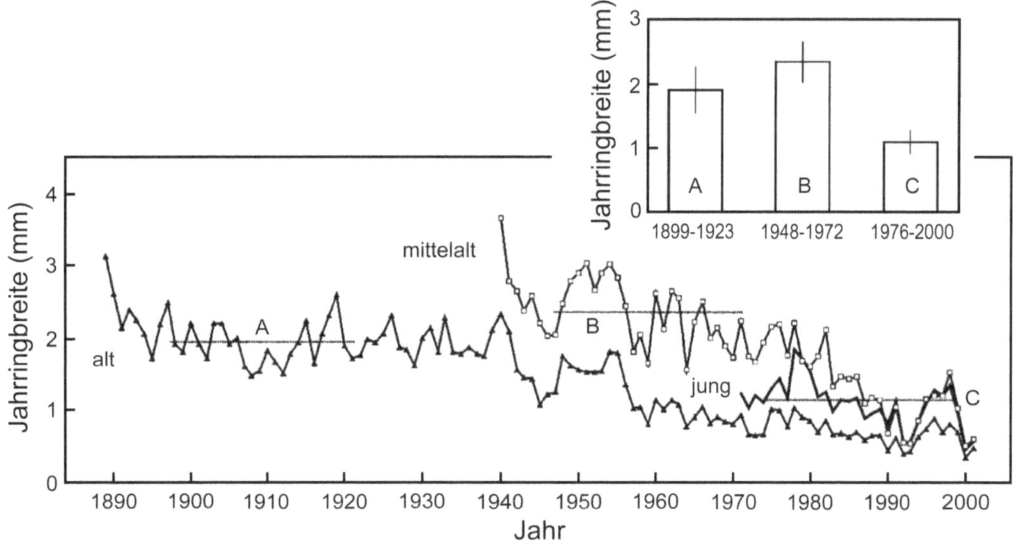

Abb. 7.5   Seit den 1970er-Jahren zurückgehende Zuwächse von *Pinus brutia* auf der Agäis-Insel Samos, Griechenland. Die Jahrringbreiten sind über die Jahre auch im gleichen Lebensalter (12–38 Kambiumjahre) zurückgegangen, wenn Bäume dreier heute unterschiedlich alter Gruppen (A, B, C) miteinander verglichen werden. (Nach Sarris et al. 2007, S. 1193)

Jahresniederschlag, der gebietsweise bis unter 350 mm herabreicht, und einer potenziellen Evapotranspiration von über 1000 mm im Jahr. Auf den griechischen Inseln nimmt der Zuwachs von **Pinus brutia** (Abb. 7.5) seit den 1970er-Jahren ab und sank vor allem seit den 1990er-Jahren stark (Sarris et al. 2007, 2011). In Dürrejahren starb auch ein Teil der Kiefern ab. Auch das Spross- und Nadelwachstum ist in Trockenjahren reduziert (Körner et al. 2005). Die westmediterran-atlantisch verbreitete *P. pinaster* weist bis heute erst leichte Zuwachsrückgänge im mediterranen Teil ihres Areals auf, die mit einer negativen Korrelation des Zuwachses mit der Sommertemperatur verknüpft sind (Vieira et al. 2010; Rozas et al. 2011).

Die **mediterranen Tannenarten** sind generell trockenheitsempfindlicher als die Kiefern. Neben mediterranen Populationen von *Abies alba* kommen im Mittelmeergebiet 9 Tannenarten vor, die oft kleine Areale und in der Regel niederschlagsreiche Lagen mit mehr als 1000 mm Jahresniederschlag besiedeln (Aussenac 2002). Derart hohe Niederschläge finden sich im Mittelmeergebiet in Gebirgslagen, die wegen des Niederschlagsmaximums im Herbst und Winter im Sommer dennoch von ausgeprägten Trockenperioden betroffen sein können. Die Tannen schließen schon bei moderater Trockenheit ihre Stomata und zeigen deshalb schnell Rückgänge im Holzzuwachs (Aussenac 2002). Die auf wenige Vorkommen in Südspanien und dem nördlichen Marokko beschränkte *Abies pinsapo* zeigt zumindest in Spanien seit den 1980er-Jahren deutliche Zuwachsrückgänge und auch erhöhte Mortalitätsraten, während der Zuwachs von *Pinus halepensis* am gleichen Standort nicht eingeschränkt ist (Linares et al. 2009, 2011b). An der unteren Verbreitungsgrenze wird *A. pinsapo* bereits heute durch die dürretolerantere *P. halepensis* abgelöst (Linares et al. 2009). Ein ähnliches Bild ergibt sich für *A. cephalonica*, die auf die Gebirgslagen des griechischen Festlands beschränkt ist. Sie zeigt infolge zunehmender Trockenheit Wachstumsrückgänge und erhöhte Mortalitätsraten ebenso wie *A. pinsapo* (Raftoyannis et al. 2008; Sarris et al. 2011). Auch *A. cepha-*

lonica bildet an ihrer unteren Verbreitungsgrenze Mischbestände mit *P. halepensis*, bei der hier im Gegensatz zur Tanne erhöhte Mortalitätsraten in Trockenjahren bisher ausblieben (Sarris et al. 2011).

7.7.1.2 Übrige Gebiete

Aus den Teilgebieten des mediterranen Bioms außerhalb des Mittelmeerraumes liegen weniger Fallstudien zu Auswirkungen des Klimawandels auf die Vegetation vor als für das Mittelmeergebiet selbst. Für **Südwestaustralien** zeigten Brouwers et al. (2013) eine Klimaabhängigkeit der Kronenvitalität des dort weitverbreiteten *Eucalyptus wandoo*. Die Bäume wiesen bei zwei Wiederholungsuntersuchungen in den Jahren 2002 und 2008 auf mehr als der Hälfte von 115 Untersuchungsflächen einen Rückgang der Belaubung und einen Anstieg der Zahl an toten Ästen auf. Diese Veränderungen ließen sich mit abnehmendem Niederschlag sowie steigenden Herbsttemperaturen und hohen Sommertemperaturen in Verbindung bringen. Ferner übte die Bestandesgröße, die zwischen 0,25 ha und 285 km² variierte, einen Einfluss auf die Sensitivität gegenüber einem arider werdenden Klima aus, da kleine Bestände besonders starke Vitalitätseinbußen zeigten. An den Kronenschäden von *E. wandoo* sind Schadinsekten beteiligt, die wahrscheinlich durch die zunehmende Trockenheit gefördert werden (Hooper und Sivasithamparam 2005). Als Folge einer außergewöhnlichen Dürre- und Hitzeperiode im Australsommer 2010/2011 starben zahlreiche Bäume in *Eucalyptus marginata*-Wäldern im mediterranen Südwestaustralien ab (◘ Abb. 7.6 und 7.7). Diese Wetteranomalie wurde durch ein besonders starkes La-Niña-Ereignis ausgelöst (Feng et al. 2013) und war durch gegenüber dem langjährigen Mittel um 40 bis 50 % reduzierte Niederschläge, langfristig überdurchschnittliche Temperaturen und eine anschließende Hitzewelle charakterisiert (Matusick et al. 2013). Die Mortalitätsrate der Bäume stieg dabei mit der Bestandesdichte (Matusick et al.

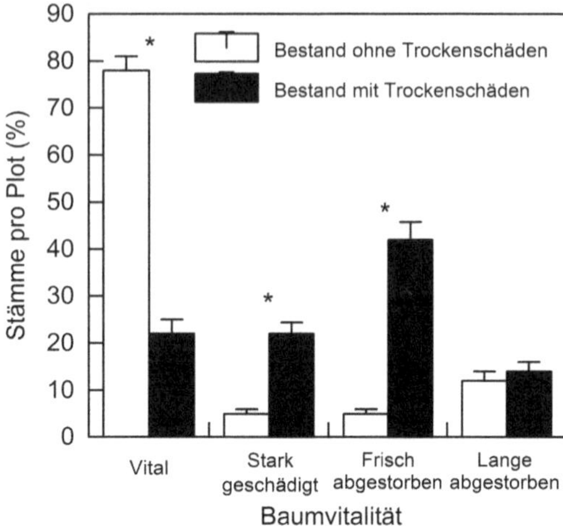

◘ Abb. 7.6   Baumvitalität und Mortalitätsraten in mediterranen *Eucalyptus marginata*-Wäldern Südwestaustraliens nach einer starken Hitzewelle (9 Tage über 35 °C im Februar 2011) und Dürre im Sommer 2010/2011. Vergleich von Wäldern mit starken Trockenschäden mit Beständen ohne starke Trockenschäden auf besser wasserversorgten Böden (* $P < 0,05$, $N = 20$ Bestände). (Nach Matusick et al. 2013, S. 503)

2013). Am Beispiel von vier mediterranen *Banksia*-Arten Südwestaustraliens zeigten Cochrane et al. (2015) in einem Erwärmungsexperiment einen negativen Effekt von 1 K Temperaturerhöhung auf Keimdauer und Keimerfolg.

Das Massensterben von Eichen (u. a. *Quercus agrifolia*) und anderen Laubbäumen (z. B. *Notholithocarpus* [= *Lithocarpus*] *densiflorus, Arbutus menziesii*) seit Mitte der 1990er-Jahre vor allem in den küstennahen Wäldern **Kaliforniens** ist nicht Folge des Klimawandels, sondern wird hauptsächlich durch den neu aus Westeuropa eingeschleppten Oomyceten *Phytophthora ramorum* verursacht (Rizzo et al. 2002; Meentemeyer et al. 2008). Im Gegenteil profitiert der Pilz von feuchtem Klima (Davis et al. 2010), sodass der Klimawandel seine Ausbreitung eher einschränken als befördern sollte. Daneben spielen für das Eichensterben in Kalifornien auch sich vom Phloem und

◘ Abb. 7.7 Trockenschäden in *Eucalyptus*-Wäldern in mediterranen Zonen Südwestaustraliens nach einer starken Dürre und Hitzewelle 2010/11: (**a**) Krone von *E. marginata* mit starken Trockenschäden, (**b**) Bäume nach dürreinduziertem Abwerfen von Blättern und kleinen Zweigen, (**c**) fleckenweises Auftreten von Trockenschäden im Bestand, (**d**) Chlorosen in den Kronen der Bäume im Umfeld abgestorbener Bäume. (Nach Matusick et al. 2013, S. 502)

Kambium ernährende Prachtkäfer *(Agrilus coxalis)* eine Rolle (Coleman und Seybold 2008); auch hier ist ein direkter Zusammenhang zum Klimawandel nicht nachgewiesen. Nichtsdestotrotz wird zumindest die Verjüngung durch trocken-heiße Witterungsperioden, wie sie im Zuge des Klimawandels zunehmend auftreten, eingeschränkt, wie bereits Borchert et al. (1989) am Beispiel von *Quercus douglasii* nachwiesen. Die Eichenarten im mediterranen Klimagebiet Kaliforniens zeigen ohnehin geringe Verjüngungsraten (Tyler et al. 2006). Auswirkungen zunehmender Aridität auf die Produktivität der Eichenwälder und -savannen Kaliforniens wurden bisher erst wenig untersucht. Kertis et al. (1993) fanden bei *Q. douglasii* eine starke Abhängigkeit des Zuwachses von der Wasserversorgung, und zwar insbesondere von der Bodenfeuchte, stellten aber keine klimabedingten Trends zu Zuwachsabnahmen fest.

Klare Bezüge zwischen Trockenheit und Baummortalität wurden hingegen für die von **Nadelwäldern dominierten Hochlagen** der Gebirge am Ostrand des mediterranen Bioms in **Kalifornien** in der Sierra Nevada und den San Bernadino Mountains nachgewiesen. Hier fällt die Hauptmenge des Jahresniederschlags im Winterhalbjahr als Schnee, wohingegen die Sommer heiß und trocken sind. Im Yosemite-Nationalpark in der Sierra Nevada untersuchten Guarín und Taylor (2005) die Mortalitätsraten in durch *Pinus ponderosa* und *Calocedrus decurrens* dominierten Nadelwäldern auf Südhängen sowie von *Abies concolor, Calocedrus decurrens, Pinus lambertiana* und *Pseudotsuga menziesii* beherrschten Wäldern auf Nordhängen. Sowohl auf den Nord- als auch den Südhängen traten erhöhte Mortalitätsraten durch Trockenheit, gemessen durch den *Palmer Drought Severity Index* (PDSI) sowie durch die Schneemächtigkeit im April zu Beginn der Vegetationsperiode, auf. Dabei konnten alle Baumarten einzelne Trockenjahre gut tolerieren, starben jedoch nach mehrjährigen Dürren im Anschluss an einige Jahre mit stark reduziertem Holzzuwachs ab. Mit Hilfe von Fernerkundungsdaten wiesen Asner et al. (2016) ein großflächiges Austrocknen der Baumkronen in weiten Bereichen Kaliforniens, einschließlich der mediterranen Teilregion, infolge einer langanhaltenden Dürre von 2012 bis 2015 nach.

7.7.2 Gebüsche

Die in allen Teilgebieten des mediterranen Bioms verbreiteten Gebüsche sind generell weniger anfällig gegenüber Trockenheit und Vegetationsbränden als Wälder (Acácio et al. 2009). Dennoch lassen sich auch bei diesen bereits negative Auswirkungen des zunehmend wärmeren und trockeneren Klimas beobachten. Auf Samos in der Ägäis trockneten im besonders trockenen Sommer des Jahres 2000 nicht nur die Kronen von *Pinus brutia* aus, sondern auch Sträucher im Unterholz der Macchie (Körner et al. 2005;

Sarris et al. 2007). In Zentral- und Südspanien zeigten als Folge einer schweren Dürre im Sommer 1994 zahlreiche Sträucher vorübergehende (Laubverfärbung, Entlaubung) oder dauerhafte **Trockenschäden** (Peñuelas et al. 2001). Auf 190 Probeflächen wurden weitverbreitete Trockenschäden u. a. bei Zistrosen *(Cistus)*, Ginster *(Genista)*, Heiden *(Erica)*, Lavendel *(Lavendula)* und Rosmarin *(Rosmarinus)* beobachtet, die überwiegend trotz guter Wasserversorgung im Jahr nach der Dürre auch im übernächsten Jahr noch sichtbar waren (◘ Tab. 7.2).

Im Experiment reduzierten kombinierte Erwärmung (Lufttemperaturerhöhung um 1,9–3,6 K) und Austrocknung (Niederschlagsreduktion um 6 %, 18 % und 46 %) in drei aufeinanderfolgenden Vegetationsperioden den Längenzuwachs von *Cistus monspeliensis* in einer Macchie auf Sardinien (de Dato et al. 2008). Das geringere Wachstum hatte allerdings auch einen positiven Effekt, da es die Gehalte an Stickstoff und Phosphor in den Blättern erhöhte. Erwärmung allein hatte dagegen keinen Einfluss auf den Zuwachs. In einem ähnlichen Experiment in Nordspanien sorgte Austrocknung (Verringerung der Bodenfeuchte um ca. 20 %) in einem von *Erica multiflora* und *Globularia alypum* dominierten Gebüsch bei beiden Arten für eine Abnahme des Längenwachstums und der Biomasseproduktion (Llorens et al. 2004). Erwärmung um 0,7 bis 1,6 K ohne zusätzliche experimentelle Austrocknung erhöhte den Biomassezuwachs bei *E. multiflora*, reduzierte ihn hingegen bei *G. alypum*. Die Ursache für die unterschiedliche Reaktion der beiden Arten sahen die Autoren in einer höheren Sensitivität von *G. alypum* gegenüber der zwar nicht durch direkte Manipulation, aber als Folge der Erwärmung verringerten Bodenfeuchte in der Erwärmungsvariante. Dies, wie auch unterschiedliche Antworten des Gaswechsels der beiden Arten auf Erwärmung und Austrocknung (Llorens et al. 2003), deutet darauf hin, dass sich durch den Klimawandel nicht nur die Dominanzverhältnisse zwischen den waldbildenden Baumarten

(▶ Abschn. 7.7.1.1: „Mittelmeergebiet"), sondern auch in den mediterranen Gebüschen verschieben könnten. Austrocknung verursachte zudem eine starke Reduktion des Keimerfolgs von *E. multiflora* und *G. alypum* um etwa 80 % (Lloret et al. 2005). Erwärmung ohne Austrocknung hatte dagegen keinen Einfluss auf den Keimerfolg, verringerte aber die Überlebensrate der Keimlinge. Bei *G. alypum* hemmte Trockenheit bereits die Blütenbildung (Prieto et al. 2008).

7.7.3 Hochgebirgsvegetation

Die Effekte des Klimawandels auf die Vegetation mediterraner Gebirge sind am besten im Mittelmeerraum untersucht worden. Grundsätzlich lassen sich zwei Prozesse beobachten: zum einen das **Höherwandern der Gehölzvegetation** und zum anderen Rückgänge in der ursprünglichen Gipfelflora.

Durch den Temperaturanstieg wandert vielerorts die mediterrane Tieflandsvegetation nach oben und löst dort in größeren Höhenlagen Gebirgswälder mit kühltemperaten Arten wie *Fagus sylvatica* ab, die ihrerseits hangaufwärts wandern. Diese **Vertikalwanderung** führt zu einer generellen **Thermophilisierung** der mediterranen Gebirgsvegetation (Gottfried et al. 2012), ähnlich wie es auch in temperaten Gebirgen beobachtet wird (▶ Abschn. 5.5.4 und 5.5.5). Im nordostspanischen Montsenygebirge hat die Rotbuche unterhalb von 1300 m ü. NN (◘ Abb. 7.8) durch die Aufwärtswanderung von *Quercus ilex* zwischen 1945 und 1994 stark abgenommen (Peñuelas und Boada 2003). Dafür ist die Rotbuche oberhalb von 1600 m ü. NN in diesem Zeitraum (bei gleichbleibendem Beweidungseinfluss) um 70 Höhenmeter nach oben in die zuvor baumfreie Strauchvegetation der Gipfellagen eingewandert. Diese Verschiebungen in der Höhenzonierung der Vegetation waren das Resultat einer Erwärmung um 1,2 bis 1,4 K (oder 0,24 bis 0,28 K pro Dekade) innerhalb von 50 Jahren. In der kalifornischen Sierra Nevada wurde eine verstärkte

◘ Tab. 7.2 Nichtletale Trockenschäden und Mortalität von Gehölzen mediterraner und prämediterraner Entwicklungslinien im Jahr einer schweren Dürre (1994) und 2 Jahre danach (1996) in Zentral- und Südspanien. Die Arten sind sortiert nach absteigender Mortalitätsrate im Jahr der Dürre. (Nach Peñuelas et al. 2001, S. 216)

Art	Evolutionärer Ursprung	Fundorte	1994		1996	
			Trockenschäden (%)	Mortalität (%)	Trockenschäden (%)	Mortalität (%)
Cistus monspeliensis	Mediterran	10	70	60	30	10
Genista sp.	Mediterran	38	61	55	16	13
Erica sp.	Mediterran	11	82	55	0	0
Pinus sylvestris	Prämediterran	17	71	35	35	6
Lavandula sp.	Mediterran	13	39	31	0	0
Pinus nigra	Prämediterran	38	74	29	26	16
Cistus albidus	Mediterran	11	36	27	55	18
Cistus salvifolius	Mediterran	15	33	27	0	0
Quercus coccifera	Prämediterran	41	76	24	63	10
Juniperus communis	Prämediterran	18	61	22	67	17
Pinus pinaster	Prämediterran	31	45	19	32	19
Rosmarinus officinalis	Mediterran	50	56	18	52	22
Quercus ilex	Prämediterran	107	67	16	51	13
Pinus halepensis	Prämediterran	46	70	13	65	15
Juniperus phoenicea	Prämediterran	18	17	11	39	17
Quercus suber	Prämediterran	23	91	9	57	0
Juniperus thurifera	Prämediterran	16	13	6	25	6
Cistus ladanifer	Mediterran	45	20	4	18	9
Juniperus oxycedrus	Prämediterran	40	18	3	60	8
Pinus pinea	Prämediterran	11	46	0	64	9
Olea europaea	Prämediterran	14	36	0	50	0
Pistacia lentiscus	Prämediterran	15	27	0	13	0
Quercus faginea	Prä-mediterran	21	10	0	14	5
Alle Arten		190	80	11	67	6

Verjüngung in subalpinen Wäldern und eine Ausbreitung von Kiefern (u. a. *Pinus albicaulis*) in subalpine Rasen und ehemalige Schneefelder beobachtet (Millar et al. 2004; Dolanc et al. 2013). Langfristig wird durch die Thermophilisierung der Waldvegetation der mediterranen Gebirge von **Flächenverlusten für die temperaten Baumarten** (im Mittelmeergebiet vor allem bei *Fagus sylvatica* und *Pinus sylvestris*) ausgegangen, da die Flächenverluste an der unteren Verbreitungsgrenze schon aus geometrischen Gründen nicht durch

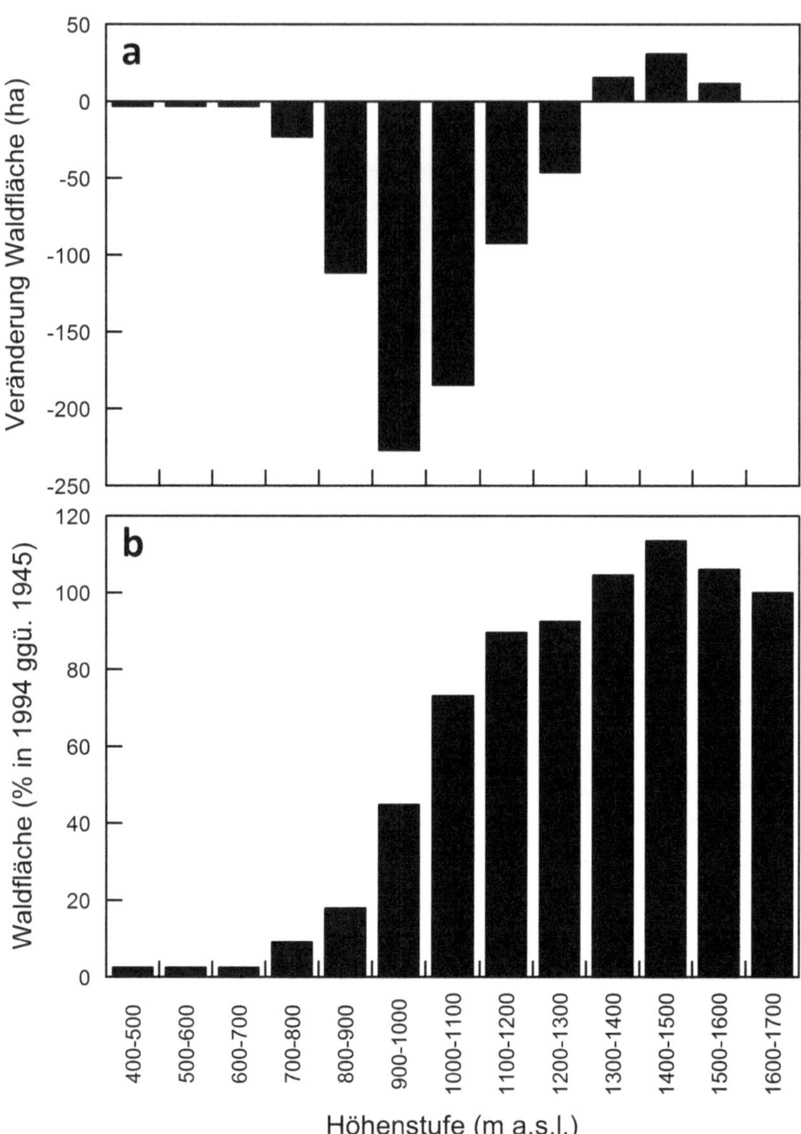

◘ **Abb. 7.8** Abnahme der im temperaten Europa und in montanen Lagen des Mittelmeergebietes verbreiteten Rotbuche *(Fagus sylvatica)* in niederen und mittleren Höhenlagen und Ausbreitung in zuvor waldfreie Gipfellagen in Nordostspanien als Folge der Temperaturzunahme im Zeitraum von 1945 bis 1994. An der unteren Verbreitungsgrenze wird die Buche zunehmend durch die mediterrane Steineiche *(Quercus ilex)* ersetzt. (Nach Peñuelas und Boada 2003, S. 136)

die Ausbreitung in Gipfellagen ausgeglichen werden können (Ruiz-Labourdette et al. 2012). Auch in der **alpinen Stufe** der mediterranen Gebirge verändert sich die Vegetation. Luftbildvergleiche in der spanischen Zentralkordillere zeigten, dass bei 2300 bis über 2400 m ü. NN alpine, durch *Festuca aragonensis* dominierte **Grasländer** im Zeitraum zwischen 1957 und 1991 durch aus der montanen Stufe einwandernde Wacholder *(Juniperus communis)* und Zistrosen *(Cistus oromediterraneus)* verdrängt wurden (Sanz-Elorza et al. 2003).

Das Höherwandern der Baumgrenze führt automatisch zu Verlusten in der Vegetation der **baumfreien Gipfellagen** der mediterranen Gebirge durch **Flächenreduktion**, ähnlich wie das in anderen Klimazonen im Rahmen des Klimawandels beobachtet wird. Anders als in den humiden Gebirgen der temperaten Zone tritt in vielen mediterranen Gebirgen zusätzlich zur Temperaturerhöhung eine zunehmende **Aridisierung** auf. Das Klima der mediterranen Hochgebirgsregionen ist vielerorts ohnehin neben der (für alle Hochgebirge charakteristischen) Kürze der Vegetationsperiode durch starke sommerliche Trockenheit gekennzeichnet. Der sommerliche Wassermangel wird durch steigende Temperaturen und schwindende Schneebedeckung noch verstärkt.

Zunehmende Trockenheit ist für die mediterranen Hochgebirgslagen vor allem deshalb besonders kritisch, da sie sich in erster Linie an wärmeren Kleinstandorten mit intensiverer Bodenbildung auswirkt, die für alpine Pflanzen besonders attraktiv sind (Gutiérrez-Girón und Gavilán 2013). Unter anderem kann sich zunehmende Trockenheit auf die mediterrane Hochgebirgsvegetation in Form einer Herabsetzung der Samenbildung und des Keimerfolgs durch Wassermangel auswirken, zumal sommerliche Trockenperioden oft bereits zum Zeitpunkt der Samenreife und schon bald nach der Keimung im Anschluss an die Schneeschmelze einsetzen (Giménez-Benavides et al. 2005, 2007; García-Camacho und Escudero 2009). Im Rahmen der Global Observation Research Initiative in Alpine Environments (GLORIA) wurden 14 Berggipfel oberhalb der Baumgrenze im europäischen Mittelmeerraum in den Jahren 2001 und 2008 vergleichend auf ihre Gefäßpflanzenflora untersucht (Pauli et al. 2012). Von diesen 14 Gipfeln wurde innerhalb dieses kurzen Zeitraums in 8 Untersuchungsgebieten eine **Abnahme der Artenzahl** registriert; auf 4 Gipfeln blieb die Artenzahl unverändert, und nur auf 2 Gipfeln wurde eine Zunahme der Artenzahl festgestellt. Dies steht in einem starken Gegensatz zum kühl-gemäßigten Europa, wo fast ausschließlich steigende Artenzahlen beobachtet wurden (▶ Abschn. 5.5.5). Die Artenrückgänge in den Gipfelbereichen der mediterranen Gebirge sind besorgniserregend, weil hier zahlreiche **endemische Pflanzenarten** vorkommen (Kazakis et al. 2007; Molero Mesa und Fernández Calzado 2010). Von 55 Pflanzenarten, die von Pauli et al. (2012) auf den im Mittelmeerraum untersuchten Berggipfeln im Jahr 2008 nicht wiedergefunden wurden, waren 17 (31 %) Endemiten. Aus der kalifornischen Sierra Nevada, in der ebenfalls GLORIA-Dauerbeobachtungsflächen eingerichtet wurden, liegen bisher noch keine Wiederholungsuntersuchungen vor (Ababneh und Woolfenden 2010).

Literatur

Ababneh L, Woolfenden W (2010) Monitoring for potential effects of climate change on the vegetation of two alpine meadows in the White Mountains of California, USA. Quatern Int 215:3–14

Acácio V, Holmgren M, Rego F, Moreira F, Mohren GMJ (2009) Are drought and wildfire turning Mediterranean cork oak forests into persistent shrublands? Agroforest Syst 76:389–400

Ackerly DD (2004) Adaptation, niche conservatism and convergence: comparative studies of leaf evolution in the California chaparral. Am Nat 163:654–671

Ackerly DD (2009) Evolution, origin and age of lineages in the Californian and Mediterranean flora. J Biogeogr 36:1221–1233

Alexander LV, Arblaster JM (2009) Assessing trends in observed and modelled climate extremes over Australia in relation to future projections. Int J Climatol 29:417–435

Alpert P, Krichak SO, Shafir H, Haim D, Osetinski D (2008) Climatic trends to extremes employing regional modeling and statistical interpretation over the E. Mediterranean. Glob Planet Change 63:163–170

Alvarez A, Gracia M, Vayreda J, Retana J (2012) Patterns of fuel types and crown fire potential in *Pinus halepensis* forests in the Western Mediterranean Basin. For Ecol Manag 270:282–290

Arianoutsou M, Bazos I, Delipetrou P, Kokkoris Y (2010) The alien flora of Greece: taxonomy, life traits and habitat preferences. Biol Invasions 12:3525–3549

Arroyo MTK, Cavieres L, Marticorena C, Muñoz-Schick M (1994) Convergence in the Mediterranean floras in central Chile and California: insights from comparative biogeography. Ecol Stud 108:43–88

Aschmann H (1973) Distribution and peculiarity of Mediterranean ecosystems. Ecol Stud 7:11–19

Asner GP, Brodrick PG, Anderson CB, Vaughn N, Knapp DE, Martin RE (2016) Progressive forest canopy water loss during the 2012–2015 California drought. Proc Natl Acad Sci USA 113:E249–E255

Aussenac G (2002) Ecology and ecophysiology of circum-Mediterranean firs in the context of climate change. Ann For Sci 59:823–832

Axelrod DI (1975) Evolution and biogeography of Madrean-Tethyan sclerophyll vegetation. Ann Missouri Bot Gard 62:280–334

Axelrod DI (1989) Age and origin of chaparral. In: Keeley SC (Hrsg) The California chaparral: paradigms reexamined. Natural history museum of Los Angeles County, Los Angeles, S 7–19

Badano EI, Cavieres LA, Molina-Montenegro MA, Quiroz CL (2005) Slope aspect influences plant association patterns in the Mediterranean matorral of central Chile. J Arid Environ 62:93–108

Barbeta A, Ogaya R, Peñuelas J (2013) Dampening effects of long-term experimental drought on growth and mortality rates of a Holm oak forest. Glob Change Biol 19:3133–3144

Barbour MG, Minnich RA (1990) The myth of chaparral convergence. Israel J Bot 39:453–463

Barbour MG, Keeler-Wolf T, Schoenherr AA (2007) Terrestrial vegetation of California. University of California Press, Berkeley

Bartoli G, Sarnthein M, Weinelt M, Erlenkeuser H, Garbe-Schönberg D, Lea DW (2005) Final closure of Panama and the onset of northern hemisphere glaciation. Earth Planet Sci Lett 237:33–44

Bethoux JP, Gentili B, Raunet J, Tailliez D (1990) Warming trend in the western Mediterranean deep water. Nature 347:660–662

Blanch J-S, Peñuelas J, Sardans J, Llusià J (2009) Drought, warming and soil fertilization effects on leaf volatile terpene concentrations in *Pinus halepensis* and *Quercus ilex*. Acta Physiol Plant 31:207–218

Blondel J, Aronson J (1995) Biodiversity and ecosystem function in the Mediterranean Basin: human and non-human determinants. Ecol Stud 109:43–119

Borchert MI, Davis FW, Michaelsen J, Oyler LD (1989) Interactions of factors affecting seedling recruitment of blue oak *(Quercus douglasii)* in California. Ecology 70:389–404

Boydak M (2003) Regeneration of Lebanon cedar (*Cedrus libani* A. Rich.) on karstic lands in Turkey. For Ecol Manag 178:231–234

Bréda N, Huc R, Granier A, Dreyer E (2006) Temperate forest trees and stands under severe drought: a review of ecophysiological responses, adaptation processes and long-term consequences. Ann For Sci 63:625–644

Broncano MJ, Riba M, Retana J (1998) Seed germination and seedling performance of two Mediterranean tree species, holm oak (*Quercus ilex* L.) and Aleppo pine (*Pinus halepensis* Mill.): a multifactor experimental approach. Plant Ecol 138:17–26

Brouwers NC, Mercer J, Lyons T, Poot P, Veneklaas E, Hardy G (2013) Climate and landscape drivers of tree decline in a Mediterranean ecoregion. Ecol Evol 3:67–79

Bugalho MN, Caldeira MC, Pereira JS, Aronson J, Pausas JG (2011) Mediterranean cork oak savannas require human use to sustain biodiversity and ecosystem services. Front Ecol Environ 9:278–286

Callaway RM, Davis FM (1998) Recruitment of *Quercus agrifolia* in central California: the importance of shrub-dominated patches. J Veg Sci 9:647–656

Camarero JJ, Manzanedo RD, Sachez-Salguero R, Navarro-Cerrillo RM (2013) Growth response to climate and drought change along an aridity gradient in the southernmost *Pinus nigra* relict forests. Ann For Sci 70:769–780

Canadell J, Lloret F, López-Soria L (1991) Resprouting vigor of two Mediterranean shrub species after experimental fire treatments. Vegetatio 95:119–126

Candel-Peréz D, Linares JC, Viñegla B, Lucas-Borja ME (2012) Assessing climate-growth relationships under contrasting stands of co-occurring Iberian pines along an altitudinal gradient. For Ecol Manag 274:48–57

Cardillo M, Pratt R (2013) Evolution of a hotspot genus: geographic variation in speciation and extinction rates in *Banksia* (Proteaceae). BMC Evol Biol 13(155):1–11

Carnicer J, Coll M, Ninyerola M, Pons X, Sánchez G, Peñuelas J (2011) Widespread crown condition decline, food web disruption, and amplified tree mortality with increased climate change-type drought. Proc Natl Acad Sci USA 108:1474–1478

Castro J, Gómez JM, García D, Zamora R, Hódar JA (1999) Seed predation and dispersal in relict Scots pine forests from south Spain. Plant Ecol 145:115–123

Castro S, Loureiro J, Santos C, Ater M, Ayensa G, Navarro L (2007) Distribution of flower morphs, ploidy level and sexual reproduction of the invasive weed *Oxalis pes-caprae* in the western area of the Mediterranean region. Ann Bot 99:507–517

Catry FX, Rego F, Moreira F, Fernandes PM, Pausas JG (2010) Post-fire tree mortality in mixed forests of central Portugal. For Ecol Manag 260:1184–1192

Chauchard S, Carcaillet C, Guibal F (2007) Patterns of land-use abandonment control tree-recruitment and forest dynamics in Mediterranean mountains. Ecosystems 10:936–948

Cherubini P, Gartner BL, Tognetti R, Bräker OU, Schoch W, Innes JL (2003) Identification, measurement and interpretation of tree rings in woody species from Mediterranean climates. Biol Rev 78:119–148

Ciccarelli N, von Hardenberg J, Provenzale A, Ronchi C, Vargui A, Pelosini R (2008) Climate variability in north-western Italy during the second half of the 20th century. Glob Planet Change 63:185–195

Cochrane JA, Hoyle GL, Yates CJ, Wood J, Nicotra AB (2015) Climate warming delays and decreases seedling emergence in a Mediterranean ecosystem. Oikos 124:150–160

Cody ML, Mooney HA (1978) Convergence versus nonconvergence in Mediterranean-climate ecosystems. Annu Rev Ecol Syst 9:265–321

Coleman TW, Seybold SJ (2008) Previously unrecorded damage to oak, *Quercus* spp., in southern California by the goldspotted oak borer, *Agrilus coxalis* Waterhouse (Coleoptera: Buprestidae). Pan-Pacif Entomol 84:288–300

Cordero EC, Kessomkiat W, Abatzoglou J, Mauget SA (2011) The identification of distinct patterns in California temperature trends. Climatic Change 108:357–382

Cowling RM, Lamont BB (1998) On the nature of Gonswana species flocks: diversity of Proteaceae in Mediterranean South-west Australia and South Africa. Austral J Bot 46:335–355

Cowling RM, Witkowksi ETF (2005) Convergence and non-convergence of plant traits in climatically and edaphically matched sites in Mediterranean Australia and South Africa. Austral J Ecol 19:220–232

Cowling RM, Witkowksi ETF, Milewski AV, Newbey KR (1994) Taxonomic, edaphic and biological aspects of narrow plant endemism on matched sites in Mediterranean South Africa and Australia. J Biogeogr 21:651–664

Cowling RM, Rundel PW, Lamont BB, Arroyo MK, Arianoutsou M (1996) Plant diversity in Mediterranean-climate regions. Trends Ecol s 11:362–366

Dallman PR (1998) Plant life in the world's Mediterranean climates: California, Chile, South Africa, Australia, and the Mediterranean Basin. University of California Press, Sacramento

Davis SD, Mooney HA (1986) Water use patterns of four co-occurring chaparral shrubs. Oecologia 70:172–177

Davis FW, Borchert M, Meentemeyer RK, Flint A, Rizzo DM (2010) Pre-impact forest composition and ongoing tree mortality associated with sudden oak death in the Big Sur region, California. For Ecol Manag 259:2342–2354

Deacon HJ (1983) The comparative evolution of Mediterranean-type ecosystems: a southern perspective. Ecol Stud 43:3–40

Debussche M, Lepart J, Dervieux A (1999) Mediterranean landscape changes: evidence from old postcards. Glob Ecol Biogeogr 8:3–15

Debussche M, Garnier E, Thompson JD (2004) Exploring the causes of variation in phenology and morphology in Mediterranean geophytes: a genus-wide study of *Cyclamen*. Bot J Linnean Soc 145:469–484

de Dato G, Pellizzaro G, Cesaraccio C, Sirca C, De Angelis P, Duce P, Spano D, Scarascia Mugnozza G (2008) Effects of warmer and drier climate conditions on plant composition and biomass production in a Mediterranean shrubland community. iForest 1:39–48

de Dios VR, Fischer C, Colinas C (2007) Climate change effects on Mediterranean forests and preventive measures. New Forest 33:29–40

de Luis M, Čufar K, Di Filippo A, Novak K, Papadopoulos A, Piovesan G, Rathgeber CBK, Raventós J, Saz MA, Smith KT (2013) Plasticity in dendroclimatic reponse across the distribution range of Aleppo pine (*Pinus halepensis*). PLoS ONE 8(e83550):1–13

Dennison PE, Moritz MA (2009) Critical live fuel moisture in chaparral ecosystems: a threshold for fire activity and its relationship to antecedent precipitation. Int J Wildland Fire 18:1021–1027

Dolanc CR, Thorne JH, Safford HD (2013) Widespread shifts in the demographic structure of subalpine forests in the Sierra Nevada, California, 1934 to 2007. Glob Ecol Biogeogr 22:264–276

Edwards C, Read J, Sanson G (2000) Characterising sclerophylly: some mechanical properties of leaves from heath and forest. Oecologia 123:158–167

Epling C, Lewis H (1942) The centers of distribution of the chaparral and coastal sage associations. Am Midl Nat 27:445–462

Eugenio M, Lloret F (2004) Fire recurrence effects on the structure and composition of Mediterranean *Pinus halepensis* communities in Catalonia (northeast Iberian Peninsula). Écoscience 11:446–454

Fauchereau N, Trzaska S, Rouault M, Richard Y (2003) Rainfall variability and changes in southern Africa during the 20th century in the global warming context. Nat Hazards 29:139–154

Falvey M, Garreaud RD (2009) Regional cooling in a warming world: Recent temperature trends in the southeast Pacific and along the west coast of subtropical South America (1979–2006). J Geophys Res 114(D04102):1–16

Feng M, McPhaden MJ, Xie S-P, Hafner J (2013) La Niña forces unprecedented Leeuwin Current warming in 2011. Sci Rep 3(1277):1–9

Fernandes PM, Vega JA, Jiménez E, Rigolot E (2008) Fire resistance of European pines. For Ecol Manag 256:246–255

Fox MD (1995) Australian Mediterranean vegetation: intra- and intercontinental comparisons. Ecol Stud 108:137–159

Fried JS, Bolsinger CL, Beardsley D (2004) Chaparral in southern and central coastal California in the mid-1990s: area, ownership, condition, and change. USDA Forest Service Resource Bulletin PNW-RB-240:1–88

Galván JD, Camarero JJ, Ginzler C, Büntgen U (2014) Spatial diversity of recent trends in Mediterranean tree growth. Environ Res Lett 9(084001):1–11

García-Camacho R, Escudero A (2009) Reproduction of an early-flowering Mediterranean mountain narrow endemic (Armeria caespitosa) in a contracting mountain island. Plant Biol 11:515–524

Gao X, Giorgi F (2008) Increased aridity in the Mediterranean region under greenhouse gas forcing estimated from high resolution simulations with a regional climate model. Glob Planet Change 62:195–209

Gea-Izquierdo G, Martín-Benito D, Cherubini P, Cañellas I (2009) Climate-growth variability in Quercus ilex L. west Iberian open woodlands of different stand density. Ann For Sci 66 (article 802):1–12

Gea-Izquierdo G, Viguera B, Cabrera M, Cañellas I (2014) Drought induced decline could portend widespread pine mortality at the xeric ecotone in managed Mediterranean pine-oak woodland. For Ecol Manag 320:70–82

Gibelin A-L, Déqué M (2003) Anthropogenic climate change over the Mediterranean region simulated by a global variable resolution model. Clim Dyn 20:327–339

Giménez-Benavides L, Escudero A, Pérez-Garcia F (2005) Seed germination of high mountain Mediterranean species: altitudinal, interpopulation and interannual variability. Ecol Res 20:433–444

Giménez-Benavides L, Escudero A, Iriondo JM (2007) Local adaptation enhances seedling recruitment along an altitudinal gradient in a high mountain Mediterranean plant. Ann Bot 99:723–734

Giorgi F (2006) Climate change hot-spots. Geophys Res Lett 33(L08707):1–4

Girard F, Vennetier M, Guibal F, Corona C, Ouarmim S, Herrero A (2012) Pinus halepensis Mill. crown development and fruiting declined with repeated drought in Mediterranean France. Eur J For Res 131:919–931

Goldblatt P, Manning JC (2002) Plant diversity of the Cape region of southern Africa. Ann Missouri Bot Gard 89:281–302

Gordo O, Sanz JJ (2005) Phenology and climate change: a long-term study in a Mediterranean locality. Oecologia 146:484–495

Gordo O, Sanz JJ (2009) Long-term temporal changes of plant phenology in the Western Mediterranean. Glob Change Biol 15:1930–1948

Gordo O, Sanz JJ (2010) Impact of climate change on plant phenology in Mediterranean ecosystems. Glob Change Biol 16:1082–1106

Gottfried M, Pauli H, Futschik A et al (2012) Continent-wide response of mountain vegetation to climate change. Nat Clim Change 2:111–115

Granda E, Camarero JJ, Gimeno TE, Martínez-Fernández J, Valladares F (2013) Intensity and timing of warming and drought differentially affect growth patterns of co-occurring Mediterranean tree species. Eur J For Res 132:469–480

Granda E, Rossato DR, Camarero JJ, Voltas J, Valladares F (2014) Growth and carbon isotopes of Mediterranean trees reveal contrasting responses to increased carbon dioxide and drought. Oecologia 174:307–317

Griffin D, Anchukaitis K (2014) How unusual is the 2012–2014 California drought? Geophys Res Lett 41:9017–9023

Guarín A, Taylor AH (2005) Drought triggered tree mortality in mixed conifer forests in Yosemite National Park, California, USA. For Ecol Manag 218:229–244

Gutiérrez-Girón A, Gavilán R (2013) Plant functional strategies and environmental constraints in Mediterranean high mountain grasslands in central Spain. Plant Ecol Divers 6:435–446

Hajar L, François L, Khater C, Jomaa I, Déqué M, Cheddadi R (2010) Cedrus libani (A. Rich.) distribution in Lebanon: past, present and future. CR Biol 333:622–630

Henkin Z, Seligman N, Kafkafi U, Noy-Meir I (1998) ‚Effective growing days': a simple predictive model of the response of herbaceous plant growth in a Mediterranean ecosystem to variation in rainfall and phosphorus availability. J Ecol 86:137–148

Herguido E, Granda E, Benavides R, García-Cervigón AI, Camarero JJ, Valladares F (2016) Contrasting growth and mortality responses to climate warming of two pine species in a continental Mediterranean ecosystem. For Ecol Manag 363:149–158

Herrera CM (1992) Historical effects and sorting processes as explanations for contemporary ecological patterns: character syndromes in Mediterranean woody plants. Am Nat 140:421–446

Hertig E, Jacobeit J (2008) Downscaling future climate change: temperature scenarios for the Mediterranean area. Glob Planet Change 63:127–131

Hinojosa MB, Laucidina VA, Parra A, Albert-Belda E, Moreno JM (2019) Drought and its legacy modulate the post-fire recovery of soil functionality and microbial community structure in a Mediterranean shrubland. Glob Change Biol 25:1409–1427

Hódar JA, Zamora R (2004) Herbivory and climatic warming: a Mediterranean outbreaking cattarpillar attacks a relict, boreal pine species. Biodiv Conserv 13:493–500

Hoff C, Rambal S (2003) An examination of the interaction between climate, soil and leaf area index in a *Quercus ilex* ecosystem. Ann For Sci 60:153–161

Hobbs RJ, Groves RH, Hopper SD, Lambeck RJ, Lamont BB, Lavorel S, Main AR, Majer JD, Saunders DA (1995) Function of biodiversity in the Mediterranean-type ecosystems of southwestern Australia. Ecol Stud 109:233–284

Hooper RJ, Sivasithamparam K (2005) Characterization of damage and biotic factors associated with the decline of *Eucalyptus wandoo* in southwest Western Australia. Can J For Res 35:2589–2602

Huchon H, Demolin G (1971) La bioécologie de la Procesionnaire du pin. Dispersion potentielle – dispersion actuelle. Phytoma 225:11–20

Hughes L (2003) Climate change and Australia: trends, projections and impacts. Austral Ecol 28:423–443

Kazakis G, Ghosn D, Vogiatzakis IN, Papanastasis VP (2007) Vascular plant diversity and climate change in the alpine zone of the Lefka Ori, Crete. Biodiv Conserv 16:1603–1615

Keeley JE, Fotheringham CJ (1998a) Smoke-induced seed germination in California chaparral. Ecology 79:2320–2336

Keeley JE, Fotheringham CJ (1998b) Mechanism of smoke-induced seed germination in a post-fire chaparral annual. J Ecol 86:27–36

Keeley JE, Keeley MB (1999) Role of charred wood, heat-shock and light in germination of postfire phrygana species from the eastern Mediterranean Basin. Israel J Plant Sci 47:11–16

Keeley JE, Bond WJ, Bradstock RA, Pausas JG, Rundel PW (2012) Fire in Mediterranean ecosystems: ecology, evolution and management. Cambridge University Press, Cambridge

Keighery GJ (1996) Phytogeography, biology and conservation of western Australian Epacridaceae. Ann Bot 77:347–355

Kertis JA, Gross R, Peterson DL, Arbaugh MJ, Standiford RB, McGreary DD (1993) Growth trends of blue oak (*Quercus douglasii*) in California. Can J For Res 23:1720–1724

Kherchouche D, Kalla M, Gutiérrez EM, Attalah S, Bouzghaia M (2012) Impact of droughts on *Cedrus atlantica* forests dieback in the Aurès (Algeria). J Life Sci 6:1262–1269

Körner C, Sarris D, Christodoulakis D (2005) Long-term increase in climatic dryness in the East-Mediterranean as evidenced for the island of Samos. Reg Environ Change 5:27–36

Kruger AC (2006) Observed trends in daily precipitation indices in South Africa: 1910–2004. Int J Climatol 26:2275–2285

Kruger AC, Shongwe S (2004) Temperature trends in South Africa: 1960–2003. Int J Climatol 24:1929–1945

LaDochy S, Medina R, Patzert W (2007) Recent California climate variability: spatial and temporal patterns in temperature trends. Clim Res 33:159–169

Langan SJ, Ewers FW, Davis SD (1997) Xylem dysfunction caused by water stress and freezing in two species of co-occurring chaparral shrubs. Plant Cell Environ 20:425–437

Limousin JM, Rambal S, Qurcival JM, Rocheteau A, Joffre R, Rodriguez-Cortina R (2009) Long-term transpiration change with rainfall decline in a Mediterranean *Quercus ilex* forest. Glob Chang Biol 15:2163–2175

Linares JC, Tíscar PA (2011) Buffered climate change effects in a Mediterranean pine species: range limit implications from a tree-ring study. Oecologia 167:847–859

Linares JC, Camarero JJ, Carreira JA (2009) Interacting effects of changes in climate and forest cover on mortality and growth of the southernmost European fir forests. Glob Ecol Biogeogr 18:485–497

Linares JC, Taïqui L, Camarero JJ (2011a) Increasing drought sensitivity and decline of Atlas cedar (*Cedrus atlantica*) in the Moroccan Middle Atlas forests. Forests 2:777–796

Linares JC, Delgado-Huertas A, Camarero JJ (2011b) Climatic trends and different drought adaptive capacity and vulnerability in a mixed *Abies pinsapo-Pinus halepensis* forest. Climatic Change 105:67–90

Linares JC, Taïqui L, Sangüesa-Barreda G, Seco JI, Camarero JJ (2013) Age-related drought sensitivity of Atlas cedar (*Cedrus atlantica*) in the Moroccan Middle Atlas forests. Dendrochronologia 31:88–96

Llorens L, Peñuelas J, Estiarte M (2003) Ecophysiological responses of two Mediterranean shrubs, *Erica multiflora* and *Globularia alypum*, to experimentally warmer and drier conditions. Physiol Plant 119:231–243

Llorens L, Peñuelas J, Estiarte M, Bruna P (2004) Contrasting growth changes in two dominant species of a Mediterranean shrubland submitted to experimental drought and warming. Ann Bot 94:843–853

Lloret F, Verdú M, Flores-Hernández N, Valiente-Banuet A (1999) Fire and resprouting in Mediterranean ecosystems: insights from an external biogeographical region: the Mexican shrubland. Am J Bot 86:1655–1661

Lloret F, Siscart D, Dalmases C (2004) Canopy recovery after drought dieback in holm-oak Mediterranean forests of Catalonia (NE Spain). Glob Change Biol 10:2092–2099

Lloret F, Peñuelas J, Estiarte M (2005) Effects of vegetation canopy and climate on seedling establishment in Mediterranean shrubland. J Veg Sci 16:67–76

Lopez-Bustins J-A, Martin-Vide J, Sanchez-Lorenzo A (2008) Iberia winter rainfall trends based upon changes in teleconnection and circulation patterns. Glob Planet Change 63:171–176

Malanson GP, Trabaud L (1988) Vigour of post-fire resprouting by *Quercus coccifera* L. J Ecol 76:351–365

Martín-Benito D, del Río M, Cañellas I (2010) Black pine (*Pinus nigra* Arn.) growth divergence along a latitudinal gradient in Western Mediterranean mountains. Ann For Sci 67 (401):1–13

Martín-Benito D, Kint V, del Río M, Muys B, Cañellas I (2011) Growth responses of West-Mediterranean *Pinus nigra* to climate change are modulated by competition and productivity: past trends and future perspectives. For Ecol Manag 262:1030–1040

Martín-Benito D, Beeckman H, Cañellas I (2013) Influence of drought on tree rings and tracheid features of *Pinus nigra* and *Pinus sylvestris* in a mesic Mediterranean forest. Eur J For Res 132:33–45

Martínez-Vilalta J, Piñol J (2002) Drought-induced mortality and hydraulic architecture in pine populations of the NE Iberian Peninsula. For Ecol Manag 161:247–256

Maseyk K, Hemming D, Angert A, Leavitt SW, Yakir D (2011) Increase in water-use efficiency and underlying processes in pine forests across a precipitation gradient in the dry Mediterranean region over the past 30 years. Oecologia 167:573–585

Mason SJ, Waylen PR, Mimmack GM, Rajaratnam B, Harrison JM (1999) Changes in extreme rainfall events in South Africa. Climatic Change 41:249–257

Matusick G, Ruthrof KX, Brouwers NC, Dell B, Hardy GSJ (2013) Sudden forest canopy collapse corresponding with extreme drought and heat in a Mediterranean-type eucalypt forest in southwestern Australia. Eur J For Res 132:497–510

McDowell NG, Allen CD (2015) Darcy's law predicts widespread forest mortality under climate warming. Nat Clim Change 5:669–672

Meentemeyer RK, Rank NE, Shoemaker DA, Oneal CB, Wickland AC, Frangioso KM, Rizzo DM (2008) Impact of sudden oak death on tree mortality in the Big Sur ecoregion of California. Biol Invasions 10:1243–1255

Michel A, Seidling W (Hrsg) (2016) Technical report of ICP Forests. Reported under the UNECE Convention on Long-Range Transboundary Air Pollution (CLRTAP). Bundesforschungszentrum für Wald, Wien

Millar CI, Westfall RD, Delany DL (2004) Response of subalpine conifers in the Sierra Nevada, California, U.S.A., to 20th-century warming and decadal climate variability. Arct Antarct Alp Res 36:181–200

Miller JD, Safford HD, Crimmins M, Thode AE (2009) Quantitative evidence for increasing forest fire severity in the Sierra Nevada and southern Cascade Mountains, California and Nevada, USA. Ecosystems 12:16–39

Miller PC (1981) Similarities and limitations of resource utilization in Mediterranean type ecosystems. Ecol Stud 39:369–407

Molero Mesa J, Fernández Calzado MR (2010) Evolution of the high mountain flora of Sierra Nevada (1837–2009). Acta Bot Gallica 157:659–667

Montenegro G, Rivero O, Bas F (1978) Herbaceous vegetation in the Chilean matorral. Oecologia 36:237–244

Montoya R (1995) Red de seguimiento de daños en los montes. Daños originados por la sequiá en 1994. Cuad Soc Esp Cienc For 2:83–97

Mooney HA, Rundel PW (1979) Nutrient relations of the evergreen shrub, *Adenostoma fasciculatum*, in the California chaparral. Bot Gaz 140:109–113

Morales-Molino C, Tinner W, García-Antón M, Colombaroli D (2017) The historical demise of *Pinus nigra* forest in the Northern Iberian Plateau. J Ecol 105:634–646

Mutke S, Gordo J, Gil L (2005) Variability of Mediterranean stone pine cone production: yield loss as response to climate change. Agric For Meteorol 132:263–272

Nathan R, Safriel UN, Noy-Meir I, Schiller G (1999) Seed release without fire in *Pinus halepensis*, a Mediterranean serotinous wind-dispersed tree. J Ecol 87:659–669

Neumann FH, Scott L, Bamford MK (2011) Climate change and human disturbance of fynbos vegetation during the late Holocene at Princess Vlei, Western Cape, South Africa. Holocene 21:1137–1149

Ogaya R, Peñuelas J (2006) Contrasting foliar responses to drought in *Quercus ilex* and *Phillyrea latifolia*. Biol Plant 50:373–382

Olano JM, Linares JC, García-Cervigón AI, Arzac A, Delgado A, Rozas V (2014) Drought-induced increase in water-use efficiency reduces secondary tree growth and tracheid wall thickness in a Mediterranean conifer. Oecologia 176:273–283

Orlandi F, Ruga L, Romano B, Fornaciari M (2005) Olive flowering as an indicator of local climatic changes. Theor Appl Climatol 81:169–176

Parsons DJ (1976) Vegetation structure in the Mediterranean shrub communities of California and Chile. J Ecol 64:435–447

Pasho E, Camarero JJ, de Luis M, Vicente-Serrano SM (2012) Factors driving growth responses to drought in Mediterranean forests. Eur J For Res 131:1797–1807

Pauli H, Gottfried M, Dullinger S et al (2012) Recent plant diversity changes on Europe's mountain summits. Science 336:353–355

Pausas JG (1999) Response of plant functional types to changes in the fire regime in Mediterranean ecosystems: a simulation approach. J Veg Sci 10:717–722

Pausas JG (2004) Changes in fire and climate in the eastern Iberian Peninsula (Mediterranean Basin). Climatic Change 63:337–350

Pausas JG, Verdú M (2005) Plant persistence traits in fire-prone ecosystems of the Mediterranean basin: a phylogenetic approach. Oikos 109:196–202

Pausas JG, Bradstock RA, Keith DA, Keeley JE (2004) Plant functional traits in relation to fire in crown-fire ecosystems. Ecology 85:1085–1100

Pausas JG, Keeley JE, Verdú M (2006) Inferring differential evolutionary processes of plant persistence traits in Northern Hemisphere Mediterranean fire-prone ecosystems. J Ecol 94:31–39

Peñuelas J, Boada M (2003) A global change-induced biome shift in the Montseny mountains (NE Spain). Glob Change Biol 9:131–140

Peñuelas J, Lloret F, Montoya R (2001) Severe drought effects on Mediterranean woody flora in Spain. For Sci 47:214–218

Peñuelas J, Filella I, Comas P (2002) Changed plant and animal life cycles from 1952 to 2000 in the Mediterranean region. Glob Change Biol 8:531–544

Pignatti E, Pignatti S, Lucchese F (1993) Plant communities of the Stirling Range. J Veg Sci 4:477–488

Piñol J, Terradas J, Lloret F (1998) Climate warming, wildfire hazard, and wildfire occurrence in coastal eastern Spain. Climatic Change 38:345–357

Poyatos R, Latron J, Llorens P (2003) Land use and land cover change after agricultural abandonment. Mount Res Develop 23:362–368

Prieto P, Peñuelas J, Ogaya R, Estiarte M (2008) Precipitation-dependent flowering of *Globularia alypum* and *Erica multiflora* in Mediterranean shrubland under experimental drought and warming, and its inter-annual variability. Ann Bot 102:275–285

Prieto P, Peñuelas J, Lloret F, Llorens L, Estiarte M (2009) Experimental drought and warming decrease diversity and slow down post-fire succession in a Mediterranean shrubland. Ecography 32:623–636

Prugh LR, Deguines N, Grinath JB, Suding KN, Bean WT, Stafford R, Brashares JS (2018) Ecological winners and losers of extreme drought in California. Nat Clim Change 8:819–824

Raftoyannis Y, Spanos I, Radoglou K (2008) The decline of Greek fir (*Abies cephalonica* Loudon): relationships with root condition. Plant Biosyst 142:386–390

Rambal S (1993) The differential role of mechanisms for drought resistance in a Mediterranean evergreen shrub: a simulation approach. Plant Cell Environ 16:35–44

Rambal S (2001) Hierarchy and productivity of Mediterranean-type ecosystems. In: Mooney H, Roy J, Saugier B (Hrsg) Terrestrial global productivity. Academic Press, New York, S 315–344

Rapp M, Cabanettes A (1981) Biomass and productivity of a *Pinus pinea* L. stand. Components of productivity of Mediterranean-climate regions. Basic and applied aspects. Junk, Den Haag, S. 131–134

Reale O, Dirmeyer P (2000) Modeling the effects of vegetation on Mediterranean climate during the Roman Classical Period. Part I: Climate history and model sensitivity. Glob Planet Change 25:163–184

Richardson DM, van Wilgen BW (2004) Invasive alien plants in South Africa: how well do we understand the ecological impacts? South Afr J Sci 100:45–52

Rizzo DM, Garbelotto M, Davidson JM, Slaughter GW, Koike ST (2002) *Phytophthora ramorum* as the cause of extensive mortality of *Quercus* spp. and *Lithocarpus densiflorus* in California. Plant Dis 86:205–214

Rodrigo FS, Barriendos M (2008) Reconstruction of seasonal and annual rainfall variability in the Iberian peninsula (16th–20th centuries) from documentary data. Glob Planet Change 63:243–257

Rodríguez-Calcerrada J, Pérez-Ramos IM, Ourcival J-M, Limousin J-M, Joffre R, Rambal S (2011) Is selective thinning an adequate practice for adapting *Quercus ilex* coppices to climate change? Ann For Sci 68:575–585

Roy J, Sonié L (1992) Germination and population dynamics of *Cistus* species in relation to fire. J Appl Ecol 29:647–655

Rozas V, Zas R, García-González I (2011) Contrasting effects of water availability on *Pinus pinaster* radial growth near the transition between the Atlantic and Mediterranean biogeographical regions in NW Spain. Eur J For Res 130:959–970

Ruiz-Benito P, Lines ER, Gómez-Aparicio L, Zavala MA, Coomes DA (2013) Patterns and drivers of tree mortality in Iberian forests: climatic effects are modified by competition. PLoS ONE 8(e56843):1–10

Ruiz-Labourdette D, Nogués-Bravo D, Sáinz Ollero H, Schmitz MF, Pineda FD (2012) Forest composition in Mediterranean mountains is projected to shift along the entire elevational gradient under climate change. J Biogeogr 39:162–176

Rundel PW (1998) Landscape disturbance in Mediterranean-type ecosystem: an overview. Ecol Stud 136:3–22

Rundel PW, Baker GA, Parsons DJ (1981) Productivity and nutritional responses of *Chamaebatia foliosa* (Rosaceae) to seasonal burning. In: Margaris NS, Mooney HA (Hrsg) Components of productivity of Mediterranean-climate regions. Basic and applied aspects. Junk, Den Haag, S 191–196

Sabaté S, Gracia CA, Sánchez A (2002) Likely effects of climate change on growth of *Quercus ilex*, *Pinus halepensis*, *Pinus pinaster*, *Pinus sylvestris* and *Fagus sylvatica* forests in the Mediterranean region. For Ecol Manag 162:23–37

Sánchez-Salguero R, Camarero JJ, Dobbertin M, Fernández-Cancio Á, Vilà-Cabrera A, Manzanedo RD, Zavala MA, Navarro-Cerrillo RM (2013) Contrasting vulnerability and resilience to drought-induced decline of densely planted vs. natural rear-edge *Pinus nigra* forests. For Ecol Manag 310:956–967

Sanz-Elorza M, Dana ED, González A, Sobrino E (2003) Changes in the high-mountain vegetation of the Central Iberian Peninsula as a probable sign of global warming. Ann Bot 92:273–280

Sardans J, Peñuelas J (2005) Drought decreases soil enzyme activity in a Mediterranean *Quercus ilex* L. forest. Soil Biol Biochem 37:455–461

Sardans J, Peñuelas J, Estiarte M (2006) Warming and drought alter soil phosphatase activity and soil P availability in a Mediterranean shrubland. Plant Soil 289:227–238

Sardans J, Peñuelas J, Estiarte M, Prieto P (2008a) Warming and drought alter C and N concentration, allocation and accumulation in a Mediterranean shrubland. Glob Change Biol 14:2304–2316

Sardans J, Peñuelas J, Prieto P, Estiarte M (2008b) Changes in Ca, Fe, Mg, Mo, Na, and S content in a Mediterranean shrubland under warming and drought. J Geophys Res 113(G03039):1–11

Sarris D, Christodoulakis D, Körner C (2007) Recent decline in precipitation and tree growth in the eastern Mediterranean. Glob Change Biol 13:1187–1200

Sarris D, Christodoulakis D, Körner C (2011) Impact of recent climatic change on growth of low elevation eastern Mediterranean forest trees. Climatic Change 106:203–223

Schurr FM, Esler KJ, Slingsby JA, Allsopp N (2012) Fynbos Proteaceae as model organisms for biodiversity research and conservation. S Afr J Sci 108(1446):1–4

Shaltout M, Omstedt A (2014) Recent sea surface temperature trends and future scenarios for the Mediterranean Sea. Oceanologia 56:411–443

Shmida A (1981) Mediterranean vegetation in California and Israel: similarities and differences. Isr J Bot 30:105–123

Slimani S, Derridj A, Gutiérrez E (2014) Ecological response of *Cedrus atlantica* to climate variability in the Massif of Guetiane (Algeria). Forest Systems 23:448–460

Specht RL, Moll EJ (1983) Mediterranean-type heathlands and sclerophyllous shrublands of the world: an overview. Ecol Stud 43:41–65

Suc J-P (1984) Origin and evolution of the Mediterranean vegetation and climate in Europe. Nature 307:429–432

Swain DL (2015) A tale of two California droughts: lessons amidst record warmth and dryness in a region of complex physical and human geography. Geophys Res Lett 42:9999–10003

Templ B, Templ M, Filzmoser P et al (2017) Phenological patterns of flowering across biogeographical regions of Europe. Int J Biometeorol 61:1347–1358

Terradas J (1999) Holm oak and holm oak forests: an introduction. Ecol Stud 137:3–14

Thabeet A, Vennetier M, Gadbin-Henry C, Denelle N, Roux M, Caraglio Y, Vila B (2009) Response of *Pinus sylvestris* L. to recent climatic events in the French Mediterranean region. Trees 23:843–853

Thanos CA, Georghiou K (1988) Ecophysiology of fire-stimulated seed germination in *Cistus incanus* ssp. *creticus* (L.) Heywood and *C. salvifolius* L. Plant, Cell Environ 11:841–849

Thirgood JV (1981) Man and the Mediterranean forest. Academic Press, New York

Torrent JA (1958) Tratamientos de la procesionaria del pino (*Thaumetopoea pityocampa* Schiff.). Boletín del Servicio de Plagas Forestales 2:65–80

Tsiourlis GM (1990) Phytomasse, productivité primaire et biogéochimie des écosystèmes méditerranéens phrygana et maquis (île des Naxos, Grèce). Dissertation, Université Libre, Bruxelles

Tyler CM, Kuhn B, Davis FW (2006) Demography and recruitment limitations of three oaks species in California. Quart Rev Biol 81:127–152

Valbuena L, Tarrega R, Luis E (1992) Influence of heat on seed germination of *Cistus laurifolius* and *Cistus ladanifer*. Int J Wildland Fire 2:15–20

Valiente-Banuet A, Flores-Hernández N, Verdú M, Dávila P (1998) The chaparral vegetation in Mexico under nonmediterranean climate: the convergence and Madrean-Tethyan hypotheses reconsidered. Am J Bot 85:1398–1408

van der Moetzel PG, Bell DT (1989) Plant species richness in the mallee region of Western Australia. Austral J Ecol 14:221–226

van Wilgen BW, Richardson DM (1985) The effects of alien shrub invasions on vegetation structure and fire behavior in South African fynbos shrublands: a simulation study. J Appl Ecol 22:955–966

Vargaz-Yáñez M, García MJ, Salat J, García-Martínez MC, Pascual J, Moya F (2008) Warming trends and decadal variability in the Western Mediterranean shelf. Glob Planet Change 63:177–184

Verdú M, Dávila P, García-Fayos P, Flores-Hernández N, Valiente-Banuet A (2003) ‚Convergent' traits of Mediterranean woody plants belong to pre-Mediterranean lineages. Biol J Linn Soc 78:415–427

Vicente-Serrano SM, Lasanta T, Gracia C (2010) Aridification determines changes in forest growth in *Pinus halepensis* forests under semiarid Mediterranean climate conditions. Agric For Meteorol 150:614–628

Vieira J, Campelo F, Nabais C (2010) Intra-annual density fluctuations of *Pinus pinaster* are a record of climatic changes in the western Mediterranean region. Can J For Res 40:1567–1575

Villagrán CM (1994) Quaternary history of the Mediterranean vegetation of Chile. Ecol Stud 108:3–20

Voltas J, Lucabaugh D, Chambel MR, Ferrio JP (2015) Infraspecific variation in the use of water sources by the Circum-Mediterranean conifer *Pinus halepensis*. New Phytol 208:1031–1041

Williams AP, Seager R, Abatzoglou JT, Cook BI, Smerdon JE, Cook ER (2015) Contribution of anthropogenic warming to California drought during 2012-2014. Geophys Res Lett 42:6819–6828

Wright IJ, Cannon K (2001) Relationship between leaf lifespan and structural defences in a low-nutrient, sclerophyll flora. Funct Ecol 15:351–359

Xoplaki E, González-Rouco JF, Luterbacher J, Wanner H (2004) Wet season Mediterranean precipitation variability: influence of large-scale dynamics and trends. Clim Dyn 23:63–78

Yoon J-H, Wang SS, Gillies RR, Kravitz B, Hipps L, Rasch PJ (2015) Increasing water cycle extremes in California and relation to ENSO cycle under global warming. Nat Commun 6:8657

Savannen und Trockenwälder

© Springer-Verlag GmbH Deutschland, ein Teil von Springer Nature 2019
M. Hauck, C. Leuschner, J. Homeier, *Klimawandel und Vegetation – Eine globale Übersicht*,
https://doi.org/10.1007/978-3-662-59791-0_8

8.1 Begriffliche und räumliche Abgrenzung

Unter Savannen und Trockenwäldern werden hier die **tropischen und subtropischen Gehölz- und Graslandformationen** zusammengefasst, die deutliche Trockenperioden im Jahresverlauf aufweisen und im Wesentlichen den Übergang zwischen den immerfeuchten Tropen und den Wüstengebieten im Bereich der Wendekreise bilden. Temperate und mediterrane Grasländer und Gehölze, die im englischen Sprachraum teilweise zu den Savannen gestellt werden (z. B. die Eichen-„Savannen" Kaliforniens oder am Ostrand der Great Plains), werden hier nicht eingeschlossen.

Die tropischen und subtropischen Savannen und Trockenwälder in dieser Umschreibung schließen große Teile Afrikas und Australiens und des Indischen Subkontinents ein. Ferner gehören hierzu in Südamerika der Gran Chaco an der Ostflanke der Anden sowie die ausgedehnten Baumsavannen des brasilianischen Cerrado und die trockenere Dornsavanne der Caatinga in Nordost-Brasilien (Banda-Rodríguez et al. 2016). Vereinzelte Savannen- und Trockenwaldvorkommen gibt es auch im nordwestlichen Südamerika und in Zentralamerika. Kleine Bereiche von Trockenwäldern säumen Teile des Randes der Arabischen Halbinsel. Trockenwälder in den südwestlichen USA und in Mexiko grenzen an die subtropischen Wüsten und Halbwüsten Nord- und Mittelamerikas. Sie bilden hier allerdings nicht den Übergang zu den feuchten Tropen, sondern zum mediterranen und temperaten Biom.

8.2 Vegetationsformationen und naturräumliche Untergliederung

Die in dieser Form umrissenen Savannen- und Trockenwaldgebiete der Erde sind (im Gegensatz zum ebenfalls weit verstreut liegenden mediterranen Biom) klimatisch, naturräumlich und in ihrer Vegetation

außerordentlich heterogen. Als Gemeinsamkeit der Savannen lässt sich eine **Dominanz von Gehölzen und C_4-Gräsern** festhalten, deren Mengenanteile sich jedoch gravierend unterscheiden können (Rodríguez-Iturbe et al. 1999; Beerling und Osborne 2006). Die Vegetationsverteilung wird maßgeblich durch die **Wasserverfügbarkeit** und durch **Feuer**, aber auch durch **Herbivoren** bestimmt.

Niederschlagsmenge und -saisonalität begrenzen das Vorkommen der Savannen gegenüber den geschlossenen Tropenwäldern auf der einen Seite und Halbwüsten auf der anderen Seite (Staver et al. 2011a). Nährstoffreiche Böden begünstigen den Wald am feuchten Ende der Amplitude des Vorkommens von Savannen und die Savanne an der Grenze zur Halbwüste (Lehmann et al. 2011). Mit der Saisonalität des Niederschlags und der gegenüber den immergrünen und halbimmergrünen tropischen Wäldern geringeren Niederschlagsmenge ist das Auftreten von Feuer verbunden. Das Feuer begrenzt zum einen neben dem Klima das Auftreten von dünnborkigen Tropenwaldarten und begünstigt zum anderen innerhalb der Savannenvegetation die Gräser gegenüber den Gehölzen (Knapp 1973; Beerling und Osborne 2006; Staver et al. 2011b). Die niederschlagsreicheren Savannen sind produktiver und haben aufgrund der besseren Wasserversorgung die größere Phytomasse (House und Hall 2001), sind deswegen aber auch anfälliger für Brände als die trockeneren Ausprägungen (Lehmann et al. 2014). Die große Bedeutung des Feuers für das Savannenbiom wird durch eine Studie von Mouillot und Field (2005) illustriert, die die Analyse von Fernerkundungsdaten mit einer Literaturauswertung zu Bränden kombinierten und herausfanden, dass sich im Zeitraum von 1990 bis 2000 ganze 86 % der weltweiten Brandfläche auf Nichtagrarland in den Savannen befanden.

Die **Feuchtsavanne** mit regengrünen Wäldern und mehrere Meter hohen Gräsern umschließt in Afrika in einem Gürtel den tropischen Regenwald. Immergrüne

Feuchtsavannen prägen den brasilianischen Cerrado und kommen im Norden Australiens vor. Nördlich und südlich der afrikanischen Feuchtsavanne schließt die regengrüne **Trockensavanne** an, die durch eine kürzere und weniger ergiebige Regenzeit geprägt ist. In Australien hat diese Zone ihre Entsprechung in einer immergrünen Trockensavanne südlich der Feuchtsavanne. Die noch trockeneren **Dornsavannen** bilden den Übergang zu den Halbwüsten und kommen beispielsweise in Afrika im Sahel und der Kalahari vor und stellen den vorherrschenden Vegetationstyp der Caatinga im nordostbrasilianischen Sertão dar. Die übrigen in diesem Kapitel zusammengefassten Vegetationsformationen schließen verschiedene **Trockenwälder und -gebüsche** ein, die sich in ihrer Artenzusammensetzung und Physiognomie, aber auch in ihren klimatischen und edaphischen Bedingungen stark unterscheiden. Eine weiterführende Charakterisierung dieser Vegetationstypen und ihrer Standortansprüche findet sich in Knapp (1973), Werner (1991), Oliveira und Marquis (2002), Walter und Breckle (2004) und Pfadenhauer und Klötzli (2014).

8.3 Klimatrends

Da hier unter den Begriffen Savannen und Trockenwälder sehr unterschiedliche subtropische und tropische Lebensräume auf fünf Kontinenten zusammengefasst werden, sind die Klimabedingungen und die rezenten Temperatur- und Niederschlagstrends uneinheitlich. Gemeinsam ist den Regionen, dass sie regelmäßig wiederkehrende Trockenperioden aufweisen, die sich unregelmäßig durch Hitzewellen und große interannuelle oder dekadische Schwankungen im Niederschlag zu Dürren verstärken können. Während die Vegetation grundsätzlich an diese Klimadynamik angepasst ist und zumindest langfristig zwangsläufig eine hohe Resilienz gegenüber Dürren besitzen muss, soll hier der Frage nachgegangen werden, wo im Rahmen des globalen Klimawandels Trends zu einer zunehmenden Aridisierung auftreten, die die Resilienz der Savannen- und Trockenwaldvegetation spürbar verringern können. Eine vielerorts unterdurchschnittliche Verfügbarkeit an instrumentellen Wetterdaten erschwert die Analyse.

In **Afrika** ist, über den gesamten Kontinent gemittelt, die Jahresmitteltemperatur im Verlauf des 20. Jahrhunderts um etwa 0,5 K angestiegen und damit etwas schwächer als im globalen Durchschnitt (Hulme et al. 2001; Kruger und Shongwe 2004). Deutlich stärker als im globalen Mittel haben sich weite Teile Westafrikas, Südwestafrikas und Südafrikas erwärmt. Hier lag der Temperaturanstieg von 1901 bis 1995 in ausgedehnten Gebieten bei über 1 K (oder 0,11 K pro Dekade), in den Savannengebieten Südafrikas sogar zwischen 1,5 und 2,5 K (Hulme et al. 2001). Die Niederschlagstrends sind uneinheitlich. Deutliche Abnahmen sind seit den 1970er-Jahren in den Savannengebieten der Sahel- und Sudanregionen zu verzeichnen (Hulme et al. 2001; Nicholson 2001). Dieser Trend ist vor allem das Resultat einer starken Dürre in den 1970er- bis 1980er-Jahren, der anschließend wieder steigende Regenmengen folgten (Roehrig et al. 2011; Evan et al. 2015). Diese Erholung erstreckt sich allerdings nur auf den mittleren und östlichen Sahel, während die außergewöhnliche Dürre in der westlichen Sahelzone anhält (Lebel und Ali 2009). Die Trockenphasen im Sahel werden mit hohen Oberflächentemperaturen im Atlantik in Verbindung gebracht (Folland et al. 1986; Giannini et al. 2003). Die wieder angestiegenen Niederschläge im mittleren und östlichen Sahel sind offensichtlich eine Folge des starken Temperaturanstiegs in der Sahara seit Ende des 20. Jahrhunderts (► Kap. 9). Steigende Temperaturen stärken die Ausbildung des bodennahen Tiefs über der Westsahara, was wiederum den Transport feuchter Luftmassen aus äquatornahen Breiten in den mittleren und östlichen Sahel fördert (Lavaysse et al. 2010; Engelstaedter et al. 2015; Evan et al. 2015).

Trends zur Niederschlagsabnahme lassen sich darüber hinaus in der südafrikanischen Savannenregion in Botswana, Zimbabwe und im Ostteil Südafrikas beobachten (Hulme et al. 2001). Die Niederschlagsabnahmen in den Savannengebieten im südlichen Afrika sind Teil eines kontinentübergreifenden Trends, der auf der polwärtigen Ausweitung der Hadley-Zellen infolge der Klimaerwärmung beruht (Cai et al. 2012; Nguyen et al. 2015). Dieser Mechanismus wirkt sich dort insbesondere in den Herbstmonaten (April/Mai) aus. Zumindest teilweise fallen die Regionen mit Niederschlagsabnahme im südlichen Afrika mit einem Gebiet besonders schnell ansteigender Maximaltemperaturen zusammen (New et al. 2006), was zur Zunahme von Aridität und zu Dürreperioden geführt hat. In den 1980er- und 1990er-Jahren lag der Niederschlag im Lowveld im Osten Südafrikas etwa 40 % unter dem langjährigen Mittel (Mason 1996). Im Savannengebiet Ostafrikas nimmt hingegen, wie im westlich anschließenden, von tropischen Regenwäldern geprägten Kongobecken, der Niederschlag zu (Hulme et al. 2001; Collier et al. 2008).

Australien hat sich im 20. Jahrhundert im Mittel um etwa 0,8 bis 0,9 K erwärmt (Hughes 2003; McAlpine et al. 2009). Besonders stark macht sich die Erwärmung mit einem Temperaturanstieg von 0,1 bis 0,2 K pro Dekade in Südwestaustralien und im u. a. durch *Eucalyptus*-Savannen geprägten Queensland im Nordosten des Kontinents bemerkbar. In weiten Teilen des östlichen Australiens lässt sich seit den 1970er-Jahren ein Trend zu verringerten Niederschlägen feststellen, der mit dem Auftreten starker El-Niño-Ereignisse assoziiert ist und im Gegensatz zu Niederschlagszunahmen im nichtmediterranen Westaustralien steht (McAlpine et al. 2009).

Das ausgedehnte **brasilianische Savannengebiet** gehört zu den Regionen der Erde mit dem stärksten Temperaturanstieg im 20. Jahrhundert in der Größenordnung von 2 K von 1901 bis 2012 bzw. etwa 0,15

bis 0,20 K pro Dekade (IPCC 2013). An einzelnen Stationen wurden ab der zweiten Hälfte des 20. Jahrhunderts deutlich höhere Erwärmungsraten beobachtet. Im zentralbrasilianischen Cerrado stieg die Temperatur von 1971 bis 2000 um ca. 1,5 K (oder 0,38 K pro Dekade) an (Borges et al. 2014). In Campina Grande im nordostbrasilianischen Paraíba am Ostrand der Dornsavanne der Caatinga erwärmte sich das Klima von 1961 bis 1990 um 0,57 K pro Dekade bei gleichbleibendem Niederschlag (Silva 2004). An vielen Stationen Nordostbrasiliens sank in diesem Zeitraum der Jahresniederschlag (Haylock et al. 2006). Legt man allerdings als Zeitraum das gesamte 20. Jahrhundert zugrunde, gibt es dort keinen durchgehenden Trend zur Niederschlagsänderung (Marengo et al. 1998). Umfangreiche Abholzungen im Cerrado zur Umwandlung in Agrarland üben allerdings zusätzlich zum globalen Klimawandel einen substanziellen Einfluss auf den Wasserhaushalt aus (Oliveira et al. 2014). So führt Silva (2004) einen lokalen Trend zu steigenden Niederschlägen in Petrolina (Pernambuco, Nordost-Brasilien) auf die Zunahme von Bewässerungsfeldbau zurück. Gebiete steigender Niederschläge im Süden Brasiliens tangieren die Savannengebiete nur am Rand und liegen hauptsächlich im Bereich tropischer Regenwälder (Liebmann et al. 2004; Haylock et al. 2006).

In **Indien** hat die Jahresmitteltemperatur von 1902 bis 2003 um 0,7 K zugenommen; die Maximaltemperatur ist mit 0,8 K etwas stärker gestiegen (Kothawale und Kumar 2005; Dash et al. 2007). In der Nachmonsunzeit (Oktober–Dezember) und den darauffolgenden Wintermonaten ist der Temperaturanstieg mit 1,0 bis 1,1 K (oder 0,10 K pro Dekade) stärker ausgeprägt; während und vor der Monsunzeit hat sich das Klima nur um 0,3 bis 0,4 K erwärmt (Dash et al. 2007). Der Süden des indischen Savannen- und Trockenwaldgebiets erwärmt sich langsamer als der Norden. Die Häufigkeit und Länge von Hitzewellen mit extremen Maxima zwischen 45 und 50 °C hat Ende des 20./Anfang des 21. Jahrhunderts zugenommen (Pai et al. 2013; Murari et al. 2015). Die Niederschlagsmenge hat sich im Jahresdurchschnitt wenig verändert; Trends zu Änderungen in der Niederschlagsverteilung hin zu vermehrtem oder verringertem Auftreten von Starkregenereignissen sind räumlich uneinheitlich (Goswami et al. 2006; Guhathakurta et al. 2011).

Im von offenen Trockenwäldern bestandenen küstenfernen **Südwesten der USA** ist die Temperatur seit Beginn des 20. Jahrhunderts mit einer Erwärmungsrate von ca. 0,10 bis 0,15 K pro Dekade stärker angestiegen als im landesweiten Mittel der USA (0,08 K pro Dekade; Lu et al. 2005). Von 1979 bis 2003 lag in den südwestlichen USA der Temperaturanstieg bei etwa 0,15 bis 0,25 K pro Dekade (Fall et al. 2010). Während die Trends für die Niederschlagsmenge uneinheitlich und nur schwach ausgeprägt sind, ist die Niederschlagsverteilung ungleichmäßiger geworden (Groisman und Easterling 1994; Groisman et al. 2001). Dies steht mit einer im Lauf des 20. Jahrhunderts gestiegenen Dürrehäufigkeit und -dauer im Südwesten der USA im Einklang (Andreadis und Lettenmaier 2006). La-Niña-Ereignisse sind mit trockenen Wintern im Südwesten der USA verknüpft (Peltier und Ogle 2019); zugleich hat die Variabilität von El Niño und der Südlichen Oszillation (ENSO) zugenommen (▶ Abschn. 10.3). In Nordmexiko findet die rezente Erwärmung in einem ähnlichen Ausmaß statt wie im Südwesten der USA (Pavia et al. 2009; IPCC 2013).

8.4 Kenntnisstand zu Auswirkungen des Klimawandels auf die Vegetation

Entsprechend der hohen naturräumlichen Heterogenität der Savannen- und Trockenwaldgebiete sind auch große Unterschiede in den Auswirkungen des globalen Klimawandels auf die Vegetation zu erwarten. Der diesbezügliche Forschungsstand ist für die einzelnen Regionen sehr uneinheitlich. Aus großen Bereichen der tropischen und subtropischen Savannen liegen kaum Informationen zu Effekten des Klimawandels auf die Artenzusammensetzung, Produktivität, Phänologie und Vitalität der Vegetation vor. Dies gilt in besonderem Maße für die feuchten Savannen, die nicht zwangsläufig unempfindlicher gegen steigende Temperaturen und Änderungen in den Niederschlagsmengen und -mustern sein müssen als trockene Ausprägungen.

Da das vorübergehende Absterben von Teilen der Vegetation durch direkte Trockenschäden sowie durch Interaktionen von Dürren mit Herbivorenfraß und Feuer in den subtropischen und tropischen Savannen und Trockenwäldern zum Wesen dieses Bioms gehört, sind die dort vielerorts registrierten Mortalitätsereignisse bei Gehölzen (Allen et al. 2010) oder Verschiebungen von Vegetationsgrenzen (Allen und Breshears 1998) mit Vorsicht zu betrachten, wenn Vegetationsveränderungen dem aktuellen Klimawandel zugeschrieben werden. So können beispielsweise hohe Mortalitätsraten von Bäumen in der Savanne Nordostaustraliens, wie sie als Antwort auf Dürren in der jüngeren Vergangenheit aufgetreten sind (▶ Abschn. 8.6.4), nicht zwingend als ein neuartiges oder gar irreversibles Phänomen gesehen werden. Vielmehr gab es dort dürrebedingte Baumsterben ähnlichen Ausmaßes erwiesenermaßen mehrfach im Verlauf des 19. und des 20. Jahrhunderts (Fensham und Holman 1999). Die Vegetation hat sich aber gegenüber diesen Trockenschäden, über längere Zeiträume betrachtet, resilient gezeigt. Ob durch den globalen Klimawandel diese Resilienz an ihre Grenzen stößt und langfristige, irreversible Trends in der Vegetation auftreten, wird wohl für viele Ökosysteme zuverlässig erst anhand längerer Zeitreihen beurteilt werden können.

8.5 Verschiebungen in den Dominanzverhältnissen von Gehölzen und Gräsern durch die steigende atmosphärische CO_2-Konzentration

C_3-Pflanzen profitieren generell stärker von steigenden atmosphärischen CO_2-Konzentrationen als C_4-Pflanzen. Während die Photosynthese der C_4-Pflanzen bereits bei der heutigen CO_2-Konzentration CO_2-gesättigt ist, liegt die CO_2-Sättigungskonzentration der C_3-Pflanzen weit über der heutigen CO_2-Konzentration (Pearcy und Ehleringer 1984; Ehleringer et al. 1991). Unter den speziellen Vegetationsverhältnissen der Savannen, wo **Gehölze mit C_3-Stoffwechsel** und **C_4-Gräsern** als dominante Elemente der Vegetation gemeinsam vorkommen, bedeutet das, dass Gehölze und Gräser in unterschiedlichem Maße vom Anstieg der atmosphärischen CO_2-Konzentration seit dem Beginn der Industrialisierung beeinflusst werden.

Ähnlich wie in den kühl- und kaltgemäßigten Breiten (Gedalof und Berg 2010) sollten die Gehölze der Savannen vom steigenden atmosphärischen **CO_2-Angebot** profitieren, solange die Photosynthese nicht gleichzeitig durch zunehmende Trockenheit und hohe Temperaturen eingeschränkt wird (Bond und Midgley 2000; Bond et al. 2003). Dieses aus der Theorie des C_3- und des C_4-Stoffwechsels ableitbare Postulat wird durch Langzeituntersuchungen in Südafrika bestätigt (◨ Abb. 8.1). Buitenwerf et al. (2012) zeigten in einer mäßig feuchten Savanne aus *Terminalia sericea* und *Dichrostachys cinerea* im Kruger-Nationalpark (737 mm Jahresniederschlag) einen raschen **Anstieg der Baumdichte** ab den 1990er-Jahren gegenüber den 1950er- bis 1970er-Jahren. In einer trockenen, von *Acacia nigrescens* und *Dichrostachys cinerea* dominierten Savanne (537 mm Jahresniederschlag) blieb die Baumdichte hingegen konstant niedrig bzw. zeigte einen nicht signifikanten Trend zu einer Abnahme ab den 1970er-Jahren. Besonders interessant ist dabei, dass während der Studie

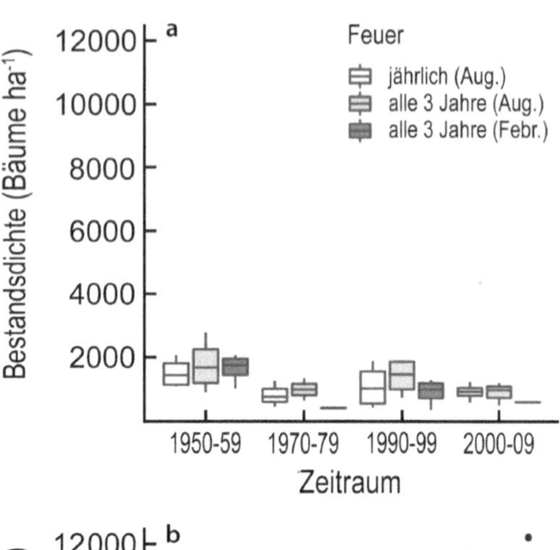

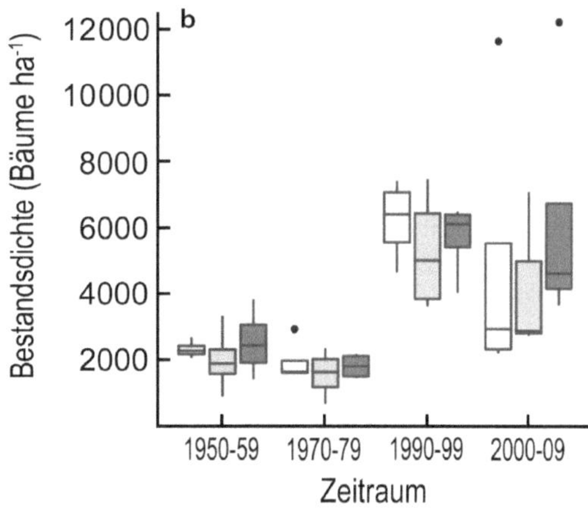

◨ **Abb. 8.1** Baumdichte in der Savanne des Kruger-Nationalparks (Südafrika) von 1950 bis 2009: (a) In der trockenen Savanne wird die Gehölzdichte stark durch die Wasserverfügbarkeit gesteuert und hat sich über die Jahre wenig verändert. (b) In der mäßig feuchten Savanne wirkt die Wasserverfügbarkeit weniger begrenzend. Der Anstieg der Gehölzdichte ab den 1990er-Jahren geht vermutlich auf die steigende CO_2-Konzentration in der Atmosphäre zurück. Die Baumdichte ist vom Feuerregime unabhängig. (Nach Buitenwerf et al. 2012, S. 678)

die Brandhäufigkeit manipuliert wurde, da die Bodenvegetation der Probeflächen seit 1954 jährlich oder alle 3 Jahre abgebrannt wurde. Diese Varianten übten keinerlei Einfluss auf die Baumdichte aus. Aufgrund dieses experimentellen Ansatzes kann also ausgeschlossen werden, dass sonst in den Savannen häufig auftretende Unterschiede im Feuerregime einen Einfluss auf die Vegetation hatten. In einem ähnlichen Experiment am Südrand des afrikanischen Savannengebietes in der östlichen Kapregion, das 1980 angelegt wurde, wurde Mitte der 1990er-Jahre ein Anstieg der Gehölzdichte in einer von *Acacia karoo* dominierten Savanne bei 614 mm Jahresniederschlag festgestellt, der von Buitenwerf et al. (2012) zumindest teilweise mit der steigenden atmosphärischen CO_2-Konzentration in Verbindung gebracht wurde. Experimentelle Arbeiten mit im Gewächshaus manipulierten CO_2-Konzentrationen an den C_3-Gehölzen *Acacia karoo* und *A. nilotica* sowie dem C_4-Savannengras *Themeda trianda* unterstützen diese Schlussfolgerungen (Kgope et al. 2010; Buitenwerf et al. 2012). In den mäßig feuchten Savannen Namibias wurde bei Fotovergleichen mit frühen Aufnahmen von 1876 von Rohde und Hoffman (2012) eine Zunahme von Gehölzen festgestellt.

8.6 Baummortalität

Trockenheitsbedingte erhöhte Raten der **Baummortalität** sind in verschiedenen Regionen am trockenen Ende des hier besprochenen klimatischen Spektrums der Savannen und Trockenwälder beobachtet worden. Hier sind teilweise massive Absterbeereignisse dokumentiert und auch fallweise bezüglich der Mechanismen intensiv untersucht worden. Zuwachsrückgänge unterhalb der Mortalitätsschwelle sind hingegen für die Savannen und Trockenwälder bislang wenig untersucht worden.

8.6.1 Afrikanische Savannen und Trockenwälder

8.6.1.1 Wildreiche Savannen Süd- und Ostafrikas

In Afrika, dem Kontinent mit den größten Savannengebieten der Erde, sind die Auswirkungen des Klimawandels auf die Vegetation der Savannen und Trockenwälder bisher nur in Ansätzen untersucht worden. Die Kenntnisse beschränken sich auf recht wenige Fallstudien. Der Klimawandel dürfte hier primär über zunehmende Trockenheit, d. h. über die Veränderung der Häufigkeit und Intensität von Dürreperioden, wirksam werden. Vor allem in Nationalparks mit hohen Wildtierdichten wirken **direkte Trockenheitseinflüsse** und **Schäden durch Großherbivoren** zusammen, die sich in der Trockenzeit zunehmend auf die verbliebenen Wasserstellen konzentrieren. Insbesondere **Elefanten** können als die Struktur der Ökosysteme prägende Art *(Ecosystem Engineers)* lokal starke Schäden an der Vegetation verursachen (Davies und Asner 2019), da sie sich direkt von den Bäumen ernähren und nicht nur Blätter, sondern auch Baumrinde und Holz fressen. Während die Zahl der Elefanten kontinentweit nach wie vor stark rückläufig ist (Chase et al. 2016), bestehen besonders in Nationalparks des südlichen Afrikas sehr hohe Populationsdichten (van Aarde und Jackson 2007). Auch weil die Wanderung der Tiere in vielen Schutzgebieten durch Einzäunung behindert ist, kommt es in Dürrezeiten zu Kombinationseffekten zwischen direkten Trockenschäden der Vegetation und einem erhöhten Fraßdruck durch Elefanten, aber auch durch andere Herbivoren. Die Dürreperioden führen allerdings auch zu erhöhten Mortalitätsraten bei den Herbivoren und entlasten so in der Folge wieder die Vegetation (Walker et al. 1987; Dudley et al. 2001).

Quantitative Studien, die die Bedeutung von direkten Trockenschäden und indirekten Trockenheitseffekten durch das Wild eindeutig trennen können, gibt es nicht. Vegetationsbrände, sowohl natürliche als auch anthropogene, kommen als weitere Einflussgröße hinzu. Eine Rekonstruktion der Vegetationsverhältnisse am Chobefluss am Nordostrand der Kalahari im Norden Botswanas legt nahe, dass der Einfluss der Herbivoren beträchtlich ist (Skarpe et al. 2004). Am Chobe findet sich heute die weltweit größte Elefantenpopulation mit über 100.000 Tieren. Diese ziehen in der Trockenzeit zusammen mit vielen anderen Großherbivoren in Richtung des Chobeflusses und verursachen starke Schäden in der Gehölzvegetation. Ende des 19. Jahrhunderts war die Zahl der Elefanten dort durch Bejagung stark dezimiert, Breit- und Spitzmaulnashorn wurden ausgerottet, und die Zahl der Huftiere wurde durch die mit der Viehhaltung 1896/1897 eingeschleppte Rinderpest stark reduziert (Skarpe et al. 2004). Dieser vorübergehende extreme Rückgang der Herbivoren führte zur Bildung eines hochstämmigen Akazien-Auenwaldes entlang des Chobe, der nach dem Wiederanstieg der Wildzahlen erneut durch kleine Bäume und Sträucher abgelöst wurde. Neben der Schädigung von Gehölzen durch Elefanten spielt in den afrikanischen Savannen die **Unterdrückung der Verjüngung** durch Antilopen, u. a. durch das Impala (*Aepyceros melampus*), eine entscheidende Rolle. Sowohl am Chobe in Botswana als auch am Manyarasee in Tansania wurde bei Akazien (z. B. *Acacia tortilis*) Verjüngung in Kohorten mit langen Intervallen zwischen den einzelnen Etablierungsschüben festgestellt, die mit Bestandeseinbrüchen beim Impala in Verbindung gebracht werden konnten (Prins und van der Jeugd et al. 1993; Skarpe et al. 2004).

Trotz derartiger Beobachtungen kann der Gesamteinfluss der Herbivoren auf die Vegetation und Stoffkreisläufe, auf das Ausmaß von Trockenschäden in der Vegetation bei Dürren und über ihren Einfluss auf die Menge brennbaren Materials auch indirekt auf die Feuerdynamik nur schwer abgeschätzt werden. Dies ist deshalb schwierig, weil keine detaillierten Vegetationsbeschreibungen aus dem 19. oder dem frühen 20. Jahrhundert vorliegen. Das Bild wird noch zusätzlich dadurch verkompliziert, dass hohe Elefantendichten die Populationsgrößen der kleineren Herbivoren verringern können, obwohl nur eine geringe Überlappung bei der Futterwahl besteht (Fritz et al. 2002; Valeix et al. 2007). Da kleinere Herbivoren Regionen mit vielen Elefanten meiden, tragen hohe Populationsdichten der Elefanten zwar zur Zerstörung der vorhandenen Gehölzvegetation bei, fördern aber durch die Zurückdrängung der kleineren Herbivoren die Verjüngung (Lagendijk et al. 2015). Inwieweit der Einfluss von Elefanten und anderen herbivoren Wildtieren auf die Vegetation einem natürlichen Ausmaß nahekommt, lässt sich im Einzelfall schwer bestimmen, da die natürlichen Populationsdichten vor Beginn der intensiven Bejagung und Landnahme durch europäischstämmige Einwanderer nur vage bekannt sind.

Die vorhandenen Arbeiten zum Einfluss von Dürren auf die Vegetation zeigen somit beim derzeitigen Wissensstand stets summarisch **direkte Trockenschäden** und **indirekte Schäden**, die über den bei Trockenheit erhöhten Fraßdruck durch Herbivoren vermittelt werden. Viljoen (1995) kombinierte Transekt- und Fernerkundungsstudien zur Quantifizierung der Baummortalität im südafrikanischen Kruger-Nationalpark nach einer starken Dürre in den Jahren 1991/1992 (Zambatis und Biggs 1995), der bereits 7 Jahre mit geringen Niederschlägen vorausgegangen waren. In dieser Studie wurden auf etwa der Hälfte der Transekte Bäume mit Schäden festgestellt; auf den Transekten mit Schäden waren im Mittel etwa 20 % der Bäume schwer geschädigt. Erhöhte Mortalitätsraten wurden bei 27 Baumarten beobachtet. Im Gonarezhou-Nationalpark im östlichen Zimbabwe führte die Dürre von 1991/1992 zu Trockenschäden an *Brachystegia glaucescens*. Fraßschäden durch Elefanten und Feuer führten hier allerdings schon seit Gründung des Nationalparks im Jahr 1968 zu einem Absterben zahlreicher Individuen von *B. glaucescens* und der Umwandlung von Wäldern in Gebüsche (Tafangenyasha 2001). Obgleich schlüssige quantitative Analysen bisher fehlen, erscheint es wahrscheinlich, dass in den wildreichen Savannengebieten im Süden Afrikas derzeit der Einfluss direkter Trockenschäden nicht die vorherrschende Einflussgröße für die Gehölzvegetation ist. Aufschlussreich ist in diesem Zusammenhang auch eine Untersuchung aus einem privaten Schutzgebiet, welches in Südafrika an den Kruger-Nationalpark angrenzt. Hier waren Elefanten über 32 Jahre von 1961 bis 1993 ausgeschlossen, bevor der die beiden Schutzgebiete trennende Zaun im Jahr 1993 entfernt wurde (Hiscocks 1999). Nach nur 5 Jahren wiesen durch die Einwanderung von Elefanten (mit einer Populationsdichte von etwa 0,7 Tieren pro Quadratkilometer) bereits etwa 20 % der Bäume durch die Tiere verursachte Schäden auf. Etwa ein Drittel dieser Bäume starb dadurch ab. Die starke Störungsdynamik in den afrikanischen Savannen durch herbivore Großsäuger und durch Feuer erschwert die Quantifizierung von durch den Klimawandel verursachtem Baumsterben. Die Studien aus dem Umfeld des Kruger-Nationalparks legen im Einklang mit den oben besprochenen Beobachtungen aus dem Gonarezhou-Nationalpark allerdings nahe, dass eine erhebliche Zunahme der Baummortalität durch den Klimawandel bisher noch nicht stattgefunden hat.

Ein weiterer Zuwachs an Komplexität bei der Analyse des Einflusses des Klimawandels auf die afrikanische Savanne ergibt sich daraus, dass nicht nur die Vegetation direkte und indirekte Trockenschäden erleidet, sondern dass auch die **Wildtierpopulationen** klimabedingten Schwankungen ausgesetzt sind. Die Populationsdichten der Herbivoren sinken mit abnehmendem **Niederschlag**. Bei den großen Herbivoren ist hauptsächlich die Futtermasse entscheidend, die wiederum maßgeblich vom Niederschlag während der Regenzeit beeinflusst wird (Fritz et al. 2002; Marshal et al. 2011). Für Herbivoren mittlerer Größe, wie Antilopen und Zebras, kommt es mehr auf die Niederschlagsmenge in der Trockenzeit an (Ogutu und Owen-Smith 2003), die nicht für die jährliche Nettoprimärproduktion der Vegetation, aber für die Verfügbarkeit von Futter während der Trockenzeit verantwortlich ist (Mduma et al. 1999). Die Niederschlagsmenge in der Regenzeit ist an ENSO gekoppelt (mit Dürren in El-Niño-Phasen), die in der Trockenzeit davon weitgehend unabhängig ist (Marshal et al. 2011).

Sich hauptsächlich von Gräsern ernährende Weidegänger sind stärker anfällig gegenüber Dürren als Herbivoren, die sich auch von Gehölzen ernähren, da Gräser sich zwar nach Ende der Dürre schnell regenerieren, aber bei starker Trockenheit auch rasch absterben (Ogutu und Owen-Smith 2003; Dunham et al. 2004). Durch die Wasser- und Futterverfügbarkeit ausgelöste Wanderungen von häufigen Herbivoren wie Gnu und Zebra ziehen Wanderungen von Raubtieren nach sich, die wiederum auch die Populationsgrößen seltenerer Herbivoren dezimieren können, die mit ihren artspezifischen Futterpräferenzen ihren jeweils eigenen Einfluss auf die Vegetation ausüben (Harrington et al. 1999). Der Mensch leistet in den Schutzgebieten durch Einzäunungen und durch Anlegen von Wasserstellen, die wiederum die verringerten Wandermöglichkeiten des Wildes kompensieren sollen, einen weiteren Beitrag, der die Beziehung zwischen Vegetation, Fauna und Klima verkompliziert (Grant et al. 2002).

Im intensiv untersuchten Kruger-Nationalpark ist seit den 1980er-Jahren ein starker, teils dramatischer Rückgang einer Reihe der selteneren bis nur mäßig häufigen Herbivoren belegt (Ogutu und Owen-Smith 2003; Dunham et al. 2004). Zu ihnen gehören vor allem einige Antilopenarten, wie Pferdeantilope (*Hippotragus equinus*), Rappenantilope (*Hippotragus niger*), Leierantilope (*Damaliscus lunatus*), Wasserbock (*Kobus ellipsiprymnus*) und Kudu (*Strepsiceros zambesiensis*). Hierbei spielten zwar das Anlegen von Wasserstellen und dadurch ausgelöste Wanderbewegungen von Prädatoren und Konkurrenten eine wichtige Rolle (McLoughlin und Owen-Smith 2003; Kröger und Rogers 2005), dennoch waren die teils drastischen Abnahmen in den Populationsstärken mit Trockenheit korreliert. Ausschlaggebend war dabei die Niederschlagsmenge in der Trockenzeit (Ogutu und Owen-Smith 2003).

8.6.1.2 Einfluss von Weidevieh

Weite Teile der afrikanischen Savanne sind heute vom Menschen besiedelt. In diesen Regionen sind die Wildtiere weitgehend durch

Weidevieh ersetzt. Das bedeutet, dass in der Regel artenreiche Bestände von Herbivoren unterschiedlicher Größe, die verschiedenartige Ressourcen ausbeuten und ihrerseits wiederum von Prädatoren mit unterschiedlichen Beutespektren gejagt werden, durch **artenarme Tierbestände** ersetzt werden. Diese Weideviehbestände bestehend aus einer oder wenigen Arten sind sehr viel homogener hinsichtlich Körpergröße und **Ressourcenausnutzung** als die Wildtierbestände (du Toit und Cumming 1999). Zudem weisen die Haustierbestände in der Regel eine deutlich höhere Tierbiomasse pro Fläche auf als die Bestände der indigenen Herbivoren. Cumming (1982) schätzte den Anteil der Wildtiere an der gesamten Huftierbiomasse in ganz Afrika auf nur noch 10 %. Die Wechselwirkung zwischen Vegetation und Herbivoren ist bei Haus- und Wildtieren grundsätzlich verschieden. Große, homogene Viehbestände führen vielerorts zu Überweidung und starken Schäden an der Vegetation. Die räumliche Verteilung der Tiere und ihre Populationsstärken wurden auch durch die Anlage von **Wasserstellen** und das **Zurückdrängen der Raubtiere** verändert (du Toit und Cumming 1999). Dadurch werden auch Savannenhabitate einem hohen **Beweidungsdruck** ausgesetzt, die natürlicherweise durch das Fehlen von Oberflächenwasser arm an Herbivoren waren.

Das Weidevieh, das im 20. Jahrhundert als Folge eines rasanten Bevölkerungswachstums in Afrika stark zugenommen hat, verursacht gebietsweise starke Schäden an der Vegetation (Doran et al. 1979), wohingegen in anderen Regionen, so z. B. in den mäßig feuchten Savannen Angolas, Sambias und Mosambiks, die theoretisch möglichen Bestockungsraten noch nicht erreicht sind (du Toit und Cumming 1999). Überweidung verstärkt grundsätzlich die Effekte von Dürren auf die Vegetation (O'Connor 1985). Auch hier fehlen allerdings noch Studien, die Interaktionen von Beweidungsdichte und Klimawandel verlässlich quantifizieren. Besonders starke Beweidung durch die in Afrika weitverbreiteten Rinder kann durch die Verschiebung der Konkurrenzverhältnisse in der Vegetation, aber auch durch die Verringerung des Vorrats an brennbarem Material und damit der Brandhäufigkeit, zu einer **Förderung von Gehölzen** gegenüber Gräsern führen (van Vegten 1983; Roques et al. 2001; Coetzee et al. 2008). Damit wirkt Überweidung in dieser Beziehung in die gleiche Richtung wie die steigende atmosphärische CO_2-Konzentration (▶ Abschn. 8.5).

8.6.1.3 Sahelzone und west- und zentralafrikanische Savannen nördlich des Äquators

Die Savannen Afrikas nördlich des Äquators umfassen mehrere in West-Ost-Richtung verlaufende Vegetationszonen mit von Nord nach Süd zunehmendem Niederschlag (Knapp 1973; Anyamba und Tucker 2005). Der **Sahel** ist durch trockene **Dornsavannen** am Südrand der Sahara geprägt und erstreckt sich in einem in West-Ost-Richtung verlaufenden Band vom Senegal bis nach Eritrea mit einem Jahresniederschlag von etwa 100 bis 300 mm (Maranz 2009). Südlich anschließend erstrecken sich die **Trockensavannen** der **sudano-sahelischen Übergangszone** (ca. 300–600 mm Jahresniederschlag) und der **Sudanzone** (ca. 600–1200 mm) und schließlich die **Feuchtsavannen** der **Guineazone** (ca. 1200–1400 mm Jahresniederschlag).

Das Klima der Dorn- und Trockensavannen von Sahel- und Sudanzone ist seit jeher von einer großen interannuellen **Variabilität der Niederschlagsmenge** und von Dürren geprägt, welche die Wasserverfügbarkeit und die grüne Biomasse stark reduzieren. Das Absterben von Bäumen durch einzelne Dürreperioden kann durch anschließende Verjüngung auch bei mäßigem Niederschlag kompensiert werden (Hiernaux et al. 2009a). Im Vergleich zu den Savannen Süd- und Ostafrikas sind die Wildtierbestände des Sahels sehr viel stärker dezimiert worden. Zumindest gebietsweise **hohe Bevölkerungsdichten** und ein starkes Bevölkerungswachstum gehen mit hohen Beständen an **Weidevieh und** ackerbaulicher Nutzung einher (Ramaswamy und Sanders 1992; Mortimore und Adams 2001; Taylor et al. 2002). Der Trend zu abnehmenden Niederschlägen und die Dürren vor allem in den 1970er- und 1980er-Jahren (▶ Abschn. 8.3) haben wiederkehrende Hungersnöte als Folge von Ernteausfällen und Mortalität beim Weidevieh ausgelöst (Rosenzweig et al. 2001). Insgesamt wurde im Sahel in den 1970er- und 1980er-Jahren der Viehbestand halbiert, und es gab fast 1 Mio. Hungertote (Foley et al. 2003). Die **Dürreperioden** verursachen naturgemäß auch Schäden an der naturnahen Vegetation, setzen die Produktivität stark herab und führen zu vorübergehenden räumlichen Verschiebungen der Vegetationseinheiten.

Seit den späten 1980er-Jahren lässt sich im Sahel eine Zunahme des **Normalized Difference Vegetation Index (NDVI)** beobachten (Herrmann et al. 2005; Helldén und Tottrup 2008; Brandt et al. 2014). Dieser Trend ist allerdings in Anbetracht der langfristigen Niederschlagsabnahme (Held et al. 2005; Zhang und Delworth 2006) wohl weniger als dauerhafte Antwort auf den Klimawandel oder das erhöhte atmosphärische CO_2-Angebot zu sehen, sondern vielmehr als Erholung der Vegetation nach der besonders schweren Dürre in den 1980er-Jahren (Anyamba und Tucker 2005). Diese Sicht wird dadurch bestärkt, dass NDVI und Regenmenge im Sahel wie in anderen Trockengebieten der Erde positiv miteinander korreliert sind (Helldén und Tottrup 2008). Ferner setzt die bei Dürre abnehmende pflanzliche Biomasse über eine Erhöhung der Albedo auf vegetationsfreien und vegetationsarmen Flächen die Evapotranspiration herab und reduziert so im Sinne einer positiven Rückkopplung den lokal generierten Anteil der Niederschlagsmenge (Zeng et al. 1999). Ein langfristiger Anstieg des NDVI mit abnehmendem Niederschlag erscheint daher ausgeschlossen. Umgekehrt wurde bisher aber auch keine großflächige Desertifikation, also keine quantitativ bedeutsame Ausbreitung der Sahara nach Süden beobachtet (Nicholson 2000). Auch ein genereller Trend zur

Zunahme kleinräumig degradierter Flächen um Siedlungen und Wasserlöcher lässt sich nicht feststellen (Nicholson 2000).

Unstrittig ist allerdings ein Einfluss des Klimawandels auf die **Baumartendiversität** und die **Struktur der Baumbestände** (◘ Abb. 8.2) zumindest im westlichen und zentralen Sahel und der sudano-sahelischen Übergangszone (Gonzales 2001; Herrmann und Tappan 2013). Seit Mitte des 20. Jahrhunderts ist eine Abnahme der Baumartenzahl in natur- und ortsnahen Baumbeständen in Mauretanien, im Senegal, in Burkina Faso, im Niger und im Tschad nachgewiesen worden (Gonzales 2001; Rasmussen et al. 2001; Wezel und Lykke 2006; Vincke et al. 2010; Gonzales et al. 2012). Bezeichnend ist hierbei, dass der **Anteil dürretoleranter Arten** des sahelischen Florenelements an der Gehölzvegetation zugenommen hat, wohingegen feuchtigkeitsbedürftigere Arten des sudanesischen und des guinesischen Florenelements zurückgegangen sind (Gonzales et al. 2012). Viele Bäume des sudanesischen und des guinesischen Elements haben essbare Früchte und wurden offenbar über lange Zeiträume vom Menschen gefördert und so wohl nach Norden hin verbreitet (Maranz 2009). Die Gehölze des sahelischen Florenelements werden von Gebüschen und Bäumen mit Dornen und zweifach gefiederten Blättern dominiert, die ihren Schwerpunkt in den trockenen Savannen des nördlichen Sahel direkt am Südrand der Sahara haben. Die Arten des sudanesischen Florenelements haben hingehen ihren Schwerpunkt in mäßig feuchten Savannen, die des guinesischen Florenelements in der Feuchtsavanne südlich der Sahelzone (Maranz 2009). Dieser Florenwandel hin zu stärker an Trockenheit angepassten Arten ist ein starkes Indiz für einen Einfluss des Klimawandels auf die Baumartendiversität. Die **Bestandesdichte** und die **Anzahl großer Bäume** hat ebenfalls im westlichen und mittleren Sahel vielerorts abgenommen (Gonzales et al. 2012).

Multivariate Analysen zeigten für den Rückgang von Baumartenzahl und Bestandesdichte einen überragenden Einfluss der Temperatur und des Niederschlags (Maranz 2009;

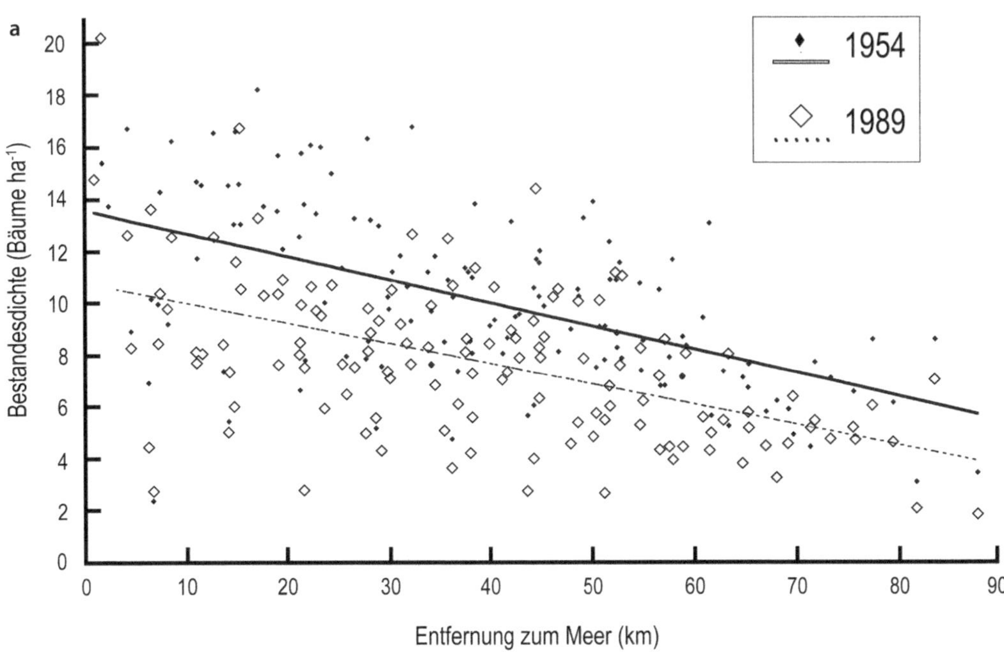

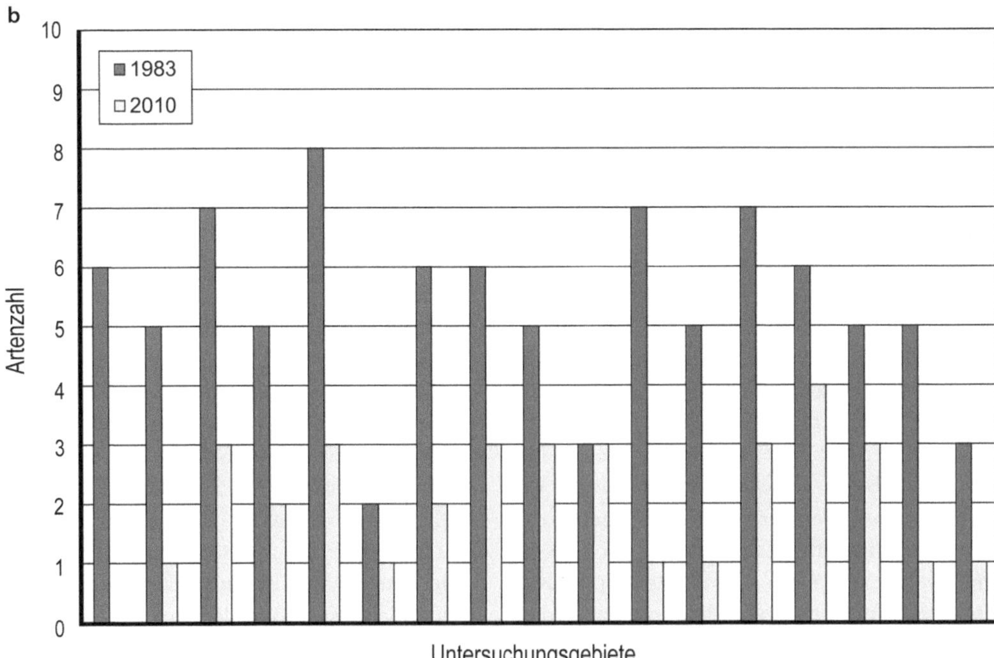

◘ Abb. 8.2   Rückgang von Bestandesdichte und Artendiversität von Bäumen in der sudano-sahelischen Übergangszone des Sahels im Senegal in der zweiten Hälfte des 20. Jahrhunderts: **(a)** Bestandesdichte (Bäume über 3 m Höhe) 1954 und 1989 in Abhängigkeit von der Entfernung von der Atlantikküste ermittelt durch Luftbildauswertungen. (Nach Gonzales 2001, S. 223); **(b)** Baumartendiversität im zeitlichen Vergleich (1983, 2010) auf 17 Plots von je 2 bis 4 ha Fläche. (Nach Herrmann und Tappan 2013, S. 60)

Gonzales et al. 2012). Daneben spielen auch Bevölkerungswachstum und Landnutzungsintensivierung eine Rolle, beispielsweise durch die Umwandlung von Savannen in Agrarland (Niang et al. 2008; Hiernaux et al. 2009b). Zumindest die Ergebnisse der weite Teile des westlichen und mittleren Sahels abdeckenden Studie von Gonzales et al. (2012) legen jedoch nahe, dass die Landnutzungseinflüsse gegenüber der zunehmenden Aridität als Ursache für den Rückgang der Bäume nicht entscheidend sind. Dendrochronologische und ökophysiologische Untersuchungen, die diese Schlussfolgerung überprüfen könnten, liegen bislang aus der Region kaum vor (Mbow et al. 2013; Gebrekirstos et al. 2014). Aus der östlichen Sahelzone, wo die Niederschläge nach der Dürre der 1970er- und 1980er-Jahre stärker wieder angestiegen sind als im Westsahel (▶ Abschn. 8.3), gibt es nur wenige quantitative Untersuchungen zu Veränderungen in der Gehölzvegetation. Im Westsudan fanden Schlesinger und Gramenopoulos (1996) durch Luft- und Satellitenbildvergleiche für den Zeitraum von 1943 bis 1994 keine Veränderungen in der Bestandesdichte von Baumbeständen.

8.6.1.4 Äthiopisches Hochland

Ähnlich wie in den Gebirgen der Arabischen Halbinsel (▶ Abschn. 8.6.2) kommen auch in der afromontanen Zone des Äthiopischen Hochlandes Wälder aus *Juniperus procera*, einer mächtige Bäume bildenden afromontanen Wacholderart, vor. Der Holzzuwachs in diesen Wäldern ist trockenheitslimitiert und eng mit dem Niederschlag korreliert (Couralet et al. 2005; Sass-Klaasen et al. 2008). Ein höherer Anteil toter Bäume am Gesamtbestand in niederen und damit trockeneren Höhenlagen als in größeren Höhen legt nahe, dass diese Wacholderwälder an ihrer unteren Verbreitungsgrenze durch den Klimawandel eingeschränkt werden (Mokria et al. 2015).

8.6.1.5 Köcherbaumwälder des südwestlichen Afrikas

Der Köcherbaum, *Aloidendron dichotomum* (= *Aloe dichotoma*), ist eine baumförmige

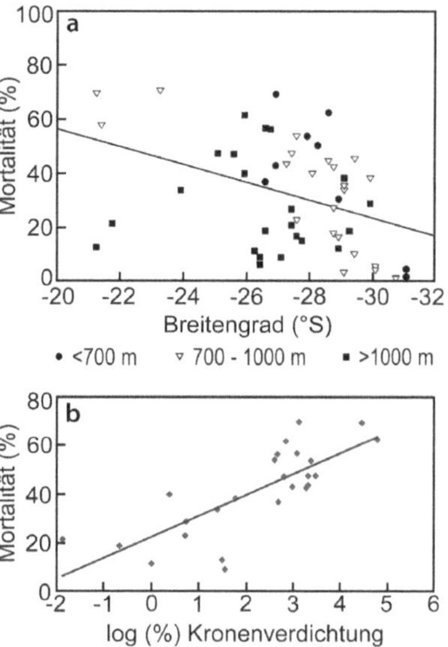

◘ Abb. 8.3 Die lichten Trockenwälder des Köcherbaumes *(Aloidendron dichotomum)* in der Namib und der Karoo des südwestlichen Afrikas leiden stark unter dem Klimawandel: (**a**) zunehmende Mortalität mit zunehmender Äquatornähe und damit zunehmender Jahresmitteltemperatur; (**b**) Zusammenhang zwischen Kronenverlichtung und Mortalitätsrate in den Köcherbaumwäldern. (Nach Foden et al. 2007, S. 648, 651)

Sukkulente auf steinigen Böden der Halbwüsten des südwestlichen Afrikas. Die Art bildet sehr lichte Trockenwälder aus bis zu 200-jährigen Bäumen und hat ihren Verbreitungsschwerpunkt in der **Namib** und der südöstlich anschließenden **Karoo** in Namibia und im Nordwesten Südafrikas (Midgley et al. 1997). Steigende Temperaturen, kombiniert mit sinkendem Niederschlag (Hulme et al. 2001), führen beim Köcherbaum zu einer **erhöhten Mortalität** bei gleichzeitig nur sporadischer Verjüngung. Entlang eines ca. 1300 km langen Nord-Süd-Gradienten, der weite Teile des Areals von *A. dichotomum* abdeckte, fanden Foden et al. (2007) kaum tote Bäume am kühleren Südrand des Areals, aber einen Anstieg der Mortalität nach Norden hin (◘ Abb. 8.3a). Wärmere Tieflagenstandorte wiesen zudem höhere Mortalitätsraten auf als Hochlagenstandorte. Erhärtet wurde die Bedeutung des Klimawandels für die Vitalität der Köcherbaumbestände durch eine Regressionsanalyse, die der Differenz der Evapotranspiration im Jahr 2000 im Vergleich zu 1960 einen entscheidenden Einfluss auf die Mortalitätsrate zuschrieb (Foden et al. 2007). Darüber hinaus wurde in Beständen mit hoher Mortalitätsrate auch oft der Abwurf von Ästen bei den noch lebenden Bäumen beobachtet (❏ Abb. 8.3b). Die Reduktion der transpirierenden Kronenoberfläche ist eine typische Stressreaktion, um starkem Wassermangel zu begegnen und das Kavitationsrisiko zu senken. Neben **direkten Trockenschäden** nimmt bei Trockenheit in der kargen Landschaft von Namib und Karoo auch der **Fraßdruck** auf die als Futterpflanze eigentlich nicht sehr attraktiven Köcherbäume zu. Von Bedeutung ist z. B. das Stachelschwein (*Hystrix africaeaustralis*), das die Stammbasis entrindet (Midgley et al. 1997; Foden et al. 2007). Midgley et al. (1997) fanden hohe Mortalitätsraten nicht nur bei *A. dichotomum*, sondern auch bei der nahe verwandten *A. pillansii*, einem Lokalendemiten der Karoo im Grenzbereich von Südafrika und Namibia.

8.6.2 Arabische Halbinsel

Während die Arabische Halbinsel überwiegend von flachen Wüstenlandschaften des zentralarabischen Nadsch-Hochplateaus geprägt ist, befinden sich an ihren Rändern Gebirge, die teilweise von lichten **Wacholderwäldern** bestanden sind. Im bis auf 3000 m aufsteigenden Asirgebirge im Südwesten Saudi-Arabiens am Roten Meer befinden sich in den Hochlagen Wälder aus *Juniperus procera*. Auf der Ostseite der Arabischen Halbinsel im Norden des Oman folgt das Hadschargebirge dem Küstenverlauf des Golfs von Oman. Hier finden sich gleichfalls in den Hochlagen Bestände von *J. polycarpos*. Übereinstimmend wurden sowohl in den *Juniperus procera*-Wäldern am Roten Meer (Fisher 1997) als auch in den *Juniperus polycarpos*-Beständen am Golf von Oman (Fisher und Gardner 1995; Gardner und Fisher 1996) zahlreiche tote Individuen in den

niederen Lagen der Wacholderzone gefunden. Detaillierte Untersuchungen zu den Ursachen des **Absterbens** fehlen, jedoch ist von einem wesentlichen Einfluss des Klimawandels auszugehen, da die untere Verbreitungsgrenze für den Wacholder in beiden Regionen durch Trockenheit bestimmt wird. Unterstützt wird diese Annahme durch einen höheren Anteil vitaler Bäume in größeren Höhenlagen und an schattigen Nordhängen im Vergleich zu Standorten mit wärmerem Mikroklima (Gardner und Fisher 1996; Fisher 1997). Neben möglichen **direkten Trockenschäden** spielt zumindest teilweise das **Feuer** eine Rolle; im Oman fanden Fisher und Gardner (1995) bei einem Drittel der abgestorbenen Bäume Brandspuren. Eine geringe Verjüngung deutet auf mögliche zukünftige Waldflächenverluste an der unteren Verbreitungsgrenze der Wacholderbestände hin.

8.6.3 Indien

Große Teile des heute von Agrarland dominierten Indischen Subkontinents waren ursprünglich von **wechselgrünen Trockenwäldern**, **Dornwäldern** und **Savannen** bedeckt. Für Indien schätzten Singh und Kushwaha (2005) den Anteil von Trockenwäldern an der gesamten verbliebenen Waldfläche auf etwa 75 %. Durch das indische **Monsunklima** bestehen große saisonale und interannuelle Schwankungen im Niederschlag, die bei Ausbleiben des Monsuns zu Trockenschäden in der Vegetation führen können. Das dürrebedingte Absterben von Bäumen ist somit Teil der natürlichen Walddynamik. Bei einer Fallstudie im Mudumalai-Nationalpark im südindischen Tamilnadu fanden Suresh et al. (2010) eine starke interannuelle Variabilität in der **Baummortalität** in Abhängigkeit vom Niederschlag des Vorjahres, teilweise auch der letzten drei vorangegangenen Jahre. Die Baummortalität wirkte hier ganz überwiegend durch den Verlust vor allem junger Bäume durch Brände in Folge von Trockenjahren (❏ Abb. 8.4). Ein Anstieg

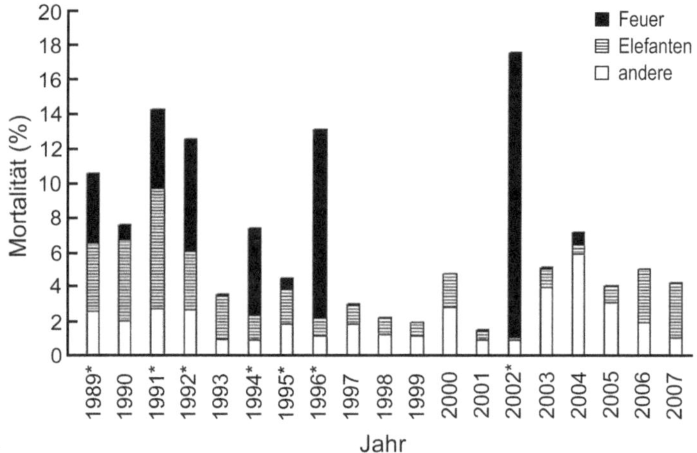

◘ Abb. 8.4 Baummortalität von 1989 bis 2007 im wechselgrünen Trockenwald (Plotgröße 50 ha) im Muduma-lai-Nationalpark in Tamilnadu (Südindien) durch Feuer, Fraßschäden von Elefanten und ohne direkt erkennbare Ursache (d. h. zumindest teilweise als Folge von Trockenschäden). Jahre mit Feuer während der Trockenzeit sind durch einen Stern gekennzeichnet. (Nach Suresh et al. 2010, S. 414)

der Mortalität nach 2 bis 3 Jahren, der weder mit Schäden durch Feuer noch durch Herbivorie durch die im Gebiet vorkommenden Elefanten in Verbindung gebracht werden konnte, legt nahe, dass ein Teil der Bäume auch durch **physiologische Trockenschäden** abstarb. Im Gir-Nationalpark in Gujarat in Nordwestindien starben nach Ausbleiben des Monsuns 1987 etwa 20 % der Gehölze von mehr als 2 m Höhe ab (Khan et al. 1994). Einzelne Arten (z. B. *Senegalia senegal, Kydia calycina, Holarrhena antidysenterica* mit Mortalitätsraten von ca. 80 %) waren überdurchschnittlich stark geschädigt. Mangels anderer sichtbarer Schäden wurde das Absterben dieser Bäume von Khan et al. (1994) auf direkte physiologische Trockenschäden zurückgeführt. Hinzu kamen Schäden durch Entrindung von dünnstämmigen Bäumen und Sträuchern durch Sambar- und Axishirsche *(Rusa unicolor, Axis axis),* die im Fall der letztgenannten Art nur bei Dürre bei unzureichendem Nahrungsangebot in der Bodenvegetation auf die Gehölze ausweichen. Studien, die eine Zunahme von Mortalitätsereignissen als Folge des Klimawandels direkt nachweisen, fehlen bisher.

8.6.4 Australien

In den ***Eucalyptus*-Savannen** Nordostaustraliens sind hohe Raten von **Baummortalität** in der Folge von Dürreperioden dokumentiert. In **Queensland** starben nach der ausgeprägten Dürre von 1992 bis 1994 mehr als ein Viertel der Bäume auf einer Untersuchungsfläche von immerhin 55.000 km^2 ab (Fensham und Holman 1999). Lokale Fallstudien ergaben ähnliche Ergebnisse (Fensham 1998). Der dominante *Eucalyptus cebra (= E. xanthoclada)* erwies sich als besonders anfällig, wobei große Bäume besonders empfindlich reagierten. *Corymbia clarksoniana* und *Melaleuca nervosa* waren sehr viel dürreresistenter. **Hydraulisches Versagen** *(Hydraulic Failure)* durch Kavitation ist vermutlich die häufigste Ursache für das Baumsterben in den australischen Savannen (Rice et al. 2004). Demgegenüber treten andere Faktoren wie **Feuer** und Beweidungsintensität in den Hintergrund (Fensham et al. 2005). Trotz der hohen Baummortalität bei rezenten Dürren ließ sich ein dauerhafter Rückgang der Gehölzfläche bisher nicht nachweisen. Ähnlich dramatische

Absterbeereignisse wie in den 1990er-Jahren sind aus Queensland bereits seit Mitte des 19. Jahrhunderts durch schriftliche Berichte dokumentiert (Fensham und Holman 1999). In Nordaustralien, im Queensland westlich benachbarten Northern Territory, ist die interannuelle Klimavariabilität geringer, da sie weniger stark von ENSO beeinflusst ist. Hier wurde ein solch ausgeprägtes Baumsterben wie in Queensland bisher nicht beobachtet (Bowman et al. 2001; Prior et al. 2009). Die australischen *Eucalyptus*-Savannen besitzen offensichtlich eine **hohe Resilienz** gegenüber dem dürrebedingten Massensterben von Bäumen, wie aus der Regeneration der Vegetation nach den dokumentierten Mortalitätsereignissen im 19. und 20. Jahrhundert ersichtlich ist (Fensham und Holman 1999; Fensham et al. 2005). Massensterben von *Eucalyptus,* Akazien (Gattung *Senegalia*) und anderen Baumarten sind aus Queensland in historischer Zeit von 1856, 1858, 1890, 1901–1903, 1935, 1939 und 1946 dokumentiert (Fensham und Holman 1999). Ein genereller Trend zu einer nachhaltigen klimabedingten Abnahme der Baumdeckung lässt sich aufgrund der Langfristigkeit der natürlichen Dynamik der Baumbestände bisher nicht belegen. Unabhängig vom Klimawandel leiden die Savannengebiete im nördlichen Australien unter einem gebietsweise massiven Wandel der Vegetation durch invasive **Neophyten**, und zwar insbesondere durch das aus Afrika stammende Gras *Andropogon gayanus* (Rossiter et al. 2003; Laurance et al. 2011).

8.6.5 Trockenwälder des südlichen Nordamerikas

Niedrige, lichtoffene **Kiefern-Wacholder-Bestände** sind weit verbreitet im semiariden, subtropischen **Südwesten der USA** und im **Norden Mexikos**. Sie sind in ihrem Hauptverbreitungsgebiet von *Pinus edulis* dominiert, die im Westen (vor allem Nevada) von *P. monophylla* abgelöst wird und im Norden Mexikos durch *P. cembroides.* Die Kiefern sind mit Wacholderarten (hauptsächlich *Juniperus monosperma* und *J. osteosperma*) vergesellschaftet. In diesen Baum- und Strauchbeständen kommt es seit Ende des 20. Jahrhunderts auf ausgedehnten Flächen zum **Absterben von Gehölzen** (Breshears et al. 2005; Garrity et al. 2013). Die Mechanismen sind intensiv untersucht worden. Die hohe Baummortalität wird hauptsächlich **hydraulischem Versagen** als Folge des Klimawandels zugeschrieben. Dem Absterben gehen oft längere Phasen eingeschränkten Wachstums voraus (Ogle et al. 2000). Swaty et al. (2004) stellten zudem eine **verringerte Mykorrhizierungsrate** bei stark unter Trockenstress leidender *P. edulis* fest, was wahrscheinlich die Wasser-, aber auch die Nährstoffaufnahme erschwert. In einem Erwärmungs- und Austrocknungsexperiment fanden Adams et al. (2013) Hinweise, dass neben hydraulischem Versagen auch eine zu geringe **CO$_2$-Assimilation** infolge von häufigem **trockenheitsinduziertem Stomataschluss** *(Carbon Starvation)* an der Mortalität von *P. edulis* beteiligt sein könnte. Dies lässt sich dadurch erklären, dass *P. edulis* ihre stomatäre Leitfähigkeit weitaus sensitiver reguliert als *Juniperus,* um auch bei Trockenheit das Sprosswasserpotenzial hoch zu halten, und somit bei Dürre sehr viel weniger CO$_2$ assimilieren kann (McDowell et al. 2008). In gemischten Beständen lässt sich beobachten, dass die Kiefern deutlich empfindlicher auf Trockenheit reagieren als die Wacholder (Gitlin et al. 2006). Basierend auf Daten von 11 Untersuchungsgebieten wiesen Mueller et al. (2005) in einer Fallstudie aus Arizona eine 6,5-fach höhere Mortalität bei *P. edulis* als bei *J. monosperma* nach. Zudem waren große Kiefern mit ihrem höheren Wasserbedarf empfindlicher als kleinere Bäume. Experimentelle Studien von Breshears et al. (1997) legen nahe, dass *J. monosperma* mit einem stärker in die Fläche ausgedehnten Wurzelsystem offensichtlich besser dazu in der Lage ist als *P. edulis,* oberflächennahes Wasser aus Bestandeslücken der lichten Gehölzbestände zu erschließen. Neben physiologischen

Trockenschäden tragen auch **Borkenkäfer** (*Ips confusus*), die bei Trockenheit stärkere Schäden verursachen können, zur Mortalität von *P. edulis* und verwandten Arten bei (Greenwood und Weisberg 2008; Floyd et al. 2009; Anderegg et al. 2015). Hohe Mortalitätsraten durch Interaktionen von Trockenheit und Borkenkäfern sind aus dem Südwesten der USA auch von *P. ponderosa* bekannt (Allen und Breshears 1998; Negrón et al. 2009).

8.6.6 Südamerikanische Savannen

Obgleich die ausgedehnte **Savannenregion Brasiliens** und angrenzender Gebiete zu einer der Regionen der Erde mit dem stärksten Temperaturanstieg seit Beginn des 20. Jahrhunderts gehört (IPCC 2013), wurden bisher im Zusammenhang mit dem globalen Klimawandel noch keine Trends zu erhöhter Baummortalität oder sonstigen Veränderungen in der Vegetation beobachtet. Dennoch kommt es regelmäßig zum Absterben von Bäumen oder von Teilen der Krone während der Trockenzeit. Bei *Sclerolobium paniculatum*, einer dominanten Baumart des **brasilianischen Cerrados**, wurde dies von Zhang et al. (2009) detailliert untersucht und die Mortalität hydraulischem Versagen und dem Umstand, dass *S. paniculatum* im Gegensatz zu den meisten Baumarten des Cerrados flachwurzelnd ist, zugeschrieben. Dessen ungeachtet gibt es einen großen anthropogenen Einfluss auf die Savannenvegetation Südamerikas durch **Landnutzungsänderungen**, Beweidung und Veränderungen im Feuerregime (Silva et al. 2001; Sawyer 2008; Franco et al. 2014). Die Landnutzung in den Savannengebieten Südamerikas reicht mehrere Jahrtausende weit zurück (Mayle et al. 2006).

Literatur

Adams HD, Germino MJ, Breshears DD, Barron-Gafford GA, Guardiola-Claramonte M, Zou CB, Huxman TE (2013) Nonstructural leaf carbohydrate dynamics of *Pinus edulis* during drought-induced tree mortality reveal role for carbon metabolism in mortality mechanism. New Phytol 197:1142–1151

Allen CD, Breshears DD (1998) Drought-induced shift of a forest-woodland ecotone: rapid landscape response to climate variation. Proc Natl Acad Sci USA 95:14839–14842

Allen CD, Macalady AK, Chenchouni H et al (2010) A global overview of drought and heat-induced tree mortality reveals emerging climate change risks for forests. For Ecol Manag 259:660–684

Anderegg WRL, Hicke JA, Fisher RA et al (2015) Tree mortality from drought, insects, and their interactions in a changing climate. New Phytol 208:674–683

Andreadis KM, Lettenmaier DP (2006) Trends in 20th century drought over the continental United States. Geophys Res Lett 33(L10403):1–4

Anyamba A, Tucker CJ (2005) Analysis of the Sahelian vegetation dynamics using NOAA-AVHRR NDVI data from 1983–2003. J Arid Environ 63:596–614

Banda-Rodríguez K, Delgado-Salinas A, Dexter KG et al (2016) Plant diversity patterns in neotropical dry forests and their conservation implications. Science 353:1383–1387

Beerling DJ, Osborne CP (2006) The origin of the savanna. Glob Change Biol 12:2023–2031

Bond WJ, Midgley GF (2000) A proposed CO_2-controlled mechanism of woody plant invasion in grasslands and savannas. Glob Change Biol 6:865–869

Bond WJ, Midgley GF, Woodward FI (2003) The importance of low atmospheric CO_2 and fire in promoting the spread of grasslands and savannas. Glob Change Biol 9:973–982

Borges PA, Franke J, Silva FDS, Weiss H, Bernhofer C (2014) Differences between two climatological periods (2001–2010 vs. 1971–2000) and trend analysis of temperature and precipitation in Central Brazil. Theor Appl Climatol 116:191–202

Bowman DMJS, Walsh A, Milne DJ (2001) Forest expansion and grassland contraction within a *Eucalyptus* savanna matrix between 1941 and 1994 at Litchfield National Park in the Australian monsoon tropics. Glob Ecol Biogeogr 10:535–548

Brandt M, Romankiewicz C, Spiekermann R, Samini C (2014) Environmental change in time series – an interdisciplinary study in the Sahel of Mali and Senegal. J Arid Environ 105:52–63

Breshears DD, Myers OB, Johnson SR, Meyer CW, Martens SN (1997) Differential use of spatially heteogenous soil moisture by two semiarid woody species: *Pinus edulis* and *Juniperus monosperma*. J Ecol 85:289–299

Breshears DD, Cobb NS, Rich PM, Price KP, Allen CD, Balice RG, Romme WH, Kastens JH, Floyd ML, Belnap J, Anderson JJ, Myers OB, Meyer CW (2005) Regional vegetation die-off in response to global-change-type drought. Proc Natl Acad Sci USA 102:15144–15148

Buitenwerf R, Bond WJ, Stevens J, Trollope WSW (2012) Increased tree densities in South African savannas: >50 years of data suggests CO_2 as a driver. Glob Change Biol 18:675–684

Cai W, Cowan T, Thatcher M (2012) Rainfall reductions over southern hemisphere semi/arid regions: the role of subtropical dry zone expansion. Sci Rep 2(702):1–5

Chase MJ, Schlossberg S, Griffin CR, Bouché PJC, Djene SW, Elkan PW, Ferreira S, Grossman F, Kohi EM, Landen K, Omondi P, Peltier A, Selier SAJ, Sutcliffe R (2016) Continent-wide survey reveals massive decline in African savannah elephants. Peer J 4(e2354):1–24

Coetzee BWT, Tincani L, Wodu Z, Mwasi SM (2008) Overgrazing and bush encroachment by *Tarchonatus camphoratus* in a semi-arid savanna. Afr J Ecol 46:449–451

Collier P, Conway G, Venables T (2008) Climate change and Africa. Oxford Rev Econ Pol 24:337–353

Couralet C, Sass-Klaasen U, Sterck F, Bekele T, Zuidema PA (2005) Combining dendrochronology and matrix modelling in demographic studies: an evaluation for *Juniperus procera* in Ethiopia. For Ecol Manag 216:317–330

Cumming DHM (1982) The influence of large herbvores on savanna structure in Africa. Ecol Stud 42:217–245

Dash SK, Jenamani RK, Kalsi SR, Panda SK (2007) Some evidence of climate change in twentieth-century India. Climatic Change 85:299–321

Davis AB, Asner GP (2019) Elephants limit aboveground carbon gains in African savannas. Glob Change Biol 25:1368–1382

Doran MH, Low ARC, Kemp RL (1979) Cattle as a store of wealth in Swaziland: implications for livestock development and overgrazing in eastern and southern Africa. Am J Agric Econ 61:41–47

Dudley JP, Criag GC, Gibson DSC, Haynes G, Klimowicz J (2001) Drought mortality of bush elephants in Hwange National Park, Zimbabwe. Afr J Ecol 39:187–194

Dunham KM, Robertson EF, Grant CC (2004) Rainfall and the decline of a rare antelope, the tsessebe *(Damaliscus lunatus lunatus)*, in Kruger National Park, South Africa. Biol Conserv 117:83–94

du Toit JT, Cumming DHM (1999) Functional significance of ungulate diversity in African savannas and the ecological implications of the spread of pastoralism. Biodivers Conserv 8:1643–1661

Ehleringer JR, Sage RW, Flanagan LB, Pearcy RW (1991) Climate change and the evolution of C_4 photosynthesis. Trends Ecol Evol 6:95–99

Engelstaedter S, Washington R, Flamant C, Parker DJ, Allen CJT, Todd MC (2015) The Saharan heat low and moisture transport pathways in the central Sahara – Multiaircraft observations and Africa-LAM evaluation. J Geophys Res Atmos 120:4417–4442

Evan AT, Flamant C, Lavaysse C, Kocha C, Saci A (2015) Water vapor-forced greenhouse warming over the Sahara Desert and the recent recovery from the Sahelian drought. J Clim 28:108–123

Fall S, Niyogi D, Gluhovsky A, Pielke RA, Kalnay E, Rochon G (2010) Impacts of land use land cover on temperature trends over the continental United States: assessment using the North American regional reanalysis. Int J Climatol 30:1980–1993

Fensham RJ (1998) The influence of cattle grazing on tree mortality after drought in savanna woodland in north Queensland. Austral J Ecol 23:405–407

Fensham RJ, Holman JE (1999) Temporal and spatial patterns in drought-related tree dieback in Australian savanna. J Appl Ecol 36:1035–1050

Fensham RJ, Fairfax RJ, Archer SR (2005) Rainfall, land use and woody vegetation cover change in semi-arid Australian savanna. J Ecol 93:596–606

Fisher M (1997) Decline in the juniper woodlands of Raydah Reserve in southwestern Saudi Arabia: a response to climate changes? Glob Ecol Biogeogr Lett 6:379–386

Fisher M, Gardner AS (1995) The status and ecology of a *Juniperus excels* subsp. *polycarpos* woodland in the northern mountains of Oman. Vegetatio 119:33–51

Floyd ML, Clifford M, Cobb NS, Hanna D, Delph R, Ford P, Turner D (2009) Relationship of stand characteristics to drought-induced mortality in three southwestern piñon-juniper woodlands. Ecol Appl 19:1223–1230

Foden W, Midgley GF, Hughes G, Bond WJ, Thuiller W, Hoffman MT, Kaleme P, Underhill LG, Rebelo A, Hannah L (2007) A changing climate is eroding the geographical range of the Namib Desert tree *Aloe* through population declines and dispersal lags. Divers Distrib 13:645–653

Foley JA, Coe MT, Scheffer M, Wang G (2003) Regime shifts in the Sahara and Sahel: interactions between ecological and climatic systems in northern Africa. Ecosystems 6:524–539

Folland CK, Palmer TN, Parker DE (1986) Sahel rainfall and worldwide sea temperatures, 1901–85. Nature 320:602–607

Franco AC, Rossato DR, Silva LCR, Silva Ferreira C (2014) Cerrado vegetation and global change: the role of functional types, resource availability and disturbance in regulating plant community responses to rising CO_2 levels and climate warming. Theor Exp Plant Physiol 26:19–38

Fritz H, Duncan P, Gordon IJ, Illius AW (2002) Megaherbivores influence trophic guilds structure in African ungulate communities. Oecologia 131:620–635

Gardner AS, Fischer M (1996) The distribution and status of the montane juniper woodlands of Oman. J Biogeogr 23:791–803

Garrity SR, Allen CD, Brumby SP, Gangodagamage C, McDowell NG, Cai DM (2013) Quantifying tree mortality in a mixed species woodland using multitemporal high spatial resolution satellite imagery. Rem Sens Environ 129:54–65

Gebrekirstos A, Bräuning A, Sass-Klassen U, Mbow C (2014) Opportunities and applications of dendrochronology in Africa. Curr Opin Environ Sustain 6:48–53

Gedalof Z, Berg AA (2010) Tree ring evidence for limited direct CO_2 fertilization of forests over the 20th century. Glob Biogeochem Cycl 24(GB3027):1–6

Giannini A, Saravanan R, Chang P (2003) Oceanic forcing of Sahel rainfall on interannual to interdecadal time scales. Science 302:1027–1030

Gitlin AR, Sthultz CM, Bowker MA, Stumpf S, Paxton KL, Kennedy K, Muñoz A, Bailey JK, Whitman TG (2006) Mortality gradients within and among dominant plant populations as barometers of ecosystem change during extreme drought. Conserv Biol 20:1477–1486

Gonzales P (2001) Desertification and a shift of forest species in the West African Sahel. Clim Res 17:217–228

Gonzales P, Tucker CJ, Sy H (2012) Tree density and species decline in the African Sahel attributable to climate. J Arid Environ 78:55–64

Goswami BN, Venugopal V, Sengupta D, Madhusoodanan MS, Xavier PK (2006) Increasing trend of extreme rain events over India in a warming environment. Science 314:1442–1445

Grant CC, Davidson T, Funston PJ, Pienaar DJ (2002) Challenges faced in the conservation of rare antelope: a case study on the northern basalt plains of the Kruger National Park. Koedoe 45:45–62

Greenwood DL, Weisberg PJ (2008) Density-dependent tree mortality in pinyon-juniper woodlands. For Ecol Manag 255:2129–2137

Groisman PY, Easterling DR (1994) Variability and trends of total precipitation and snowfall over the United States and Canada. J Clim 7:184–205

Groisman PY, Knight RW, Karl TR (2001) Heavy precipitation and high streamflow in the contiguous United States: trends in the twentieth century. Bull Am Meteorol Soc 82:219–246

Guhathakurta P, Sreejith OP, Menon PA (2011) Impact of climate change on extreme rainfall events and flood risk in India. J Earth Syst Sci 120:359–373

Harrington R, Owen-Smith N, Viljoen PC, Biggs HC, Mason DR, Funston P (1999) Establishing the causes of the roan antelope decline in the Kruger National Park, South Africa. Biol Conserv 90:69–78

Haylock MR, Peterson TC, Alves LM et al (2006) Trends in total and extreme South American rainfall in 1960–2000 and links with sea surface temperature. J Clim 19:1490–1512

Held IM, Delworth TL, Lu J, Findell KL, Knutson TR (2005) Simulation of Sahel drought in the 20th and 21st centuries. Proc Natl Acad Sci USA 102:17891–17896

Helldén U, Tottrup C (2008) Regional desertifikation: a global synthesis. Glob Planet Change 64:169–176

Herrmann SM, Tappan GG (2013) Vegetation impoverishment despite greening: a case study from central Senegal. J Arid Environ 90:55–66

Herrmann SM, Anyamba A, Tucker CJ (2005) Recent trends in the vegetation dynamics in the African Sahel and their relationship to climate. Glob Environ Change 15:394–404

Hiernaux P, Diarra L, Trichon V, Mougin E, Soumaguel N, Baup F (2009a) Woody plant population dynamics in response to climate changes from 1984 to 2006 in Sahel (Gourma, Mali). J Hydrol 375:103–113

Hiernaux P, Ayantunde A, Kalilou A, Mougin E, Gérard B, Baup F, Grippa M, Djaby B (2009b) Trends in productivity of crops, fallow and rangelands in Southwest Niger: Impact of land use, management and variable rainfall. J Hydrol 375:65–77

Hiscocks K (1999) The impact of an increasing elephant population on the woody vegetation in southern Sabi Sand Wildtuin, South Africa. Koedoe 42:47–55

House JI, Hall DO (2001) In: Mooney H, Roy J, Saugier B (Hrsg) Terrestrial global productivity. Academic Press, New York, S 363–400

Hughes L (2003) Climate change and Australia: trends, projections and impacts. Austral Ecol 28:423–443

Hulme M, Doherty R, Ngara T, New M, Lister D (2001) African climate change: 1900–2100. Clim Res 17:145–168

IPCC (2013) Climate change 2013: the physical science basis. Contribution of working group I to the fifth assessment report of the Intergovernmental Panel on Climate Change. Cambridge University Press, Cambridge

Kgobe BS, Bond WJ, Midgley GF (2010) Growth responses of African savanna trees implicate atmospheric $[CO_2]$ as a driver of past and current changes in savanna tree cover. Austral Ecol 35:451–463

Khan JA, Rodgers WA, Johnsingh AJT, Mathur PK (1994) Tree and shrub mortality and debarking by sambar (*Cervus unicolor* Kerr) in Gir after a drought in Gujarat, India. Biol Conserv 68:149–154

Knapp R (1973) Die Vegetation von Afrika. G. Fischer, Stuttgart

Kothawale DR, Kumar KR (2005) On the recent changes in surface temperature trends over India. Geophys Res Lett 32(L18714):1–4

Kröger R, Rogers KH (2005) Roan *(Hippotragus equinus)* population decline in Kruger National Park, South Africa: influence of a wetland boundary. Eur J Wildl Res 51:25–30

Kruger AC, Shongwe S (2004) Temperature trends in South Africa: 1960–2003. Int J Climatol 24:1929–1945

Lagendijk DDG, Thaker M, de Boer WF, Page BR, Prins HHT, Slotow R (2015) Change in mesoherbivore browsing is mediated by elephant and hillslope position. PLoS ONE 10(e0128340):1–15

Laurence WF, Dell B, Turton SM et al (2011) The 10 Australian ecosystems most vulnerable to tipping points. Biol Conserv 144:1472–1480

Lavaysse C, Flamant C, Janicot S (2010) Regional-scale convection patterns during strong and weak phases of the Saharan heat. Atmos Sci Lett 11:255–264

Lebel T, Ali A (2009) Recent trends in the Central and Western Sahel rainfall regime. J Hydrol 375:52–64

Lehmann CER, Archibald SA, Hoffmann WA, Bond WJ (2011) Deciphering the distribution of the savanna biome. New Phytol 191:197–209

Lehmann CER, Anderson TM, Sankaran M et al (2014) Savanna vegetation-climate-fire relationships differ among continents. Science 343:548–552

Liebmann B, Vera CS, Carvalho LMV, Camilloni IA, Hoerling MP, Allured D, Barros VR, Báez J, Bidegain M (2004) An observed trend in central South American precipitation. J Clim 17:4357–4367

Lu QQ, Lund R, Seymour L (2005) An update of U.S. temperature trends. J Clim 18:4906–4914

Maranz S (2009) Tree mortality in the African Sahel indicates an anthropogenic ecosystem displaced by climate change. J Biogeogr 36:1181–1193

Marengo JA, Tomasella J, Uvo CR (1998) Trends in streamflow and rainfall in tropical South America: Amazonia, eastern Brazil, and northwestern Peru. J Geophys Res 103:1775–1783

Marshal JP, Owen-Smith N, Whyte IJ, Stenseth NC (2011) The role of El Niño-Southern Oscillation in the dynamics of a savanna large herbivore population. Oikos 120:1175–1182

Mason SJ (1996) Climatic change over the Lowveld of South Africa. Climatic Change 32:35–54

Mayle FE, Langstroth RP, Fisher RA, Meir P (2006) Long-term forest-savannah dynamics in the Bolivian Amazon: implications for conservation. Phil Transact Roy Soc B 362:291–307

Mbow C, Chhin S, Sambou B, Skole D (2013) Potential of dendrochronology to assess annual rates of biomass productivity in savanna trees of West Africa. Dendrochronogia 31:41–51

McAlpine CA, Syktus J, Ryan JG, Deo RC, McKeon GM, McGowan HA, Phinn SR (2009) A continent under stress: interactions, feedbacks and risks associated with impact of modified land cover on Australia's climate. Glob Change Biol 15:2206–2223

McDowell N, Pockman WT, Allen CD, Breshears DD, Cobb N, Kolb T, Plaut J, Sperry J, West A, Williams DG, Yepez EA (2008) Mechanisms of plant survival and mortality during drought: why do some plants survive while others succumb to drought? New Phytol 178:719–739

McLoughlin CA, Owen-Smith N (2003) Viability of a diminishing roan antelope population: predation is the threat. Anim Conserv 6:231–236

Mduma SAR, Sinclair ARE, Hilborn R (1999) Food regulates the Serengeti wildebeest: a 40-year record. J Anim Ecol 68:1101–1122

Midgley GF, Cowling RW, Hendricks H, Desmet PG, Esler K, Rundel P (1997) Population ecology of tree succulents (*Aloe* and *Pachypodium*) in the arid western Cape: decline of keystone species. Biodivers Conserv 6:869–876

Mokria M, Gebrekirstos A, Aynekulu E, Bräuning A (2015) Tree dieback affects climate change mitigation potential of a dry afromontane forest in northern Ethiopia. For Ecol Manag 344:73–83

Mortimore MJ, Adams WM (2001) Farmer adaptation, change and ‚crisis' in the Sahel. Glob Environ Change 11:49–57

Mouillot F, Field CB (2005) Fire history and the global carbon budget. a 1° × 1° fire history reconstruction for the 20th century. Glob Change Biol 11:398–420

Mueller RC, Scudder CM, Porter ME, Trotter T, Gehring CA, Whitham TG (2005) Differential tree mortality in response to severe drought: evidence for long-term vegetation shifts. J Ecol 93:1085–1093

Murari KK, Ghosh S, Patwardhan A, Daly E, Salvi K (2015) Intensification of future severe heat waves in India and their effect on heat stress and mortality. Reg Environ Change 15:569–579

Negrón JF, McMillin JD, Anhold JA, Coulson D (2009) Bark beetle-caused mortality in a drought-affected ponderosa pine landscape in Arizona, USA. For Ecol Manag 257:1353–1362

New M, Hewitson B, Stephenson DB et al (2006) Evidence of trends in daily climate extremes over southern and west Africa. J Geophys Res 111(D14102):1–11

Nguyen H, Lucas C, Evans A, Timbal B, Hanson L (2015) Expansion of the Southern Hemisphere Hadley cell in response to greenhouse gas forcing. J Clim 28:8067–8077

Niang AJ, Ozer A, Ozer P (2008) Fifty years of landscape evolution in Southwestern Mauretania by means of aerial photos. J Arid Environ 72:97–107

Nicholson S (2000) Land surface processes and Sahel climate. Rev Geophys 38:117–139

Nicholson SE (2001) Climatic and environmental change in Africa during the last two centuries. Clim Res 17:123–144

O'Connor TG (1985) A synthesis of field experiments concerning the grass layer in the savanna regions of southern Africa. South African Natl Sci Program Rep 114:1–116

Ogle K, Whitham TG, Cobb NS (2000) Tree-ring variation in pinyon predicts likelihood of death following severe drought. Ecology 81:3237–3243

Ogutu JO, Owen-Smith N (2003) ENSO, rainfall and temperature influences on extreme population declines among African savanna ungulates. Ecol Lett 6:412–419

Oliveira PS, Marquis RJ (2002) The Cerrados of Brazil. Ecology and natural history of a neotropical savanna. Columbia University Press, New York

Oliveira PTS, Nearing MA, Moran MS, Goodrich DC, Wendland E, Gupta HV (2014) Trends in water balance components across the Brazilian Cerrado. Water Resour Res 50:7100–7114

Pai DS, Nair SA, Ramanathan AN (2013) Long term climatology and trends of heat waves over India during the recent 50 years (1961–2010). Mausam 64:585–604

Pavia EG, Graef F, Reyes J (2009) Annual and seasonal surface air temperature trends in Mexico. Int J Climatol 29:1324–1329

Pearcy RW, Ehleringer JR (1984) Comparative ecophysiology of C_3 and C_4 plants. Plant Cell Environ 7:1–13

Peltier DMP, Ogle K (2019) Legacies of La Niña: North American monsoon can rescue trees from winter drought. Glob Change Biol 25:121–133

Pfadenhauer JS, Klötzli FA (2014) Vegetation der Erde. Springer Spektrum, Heidelberg

Prins HHT, van der Jeugd HP (1993) Herbivore population crashes and woodland structure in East Africa. J Ecol 81:305–314

Prior LD, Murphy BP, Russell-Smith J (2009) Environmental and demographic correlates of tree recruitment and mortality in north Australian savannas. For Ecol Manag 257:66–74

Ramaswamy S, Sanders JH (1992) Population pressure, land degradation and sustainable agricultural technologies in the Sahel. Agric Syst 40:361–378

Rasmussen K, Fog B, Madsen JE (2001) Desertification in reverse? Observations from Burkina Faso. Glob Environ Change 11:271–282

Rice KJ, Matzner SL, Byer W, Brown JR (2004) Patterns of tree dieback in Queensland, Australia: the importance of drought stress and the role of resistance to cavitation. Oecologia 139:190–198

Rodríguez-Iturbe I, D'Odorico P, Porporato A, Ridolfi L (1999) Tree-grass coexistence in savannas: the role of spatial dynamics and climate fluctuations. Geophys Res Lett 26:247–250

Roehrig R, Chauvin F, Lafore J-P (2011) 10–25-day intraseasonal variability of convection over the Sahel: a role of the Saharan Heat Low and midlatitudes. J Clim 24:5863–5878

Rohde RF, Hoffman MT (2012) The historical ecology of Namibian rangelands: vegetation change since 1876 in response to local and global drivers. Sci Tot Environ 416:276–288

Roques KG, O'Connor TG, Watkinson AR (2001) Dynamics of shrub encroachment in an African savanna: relative influences on fire, herbivory, rainfall and density dependence. J Appl Ecol 38:268–280

Rosenzweig C, Iglesias A, Yang XB, Epstein PR, Chivian E (2001) Climate change and extreme weather events. Implications for food production, plant diseases, and pests. Glob Change Hum Heath 2:90–104

Rossiter NA, Setterfield SA, Douglas MM, Hutley LB (2003) Testing the grass-fire cycle: alien grass invasion in the tropical savannas of northern Australia. Divers Distrib 9:169–176

Sass-Klaasen U, Couralet C, Sahle Y, Sterck F (2008) Juniper from Ethiopia contains a large-scale precipitation signal. Int J Plant Sci 169:1057–1065

Sawyer D (2008) Climate change, biofuels and eco-social impacts in the Brazilian Amazon and Cerrado. Phil Transact Roy Soc B 363:1747–1752

Schlesinger WH, Gramenopoulos N (1996) Archival photographs show no climate-induced changes in woody vegetation in the Sudan, 1943–1994. Glob Change Biol 2:137–141

Silva JF, Zambrano A, Fariñas MR (2001) Increase in the woody component of seasonal savannas under different fire regimes in Calabozo, Venezuela. J Biogeogr 28:977–983

Silva VPR (2004) On climate variability in Northeast of Brazil. J Arid Environ 58:575–596

Singh KP, Kushwaha CP (2005) Emerging paradigms of tree phenology in dry tropics. Curr Sci 89:964–975

Skarpe C, Aarrestad PA, Andreassen HP et al (2004) The return of the giants: ecological effects of an increasing elephant population. Ambio 33:276–282

Staver AC, Archibald S, Levin SA (2011a) The global extent and determinants of savanna and forest as alternative biome states. Science 334:230–232

Staver AC, Archibald S, Levin SA (2011b) Tree cover in sub-Saharan Africa: rainfall and fire constrain forest and savanna as alternative stable states. Ecology 92:1063–1072

Suresh HS, Dattaraja HS, Sukumar R (2010) Relationship between annual rainfall and tree mortality in a tropical dry forest: results of a 19-year study at Mudumalai, southern India. For Ecol Manag 259:762–769

Swaty RL, Deckert RJ, Whitham TG, Gehring CA (2004) Ectomycorrhizal abundance and community composition shifts with drought: predictions from tree rings. Ecology 85:1072–1084

Tafangenyasha C (2001) Decline of the mountain acacia, *Brachystegia glaucescens,* in Gonarezhou National Park, southeast Zimbabwe. J Environ Manag 63:37–50

Taylor CM, Lambin EF, Stephenne N, Harding RJ, Essery RLH (2002) The influence of land use change on climate in the Sahel. J Clim 15:3615–3629

Valeix M, Fritz H, Dubois S, Kanengoni K, Alleaume S, Saïd S (2007) Vegetation structure and ungulate abundance over a period of increasing elephant abundance in Hwange National Park, Zimbabwe. J Trop Ecol 23:87–93

van Aarde RJ, Jackson TP (2007) Megaparks for meta-populations: addressing the causes of locally high elephant numbers in southern Africa. Biol Conserv 134:289–297

van Vegten JA (1983) Thornbush invasion in a savanna ecosystem in eastern Botswana. Plan Ecol 56:3–7

Viljoen AJ (1995) The influence of the 1991/92 drought on the woody vegetation of the Kruger National Park. Koedoe 38:85–97

Vincke C, Diédhiou I, Grouzis M (2010) Long term dynamics and structure of woody vegetation in the Ferlo (Senegal). J Arid Environ 74:268–276

Walker BH, Emslie RH, Owen-Smith RN, Scholes RJ (1987) To cull or not to cull: lessons from a southern African drought. J Appl Ecol 24:381–401

Walter H, Breckle S-W (2004) Ökologie der Erde, Bd 2: Spezielle Ökologie der Tropischen und Subtropischen Zonen, 3. Aufl. Elsevier, München

Werner PA (1991) Savanna ecology and management: Australian perspectives and intercontinental comparisons. Blackwell, London

Wezel A, Lykke AM (2006) Woody vegetation change in Sahelian West Africa: evidence from local knowledge. Environ Dev Sustain 8:553–567

Zambatis N, Biggs HC (1995) Rainfall and temperatures during the 1991/92 drought in the Kruger National Park. Koedoe 38:1–16

Zeng N, Neelin JD, Lau K-M, Tucker CJ (1999) Enhancement of interdecadal climate variability in the Sahel by vegetation interaction. Science 286:1537–1540

Zhang R, Delworth TL (2006) Impact of Atlantic multidecadal oscillations on India/Sahel rainfall and Atlantic hurricanes. Geophy Res Lett 33(L17712):1–5

Zhang YJ, Meinzer FC, Hao GY, Scholz FG, Bucci SJ, Takahashi FSC, Villalobos-Vega R, Giraldo JP, Cao KF, Hoffmann WA, Goldstein G (2009) Size-dependent mortality in a Neotropical savanna tree: the role of height-related adjustments in hydraulic architecture and carbon allocation. Plant Cell Environ 32:1456–1466

Wüsten und Halbwüsten

© Springer-Verlag GmbH Deutschland, ein Teil von Springer Nature 2019
M. Hauck, C. Leuschner, J. Homeier, *Klimawandel und Vegetation – Eine globale Übersicht*,
https://doi.org/10.1007/978-3-662-59791-0_9

9.1 Abgrenzung und Verbreitung

Die **ariden und hyperariden Wüstengebiete** der Erde finden sich vorrangig im Bereich der **Wendekreise** und somit in den Subtropen, wo die absinkenden Luftmassen der Hadley-Zellen (▶ Abschn. 1.5) ein dauerhaft trockenes, strahlungsreiches Klima schaffen. Die ausgedehntesten hyperariden Wüstengebiete mit einem Jahresniederschlag <25 mm und einem Verhältnis von Niederschlag zu potenzieller Evapotranspiration <0,05 sind die Sahara in Nordafrika und die östlich anschließende Nefud- und Rub al-Chali-Wüsten der Arabischen Halbinsel. Die ariden Wüsten der Mojave im Südwesten der USA, der Atacama in Peru und Chile, der Namib in Südwestafrika und des australischen Outbacks werden in ihrer Lage und Ausdehnung zusätzlich durch die Lage im **Regenschatten** von hohen Gebirgen oder Küsten mit (die Wolkenbildung behindernden) **kalten Meeresströmungen** an den **Westrändern** der Kontinente beeinflusst. Nordwestlich an die ausgedehnten Wüstenbereiche der Arabischen Halbinsel schließt sich im Süden Israels die Negev als echte Trockenwüste an. Die zentral- und südasiatischen Wüstengebiete mit der Thar im nordwestindischen Rajasthan, der hyperariden Taklamakan in Xinjiang und der Gobi im mongolisch-chinesischen Grenzgebiet verdanken ihre Entstehung nicht nur dem Regenschatten der Hochgebirge, sondern auch der großen Meeresferne. Sie werden deswegen auch als **Binnenwüsten** bezeichnet und sind nicht den Subtropen, sondern der temperaten Zone zuzuordnen. Die zentralasiatischen Wüsten sind ebenso wie die Mojave und die hyperaride Atacama winterkalte Wüsten (Laity 2008).

Die **ariden und semiariden Halbwüsten** haben ihre Vorkommen an den Rändern der echten Wüsten im Übergang zu humiden Klimagebieten. Darüber hinaus gibt es ausgedehnte Trockengebiete, deren Klima für die Ausbildung echter Wüsten zu feucht ist und die deshalb den Halbwüsten zuzuordnen sind. Dies betrifft große Teile der Mojave und sowie die Sonora- und die Chihuahua-Wüste im Südwesten der USA und im Norden Mexikos. Auch sind die ausgedehnten Trockengebiete des australischen Outbacks nur in Teilen echte Wüsten. Die Kalahari im Südwesten des afrikanischen Kontinents in Botswana und im Osten Namibias gehört mehrheitlich zur Dornsavanne. Die Karoo südlich von Kalahari und Namib in Südafrika und Namibia ist hingegen der Halbwüste zuzuordnen.

9.2 Vegetation

Wasser ist der entscheidende limitierende Standortfaktor in den Wüsten und Halbwüsten. Die Vegetation der **Wüsten** ist naturgemäß aufgrund der Wasserarmut äußerst spärlich ausgeprägt. Die dort vorkommenden Arten müssen entweder als **tiefwurzelnde Phreatophyten** das Grundwasser erreichen (z. B. Gehölze in nur periodisch wasserführenden Trockentälern), als **Therophyten** die ausgedehnten Trockenperioden als Samen im Boden überdauern oder an (in der Relation) feuchteren Standorten innerhalb der Wüste als **Xerophyten** die Transpiration maximal reduzieren (Gibson 1996; Walter und Breckle 2004).

Während in den echten Wüsten weite vegetationslose Sand- und Gesteinsflächen auftreten, ist die Vegetation der **Halbwüsten** zwar lückig, kann aber beachtliche Deckungswerte erreichen. Biomasse und Produktivität steigen mit dem Jahresniederschlag (Ehleringer 2001). Typisch ist ein hoher Anteil von **Sträuchern und Zwergsträuchern** sowie **mehrjährigen Horstgräsern**; Therophyten treten hinzu. Unter den xerophytischen Pflanzen der Halbwüsten sind zahlreiche **Sukkulenten** mit verdickten Organen zur Wasserspeicherung, unter ihnen *Euphorbia*, die Kakteen der amerikanischen Trockengebiete und die lebenden Steine (*Lithops*, Aizoaceae) des südlichen Afrikas. **Poikilohydrische Gefäßpflanzen** (*Resurrection Plants*) und Kryptogamen (vor allem Flechten) überstehen die häufigen Trockenperioden durch ihre hohe plasmatische Austrocknungstoleranz, die u. a. durch das Fehlen einer Zentralvakuole ermöglicht wird.

9.3 Klimatrends

Instrumentelle Wetterdaten liegen aus den Wüstenregionen der Erde naturgemäß nur räumlich weitmaschig vor. Die **Sahara** erwärmt sich seit Ende der 1970er-Jahre sehr viel stärker als das übrige Afrika. Von 1979 bis 2012 ermittelten Cook und Vizy (2015) Erwärmungsraten von 0,25 bis 0,50 K. Dies deckt sich mit den Resultaten von Fallstudien aus Libyen (0,35–0,62 K pro Dekade von 1955–2005; Mantinim et al. 2011) und Ägypten ([0,08−] 0,20–0,64 K pro Dekade von 1971–2000; Domroes und El-Tantawi 2005). Die Erwärmung ist im Sommer stärker ausgeprägt als im Winter (El Kenawy et al. 2009; Collins 2011). Dem starken Temperaturanstieg Ende des 20. Jahrhunderts ging eine Periode fallender Temperaturen Mitte des 20. Jahrhunderts voraus, so beispielsweise um −0,09 bis −0,25 K pro Dekade von 1955 bis 1978 in Libyen (Mantinim et al. 2011). Cook und Vizy (2015) erklären die seit den 1970er-Jahren besonders starke Erwärmung in der Sahara mit der starken Trockenheit. Dadurch fällt die Abführung von Energie ohne Temperaturanstieg in Form von latenter Wärme über die Verdunstung von Wasser quantitativ kaum ins Gewicht, was zu einer überdurchschnittlichen Erwärmung der bodennahen Luftschichten führt. Cook und Vizy (2015) prägten hierfür den Begriff **Wüstenverstärkung** (*Desert Amplification*) analog zur Polaren Verstärkung (*Polar Amplification;* ▶ Abschn. 3.3), bei der es durch die geringe vertikale Durchmischung der Atmosphäre und die Abnahme der Albedo durch schmelzende Eismassen seit Ende des 20. Jahrhunderts zu einer überproportional schnellen Erwärmung gekommen ist. Der Niederschlag in der zentralen Sahara ist vernachlässigbar mit weniger als 25 mm, oft unter 10 mm im Jahr. Signifikante

Niederschlagstrends wurden zumindest im trockensten Teil der Sahara, der Libyschen Wüste, nicht festgestellt (El-Tantawi 2005). Die starke Erwärmung der Luftmassen führt zur Ausbildung des bodennahen **Sahara-Hitzetiefs** (*Sahara Heat Low [SHL]* oder *West African Heat Low [WAHL]*) mit Zentrum über der Westsahara (Lavaysse et al. 2009). Eine Verstärkung des Sahara-Hitzetiefs ist mit einem vermehrten Einstrom feuchter Luftmassen in den zentralen und östlichen Sahel, aber einer Austrocknung der westlichen Sahelzone am Südrand der Sahara verbunden (Evan et al. 2015; vgl. ▶ Abschn. 8.3).

In der Mehrheit der übrigen Wüsten- und Halbwüstengebiete der Erde erwärmt sich das Klima seit Mitte des 20. Jahrhunderts weniger stark als in der Sahara. In der **Namib** sind Hitzeperioden zwischen 1961 und 2000 häufiger geworden (New et al. 2006); im Namib-Naukluft-Nationalpark südöstlich von Swakopmund stieg die Jahresmitteltemperatur seit 1910 um 0,09 K pro Dekade und seit 1960 um 0,17 K pro Dekade (Berkeley Earth 2019). Der küstenferne Bereich der westlichen **Karoo** in Namaqualand, d. h. der Verbreitungsschwerpunkt der Sukkulentenkaroo, verzeichnete Niederschlagsrückgänge von 1950 bis 1999 (MacKellar et al. 2007). Ansonsten bestanden in der Karoo im 20. Jahrhundert keine durchgehenden Trends zur Niederschlagsabnahme; die erste Hälfte des 20. Jahrhunderts war an vielen Orten sogar trockener als die zweite (Hoffman et al. 2009). In den Wüsten des Nahen Ostens, also auf der **Arabischen Halbinsel** und dem **Negev** sowie der von Wüstensteppe dominierten Syrischen Wüste, verzeichneten Zhang et al. (2005) eine Zunahme heißer Tage bei gleichzeitiger Abnahme kühler Tage zwischen 1970 und 2003, wohingegen über den Zeitraum von 1950 bis 2003 kein Trend festgestellt werden konnte. Die Zahl der Tage mit Niederschlag war von 1970 bis 2003 leicht rückläufig. Im Negev nahm bei unverändertem Niederschlag die Temperatur von 1970 bis 2002 um 0,27 bis 0,51 K pro Dekade zu (Kafle und Bruins 2009). Am Ostrand der **Thar** in Rajasthan wurden

Erwärmungsraten um 0,10 K pro Dekade von 1910 bis 2017 und 0,21 bis 0,26 K pro Dekade von 1960 bis 2012 gemessen (Sikar, 28°8′ N, 75°27′ E; Jodhpur, 26°31′ N, 73°26′ E; Berkeley Earth 2019). Im südlichen Xinjiang im Bereich des Tarimbeckens mit der **Takhlamakan** ist die Temperatur von 1960 bis 2012 um etwa 0,25 bis 0,27 K pro Dekade angestiegen (Berkeley Earth 2019). Einen besonders starken Temperaturanstieg gab es in den 1980er- und 1990er-Jahren (Shi et al. 2007). Der Niederschlag hat Ende des 20. Jahrhunderts zugenommen, und zwar in Süd-Xinjiang von 1987 bis 2000 um 33 % oder 17 mm a^{-1} (Shi et al. 2007). In der **Gobi** ist die Temperatur von 1951 bis 1990 um etwa 0,25 K pro Dekade im Osten angestiegen, im westlichen Teil hingegen mehr oder weniger konstant geblieben (Hulme et al. 1994). Die Wüsten- und Halbwüstengebiete des **australischen Outbacks** haben sich von 1910 bis 2000 um rund 0,1 K pro Dekade, ab 1951 um 0,1 bis 0,2 K pro Dekade erwärmt (Hughes 2003). Der Niederschlag hat seit den 1970er-Jahren etwas zugenommen (Hulme 1996). Im Zeitraum von 1981 bis 2006 betraf dies allerdings nur den Westen des australischen Trockengebiets (McAlpine et al. 2009).

In den Trockengebieten des Südwestens der USA ist die Temperatur von 1961 bis 1990 um 0,2 K pro Dekade gestiegen (Hulme 1996). Die **Sonora-Halbwüste** hat einen starken Temperaturanstieg seit Ende des 20. Jahrhunderts zu verzeichnen. Hier hat von 1982 bis 2007 die Temperatur um 0,50 K pro Dekade zugenommen, während der Niederschlag um 66 mm pro Dekade gesunken ist (McAfee und Russell 2008; Kimball et al. 2010). Die Winter in der winterkalten Sonora waren Ende des 20. Jahrhunderts milder und kürzer als Mitte des 20. Jahrhunderts (Weiss und Overpeck 2005). In der **Mojave** stieg die Temperatur von 1982 bis 2000 um 0,63 K pro Dekade (Bai et al. 2014), während sich die **Chihuahua-Halbwüste** insgesamt schwächer erwärmt hat als Sonora und Mojave (Magaña et al. 2012). Die Zahl der frostfreien Tage hat in den Wüsten und Halbwüsten des südwestlichen Nordamerikas zugenommen,

wie durch den Anstieg der Minimumtemperaturen sichtbar wird (Abatzoglou und Kolden 2011). In der Mojave, die im Gegensatz zur Sonora ein reines Winterregengebiet ist, stiegen die Minimumtemperaturen von 1918 bis 2006 schwächer als in der Sonora (0,09 gegenüber 0,17 K pro Dekade; Cordero et al. 2011).

Die **Atacama** in Südperu und Nordchile stellt im Hinblick auf den Klimawandel einen Ausnahmefall dar. Ebenso wie im südlich an die Atacama anschließenden, zum mediterranen Biom gehörenden Matorral erwärmt sich hier das Klima nicht. Während jedoch im chilenischen Matorral die Temperaturen von 1979 bis 2006 konstant blieben, sank die Jahresmitteltemperatur in der Atacama in diesem Zeitraum. In Antofagasta am Westrand des chilenischen Teils der Atacama nahm die Temperatur zwischen 1979 und 2006 um 0,44 K ab (Falvey und Garreaud 2009). Die Abkühlung erfolgt unter dem Einfluss des sich in der Region abkühlenden Ostpazifiks und kontrastiert mit den sich erwärmenden Anden, die östlich der im Mittel nur 160 km breiten Atacama aufsteigen.

9.4 Auswirkungen des Klimawandels auf die Vegetation

9.4.1 Phänologie

Da Veränderungen in der Wüsten- und Halbwüstenvegetation aufgrund der ohnehin vorhandenen Vegetationsdynamik infolge der interannuellen Variabilität des Klimas und durch die Dominanz von Gräsern, Kräutern und niedrigen Gebüschen schwierig zu beobachten sind, sind phänologische Beobachtungen besonders wertvoll, um einen Effekt des Klimawandels unmittelbar nachweisen zu können. Derartige Beobachtungen sind freilich aus Wüsten- und Halbwüstenregionen kaum vorhanden. Aus der Sonora-Halbwüste liegt jedoch eine Auswertung von Herbarmaterial vor, die eine

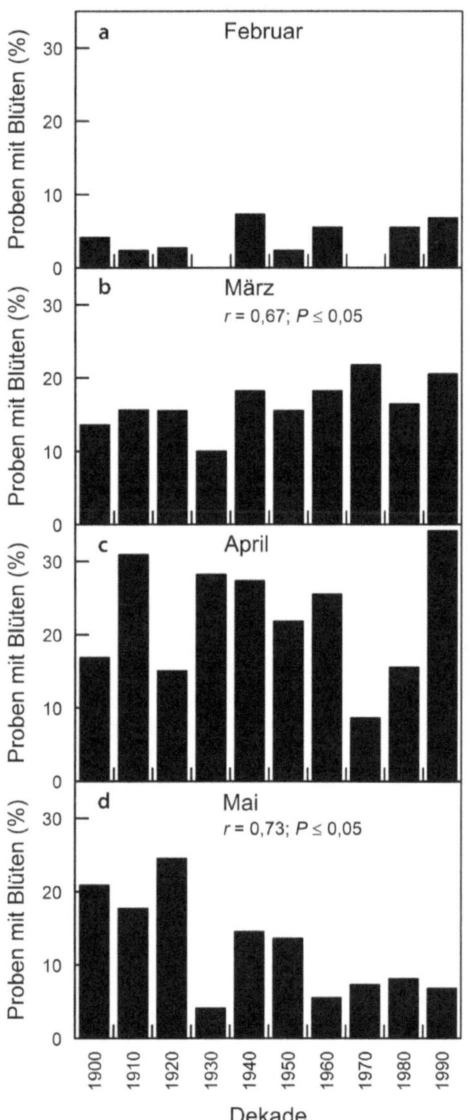

◘ Abb. 9.1 Anteil von Sträuchern mit Blüten in Herbarbelegen aus der Sonora-Halbwüste (Pima County, Arizona, USA) von 1900 bis 1999. Ein Anstieg der blühenden Sträucher in den Proben vom März und eine Abnahme im Mai zeigen eine Vorverlagerung der Blühtermine an. (Nach Bowers 2007, S. 352)

Vorverlagerung des Blühtermins seit Beginn des 20. Jahrhunderts nahelegt (Bowers 2007). Im Zeitraum von 1900 bis 1999 hat die Anzahl von Herbarbelegen blühender Sträucher, die im März gesammelt wurden, kontinuierlich

zugenommen, wohingegen Belege mit Blüten aus dem Mai seltener wurden (◘ Abb. 9.1). Eine Auswertung der Sammeltermine sämtlicher 20.740 Belege, die im 20. Jahrhundert im Bezugsgebiet der Studie im Süden Arizonas gesammelt wurden und im Herbarium der University of Arizona in Tucson hinterlegt wurden, zeigte klar, dass eine Verlagerung der Sammelaktivität nicht für diesen Trend verantwortlich gemacht werden kann. Als Ergebnis einer Modellierung des Blühtermins mit Klimadaten, deren Ergebnisse sich mit den Befunden der Herbarauswertung decken, geht Bowers (2007) davon aus, dass sich von 1894 bis 2004 der Blühtermin der Sträucher um 20 bis 41 Tage nach vorn verlagert hat.

9.4.2 Physiologische Grenzen

Wüsten- und Halbwüstenpflanzen können nicht nur von Wassermangel als Folge von durch den Klimawandel zunehmender Aridität betroffen sein. Vielmehr stellt sich auch die Frage, inwieweit die Vegetation auch **Hitzeschäden** durch steigende Temperaturen in einer Umgebung mit ohnehin heißem Klima erleiden kann. Viele Wüstenpflanzen sind regelmäßig **Blatttemperaturen von 40 bis 50 °C** ausgesetzt (Lange 1959; Berry und Björkman 1980). In den Quarzfeldern der Sukkulentenkaroo im südwestlichen Afrika maßen Schmiedel und Jürgens (2004) bei etwa 35 °C Lufttemperatur Blatttemperaturen von 40 bis 55 °C, teilweise sogar von über 60 °C bei den dort für die Vegetation typischen Mittagsblumengewächsen (Aizoaceae).

Für eine Reihe von Wüsten- und Halbwüstenpflanzen ist eine ausgeprägte Fähigkeit zur **Akklimatisierung an hohe Temperaturen** nachgewiesen. Dies betrifft nicht nur ausdauernde Pflanzen (Mooney et al. 1978), sondern auch Therophyten, die somit auf trocken-heiße Perioden nicht nur durch Vermeidung in Form ihres ephemeren Auftretens nach Regenfällen reagieren, sondern auch durch physiologische Anpassung (Downton et al. 1984; Seemann et al. 1986). Allerdings ist die Photosynthese bei mehrjährigen Pflanzen in der Regel hitzestabiler als bei Einjährigen.

Mehrjährige Sträucher, Gräser und Kräuter der Mojave akklimatisierten ihre Photosynthese bei Wiederholungsmessungen vom Frühjahr zum Sommer an im Mittel um 3,2 K höhere Temperaturen (Downton et al. 1984). Bei im Winterregengebiet der Mojave verbreiteten Winterannuellen nahm die **Thermotoleranz** (oder Hitzeresistenz) der Photosynthese von Februar bis Mai parallel zu einem Anstieg der Tageshöchstwerte der Lufttemperatur um 12 K je nach Art um 6 bis 9 K zu (Seemann et al. 1986). Winterannuelle, die im Gewächshaus bei 28 °C (nachts 21 °C) angezogen wurden, konnten im Mittel bis zu einer Lufttemperatur von 41 °C eine positive Nettophotosynthese aufrechterhalten, bevor es zu irreversibler Schädigung kam. Bei 43 °C Tagtemperatur und 32 °C Nachttemperatur erhöhte sich die Hitzestabilität der Photosynthese um 5 bis 7 K. Bei Sommerannuellen der Sonora-Halbwüste lag dieser Wert unter den gleichen experimentellen Bedingungen bei 3 bis 4 K (Downton et al. 1984). All diese ökophysiologischen Falluntersuchungen zeigen, dass die Wüsten- und Halbwüstenpflanzen im Allgemeinen über eine erhebliche Plastizität in Hinblick auf steigende Temperaturen verfügen. Ein Mechanismus zur Vermeidung von Hitzeschäden ist die saisonale Regulation der Strahlungsreflexion durch die Blätter. Niedrige Blattwassergehalte führen über die dadurch erhöhte Konzentration der in den Zellen gelösten Salze zu einer erhöhten Reflexion und damit zu einer Senkung der Blatttemperatur. Im Death Valley in der nördlichen Mojave variierte die Blattreflexion von *Atriplex hymenelytra* bei $\lambda = 550$ nm zwischen 35 % im Winter und 50 bis 60 % im Sommer und Herbst (Mooney et al. 1977).

Bei Arten, die **Transpirationskühlung** betreiben, ist die Thermotoleranz mit der Wasserversorgung verknüpft, da die Hitzevermeidung durch Transpirationskühlung maßgeblich von einer ausreichenden Wasserverfügbarkeit abhängt, die eine hohe stomatäre Leitfähigkeit ermöglicht. Lange (1959) zeigte in der mauretanischen Sahara an *Citrullus colocynthis,* dass Transpirationskühlung in den heißen Mittags- und Nachmittagsstunden die Blatttemperatur um weit mehr als 20 K reduzierte. Während sich ohne Transpirationskühlung die Blätter im Regelfall stärker aufheizen als die Luft, lag bei *C. colocynthis* die Blatttemperatur sogar 15 K unter der Lufttemperatur. Viele Wüsten- und Halbwüstenpflanzen können allerdings keine Transpirationskühlung betreiben, da an ihren Standorten die Bodenfeuchte dazu nicht ausreicht. **CAM-Pflanzen**, die ihre Stomata tagsüber geschlossen halten, müssen generell ohne Transpirationskühlung auskommen (Nobel 1976). In Kakteen der Sonora-Halbwüste, allesamt Arten mit CAM-Stoffwechsel, wurden bei einer Lufttemperatur von 41 bis 42 °C Oberflächentemperaturen zwischen 47 und 62 °C gemessen (Smith 1978). Die Hitzestabilitätsgrenze der Photosynthese liegt allerdings in noch weit höheren Temperaturbereichen. Bei verschiedenen Kakteenarten der Mojave und der Sonora kam die Photosynthese erst bei Lufttemperaturen von 50 bis 57 °C zum Erliegen (Downton et al. 1984).

Empirische Befunde, die darüber Auskunft geben, inwieweit durch den Klimawandel bereits heute die physiologischen Grenzen von Wüstenpflanzen örtlich überschritten werden, sind spärlich. Jenseits der oben geschilderten Temperaturgrenzen wird der Photosyntheseapparat irreversibel geschädigt (Seemann et al. 1984). Es ist daher wahrscheinlich, dass insbesondere der starke Temperaturanstieg in der Sahara bereits heute die Verbreitung von Pflanzenarten beeinflusst. Ähnliches gilt für die zunehmende **Aridisierung** durch den Temperaturanstieg. Verschiedene Mikrohabitate mit abweichender Wasserversorgung wirken sich über unterschiedliche funktionelle und systematische Gruppen hinweg in der Beanspruchung der Pflanzen durch Trockenstress aus, wie sich anhand der δ^{13}C-Signatur der Blätter nachweisen lässt (Ehleringer und Cooper 1988). Außergewöhnliche Dürren können seit jeher zu massiver Mortalität von Wüstenpflanzen und zu einer verringerten

Verjüngung führen. Auf diese Weise beeinflussen die Dürren noch jahrzehntelang die Bestandesdichte und die Dominanzverhältnisse in der Vegetation (Turner 1990; Parker 1993; Miriti et al. 2007). Auch über Veränderungen in der Wasserversorgung ist daher ein Einfluss des Klimawandels auf die Wüsten- und Halbwüstenvegetation denkbar. Bei moderatem Wassermangel kann eine erhöhte atmosphärische CO_2-**Konzentration** über eine verbesserte **Wassernutzungseffizienz** Rückgänge in der Kohlenstoffassimilation teilweise kompensieren, wie sich experimentell zeigen lässt (Hamerlynck et al. 2000). Angesichts der geringen Wasservorräte, auf die Wüsten- und Halbwüstenpflanzen ohne Zugang zum Grundwasser Zugriff haben, kann bereits eine geringe Reduktion des Wasserverbrauchs durch Verringerung der stomatären Leitfähigkeit für das Überdauern von Dürreperioden bedeutsam sein.

Einige Studien, die quantifizieren, wie verschiedene Pflanzengruppen auf **extreme Temperaturen oder Dürren** reagieren, gibt es aus der Sukkulentenkaroo im Südwesten Afrikas. In einem experimentellen Ansatz mit Open Top Chambers erzeugten Musil et al. (2005) um im Schnitt 5,5 K höhere Tagesmaxima der Temperatur (38–42 °C statt 33–36 °C) und untersuchten den Effekt auf ausgewählte blattsukkulente Mittagsblumengewächse (Aizoaceae). Vier Monate Erwärmung verursachten einen Anstieg der **Mortalität** um das 3,5- bzw. 4,9-Fache bei zwei Zwergsukkulenten (■ Abb. 9.2). Bei den beiden ebenfalls untersuchten strauchförmigen Arten *Drosanthemum diversifolium* und *Ruschia burtoniae* war der Unterschied in der Mortalitätsrate sehr viel schwächer ausgeprägt und statistisch nicht signifikant (■ Abb. 9.2). Bei *D. diversifolium* war allerdings die Absterberate einzelner Blätter in der Erwärmungsvariante mehr als verdoppelt. Diese Ergebnisse legen nahe, dass durch zunehmende Hitzeextreme bei diesen Halbwüstensukkulenten die thermische Obergrenze überschritten werden könnte.

Midgley und van der Heyden (1999) führten über 20 Monate ein Regenausschlussexperiment in der Sukkulentenkaroo durch.

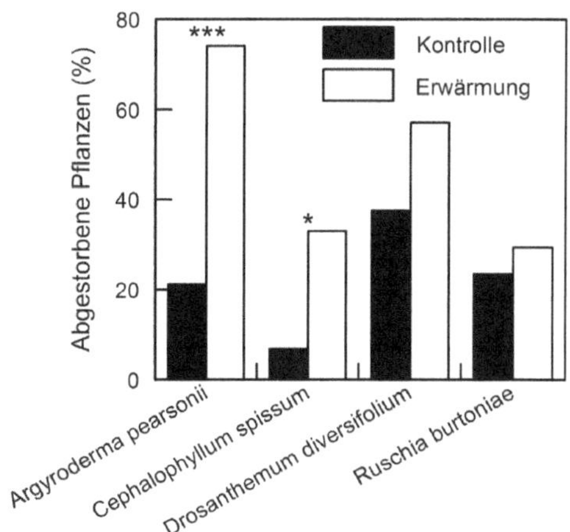

■ **Abb. 9.2** Anstieg der Mortalität von zwei Zwergsukkulenten *(Argyroderma pearsonii, Cephalophyllum spissum)* und zwei strauchförmigen Sukkulenten *(Drosanthemum diversifolium, Ruschia burtoniae)* der südafrikanischen Sukkulentenkaroo durch experimentelle Erwärmung (Tagesmaxima im Mittel um 5,5 K über der Kontrolle) über 4 Monate mit Open Top Chambers. (Daten aus Musil et al. 2005, S. 543)

■ **Tab. 9.1** Eintritt einer Mortalitätsrate von 50 % (LD_{50}) der Individuen von Blatt-, Stamm- und Nichtsukkulenten in einem Regenausschlussexperiment in der südafrikanischen Sukkulentenkaroo. (Nach Midgley und van der Heyden 1999, S. 57)

Funktioneller Typ/Art	LD_{50} (Tage)
Blattsukkulente:	
Ruschia caroli	259
Stammsukkulente:	
Euphorbia mauretanica	343
Euphorbia burmannii	595
Nichtsukkulent (immergrün):	
Pteronia incana	518

Dabei reagierten Sukkulenten empfindlicher als nichtsukkulente Arten (■ Tab. 9.1). Für eine Verallgemeinerung der Ergebnisse ist die Zahl der untersuchten Arten allerdings sicher zu gering. Auch muss beachtet werden, dass die Blattsukkulenten der Karoo generell eine kürzere Lebensdauer und damit einen höheren Turnover haben als nichtsukkulente Mehrjährige (von Willert et al. 1992; Jürgens et al. 1999). Ein dürrebedingtes Absterben muss insofern nicht zu langfristigen Verschiebungen im Verhältnis von Sukkulenten und Nichtsukkulenten führen. Milton et al. (1995) fanden nach einer Dürre in der Zeit 1990/1991 höhere Mortalitätsraten bei nichtsukkulenten als bei sukkulenten Sträuchern. Die Deckung der beiden dominanten Sträucher *Eriocephalus ericoides* und *Pentzia incana* ging durch die Dürre um 88 bzw. 70 % zurück und die Gesamtdeckung aller mehrjährigen Pflanzen von 45 auf 21 %.

McAuliffe und Hamerlynck (2010) untersuchten die Auswirkungen einer mehrjährigen Dürre (1999–2003) auf die Mortalitätsraten mehrjähriger Pflanzen in der Mojave und der Sonora. Hier waren die sukkulenten Pflanzen *(Opuntia, Yucca)* unempfindlicher als die meisten nichtsukkulenten Arten. Unter den dominanten nichtsukkulenten Gebüschen starben die bei Trockenheit laubwerfenden *Ambrosia deltoidea* und *A. dumosa* fast vollständig ab, während die immergrüne *Larrea tridentata* auf den meisten Untersuchungsflächen kaum geschädigt war. Guida et al. (2014) stellten eine Abnahme von *Yucca schidigera* zwischen 1979 und 2008 bei der Untersuchung von 103 Plots in der Mojave-Wüste fest und führten diese Abnahme auf die zunehmende Aridisierung zurück.

Selbst in den Trockengebieten der Erde kann der Klimawandel Arten nicht nur ausschließlich durch hohe Temperaturen und zunehmende Trockenheit an ihre physiologischen Grenzen bringen. In der **Sonora** führen **Niederschlagsabnahme** (◼ Abb. 9.3a) und Veränderungen in der **saisonalen Verteilung der Niederschläge** dazu, dass dort **Winterannuelle** verstärkt durch niedrige Temperaturen eingeschränkt werden (Kimball et al. 2010). Für die Keimung ausreichende Mengen an Winterregen traten noch zu Beginn der 1980er-Jahre im Oktober auf, haben sich aber seitdem auf spätere Termine verschoben. Dadurch keimten die Therophyten im ersten Jahrzehnt des 21. Jahrhunderts im Mittel Anfang Dezember (◼ Abb. 9.3c). Obwohl die Temperatur, bezogen auf die gesamte winterliche Vegetationsperiode von September bis Mai, gestiegen ist (◼ Abb. 9.3b), sind die Pflanzen beim Auskeimen aufgrund des später einsetzenden Winterregens nun deutlich niedrigeren Temperaturen ausgesetzt (◼ Abb. 9.3d). Lag die Lufttemperatur beim Auskeimen im Winter 1982/1983 im Mittel noch bei knapp 20 °C, waren es Anfang des 21. Jahrhunderts nur etwa 10 °C. Durch die Kombination aus reduzierten Regenmengen und tieferen Temperaturen beim Keimen hat sich die Dichte der Keimlinge verringert und die Artenkombination zugunsten von kälteadaptierten Arten verändert (◼ Abb. 9.4a, b). Abgenommen haben vor allem Arten, die zum Keimen hohe Niederschläge und hohe Temperaturen benötigen (◼ Abb. 9.4c, d).

Die in **Halbwüsten** vorkommenden **Gehölze** sind in ihrer Verbreitung durch ihre artspezifische Embolieresistenz begrenzt (Pockman und Sperry 2000). Dementsprechend kann es zu Absterbeereignissen in Dürreperioden, aber auch zur Wiederausbreitung von Arten in feuchteren Phasen kommen. Beispiele für rezente Rückgänge, die dem Klimawandel zugeschrieben werden, sind die in Südwestafrika vorkommenden baumförmigen Sukkulenten wie *Aloidendron dichotoma* oder die Kiefern-Wacholder-Gehölze des südwestlichen Nordamerikas, die unter den Trockenwäldern in den ▶ Abschn. 8.6.1.5 („Köcherbaumwälder des südwestlichen Afrikas") und 8.6.5 („Trockenwälder des südlichen Nordamerikas") behandelt werden.

9.4.3 Desertifikation

Desertifikation, also die Ausbreitung von Wüsten durch Umwandlung anderer Ökosysteme, kann generell durch Änderungen des Klimas, die eine **Aridisierung** mit sich bringen, und durch **Landnutzung** hervorgerufen

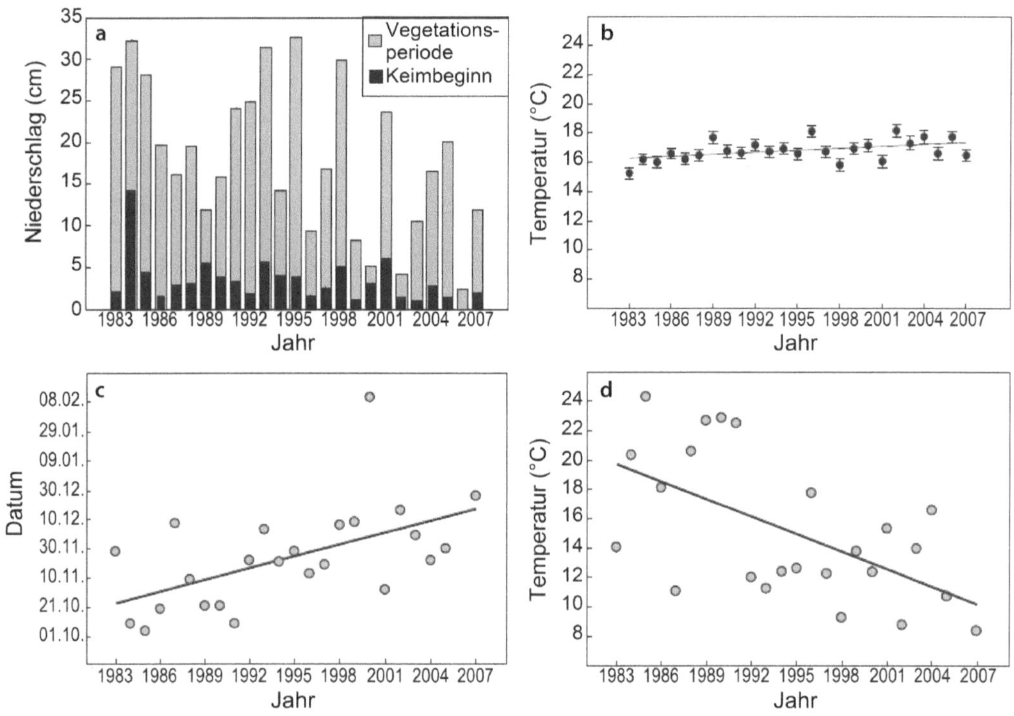

□ Abb. 9.3 Veränderungen im Klima und Auswirkungen auf die Keimung von Winterannuellen in der Sonora-Halbwüste bei Tucson (Arizona) von 1983 bis 2007: (**a**) Niederschlag während der Vegetationsperiode und zum Zeitpunkt des Keimbeginns, (**b**) mittlere Temperatur während der Vegetationsperiode, (**c**) Tag des Keimbeginns, (**d**) mittlere Temperatur während des ersten Regens und in den 5 folgenden Tagen. (Nach Kimball et al. 2010, S. 1560)

werden (Puigdefabregas 1995; Nicholson et al. 1998). Bei der Landnutzung geht es in Anbetracht der beschränkten Nutzungsmöglichkeiten für Lebensräume, die potenziell durch nicht nachhaltige Bewirtschaftung in Wüste umgewandelt werden können, häufig um **Überweidung** (Ezcurra 2006). Dabei entstehen Probleme meist durch die hohe interannuelle bis multidekadische Niederschlagsvariabilität in Trockengebieten, die eine dauerhafte Tragfähigkeit der Weiden nicht zulassen. Viehdichten, die jahrelang tragfähig waren, können in Dürrephasen die Belastungsgrenze überschreiten.

Ein globaler und großflächiger Trend zur Desertifikation, wie er seit den 1970er-Jahren in der Folge verheerender Dürren im Sahel immer wieder postuliert worden ist (Biswas 1978; Biswas und Biswas 1980), wird von einigen Autoren mit großer Skepsis gesehen (Nicholson et al. 1998; Nicholson 2001). Obgleich seinerzeit nur landnutzungsbedingte Degradation von Ökosystemen zu Wüste und Halbwüste, nicht aber klimatisch bedingte Veränderungen in die Definition für Desertifikation einbezogen wurden, sahen die Vereinten Nationen Anfang der 1980er-Jahre mehr als ein Drittel der Landoberfläche der Erde als von Desertifikation bedroht an (Biswas und Biswas 1980). So schädlich Desertifikationsprozesse vor allem durch die Abtragung des fruchtbaren Oberbodens sind (Schlesinger et al. 1990), so ist dennoch eine **großräumige Desertifikation** bisher **nicht eingetreten** (Nicholson 2001). Klimamodelle weisen nichtsdestoweniger auf die Möglichkeit zukünftiger regionaler Desertifikationsprozesse hin (Thomas et al. 2005). Annahmen, dass Desertifikation über eine Erhöhung der Albedo einen maßgeblichen Beitrag zur Ausbildung von Dürreereignissen

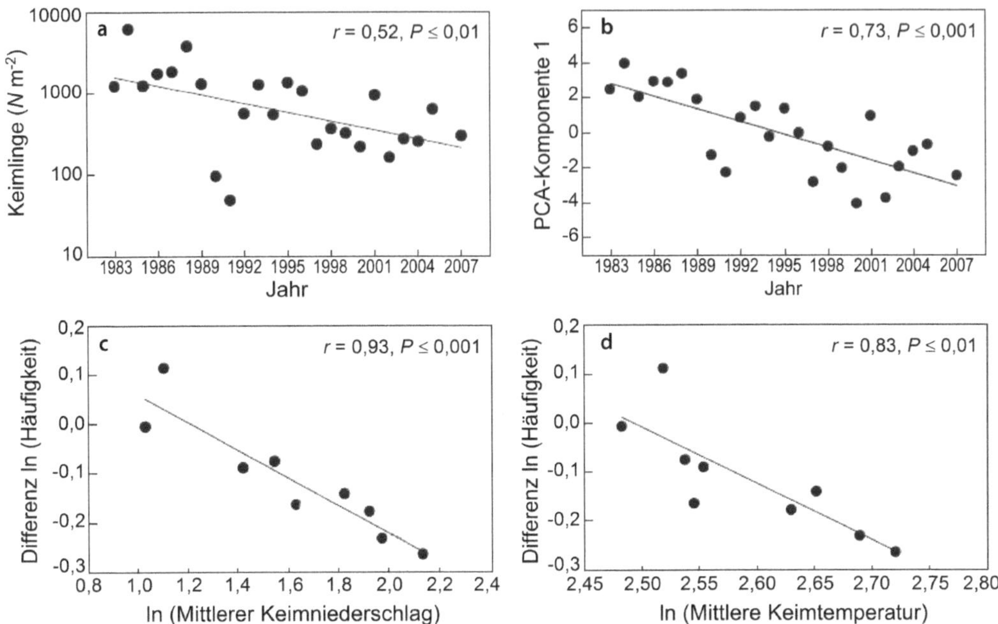

◘ Abb. 9.4   Später einsetzender Winterniederschlag bei dann tieferen Temperaturen reduziert die Dichte von Keimlingen von Winterannuellen in der Sonora (**a**) und verändert die Artenkombination (**b**), wie durch kleiner werdende PCA-Ordinationswerte angezeigt wird. Arten, die bei geringen Niederschlagsmengen (**c**) und geringen Temperaturen (**d**) keimen können, sind häufiger geworden; Arten mit höheren Ansprüchen an die Feuchtigkeit und Wärme haben über die Jahre (1983–2007) abgenommen. (Nach Kimball et al. 2010, S. 1561)

hätte (Charney 1975; Brovkin et al. 1998; Zeng und Yoon 2009), sind von anderen Autoren in Zweifel gezogen worden (Nicholson 2001; Foley et al. 2003). Allerdings vermag der Mensch über die Landnutzung das Mikroklima von Halbwüsten zu beeinflussen. In der mexikanischen Sonora erwärmte sich das Klima von 1969 bis 1983 um 0,7 K pro Dekade, in Arizona dagegen nur um 0,5 K pro Dekade (Balling et al. 1998). Die stärkere Erwärmung in Mexiko führten Balling et al. (1998) auf einen geringeren Anteil latenter Wärme als Folge einer höheren Beweidungsintensität und dadurch einer geringeren Vegetationsdecke und einer im Mittel niedrigeren Bodenfeuchte zurück.

9.4.4 Ergrünungstrends

Regionale Zunahmen des Niederschlags, wie sie durch die Klimaerwärmung ausgelöst werden können, können theoretisch die Dichte

und Produktivität der Wüstenvegetation erhöhen und so zu Ergrünungstrends führen. Gerade das **„Ergrünen" der Sahara** Ende des 20. Jahrhunderts hat eine breite Aufmerksamkeit erfahren. Es handelt sich hierbei jedoch sicher nicht um eine langfristige Zunahme der Vegetation, sondern um eine **Regeneration der Vegetation** infolge **dekadischer bis multidekadischer Klimaschwankungen**. Das Ergrünen der Sahara bezieht sich in erster Linie auf die Zunahme der Vegetation im Sahel, nicht in der eigentlichen Sahara, nach der Dürre der 1970er- und 1980er-Jahre (Olsson et al. 2005; Giannini et al. 2008; Dardel et al. 2014). Auch Zunahmen des Normalized Difference Vegetation Index (NDVI) Ende des 20. Jahrhunderts in asiatischen Wüsten sind eher als das Resultat dekadischer bis multidekadischer Schwankungen im Niederschlag und nicht als kontinuierlicher Aufwärtstrend anzusehen. In den Randgebieten von Gobi, Taklamakhan, der Thar sowie der nordwestlich anschließenden Lut und der Karakum hat der NDVI von 1982 bis 1998 um 7,2 % pro Dekade zugenommen, ist anschließend aber von 1998 bis 2008 um 6,8 % pro Dekade zurückgegangen (Jeong et al. 2011).

Literatur

Abatzoglou JT, Kolden CA (2011) Climate change in western US deserts: potential for increased wildfire and invasive annual grasses. Rangeland Ecol Manag 64:471–478

Bai Y, Scott TA, Min Q (2014) Climate change implications of soil temperature in the Mojave Desert, USA. Front Earth Sci 8:302–308

Balling RC, Klopatek JM, Hildebrandt ML, Moritz CK, Watts CJ (1998) Impacts of land degradation on historical temperature records from the Sonoran Desert. Climatic Change 40:669–681

Berkeley Earth (2019) Land and ocean data set. Results by location. ▶ http://berkeleyearth.lbl.gov/city-list

Berry J, Björkman O (1980) Photosynthetic response and adaptation to temperature in higher plants. Annu Rev Plant Physiol 31:491–543

Biswas MR (1978) U.N. Conference on Desertification, in retrospect. Environ Conserv 5:247–262

Biswas MR, Biswas AK (Hrsg) (1980) Desertification. Pergamon Press, Oxford

Bowers JE (2007) Has climatic warming altered spring flowering date of Sonoran Desert shrubs? Southwest Nat 52:347–355

Brovkin V, Claussen M, Petoukhov V, Ganopolski A (1998) On the stability of the atmosphere-vegetation system in the Sahara/Sahel region. J Geophys Res 103:31613–31624

Charney JG (1975) The dynamics of deserts and droughts. Quart J Roy Meteorol Soc 101:193–202

Collins JM (2011) Temperature variability over Africa. J Clim 24:3649–3666

Cook KH, Vizy EK (2015) Detection and analysis of an amplified warming of the Sahara Desert. J Clim 28:6560–6580

Cordero EC, Kessomkiat W, Abatzoglou JT, Mauget SA (2011) The identification of distinct patterns in California temperature trends. Climatic Change 108:357–382

Dardel C, Kergoat L, Hiernaux P, Mougin E, Grippa M, Tucker CJ (2014) Re-greening Sahel: 30 years of remote sensing data and field observations (Mali, Niger). Remote Sens Environ 140:350–364

Domroes M, El-Tantawi AMM (2005) Recent temporal and spatial temperature changes in Egypt. Int J Climatol 25:51–63

Downton WJS, Berry JA, Seemann JR (1984) Tolerance of photosynthesis to high temperature in desert plants. Plant Physiol 74:786–790

Ehleringer JR (2001) Productivity of deserts. In: Mooney H, Roy J, Saugier B (Hrsg) Terrestrial global productivity. Academic Press, New York, S 345–362

Ehleringer JR, Cooper TA (1988) Correlations between carbon isotope ratio and microhabitat in desert plants. Oecologia 76:562–566

El Kenawi AM, López-Moreno JI, Vicente-Serrano SM, Mekld MS (2009) Temperature trends in Libya over the second half of the 20th century. Theor Appl Climatol 98:1–9

El-Tantawi AMM (2005) Climate change in Libya and desertification of Jifara Plain using geographical information system and remote sensing techniques. Dissertation, Mainz

Evan AT, Flamant C, Lavaysse C, Kocha C, Saci A (2015) Water vapor-forced greenhouse warming over the Sahara Desert and the recent recovery from the Sahelian drought. J Clim 28:108–123

Ezcurra E (2006) Global deserts outlook. UNEP, Nairobi

Falvey M, Garreaud RD (2009) Regional cooling in a warming world: Recent temperature trends in the southeast Pacific and along the west coast of subtropical South America (1979−2006). J Geophys Res 114(D04102):1–16

Foley JA, Coe MT, Scheffer M, Wang G (2003) Regime shifts in the Sahara and Sahel: interactions between ecological and clilmatic systems in northern Africa. Ecosystems 6:524–539

Giannini A, Biasutti M, Verstraete MM (2008) A climate model-based review of drought in the Sahel: desertification, the re-greening and climate change. Glob Planet Change 64:119–128

Gibson AC (1996) Structure-function relations of warm desert plants. Springer, Berlin

Guida RJ, Abella SR, Smith WJ, Stephen H, Roberts CL (2014) Climatic change and desert vegetation distribution: assessing thirty years of change in southern Nevada's Mojave Desert. Prof Geogr 66:311–322

Hamerlynck EP, Huxman TE, Loik ME, Smith SD (2000) Effects of extreme high temperature, drought and elevated CO_2 on photosynthesis of the Mojave Desert evergreen shrub *Larrea tridentata*. Plant Ecol 148:183–193

Hoffman MT, Carrick PJ, Gillson L, West AG (2009) Drought, climate change and vegetation response in the succulent karoo, South Africa. S Afr J Sci 105:54–60

Hughes L (2003) Climate change and Australia: trends, projections and impacts. Austral Ecol 28:423–443

Hulme M (1996) Recent climate change in the world's drylands. Geophys Res Lett 23:61–64

Hulme M, Zhao ZC, Jiang L (1994) Recent and future climate change in East Asia. Int J Climatol 14:637–658

Jeong S-J, Ho C-H, Brown ME, Kug J-S, Piao S (2011) Browning in desert boundaries in Asia in recent years. J Geophys Res 116(D02103):1–7

Jürgens N, Gotzmann IH, Cowling RM (1999) Remarkable medium-term dynamics of leaf succulent Mesembryanthemaceae shrubs in the winter-rainfall desert of northwestern Namaqualand, South Africa. Plant Ecol 142:87–96

Kafle HK, Bruins HJ (2009) Climatic trends in Israel 1970–2002: warmer and increasing aridity inland. Climatic Change 96:63–77

Kimball S, Angert AL, Huxman TE, Venable DL (2010) Contemporary climate change in the Sonoran Desert favors cold-adapted species. Glob Change Biol 16:1555–1565

Laity J (2008) Deserts and desert environments. Wiley-Blackwell, Oxford

Lange OL (1959) Untersuchungen über Wärmehaushalt und Hitzeresistenz mauretanischer Wüsten- und Savannenpflanzen. Flora 147:595–651

Lavaysse C, Flamant C, Janicot S, Parker DJ, Lafore J-P, Sultan B, Pelon S (2009) Seasonal evolution of the West African heat low: a climatological perspective. Clim Dyn 33:313–330

MacKellar NC, Hewitson BC, Tadross MA (2007) Namaqualand's climate: recent historical changes and future scenarios. J Arid Environ 70:604–614

Magaña V, Zermeño D, Neri C (2012) Climate change scenarios and potential impacts on water availability in northern Mexico. Clim Res 51:171–184

Mantinim B, El-Tantawi AMM, Schaefer D, Meixner FX, Domroes M (2011) Recent trends of temperature change under hot and cold desert climates: comparing the Sahara (Libya) and Central Asia (Xinjiang, China). J Arid Environ 75:1105–1113

McAfee SA, Russell JL (2008) Northern Annular Mode impact on spring climate in the western United States. Geophys Res Lett 35(L17701):1–5

McAlpine CA, Syktus J, Ryan JG, Deo RC, McKeon GM, McGowan HA, Phinn SR (2009) A continent under stress: interactions, feedbacks and risks associated with impact of modified land cover on Australia's climate. Glob Change Biol 15:2206–2223

McAuliffe JR, Hamerlynck EP (2010) Perennial plant mortality in the Sonoran and Mojave deserts in response to severe, multi-year drought. J Arid Environ 74:885–896

Midgley GF, van der Heyden F (1999) Form and function in perennial plants. In: Dean WJR, Milton SJ (Hrsg) The Karoo: ecological patterns and processes. Cambridge University Press, Cambridge, S 91–106

Milton SJ, Dean WRJ, Marincowitz CP, Kerley GIH (1995) Effects of the 1990/91 drought on rangeland in the Steytlerville Karoo. South Afr J Sci 91:78–84

Miriti MN, Rodríguez-Buriticá S, Wright SJ, Howe HF (2007) Episodic death across species of desert shrubs. Ecology 88:32–36

Mooney HA, Ehleringer J, Björkman O (1977) The energy balance of leaves of the evergreen desert shrub *Atriplex hymenelytra*. Oecologia 29:301–310

Mooney HA, Björkman O, Collatz GJ (1978) Photosynthetic acclimation to temperature in the desert shrub *Larrea divaricata*. I. Carbon dioxide exchange characteristics of intact leaves. Plant Physiol 61:406–410

Musil CF, Schmiedel U, Midgley GF (2005) Lethal effects of experimental warming approximating a future climate scenario on southern African quartz-field succulents: a pilot study. New Phytol 165:539–547

New M, Hewitson B, Stephenson DB et al (2006) Evidence of trends in daily climate extremes over southern and west Africa. J Geophys Res 111(D14102):1–11

Nicholson SE (2001) Climatic and environmental change in Africa during the last two centuries. Clim Res 17:123–144

Nicholson SE, Tucker CJ, Ba MB (1998) Desertification, drought, and surface vegetation: an example from the West African Sahel. Bull Am Meteorol Soc 79:815–829

Nobel PS (1976) Water relations and photosynthesis of a desert CAM plant, *Agave deserti*. Plant Physiol 58:576–582

Olsson L, Eklundh E, Ardö J (2005) A recent greening of the Sahel – trends, patterns and potential causes. J Arid Environ 63:556–566

Parker KC (1993) Climatic effects on regeneration trends for two columnar cacti in the northern Sonoran Desert. Ann Ass Am Geogr 83:452–474

Pockman WT, Sperry JS (2000) Vulnerability to xylem cavitation and the distribution of Sonoran desert vegetation. Am J Bot 87:1287–1299

Puigdefabregas J (1995) Desertification: stress beyond resilience, exploring a unifying process structure. Ambio 24:311–313

Schlesinger WH, Reynolds JF, Cunningham GL, Huenneke LF, Jarrell WM, Virginia RA, Whitford WG (1990) Biological feedbacks in global desertification. Science 247:1043–1048

Schmiedel U, Jürgens N (2004) Habitat ecology of southern African quartz fields: studies on the thermal properties near the ground. Plant Ecol 170:153–166

Seemann JR, Berry JA, Downton WJS (1984) Photosynthetic response and adaptation to high temperature in desert plants. Plant Physiol 75:364–368

Seemann JR, Downton WJS, Berry JA (1986) Temperature and leaf osmotic potential as factors in the acclimation of photosynthesis to high temperature in desert plants. Plant Physiol 80:926–930

Shi Y, Shen Y, Kang E, Li D, Ding Y, Zhang G, Hu R (2007) Recent and future climate change in northwest China. Climatic Change 80:379–393

Smith WK (1978) Temperatures of desert plants: another perspective on the adaptability of leaf size. Science 201:614–616

Thomas DSG, Knight M, Wiggs GFS (2005) Remobilization of southern African desert dune systems by twenty-first century global warming. Nature 435:1218–1221

Turner RM (1990) Long-term vegetation change at a fully protected Sonoran Desert site. Ecology 71:464–477

von Willert DJ, Eller BM, Werger MA, Brinckmann E, Ihlenfeldt H-D (1992) Life strategies of succulents in deserts, with special reference to the Namib desert. Cambridge University Press, Cambridge

Walter H, Breckle S-W (2004) Ökologie der Erde. Bd 2: Spezielle Ökologie der Tropischen und Subtropischen Zonen, 3. Aufl. Elsevier Spektrum Akademischer Verlag, München

Weiss JL, Overpeck JT (2005) Is the Sonoran Desert losing its cool? Glob Change Biol 11:2065–2077

Zeng N, Yoon J (2009) Expansion of the world's deserts due to vegetation-albedo feedback under global warming. Geophys Res Lett 36(L17401):1–5

Zhang X, Aguilar E, Sensoy S et al (2005) Trends in Middle East climate extreme indices from 1950 to 2003. J Geophys Res 110(D22104):1–12

Tropische Wälder und Gebirge

© Springer-Verlag GmbH Deutschland, ein Teil von Springer Nature 2019
M. Hauck, C. Leuschner, J. Homeier, *Klimawandel und Vegetation – Eine globale Übersicht*,
https://doi.org/10.1007/978-3-662-59791-0_10

10.1 Räumliche und klimatische Abgrenzung

Dieses Kapitel beschreibt die floristisch vielfältigen, von immergrünen Bäumen dominierten **feucht-tropischen Wälder** sowie die **innertropischen Gebirge** und die in diesen Lebensräumen beobachteten Reaktionen auf den Klimawandel. Tropische Wälder gelten als die artenreichsten terrestrischen Lebensräume der Erde, gleichzeitig sind sie aber durch fortschreitende Umwandlung in vorwiegend landwirtschaftlich genutzte Flächen in den letzten Jahrzehnten stark dezimiert worden. Insgesamt nehmen die tropischen Lebensräume etwa 12 bis 14 % der Landfläche der Erde ein, ihre Gesamtfläche betrug 2010 etwa 13,4 Mio. km^2 (FAO 2011). Tropische Wälder enthalten etwa ein Viertel des in terrestrischen Lebensräumen gespeicherten Kohlenstoffs und tragen mit einem Drittel zur globalen terrestrischen Nettoprimärproduktion bei (Bonan 2008; Pan et al. 2011).

Die neuweltlichen Tropen, die **Neotropen**, nehmen etwa die Hälfte der Fläche des gesamten tropischen Lebensraumes ein. Sie erstrecken sich vom südlichen Mexiko im Norden bis nach Bolivien und Südbrasilien. Das Einzugsgebiet des oberen Amazonas bildet dabei das größte zusammenhängende Regenwaldgebiet der Erde. Der atlantische Regenwald (Mata Atlântica) an der brasilianischen Ostküste reicht im Süden bis auf die Höhe von Rio de Janeiro (etwa 23° S).

Große Regenwaldvorkommen finden sich auch in **Südostasien**; die nördlichsten Ausläufer der feucht-tropischen Regenwälder reichen dort bis ins südliche China (Yunnan) und nach Myanmar, Laos und Vietnam. Des Weiteren gehören die malaysische Halbinsel, Indonesien, die Philippinen und Neuguinea zu diesem Regenwaldblock. In **Australien** sind immergrüne Regenwälder auf einen schmalen Streifen an der Nordostküste beschränkt. Nur geringe Flächen nehmen tropische Regenwälder auf den Inseln Ozeaniens (darunter Vanuatu und Samoa) ein. Die **afrikanischen Regenwälder** umfassen etwa ein Fünftel der gesamten Regenwaldfläche. Sie erstrecken sich von den ostafrikanischen Hochgebirgen über das Kongobecken bis zum Atlantik und werden sowohl nach Norden als auch nach Süden hin von einem Savannengürtel begrenzt. Außerdem existiert auch noch ein schmaler Regenwaldstreifen an der Ostküste Madagaskars.

Die Tropen werden traditionell als das Gebiet zwischen den Wendekreisen bezeichnet, in dem die Sonne mindestens einmal jährlich im Zenit steht und die Tageslängen im Jahresverlauf nur geringfügig zwischen 10,5 und 13,5 h schwanken. Eine scharfe räumliche Abgrenzung des tropischen Feuchtwaldbioms zu den angrenzenden trockeneren und stärker saisonalen Regionen ist nicht immer einfach, da oft sehr kleinräumig die Wasser- und Nährstoffverfügbarkeit bestimmt, ob immergrüne oder laubwerfende Baumarten die Wälder dominieren. In allen drei feuchttropischen Teilgebieten (Süd- und Mittelamerika, Afrika, Südostasien und Nordostaustralien) finden wir Regenwälder, die unter vergleichbaren Klimabedingungen eine **ähnliche Physiognomie** entwickelt haben, aber in der Artenzusammensetzung sehr stark differieren.

Im Vergleich zu den Außertropen sind die Tropen durch höhere **tageszeitliche**, aber nur geringe jahreszeitliche **Temperaturschwankungen** gekennzeichnet. In der Nähe des Äquators beträgt die Differenz in der Mitteltemperatur zwischen dem wärmsten und dem kältesten Monat meist weniger als 4 K. Die Temperaturunterschiede im Jahresverlauf nehmen mit der Entfernung vom Äquator zu, bleiben innerhalb der Tropen aber immer unter 15 K. **Jahreszeiten** in den Tropen sind daher eher **hygrisch bestimmt**. Tropische Tiefländer weisen ganzjährig hohe Temperaturen (Jahresmittel >20 °C) auf und sind durchgehend frostfrei. Die Jahresniederschläge erreichen meistens 2000 bis 3000 mm, die recht gleichmäßig über den Jahresverlauf verteilt sind. Die feuchtesten Gebiete sind Ostmalesien und Nordwestamazonien mit durchschnittlich über 3000 mm Jahresniederschlag. **Immergrüner tropischer Regenwald** tritt dort auf, wo im Jahresverlauf nicht mehr als 2 Monate aride Klimabedingungen aufweisen. Ab 2 oder mehr ariden Monaten kommen stärker **saisonale Wälder** vor, die meist von laubwerfenden Baumarten dominiert werden.

Außer Tiefländern enthalten alle drei Teilregionen der Feuchttropen auch **Gebirge**, die sich durch charakteristische Abfolgen von Vegetationshöhenstufen auszeichnen, angefangen vom hochwüchsigen Regenwald im Tiefland bis hin zur nivalen Stufe in den höchsten Gebirgen. In den äquatornahen Gebirgen finden wir eine durchschnittliche Abnahme der Jahresmitteltemperatur um etwa 5 bis 6 K pro Kilometer Meereshöhe; regelmäßige Frostereignisse kommen erst oberhalb von etwa 4000 m ü. NN vor. Die Frostgrenze (0 °C Isotherme in der freien Luft) liegt in tropischen Gebirgen zwischen 20° N und 20° S bei etwa 4800 m ü. NN (Bradley et al. 2009). Die Niederschläge können in den Gebirgen noch deutlich höher als im Tiefland ausfallen, zum Teil ergänzt durch ausgekämmte Nebeleinträge. Neben dem Festland gibt es eine Vielzahl **tropischer Inseln**, die je nach ihrer Lage und der Höhe ihrer Gebirge ebenfalls eine starke vertikale Vegetationszonierung aufweisen können.

10.2 Vegetation und naturräumliche Untergliederung

Unter vergleichbaren Umweltbedingungen können sich amerikanische, afrikanische und asiatische Tropenwälder in ihrer Struktur und Physiognomie überraschend ähnlich sein, aber die Vegetation der drei großen Regenwaldgebiete enthält nur sehr wenige gemeinsame Arten. Es gibt nicht „den tropischen Regenwald". Die Kombination verschiedener edaphischer Standortbedingungen mit unterschiedlichen Klimaregimes und der lokalen Biogeographie führt dazu, dass sich regional und lokal sehr unterschiedliche Ausprägungen von Tropenwäldern finden. Die

aktuelle Artenzusammensetzung und der Artenreichtum sind das Resultat der lokalen Evolutions- und Landschaftsgeschichte. Sie sind aber auch abhängig von der geographischen Lage eines Gebiets und den daraus resultierenden Wanderungsmöglichkeiten.

10.2.1 Floristische Diversität

Die Tropen beherbergen mehr als 250.000 Landpflanzenarten; das sind etwa zwei Drittel aller weltweit vorkommenden Arten (Antonelli und Sanmartin 2011; Pimm et al. 2014; Pimm und Joppa 2015). Die Neotropen und Südostasien beherbergen die größte Anzahl an **Baumarten**; die afrikanischen Tropenwälder sind dagegen artenärmer. Slik et al. (2015) schätzen, dass es insgesamt 40.000 bis 53.000 tropische Baumarten gibt, von denen jeweils 19.000 bis 25.000 in Amerika und Südostasien vorkommen, während Afrika nur 4500 bis 6000 Baumarten beherbergt. Die höchsten Flächendichten an Baumarten werden in den Tieflandwäldern erreicht: Sowohl im westlichen Amazonasgebiet als auch auf Borneo kommen bis zu 250 oder mehr Baumarten (Brusthöhendurchmesser [BHD] ab 10 cm) auf einem Hektar vor. Baumartendichten von über 300 Arten pro Hektar wurden in Ostecuador gefunden (Balslev et al. 1998). In afrikanischen Wäldern werden dagegen selten mehr als 100 Baumarten auf einem Hektar registriert (Turner 2001).

Auf den größeren Daueruntersuchungsflächen im tropischen Tiefland wie Lambir in Sarawak (52 ha: 1175 Baumarten ≥ 1 cm BHD) oder Yasuni in Ecuador (25 ha: 1104 Arten) wachsen so viele Baumarten wie in allen temperaten Wäldern weltweit zusammen (4,6 Mio. km^2: 1166 Baumarten; Wright 2002). Die meisten tropischen Baumarten sind recht selten, aber einige wenige können weitverbreitet sein und dominant auftreten. So schätzten ter Steege et al. (2013), dass von den etwa 16.000 amazonischen Baumarten 227 Arten hyperdominant sind und die Hälfte aller Baumstämme in Amazonien stellen. Weitere 11.000 Arten sind so selten, dass sie zusammen nur 0,12 % der Stämme ausmachen. Mit zunehmender Meereshöhe entlang von **Höhentransekten** nimmt der Baumartenreichtum meistens ab (Lieberman et al. 1996; Homeier et al. 2010), aber auch Bergwälder können noch sehr baumartenreich sein. So wurden in südecuadorianischen Bergwäldern auf 2000 m ü. NN noch mehr als 150 Baumarten (≥10 cm BHD) pro Hektar gefunden. Auch die Gesamtartenzahlen der Pflanzen nehmen in tropischen Gebirgen mit der Meereshöhe ab, wobei einzelne Lebensformen oder Taxa auch unimodale Muster mit Maxima in mittleren Höhenlagen zeigen können (Jørgensen et al. 2011).

Epiphytische Gefäßpflanzen erreichen ihre höchsten Artenzahlen auf der Höhe des Wolkenkondensationsniveaus. In den tropischen Wolken- oder Nebelwäldern finden diese Lebensformen zwischen 1500 und 2500 m ü. NN perhumide Bedingungen vor. Entlang des mikroklimatischen Gradienten von der Stammbasis eines Baumes bis in die äußersten Kronenbereiche siedeln verschiedene Epiphytenarten, die jeweils an die lokalen Standortbedingungen angepasst sind. An der Stammbasis herrschen eine konstant hohe Luftfeuchtigkeit und gleichmäßige Temperaturen, wohingegen in der Krone starke diurnale Schwankungen in Temperatur und Feuchtigkeit auftreten. Insgesamt sind über 20.000 Gefäßpflanzenepiphyten bekannt, von denen die meisten in tropischen Feuchtwäldern vorkommen. Diese Lebensform stellt somit etwa 5 bis 10 % aller Gefäßpflanzen der Erde. Die wichtigsten Familien sind Orchidaceae, Araceae und Bromeliaceae (Zotz und Bader 2009; Zotz 2016).

10.2.2 Tropisches Tiefland

10.2.2.1 Immergrüner tropischer Regenwald

Der typische immergrüne tropische **Tieflandwald** erreicht unter den für das Pflanzenwachstum günstigen Bedingungen Bestandeshöhen von 40 m und mehr. Oft wird das Kronendach von einzelnen Emergenten (überstehenden Einzelbäumen) noch überragt. Ein großes Spektrum verschiedener Lebensformen bildet die Grundlage für die strukturelle Komplexität dieser Wälder. Die **Bodenvegetation** ist oft nur sehr spärlich entwickelt und wird meist vom Jungwuchs der Bäume dominiert. Nahe dem Waldboden ist der Bestand im Allgemeinen durch konstante Mikroklimabedingungen gekennzeichnet. Es ist dort kühler, feuchter und viel dunkler als in der Kronenschicht. Mit zunehmender Höhe im Bestand ändert sich das Mikroklima, und sowohl Temperatur als auch Luftfeuchtigkeit weisen stärkere Schwankungen im Tagesverlauf auf. Auf dem Waldboden kommen oft nur weniger als 2 % der Freilandstrahlung an (Ghazoul und Sheil 2010). Die **Konkurrenz um das Licht** ist sehr groß, und es gibt unterschiedliche Strategien, um in die Sonnenkrone zu gelangen. **Lianen und Stammkletterer** nutzen als **strukturelle Parasiten** die Stämme der Bäume, um bessere Lichtbedingungen weiter oben im Bestand zu erreichen. Epiphyten und Hemiepiphyten beginnen ihren Lebenszyklus schon in der Krone der Wirtsbäume.

Intakte tropische Tieflandwälder bestehen aus einem Mosaik von verschiedenen **Sukzessionsstadien** (Aubréville 1938; Schnitzer et al. 2008). Lücken im Kronendach entstehen durch Baum- oder Astfall und bieten lichtbedürftigen Pionierbaumarten optimale Regenerationsbedingungen. Diese kurzlebigen Arten schließen das Kronendach, werden aber schon nach wenigen Jahren wieder durch schattentolerantere Arten und schließlich durch Arten der späten Sukzession ersetzt. Der **Turnover**, also der Mittelwert aus dem Anteil abgestorbener und nachgewachsener, neuer Bäume, liegt für Tropenwälder normalerweise höher (1,74 %) als für die weniger dynamischen temperaten Wälder (1,19 %; Stephenson und van Mantgem 2005). Die Turnoverraten nehmen mit der Meereshöhe ab; die höchsten Werte (>2 %) werden in den artenreichsten tropischen Tieflandwäldern auf fruchtbaren

Böden erreicht (Phillips et al. 1994; Stephenson und van Mantgem 2005).

Die Tieflandwälder der drei Hauptregenwaldregionen unterscheiden sich strukturell in den **Maximalhöhen** und auch in den **Höhen-Durchmesser-Beziehungen** der Bäume. Banin et al. (2012) zeigten, dass im Vergleich der höchsten 5 % der Bäume im Mittel der verglichenen Bestände Asien mit 55 m vor Afrika mit 46 m und Amerika mit 41 m liegt. Die Bäume in Asien erreichen bei gleichen Durchmessern deutlich größere Höhen. Dieser Trend in den Maximalhöhen wurde auch innerhalb einzelner Familien, wie z. B. bei den Fabaceae, wiedergefunden. Demzufolge können die Strukturunterschiede zwischen den Regionen nicht nur durch das dominante Auftreten einzelner Familien, wie z. B. der Dipterocarpaceae in Asien, erklärt werden. Der Unterwuchs wird in Asien vom Jungwuchs der größten Baumarten (Dipterocarpaceae, Fagaceae) dominiert, während in Afrika und Amerika im Unterwuchs auch kleinwüchsigere Baumarten stärker vertreten sind (LaFrankie et al. 2006).

Detailliertere Beschreibungen der tropischen Wälder und ihrer Vegetation finden sich in Vareshi (1980), Whitmore (1993), Richards (1996), Walter und Breckle (2004), Ghazoul und Sheil (2010), Corlett und Primack (2011) sowie Pfadenhauer und Klötzli (2015).

10.2.2.2 Saisonale halbimmergrüne tropische Wälder

Ein abnehmender Jahresniederschlag und/oder eine zunehmende Anzahl arider Monate führen dazu, dass tropische Wälder in ihrer Struktur an Komplexität einbüßen und an Artenreichtum verlieren. Gleichzeitig nimmt der Anteil **laubwerfender Baumarten** zu. Epiphyten nehmen im Artenreichtum ab, allerdings können einige robustere Arten immer noch hohe Abundanzen erreichen. In stärker saisonalen Wäldern sind auch die **Epiphyten laubwerfend** und überdauern die Trockenzeit mit besonderen Anpassungen (Sukkulenz, Speicherorgane wie z. B. Pseudobulben bei den Orchideen, CAM-Photosynthese). Lianen werden dagegen häufiger und erreichen unter trockeneren Bedingungen auch höhere Biomassen (Schnitzer und Bongers 2011), weil sie im saisonal trockenen Klima den Bäumen durch ihre höhere Wassernutzungseffizienz physiologisch überlegen sind (Cai et al. 2009). Während in den perhumiden Wäldern ganzjährig blühende und fruchtende Pflanzenarten zu finden sind, sind unter einem stärker saisonalen Klima die Arten in ihrer Phänologie stärker synchronisiert.

10.2.2.3 Überschwemmungswälder

Als **Überschwemmungswälder** bezeichnet man solche Standorte, die durch regelmäßig wiederkehrende Überflutungen gekennzeichnet sind. Sie kommen entlang der Unterläufe großer Tropenflüsse wie z. B. am Amazonas und am Kongo vor, wo im Jahresverlauf Wasserstandsschwankungen von bis zu 10 m auftreten. Solche Wälder enthalten eine Vielzahl von Baumarten, die physiologisch und ökologisch an wechselnde Wasserstände und Überschwemmung angepasst sind. Allein aus den amazonischen Überschwemmungswäldern sind mehr als 3600 Baumarten bekannt (Luize et al. 2018), die sich auf artenärmere Wälder an nährstoffarmen Schwarzwasserflüssen (Igapó) und artenreichere Wälder an sediment- und nährstoffreichen Weißwasserflüssen (Varzea) verteilen (Montero et al. 2014, Wittmann et al. 2013).

Mangrovenwälder findet man zwischen den Wendekreisen im Gezeitenbereich der tropischen Küsten; sie nehmen weltweit etwa 150.000 km^2 ein. Diese Wälder sind nicht besonders artenreich, da die dort vorkommenden Pflanzenarten tolerant gegen instabiles Substrat, hohe Salzkonzentrationen und wechselnden Wasserstand sein müssen. Die östlichen Mangroven (Indischer Ozean und Westpazifik, 30–180° O) beherbergen insgesamt etwa 40 Pflanzenarten, während in den westlichen Mangroven (Atlantik und westlicher Pazifik, 15° O–120° W) nur 8 Arten vorkommen (Tomlinson 2016). Trotz der hohen Dynamik speichern Mangrovenwälder mit durchschnittlich über 165 Mg C ha^{-1} in der oberirdischen Biomasse und mehr als 440 Mg C ha^{-1} im Boden mehr Kohlenstoff als die meisten anderen Waldtypen weltweit (Hutchinson et al. 2014). Insgesamt haben Mangrovenwälder in ihrer Ausdehnung in den letzten Jahrzehnten stark abgenommen.

10.2.3 Tropische Gebirge

10.2.3.1 Bergwälder

Mit zunehmender Meereshöhe und abnehmender Temperatur findet man in tropischen Bergen **kleinwüchsigere Wälder** mit einer veränderten Physiognomie. Während es im Tiefland bei den Bäumen eine große Vielfalt an Blattformen und -größen gibt, weisen Bergwaldarten meistens kleinere und einheitliche Blätter auf (Ashton 2003). Das Verhältnis von Höhe zu Durchmesser bei den Bäumen nimmt ab (Homeier et al. 2010; Unger et al. 2012). Die Bergwaldbäume sind also eher gedrungen im Vergleich zu den schlankeren Tieflandbäumen. Die gleichbleibend hohe Feuchtigkeit führt dazu, dass sowohl epiphytische Gefäßpflanzen als auch Moose und Farne sehr zahlreich werden und ihre höchsten Artenzahlen in den Bergwäldern erreichen. Das meist offenere Kronendach ermöglicht eine dichtere Kraut- und Strauchschicht als in Tieflandwäldern. Die Abundanz und Biomasse von Lianen nimmt in tropischen Gebirgen generell mit der Meereshöhe ab (Fadrique und Homeier 2016). Die tropischen Bergwälder zeichnen sich durch **großen Artenreichtum** und hohe Anteile endemischer Taxa aus (Kessler 2002; Merckx et al. 2015). Ausführlichere Beschreibungen der tropischen Bergwälder und ihrer Ökologie finden sich in Beck et al. (2008), Gradstein et al. (2008) und Bruijnzeel et al. (2010).

10.2.3.2 Alpine Vegetation

Die tropischen Lebensräume oberhalb der Waldgrenze sind durch niedrige Durchschnittstemperaturen (<10 °C), starke UV-Strahlung sowie häufigen Nebel und Wind gekennzeichnet. Während das Klima der alpinen Stufe in den äquatornahen Gebirgen überwiegend humid ist, weisen viele Gebirge in den Randtropen ein stärker arides Hochlagenklima auf. Auf eine von strauchigen Arten dominierte Zone oberhalb der Bergwälder folgt die alpine Vegetation, die Gräser, eine Vielzahl von Polsterpflanzen, stammlose Rosettenpflanzen und auch die charakteristischen Schopfrosetten (z. B. *Espeletia* und *Puya* in Südamerika sowie *Lobelia* und *Senecio* in Afrika) umfasst. Die Artenzusammensetzung verändert sich hier oft sehr kleinräumig in Abhängigkeit von der lokalen Topographie. In den **Neotropen** werden die feuchten Ausprägungen **Páramo** und die trockenen Varianten **Puna** genannt. In den Anden findet man darüber hinaus (oberhalb von 4100 m ü. NN) noch einen Superpáramo, der teilweise bis kurz unter die Schneegrenze reichen kann und von einer niedrigen Vegetation aus Polsterpflanzen und Horstgräsern bestimmt wird (Buytaert et al. 2011). Die alpinen Gürtel der äquatorialen Gebirge bilden Kälteinseln innerhalb der Tropenwaldgebiete, die oft weit voneinander entfernt und darum sehr isoliert sind. Mit zunehmendem Abstand der alpinen Standorte zueinander nimmt ihre floristische Ähnlichkeit stark ab. Das wurde für südamerikanische Hochgebirge (oberhalb 3200 m ü. NN) und auch für afrikanische Standorte gezeigt (Anthelme et al. 2014; Gehrke und Linder 2014). Der Endemismus ist in isolierten Gebirgen besonders hoch. Der – verglichen mit dem tropisch-alpinen Bereich in Afrika und Neuguinea – hohe Artenreichtum der südamerikanischen Páramos lässt sich durch die große geographische Ausdehnung der **Anden** erklären (Sklenář et al. 2014). Gefäßpflanzen werden in den tropischen Gebirgen noch in Höhen von deutlich über 5000 m ü. NN gefunden (Körner 2003). Die höchststeigenden Bäume (Arten der Gattung *Polylepis*) erreichen in Bolivien und Peru 5000 m ü. NN, und epiphytische Farne der Gattung *Melpomene* wurden in Peru noch

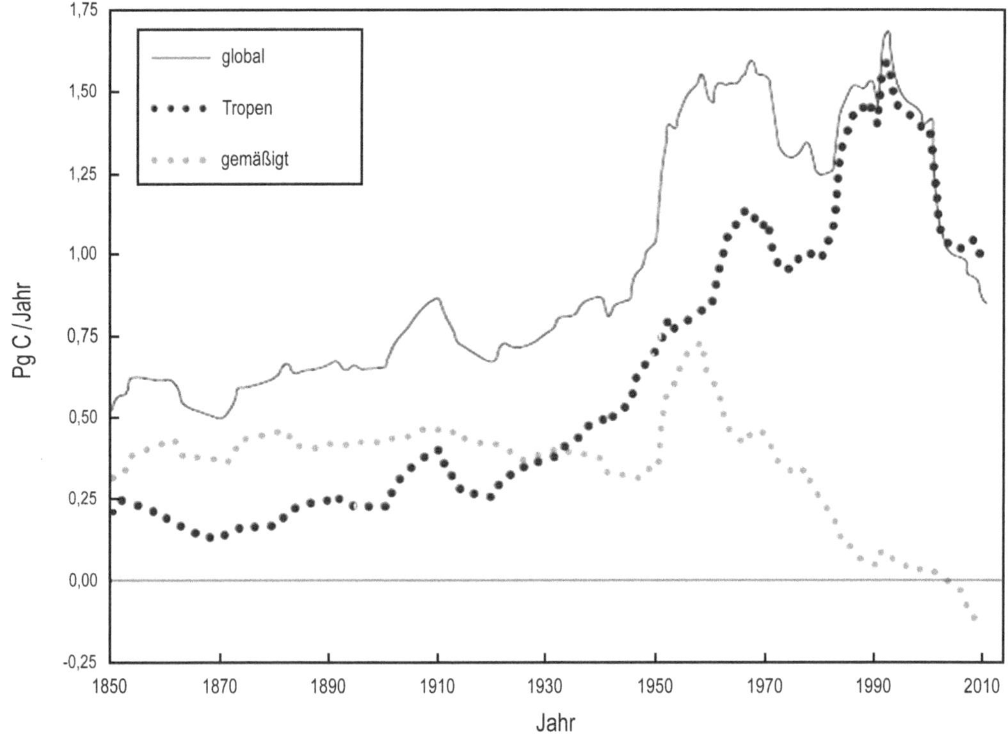

◘ Abb. 10.1 Jährliche Kohlenstoffemissionen für den Zeitraum von 1850 bis 2009 durch Landnutzung und durch Landnutzungsänderungen in den Tropen, der temperaten Zone und auf globaler Ebene. (Nach Houghton 2013, S. 542)

oberhalb von 4500 m ü. NN gefunden (Sylvester et al. 2014). Übersichten über die tropisch-alpine Flora und ihre Ökologie finden sich bei Körner (2003), Gehrke und Linder (2014), Sklenár et al. (2014) und Cuesta et al. (2017).

10.3 Klimatrends in den Tropen

Genau wie in den anderen Biomen der Erde wurde in den Tropen über die letzten Jahrzehnte ein Temperaturanstieg beobachtet. Allerdings liegen für die meisten Gebiete nur recht kurze Beobachtungsreihen vor. Aufgrund steigender Bevölkerungszahlen, großflächiger Waldverluste und lokal zunehmender Industrialisierung ist der Beitrag der Tropen zu den weltweiten CO_2-Emissionen (◘ Abb. 10.1)

in den letzten Jahrzehnten stark angestiegen (Houghton 2013).

10.3.1 El Niño und die Südliche Oszillation (ENSO)

El Niño und die Südliche Oszillation (ENSO) repräsentieren die wichtigste **interannuelle Klimavariabilität** in den Tropen (Malhi und Wright 2004, 2005; Timmermann et al. 2018). ENSO steht für den Zusammenhang zwischen Veränderungen in der **Oberflächentemperatur des äquatorialen Pazifiks** und großräumigen Veränderungen im Klima der tropischen Regionen. Während eines **El-Niño-Ereignisses** erwärmt sich das Oberflächenwasser des östlichen und zentralen Pazifiks um ca. 1 bis 2 K. Bei starken

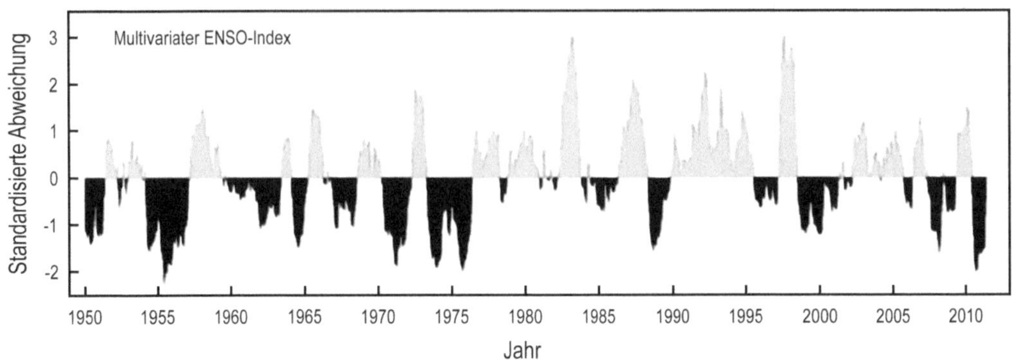

◘ Abb. 10.2 Der multivariate ENSO-Index (MEI) zeigt die unregelmäßigen Schwankungen zwischen El-Niño-Ereignissen (grau) und La-Niña-Ereignissen (schwarz) im Zeitraum von 1950 bis 2011. (Nach Corlett 2011, S. 609)

Ereignissen kann dies auch mehr sein, z. B. 1997/1998 bis zu 4 K. Diese Erwärmung hat eine Abschwächung der Passatwinde im pazifischen Raum zur Folge und ist mit starken Trockenereignissen in Ostaustralien, im südlichen Afrika, in Indien, Nordostbrasilien und anderen Regionen verbunden. Gleichzeitig treten in Ostafrika und an der Westküste Südamerikas überdurchschnittlich starke Regenfälle auf. **La Niña** beschreibt hingegen Zeiträume mit einer Abkühlung des Oberflächenwassers im Ost- und Zentralpazifik; die klimatischen Auswirkungen sind denen von El Niño entgegengesetzt. Normalerweise dauern beide Phänomene über einen Zeitraum von 9 bis 12 Monaten an und schwächen sich anschließend wieder ab. Aktuelle Studien zeigen, dass die ENSO-Auswirkungen sehr unterschiedlich sein können, je nachdem, ob sich die Zone der stärksten Erwärmung der Oberflächentemperatur im östlichen oder im zentralen Pazifik befindet (Jiménez-Muñoz et al. 2016; ◘ Abb. 10.2 und 10.3).

Der Vergleich mehrerer rekonstruierter langer Klimazeitreihen deutet auf eine **Zunahme der Variabilität von ENSO-Ereignissen** in den letzten Jahrzehnten hin. So weist der Zeitraum von 1979 bis 2009 eine höhere ENSO-Variabilität auf als alle 30-Jahres-Intervalle zwischen den Jahren 1590 und 1880 (McGregor et al. 2013). Ebenso steigt die Variabilität der Oberflächentemperatur des

Pazifiks infolge der Klimaerwärmung weiter an (Cai et al. 2014, 2018), was zukünftig zu einer zunehmenden Häufigkeit von starken El-Niño-Ereignissen führen wird. ENSO-Ereignisse können kurzfristig sowohl die Artenzusammensetzung als auch die Struktur und Produktivität von tropischen Lebensräumen deutlich verändern. Eine zukünftige Zunahme ihrer Häufigkeit und Stärke könnte das gegenwärtige Störungsregime verändern und damit mittelfristig zu großräumigen Veränderungen in der Biomasse der Tropenwälder führen.

ENSO übt bereits heute weitreichende **Effekte auf die Produktivität, Vitalität und Phänologie der Vegetation** in den Tropen aus. Einige Studien konnten zeigen, dass die Mastjahre in den Dipterocarpaceen-Wäldern Südostasiens in direkter Verbindung zu ENSO stehen (Sakai et al. 2006; Brearley et al. 2007). Auch in Guyana wurden nach ENSO-Trockenphasen Mastjahre bei der monodominanten Fabaceae *Dicymbe corymbosa* beobachtet (Henkel et al. 2005). Detto et al. (2018) konnten in ihrer Langzeitstudie in Panama bei Bäumen eine Verlagerung der Kohlenstoffallokation von der Blattproduktion zur Fruchtproduktion während durch ENSO bedingten Wärmephasen nachweisen. Im Tieflandwald von Costa Rica fanden Hofhansel et al. (2014) eine reduzierte oberirdische Nettoprimärproduktion während einer mit ENSO verbundenen Trockenperiode. In der

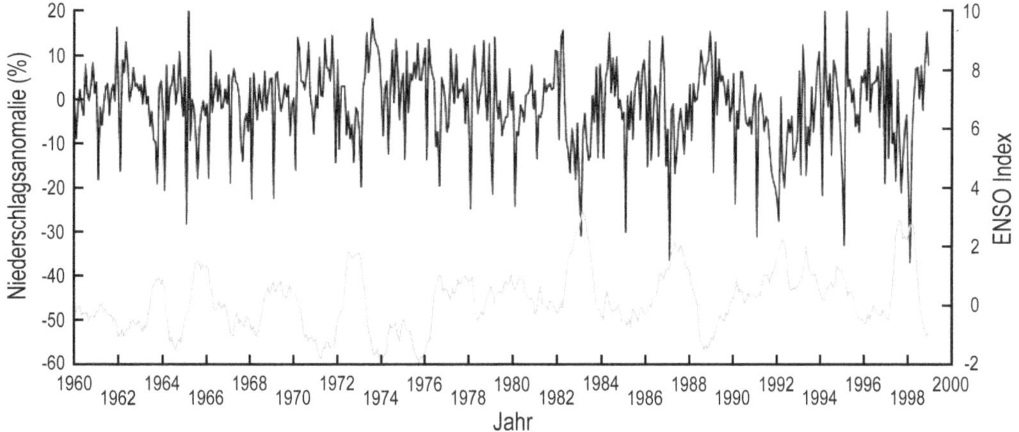

⬭ Abb. 10.3   Zeitreihe der Monatsniederschläge im Zeitraum von 1960 bis 1998 (schwarze Kurve) und der multivariate ENSO-Index (MEI) (graue Kurve). Die Niederschlagsanomalie wurde relativ zum pantropischen Mittelwert für Regenwälder (181,5 mm pro Monat, oder 2177 mm a^{-1}) berechnet. (Nach Malhi und Wright 2005, S. 10)

anschließenden feuchten La-Niña-Phase war die Produktivität dann stark erhöht, und die vorherigen Einbußen der Nettoprimärproduktion wurden überkompensiert.

Eine um den Faktor 13 erhöhte **Feuerfrequenz** wurde im trockenen ENSO-Jahr 1998 im Vergleich zum Jahr 1995 im brasilianischen Amazonien beobachtet (Alencar et al. 2006). Chen et al. (2017) konnten mit Satellitendaten zeigen, dass die Feueraktivität in den Tropen im Zeitraum 1997 bis 2016 während ENSO-Phasen um 33 % höher war als in La-Niña-Phasen.

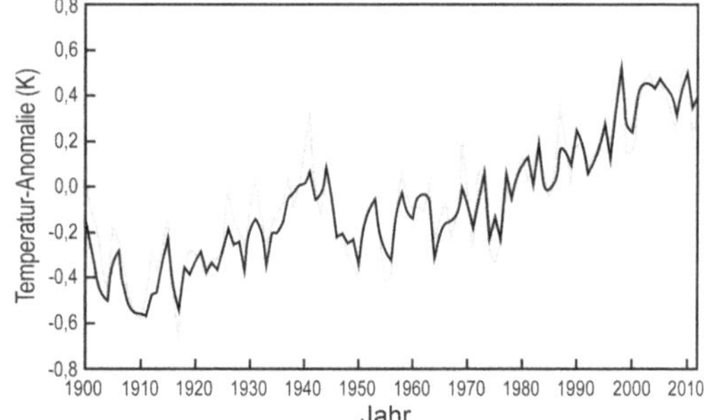

⬭ Abb. 10.4   Anomalie der mittleren Jahrestemperatur im Zeitraum von 1900 bis 2012, bezogen auf den Mittelwert der Jahre 1960 bis 1990 für die Tropen (30° N bis 30° S; graue Kurve) und im globalen Mittel (schwarze Kurve). (Nach Trewin 2014, S. 48)

10.3.2 Temperaturtrends

Das Klima erwärmt sich in den Tropen etwas **langsamer als im globalen Mittel** (Trewin 2014). Von 1910 bis 2012 ist die Temperatur zwischen 30° N und 30° S um etwa 0,7 bis 0,8 K angestiegen (⬭ Abb. 10.4).

Nach Malhi und Wright (2005) betrug der mittlere Temperaturanstieg in den Tropen zwischen 1960 und 1998 0,08 K pro Dekade. Dieser Zeitraum enthält eine Phase der Abkühlung zwischen 1960 und 1976 (−0,08 K pro Dekade) und darauf folgend eine stärkere Erwärmung von 1976 bis 1998 um 0,26 K pro Dekade,

die allerdings regional sehr unterschiedlich ausgeprägt war (⬭ Abb. 10.5). Besonders starke Temperaturzunahmen (>0,3 K pro Dekade) wurden in diesem Zeitraum in Südostamazonien, Mittelamerika, im Südkongo und in Westmalesien festgestellt. Im nördlichen Amazonien dagegen lag die Temperaturzunahme unter 0,2 K pro Dekade. Im Zeitraum von 1980 bis 2010 wurde in Amazonien eine starke mittlere Erwärmung um 0,7 K gemessen, wobei insbesondere die trockenen Monate wärmer waren (Gloor et al. 2015).

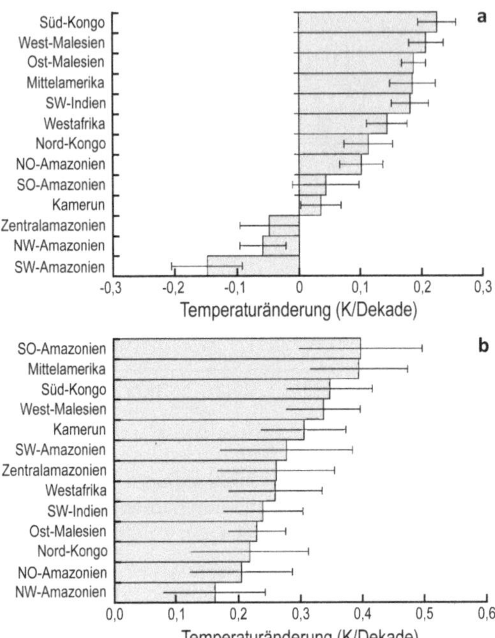

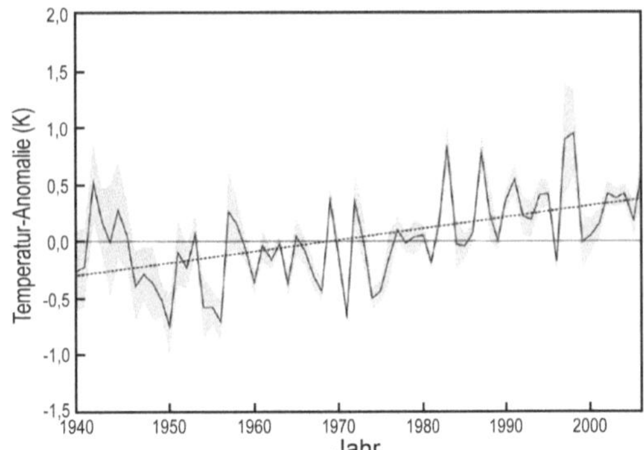

◘ **Abb. 10.6** Abweichung der Jahresmittel-temperaturen in den tropischen Anden (1° N bis 23° S) vom Mittel der Jahre 1961 bis 1990. Grundlage für die Berechnungen ist eine Zusammenstellung von Messreihen von 279 Klimastationen. Dargestellt sind die mittlere Abweichung (schwarze Kurve), das Konfidenzintervall (doppelter Standardfehler, grauer Bereich) und der langfristige Erwärmungstrend von 0,1 K pro Dekade (gestrichelte Linie). (Nach Vuille et al. 2008, S. 84)

◘ **Abb. 10.5** Temperaturtrends in verschiedenen tropischen Regenwaldregionen für die Zeiträume 1960 bis 1998 (**a**) und 1976 bis 1998 (**b**). (Nach Malhi und Wright 2005, S. 9)

Die **interannuelle Variabilität** des Jahresmittels der Temperatur ist in den Tropen höher als im globalen Durchschnitt, was zum Teil durch den starken **ENSO-Einfluss** erklärt werden kann. So ist ein typisches El-Niño-Jahr etwa 0,2 K wärmer als normale Jahre, während La-Niña-Jahre etwa 0,2 K kälter als im Mittel sind (Trewin 2014). Aus ◘ Abb. 10.4 wird deutlich, dass im späten 20. Jahrhundert (1960−1998) die interannuelle Klimavariation größer war als der langfristige Trend zu einer Temperaturerhöhung.

Auch die längeren Klimazeitreihen aus tropischen Hochgebirgen umfassen nur wenige Jahrzehnte, und durch die komplexe Topographie der Hochgebirgsräume kann deren Klimadynamik in Modellen nur begrenzt abgebildet werden. In allen Hochgebirgen der Erde haben die Temperaturen vor allem in den Hochlagen stark zugenommen (Pepin et al. 2015; Wang et al. 2014). Vergleicht man tropische Hochgebirge weltweit, so unterscheiden

sich die beobachteten Trends über den Zeitraum von 1982 bis 2005 zwischen den Regionen (Krishnaswamy et al. 2014). Gebirge in Mittelamerika und Afrika wiesen signifikante Temperaturanstiege auf, während die Temperaturen in den Gebirgen Südostasiens keinen Trend zeigten und in den südamerikanischen Anden sogar leicht abnahmen. Eine Zusammenstellung von Temperaturdaten aus den tropischen Anden (◘ Abb. 10.6) zeigt im Mittel einen Temperaturanstieg um 0,68 K (oder 0,1 K pro Dekade) für den Zeitraum 1939 bis 2006 (Vuille et al. 2008). Dabei war der Anstieg der Minimumtemperaturen stärker als der der Maximalwerte. Besonders hohe Temperaturen wurden in El-Niño-Jahren beobachtet (Anderson et al. 2011).

Ein sichtbares Resultat der Temperaturerhöhung und ein deutlicher Indikator für die Geschwindigkeit des aktuellen Klimawandels ist der schnelle **Rückgang der Gletscher** (◘ Abb. 10.7) in allen tropischen Hochgebirgen (Bendix 2004; Kaser et al. 2004; Jordan et al. 2005; Vuille et al. 2008; Rabatel et al. 2013). Die Dynamik des Eisverlustes wird besonders deutlich bei der Betrachtung der Quelccaya-Eiskappe (auf 5760 m ü. NN)

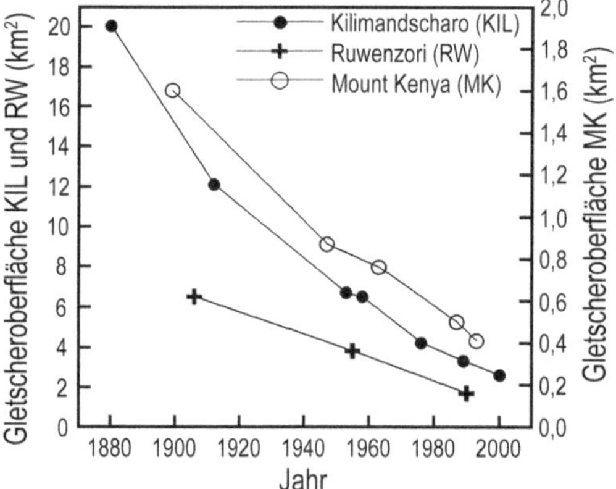

◻ Abb. 10.7 Abnahme der Gletscherfläche in den drei afrikanischen Hochgebirgen Kilimandscharo, Mount Kenya und Ruwenzori bis zum Jahr 2000. Die unterschiedliche Skalierung der Ordinaten ist zu beachten. (Nach Kaser et al. 2004, S. 330)

in Peru. Beim Rückgang dieses größten tropischen Eisfeldes wurden 1985 und 2011 Pflanzenreste freigelegt, die altersdatiert werden konnten. Die zuerst freigelegten Pflanzen waren etwa 4700 Jahre alt, die später freigelegten rund 6300 Jahre. Das Eisfeld ist in 25 Jahren um 300 m geschrumpft, das Wachsen des Eisfeldes um die gleiche Größe erforderte in der Vergangenheit etwa 1600 Jahre (Thompson et al. 2013).

Die **Frostgrenze** in den tropischen Gebirgen zwischen 20° N und 20° S stieg im Zeitraum von 1977 bis 2007 im Mittel um 10 bis 20 Höhenmeter pro Jahrzehnt und insgesamt um etwa 45 Höhenmeter an (Bradley et al. 2009). Dabei existieren große lokale und regionale Unterschiede (◻ Abb. 10.8). In den südamerikanischen Anden variierten die dekadischen Anstiege der Frostgrenze zwischen 10,7 m (Antisana, Ecuador) und 28,9 m (Cordillera Blanca, Peru) im Zeitraum 1955 bis 2011 (Rabatel et al. 2013). Die interannuellen Schwankungen der Position der Frostgrenze sind eng mit ENSO-Ereignissen korreliert, wobei eine um 1 K höhere Meeresoberflächentemperatur im Ostpazifik zwischen 90 und 120° W vor der Küste Südamerikas noch im selben Jahr einen Anstieg der Frostgrenze in den neotropischen Gebirgen um 73 Höhenmeter zur Folge hat (Bradley et al. 2009; Diaz et al. 2014).

10.3.3 Veränderungen in der Niederschlagsmenge und -verteilung

Seit Ende des 20. Jahrhunderts wurden in den Tropen auffällig viele starke Extreme in

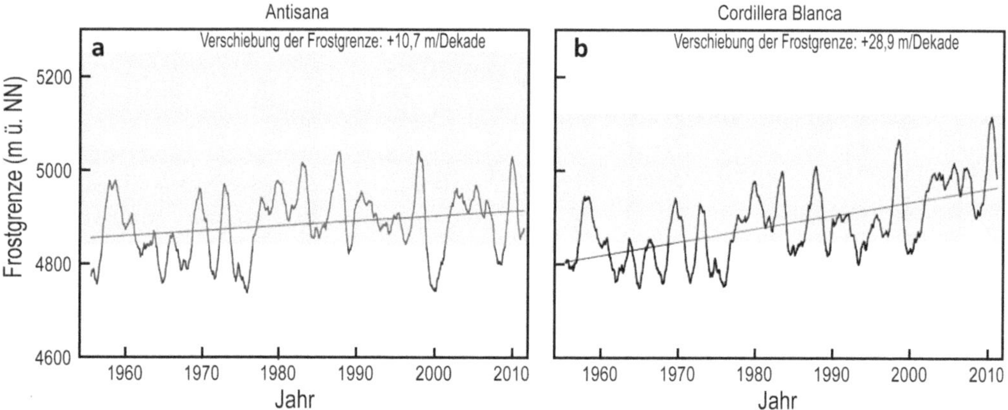

◻ Abb. 10.8 Anstieg der Frostgrenze in den tropischen Anden am Beispiel des Antisana in Ecuador und der Cordillera Blanca in Peru über den Zeitraum 1955 bis 2011. Der grau markierte Bereich kennzeichnet jeweils die Ausdehnung der Gletscher von den unteren Gletscherzungen bis zur mittleren Gletscherhöhe (Mittelwert aus dem Zeitraum 2000–2009). (Nach Rabatel et al. 2013, S. 95)

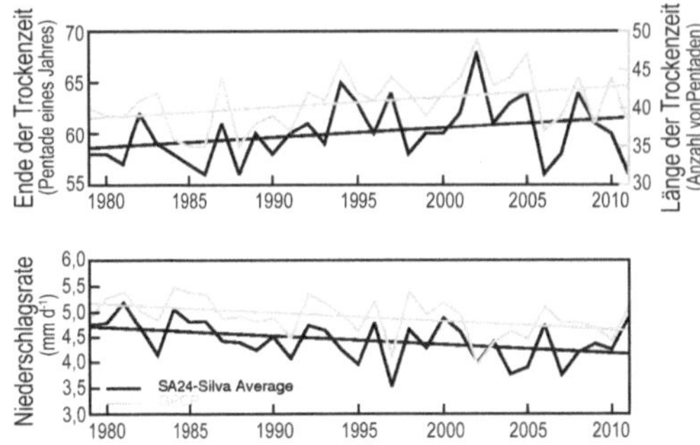

◘ Abb. 10.9 (a) Veränderung der Trockenzeitlänge (graue Kurve; Anzahl von Pentaden [=5-Tages-Zeiträumen]) und des Trockenzeitendes (schwarze Kurve, Pentade innerhalb des Jahres) im südlichen Amazonien im Zeitraum von 1979 bis 2011. Die 55. Pentade entspricht dem Zeitraum vom 2. bis 7. September. (b) Veränderung der Tagesniederschläge im Zeitraum September bis November im südlichen Amazonien von 1979 bis 2011 berechnet auf der Grundlage von zwei verschiedenen Modellen. Beide Modelle zeigen eine signifikante Abnahme des Niederschlages. (Nach Fu et al. 2013, S. 18111)

der Niederschlagsmenge und Niederschlagsverteilung beobachtet. Dazu gehören starke ENSO-Ereignisse ebenso wie die außergewöhnlich heftigen, teilweise in Verbindung mit ENSO auftretenden **Trockenperioden in Amazonien** in den Jahren 2005, 2010 und 2016 (Marengo et al. 2008, 2011; Erfanian et al. 2017). Im Zeitraum 1980 bis 2010 hat sich in Amazonien die jährliche Trockenzeit verlängert und innerhalb des Jahres nach hinten verschoben (◘ Abb. 10.9), während die Niederschläge gleichzeitig abgenommen haben (Marengo et al. 2011; Fu et al. 2013).

Debortoli et al. (2015) werteten über 200 Niederschlagsmessstationen im Übergangsbereich der immergrünen amazonischen Wälder zum Cerrado (▶ Kap. 8) in Brasilien aus und zeigten, dass dort im Zeitraum von 1971 bis 2010 an 88 % der Stationen die Länge der Regenzeit abgenommen hat. Auf der anderen Seite hat in den letzten Jahrzehnten auch die Frequenz von starken **Hochwasserereignissen** am Amazonas zugenommen, wie eine Auswertung der Wasserstände in Manaus über den Zeitraum 1903 bis 2015 zeigt (Barichivich et al.

2018). Der Grund dafür sind höhere Niederschläge in der Regenzeit infolge starker Unterschiede in den Oberflächentemperaturen von Pazifik und Atlantik. In den westafrikanischen Tropen stellten Fauset et al. (2012) abnehmende Jahresniederschläge an Tieflandstandorten in der Tropenwaldzone von Ghana fest; im Zeitraum von 1970 bis 2006 lagen dort die Niederschläge signifikant unter denen von 1901 bis 1970.

In den kolumbianischen Anden hat die **Bewölkungsdauer** im Zeitraum 1982 bis 2005 abgenommen und die Zahl der mittleren monatlichen Sonnentage um 2,1 Tage zugenommen (Ruiz et al. 2008). Die Hinweise auf Veränderungen im Niederschlag in den tropischen Anden sind weniger eindeutig als bei der Temperatur. Die wenigen vorhandenen Studien deuten auf eine Zunahme in den nördlichen Anden (etwa nördlich von 11° S) und eine Abnahme in den weiter südlich gelegenen Gebieten hin (Vuille et al. 2008; Cuesta et al. 2012; Marengo et al. 2011). Die ansteigenden Temperaturen haben zu einem rezenten Anstieg der Schneefallgrenze, verbunden mit einer abnehmenden Albedo, geführt (Anderson et al. 2011).

10.4 Einfluss des Klimawandels auf die Vegetation

Tropische Wälder beherbergen nicht nur einen großen Teil der floristischen Diversität der Erde, sie haben auch eine herausragende Bedeutung für die Festlegung von Kohlenstoff in der Biomasse und sind wichtig für die regionale und globale Klimaregulation. Obwohl zu erwarten ist, dass die vom Klimawandel bedingten Veränderungen in der Ausdehnung, Struktur und Funktionalität tropischer Wälder starke Rückwirkungen auf das Klima haben werden (Betts et al. 2008; Wright et al. 2017), gibt es für dieses Biom verhältnismäßig wenige Langzeitstudien, die den Klimawandel und seine Auswirkungen untersuchen. Um die beobachteten Veränderungen in diesem Lebensraum besser erklären zu können, sind koordinierte Experimente auf Ökosystemebene nötig, die die einander beeinflussenden Effekte von Erwärmung, Austrocknung, erhöhter CO_2-Konzentration und veränderter Nährstoffverfügbarkeit untersuchen und damit unser Verständnis der zugrundeliegenden Mechanismen bei der Reaktion tropischer Pflanzengemeinschaften auf den Klimawandel verbessern (Clark 2004; Wood et al. 2012; Zhou et al. 2013; Zuidema et al. 2013; Fayle et al. 2015; Olivares et al. 2015; McDowell et al. 2018). Viele der aktuell verfügbaren Informationen stammen von wenigen intensiv untersuchten Standorten (z. B. Barro Colorado Island in Panama oder La Selva in Costa Rica) sowie aus den etablierten Langzeitbeobachtungsnetzwerken von ForestGEO (Forest Global Earth Observatory; Anderson-Teixera et al. 2015), RAINFOR (Malhi et al. 2002) und TEAM (Tropical Ecology, Assessment and Monitoring Network; Rovero und Ahumada 2017).

Weite Teile der Tropen könnten sich in näherer Zukunft zu einer **Kohlenstoffquelle** entwickeln, wenn sich durch zunehmende Entwaldung und fortschreitenden Klimawandel die Kapazität der Ökosysteme zur langfristigen Kohlenstoff-Festlegung verringert (Mitchard 2018). Ein bedeutender Faktor für die Kohlenstoffbilanz ist die ansteigende Respiration infolge höherer Nachttemperaturen (Anderegg et al. 2015). Über begrenzte Zeiträume kann **CO_2-Düngung** in den Tropen die Photosyntheseleistung von Bäumen stimulieren (Cernusak et al. 2013) und damit zu schnellerem Baumwachstum und größeren Biomassen führen. Über längere Zeitspannen werden die ansteigenden Temperaturen und die häufigeren Trockenphasen die Zuwachsraten jedoch sehr wahrscheinlich reduzieren. Erhöhte Mortalitätsraten der Bäume sowie durch den Klimawandel veränderte Artenzusammensetzungen werden zudem wahrscheinlich auch zu einer Verringerung der Biomasse in den tropischen Wäldern führen (Malhi 2012). Generell stellen in vielen feucht-tropischen Tieflandregionen die Länge und Intensität von Trockenphasen den entscheidenden Faktor für Veränderungen in der Artenzusammensetzung und Struktur tropischer Wälder dar. In den tropischen Gebirgen ist dagegen der Anstieg der Temperatur von größerer Bedeutung für die Reaktion der dortigen Flora auf den Klimawandel.

10.4.1 Tieflandwälder

10.4.1.1 Artenzusammensetzung und funktionelle Veränderungen

Analysen von Laurance et al. (2005) verdeutlichen die Dynamik der **Baumartenzusammensetzung** im amazonischen Tieflandwald im Verlauf von zwei Jahrzehnten (1981–2000). Bei Untersuchungen auf 18 Probeflächen von je 1 ha Größe hatte sich bei 27 der 115 häufigen Baumgattungen die Häufigkeit oder der Anteil an der gesamten Basalfläche des Bestandes signifikant verändert. Dabei hatten nicht die typischen Pioniertaxa (z. B. *Cecropia*, *Croton*, *Jacaranda*, *Miconia* und *Vismia*) an Bedeutung gewonnen, sondern **hochwüchsigere Arten**, die das Kronendach erreichen können (z. B. Arten aus den Familien Fabaceae, Lecythidaceae und Sapotaceae). Unter den Arten, die seltener geworden waren, fanden sich zumeist langsam wachsende Bäume aus der unteren Baumschicht (Arecaceae, Annonaceae, Chrysobalanaceae, Moraceae, Myristicaceae).

Im Vergleich von 46 Langzeitbeobachtungsflächen in Amazonien über den Zeitraum 1985 bis 2005 stellten Butt et al. (2014) eine **Verschiebung der Baumartenzusammensetzung** von feuchtigkeitsliebenden Arten, die höhere Mortalitätsraten zeigten, **zu trockenheitstoleranteren Arten**, die an Biomasse gewannen, fest. Esquivel-Muelbert et al. (2019) erzielten in 106 amazonischen Dauerbeobachtungsflächen ähnliche Resultate und zeigten zudem, dass über einen Zeitraum von 30 Jahren (1985–2015) der Anteil hochwüchsiger Baumarten größer geworden ist.

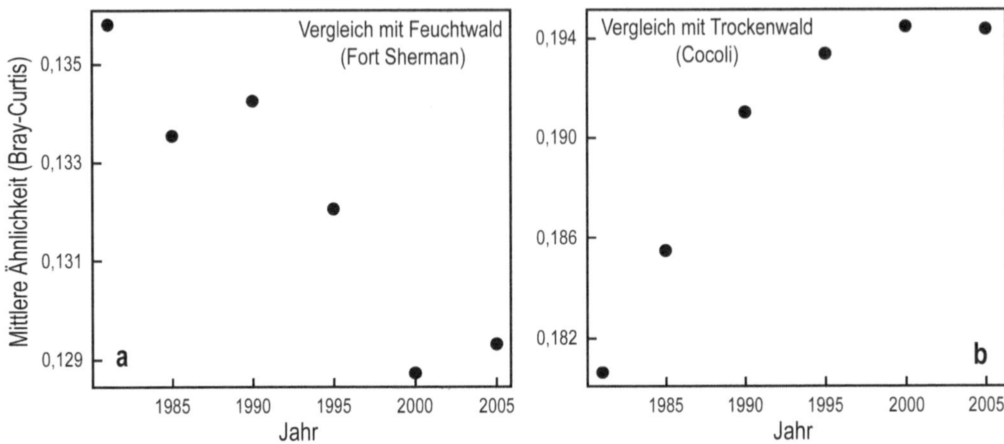

▣ Abb. 10.10   Der Vergleich der Baumartenzusammensetzung der 50-ha-Dauerfläche auf Barro Colorado Island mit zwei anderen Standorten über den Zeitraum 1981 bis 2005 zeigt, dass die Fläche einem Trockenwald an der Pazifikküste (Cocoli) immer ähnlicher wird (ansteigender Bray-Curtis-Index), während sie sich gleichzeitig von einem Karibikküsten-Feuchtwald (Fort Sherman) immer mehr unterscheidet (sinkender Bray-Curtis-Index). (Nach Feeley et al. 2011a, S. 879)

Ein Erklärungsansatz ist, dass solche Arten ein tiefer reichendes Wurzelsystem besitzen und damit Trockenphasen besser überstehen können als kleinere Baumarten des Unterwuchses (Condit et al. 1996b; Fauset et al. 2012). Condit et al. (1996a) stellten von 1982 bis 1995 eine Abnahme von feuchtigkeitsbedürftigen Baumarten auf Barro Colorado Island in Panama fest. Wiederholte Inventuren derselben Fläche (50 ha) über 25 Jahre zeigten eine deutliche Veränderung in der Baumartenzusammensetzung (Feeley et al. 2011a). Der Bestand wurde über diesen Zeitraum einem Trockenwald an der Pazifikküste immer ähnlicher, während die Ähnlichkeit mit einem Regenwald an der Karibikküste abnahm (▣ Abb. 10.10). Zu ähnlichen Ergebnissen kamen Fauset et al. (2012) bei Wiederholungsuntersuchungen in Tieflandwäldern in Ghana. Bei Vergleichen zwischen 1970 bzw. 1990 und 2010 nahmen schattentolerante, immergrüne Regenwaldarten in der Abundanz ab und laubwerfende Trockenwaldarten zu. Die Zusammensetzung der Palmenarten im amazonischen Tieflandwald Ecuadors war im Gegensatz dazu weitgehend stabil. Über einen Zeitraum von 17 Jahren (1995−2012)

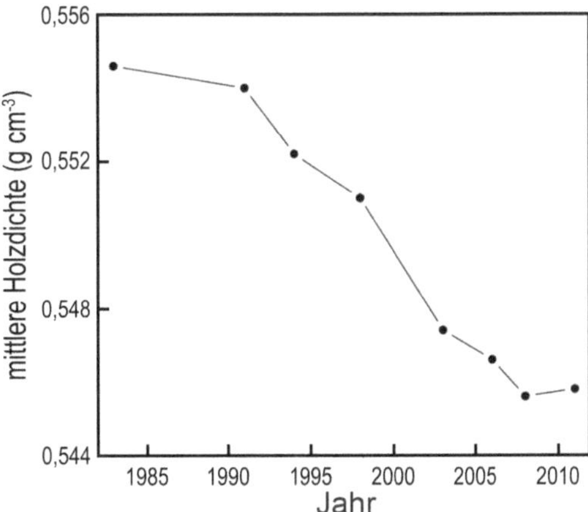

▣ Abb. 10.11   Abnahme der mittleren Holzdichte auf 5 1-ha-Flächen im peruanischen Tieflandregenwald von 1983 bis 2011 ($P < 0{,}01$; Kendalls Tau). (Nach van der Heijden et al. 2013, S. 687)

wurden dort keine Veränderungen in der Artenzusammensetzung oder der Populationsstruktur gefunden (Olivares et al. 2017).

In südperuanischen Tieflandwäldern wurde von 1983 bis 2011 eine signifikante Abnahme der mittleren **Holzdichte** der Bäume beobachtet (▣ Abb. 10.11), was auf eine Zunahme von schnellwachsenden Baumarten hindeutet (van der Heijden et al. 2013). Solche Arten könnten stärker vom Anstieg der atmosphärischen CO_2-Konzentration profitieren als schattentolerante Arten mit höherer Holzdichte (Körner 2004; Phillips et al. 2004).

10.4.1.2 Baumwachstum

Feeley et al. (2007) fanden **abnehmende Zuwachsraten** bei der Mehrzahl der untersuchten Baumarten auf den Dauerbeobachtungsflächen (50 ha) von Barro Colorado Island in Panama (1982–2005) und Pasoh in Malaysia (1986–2000). Veränderte Zuwachsraten waren dabei vom Stammdurchmesser, aber nicht von Baumeigenschaften wie der Holzdichte oder der Baumhöhe abhängig. Ansteigende mittlere Tagestiefsttemperaturen hatten an beiden Standorten einen negativen Effekt auf die Zuwachsraten. Clark et al. (2010) konnten in einer Langzeitstudie im Nordosten Costa Ricas zeigen, dass niedrigere Zuwachsraten bei häufigen Baumarten stark mit erhöhten Temperaturen korreliert sind. Die Autoren erklärten diese Beziehung mit temperaturbedingten größeren **nächtlichen Atmungsverlusten**. Sie erkannten für den Zeitraum von 1997 bis 2007 einen negativen linearen Zusammenhang zwischen dem Durchmesserzuwachs der Bäume und den mittleren jährlichen Nachttemperaturen. Andererseits reagierten Jungpflanzen von zwei Pionierbaumarten (*Ficus insipida* und *Ochroma pyramidale*) unter experimentell **erhöhten Nachttemperaturen** mit höherer Biomasseakkumulation (Cheesmann und Winter 2013). Allerdings lassen sich diese Ergebnisse nicht ohne Weiteres auf ausgewachsene Bäume übertragen, bei denen weitere physiologische Prozesse (sekundäres Dickenwachstum, Reproduktion) eine wichtige Rolle spielen.

Dendrochronologische Methoden bieten die Möglichkeit, das Baumwachstum in seiner Abhängigkeit von den Klimabedingungen über die letzten Jahrhunderte zu untersuchen. Es wurden inzwischen über 200 tropische Baumarten identifiziert, die Jahrringe bilden (Brienen et al. 2016; Schöngart et al. 2017). Die meisten Arten reagieren auf saisonale Veränderungen im Niederschlag oder auf periodische Überschwemmungen mit der Bildung von Ringstrukturen im Holz. Van der Sleen et al. (2015) verglichen die Zuwachsraten von jeweils vier Baumarten (je 100 Bäume) aus Tieflandwäldern in Bolivien, Kamerun und Thailand anhand von Jahrringen. Dabei konnten sie über den Zeitraum 1850 bis 2000 keine Veränderung in den Zuwachsraten feststellen. Allerdings erhöhten in allen drei Untersuchungsgebieten die Baumarten ihre **Wassernutzungseffizienz** über den Untersuchungszeitraum um 30 bis 35 % (◘ Abb. 10.12).

Eine ähnliche Zunahme der Wassernutzungseffizienz wie van der Sleen et al. (2015) fanden auch Loader et al. (2011) in den letzten 40 Jahren ihres Untersuchungszeitraums von 1850 bis 2009 für 4 Regenwaldbäume aus Borneo. Die Nettophotosyntheserate hat in diesem Zeitraum also relativ zur stomatären Leitfähigkeit und zum Wasserverlust zugenommen. Da dies nicht zur erwarteten Zuwachssteigerung führte, müssen andere Faktoren hier überlagernd wirken. Die Bäume können auf die erhöhten Temperaturen und auf zeitweilige Wasserlimitierung in Trockenphasen mit verstärkter Wurzelproduktion reagieren (Rahman et al. 2019). Möglicherweise haben die veränderten Umweltbedingungen auch zu einer Zunahme in der Stammdichte großer Bäume oder einem vermehrten Nachwachsen von CO_2-limitierten Jungbäumen im Unterwuchs geführt.

Battipaglia et al. (2015) untersuchten Baumringchronologien von 3 in afrikanischen Tropenwäldern weitverbreiteten Baumarten im Südosten Kameruns (*Entandrophragma cylindricum, Triplochiton scleroxylon* und *Erythrophloeum ivorense*) und erkannten über einen Zeitraum von 100 Jahren (1900–2000) **negative Zuwachstrends**, also keinen Düngungseffekt durch die ansteigende CO_2-Konzentration und höhere Temperaturen. Alfaro-Sánchez et al. (2017) zeigten anhand

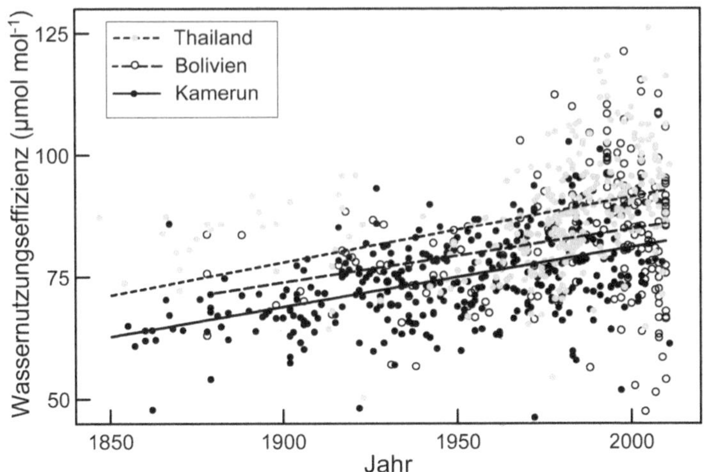

�‌ Abb. 10.12   Signifikanter Anstieg der Wassernutzungseffizienz (P <0,001) bei Bäumen aus der Kronenschicht aus drei Tropenwäldern in Bolivien, Kamerun und Thailand im Zeitraum von 1850 bis 2010. An den Standorten wurden jeweils 100 Bäume unterschiedlicher Durchmesser von 4 häufigen Baumarten beprobt, die alle Jahrringe im Holz ausbilden. Für alle Bäume wurde die Wassernutzungseffizienz für 5 Jahrringe bei einem Stammdurchmesser von etwa 27 cm bestimmt. (Nach Daten aus van der Sleen et al. 2015, S. 26)

von dendrochronologischen Untersuchungen, dass sich mit ENSO verbundene intensive Trockenepisoden negativ auf den Durchmesserzuwachs dreier Baumarten (*Jacaranda copaia, Tetragstis panamensis, Trichilia tuberculata*) auf Barro Colorado Island auswirkten.

Mehrere Studien haben experimentell den Einfluss **erhöhter CO_2-Konzentration** auf tropische Pflanzen untersucht (Granados und Körner 2002; Cernusak et al. 2011, 2013). Allerdings wurden meistens nur einzelne Arten mit wenigen Individuen betrachtet. Außerdem fehlen bisher Studien, die die Konkurrenzsituation berücksichtigten oder repräsentative Bestände untersuchten. Gaswechselstudien an Baumjungpflanzen zeigen in Übereinstimmung mit dendrochronologischen Untersuchungen, dass eine erhöhte CO_2-Konzentration die stomatäre Leitfähigkeit und damit die Transpiration reduziert und die **Wassernutzungseffizienz** erhöht (◌ Abb. 10.13). Über kurze Zeiträume kann CO_2-Düngung die Photosynthese von tropischen Baumarten stimulieren und damit zu schnellerem Wachstum und höheren Biomassen führen. Es ist anzunehmen, dass die Stimulation nach einiger Zeit nachlässt. Zudem könnte die Förderung von schnellwachsenden, kurzlebigen Baumarten durch erhöhtes CO_2 die Walddynamik verändern und langfristig zu schnelleren Turnoverraten und damit letztendlich zu einem Biomasseverlust in Tropenwäldern führen (Körner 2004, 2009).

10.4.1.3 Walddynamik und oberirdische Biomasse

Extreme **Trockenphasen** können **Wachstumseinbußen** und hohe Mortalitätsraten bei den Bäumen der Feuchttropen zur Folge haben, wobei insbesondere große Bäume und schnellwachsende Arten mit niedrigerer Holzdichte betroffen sind (Bennett et al. 2015; O'Brien et al. 2017; McDowell et al. 2018). Die Sterblichkeit kann auch noch bis zu 2 Jahre nach einem Dürreereignis erhöht sein (Phillips et al. 2010). Der Wassertransport in größere Höhen ist mit einem erhöhten **Embolierisiko** verbunden. Die Position der Krone im oder bei Emergenten oberhalb des Kronendachs setzt die Blätter stärkerer Sonnenstrahlung und einem erhöhten

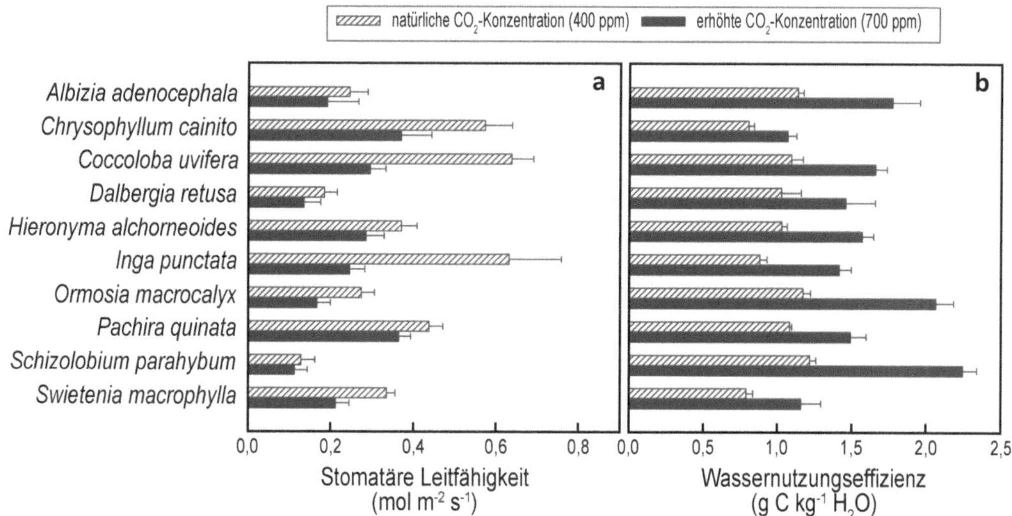

◘ Abb. 10.13   Stomatäre Leitfähigkeit (**a**) und Wassernutzungseffizienz (**b**) von 10 tropischen Baumarten unter natürlichen und erhöhten CO$_2$-Konzentrationen. (Nach Cernusak et al. 2013, S. 533)

atmosphärischen Wasserdampfsättigungsdefizit (VPD) aus. In extremen Trockenperioden besteht daher das Risiko von behinderter Wassernachleitung im Xylem (**hydraulisches Versagen**, *Hydraulic Failure*) oder reduziertem Kohlenstoffgewinn und **Assimilatmangel** (*Carbon Starvation*). Tatsächlich wurde eine deutlich **erhöhte Baummortalität** im Zusammenhang mit starken ENSO-Ereignissen im Amazonasbecken, in Mittelamerika und in Südostasien beobachtet. Im Folgenden werden einige Trockenepisoden und deren Auswirkungen auf die Walddynamik in Tropenwäldern näher betrachtet.

Clark et al. (2010) erkannten in ihrer Langzeitstudie (1997−2007) im Nordosten Costa Ricas eine höhere Baumsterblichkeit auf Bestandesebene als Reaktion auf reduzierte Niederschläge und erhöhte Nachttemperaturen in der Trockenzeit. Die Autoren führten die erhöhte Mortalität, ebenso wie reduzierte Zuwachsraten (▶ Abschn. 10.4.1.2), auf die größeren **nächtlichen Kohlenstoffverluste** mit der Atmung zurück. Nach dem starken El-Niño-Ereignis von 1997 wurde in brasilianischen Tropenwäldern eine erhöhte Baummortalität festgestellt (Williamson et al. 2000). Auf Barro Colorado Island im Panamakanal hatten starke Trockenphasen in den 1980er-Jahren eine erhöhte Baummortalität sowie höhere Wachstumsraten bei den überlebenden Bäume zur Folge. Die anschließenden 10 bis 15 Jahre ohne stärkere Trockenphasen führten zur Absenkung der demographischen Raten auf das Niveau vor den Trockenphasen (Condit et al. 2017). Die Baumarten reagierten dabei unterschiedlich sensitiv auf die Trockenphasen. Slik (2004) zeigte für bewirtschaftete Tieflandwälder in Kalimantan auf Borneo, dass ein starkes El-Niño-Ereignis (1997/1998) die Baumsterblichkeit deutlich erhöhte (10−22 % höhere Mortalitätsraten) und Pionierarten der Gattung *Macaranga* besonders stark betroffen waren. In der Folge nahm allerdings die Regeneration dieser Gattung durch die bessere Lichtverfügbarkeit am Boden stark zu. Für dasselbe Jahr berechnete Potts (2003) mehr als 3-fach erhöhte jährliche Mortalitätsraten von 7,63 % für die Wälder im Lambir Hills National Park in Sarawak im Nordwesten Borneos.

Für die Dipterocarpaceae in Südostasien ist bekannt, dass die **Trockenheitstoleranz**

ihrer Keimlinge sehr gut die Verbreitung der Baumarten widerspiegelt (Whitmore 1998). Das heißt, dass stärkere oder längere Trockenphasen die erfolgreiche Etablierung vieler Arten verhindern und auf diesem Wege die Verbreitungsgebiete der Arten einschränken würden. Experimentell konnte gezeigt werden, dass die Jungpflanzen von 10 Baumarten auf Borneo Trockenheit besser überstehen, wenn sie hohe Gehalte an nichtstrukturellen Kohlehydraten (NSC) aufweisen (O'Brien et al. 2014). Höhere NSC-Gehalte waren bei den untersuchten Arten mit höheren (weniger negativen) Wasserpotenzialen im Stamm korreliert, was auf eine wichtige Rolle von NSC bei der Aufrechterhaltung der hydraulischen Leitfähigkeit unter Trockenstress hindeutet. Fauset et al. (2012) fanden in den Tieflandwäldern von Ghana über einen 20-jährigen Zeitraum, der von starken Trockenphasen geprägt war (1990–2010), eine Zunahme der oberirdischen Biomasse. Da sich gleichzeitig der Anteil der trockenheitstoleranten Arten erhöhte, folgerten die Autoren, dass diese Wälder und ihre Biomasse auch resilienter gegenüber zukünftigen Trockenereignissen sein sollten.

Die Auswirkungen intensiver Trockenepisoden auf tropische Wälder wurden in verschiedenen Experimenten untersucht; Übersichten dazu finden sich bei Meir et al. (2015) und Bonal et al. (2016). Die drei bisher in Tropenwäldern durchgeführten **Austrocknungsexperimente** zeigten keine kurzfristige Erhöhung der **Baummortalität**. Erst nach mehreren Jahren kontinuierlicher Austrocknung wurden ähnlich hohe Absterberaten erreicht, wie sie nach natürlichen Trockenphasen beobachtet wurden (Moser et al. 2014; Meir et al. 2015). Offenbar führt nur die Kombination von Bodenwasserdefiziten mit hohem VPD und hohen Blatttemperaturen zu einer raschen Erhöhung der Mortalitätsrate. Wird nur der Boden ausgetrocknet, ohne das atmosphärische Sättigungsdefizit zu erhöhen, scheinen diese Wälder wesentlich widerstandsfähiger zu sein.

Auf Dauerbeobachtungsflächen in Amazonien fanden Lewis et al. (2004) im Zeitraum von 1971 bis 2002 eine Zunahme der Basalfläche um $0{,}1\ \mathrm{m^2\,ha^{-1}\,a^{-1}}$ bei gleichzeitigem Anstieg der Mortalität und verstärktem Nachwachsen junger Bäume (BHD ≥ 10 cm). Die Raten für den **Basalflächenzuwachs** und den **Zuwachs an neuen Baumindividuen** waren hier über den gesamten Zeitraum höher als die Mortalitätsraten. Die Turnoverraten (d. h. die Mittel aus dem Anteil nachwachsender und abgestorbener Bäume pro Zeiteinheit) stiegen in den amazonischen Wäldern zum Ende des 20. Jahrhunderts an (Phillips et al. 2004), und zwar in ganz Amazonien, unabhängig von der Bodenfruchtbarkeit und vom Niederschlagsregime (◘ Abb. 10.14). Das führte laut Baker et al. (2004) zu einer mittleren Biomassezunahme um $1{,}22\ \mathrm{Mg\,ha^{-1}\,a^{-1}}$ in diesen ungestörten Tieflandwäldern (1979–2003).

In afrikanischen Tropenwälder hat von 1968 bis 2007 die **oberirdische Kohlenstoffspeicherung** in den Bäumen im Mittel jährlich um $0{,}63\ \mathrm{Mg\,C\,ha^{-1}}$ zugenommen (Lewis et al. 2009). Für südostasiatische Wälder gibt es ähnliche Beobachtungen von Qie et al. (2017). Im Zeitraum von 1988 bis 2010 lag der jährliche Anstieg des Kohlenstoffvorrats in der oberirdischen Biomasse für Wälder auf Borneo bei $0{,}43\ \mathrm{Mg\,C\,ha^{-1}}$. Einige jüngst publizierte Studien fanden dagegen entgegengesetzte Biomassetrends. Bei einem Vergleich von mehr als 300 über Amazonien verteilten Dauerbeobachtungsflächen ermittelten Brienen et al. (2015) für den 28-jährigen Zeitraum 1983 bis 2011 eine Abnahme der Kohlenstoffvorräte; die Autoren geben als Ursache für die Abnahme in der oberirdischen Biomasse eine erhöhte Mortalität und eine verringerte Lebenserwartung der Bäume an. Auch Rolim et al. (2005) fanden über 22 Jahre (1978–2000) eine signifikante Abnahme der oberirdischen Biomasse auf fünf Dauerflächen im atlantischen Regenwald Brasiliens. Jahre mit intensiver Trockenperiode hatten dort eine erhöhte Baummortalität und Biomassenverluste zur Folge, die in den nächsten Jahren durch stärkere Verjüngung nicht wieder ausgeglichen werden konnten.

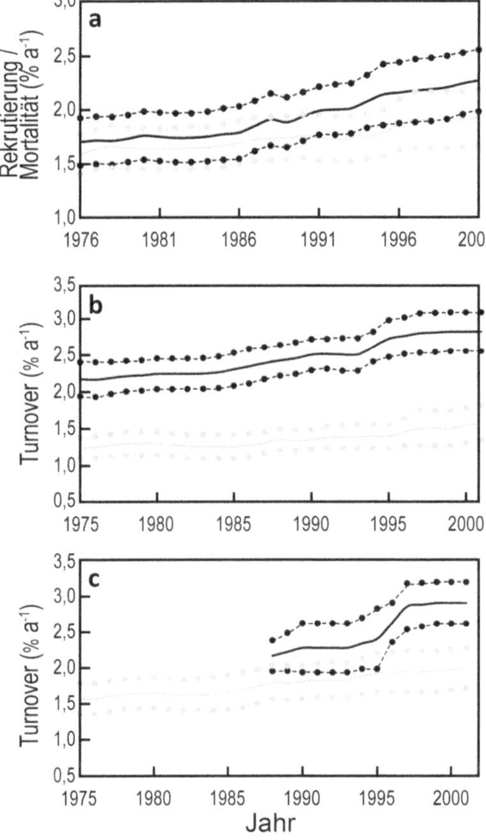

◘ Abb. 10.14 Zeitliche Veränderungen in der Walddynamik auf Dauerbeobachtungsflächen in amazonischen Tieflandwäldern: **(a)** Ansteigende jährliche Raten der Etablierung von Jungbäumen (schwarz) und der Baummortalität (grau) von Stämmen mit einem BHD ≥10 cm. **(b)** Ansteigende jährliche Turnoverraten (Mittelwert aus dem Anteil nachwachsender und abgestorbener Baumindividuen) auf armen Böden (grau) und reicheren Böden (schwarz). **(c)** Ansteigende jährliche Turnoverraten in saisonalen (grau) und nichtsaisonalen (schwarz) Wäldern. Die durchgezogenen Linien geben jeweils die Mittelwerte und die gepunkteten Linien das 95 %-Konfidenzintervall an. (Nach Phillips et al. 2004, S. 402 f.)

Doughty et al. (2015) dokumentierten mit Hilfe eines Netzwerks von 13,1-ha-Flächen, auf denen alle Komponenten der **Nettoprimärproduktion** und die **Respiration** von 2009 bis 2011 detailliert verfolgt wurden, die Effekte einer starken Trockenheit von 2010 in Amazonien. Trotz reduzierter Photosyntheserate blieb die Nettoprimärproduktion über die ganze Trockenphase und auch danach konstant. Die Bäume reduzierten Atmungsprozesse, die mit der Versorgung bestehenden Gewebes oder der Verteidigung verbunden sind, investierten jedoch weiter vor allem in Wachstum. Doughty et al. (2015) folgerten, dass eine derart veränderte Allokation der Grund für eine langfristige erhöhte **Baummortalität** auch nach Ende einer Trockenphase sein kann. Yang et al. (2018) berechneten mittels satellitengestützter LiDAR-Messungen für das in Amazonien am stärksten von **Trockenheit** betroffene Gebiet einen mittleren **Kohlenstoffverlust** in der oberirdischen Biomasse von 2,35 Mg C ha^{-1} für 2006 infolge des Trockenjahres 2005. Für das ganze Amazonasbecken betrug der ermittelte jährliche Kohlenstoffverlust im Zeitraum von 2005 bis 2008 jeweils 0,3 ± 0,2 Pg C (±95 %-Konfidenzintervall). Diese Ergebnisse könnten darauf hindeuten, dass die tropischen Regenwälder zumindest regional ihre **Kohlenstoff-Senkenfunktion** nicht weiter steigern können, weil der Düngeeffekt einer erhöhten CO_2-Konzentration durch andere Umweltfaktoren (hohe Temperaturen, Wasserdefizit, Nährstofflimitierung) beschränkt wird (Hedin 2015).

10.4.1.4 Lianen

Einige Autoren haben eine **Zunahme der Häufigkeit von Lianen** in ungestörten tropischen Tieflandwäldern registriert (◘ Abb. 10.15). Als mögliche Gründe dafür werden die angestiegene CO_2-Konzentration, veränderte Klimabedingungen, häufigere episodische Trockenphasen und die Zunahme natürlicher menschlicher Störungen diskutiert (Phillips et al. 2002; Schnitzer und Bongers 2011). Die zunehmende Häufigkeit der Lianen in Verbindung mit ihrem negativen Einfluss auf das Baumwachstum (van der Heijden et al. 2015) macht sie zu einem wichtigen Faktor für die Biomassedynamik von Tropenwäldern. In amazonischen Tieflandwäldern von Peru, Bolivien und Ecuador hat von 1981 bis 2001 die Häufigkeit von Lianen im Mittel um 0,22 % a^{-1} zugenommen (◘ Abb. 10.16). Ihr

 Abb. 10.15   Lianen sind ein wichtiges Strukturelement im tropischen Tieflandwald. Einige aktuelle Studien konnten zeigen, dass deren Abundanz und damit ihr negativer Einfluss auf das Baumwachstum zunehmen. (Foto: J. Homeier)

10

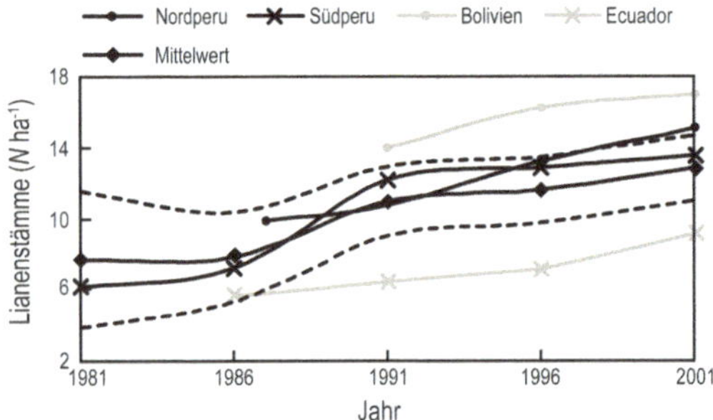

⬛ **Abb. 10.16**   Zeitliche Veränderung der Stammdichte von Lianen (BHD $\geq$ 10 cm) im westlichen Amazonien von 1981 bis 2001. Dargestellt sind die laufenden 5-Jahres-Mittel (mit 95 %-Konfidenzintervall) für vier Regionen (Nordperu, Südperu, Bolivien und Ecuador). (Nach Phillips et al. 2002, S. 772)

Anteil an der Gesamtzahl der Stämme holziger Pflanzen (ab 10 cm BHD) ist im selben Zeitraum um 3,7 % gestiegen (Phillips et al. 2002). Ähnliche Trends wurden in Brasilien gefunden (Laurance et al. 2014), wo die Lianenabundanz zwischen 1997 und 2012 um 1,0 % a^{-1} und die Biomasse um 0,32 % a^{-1} angestiegen sind (⬛ Abb. 10.17).

Nicht nur in amazonischen Wäldern scheinen Lianen häufiger zu werden, wie zunehmende Abundanzen aus Langzeitstudien in Französisch Guyana (Chave et al. 2008), Costa Rica (Yorke et al. 2013) und Panama (Schnitzer et al. 2012) zeigen. In einigen der untersuchten Wälder nahm gleichzeitig die Baumdichte ab (Schnitzer et al. 2012). Basierend auf Daten aus dem peruanischen Tieflandwald versuchten van der Heijden et al. (2013), die Bedeutung von Lianen für die Kohlenstoff-Fixierung zu quantifizieren. Sie schätzten, dass Lianen die Kohlenstoffspeicherung in der Biomasse der Bäume um etwa 10 % (=0,25 Mg C ha^{-1}) jährlich reduzieren (⬛ Abb. 10.18).

Allerdings zeigen nicht alle Studien einen Trend zu ansteigender Lianenhäufigkeit. Gerolamo et al. (2018) fanden in Brasilien über den Zeitraum von 2004 bis 2014 keine Veränderung in der relativen Häufigkeit der Lianen. Die verfügbaren Studien aus Afrika und Südostasien weisen sogar rückläufige Anteile der Lianen an der Gesamtstammzahl auf. Wright et al. (2015) stellten in Pasoh, Malaysia im Zeitraum von 2002 bis 2014 eine Abnahme

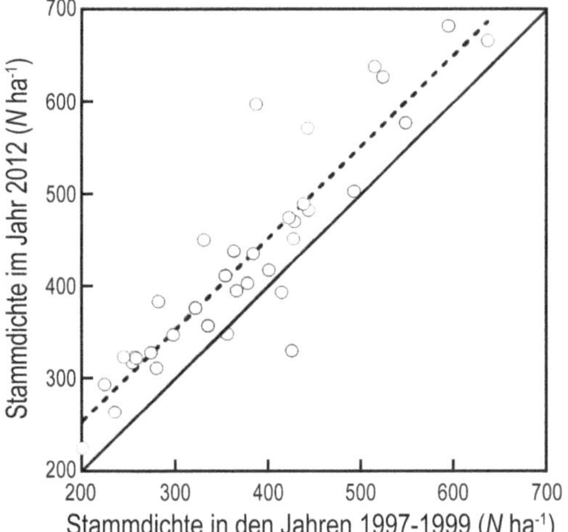

Abb. 10.17 Vergleich der Lianenabundanz (Stämme ≥2 cm Durchmesser) zwischen 1997 und 1999 und 2012 auf 36 1-ha-Flächen im ungestörten amazonischen Tieflandregenwald. Die durchgezogene Linie zeigt eine gleichbleibende Lianendichte an und die gestrichelte Linie die lineare Regression zwischen den beiden Untersuchungszeiträumen. (Nach Laurance et al. 2014, S. 1607)

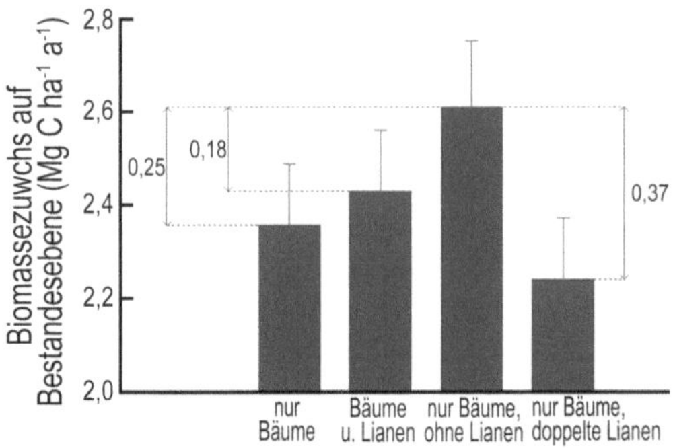

Abb. 10.18 Die Bedeutung von Lianen für die oberirdische Kohlenstoff-Festlegung im peruanischen Tieflandregenwald (mittlere geschätzte jährliche Kohlenstoff-Fixierung für verschiedene Szenarien): Nur Bäume (alleiniger Anteil der Bäume), Bäume und Lianen (unter Berücksichtigung des Konkurrenzeffekts der Lianen auf die Bäume und ihres Beitrags zur Kohlenstoffaufnahme), Bäume ohne Lianen (keine Konkurrenz) und Bäume mit der doppelten Anzahl von Lianen (doppelte Konkurrenzintensität). Die Ergebnisse basieren auf einem Modell, das den Effekt von Lianen auf das Wachstum der Bäume individuell vorhersagt. Die Balken stellen Mittelwerte (± Standardabweichungen), berechnet für 5 1-ha-Flächen dar. (van der Heijden et al. 2013, S. 686)

der mit Lianen bewachsenen Kronenbäume fest. Ebenso registrierten Caballé und Martin (2001) in Makokou, Gabun (1979–1992), Thomas et al. (2015) in Korup, Kamerun (2001–2012), und Bongers und Ewango (2015) in Ituri, DR Kongo (1994–2007), abnehmende Häufigkeiten von Lianen.

10.4.1.5 Phänologie

Für *Erythrina poeppigiana* (Fabaceae) und *Tabebuia rosea* (Bignoniaceae), zwei in Costa Rica über einen weiten Bereich unterschiedlich langer Trockenzeiten vorkommende Baumarten, konnte Borchert (1998) zeigen, dass sie bei ausreichender Wasserverfügbarkeit immergrün, bei längerer Trockenzeit aber laubwerfend sind. Diese Form der **phänologischen Plastizität** kann das Überleben bei durch den Klimawandel veränderter Humidität des Klimas sichern helfen. Allerdings reagieren nicht alle Baumarten so plastisch auf veränderte hygrische Bedingungen.

Wright und Calderón (2006) fanden eine **zunehmende Blütenproduktion** bei 33 Lianenarten und 38 Baumarten auf Barro Colorado Island in Panama über einen Zeitraum von 18 Jahren (1987–2005). Dabei war die Blüten- und Samenproduktion bei allen Arten in El-Niño-Jahren besonders stark. Alfaro-Sánchez et al. (2017) konnten im selben Gebiet bei 3 Baumarten (*Jacaranda copaia, Tetragstis panamensis, Trichilia tuberculata*) zeigen, dass die Reproduktion dieser Arten im Zeitraum von 1987 bis 2014 nicht mit dem Wachstum korreliert war und dass die Arten nicht einheitlich auf die Trockenphasen und erhöhte Temperaturen in Zusammenhang mit ENSO reagierten. Über den gleichen Zeitraum stieg auf Barro Colorado Island die Blütenproduktion bei verschiedenen Lebensformen (Lianen, große und mittelgroße Bäume) stark an und zeigte dabei eine positive Korrelation zur atmosphärischen CO_2-Konzentration (Pau et al. 2018).

10.4.1.6 Mangroven

An den trockenen Westküsten der Kontinente ist die Verbreitung von Mangroven zu höheren Breitengraden hin vor allem durch Niederschlagsmangel limitiert, während an den feuchteren Ostküsten die niedrigen Wintertemperaturen das Areal von Mangrovenwäldern begrenzen. Steigende Wintertemperaturen könnten daher zu einer **Ausbreitung von Mangrovenwäldern in höhere Breiten** führen, während eine Veränderung des Niederschlagsregimes sowohl eine **Expansion wie auch eine Reduzierung des Verbreitungsgebietes** nach sich ziehen könnte (Osland et al. 2017). Bisher wurden großräumige Arealveränderungen allerdings noch nicht beobachtet. Durch die gleichzeitige Anpassung an mehrere Stressoren (Überflutungs- und Salztoleranz) gelten Mangrovenarten als robust und sind in der Lage, schnell neue Standorte zu besiedeln (Lovelock et al. 2016). Allerdings ist nicht klar, ob Mangrovenwälder überall schnell genug wandern bzw. neues Substrat akkumulieren können, um mit dem gegenwärtigen schnellen Anstieg des Meeresspiegels mithalten zu können (Lovelock et al. 2015). Außerdem spielt der direkte menschliche Einfluss eine große Rolle. Hamilton und Friess (2018) schätzten, dass im Zeitraum von 2000 bis 2012 durch Entwaldung etwa 2 % der zuvor in Mangrovenwäldern gespeicherten Kohlenstoffvorräte als CO_2 freigesetzt wurden.

10.4.1.7 Herbivorie

Typischerweise nimmt der Stickstoffgehalt von Blättern bei **höheren CO_2-Konzentrationen** ab, der Phenolgehalt jedoch zu, während sich das C/N-Verhältnis weitet. Damit sinkt die Qualität der Blätter als Ressource für Herbivoren, und diese müssen folglich ihre Konsumrate erhöhen (Coley 1998; Zvereva und Kozlov 2006). Das Ausmaß der **Stickstoffverdünnung** hängt dabei von der Bodenfruchtbarkeit ab und wird zudem durch die Höhe der Stickstoffdeposition beeinflusst. Rothman et al. (2015) wiesen im Kibale-Nationalpark in Uganda einen Anstieg des Blattfasergehaltes bei verschiedenen Baumarten über einen Zeitraum von 30 Jahren nach (1970er–2000er-Jahre). Ferner stellten sie

eine Abnahme des Verhältnisses von Protein- zu Fasergehalt in jungen Blättern von zwei *Celtis*-Arten von den 1990er- zu den 2000er-Jahren fest; der Nährwert der Blätter für Herbivoren hat über diesen Zeitraum also abgenommen. In der Folge von Trockenereignissen (oft in Verbindung mit starken ENSO-Ereignissen) wurde in verschiedenen Tropenregionen das gehäufte Auftreten von bestimmten Herbivorenarten beobachtet (Coley 1998). Wenn Dürreereignisse im Zuge des Klimawandels häufiger werden, ist also mit Episoden stärkeren Herbivorenfraßes zu rechnen.

10.4.2 Tropische Gebirge

10.4.2.1 Arealverschiebungen

Ein Temperaturanstieg führt dazu, dass Pflanzenarten im Gebirge aufwärts wandern müssen, um ihrem Temperaturoptimum zu folgen. Da die potenziell als geeignetes Habitat zur Verfügung stehende Oberfläche mit der Meereshöhe stark abnimmt, sind insbesondere die alpinen und nivalen Vegetationstypen der tropischen Gebirge von **Arealverlust** betroffen. Veränderungen im Temperatur- und Niederschlagsregime in den Berglagen können Rückwirkungen auf Bodeneigenschaften haben. Werden Hochlagen durch das Höherwandern des Kondensationsniveaus feuchter, kann dies zu verstärkter Erosion und höherer Frequenz von Hangrutschungen führen (Anderson et al. 2011).

Für die tropischen Anden konnte gezeigt werden, dass die rezente Erwärmung vielerorts zur **Thermophilisierung** der Wälder führt, also dem vermehrten Auftreten von wärmeliebenden Arten in größerer Höhe durch **Vertikalwanderung**. In der Mehrzahl von Dauerbeobachtungsflächen (◘ Abb. 10.19) in Andenwäldern (360–3360 m ü. NN) zwischen Kolumbien und Nordargentinien konnten Fadrique et al. (2018) in jüngerer Zeit eine Zunahme von wärmeliebenden Baumarten feststellen, während im

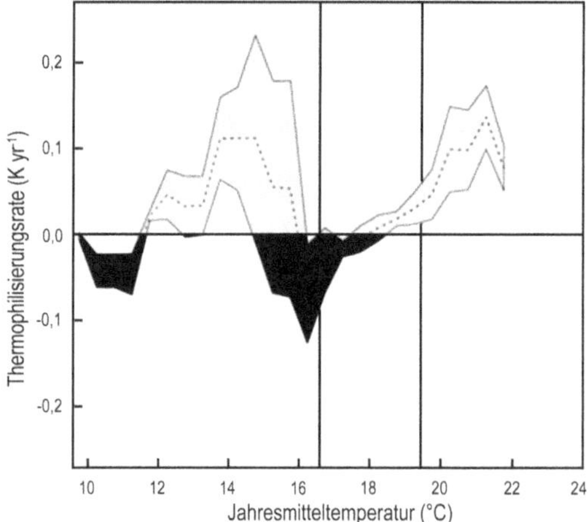

◘ Abb. 10.19 Die Thermophilisierungsrate in andinen Wäldern zwischen Kolumbien und Nordargentinien. Für 28 verschiedene thermische Höhenbereiche wurde der Mittelwert der jährlichen Thermophilisierung berechnet. Die gestrichelte Linie stellt den Mittelwert dar, die markierten Bereiche zeigen das 95 %-Konfidenzintervall für Temperaturzunahmen (grau) und Temperaturabnahmen (schwarz) an. Die vertikalen schwarzen Linien begrenzen den Bereich der Wolkenbasis in den Untersuchungsgebieten (1000–1600 m). Die Baumgrenze befindet sich bei einer Jahresmitteltemperatur von etwa 5 bis 7°. (Nach Fadrique et al. 2018, S. 210)

Bereich unterhalb der Waldgrenze und in den Wäldern auf Höhe der Wolkenkondensationszone ein gegenläufiger Trend beobachtet wurde. Die Autoren erklären das mit den spezifischen klimatischen Bedingungen in diesen Ökotonen und mit der Präsenz von gut daran angepassten Arten, die eine Einwanderung wärmeliebenderer Arten erschweren.

Für Nordkolumbien konnte gezeigt werden, dass sich die Baumgemeinschaften in Beobachtungsflächen entlang eines Höhentransekts vom Tiefland bis in die Anden über den Zeitraum von 2006 bis 2014 in Richtung der wärmeliebenderen Baumarten verändert und damit auf die Klimaerwärmung durch Höherwandern reagiert haben (Duque et al. 2015). Bei den Bäumen mit einem Stammdurchmesser ab 10 cm betrug die **thermische Migrationsrate** 0,011 K a⁻¹; für die Jungbäume lag sie sogar bei 0,027 K a⁻¹. Entlang

eines Höhengradienten von 70 bis 2800 m ü. NN in Costa Rica ermittelten Feeley et al. (2013) eine thermische Migrationsrate von 0,0065 K a⁻¹ für die Bäume mit einem BHD von ≥ 10 cm; dabei war die Mortalität von kälteangepassten Arten der Hauptgrund für die Veränderung in der Artenzusammensetzung.

Analysen des Normalized Difference Vegetation Index (NDVI) legen einen generellen **Rückgang von Vitalität und Produktivität** der Vegetation infolge von Temperaturanstieg und Trockenstress in tropischen Gebirgen nahe. Krishnaswamy et al. (2014) fanden in einer Studie für 47 Schutzgebiete, die über alle tropischen Bergregionen verteilt waren, über den Zeitraum von 1982 bis 2006 einen deutlichen negativen Trend des NDVI. Folgend auf einen kurzen positiven Trend zu Beginn der 1990er-Jahre nahm der NDVI in allen Gebieten ab (◘ Abb. 10.20).

Die **Höherwanderung von Vegetationszonen** im Gebirge als Folge des Klimawandels lässt sich u. a. durch die Auswertung alter Vegetationsbeschreibungen analysieren, wie sie aus den Tropen allerdings nur vereinzelt vorliegen. Morueta-Holme et al. (2015) verglichen die aktuelle Position von Vegetationszonen am Vulkan Chimborazo in Ecuador (◘ Abb. 10.21) mit den Beschreibungen Alexander von Humboldts aus dem Jahr 1802. Im Mittel hatten sich die Vegetationszonen wie auch die Höhengrenzen einzelner Arten um mehr als 500 Höhenmeter nach oben verschoben (◘ Abb. 10.22). Von Humboldt beobachtete die höchsten Vorkommen von Samenpflanzen bei 4600 m ü. NN. Im Jahr 2012 konnten Morueta-Holme et al. (2015) Individuen von *Draba aretioides* und *Pentacallia hillii* bis zu einer Höhe von 5185 m ü. NN nachweisen. Diese Studie nutzt die präzisen Beschreibungen von Humboldts und demonstriert das Ausmaß des Gletscherrückgangs und des **Höherwanderns der Vegetation** auf einem tropischen Vulkan in einem Zeitraum von 200 Jahren. Ähnlich detaillierte historische Daten sind leider von anderen tropischen Standorten nicht verfügbar.

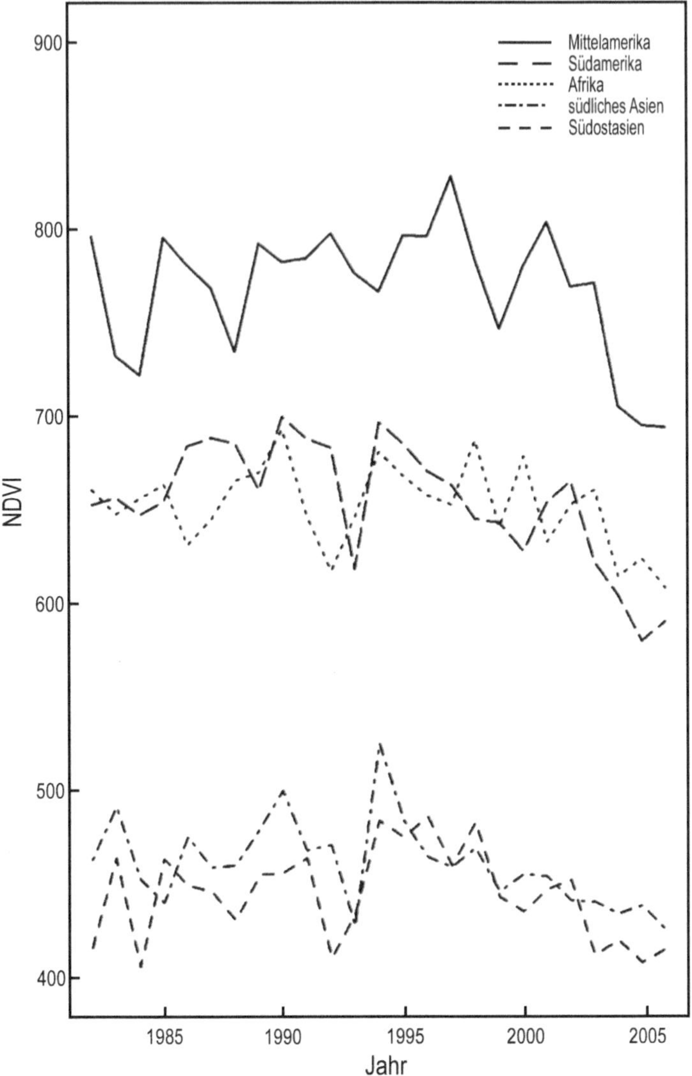

◘ Abb. 10.20   NDVI-Trend für die Gebirgsvegetation in 5 tropischen Regionen im Zeitraum von 1982 bis 2006. Jede Zeitreihe stellt den Mittelwert der verfügbaren Zeitreihen aus einer Region dar. (Nach Krishnaswamy et al. 2014, S. 2007)

Vom Klimawandel getriebene Arealveränderungen lassen sich in den Tropen aufgrund fehlender Daten zur Gesamtverbreitung der Arten weit schwerer belegen als etwa in der sehr viel besser erforschten temperaten Zone. Von 90 % der Pflanzenarten in den drei Hauptregionen der Tropen in Südamerika, Afrika und Südostasien existieren jeweils weniger als 20 Fundpunkte, die ihre Verbreitung dokumentieren (Feeley und Silman 2011). Dieser schlechte Kenntnisstand macht nicht nur eine Abschätzung der aktuellen Verbreitung, sondern auch die Untersuchung zukünftiger Arealveränderungen nahezu unmöglich.

Koide et al. (2017) verglichen die Aufwärtswanderung von heimischen und eingeführten Pflanzenarten am Mauna Loa auf Hawaii zwischen 1970 und 2010. Diese beiden Artengruppen unterschieden sich in ihrer Reaktion auf die Klimaerwärmung stark. Nur die eingeführten Arten erweiterten ihr Verbreitungsgebiet nach oben. Bei den auf Hawaii heimischen Arten verschob sich die untere

⬛ Abb. 10.21 Blick auf den Vulkan Chimborazo (6267 m ü. NN) in Ecuador mit *Chuquiraga jussieui* (Asteraceae) im Vordergrund. Hier beschrieb Alexander von Humboldt im Jahr 1802 die Vegetationszonierung. Eine Wiederholungsstudie aus dem Jahr 2012 zeigte, dass die Vegetation bzw. einzelne Pflanzenarten in den letzten zwei Jahrhunderten dort über 500 Höhenmeter aufwärts gewandert sind. (Foto: J. Homeier)

Verbreitungsgrenze nach oben, wohingegen sich die obere Grenze nicht veränderte und sich somit das Verbreitungsgebiet dieser Arten verkleinerte.

10.4.2.2 Alpine Waldgrenzen

Wie in anderen Klimazonen kann bei steigenden Temperaturen auch in den Tropen die **Höherwanderung der alpinen Waldgrenzen** durch von der Temperatur unabhängige Faktoren behindert sein. Bader et al. (2007) konnten zeigen, dass in Nordecuador die **hohe Strahlung** oberhalb der Waldgrenze die erfolgreiche Etablierung von Jungbäumen und damit die Ausbreitung der oberen Bergwälder verlangsamen kann, da viele Baumarten als Jungpflanzen Beschattung brauchen. Auch der **geringe Sameneintrag** außerhalb von Waldfragmenten (Rehm und Feeley 2013), die generell ungünstigen klimatischen Bedingungen an tropischen Waldgrenzen (Wesche et al. 2008; Rehm und Feeley 2015a) und der **menschliche Einfluss (Beweidung, Feuer)** führen dazu, dass die tropischen Waldgrenzen infolge der Klimaerwärmung nur

langsam ansteigen (Rehm und Feeley 2015b). So hat sich im Manu-Nationalpark in Südperu von 1963 bis 2005 die Waldgrenze nur um 0,24 m a^{-1} nach oben verschoben, wie die Auswertung von Luftbildern und Satellitenaufnahmen ergab (Lutz et al. 2013). Dies traf allerdings nur für die unter Schutz stehenden Bereiche des Nationalparks zu. Dort, wo stärkere menschliche Störungen herrschten, wanderte der Wald nur um 0,05 m a^{-1} nach oben. In den tiefergelegenen Bergwäldern des Gebietes wanderten die Baumarten sehr viel schneller aufwärts, nämlich mit einer Rate von 2,5 bis 3,5 m a^{-1} etwa 12,5-mal so schnell wie an der alpinen Waldgrenze (Feeley et al. 2011b). Das Waldgrenzökoton stellt also offensichtlich eine starke Barriere für das Höherwandern der Arten in tropischen Gebirgen dar (Rehm und Feeley 2015a; Fadrique et al. 2018). Ein Vergleich der tropischen Berge Afrikas zeigte, mit Ausnahme vom Mount Simen in Äthiopien, nirgendwo einen Anstieg der Baumgrenze über die letzten Jahrzehnte. Vielmehr liegt in den afrikanischen Gebirgen die rezente Baumgrenze infolge von

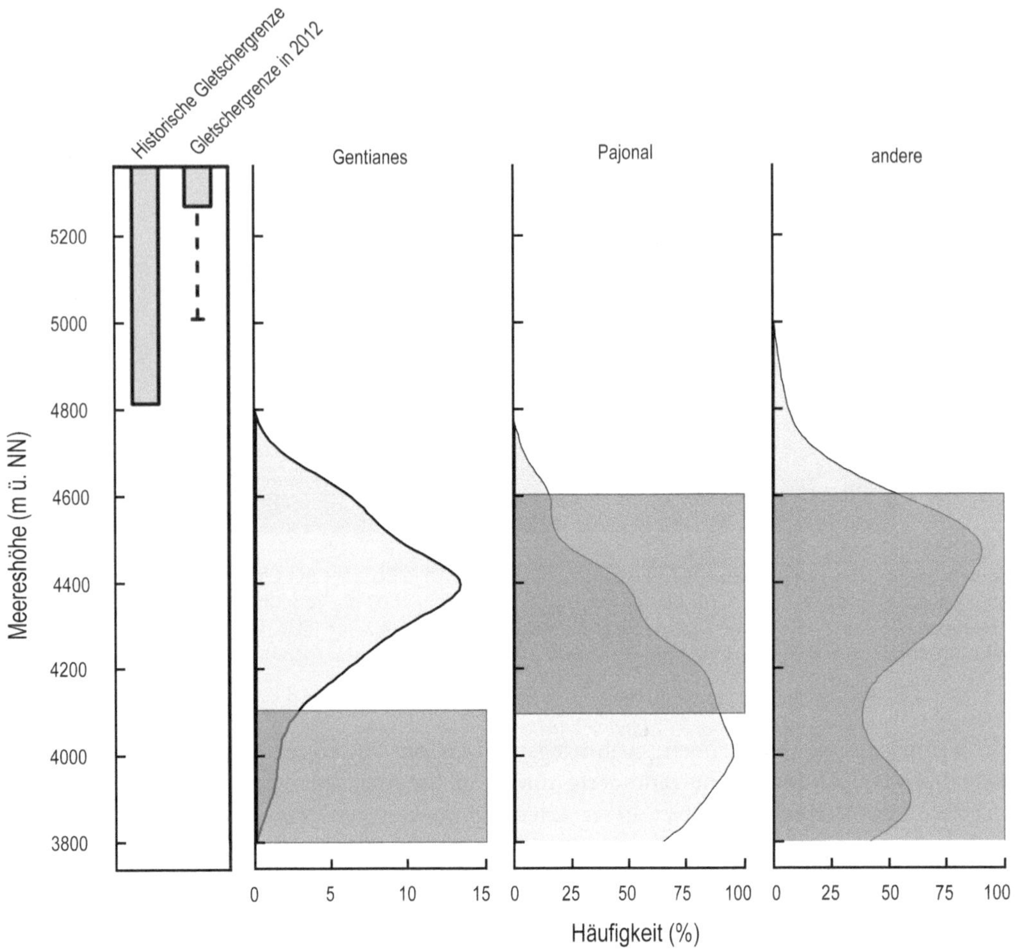

◘ Abb. 10.22   Rückgang der Gletscher und Höhenverschiebung der Vegetationszonen am Chimborazo in Ecuador. Dargestellt sind die 1802 von Alexander von Humboldt beschriebene historische Gletschergrenze und die aktuelle Gletschergrenze im Jahr 2012 (±Standardabweichung). Die dunklen Rechtecke markieren die Höhenverbreitung der Vegetationszonen im Jahr 1802 (Gentianes: dominiert von *Gentianella*, *Gentiana* und *Chuquiraga*; Pajonal: dominiert von verschiedenen Grasartigen; andere Arten). Die Kurven für 2012 zeigen die mittlere Abundanz der Vegetationstypen entlang des Höhengradienten. Alle Vegetationstypen kamen 2012 auch oberhalb der durch von Humboldt festgehaltenen Vegetationsobergrenze von 4600 m ü. NN vor. (Nach Morueta-Holme et al. 2015, S. 12742)

Beweidung und Feuer deutlich tiefer als früher (Jacob et al. 2015).

10.4.2.3 Epiphyten

Durch ihre Lebensweise an der Grenzfläche zwischen Atmosphäre und Vegetation, ohne direkte Verbindung zum Boden, sind Epiphyten besonders auf Wassereinträge durch Niederschlag und Nebel angewiesen. Allerdings sind bisher erst wenige Studien verfügbar, die *in situ* Effekte des Klimawandels auf die **Artenzusammensetzung von Epiphyten** zeigen konnten (Zotz und Bader 2009). Ein Transplantationsexperiment von Nadkarni und Solano (2002) zeigte die negativen Effekte erhöhter Temperatur und reduzierter Luftfeuchtigkeit auf epiphytische Gefäßpflanzen. Die Autoren entnahmen im Bergwald von

Monteverde in Costa Rica von Bäumen auf 1480 m ü. NN Epiphytenmatten, um diese anschließend auf Bäumen ähnlicher Baumhöhe auf 1410 und 1330 m ü. NN auszubringen. Die auf niedrigere Meereshöhen verpflanzten Epiphyten, wo höhere Temperaturen und eine niedrigere Luftfeuchtigkeit herrschten, wiesen höhere Blattverluste, eine niedrigere Blattproduktion und eine kürzere Lebenserwartung auf im Vergleich zu Epiphytenmatten, die innerhalb der ursprünglichen Höhenstufe (1480 m ü. NN) verpflanzt wurden. Epiphyten aus tropischen Bergwäldern in Costa Rica, die an konstant hohe Luftfeuchtigkeit angepasst sind, erholten sich sehr viel langsamer von einer starken Trockenphase im Zusammenhang mit El Niño als Epiphyten aus nahe gelegenen trockeneren Bergwäldern (Gotsch et al. 2018).

Epiphyten in **saisonalen Tropenwäldern** reagieren häufig nicht so stark auf außergewöhnliche Trockenphasen wie ihre Wirtsbäume. So fanden Zotz et al. (2005) im Tiefland von Panama über den Zeitraum von 1997 bis 2004 keinen Zusammenhang der Populationsdynamik der epiphytischen Bromelie *Werauhia sanguinolenta* mit dem Niederschlag oder der Anzahl der Regentage. Wagner und Zotz (2018) zeigten an drei epiphytischen *Aechmea*-Arten mit CAM-Photosynthese, dass sowohl eine erhöhte CO_2-Konzentration als auch eine verbesserte Wasserverfügbarkeit die Zuwachsrate steigern können.

Ein weiteres Transplantationsexperiment in den bolivianischen Yungas ergab, dass auch tropische epiphytische Moose sensitiv auf veränderte Klimabedingungen reagieren. Jácome et al. (2011) verfolgten über 2 Jahre die Moosbedeckung und -artenzusammensetzung auf Ästen, die auf 3000 m ü. NN entnommen und dann auf 3000 m ü. NN, 2700 m ü. NN (entspricht einer Temperatursteigerung um 1,5 K) und 2500 m ü. NN (Temperatursteigerung um 2,5 K) unter gleichen Lichtbedingungen ausgebracht wurden. Das Ergebnis dieses Experimentes war eine niedrigere Moosdeckung und eine Veränderung in der Artenzusammensetzung, wobei die einzelnen Arten teilweise sehr unterschiedlich reagierten.

In **tropischen Tieflandwäldern** schränken hohe Temperaturen bei hoher relativer Luftfeuchte und gleichzeitiger Lichtarmut im Inneren der Waldbestände die Lebensmöglichkeiten für **Flechten und Moose** ein. Da die Atmung mit der Temperatur exponentiell steigt, die Temperaturabhängigkeit der Photosynthese jedoch einer Optimumkurve folgt, wobei die Optimumtemperatur im warmen Klima der tropischen Tieflagen oft überschritten wird, verkürzen sich mit steigender Temperatur die Perioden mit positiver Nettophotosynthese (Zotz und Winter 1994; Zotz et al. 2003). In lichtarmen Tieflandwäldern und dort insbesondere nachts sollten steigende Temperaturen also zu zunehmenden Kohlenstoffverlusten führen. Nachgewiesen ist eine derartige Entwicklung als Folge des Klimawandels allerdings bisher freilich nicht, zumal zunehmende Trockenphasen die Atmungsverluste einschränken sollten. Auch an lichtreichen Mikrostandorten innerhalb der Tieflandwälder können die hohen nächtlichen Atmungsverluste während des Tages nur unvollkommen ausgeglichen werden, da die poikilohydrischen Flechten und Moose hier infolge der hohen Sonneneinstrahlung in niederschlagsfreien Perioden schnell austrocknen und damit keinen Gaswechsel betreiben können (Zotz 1999).

In den **tropischen Gebirgen** führt der Anstieg des Kondensationsniveaus infolge des damit verbundenen geringeren Nebeleintrages zu einer Abnahme der relativen Luftfeuchtigkeit. Dies verschlechtert die Lebensbedingungen für die meisten epiphytischen Lebensformen zumindest in der unteren Bergwaldstufe.

10.4.3 Interaktionen des Klimawandels mit anderen anthropogenen Einflüssen

Seit Mitte des 20. Jahrhunderts hat die **großflächige Transformation tropischer Lebensräume** in Agrarland in weiten Gebieten zum Verlust der natürlichen Vegetation, insbesondere der Wälder, geführt (Lewis et al. 2015). Häufig sind die verbliebenen Reste naturnaher Vegetation auf kleine Gebiete beschränkt, die als Fragmente in eine Matrix von landwirtschaftlich intensiv genutztem, degradiertem oder in der Sekundärsukzession befindlichem Land eingebettet sind. Die meisten solcher isolierten Lebensraumfragmente sind auf Dauer mit ihrer ursprünglichen Artenausstattung nicht überlebensfähig, denn verschiedene Randeffekte wirken als Störungen bis mehrere Hundert Meter tief in die Fragmente hinein. Höhere Störungsintensität an den Fragmenträndern und gestörte biotische Interaktionen (z. B. bei der Bestäubung und der Samenverbreitung) führen über die Zeit oft zu einem Artenschwund (Laurance et al. 2018). Waldränder trocknen stärker aus als das Waldesinnere, was das **Brandrisiko** erhöht (Cochrane und Laurance 2002). **Lebensraumfragmentierung** und -zerstörung sowie Bejagung sind die Ursache dafür, dass die Wirbeltierfauna in vielen Teilen der Tropen sehr stark abgenommen hat (Lewis et al. 2015). Selbst in geschützten Waldreservaten führt das Fehlen von Samenverbreitern auf die Dauer zu einer Veränderung und Verarmung der Flora (Harrison et al. 2013; Martínez-Ramos et al. 2016).

Neben dem Klimawandel ist auch die zunehmende atmosphärische **Nährstoffdeposition** in den Tropen als wichtiger Einflussfaktor auf die Vegetation zu nennen (Fernández-Martínez et al. 2014; Homeier et al. 2017). Als Folge einer besseren Stickstoffverfügbarkeit wurde in Panama über den Zeitraum von 1968 bis 2007 ein Anstieg der Blattstickstoffgehalte von Bäumen gefunden (Hietz et al. 2011). **Experimentelle Stickstoff- und Phosphordüngung** hatte in ecuadorianischen Bergwäldern schnelle Reaktionen verschiedener Ökosystemkomponenten und -prozesse zur Folge (Homeier et al. 2012). Die Nährstoffverfügbarkeit im Boden stieg an, während die Abundanz und Artenzahl arbuskulärer Mykorrhizapilze abnahmen (Camenzind et al. 2014). Baumjungpflanzen reagierten artspezifisch mit veränderten funktionellen

Eigenschaften auf die Düngung (Cárate-Tandalla et al. 2018). Die Reaktion des Dickenwachstums der Bäume hing von der jeweiligen Wachstumsstrategie ab, wobei schneller wachsende Arten mit akquisitiver Strategie am stärksten von erhöhter Nährstoffverfügbarkeit profitieren konnten (Báez und Homeier 2018).

Wie sich das Zusammenwirken der ansteigenden **atmosphärischen CO_2-Konzentration**, des Klimawandels und der erhöhten Nährstoffverfügbarkeit auf die Artenzusammensetzung tropischer Wälder und ihre Ökosystemfunktionen auswirken wird, hängt vor allem von den lokalen Standortbedingungen ab. Die artenreichen Baumgemeinschaften dieser Wälder spiegeln in ihrer Artenzusammensetzung die kleinräumig sehr unterschiedlichen edaphischen Bedingungen wider. Hohe atmosphärische Einträge von Stickstoff und anderen Nährstoffen in Kombination mit dem Klimawandel können hier zur Nivellierung von Standortunterschieden und in der Folge zu einer biotischen Homogenisierung der Waldgesellschaften führen.

Literatur

Alfaro-Sánchez R, Muller-Landau HC, Wright SJ, Camarero JJ (2017) Growth and reproduction respond differently to climate in three Neotropical tree species. Oecologia 184:531–541

Alencar A, Nepstad D, Diaz MCV (2006) Forest understory fire in the Brazilian Amazon in ENSO and non-ENSO years: area burned and committed carbon emissions. Earth Interact 10:1–17

Anderegg WR, Ballantyne AP, Smith WK, Majkut J, Rabin S, Beaulieu C, Birdsey R, Dunne JP, Houghton RA, Myneni RB, Pan Y, Sarmiento JL, Serota N, Shevliakova E, Tans P, Pacala SW (2015) Tropical nighttime warming as a dominant driver of variability in the terrestrial carbon sink. Proc Natl Acad Sci USA 112:15591–15596

Anderson EP, Marengo J, Villalba R, Halloy S, Young B, Cordero D, Ruiz D (2011) Consequences of climate change for ecosystems and ecosystem services in the tropical Andes. In: Herzog SK, Martinez R, Jørgensen PM, Tiessen H (Hrsg) Climate change and biodiversity in the tropical Andes. Inter-American Institute for Global Change

Research (IAI) and Scientific Committee on Problems of the Environment (SCOPE), Paris, S 1–18

Anderson-Teixeira KJ, Davies SJ, Bennett AC et al (2015) CTFS-Forest GEO: a worldwide network monitoring forests in an era of global change. Glob Chang Biol 21:528–549

Anthelme F, Jacobsen D, Macek P, Meneses RI, Moret P, Beck S, Dangles O (2014) Biodiversity patterns and continental insularity in the tropical High Andes. Arct Antarct Alp Res 46:811–828

Antonelli A, Sanmartín I (2011) Why are there so many plant species in the Neotropics? Taxon 60:403–414

Ashton PS (2003) Floristic zonation of tree communities on wet tropical mountains revisited. Perspect Plant Ecol Syst 6:87–104

Aubréville A (1938) La forêt colonial. Ann Acad Sci Colonial (Paris) 9:1–245

Báez S, Homeier J (2018) Functional traits determine tree growth and ecosystem productivity of a tropical montane forest: insights from a long-term nutrient manipulation experiment. Glob Change Biol 24:399–409

Bader MY, van Geloof I, Rietkerk M (2007) High solar radiation hinders tree regeneration above the alpine treeline in northern Ecuador. Plant Ecol 191:33–45

Baker TR, Phillips OL, Malhi Y, Almeida S, Arroyo L, Di Fiore A, Laurance WF (2004) Increasing biomass in Amazonian forest plots. Phil Trans Roy Soc B 359:353–365

Balslev H, Valencia R, Miño GP, Christensen H, Nielsen I (1998) Species count of vascular plants in 1-hectare of humid lowland forest in Amazonian Ecuador. In: Dallmeier F, Comiskey JA (Hrsg) Forest biodiversity in North, Central and South America and the Carribean: research and monitoring. Man and the Biosphere Series, Bd 21. UNESCO and the Parthenon Publishing Group, Carnforth, S 591–600

Banin L, Feldpausch TR, Phillips OL, Baker TR, Lloyd J, Affum-Baffoe K, Davies S (2012) What controls tropical forest architecture? Testing environmental, structural and floristic drivers. Glob Ecol Biogeogr 21:1179–1190

Barichivich J, Gloor E, Peylin P, Brienen RJ, Schöngart J, Espinoza JC, Pattnayak KC (2018) Recent intensification of Amazon flooding extremes driven by strengthened Walker circulation. Sci Adv 4(eaat8785):1–7

Battipaglia G, Zalloni E, Castaldi S, Marzaioli F, Cazzolla-Gatti R, Lasserre B, Tognetti R, Marchetti M, Valentini R (2015) Long tree-ring chronologies provide evidence of recent tree growth decrease in a central African tropical forest. PloS One 10 (e0120962):1–21

Beck E, Kottke I, Bendix J, Makeschin F, Mosandl R (Hrsg) (2008) Gradients in a tropical mountain ecosystem of Ecuador. Ecol Stud 198:1–463

Bendix J (2004) Extremereignisse und Klimavariabilitat in den Anden von Ecuador und Peru. Geogr Rundschau 56:10–17

Bennett AC, McDowell NG, Allen CD, Anderson-Teixeira KJ (2015) Larger trees suffer most during drought in forests worldwide. Nat Plants 1 (article 15139):1–5

Betts R, Sanderson M, Woodward S (2008) Effects of large-scale Amazon forest degradation on climate and air quality through fluxes of carbon dioxide, water, energy, mineral dust and isoprene. Phil Trans Roy Soc B 363:1873–1880

Bonal D, Burban B, Stahl C, Wagner F, Hérault B (2016) The response of tropical rainforests to drought – lessons from recent research and future prospects. Ann For Sci 73:27–44

Bonan GB (2008) Forests and climate change: forcings, feedbacks, and the climate benefits of forests. Science 320:1444–1449

Bongers F, Ewango CE (2015) Dynamics of lianas in DR Congo. In: Schnitzer S, Bonger F, Burnham RJ, Putz FE (Hrsg) Ecology of lianas. Wiley, New York, S 23–35

Borchert R (1998) Responses of tropical trees to rainfall seasonality and its long-term changes. Climatic Change 39:381–393

Bradley RS, Keimig FT, Diaz HF, Hardy DR (2009) Recent changes in freezing level heights in the Tropics with implications for the deglacierization of high mountain regions. Geophys Res Lett 36 (L17701):1–4

Brearley FQ, Proctor J, Nagy L, Dalrymple G, Voysey BC (2007) Reproductive phenology over a 10-year period in a lowland evergreen rain forest of central Borneo. J Ecol 95:828–839

Brienen RJ, Phillips OL, Feldpausch TR et al (2015) Long-term decline of the Amazon carbon sink. Nature 519:344–348

Brienen RJ, Schöngart J, Zuidema PA (2016) Tree rings in the tropics: insights into the ecology and climate sensitivity of tropical trees. In: Goldstein G, Santiago LS (Hrsg) Tropical tree physiology. Springer, Cham, S 439–461

Bruijnzeel LA, Scatena FN, Hamilton LS (Hrsg) (2010) Tropical montane cloud forests: science for conservation and management. Cambridge University Press, Cambridge

Butt N, Malhi Y, New M, Macía MJ, Lewis SL, Lopez-Gonzalez G, Laurance WF, Laurance S, Luizao R, Andrade A, Baker TR, Almeida S, Phillip OL (2014) Shifting dynamics of climate-functional groups in old-growth Amazonian forests. Plant Ecol Divers 7:267–279

Buytaert W, Cuesta-Camacho F, Tobón C (2011) Potential impacts of climate change on the environmental services of humid tropical alpine regions. Glob Ecol Biogeogr 20:19–33

Caballé G, Martin A (2001) Thirteen years of change in trees and lianas in a Gabonese rainforest. Plant Ecol 152:167–173

Cai W, Borlace S, Lengaigne M, Van Rensch P, Collins M, Vecchi G, Timmermann A, Santoso A, McPhaden MJ, Wu L, England MH, Wang G, Guilyardi E, Jin FF (2014) Increasing frequency of extreme El Niño events due to greenhouse warming. Nat Clim Change 4:111–116

Cai W, Wang G, Dewitte B, Wu L, Santoso A, Takahashi K, Yang Y, Carréric A, McPhaden MJ (2018) Increased variability of eastern Pacific El Niño under greenhouse warming. Nature 564:201–206

Cai ZQ, Schnitzer SA, Bongers F (2009) Seasonal differences in leaf-level physiology give lianas a competitive advantage over trees in a tropical seasonal forest. Oecologia 161:25–33

Camenzind T, Hempel S, Homeier J, Horn S, Velescu A, Wilcke W, Rillig MC (2014) Nitrogen and phosphorus additions impact arbuscular mycorrhizal abundance and molecular diversity in a tropical montane forest. Glob Change Biol 20:3646–3659

Cárate-Tandalla D, Camenzind T, Leuschner C, Homeier J (2018) Contrasting species responses to continued nitrogen and phosphorus addition in tropical montane forest tree seedlings. Biotropica 50:234–245

Cernusak LA, Winter K, Martínez C, Correa E, Aranda J, Garcia M, Jaramillo C, Turner BL (2011) Responses of legume versus non-legume tropical tree seedlings to elevated CO_2. Plant Physiol 157:372–385

Cernusak LA, Winter K, Dalling JW, Holtum JA, Jaramillo C, Körner C, Leakey ADB, Norby RJ, Poulter B, Turner BL, Wright SJ (2013) Tropical forest responses to increasing atmospheric CO_2: current knowledge and opportunities for future research. Funct Plant Biol 40:531–551

Chave J, Olivier J, Bongers F, Châtelet P, Forget PM, Van der Meer P, Norden N, Riera B, Charles-Dominique P (2008) Above-ground biomass and productivity in a rain forest of eastern South America. J Trop Ecol 24:355–366

Cheesman AW, Winter K (2013) Elevated night-time temperatures increase growth in seedlings of two tropical pioneer tree species. New Phytol 197:1185–1192

Chen Y, Morton DC, Andela N, Van Der Werf GR, Giglio L, Randerson JT (2017) A pan-tropical cascade of fire driven by El Niño/Southern Oscillation. Nat Clim Change 7:906–911

Clark DA (2004) Sources or sinks? The responses of tropical forests to current and future climate and atmospheric composition. Phil Trans Roy Soc B 359:477–491

Clark DB, Clark DA, Oberbauer SF (2010) Annual wood production in a tropical rain forest in NE Costa Rica linked to climatic variation but not to increasing CO_2. Glob Change Biol 16:747–759

Coley PD (1998) Possible effects of climate change on plant/herbivore interactions in moist tropical forests. Climatic Change 39:455–472

Condit R, Hubbell SP, Foster RB (1996a) Assessing the response of plant functional types to climatic change in tropical forests. J Veg Sci 7:405–416

Condit R, Hubbell SP, Foster RB (1996b) Changes in tree species abundance in a Neotropical forest: impact of climate change. J Trop Ecol 12:231–256

Condit R, Pérez R, Lao S, Aguilar S, Hubbell SP (2017) Demographic trends and climate over 35 years in the Barro Colorado 50 ha plot. For Ecosyst 4(17):1–13

Cochrane MA, Laurance WF (2002) Fire as a large-scale edge effect in Amazonian forests. J Trop Ecol 18:311–325

Corlett RT (2011) Impacts of warming on tropical lowland rainforests. Trends Ecol Evol 26:606–613

Corlett RT, Primack RB (2011) Tropical rain forests: an ecological and biogeographical comparison. Wiley, Hoboken

Cuesta F, Muriel P, Beck S, Meneses RI, Halloy S, Salgado S, Ortiz E, Becerra MT (Hrsg) (2012) Biodiversidad y Cambio Climático en los Andes Tropicales – Conformación de una red de investigación para monitorear sus impactos y delinear acciones de adaptación. Red Gloria-Andes, Lima

Cuesta F, Muriel P, Llambí LD et al (2017) Latitudinal and altitudinal patterns of plant community diversity on mountain summits across the tropical Andes. Ecography 40:1381–1394

Debortoli NS, Dubreuil V, Funatsu B, Delahaye F, De Oliveira CH, Rodrigues-Filho S, Saito CH, Fetter R (2015) Rainfall patterns in the Southern Amazon: a chronological perspective (1971–2010). Climatic Change 132:251–264

Detto M, Wright SJ, Calderón O, Muller-Landau HC (2018) Resource acquisition and reproductive strategies of tropical forest in response to the El Niño-Southern Oscillation. Nat Commun 9(913):1–8

Diaz HF, Bradley RS, Ning L (2014) Climatic changes in mountain regions of the American Cordillera and the Tropics: historical changes and future outlook. Arct Alp Res 46:735–743

Doughty CE, Metcalfe DB, Girardin CAJ, Amézquita FF, Cabrera DG, Huasco WH, Silva-Espejo JE, Araujo-Murakami A, da Costa MC, Rocha W, Feldpausch TR, Mendoza LM, da Costa ACL, Meri P, Phillips OL, Malhi Y (2015) Drought impact on forest carbon dynamics and fluxes in Amazonia. Nature 519:78–82

Duque A, Stevenson PR, Feeley KJ (2015) Thermophilization of adult and juvenile tree communities in the northern tropical Andes. Proc Natl Acad Sci USA 112:10744–10749

Erfanian A, Wang G, Fomenko L (2017) Unprecedented drought over tropical South America in 2016: significantly under-predicted by tropical SST. Sci Rep 7 (article 5811):1–12

Esquivel-Muelbert A, Baker TR, Dexter KG et al (2019) Compositional response of Amazon forests to climate change. Glob Chang Biol 25:39–56

Fadrique B, Báez S, Duque A et al (2018) Widespread but heterogeneous responses of Andean forests to climate change. Nature 564:207–212

Fadrique B, Homeier J (2016) Elevation and topography influence community structure, biomass and host tree interactions of lianas in tropical montane forests of southern Ecuador. J Veg Sci 27:958–968

FAO (2011) The state of forests in the Amazon Basin, Congo Basin and Southeast Asia. Food and Agriculture Organization, Rome

Fauset S, Baker TR, Lewis SL, Feldpausch TR, Affum-Baffoe K, Foli EG, Hamer KC, Swaine MD (2012) Drought-induced shifts in the floristic and functional composition of tropical forests in Ghana. Ecol Lett 15:1120–1129

Fayle TM, Turner EC, Basset Y, Ewers RM, Reynolds G, Novotny V (2015) Whole-ecosystem experimental manipulations of tropical forests. Trends Ecol Evol 30:334–346

Feeley KJ, Silman MR (2011) The data void in modeling current and future distributions of tropical species. Glob Change Biol 17:626–630

Feeley KJ, Wright SJ, Supardi MN, Kassim AR, Davies SJ (2007) Decelerating growth in tropical forest trees. Ecol Lett 10:461–469

Feeley KJ, Davies SJ, Perez R, Hubbell SP, Foster RB (2011a) Directional changes in the species composition of a tropical forest. Ecology 92:871–882

Feeley KJ, Silman MR, Bush MB, Farfan W, Cabrera KG, Malhi Y, Meir P, Salinas Revilla N, Quisiyupanqui MNR, Saatchi S (2011b) Upslope migration of Andean trees. J Biogeogr 38:783–791

Feeley KJ, Hurtado J, Saatchi S, Silman MR, Clark DB (2013) Compositional shifts in Costa Rican forests due to climate-driven species migrations. Glob Change Biol 19:3472–3480

Fernández-Martínez M, Vicca S, Janssens IA, Sardans J, Luyssaert S, Campioli M, Chapin FS III, Malhi Y, Oberteiner M, Papale D, Piao SL, Reichstein M, Roda F, Peñuelas J (2014) Nutrient availability as the key regulator of global forest carbon balance. Nat Clim Change 4:471

Fu R, Yin L, Li W, Arias PA, Dickinson RE, Huang L, Chakraborty S, Fernandas K, Liebmann B, Fisher R, Myneni RB (2013) Increased dry-season length over southern Amazonia in recent decades and its implication for future climate projection. Proc Natl Acad Sci USA 110:18110–18115

Gehrke B, Linder HP (2014) Species richness, endemism and species composition in the tropical Afroalpine flora. Alp Bot 124:165–177

Gerolamo CS, Nogueira A, Costa FRC, de Castilho CV, Angyalossy V (2018) Local dynamic variation of lianas along topography maintains unchanging abundance at the landscape scale in central Amazonia. J Veg Sci 29:651–661

Ghazoul J, Sheil D (2010) Tropical rain forest ecology, diversity, and conservation. Oxford University Press, Oxford

Gloor M, Barichivich J, Ziv G, Brienen R, Schöngart J, Peylin P, Barcante Ladvocat Cintra B, Feldpausch T, Phillips O, Baker J (2015) Recent Amazon climate as background for possible ongoing and future changes of Amazon humid forests. Glob Biogeochem Cycl 29:1384–1399

Gotsch SG, Dawson TE, Draguljić D (2018) Variation in the resilience of cloud forest vascular epiphytes to severe drought. New Phytol 219:900–913

Gradstein SR, Homeier J, Gansert D (2008) The tropical mountain forest: patterns and processes in a biodiversity hotspot. Universitätsverlag Göttingen, Göttingen

Granados J, Körner C (2002) In deep shade, elevated CO_2 increases the vigor of tropical climbing plants. Glob Change Biol 8:1109–1117

Hamilton SE, Friess DA (2018) Global carbon stocks and potential emissions due to mangrove deforestation from 2000 to 2012. Nat Clim Change 8:240

Harrison RD, Tan S, Plotkin JB, Slik F, Detto M, Brenes T, Itoh A, Davies SJ (2013) Consequences of defaunation for a tropical tree community. Ecol Lett 16:687–694

Hedin LO (2015) Biogeochemistry: signs of saturation in the tropical carbon sink. Nature 519:295

Henkel TW, Mayor JR, Woolley LP (2005) Mast fruiting and seedling survival of the ectomycorrhizal, monodominant *Dicymbe corymbosa* (Caesalpiniaceae) in Guyana. New Phytol 167:543–556

Hietz P, Turner BL, Wanek W, Richter A, Nock CA, Wright SJ (2011) Long-term change in the nitrogen cycle of tropical forests. Science 334:664–666

Hofhansl F, Kobler J, Ofner J, Drage S, Pölz EM, Wanek W (2014) Sensitivity of tropical forest aboveground productivity to climate anomalies in SW Costa Rica. Glob Biogeochem Cycl 28:1437–1454

Homeier J, Breckle SW, Günter S, Rollenbeck RT, Leuschner C (2010) Tree diversity, forest structure and productivity along altitudinal and topographical gradients in a species-rich Ecuadorian montane rain forest. Biotropica 42:140–148

Homeier J, Hertel D, Camenzind T, Cumbicus NL, Maraun M, Martinson GO, Poma LN, Rillig MC, Sandmann D, Scheu S, Veldkamp E, Wilcke W, Wullaert H, Leuschner C (2012) Tropical Andean forests are highly susceptible to nutrient inputs – rapid effects of experimental N and P addition to an Ecuadorian montane forest. PLoS ONE 7(e47128):1–10

Homeier J, Báez S, Hertel D, Leuschner C (2017) Tropical forest ecosystem responses to increasing nutrient availability. Front Earth Sci 5(article 27):1–2

Houghton RA (2013) The emissions of carbon from deforestation and degradation in the tropics: past trends and future potential. Carbon Manag 4:539–546

Hutchison J, Manica A, Swetnam R, Balmford A, Spalding M (2014) Predicting global patterns in mangrove forest biomass. Conserv Lett 7:233–240

Jacob M, Annys S, Frankl A, De Ridder M, Beeckman H, Guyassa E, Nyssen J (2015) Tree line dynamics in the tropical African highlands – identifying drivers and dynamics. J Veg Sci 26:9–20

Jácome J, Gradstein SR, Kessler M (2011) Responses of epiphytic bryophyte communities to simulated climate change in the tropics. In: Tuba Z, Slack NG, Stark LR (Hrsg) Bryophyte ecology and climate change. Cambridge University Press, New York, S 191–207

Jiménez-Muñoz JC, Mattar C, Barichivich J, Santamaría-Artigas A, Takahashi K, Malhi Y, Sobrino JA, Van Der Schrier G (2016) Record-breaking warming and extreme drought in the Amazon rainforest during the course of El Niño 2015–2016. Sci Rep 6 (article 33130):1–7

Jørgensen PM, Ulloa Ulloa C, León B, León-Yánez S, Beck SG, Nee M, Zarucchi JL, Celis M, Bernal R, Gradstein SR (2011) Regional patterns of vascular plant diversity and endemism. In: Herzog SK, Martinez R, Jørgensen PM, Tiessen H (Hrsg) Climate change and biodiversity in the tropical Andes. Inter-American Institute for Global Change Research (IAI) and Scientific Committee on Problems of the Environment (SCOPE), Paris, S 192–203

Jordan E, Ungerechts L, Cáceres B, Penafiel A, Francou B (2005) Estimation by photogrammetry of the glacier recession on the Cotopaxi Volcano (Ecuador) between 1956 and 1997. Hydrol Sci J 50:949–961

Kaser G, Hardy DR, Mölg T, Bradley RS, Hyera TM (2004) Modern glacier retreat on Kilimanjaro as evidence of climate change: observations and facts. Int J Climatol 24:329–339

Kessler M (2002) The elevational gradient of Andean plant endemism: varying influences of taxon-specific traits and topography at different taxonomic levels. J Biogeogr 29:1159–1165

Körner C (2003) Alpine plant life: functional plant ecology of high mountain ecosystems. Springer, Berlin

Körner C (2004) Through enhanced tree dynamics carbon dioxide enrichment may cause tropical forests to lose carbon. Phil Trans Roy Soc B 359:493–498

Körner C (2009) Responses of humid tropical trees to rising CO_2. Annu Rev Ecol Evol Syst 40:61–79

Koide D, Yoshida K, Daehler CC, Mueller-Dombois D (2017) An upward elevation shift of native and non-native vascular plants over 40 years on the island of Hawai'i. J Veg Sci 28:939–950

Krishnaswamy J, John R, Joseph S (2014) Consistent response of vegetation dynamics to recent climate change in tropical mountain regions. Glob Change Biol 20:203–215

LaFrankie JV, Ashton PS, Chuyong GB, Co L, Condit R, Davies SJ, Foster R, Hubbell SP, Kenfach D, Lagunzad D, Losos EC, Supardi N, Nor M, Tan S, Thomas DW et al (2006) Contrasting structure and composition of the understory in species-rich tropical rain forests. Ecology 87:2298–2305

Laurance WF, Oliveira AA, Laurance SG, Condit RS, Nascimento HE, Andrade A, Dick CW, Sanchez-Thorin AC, Lovejoy TE, Ribeiro JE (2005) Late twentieth-century trends in tree-community composition in an Amazonian forest. In: Phillips O, Malhi Y (Hrsg) Tropical forests and global atmospheric change. Oxford University Press, Oxford, S 97–106

Laurance WF, Andrade AS, Magrach A, Camargo JL, Valsko JJ, Campbell M, Fearnside PM, Edwards W, Lovejoy TE, Laurance SG (2014) Long-term changes in liana abundance and forest dynamics in undisturbed Amazonian forests. Ecology 95:1604–1611

Laurance WF, Camargo JL, Fearnside PM, Lovejoy TE, Williamson GB, Mesquita RC, Meyer CFJ, Bobrowiec PED, Laurance SG (2018) An Amazonian rainforest and its fragments as a laboratory of global change. Biol Rev 93:223–247

Lewis SL, Phillips OL, Baker TR, Lloyd J, Malhi Y, Almeida S, Higuchi N, Laurance WF, Neill DA, Silva JNM, Terborgh J, Torres Lezama A, Vásquez Martinez R, Brown S, Chave J et al (2004) Concerted changes in tropical forest structure and dynamics: evidence from 50 South American long-term plots. Phil Trans Roy Soc B 359:421–436

Lewis SL, Lopez-Gonzalez G, Sonké B, Affum-Baffoe K, Baker TR, Ojo LO, Phillips OL, Reitsma JM, White L, Comiskey JA, Djuikouo MN, Ewango CEN, Feldpausch TR, Hamilton AC, Gloor M et al (2009) Increasing carbon storage in intact African tropical forests. Nature 457:1003–1006

Lewis SL, Edwards DP, Galbraith D (2015) Increasing human dominance of tropical forests. Science 349:827–832

Lieberman D, Lieberman M, Peralta R, Hartshorn GS (1996) Tropical forest structure and composition on a large-scale altitudinal gradient in Costa Rica. J Ecol 84:137–152

Loader NJ, Walsh RPD, Robertson I, Bidin K, Ong RC, Reynolds G, McCarroll D, Gagen M, Young GHF (2011) Recent trends in the intrinsic water-use efficiency of ringless rainforest trees in Borneo. Phil Trans Roy Soc B 366:3330–3339

Lovelock CE, Cahoon DR, Friess DA, Guntenspergen GR, Krauss KW, Reef R, Rogers K, Saunders ML, Sidik F, Swales A, Saintilan N, Thuyen LX, Triet T (2015) The vulnerability of Indo-Pacific mangrove forests to sea-level rise. Nature 526:559–563

Lovelock CE, Krauss KW, Osland MJ, Reef R, Ball MC (2016) The physiology of mangrove trees with changing climate. In: Goldstein G, Santiago LS (Hrsg) Tropical tree physiology. Springer, Cham, S 149–179

Luize BG, Magalhães JLL, Queiroz H, Lopes MA, Venticinque EM, de Moraes Novo EML, Silva TSF (2018) The tree species pool of Amazonian wetland forests: which species can assemble in periodically waterlogged habitats? PLoS ONE 13(e0198130):1–13

Lutz DA, Powell RL, Silman MR (2013) Four decades of Andean timberline migration and implications for biodiversity loss with climate change. PLoS ONE 8(e74496):1–9

Malhi Y (2012) Extinction risk from climate change in tropical forests. In: Hannh L (Hrsg) Saving a million species – extinction risk from climate change. Island Press, Washington, S 239–259

Malhi Y, Wright J (2004) Spatial patterns and recent trends in the climate of tropical rainforest regions. Phil Trans Roy Soc B 359:311–329

Malhi Y, Wright J (2005) Late twentieth-century patterns and trends in the climate of tropical forest regions. In: Malhi Y, Phillips O (Hrsg) Tropical forests and global atmospheric change. Oxford University Press, Oxford, S 3–15

Malhi Y, Phillips OL, Lloyd J, Baker T, Wright J, Almeida S, Arroyo L, Frederiksen T, Grace J, Higuchi N, Killen T, Laurance WF, Leano C, Lewis S, Meir P et al (2002) An international network to monitor the structure, composition and dynamics of Amazonian forests (RAINFOR). J Veg Sci 13:439–450

Marengo JA, Nobre CA, Tomasella J, Oyama MD, Sampaio de Oliveira G, De Oliveira R, Camargo H, Alves LM, Brown IF (2008) The drought of Amazonia in 2005. J Clim 21:495–516

Marengo JA, Tomasella J, Alves LM, Soares WR, Rodriguez DA (2011) The drought of 2010 in the context of historical droughts in the Amazon region. Geophys Res Lett 38 (L12703):1–5

Martínez-Ramos M, Ortiz-Rodríguez IA, Piñero D, Dirzo R, Sarukhán J (2016) Anthropogenic disturbances jeopardize biodiversity conservation within tropical rainforest reserves. Proc Natl Acad Sci USA 113:5323–5328

McDowell N, Allen CD, Anderson-Teixeira K et al (2018) Drivers and mechanisms of tree mortality in moist tropical forests. New Phytol 219:851–869

McGregor S, Timmermann A, England MH, Timm OE, Wittenberg AT (2013) Inferred changes in El Niño-Southern Oscillation variance over the past six centuries. Clim Past 9:2269–2284

Meir P, Wood TE, Galbraith DR, Brando PM, Da Costa AC, Rowland L, Ferreira LV (2015) Threshold responses to soil moisture deficit by trees and soil in tropical rain forests: insights from field experiments. Bioscience 65:882–892

Merckx VS, Hendriks KP, Beentjes KK et al (2015) Evolution of endemism on a young tropical mountain. Nature 524:347–350

Mitchard ET (2018) The tropical forest carbon cycle and climate change. Nature 559:527–534

Montero JC, Piedade MTF, Wittmann F (2014) Floristic variation across 600 km of inundation forests (Igapó) along the Negro River, Central Amazonia. Hydrobiologia 729:229–246

Morueta-Holme N, Engemann K, Sandoval-Acuña P, Jonas JD, Segnitz RM, Svenning JC (2015) Strong upslope shifts in Chimborazo's vegetation over two centuries since Humboldt. Proc Natl Acad Sci USA 112:12741–12745

Moser G, Schuldt B, Hertel D, Horna V, Coners H, Barus H, Leuschner C (2014) Replicated throughfall exclusion experiment in an Indonesian perhumid rainforest: wood production, litter fall and fine root growth under simulated drought. Glob Change Biol 20:1481–1497

Nadkarni NM, Solano R (2002) Potential effects of climate change on canopy communities in a tropical cloud forest: an experimental approach. Oecologia 131:580–586

O'Brien MJ, Leuzinger S, Philipson CD, Tay J, Hector A (2014) Drought survival of tropical tree seedlings enhanced by non-structural carbohydrate levels. Nat Clim Change 4:710

O'Brien MJ, Engelbrecht BM, Joswig J, Pereyra G, Schuldt B, Jansen S, Väänänen P (2017) A synthesis of tree functional traits related to drought-induced mortality in forests across climatic zones. J Appl Ecol 54:1669–1686

Olivares I, Svenning JC, van Bodegom PM, Balslev H (2015) Effects of warming and drought on the vegetation and plant diversity in the Amazon basin. Bot Rev 81:42–69

Olivares I, Svenning JC, van Bodegom PM, Valencia R, Balslev H (2017) Stability in a changing world-palm community dynamics in the hyperdiverse western Amazon over 17 years. Glob Chang Biol 23:1232–1239

Osland MJ, Feher LC, Griffith KT, Cavanaugh KC, Enwright NM, Day RH, Stagg CL, Krauss KW, Howard RJ, Grace JB, Rogers K (2017) Climatic controls on the global distribution, abundance, and species richness of mangrove forests. Ecol Monogr 87:341–359

Pan Y, Birdsey RA, Fang J et al (2011) A large and persistent carbon sink in the world's forests. Science 333: 988–893

Pau S, Okamoto DK, Calderón O, Wright SJ (2018) Long-term increases in tropical flowering activity across growth forms in response to rising CO_2 and climate change. Glob Change Biol 24:2105–2116

Pepin N, Bradley RS, Diaz HF, Baraër M, Caceres EB, Forsythe N, Miller JR (2015) Elevation-dependent warming in mountain regions of the world. Nat Clim Change 5:424

Pfadenhauer JS, Klötzli FA (2015) Vegetation der Erde: Grundlagen, Ökologie, Verbreitung. Springer, Berlin

Phillips OL, Hall P, Gentry AH, Sawyer SA, Vasquez R (1994) Dynamics and species richness of tropical rain forests. Proc Natl Acad Sci USA 91:2805–2809

Phillips OL, Martínez RV, Arroyo L, Baker TR, Killeen T, Lewis SL, Malhi Y, Monteagugo Mendoza A, Neill D, Nunez Vargas P, Alexiades M, Cerón C, Di Fiore A, Erwin T, Jardim A et al (2002) Increasing dominance of large lianas in Amazonian forests. Nature 418:770–774

Phillips OL, Baker TR, Arroyo L, Higuchi N, Killeen TJ, Laurance WF, Lewis SL, Lloyd J, Malhi Y, Monteagudo A, Neill DA, Nunez Vargas P, Silva JNM, Terborgh J, Vásquez Martínez R et al (2004) Pattern and process in Amazon tree turnover, 1976–2001. Phil Trans Roy Soc B 359:381–407

Phillips OL, Van Der Heijden G, Lewis SL, López-González G, Aragão LE, Lloyd J, Malhi Y, Monteagudo A, Almeida S, Alvarez Dávila E, Amaral I, Andelman S, Andrade A, Arroyo L, Aymard G et al (2010) Drought-mortality relationships for tropical forests. New Phytol 187:631–646

Pimm SL, Jenkins CN, Abell R, Brooks TM, Gittleman JL, Joppa LN, Raven PH, Roberts CM, Sexton JO (2014) The biodiversity of species and their rates of extinction, distribution, and protection. Science 344:1246752

Pimm SL, Joppa LN (2015) How many plant species are there, where are they, and at what rate are they going extinct? Ann Miss Bot Gard 100:170–176

Potts MD (2003) Drought in a Bornean everwet rain forest. J Ecol 91:467–474

Qie L, Lewis SL, Sullivan MJ et al (2017) Long-term carbon sink in Borneo's forests halted by drought and vulnerable to edge effects. Nat Commun 8:1966

Rabatel A, Francou B, Soruco A et al (2013) Current state of glaciers in the tropical Andes: a multi-century perspective on glacier evolution and climate change. Cryosphere 7:81–102

Rahman M, Islam M, Gebrekirstos A, Bräuning A (2019) Trends in tree growth and intrinsic water-use efficiency in the tropics under elevated CO_2 and climate change. Trees 33:633–640

Rehm EM, Feeley KJ (2013) Forest patches and the upward migration of timberline in the southern Peruvian Andes. For Ecol Manag 305:204–211

Rehm EM, Feeley KJ (2015a) Freezing temperatures as a limit to forest recruitment above tropical Andean treelines. Ecology 96:1856–1865

Rehm EM, Feeley KJ (2015b) The inability of tropical cloud forest species to invade grasslands above treeline during climate change: potential explanations and consequences. Ecography 38:1167–1175

Richards PW (1996) The tropical rain forest: an ecological study. Cambridge University Press, Cambridge

Rolim SG, Jesus RM, Nascimento HE, Do Couto HT, Chambers JQ (2005) Biomass change in an Atlantic tropical moist forest: the ENSO effect in permanent sample plots over a 22-year period. Oecologia 142:238–246

Rothman JM, Chapman CA, Struhsaker TT, Raubenheimer D, Twinomugisha D, Waterman PG (2015) Long-term declines in nutritional quality of tropical leaves. Ecology 96:873–878

Rovero F, Ahumada J (2017) The Tropical Ecology, Assessment and Monitoring (TEAM) Network: an early warning system for tropical rain forests. Sci Total Environ 574:914–923

Ruiz D, Moreno HA, Gutiérrez ME, Zapata PA (2008) Changing climate and endangered high mountain ecosystems in Colombia. Sci Total Environ 398:122–132

Sakai S, Harrison RD, Momose K, Kuraji K, Nagamasu H, Yasunari T, Chong L, Nakashizuka T (2006) Irregular droughts trigger mass flowering in aseasonal tropical forests in Asia. Am J Bot 93:1134–1139

Schnitzer SA, Bongers F (2011) Increasing liana abundance and biomass in tropical forests: emerging patterns and putative mechanisms. Ecol Lett 14:397–406

Schnitzer SA, Mascaro J, Carson WP (2008) Treefall gaps and the maintenance of species diversity in tropical forests. In: Carson WP, Schnitzer SA (Hrsg) Tropical Forest Community. Wiley-Blackwell, Oxford, S 196–209

Schnitzer SA, Mangan SA, Dalling JW, Baldeck CA, Hubbell SP, Ledo A, Muller-Landau H, Tobin MF, Aguilar S, Brassfield D, Hernandez A, Lao S, Perez R, Valdes O, Rutishauser Yorke S (2012) Liana abundance, diversity, and distribution on Barro Colorado Island. Panama. PloS One 7 (e52114):1–16

Schöngart J, Bräuning A, Barbosa ACMC, Lisi CS, de Oliveira JM (2017) Dendroecological studies in the neotropics: history, status and future challenges. Ecol Stud 231:35–73

Sklenář P, Hedberg I, Cleef AM (2014) Island biogeography of tropical alpine floras. J Biogeogr 41:287–297

Slik JWF (2004) El Nino droughts and their effects on tree species composition and diversity in tropical rain forests. Oecologia 141:114–120

Slik JWF, Arroyo-Rodríguez V, Aiba SI, Alvarez-Loayza P, Alves LF, Ashton P, Balvanera P, Bastian ML, Bellingham PJ, van den Berg E, Bernacci L, da Conceição Bispo P, Blanc L, Böhning-Gaese K, Boeckx P et al (2015) An estimate of the number of tropical tree species. Proc Natl Acad Sci USA 112:7472–7477

Stephenson NL, van Mantgem PJ (2005) Forest turnover rates follow global and regional patterns of productivity. Ecol Lett 8:524–531

Sylvester SP, Sylvester MD, Kessler M (2014) The world's highest vascular epiphytes found in the Peruvian Andes. Alp Bot 124:179–185

ter Steege H, Pitman NC, Sabatier D et al (2013) Hyperdominance in the Amazonian tree flora. Science 342 (article 1243092):1–9

Thomas D, Burnham RJ, Chuyon G, Kenfack D, Sainge MN (2015) Liana abundance and diversity in Cameroon's Korup National Park. In: Schnitzer S, Bonger F, Burnham RJ, Putz FE (Hrsg) Ecology of lianas. Wiley, New York, S 13–22

Thompson LG, Mosley-Thompson E, Davis ME, Zagorodnov VS, Howat IM, Mikhalenko VN, Lin PN (2013) Annually resolved ice core records of tropical climate variability over the past ~1800 years. Science 340:945–950

Timmermann A, An SI, Kug JS, Jin FF, Cai W, Capotondi A, Cobb KM, Lengaigne M, McPhaden MJ, Stuecker MF, Stein K, Wittenberg AT, Yun KS, Bayr T, Chen HC et al (2018) El Niño-Southern Oscillation complexity. Nature 559:535–545

Tomlinson PB (2016) The botany of mangroves. Cambridge University Press, Cambridge

Trewin B (2014) The climates of the tropics and how they are changing. State of the Tropics, Section 2, Essay 1. James Cook University Australia, Townsville, S 39–52

Turner IM (2001) The ecology of trees in the tropical rain forest. Cambridge University Press, Cambridge

Unger M, Homeier J, Leuschner C (2012) Effects of soil chemistry on tropical forest biomass and productivity at different elevations in the equatorial Andes. Oecologia 170:263–274

van der Heijden GM, Powers JS, Schnitzer SA (2015) Lianas reduce carbon accumulation and storage in tropical forests. Proc Natl Acad Sci USA 112:13267–13271

van der Heijden GM, Schnitzer SA, Powers JS, Phillips OL (2013) Liana impacts on carbon cycling, storage and sequestration in tropical forests. Biotropica 45:682–692

Van der Sleen P, Groenendijk P, Vlam M, Anten NP, Boom A, Bongers F, Pons TL, Terburg G, Zuidema PA (2015) No growth stimulation of tropical trees by 150 years of CO_2 fertilization but water-use efficiency increased. Nat Geosci 8:24–28

Vareshi V (1980) Vegetationsökologie der Tropen. Ulmer, Stuttgart

Vuille M, Francou B, Wagnon P, Juen I, Kaser G, Mark BG, Bradley RS (2008) Climate change and tropical Andean glaciers: past, present and future. Earth Sci Rev 89:79–96

Wagner K, Zotz G (2018) Epiphytic bromeliads in a changing world: the effect of elevated CO_2 and varying water supply on growth and nutrient relations. Plant Biol 20:636–640

Walter H, Breckle SW (2004) Ökologie der Erde, Bd 2: Spezielle Ökologie der Tropischen und Subtropischen Zonen. Schweitzerbart, Stuttgart

Wang Q, Fan X, Wang M (2014) Recent warming amplification over high elevation regions across the globe. Clim Dyn 43:87–101

Wesche K, Cierjacks A, Assefa Y, Wagner S, Fetene M, Hensen I (2008) Recruitment of trees at tropical alpine treelines: *Erica* in Africa versus *Polylepis* in South America. Plant Ecol Divers 1:35–46

Whitmore TC (1993) Tropische Regenwälder: eine Einführung. Spektrum Akademischer, Wiesbaden

Whitmore TC (1998) Potential impact of climatic change on tropical rain forest seedlings and forest regeneration. Climatic Change 39:429–438

Williamson GB, Laurance WF, Oliveira AA, Delamônica P, Gascon C, Lovejoy TE, Pohl L (2000) Amazonian tree mortality during the 1997 El Niño drought. Conserv Biol 14:1538–1542

Wittmann F, Householder E, Piedade MT, de Assis RL, Schöngart J, Parolin P, Junk WJ (2013) Habitat specifity, endemism and the neotropical distribution of Amazonian white-water floodplain trees. Ecography 36:690–707

Wood TE, Cavaleri MA, Reed SC (2012) Tropical forest carbon balance in a warmer world: a critical review spanning microbial-to ecosystem-scale processes. Biol Rev 87:912–927

Wright JS, Fu R, Worden JR, Chakraborty S, Clinton NE, Risi C, Sun Y, Yin L (2017) Rainforest-initiated wet season onset over the southern Amazon. Proc Natl Acad Sci USA 114:8481–8486

Wright SJ (2002) Plant diversity in tropical forests: a review of mechanisms of species coexistence. Oecologia 130:1–14

Wright SJ, Calderón O (2006) Seasonal, El Nino and longer term changes in flower and seed production in a moist tropical forest. Ecol Lett 9:35–44

Wright SJ, Sun IF, Pickering M, Fletcher CD, Chen YY (2015) Long-term changes in liana loads and tree dynamics in a Malaysian forest. Ecology 96:2748–2757

Yang Y, Saatchi SS, Xu L, Yu Y, Choi S, Phillips N, Kennedy R, Keller M, Knyazikhin Y, Myneni RB (2018) Post-drought decline of the Amazon carbon sink. Nat Commun 9:3172

Yorke SR, Schnitzer SA, Mascaro J, Letcher SG, Carson WP (2013) Increasing liana abundance and basal area in a tropical forest: the contribution of long-distance clonal colonization. Biotropica 45:317–324

Zhou X, Fu Y, Zhou L, Li B, Luo Y (2013) An imperative need for global change research in tropical forests. Tree Physiol 33:903–912

Zotz G (1999) Altitudinal changes in diversity and abundance of non-vascular epiphytes in the tropics – an ecophysiological explanation. Selbyana 20:256–260

Zotz G (2016) Plants on plants – The biology of vascular epiphytes. Springer, Cham

Zotz G, Bader MY (2009) Epiphytic plants in a changing world-global: change effects on vascular and non-vascular epiphytes. Progr Bot 70:147–170

Zotz G, Winter K (1994) Photosynthesis and carbon gain of the lichen *Leptogium azureum* in a lowland tropical forest. Flora 189:179–186

Zotz G, Schultz S, Rottenberger S (2003) Are tropical lowlands a marginal habitat for macrolichens? Evidence from a field study with *Parmotrema endosulphureum*. Flora 198:71–77

Zotz G, Laube S, Schmidt G (2005) Long-term population dynamics of the epiphytic bromeliad, Werauhia sanguinolenta. Ecography 28:806–814

Zuidema PA, Baker PJ, Groenendijk P, Schippers P, van der Sleen P, Vlam M, Sterck F (2013) Tropical forests and global change: filling knowledge gaps. Trends Plant Sci 18:413–419

Zvereva EL, Kozlov MV (2006) Consequences of simultaneous elevation of carbon dioxide and temperature for plant-herbivore interactions: a metaanalysis. Glob Change Biol 12:27–41

10

Serviceteil

Stichwortverzeichnis – 361

Stichwortverzeichnis